普通高等教育"十一五"国家级规划教材

土木工程制图

（第4版）

主　编　庞　璐　黄　英　尚海静　余丹丹

副主编　金　蕾　李炽岚　李　丽　赵盈颖

王海韵　赵　磊　李汉平　艾小玲

童金田

主　审　丁宇明

武汉理工大学出版社

·武汉·

内容提要

本套教材是根据教育部《中国教育现代化 2035》和《“十四五”时期教育强国推进工程实施方案》等文件精神，以《高等学校土木工程制图教学基本要求》及高等学校《工程制图》课程教学大纲为主要依据，根据高等学校对大土木类培养人才的规格要求编写而成。本书共有 14 章，内容包括：制图的基本知识；投影制图；视图、剖视图和断面图；标高投影；水利工程图；建筑工程图，透视图；道路工程图；计算机绘图及土木工程制图 CAD 综合实训。本教材以进一步深化产教融合，促进高等教育内涵发展的理念，采用了最新的国家标准和行业标准。本书还配套出版《土木工程制图习题集》及数字化辅助教学资源。数字化辅助教学资源利用动态的三维动画形式在线指导学生对核心内容的掌握及辅导学生完成作业和解答疑难问题。该数字化资源可帮助学生掌握课程的精粹，既有利于学生自学或课外辅导，又可用于教师数字化教学。本套教材将现代数字化教学手段融入传统教学中，真正体现了计算机绘图与尺规绘图的相互交融 。

本书为高等院校土木建筑类和水利类等专业的工程制图教材，也可以供其他工程技术人员阅读参考。

图书在版编目(CIP)数据

土木工程制图 / 庞璐等主编. —4 版. —武汉：武汉理工大学出版社，2024.6
ISBN 978-7-5629-7048-4

Ⅰ.①土… Ⅱ.①庞… Ⅲ.①土木工程-建筑制图-高等学校-教材 Ⅳ.①TU204

中国国家版本馆 CIP 数据核字(2024)第 093523 号

项目负责人：陈 硕 陈军东　　**责任编辑**：陈 硕
责任校对：黄 鑫　　**排　　版**：芳华时代
出 版 者：武汉理工大学出版社(武汉市武昌珞狮路 122 号 邮政编码:430070)
印 刷 者：崇阳文昌印务股份有限公司
发 行 者：各地新华书店
开　　本：787 ×1092 1/16
印　　张：23
插　　页：3
字　　数：588 千字
版　　次：2024 年 6 月第 4 版
印　　次：2024 年 6 月第 1 次印刷
定　　价：59.00 元

第4版前言

本教材与同名习题集及网络在线开放课程配套使用，形成完整的“立体化云共享”课程。

本教材深入贯彻落实党的二十大精神，以中国式现代化教育思路培养现代工程师、大国工匠为重任，坚持教育为社会主义现代化建设服务，为人民服务，把立德树人作为教育的根本任务，培养德智体美劳全面发展的社会主义建设者和接班人。

本教材融入教育部《中国教育现代化2035》和《“十四五”时期教育强国推进工程实施方案》等文件精神，以“普通高等院校工程图学课程教学基本要求”及高等学校工程制图课程教学大纲为主要依据，根据高等学校对本科土木类培养人才的规格要求编写而成。本教材采用了最新的国家标准和行业标准，融入“课程思政”理念，落实党的二十大精神进教材、进课堂、进头脑。按照课程模块化章节、工作任务式动画、课后项目式训练为主线组织内容，旨在为土木类专业学生打好专业基础。与此同时还将课程竞赛相关要求加入模块章节。

本教材以进一步深化产教融合、促进高等本科教育内涵发展为理念，进一步体现了以形体为主线，以图示法为重点的原则。“立体-基本几何体组合体-工程形体”是教材的主线，让学生先从感性上学会形体分析的画图和读图方法。然后再通过学习点、线、面的投影规律，掌握正投影的基本理论，让学生从理性上进一步掌握形体分析的方法，学会线面分析的画图和读图方法。

与教材配套的“土木工程制图”网络在线开放课程，是利用计算机在线指导学生对核心内容的掌握及辅导学生完成作业和解答疑难问题。在线开放课程中以图片、图像、文字和二维、三维模型等多媒体技术，模拟习题整个解答过程和专业图的读图过程。

在编写过程中，我们广泛征求意见。根据修订大纲，一方面深入行业工作实践，与工程设计、施工、管理等相关单位的工程技术人员相互探求，并进行了一系列的行业人员对制图理论需求的调查。另一方面，虚心向专家请教，吸取专业知识精华，明确专业理论本科层次定位。教材以必须、够用为度，力求做到内容精炼，概念清楚，注重实用性，反映高等院校本科土木类专业特色和本科教育特色。通过互联网教学资源链接制图教材的主线，强化“识图为主”的理念，理清绘图与识图为互逆关系，强化了空间立体思维的训练。

本教材由庞璐教授、黄英教授、尚海静副教授和余丹丹副教授任主编。书中前言、绪论、第2章、第6章、第9章由庞璐编写；第1章由赵盈颖、艾小玲编写；第3章由王海韵、李汉平编写；第4章由金蕾、艾小玲编写；第5章、第7章由李炽岚、李丽编写；第 8 章由黄英、李汉平编写；第 10 章由尚海静、童金田编写；第 11 章由尚海静编写；第 12 章由余丹丹编写；第 13 章由黄英编写；第 14 章由庞璐、赵磊编写。

本教材由中国工程图学会理论图学专业委员会主任、武汉大学工程及计算机图学中心丁宇明教授主审。他对本教材提出了若干建设性的修改意见，在此表示衷心的感谢。

参加本教材审阅的还有：中国工程图学会图学教育分会顾问、北京理工大学董国耀教授（博导），中国工程图学会副理事长、《工程图学学报》主编、清华大学童秉枢教授（博导），工程图学学会图学教育会会顾问、同济大学钱可强教授（博导），中国工程图学会图学教育分会主任、北京理工大学焦永和教授（博导），华中科技大学陈和平教授（博导），武汉大学密新武教授（博导），武汉理工大学胡业发教授（博导），湖北工业大学赵大兴教授（博导）等。感谢他们为本教材提出的宝贵意见和建议。

编写一套具有高等教育本科特色和专业基础特色的《土木工程制图》教材，是我们孜孜以求的目标。在前 3 版推广使用中，网络在线开放课程线上线下同步教学取得了良好的教学效果。为紧跟时代步伐，顺应实践发展，坚持守正创新，素材库动画采用二维码分类扫描，为学生手机读图提供了便利。该网络在线开放课程可以随时随地开展相应模块学习，体现了终身教育的理念，构建了完善的“立体化云共享”创新课程体系。该成果在教育部高等学校工程图学学术年会上推广，获得了同行的一致好评。为推进教育数字化，建设全民终身学习的学习型社会，学习型大国做贡献。但限于编写时间和编写水平，书中难免存在不当或错误之处，恳请读者批评指正。

本教材配套出版同名习题集为高等本科院校、网络在线开放大学等学校的土木类专业的适用教材，也可供工程技术人员及相近专业人员学习及参考。与教材配套的“土木工程制图”在线开放课程也由武汉理工大学出版社作为新形态教材同步上线。该在线开放课程既可用于学生线上线下自学或课外辅导，又可用于教师多媒体线上线下教学及考核。

本教材参考了部分同学科的教材等文献，在此谨向文献的作者致谢。另外，柳军、赵盈颖和王海韵根据新形态教材的要求，用计算机软件对大量的教学动画进行了数字化加工，在此一并表示感谢。

今天我们将第 4 版教材呈献给大家，但限于编写时间和编写水平，书中难免存在不当或错误之处，恳请读者批评指正。

编　者

2024 年 5 月，青龙山

目　　录

绪论……………………………………………………………………………………（1）

第 1 章　制图的基本知识和技能……………………………………………………（4）

1.1　常用制图工具和仪器的使用 ……………………………………………………（4）

1.2　制图标准简介 ……………………………………………………………………（7）

1.3　几何作图…………………………………………………………………………（17）

1.4　平面图形的分析及画法…………………………………………………………（22）

1.5　绘图的方法和步骤………………………………………………………………（24）

复习思考题 …………………………………………………………………………（27）

第 2 章　投影的基本知识 ……………………………………………………………（28）

2.1　投影的概念及分类………………………………………………………………（28）

2.2　三视图的形成及投影规律………………………………………………………（31）

2.3　基本体三视图的画法与识读……………………………………………………（33）

2.4　基本体三视图的识读……………………………………………………………（41）

2.5　简单体三视图的画法……………………………………………………………（43）

复习思考题 …………………………………………………………………………（45）

第 3 章　点、直线、平面的投影 ………………………………………………………（46）

3.1　点的投影…………………………………………………………………………（46）

3.2　直线的投影………………………………………………………………………（52）

3.3　平面的投影………………………………………………………………………（62）

3.4　直线与平面、平面与平面的相对位置 …………………………………………（68）

复习思考题 …………………………………………………………………………（72）

第 4 章　轴测图 ………………………………………………………………………（74）

4.1　轴测投影的基本知识……………………………………………………………（74）

4.2　平面体轴测图的画法……………………………………………………………（76）

4.3　曲面体轴测图的画法……………………………………………………………（80）

4.4　轴测图的选择……………………………………………………………………（84）

复习思考题 …………………………………………………………………………（85）

第 5 章　立体表面的交线 ……………………………………………………………（86）

5.1　平面体的截交线…………………………………………………………………（87）

5.2　曲面体的截交线…………………………………………………………………（93）

5.3　两曲面体的相贯线 …………………………………………………… (102)
复习思考题……………………………………………………………………… (107)

第 6 章　组合体………………………………………………………………… (109)
6.1　组合体的形体分析 …………………………………………………… (109)
6.2　组合体视图的画法 …………………………………………………… (111)
6.3　组合体视图的尺寸标注 ……………………………………………… (115)
6.4　组合体视图的识读 …………………………………………………… (119)
复习思考题……………………………………………………………………… (127)

第 7 章　工程形体的表达方法………………………………………………… (129)
7.1　视图 …………………………………………………………………… (129)
7.2　剖面图 ………………………………………………………………… (133)
7.3　断面图 ………………………………………………………………… (143)
7.4　其他表达方法 ………………………………………………………… (147)
7.5　综合应用举例 ………………………………………………………… (149)
复习思考题……………………………………………………………………… (150)

第 8 章　标高投影……………………………………………………………… (152)
8.1　概述 …………………………………………………………………… (152)
8.2　点、直线、平面的标高投影 ………………………………………… (153)
8.3　曲面和地形面的标高投影 …………………………………………… (158)
8.4　工程建筑物的交线综合举例 ………………………………………… (161)
复习思考题……………………………………………………………………… (165)

第 9 章　水利工程图…………………………………………………………… (167)
9.1　水工图概述 …………………………………………………………… (167)
9.2　水工图的表达方法 …………………………………………………… (174)
9.3　水工图常见曲面的画法 ……………………………………………… (179)
9.4　水工图的尺寸标注 …………………………………………………… (182)
9.5　水工图的阅读 ………………………………………………………… (185)
9.6　水工图的绘制 ………………………………………………………… (190)
9.7　钢筋混凝土结构图 …………………………………………………… (191)
复习思考题……………………………………………………………………… (195)

第 10 章　房屋建筑图 ………………………………………………………… (197)
10.1　建筑施工图…………………………………………………………… (197)
10.2　结构施工图…………………………………………………………… (214)
10.3　给水排水施工图……………………………………………………… (219)

复习思考题…………………………………………………………………………… (225)

第 11 章　透视图 …………………………………………………………………… (227)
11.1　透视图的形成……………………………………………………………… (227)
11.2　透视图基本术语…………………………………………………………… (228)
11.3　透视图的规律、特性和种类 ……………………………………………… (230)
11.4　两点透视…………………………………………………………………… (231)
复习思考题…………………………………………………………………………… (235)

第 12 章　道路工程图 ……………………………………………………………… (236)
12.1　概述………………………………………………………………………… (236)
12.2　公路路线工程图…………………………………………………………… (238)
12.3　城市道路工程图…………………………………………………………… (251)
12.4　道路交叉口………………………………………………………………… (254)
12.5　桥梁工程图………………………………………………………………… (258)
复习思考题…………………………………………………………………………… (277)

第 13 章　计算机绘图简介 ………………………………………………………… (278)
13.1　计算机绘图概述…………………………………………………………… (278)
13.2　绘图软件 AutoCAD 简介 ………………………………………………… (279)
13.3　AUTOCAD 尺寸标注 …………………………………………………… (299)
13.4　AUTOCAD 绘制三视图举例 …………………………………………… (317)
上机练习……………………………………………………………………………… (321)

第 14 章　土木工程制图 CAD 综合实训指导 …………………………………… (322)

14.1　目的与要求………………………………………………………………… (322)
14.2　重点与难点指导…………………………………………………………… (322)

参考文献……………………………………………………………………………… (358)

绪　论

【教学目标和任务】

了解《土木工程制图》课程目的和要求；

掌握土木工程制图的课程内容、任务及学习方法。

【教学重点和难点】

工程图样和工程制图的概念与区别。

【岗课赛证要求】

理解工程图样是“工程界的技术语言”。

【思政目标】

培养学生分析问题的整体意识。理解“工欲善其事，必先利其器”的含义。

一、工程图样与“工程制图”

工程图样被喻为“工程技术语言”。它是按照投影原理及制图标准的规定，准确表达建筑物形状、大小、构造和材料的图样，是工程技术人员用以表达设计意图、组织生产施工、交流技术思想的重要工具。任何一个工程建筑物的规划、设计、施工和管理工作，都离不开工程图样。“工程制图”是研究绘制、阅读工程图样的理论及方法的学科。

二、本课程的地位及任务

本课程是土木建筑类和水利水电类专业的一门主干技术基础课。它培养学生的绘图技能和读图能力，同时，它还是学生学习后继课程和完成课程设计、毕业设计不可缺少的基础。学生绘制和阅读土木建筑工程图样的能力，应在专业课学习和工程的施工、设计等工作中，继续巩固和提高。

本课程的主要任务是：(1)学习投影法（主要是正投影法）的基本理论及其应用。

(2)学习贯彻《建筑工程制图标准》和《水利水电工程制图标准》的有关的基本规定。

(3)培养较强的绘图及读图能力。

(4)使学生对计算机绘图有初步的了解。

此外，在教学过程中还必须注意培养学生的审美能力、自学能力、分析问题与解决问题的能力以及认真负责的工作态度和严谨细致的工作作风。

三、本课程的内容及要求

本课程包括制图基本知识和技能、投影制图、专业图和计算机绘图四个部分。各部分的主要内容及要求是：

1. 制图基本知识和技能部分

本部分的主要内容有：制图工具及仪器的使用、制图基本规格、平面图形的画法等。

学习本部分所应达到的两项主要要求是：学会正确使用制图工具和仪器，掌握基本的绘图技能；了解制图标准的一般规定，培养遵守制图标准的意识。

2. 投影制图部分

本部分的主要内容是研究绘制和识读基本几何体、组合体、工程形体视图及剖视图和透视图的理论和方法。

通过学习，要求学生掌握视图、剖视图的画法、尺寸注法和读图方法，应重视读图能力的培养和提高。此外，还应初步掌握轴测图和标高投影的基本概念和作图方法。

3. 专业图部分

本部分包括水利工程图、房屋建筑图二章，介绍专业图样的图示特点和表达方法。通过学习，要求水利类学生能绘制和阅读中等复杂程度的水利工程图，了解房屋建筑施工图的内容及特点。建筑类学生能绘制和阅读中等复杂程度的建筑施工图，了解道路工程图的内容及特点。

4. 计算机绘图部分

通过学习，要求学生能用绘图软件绘制中等复杂程度的土建工程图及简单的三维立体图。

四、本课程的学习方法

本课程是一门既有基本理论又十分重视实践的课程。只有根据课程特点采取与之相适应的学习方法，才能取得良好的学习效果。

(1)对基本理论和学习应重在理解。投影理论的基本内容是研究空间物体与平面视图两者之间的转换规律，只有增强对空间物体与平面图形转换过程的分析、理解，才能掌握投影规律和特性，切不可死记硬背。对于掌握理论、提高对物体的表达能力和对图样的读绘能力会有助益，特别是学习的初期，不应忽视其作用。应注意空间想象能力的培养和提高。

(2)对技能和能力的培养应重在实践。本课程具有实践性强的特点，绘图技能和读图能力的培养，必须通过大量“由物画图”或“由图想物”的作业实践来实现。应将“画图”与“读图”训练紧密结合，贯穿于课程的始终。为此，学生必须及时完成规定的练习和作业，并做到概念正确，才能将学习投影理论、应用制图标准、培养绘图技能、提高读图能力等诸方面的要求紧密结合，圆满完成本课程的学习任务。

五、我国工程图学发展史简介

我国工程图学具有悠久的历史，远在公元前 1059 年的《尚书》一书，就有工程中使用图样的记载。宋代(公元 1100 年)李诫所著《营造法式》一书，是世界上最早的一部建筑技术著作。其大量的工程图样画法，采用了正投影、轴测投影和透视图等方法。直到 1795 年法国人加斯帕拉·蒙日才写出《画法几何》一书。这充分说明我国古代在图学方面已达到了很高水平。

我国的制图标准是从 1956 年第一机械工业部发布的《机械制图》标准开始的，采用的是苏联标准体系，在此基础上，结合我国实际，于1959年制定和发布了我国第一个工程类制图方面的国家标准GB122～141—59《机械制图》，并于1974年、1984年、1993年先后三次进行了较大的修订。为了适应各行业间及国际的技术交流，1993年我国发布了国家标准《技术制图》，这标志着我国工程图学已步入一个新阶段。本教材采用1995年水利部颁布的行业标准《水利水电工程制图标准》和2001年建设部颁布的国家标准《建筑工程制图标准》。随着科学、生产的高速发展，对绘图的准确度和速度提出了更高的要求。目前计算机绘图已逐步取代了手工绘图，显示了它的极大优越性。随着我国改革开放的不断推进，工程图学在图学理论、图学应用、图学教育、计算机图学、制图技术、制图标准等诸方面，定能得到更加广泛的应用和发展。

第1章　制图的基本知识和技能

【教学目标和任务】

掌握常用绘图工具和仪器的正确使用方法；

掌握基本制图标准中的各项规定；

掌握常用的几何作图方法；

掌握平面图形的分析（尺寸分析和线段分析）与平面图形的绘制步骤。

【教学重点和难点】

教学重点：

绘图工具和仪器的正确使用方法；基本制图标准中的各项规定；平面图形的分析和平面图形的绘制步骤。

教学难点：

遵循制图标准的规定，按照正确的绘图方法和步骤，准确地抄画平面图形及标注尺寸。

【岗课赛证要求】

掌握制图标准的各项规定，掌握正确的绘图方法和步骤，是准确抄画视图和标注尺寸的基础。

【思政目标】

培养学生严谨细致、认真负责的工作态度，强化规范意识及制图工作的责任心。

1.1　常用制图工具和仪器的使用

正确掌握制图工具和仪器的使用方法，不仅能提高制图的质量，加快制图的速度，而且能够延长它们的使用期限。下面介绍一些工程制图中常用工具和仪器的使用方法。

1.1.1　图板

图板用于固定图纸。作为绘图垫板，图板板面应平整、光滑。尤其左边是图板的工作边，必须保持平直。图板有不同的规格，可根据需要选择。在图板上固定图纸应使用胶带纸，切勿使用图钉，如图1-1所示。

1.1.2　丁字尺

丁字尺与图板配合画水平线。丁字尺由相互垂直的尺头和尺身构成。尺身上边缘带有刻度，是工作边。工作边应保持平直、光滑，如图1-2所示。

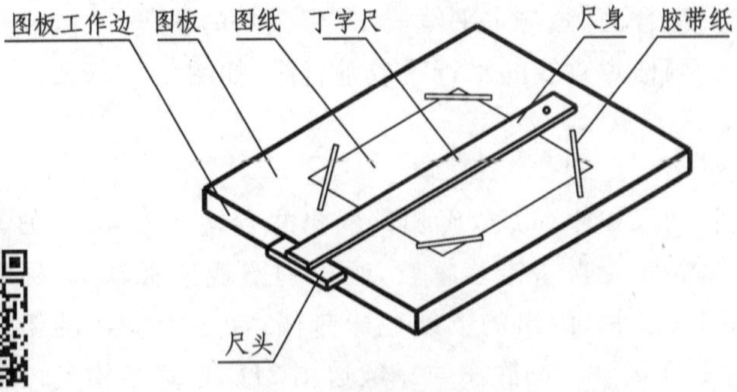

图 1-1　图板和丁字尺

切记：不得把丁字尺尺头靠在图板的非工作边画线，也不得用丁字尺尺身下边缘画线，如图 1-3 所示。

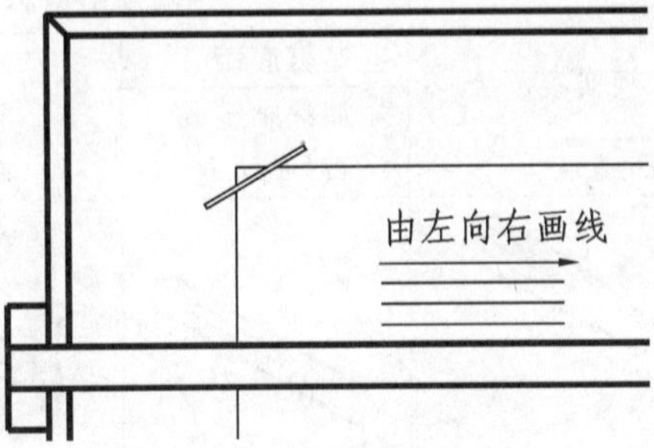

图 1-2　丁字尺画水平线

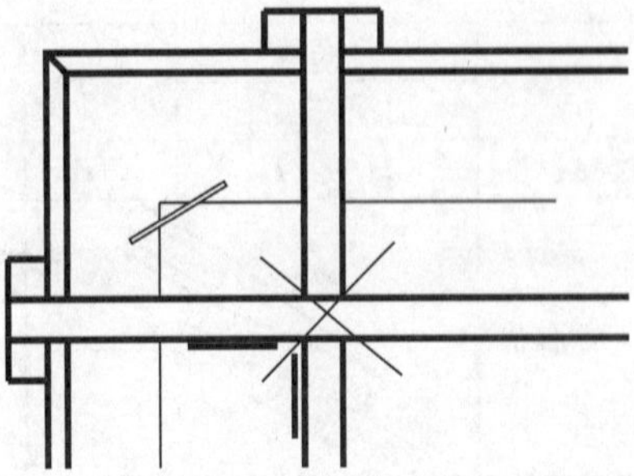

图 1-3　丁字尺的错误用法

1.1.3　三角板

一副三角板有两块，其中 60°角三角板长直角边与 45°角三角板的斜边长度相等，这个长度 L 就是一副三角板的规格尺寸。三角板在使用前要确保各边平直光滑，各角完整准确，如图 1-4 所示。

三角板的作用主要有三方面

(1)三角板与丁字尺配合画铅垂线，如图 1-5(a)所示。

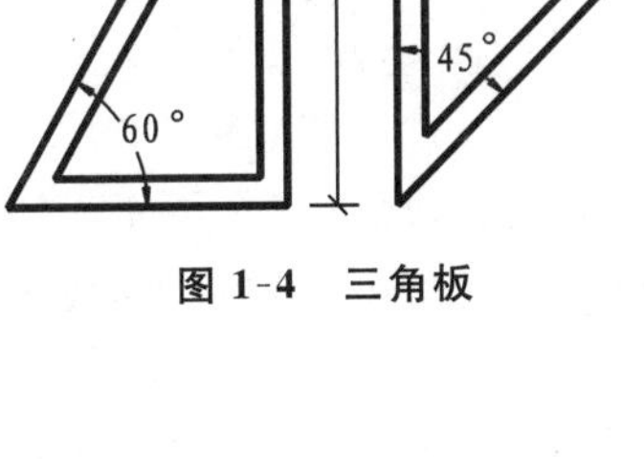

图 1-4　三角板

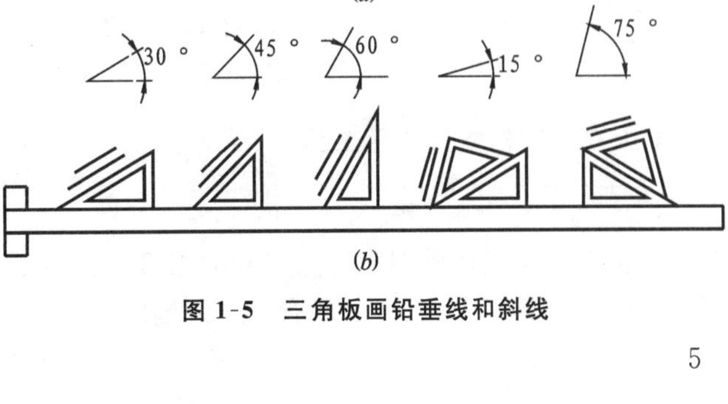

图 1-5　三角板画铅垂线和斜线

(2)三角板与丁字尺配合画，画与水平线成15°整数角的斜线。

(3)两块三角板配合画任意直线的平行线或垂直线，如图1-5(*b*)所示。

1.1.4 铅笔

铅笔用于绘制底图、加深和注写。绘图铅笔的铅芯有软硬之分，用 *B* 和 *H* 表示。标号为 *B*、2*B*、…、6*B* 的铅芯，数字越大表示铅芯越软，画出的图线色彩越黑；标号为 *H*、2*H*、…、6*H* 的铅芯，数字越大表示铅芯越硬，画出的图线色彩越浅；标号为 *HB* 的铅芯硬度适中，一般用来写字和标注尺寸。画底图时一般选用 2*H* 或 *H* 号铅笔；加深图形时可用 *HB*、*B* 等号铅笔。画底稿和写字的铅笔铅芯应削成圆锥状，描深粗实线的铅芯应削成厚度为 *b*(粗实线的宽度)的扁铲状，见表1-1所示。

表1-1 铅笔与铅芯的选用及削磨

项目	铅笔			圆规用铅芯	
用途	打底稿 加深细实线	写字	加深粗实线	打底稿 加深细实线	加深粗实线
软硬程度	*H* 或 2*H*	*HB*	*HB* 或 *B*	*H* 或 *HB*	*B* 或 2*B*
削磨形状	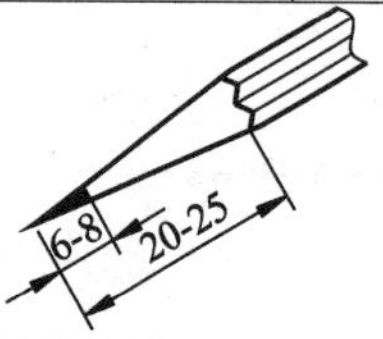		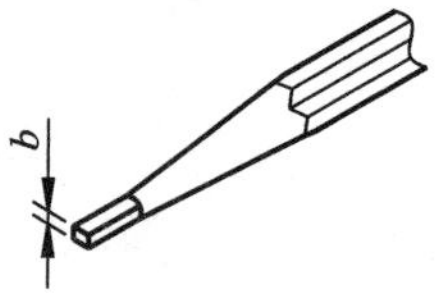	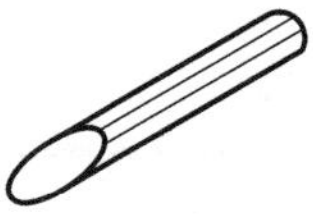	

1.1.5 圆规和分规

圆规用于画圆和圆弧。

分规用于等分线段或测量距离，如图1-6所示。

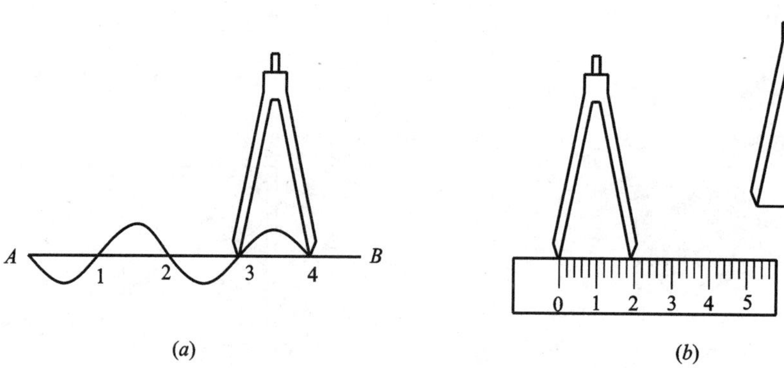

图1-6 分规等分线段、测量距离

(*a*)等分线段；(*b*)测量距离

1.1.6 其他常用绘图工具

1. 比例尺

比例尺是按比例画图时度量尺寸的工具。常见的比例为三棱尺，尺身三个面上有六种不同的比例刻度，当用比例尺上已有的比例画图时，可以直接利用尺身刻度量取尺寸，无需进行计算。比例尺上的刻度以米为单位。

2. 曲线板

曲线板是画非圆曲线的工具，画图时先将需连接各点徒手连成光滑的细线，然后在曲线板上选择曲率变化相同的一段曲线，每段至少连三至四点，两段之间应有重复，如图 1-7 所示。

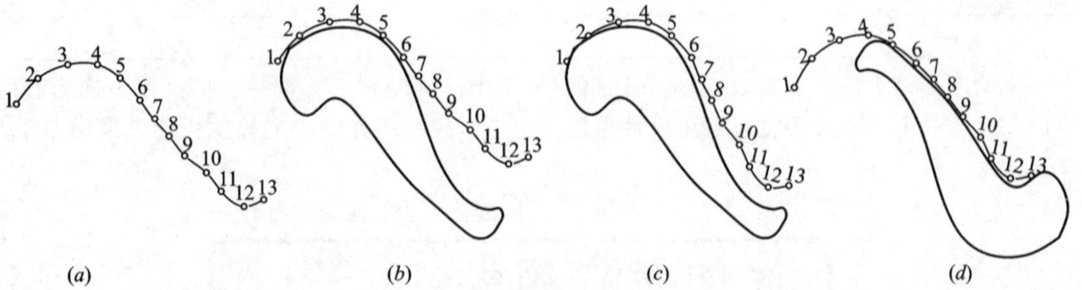

图 1-7　曲线板的用法

(*a*)徒手连细线；(*b*)加深 1、2、3、4 点；(*c*)加深 4、5、6、7 点；(*d*)完成连接

3. 鸭嘴笔与针管笔

鸭嘴笔(墨线笔)是描图的专用工具，其特点是可以根据需要调整线宽。墨线的宽度由鸭嘴笔笔头上两钢片间的距离来确定，两钢片的距离可通过调节螺母来调整。使用时，应先在两钢片之间加注墨水，装墨高度以 4-6mm 为宜，然后调节两钢片间的距离，在另一纸上试画，试画至合适的宽度后再开始画线。使用完毕应放松调节螺母，并用软布将钢片擦拭干净。

针管笔也是描图的专用工具，其特点是一杆笔一种线宽，描图时需要一组对应线宽的针管笔。画线时，象普通钢笔那样能吸入墨水，使用比较方便，可以提高绘图速度。

4. 专用模板与擦图片

专用模板是绘制图形中常用符号的专用工具。专用模板上有各种常用的符号。绘制这些符号时，直接用模板套画，可大大提高绘图效率。

擦图片是加深时改错用的工具。擦图片上有各种各样的孔，在清除图纸上的多余图线时，只需将要擦去的图线从擦图片的孔中露出来，然后用橡皮擦拭，这样可避免擦掉其他图线。

1.2　制图标准简介

工程图样是工程界的共同语言，是指导工程施工、生产、管理等环节最重要的技术文件。为了使工程样图规格统一，便于生产和技术交流，要求绘制图样必须遵守统一的规定，这个统一的规定就是国家有关职能部门颁布的制图标准，简称国标(GB)。国家制图标准是所有工程人员必须遵守并执行的国标。我们从学习制图的第一天起，就应该严格遵守国标中每一项规定。

目前，国内执行的制图标准主要有:《技术制图标准》、《机械制图标准》、《建筑制图标准》、《水利水电工程制图标准》等。参考文献中列出了相应的编号及代码。

现将有关内容作一简要介绍。

1.2.1　图纸幅面、图框及标题栏

为了便于图纸的装订、保管及合理地利用图纸，图纸幅面的大小应符合表 1-2 的规定(表

中尺寸单位为 mm)。必要时可以按制图标准增加图纸的长度和宽度。

表 1-2 基本幅面及图框尺寸

幅面代号 尺寸代号	A0	A1	A2	A3	A4
$B\times L$	841×1189	594×841	420×594	297×420	210×297
c	10			5	
a	25				

不论图纸是否横放或竖放,都应在图框右下角画一标题栏。标题栏中的文字方向为看图方向。标题栏的格式及项目一般由设计单位自定。学校制图作业中的标题栏建议采用图 1-8 所示的格式和尺寸。

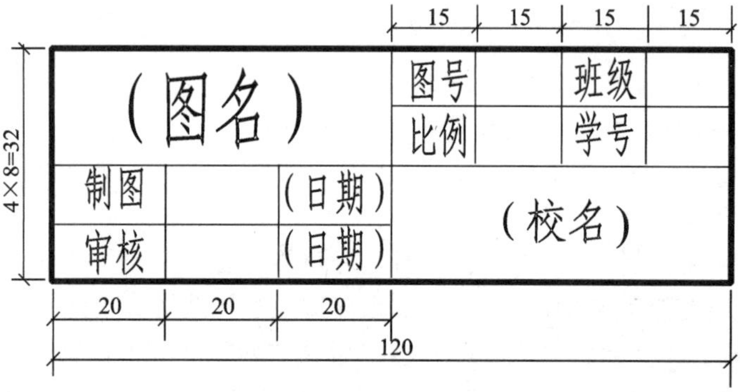

图 1-8 作业用标题栏

无论图纸是否装订,都应画出图框和标题栏,如图 1-9 所示。

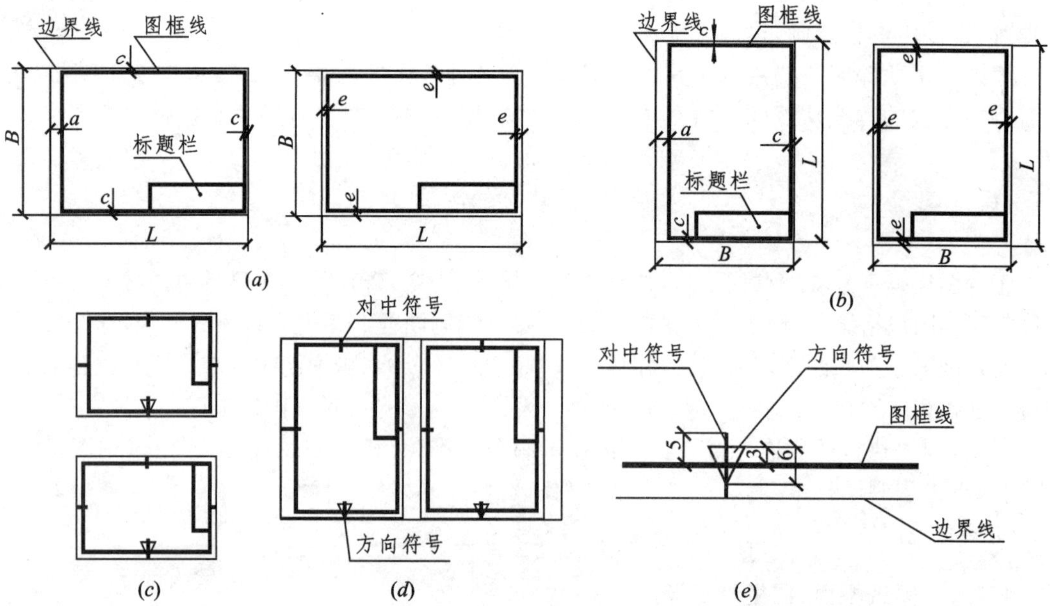

图 1-9 图纸幅面格式

(a)x 型(横放);(b)y 型(竖放);(c)特殊 x 型;(d)特殊 y 型;(e)方向符号与对中符号的画法

1.2.2　比例

比例指图中图形与其实物相应要素的线性尺寸之比。比例符号为“∶”，比例以阿拉伯数字表示，如 1∶1、1∶500、20∶1 等。绘图时，应根据图样的用途和所绘物体的复杂程度，优先从表 1-3 规定的系列中选取适当的比例。必要时，也允许选用表 1-4 中的比例。

注意：无论采用何种比例，图中所注尺寸均应为物体的实际尺寸，与比例无关，如图 1-10 所示。

表 1-3　常用比例

种　类	比　例		
原值比例	1∶1		
放大比例	5∶1 5×10^n∶1	2∶1 2×10^n∶1	1×10^n∶1
缩小比例	1∶2 1∶2×10^n	1∶5 1∶5×10^n	1∶10 1∶1×10^n

表 1-4　可用比例

种　类	比　例				
放大比例	4∶1 4×10^n∶1			2.5∶1 2.5×10^n∶1	
缩小比例	1∶1.5 1∶1.5×10^n	1∶2.5 1∶2.5×10^n	1∶3 1∶3×10^n	1∶4 1∶4×10^n	1∶6 1∶6×10^n

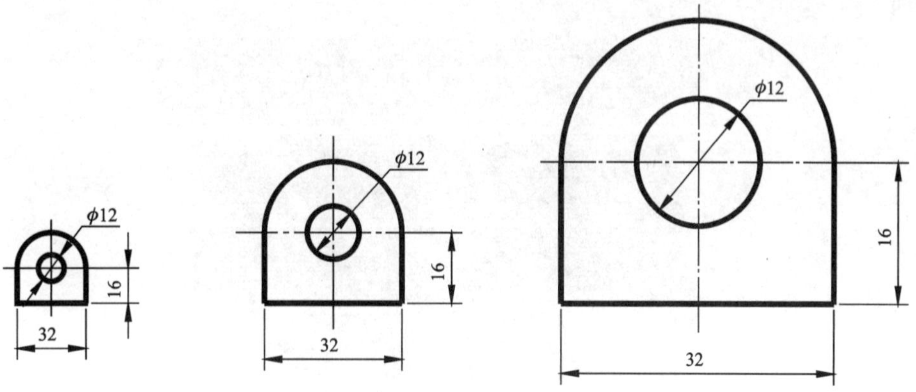

(a)　　(b)　　(c)

图 1-10　图中所注尺寸与比例无关

(a)1∶2；(b)1∶1；(c)2∶1

1.2.3　字体

工程样图中除图线外，还要用到字体。字体包括汉字、字母和数字。国标规定了字体的结构形式及基本尺寸，要求书写字体必须做到：字体工整，笔画清楚，间隔均匀，排列整齐。字体的高度(用 h 表示)它代表字体的号数。

1. 汉字

工程图中的汉字应写成长仿宋体，并应采用国家正式公布推行的《汉子简化方案》中规定的简化字。汉子的字高 h 不应小于 3.5mm。长仿宋体字书写有如下特点：

横平竖直。横笔基本要平，可稍微向上倾斜一点。竖笔要直。笔画要刚劲有力。

起落分明。横竖的起笔、收笔，撇的起笔，钩的转角等，都要顿一下笔，形成小三角。

笔锋满格。上下左右笔锋要尽可能靠近字格。

布局均匀。笔画布局要均匀紧凑。长仿宋体字书写示例如图 1-11 所示。

图 1-11　长仿宋体示例

2. 字母和数字

工程图中的字母和数字应按国标规定的示例书写。字母和数字的高度 h 不应小于2.5 mm，如图 1-12、图 1-13 所示。

图 1-12　斜体字母和数字字体示例

图 1-13 直体字母和数字字体示例

1.2.4 图线

为了表达工程图样中的不同内容,并且能够分清主次,必须使用不同的线型和不同粗细的图线。制图标准中对图线的线宽、线型、画法均作了明确规定。

1. 线宽

图线按线宽分为粗线、中粗线和细线三种,它们的宽度比率为 4∶2∶1。同类图线的宽度应一致。工程图中,习惯把粗实线的宽度用 b 表示。

2. 线型

工程制图中,常用的线型如表 1-5 所示。

表 1-5 常用线型

名称		线型	常用线宽	一般用途
实线	粗	————————	b	主要可见轮廓线
	中	————————	0.5b	可见轮廓线
	细	————————	0.25b	可见轮廓线、图例线
虚线	粗	— — — — — —	b	见有关专业制图标准
	中	— — — — — —	0.5b	不可见轮廓线
	细	— — — — — —	0.25b	不可见轮廓线、图例线等

续表 1-5

点画线	粗		b	见有关专业制图标准
	中		0.5b	见有关专业制图标准
	细		0.25b	中心线、对称线等
双点画线	粗		b	见有关专业制图标准
	中		0.5b	见有关专业制图标准
	细		0.25b	假想轮廓线、成型前原始轮廓线
折断线			0.25b	断开界线
波浪线			0.25b	断开界线

图线的应用示例如图所示 1-14 所示。

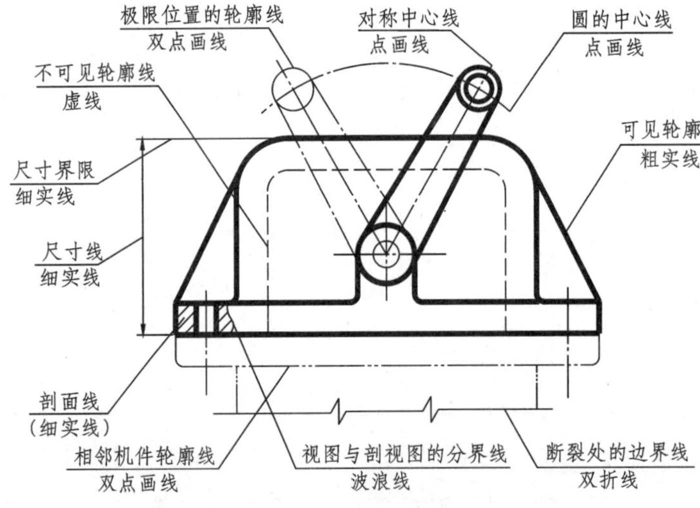

图 1-14 图线的应用

3. 图线的画法

同一图样中同类图线的宽度应基本一致。虚线、点画线和双点画线的线段长度和间隔应各自大致相等。画图时，图线的宽度靠削磨铅芯来保证，线段的长短和间隔靠目测控制，图线的浓淡靠手力来掌握。图线间的规定画法见表 1-6。

表 1-6 图线间的规定画法

图线间关系	正确画法	错误画法	文字说明
虚线是粗实线的延长线			虚线为粗实的延长线时，粗实线应画到分界点，留空隙后再画线。

续表 1-6

图线间关系	正确画法	错误画法	文字说明
图线相交	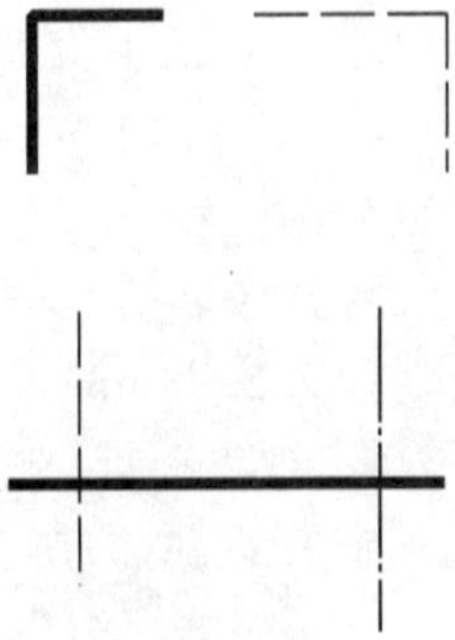	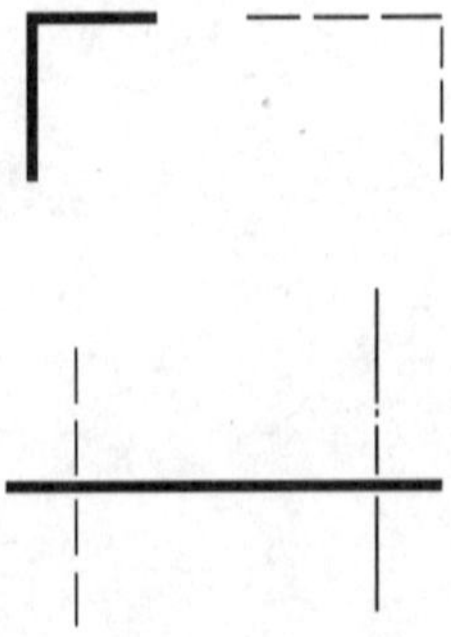	图线与图线相交必须以线段相交，不得在间隔或点处相交。
虚线相交	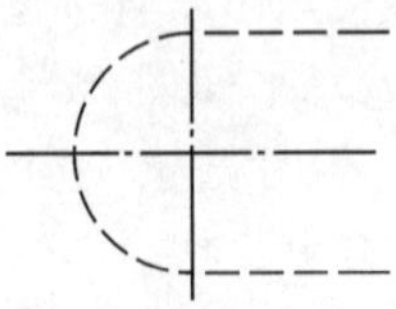	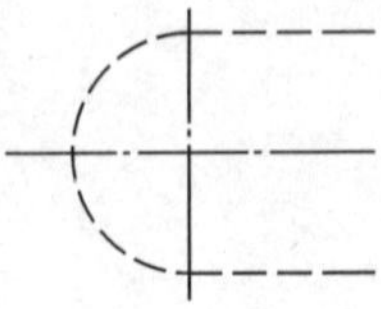	圆弧虚线与直虚线相切时，圆弧虚线画至切点处留空隙后再画直虚线。
点画线与轮廓线相交	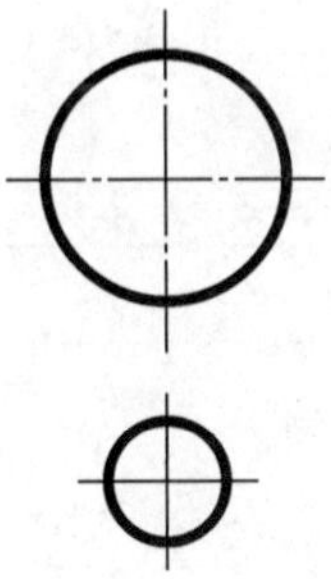	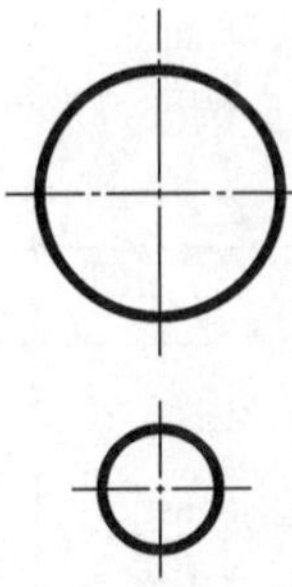	圆心应为点画线的线段交点，点画线应超出轮廓线约 3-5mm，且首末应是线段。在较小的图形上绘制点画线有困难时，可用细实线代替。

1.2.5　尺寸注法

工程图样除了画出建筑物及其各部分的形状外，还必须正确、完整和清晰地标注尺寸，以确定其大小，作为施工时的依据。

1. 尺寸的组成

完整的尺寸包括尺寸界线、尺寸线、尺寸起止符号和尺寸数字，如图 1-15(a)所示。

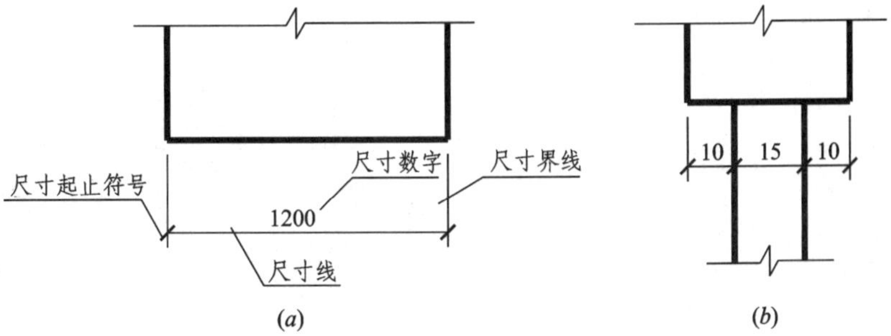

图 1-15　尺寸的组成

(1)尺寸界线。尺寸界线用细实线绘制，一般与被注长度垂直，一端离开图样轮廓线不小于 2mm，另一端且超出尺寸线 2～3mm，必要时，图样轮廓线可以作尺寸界线。如图 1-15(*b*)所示。

(2)尺寸线。尺寸线用细实线绘制，应与被注长度平行，且不宜超出尺寸界线。任何图线均不得用作尺寸线。

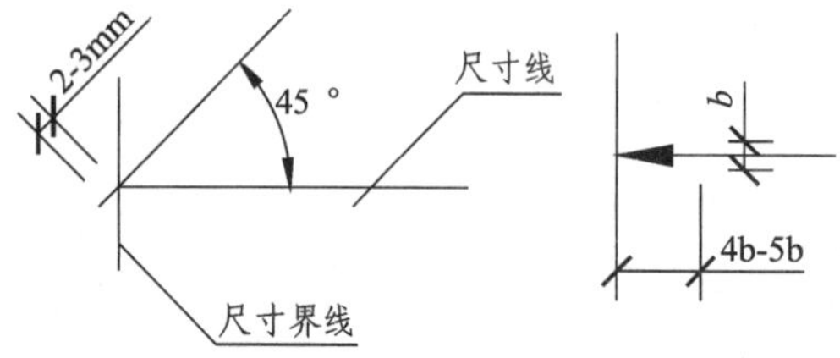

(*a*)　　(*b*)

图 1-16　尺寸起止符号

(*a*)45°倾斜短线；(*b*)箭头

(3)起止符号。尺寸起止符号一般用中粗斜短线绘制，其倾斜方向与尺寸界线成顺时针 45°角，长度宜为 2～3mm 如图 1-16(*a*)所示。

半径、直径、角度、弧长的尺寸起止符号用箭头表示，如图 1-16(*b*)所示。

(4)尺寸数字。图样上的尺寸，应以尺寸数字为准，不得从图上直接量取。图样上的尺寸单位，除标高及总平面图以米为单位外，其他均以毫米为单位。尺寸数字不得被任何图线穿过，不可避免时，应断开图线。

2. 常用尺寸的规定注法

线性尺寸、圆和圆弧尺寸、球面尺寸、弧长弦长尺寸、角度尺寸、坡度尺寸等标注的方法各有特点，有关标注的规定形式见表 1-7。

表 1-7　常用尺寸规定注法

	说　明	图　例
线性尺寸数字的注写方向	1. 水平尺寸字头朝上，铅垂尺寸字头朝左，倾斜尺寸应保证字头朝上的趋势，各图例(*a*)所示。 2. 尽量避免图例(*a*)所示 30°范围内标注尺寸，当无法避免时，允许按图例(*b*)所示形式标注	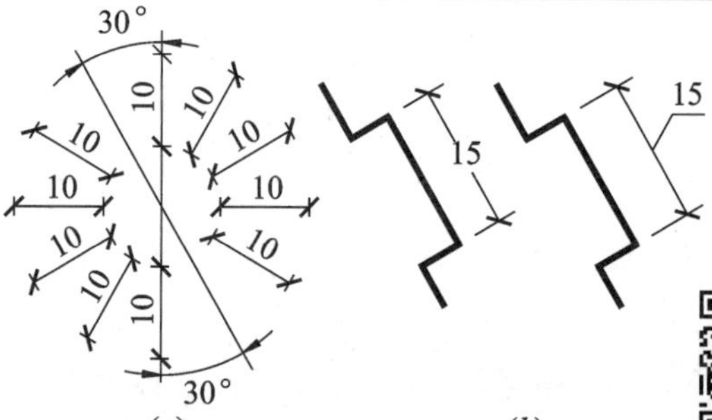 (*a*)　(*b*)
尺寸排列与布置	1. 相互平行的尺寸线，应从图样轮廓线由近向远整齐排列，小尺寸在内，大尺寸在外，如图例(*a*)所示。 2. 尺寸数字依据其注写方向应注写在靠近尺寸线的上方中部，如果没有足够的注写位置，最外边的尺寸数字可注写在尺寸界线的外侧，中间的尺寸数字可引出注写，如图例(*b*)所示。 3. 尺寸数字不得被任何图线穿过，不可避免时，应断开图线，如图例(*c*)所示。	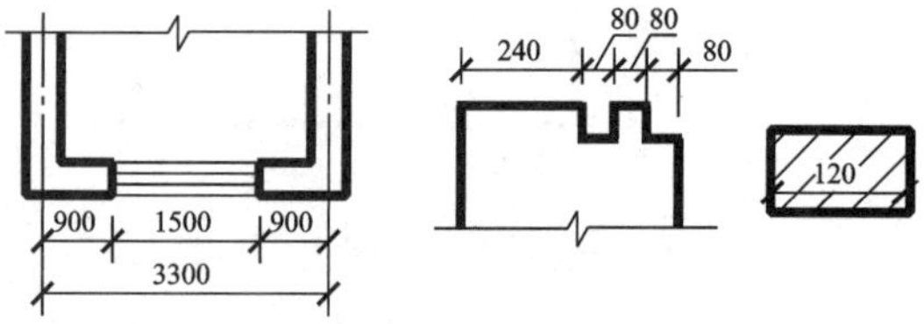 (*a*)　(*b*)　(*c*)

	说　　明	图　　例
圆和圆弧尺寸的标注	1. 标注直径或半径的尺寸时，应在数字前分别加注符号 ϕ 或 R。 2. 圆和大于半圆的圆弧应标注直径，半圆和小于半圆的圆弧应标注半径，如图例(*a*)所示。 3. 大圆弧的注法：当圆弧半径过大并且需要标明其圆心位置时可按图例(*b*)的方法标注；若不需要标明圆心位置，则可按图例(*c*)的方法标注。	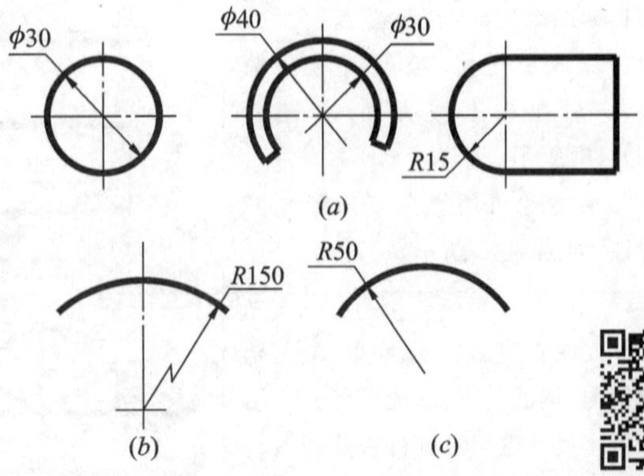
球面尺寸的注法	在标注球面直径或半径时，应在符号"ϕ"或"R"前加注符号"S"。	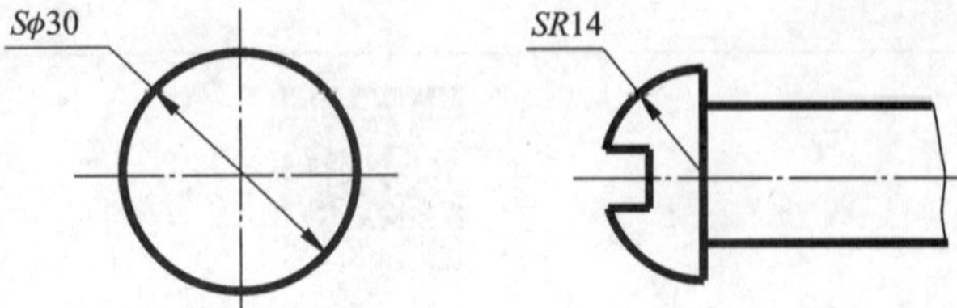
角度和弧长弦长的尺寸标注	1. 尺寸线沿径向引出，尺寸线是以角度顶点为圆心的圆弧，角度数字一律水平注写，一般注写在尺寸线的中断处，也可注写在尺寸线外或引出标注，如图例(*a*)所示。 2. 标注圆弧的弧长时，尺寸线以与该圆弧同心的圆弧线表示，尺寸界线垂直于该圆弧的弦长，起止符号用箭头表示，弧长数字的上方应加注圆弧符号，如图例(*b*)所示。 3. 标注圆弧的弦长时，尺寸线以平行于该弦的直线表示，尺寸界线垂直于该弦，起止符号用短斜线表示，如图例(*c*)所示。	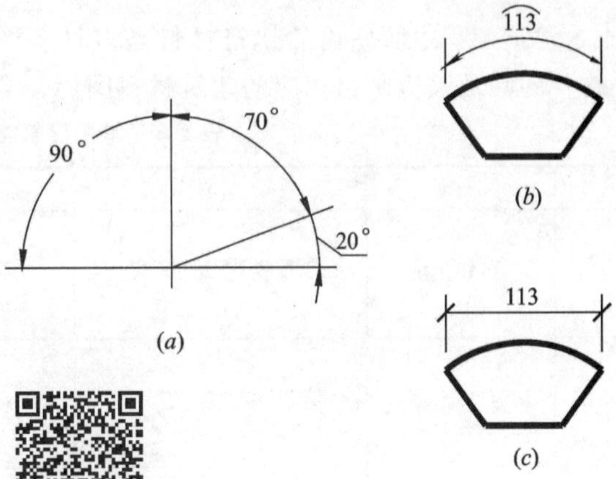
小尺寸的注法	尺寸界线之间没有足够位置画箭头或注写尺寸数字时，可按列形式标注。	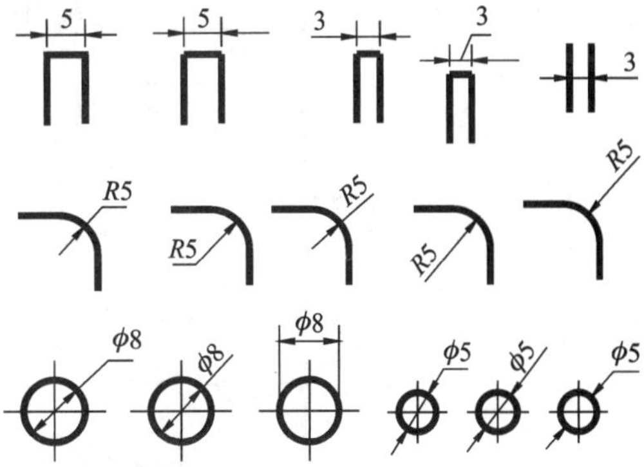

续表 1-7

	说　明	图　　例
坡度的标注方法	1. 标注坡度时，在坡度数字下方应加注坡度符号，坡度符号的箭头，一般指向下坡方向，如图例(*a*)、(*b*)所示。 2. 坡度也可用直角三角形形式标注，如图例(*c*)所示。	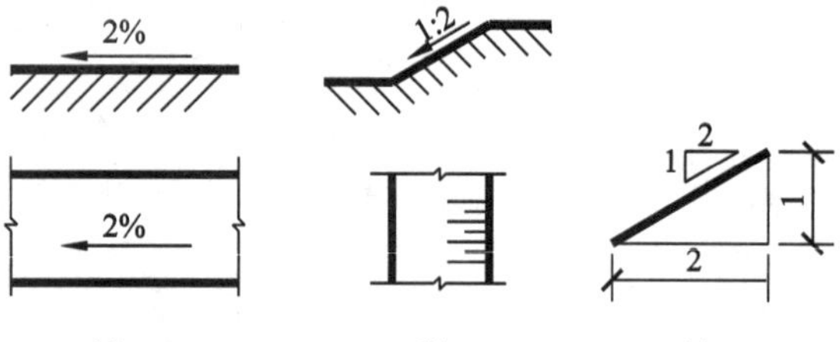 (*a*)　(*b*)　(*c*)
其他的尺寸标注	杆件或管线的长度，在单线图(桁架简图、钢筋简图、管线图等)上，可直接将尺寸数字沿杆件或管线的一侧注写，如图例(*a*)、(*b*)所示。	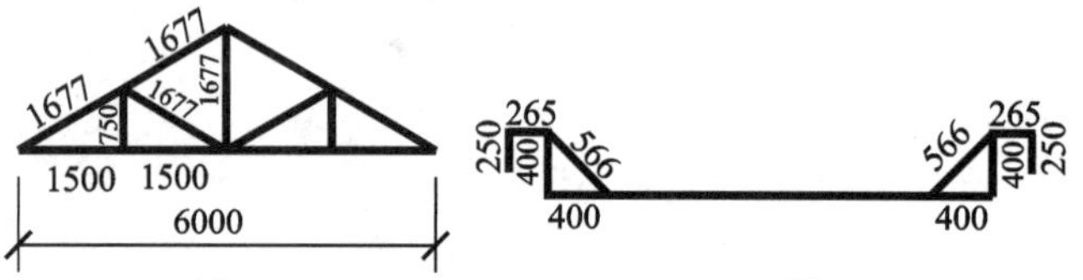 (*a*)　(*b*)

1.2.6　建筑材料图例

土木建筑工程中所使用的建筑材料是多种多样的。为了在图纸上明显地把它们表示出来，在构件的断面上应画出相应的建筑材料图例。常用的建筑材料图例见表 1-8。

表 1-8　常用建筑材料图例

序号	名称	图例	说明
1	自然土壤		包括各种自然土壤，徒手绘制
2	夯实土壤	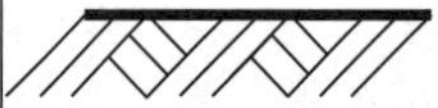	斜线为45°细实线，用尺绘制
3	砂，灰土	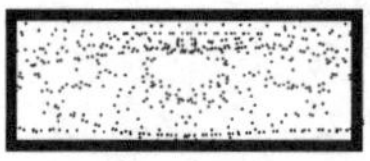	点为不均匀的小圆点，靠近轮廓线的点较密
4	普通砖	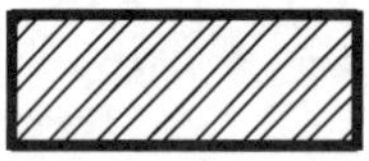	1. 包括砌体、砌块 2. 断面较窄，不易画图例线时，可涂红
5	混凝土		1. 本图例仅适用于能承重的混凝土及钢筋混凝土 2. 包括各种标号、骨料、添加剂的混凝土 3. 在断面图上画出钢筋时，不画图例线 4. 断面较窄，不易画图例线时，可涂黑
6	钢筋混凝土		

续表 1-8

7	金属	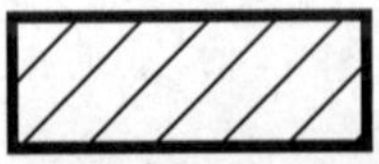	1. 包括各种金属 2. 图形小时，可涂黑
8	木材		1. 上图为横断面，左上图为垫木、木砖、木龙骨 2. 下图为纵断面
9	干砌块石	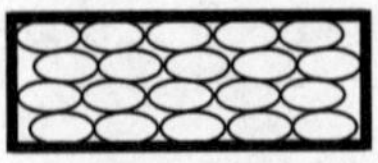	石缝要错开，空隙不涂黑
10	浆砌块石	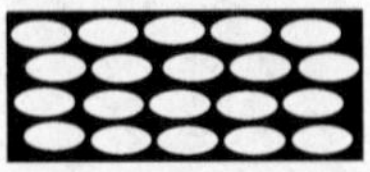	石头之间空隙要涂黑
11	碎石	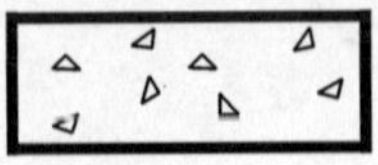	石头有棱角
12	岩基		以岩石作为建筑物的地基
13	饰面砖		包括铺地砖、马赛克、陶瓷锦砖、人造大理石等
14	防水材料		构造层次多或比例较大时，采用此图例

1.3 几何作图

几何作图是根据已知条件按几何定理用仪器和工具作图。几何作图在工程制图中应用甚广，因此，掌握几何作图的方法，可以提高制图的准确性和速度，从而保证绘图质量。

1.3.1 基本作图方法

1. 作已知线段的垂直平分线方法如图 1-17 所示。

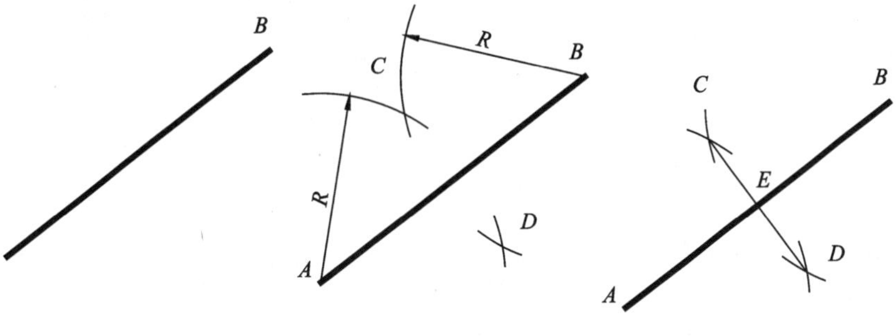

(a) (b) (c)

图 1-17 作直线的垂直平分线

(1)已知直线 AB,如图 1-17(a)所示。

(2)以大于 $AB/2$ 的线段 R 为半径,以 A 和 B 为圆心作圆弧,得交点 C 和 D,如图 1-17(b)所示。

(3)连接 C、D,即为所求,交点 E 等分 AB,如图 1-17(c)所示。

2. 作已知线段的任意等分。以五等分线段 AB 为例,方法如图 1-18 所示。

(1)已知直线 AB,如图 1-18(a)所示。

(2)过点 A 作任意直线 AC,在 AC 上从 A 点起截取任意长度的五等分,得 1、2、3、4、5 点,如图 1-18(b)所示。

(3)连接 B、5 点,过其他点分别作直线平行于 $B5$,交 AB 于四个等分点,即为所求,如图 1-18(c)所示。

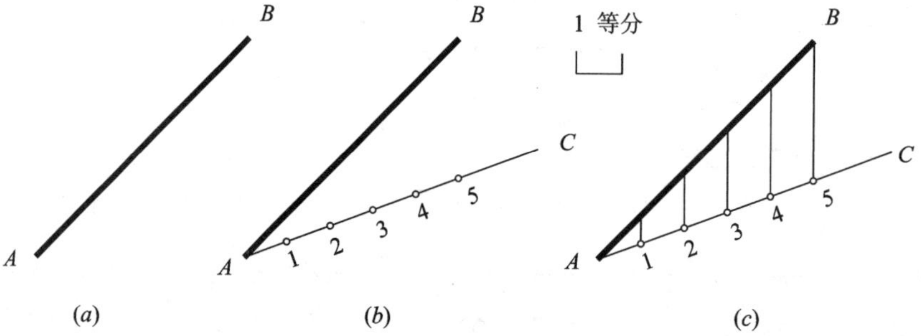

图 1-18　五等分线段 AB

3. 等分圆周和作正多边形

等分圆周和作正多边形的方法步骤见表 1-9。

表 1-9　等分圆周和作正多边形

	作图步骤及图例		
三等分圆周及作圆内接正三边形	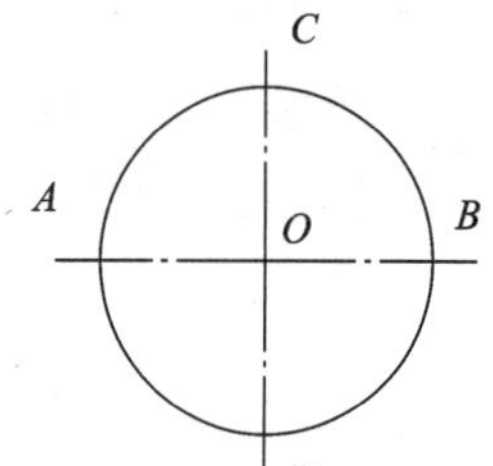	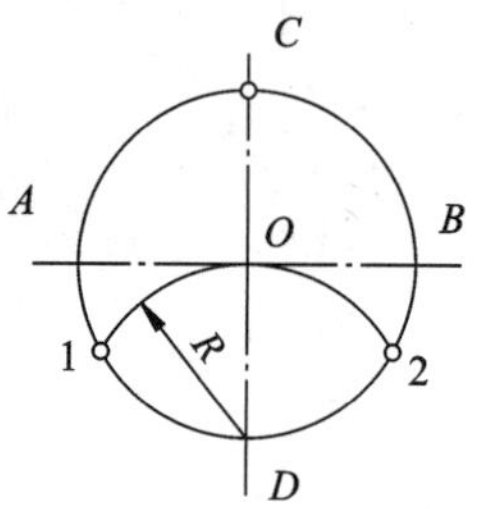	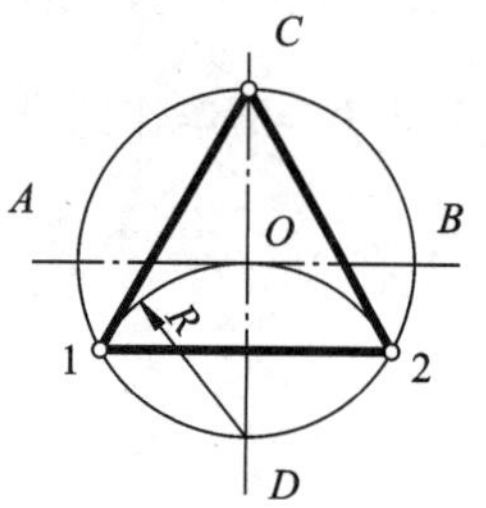
	1. 已知圆心 O 及直径 AB、CD。	2. 以 D 点为圆心,OD 为半径画圆弧,交圆周于 1、2 两点,1、2、C 点分圆周三等分。	3. 连接 1、2、C 三点,即得圆内接正三边形。

<table>
<tr><th colspan="2"></th><th colspan="3">作图步骤及图例</th></tr>
<tr><td colspan="2" rowspan="2">六等分圆周及作圆内接正六边形</td>
<td>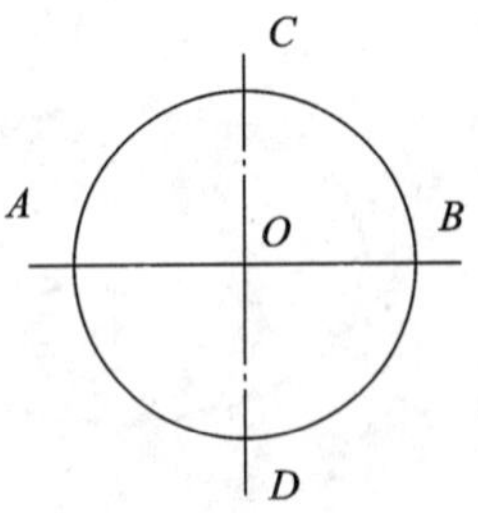</td>
<td>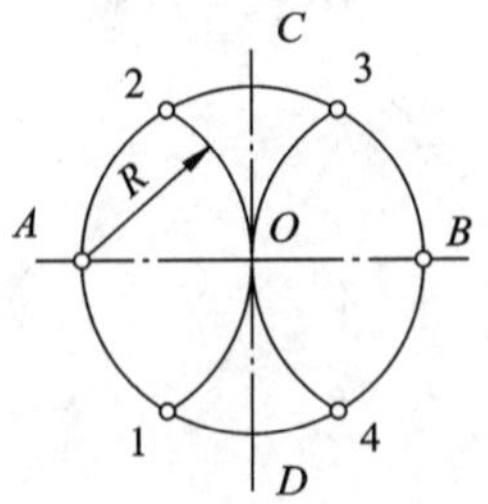</td>
<td>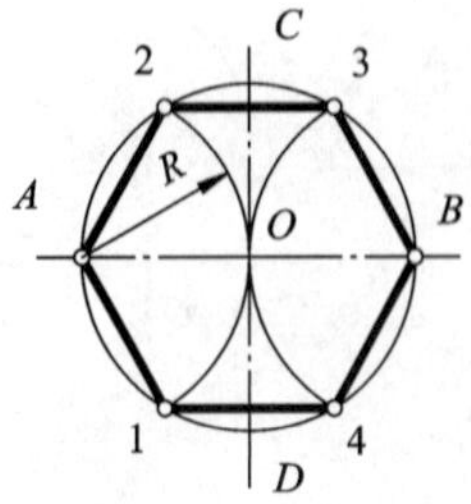</td></tr>
<tr><td>1. 已知圆心 O 及直径 AB、CD。</td><td>2. 分别以 A、B 为圆心，OA、OB 为半径画圆弧，与圆周相交于 1、2、3、4 点，则 1、2、3、4、A、B 六点为等分点。</td><td>3. 依次连接 A、2、3、B、4、1 各点。即得圆内接正六边形。</td></tr>
<tr><td rowspan="2">任意等分圆周及作圆内接正n 边形</td><td rowspan="2">以五等分圆周及作圆内接正五边形为例</td>
<td>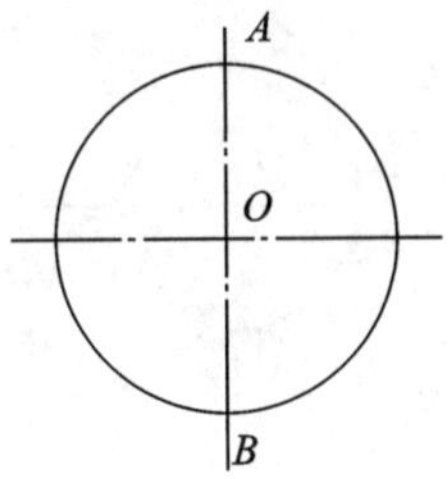</td>
<td>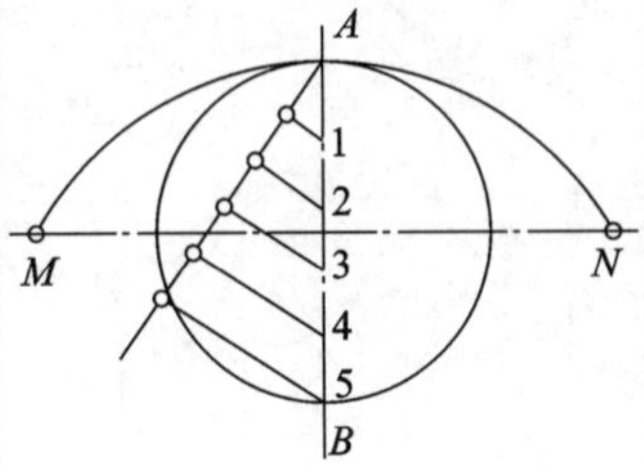</td>
<td>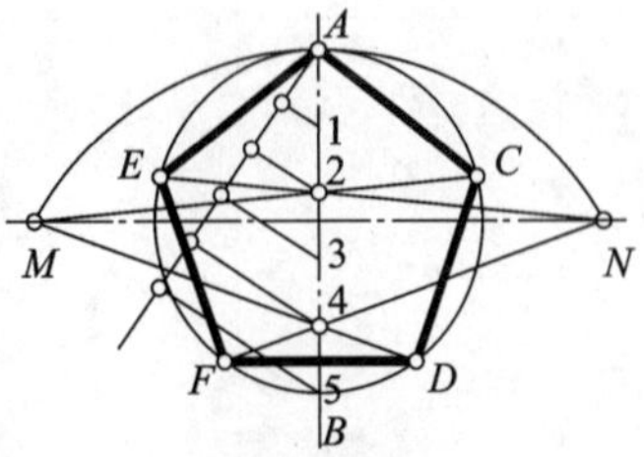</td></tr>
<tr><td>1. 已知圆心 O 及直径 AB。</td><td>2. 将直径 AB 分为五等分，以 B 为圆心、AB 为半径作圆弧，交水平中心线于 M、N 两点</td><td>3. 自 M、N 分别向 AB 上的各偶数点（或奇数点）作连线并延长，交圆周于 C、D、E、F；则 A、C、D、F、E 点为等分点，依次连接各等分点，即得圆内接正边形。</td></tr>
</table>

4. 椭圆

椭圆是非圆曲线，绘制样图中常用同心圆法或四心圆法来近似绘制椭圆，作图方法和步骤见表 1-10。

表 1-10　椭圆的画法

	作图步骤及图例		
四心圆法画椭圆	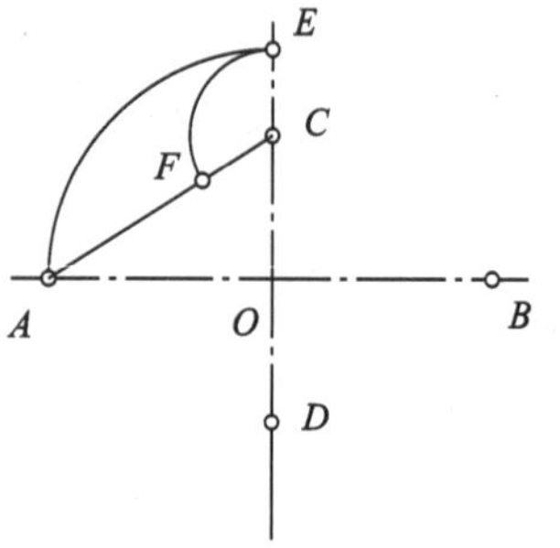	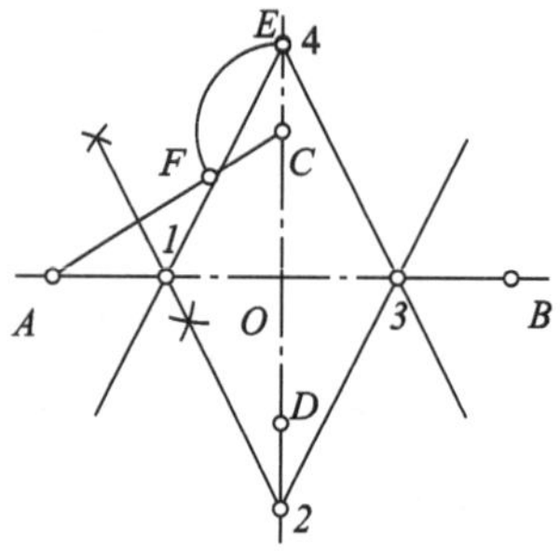	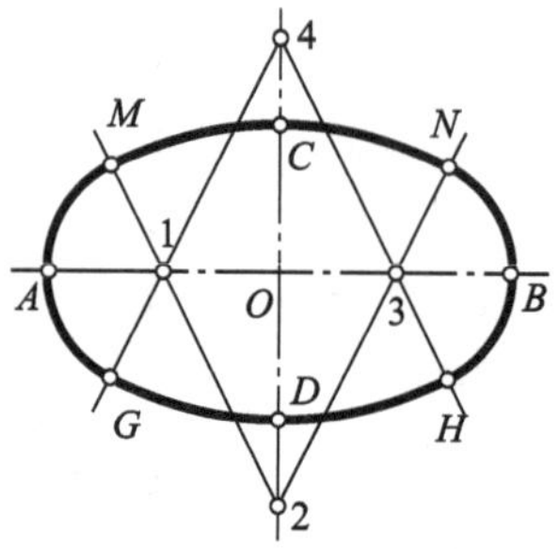
	1. 已知椭圆的长轴 AB 和短轴 CD。以 O 为圆心、OA 为半径画弧交短轴延长线于点 E。再以 C 为圆心,CE 为半径画弧交 AC 于点 F。	2. 作线段 AF 的垂直平分线,与长、短轴分别交于 1、2 两点,再取 1、2 的对称点 3、4 得四个圆心。将点 21、23、41、43 相连并延长。	3. 分别以 1、3 为圆心,1A(或 3B)为半径画弧交至连心延长线,再分别以 2、4 为圆心,2C(或 4D)为半径画弧交至连心延长线,即得所求近似椭圆,图中点 M、N、G、H 为切点。
同心圆法画椭圆	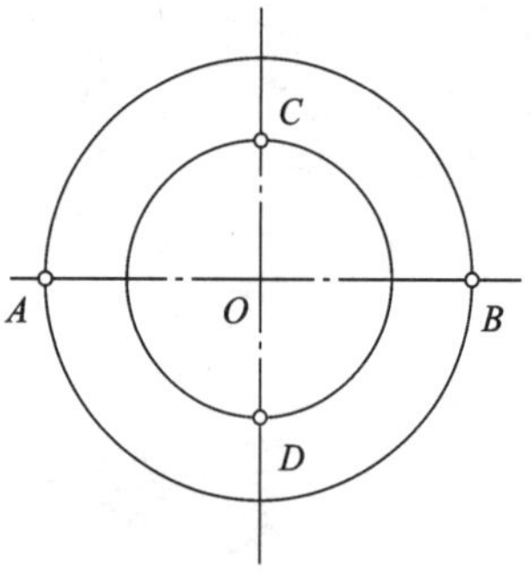	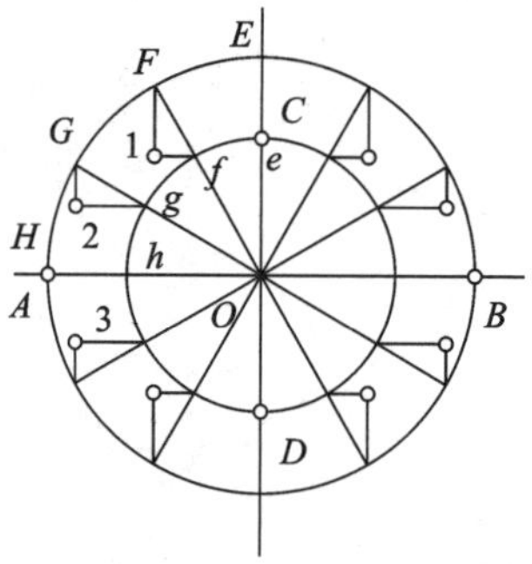	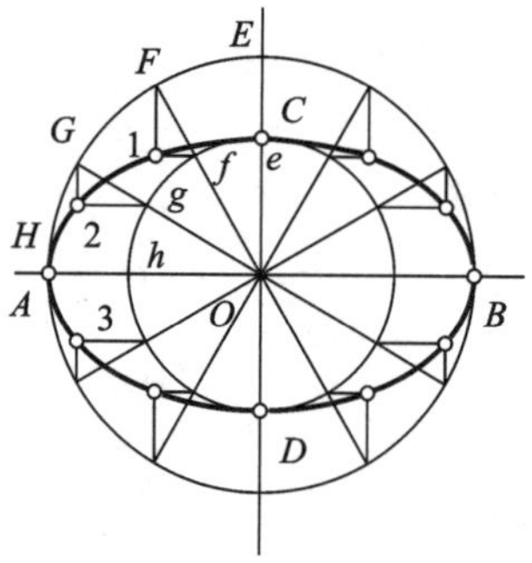
	1. 已知椭圆的长轴 AB 和短轴 CD。以 O 为圆心,分别以 OA、OC 为半径作两个同心圆。	2. 将两同心圆等分(如图 12 等分),得各等分点 E、F、G、H…和 e、f、g、h…。过大圆的等分点作短轴的平行线,过小圆上的等分点作长轴的平行线,分别交于 1、2、3…各点,即为椭圆上的点。	3. 用曲线板依次将所求椭圆上各点对称而光滑地连接,即得椭圆。

5. 圆弧连接

圆弧连接指用给定半径的圆弧,将直线与直线、直线与圆弧、圆弧与圆弧光滑连接,也就是彼此相切。解决圆弧连接的问题,就是要准确地求出连接圆弧的圆心位置和作为连接点的切点位置。

(1)圆弧连接的基本原理

表 1-11 列出了求连接圆弧圆心和切点的基本原理。

(2)圆弧连接的基本形式及作图方法

圆弧连接的基本形式及作图方法见表 1-12。

表 1-11　圆弧连接的基本原理

	连接弧与已知直线相切	连接弧与已知圆 O_1 外切	连接弧与已知圆 O_2 内切
图例	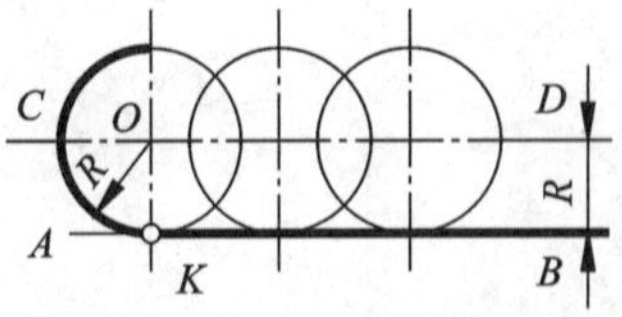	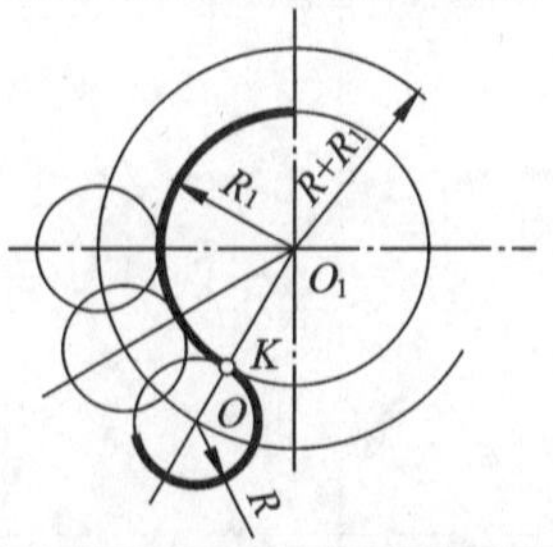	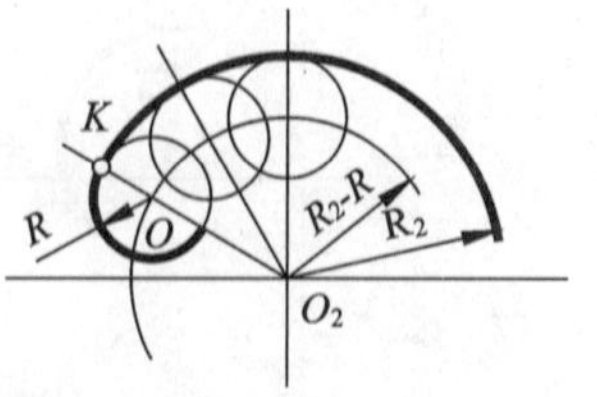
连接圆弧心的轨迹	半径为 R 的圆与已知直线 AB 相切时，其圆心轨这为与已知直线 AB 平行的直线 CD，其距离为圆的半径 R。	半径为 R 的圆与已知圆 O_1 外切时，其圆心轨迹为已知圆 O_1 的同心圆，半径为两者的半径和 $R+R_1$。	半径为 R 的圆与已知圆 O_2 内切时，其圆心轨迹为已知圆 O_2 的同心圆，半径为两者的半径差 R_2-R。
切点位置	由连接弧圆心 O 向已知直线 AB 作垂线，与直线的交点 K 即为切点。	两圆弧的连心线 OO_1 与已知圆周的交点 K 即为切点。	两圆弧连心线 OO_2 的延长线与已知圆周的交点 K 即为切点。

表 1-12　圆弧连接的基本形式及其作图方法

连接形式	已知条件	作图方法和步骤	
用圆弧连接两已知直线	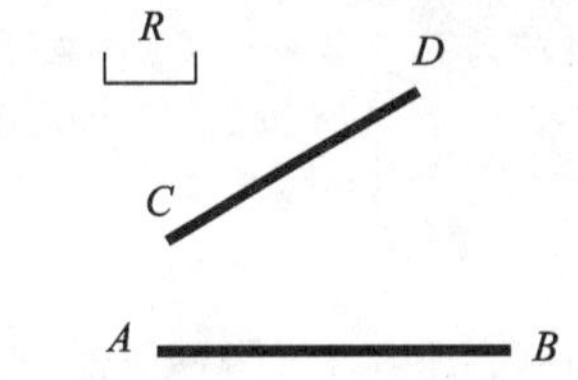	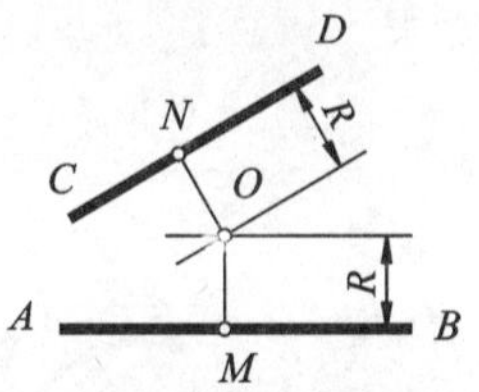	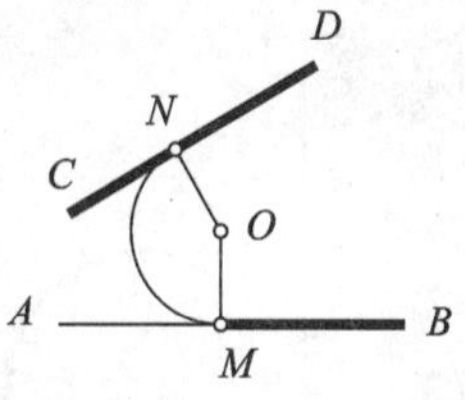
	已知半径 R 和斜交两直线 AB、CD	1. 作与 AB、CD 直线平行且相距为 R 的两直线，交点 O 为圆弧圆心，自 O 点向两已知边垂线，垂足 M、N 即为切点。	2. 以 O 点为圆心，R 为半径在两切点 M、N 之间画圆弧即为所求。
圆弧连接一直线和一圆弧	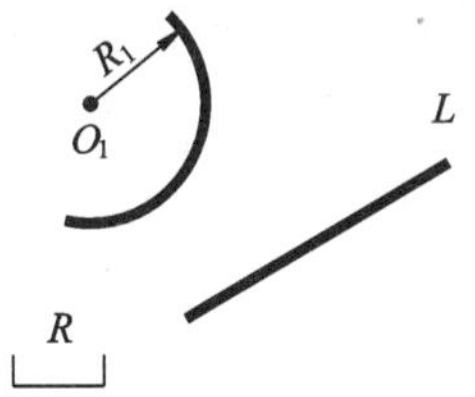	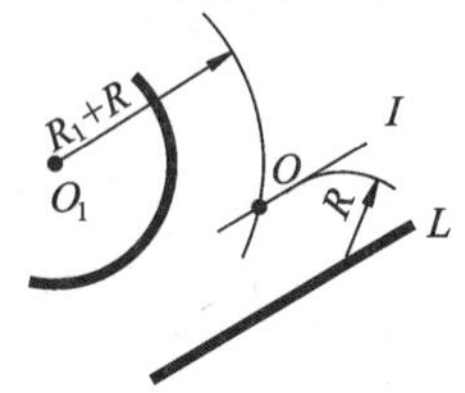	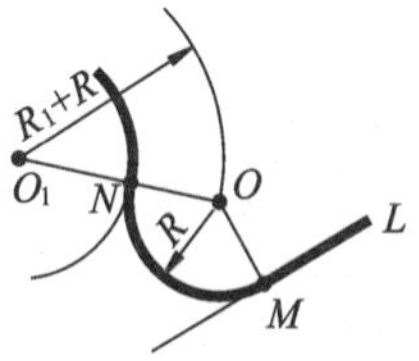
	已知直线 L、半径为 R 的圆弧和连接圆弧的半径 R。	1. 作距离直线 L 为 R 的平行线 I，再以 O_1 为圆心、R_1+R 为半径作圆弧，交直线 I 于点 O。	2. 连接 O_1O，交已知圆弧于切点 N，过 O 作直线 L 的垂线得垂足 M，为切点。以 O 为圆心、R 为半径画弧从 M 到 N，即为所求。

续表 1-12

连接形式	已知条件	作图方法和步骤	
连接圆弧与两圆弧均外切	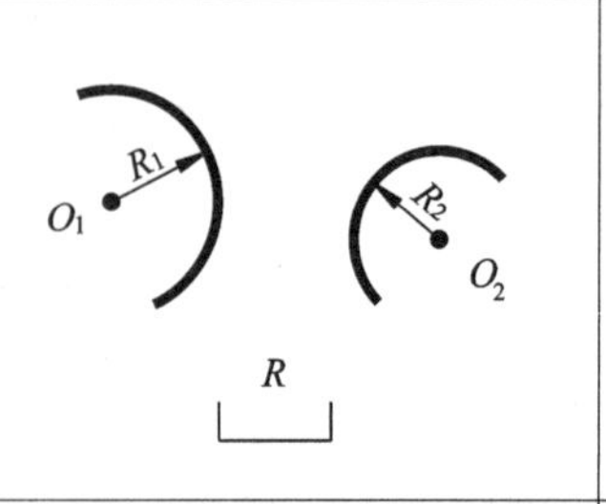	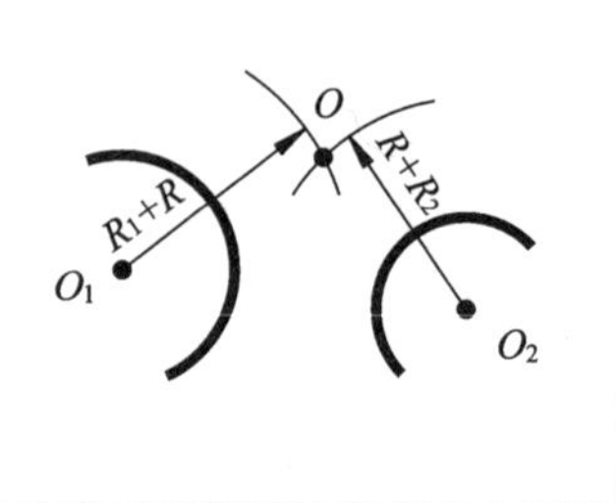	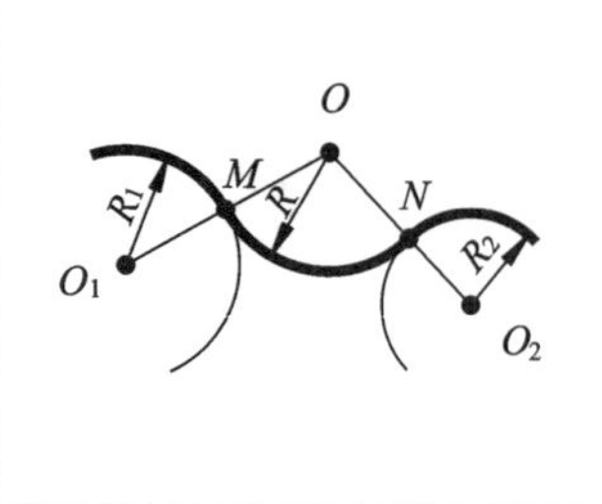
	已知外切圆弧半径 R 和半径为 R_1、R_2 的两已知圆弧。	1. 以 O_1 为圆心、R_1+R 为半径作圆弧，以 O_2 为圆心、$R+R_2$ 为半径作圆弧，两弧交点 O 即为连接圆弧圆心。	2. 连接 OO_1 和 OO_2，分别交圆弧 O_1、O_2 于切点 M、N，以 O 为圆心、R 为半径画弧从 M 到 N，即为所求。
连接圆弧与两圆弧均内切	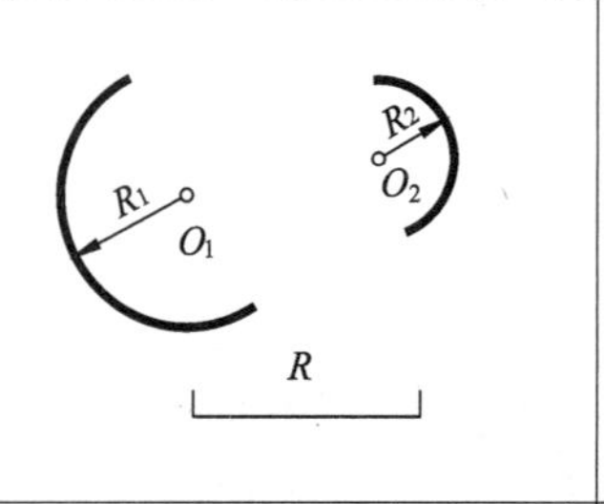	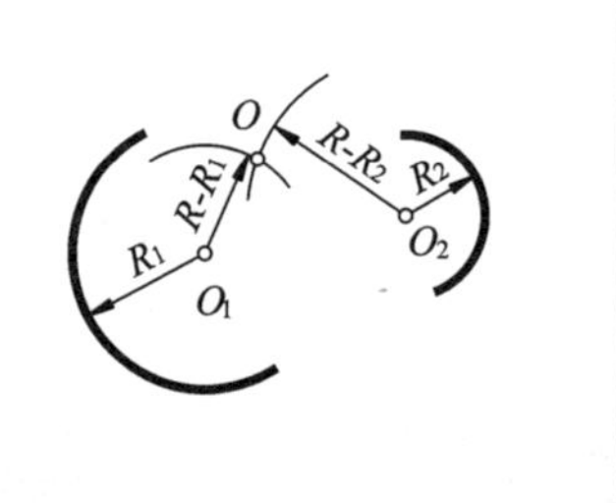	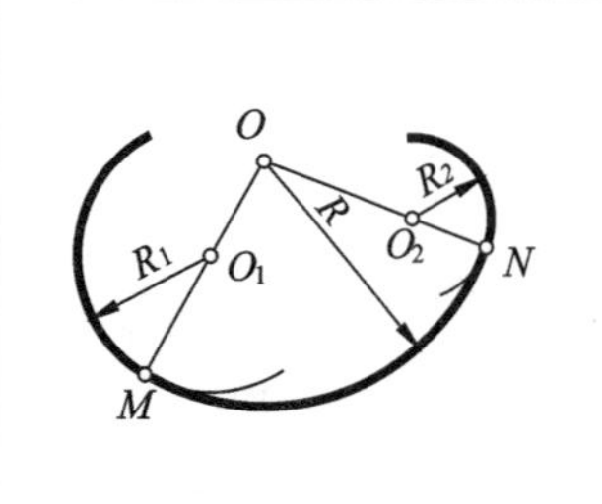
	已知内切圆弧半径 R 和半径为 R_1、R_2 的两已知圆弧。	1. 以 O_1 为圆心、$R-R_1$ 为半径作圆弧，以 O_2 为圆心、$R-R_2$ 为半径作圆弧，两弧交点 O 即为连接圆弧圆心。	2. 延长 OO_1、OO_2，分别交圆弧 O_1、O_2 于切点 M、N，以 O 为圆心、R 为半径画弧从 M 到 N，即为所求。
连接圆弧与两圆弧内外切	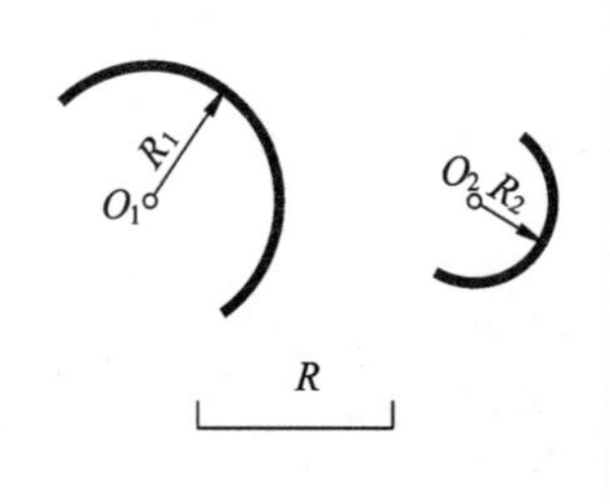	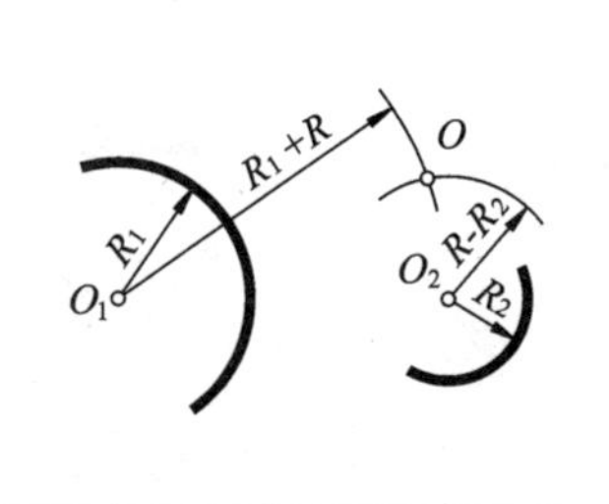	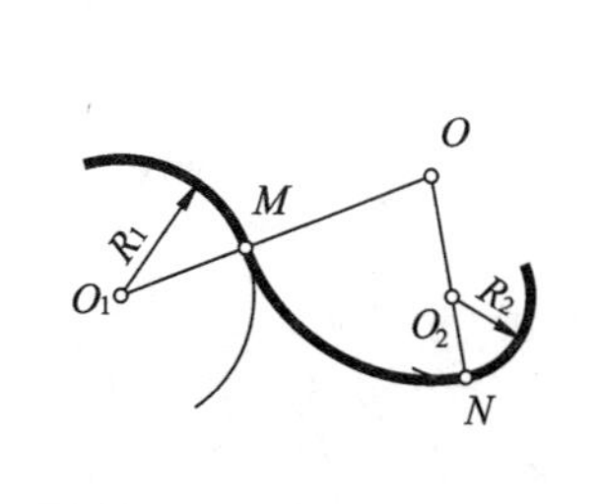
	已知连接圆弧半径 R 和半径为 R_1、R_2 的两已知圆弧。	1. 以 O_1 为圆心、R_1+R 为半径，以 O_2 为圆心、$R-R_2$ 为半径作圆弧，两弧交点 O 即为连接圆弧圆心。	2. 连接 OO_1、OO_2 交圆弧 O_1、O_2 于切点 M、N，以 O 为圆心、R 为半径画弧从 M 到 N，即为所求。

1.4 平面图形的分析及画法

平面图形是由若干线段连接而成的。在画图时，首先要对图形进行尺寸分析和线段性质分析，才能正确地画出图形和标注尺寸。

1.4.1 平面图形的尺寸分析

根据尺寸在平面图形中所起的作用不同，分为定形尺寸和定位尺寸两类。为了确定画图时所需要的尺寸数量及画图的先后顺序，必须首先确定尺寸基准。

(1)尺寸基准——是标注尺寸的起点。一个平面图形应有两个方向的尺寸基准。平面图形的尺寸基准一般以图形的对称线、较大圆的中心线或主要轮廓线作为基准线。如图 1-19 中，长度方向的尺寸基准为 $\phi20$ 处重要端面，高度方向的尺寸基准为回转轴线。上述 $R8$ 圆弧的高度方向定位尺寸为零(圆心位于回转轴线上)。

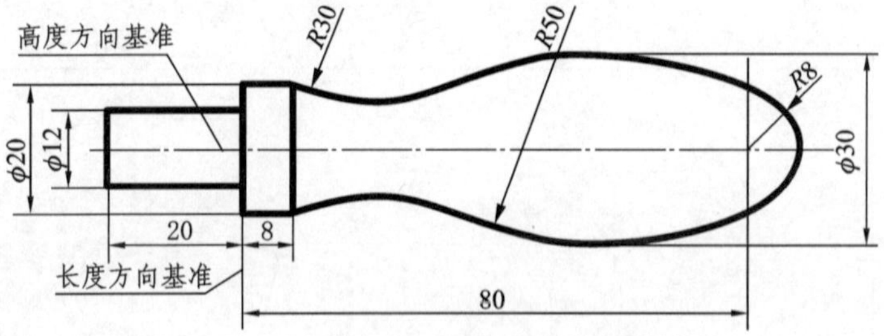

图 1-19 平面图形的尺寸和线段分析

(2)定形尺寸——用来确定图形中几何元素大小的尺寸，如线段的长度，圆及圆弧的半径、直径等的尺寸，如图 1-19 中的尺寸 $\phi20$、$\phi12$、20、$R8$、$R30$、$R50$ 等。

(3)定位尺寸——用来确定图形中几何元素之间相对位置的尺寸，对于平面图形应有水平及铅垂两个方向的定位尺寸，如图 1-19 中的尺寸 80，是确定 $R8$ 圆弧左右位置的尺寸，属定位尺寸。

1.4.2 平面图形的线段分析

平面图形中的线段按所给尺寸的多少和类型可分为已知线段、中间线段和连接线段三种。

(1)已知线段——定形尺寸和定位尺寸齐全，根据所注尺寸即可绘制的线段。如图 1-19 中左边两个矩形的边线及 $R8$ 圆弧均为已知线段。

(2)中间线段——具有定形尺寸和一个方向的定位尺寸，另一个方向的定位尺寸需依赖其相接的已知线段得到的线段。图 1-19 中的 $R50$ 圆弧，缺少圆心长度方向的定位尺寸，故为中间线段。

(3)连接线段——只有定形尺寸没有定位尺寸，需根据两个连接关系才能画出的线段。如图 1-19 中的 $R30$ 圆弧即为连接线段。

1.4.3 平面图形的画法

由以上分析可知，平面图形的作图顺序一般为：

(1)画基准线、已知圆弧。

(2)画中间线段。

(3)画连接线段。

(4)检查描深、标注尺寸。

平面图形的绘图步骤见表 1-13。

表 1-13　平面图形的绘图步骤

<table>
<tr><th>作图步骤</th><th>图　　例</th></tr>
<tr><td>1. 作基准线、主要定位线和已知圆弧</td><td>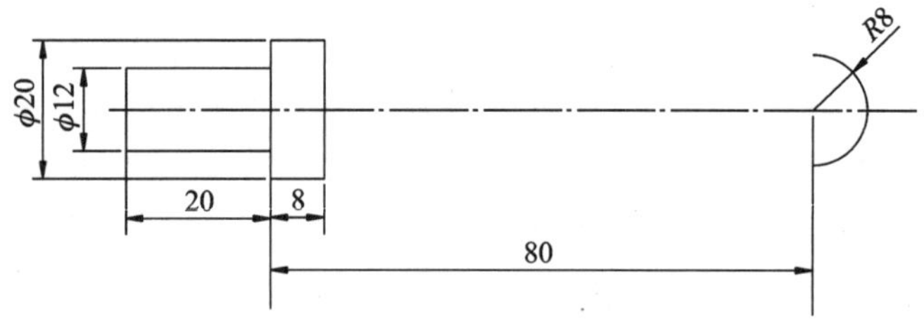
</td></tr>
<tr><td>2. 作中间线段 R50 圆弧，它与 R8 圆弧内连接。</td><td>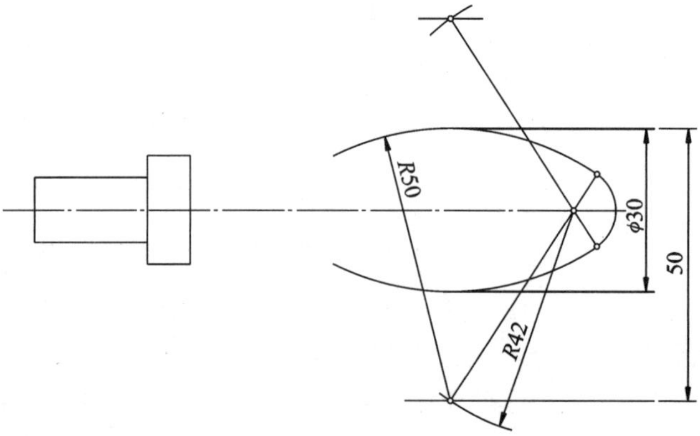
</td></tr>
<tr><td>3. 作连接线段 R30 圆弧，它与 R50 圆弧外连接并通过矩形的顶点 A（或 B）。完成图形后描深、注尺寸。</td><td>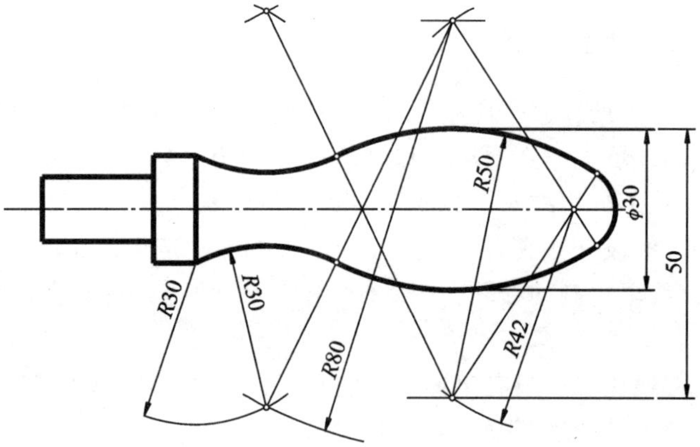
</td></tr>
</table>

1.5　绘图的方法和步骤

1.5.1　仪器绘图

为了保证绘图的质量和速度，除应遵守制图的有关标准和正确使用各种制图工具外，还应注意绘图的步骤和方法。绘图步骤和方法因图的内容和绘图者的习惯而各不相同，这里建议的是一般的绘图步骤和方法。

1. 绘图前的准备工作

(1)阅读必要的参考资料,了解所绘图形的内容与要求。

(2)准备好必要的制图工具,包括削磨铅笔及圆规上的铅芯,用清洁软布将图板、丁字尺、三角板檫干净,洗净双手以免弄脏图纸

(2)将选定的图纸固定在图板左下方,固定图纸时,应使图纸的上下边与丁字尺尺身工作边平行,图纸与图板边留有适当的空隙。

2. 画底稿

(1)画图框线和标题栏。

(2)确定比例,布置图形,使图形在图纸上的位置和大小适中,各图形间应留有适当空隙及标注尺寸的位置。

(3)先画图形的基准线、对称线及主要轮廓线,再逐步画出细部,最后标注尺寸。

画底稿用 $2H$ 或 H 铅笔,画出的线条应轻而细,并要区分线型类别,但不分粗细。画底稿时应一丝不苟,精确量画,避免错误。底稿完成后,应认真检查,改正错误并擦去多余图线。

3. 铅笔加深

为了使同类线型粗细一致,可以按线宽分批加深:先加深点画线和粗实线,再加深中虚线、细实线最后加深双点画线、折断线和波浪线。

加深同类型图线的顺序一般是先曲线后直线。加深同类型的直线时,通常先从上向下加深所有的水平线,再从左向右加深所有的铅垂线,最后加深倾斜线。

图线加深完毕后,再加深尺寸、书写文字。写字前,必须按选定的字号打格书写。加深后的图形应做到粗细分明,符合国标的规定粗线(如粗实线)和中粗线(如中虚线),常用 HB 或 B 铅笔加深;细线(如细实线、细点画线、折断线及波浪线等)常用 H 或 $2H$ 铅笔加深。加深圆弧时,圆规的铅芯应比画直线时的铅芯软一号。

4. 检查、复核

以上制图步骤完成后,应对所绘图纸认真检查和复核,避免错误。

1.5.2 徒手画图

徒手图也称草图它是以目测估计图形与实物的比例。在生产实践中,经常需要人们通过绘制草图来记录或表达技术思想,因此,徒手画图是工程技术人员必备的一项重要的基本技能。

画徒手图的基本要求:画线要稳、图线要清晰、目测尺寸要准(尽量符合实际)、绘图速度要快、标注尺寸无误。

要画好徒手图,必须掌握徒手绘制各种线条的基本手法。徒手画图练习可先在方格纸上练习,在画各种图线时,手腕要悬空,小指接触纸面徒手图不需固定图纸,为了顺手,可以随时转动图纸。画徒手图一般选用 HB 或 B 的铅笔,粗细各一支,分别用于绘制粗、细线。铅芯削磨成圆锥状,画粗实线的铅芯应削磨得较钝,画细线的铅芯应削磨得较尖。

1. 直线的画法

画直线时,笔由起点,沿着画线方向移动,眼要注意终点方向,保证图线画得直。

画水平线时,自左向右画线;画垂直线时,自上而下画线;画斜线时,自上而下画线。如

图 1-20 所示。

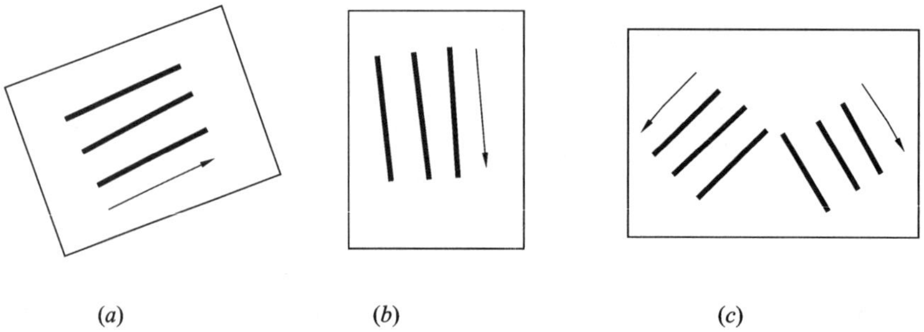

图 1-20　徒手画直线的方法

(*a*)画水平线;(*b*)画竖直线;(*c*)画斜线

2. 圆的画法

画小圆时,先定出圆心位置,过圆心画出两条相互垂直的中心线,然后按半径在中心线上目测截取四个点,分四段连接成圆,如图 1-21(*a*)所示。画较大直径圆时,可通过圆心加画一对十字线,按半径目测定出八个点,连接成圆,如图 1-21(*b*)所示。

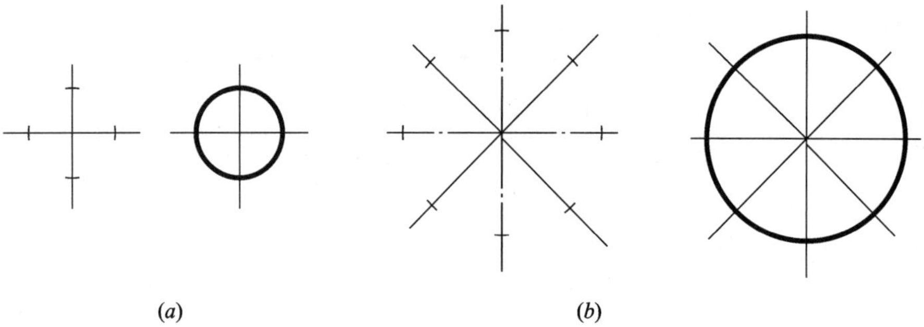

图 1-21　徒手画圆的方法

(*a*)画小圆;(*b*)画大圆

3. 常用角度的画法

画 45°、30°、60°等常见角度时,可根据两直角边的比例关系,在两直角边上定出几点,然后画线,如图 1-22 所示。

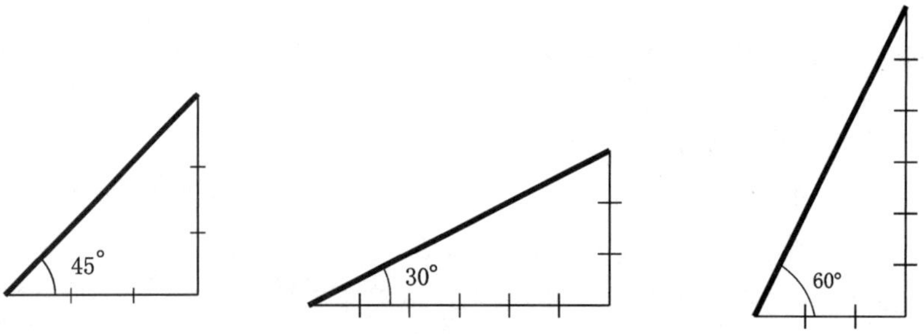

图 1-22　角度线的徒手画法

复习思考题

1. 国家标准中优先采用的图纸基本幅面有(　)。

(A)3 种；　(B)4 种；　(C)5 种；　(D)6 种。

2. A0 图纸幅面是 A4 图纸幅面的(　)。

(A)4 倍；　(B)8 倍；　(C)16 倍；　(D)32 倍。

3. 国家标准中规定标题栏正常情况下应画在图纸的(　)。

(A)左上角；　(B)右上角；　(C)左下角；　(D)右下角。

4. 用下列比例分别画同一个构件，所绘图形最大的比例是(　)。

(A)1∶1；　(B)1∶5；　(C)5∶1；　(D)2∶1。

5. 图线有粗线、中粗线细线之分，它们的宽度比率为(　)。

(A)1∶2∶4；　(B)4∶2∶1；　(C)2∶4∶1；　(D)2∶1∶4。

6. 在尺寸标注中，尺寸线为(　)。

(A)粗实线；　(B)点画线；　(C)细实线；　(D)虚线。

7. 一个完整的尺寸所包含的基本要素是(　)。

(A)尺寸界线、尺寸线、箭头和数字；　(B)尺寸界线、尺寸数字和箭头；

(C)尺寸界线、尺寸线和尺寸数字；　(D)尺寸线、箭头和尺寸数字。

8. 图形上标注的尺寸数字表示(　)。

(A)画图的尺寸；　(B)机体的实际尺寸；

(C)随比例变化的尺寸；　(D)图线的长度尺寸。

9. 标注角度的尺寸时，角度数字应(　)。

(A)水平方向书写；　(B)垂直方向书写；

(C)与线性尺寸数字的方向一致；(D)向心方向书写。

10. 在标注坡度时，坡度符号的箭头方向一般指向(　)。

(A)上坡；　(B)与上坡垂直；　(C)下坡；　(D)任意。

11. 绘制圆弧连接图时，应确定(　)。

(A)切点的位置；　(B)连接圆弧的圆心；

(C)先定圆心再定切点；　(D)连接圆弧的大小。

12. 平面图形中的尺寸分为(　)。

(A)定形尺寸和圆弧尺寸；　(B)定位尺寸和直线尺寸；

(C)定形尺寸和定位尺寸；　(D)圆弧尺寸和直线尺寸。

13. 平面图形分析包括(　)。

(A)尺寸分析和线段分析；　(B)图形分析和线型分析；

(C)画法分析和线型分析；　(D)线段分析和连接分析。

14. 绘制平面图形时，应首先绘制(　)。

(A)连接线段；　(B)中间线段；　(C)已知线段；　(D)基准线。

15. 绘制草图时，目测绘图比例应(　)。

(A)尽量准确；　(B)不考虑其准确度；　(C)可大可小；　(D)精确。

第 2 章　投影的基本知识

【教学目标和任务】

理解投影法，掌握正投影的三个基本性质；

理解三视图与空间物体的对应关系，掌握三视图“长对正、高平齐、宽相等”的投影规律；

掌握各类基本体的形体特点及视图特征；能根据基本体的视图特征快速想象出基本体的空间形状；

掌握简单体的组合方式并正确地绘制出简单体的三视图；也能通过简单体的三视图想象出其空间形状。

【教学重点和难点】

教学重点：

投影法的概念；三视图的形成；三视图的投影规律；基本体的形体特点及视图特征。

教学难点：

三视图与空间物体的对应关系；三视图的投影规律（尤其是宽相等）；根据简单体的三视图，想象出其空间形状。

【岗课赛证要求】

熟练掌握三视图的投影规律，是正确绘制形体三视图的基础。

【思政目标】

培养学生的规范意识，引导学生树立遵章守纪、崇尚法治的理念，做社会主义法治的忠实崇尚者、自觉遵守者、坚定捍卫者。

2.1　投影的概念及分类

2.1.1　投影的概念

用灯光或日光照射物体，在地面或墙面上就会产生影子，这种现象就叫投影。找出影子和物体之间的关系并加以科学的抽象，逐步形成了投影的方法。

形成投影的基本条件是：“投射中心——物体——投影面。”

如图 2-1 所示，设投射中心光源为 S，过投射中心 S 和空间点 A 作投射线 SA 与投影面 P 相交于一点 a，点 a 就称为空间点 A 在投影面 P 上的投影。同样 b、c 是 B、C 的投影。由此可知点的投影仍然是点。

如果将 $a.b.c$ 各点连成几何图形$\triangle abc$，即为空间$\triangle ABC$ 在投影面 P 上的投

影，如图 2-2 所示。

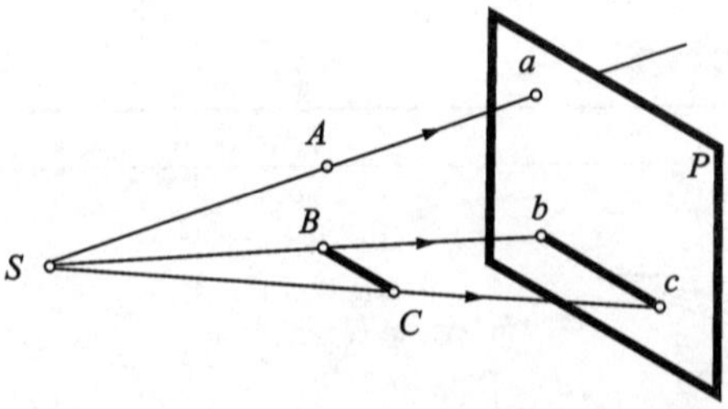

图 2-1　点、线的中心投影

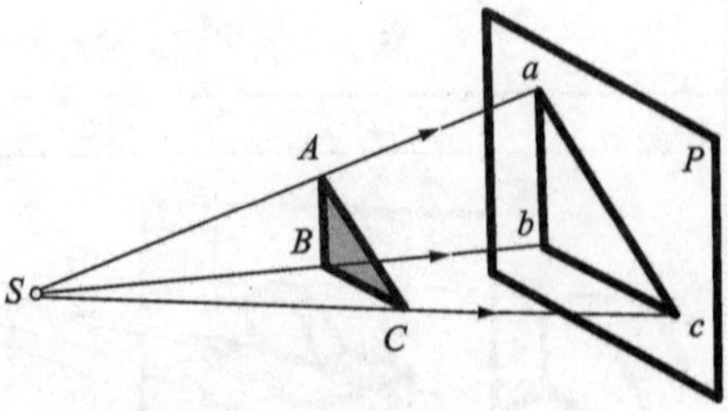

图 2-2　平面的中心投影

上述在投影面上作出形体投影的方法就叫做投影法。

2.1.2　投影法的种类

一、中心投影法

投射线都从投影中心一点发出，在投影面上作出形体投影的方法称为中心投影法，如图 2-2 所示。工程图学中常用中心投影法的原理画透视图，这种图接近于视觉映像，直观性强，是绘制建筑物常用的一种图示方法。

二、平行投影法

平行投影法可以看成是中心投影法的特殊情况，因为假设投影中心 S 在无穷远处，这时的投射线就可以看作是互相平行的。由互相平行的投射线在投影面上作出形体投影的方法称为平行投影法，如图 2-3 所示。

平行投影法中，因为投射方向 S 的不同又可分为两种：

斜投影——投射线倾斜于投影面，如图 2-3(*a*)所示。

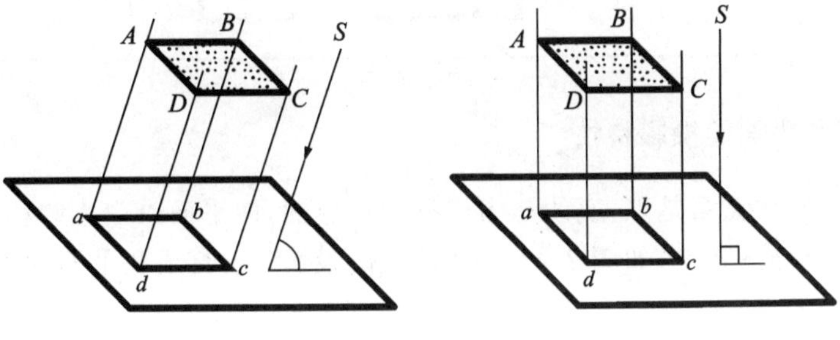

(*a*)　(*b*)

图 2-3　平行投影法

(*a*)斜投影；(*b*)正投影

正投影——投射线垂直于投影面，也叫直角投影，如图 2-3(*b*)所示。

正投影有很多优点，它能完整、真实地表达形体的形状和大小，不仅度量性好，而且作图简便。因此，正投影法是工程中应用最广的一种图示法，也是本课程中学习的主要内容。

2.1.3 投影法种类和用途(表 2-1)

表 2-1　工程上常用的几种投影图

类型		图　例	特点及应用
中心投影法	透视图	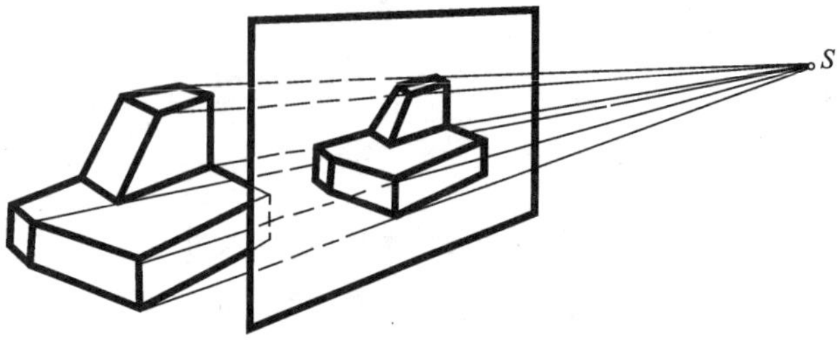	立体感强，度量性差。作为土建工程中建筑物外观辅助图样。
平行投影法	标高图	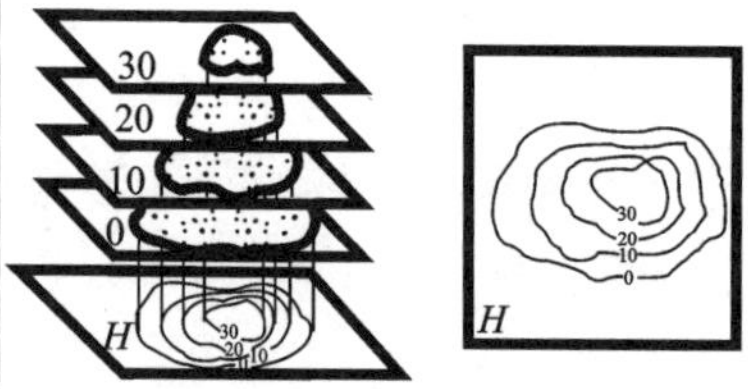 轴测图 	**标高图**：可在同一投影面上表达不同高度的形状，但立体感差。用于绘制地形图以及曲面体不同的截面形状等。**轴测图**：立体感较强，但度量性差。常用于工程中的辅助图样。
	三视图	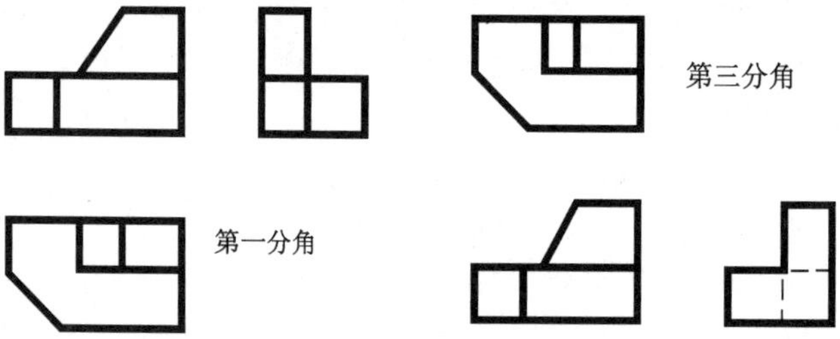	作图简便，度量性好，但立体感差。主要用于工程中的基本图样。

2.1.4 直线和平面的投影特性

构成物体最基本的元素是点，直线是由点移动形成的，而平面是由直线移动形成的。在正投影法中，点的投影仍然是点，如图 2-4(a)中 D 点的投影 d。直线和平面的投影，具有以下基本特性。

1. 积聚性

当直线、平面垂直于投影面时，投影积聚成点和直线，这种投影特性称为积聚性。

如图 2-4(a)中直线 EF 和平面 ABC 都垂直于投影面 H，直线的投影 $e(f)$ 积聚成一点；平面的投影 abc 积聚成一直线。

2. 真实性

当直线、平面与投影面平行时，投影反映实长和实形，这种投影特性称真实性。如图 2-4(b)中直线 AB 和平面 CDE 都平行于投影面 H，其投影 ab 的长度等于直线 AB 的实长；投影 cde 等于平面 CDE 的真实形状。

3. 类似性

当直线、平面与投影面倾斜时，直线的投影仍是直线，但比实长短；平面的投影成为一个与它不全等但较为相似的多边形，这种投影特性称为类似性。如图2-4(c)中直线 AB 和平面都倾斜于投影面 H，直线的投影 ab 比实长短；平面的投影仍是五边形但变小了，圆则变为椭圆。

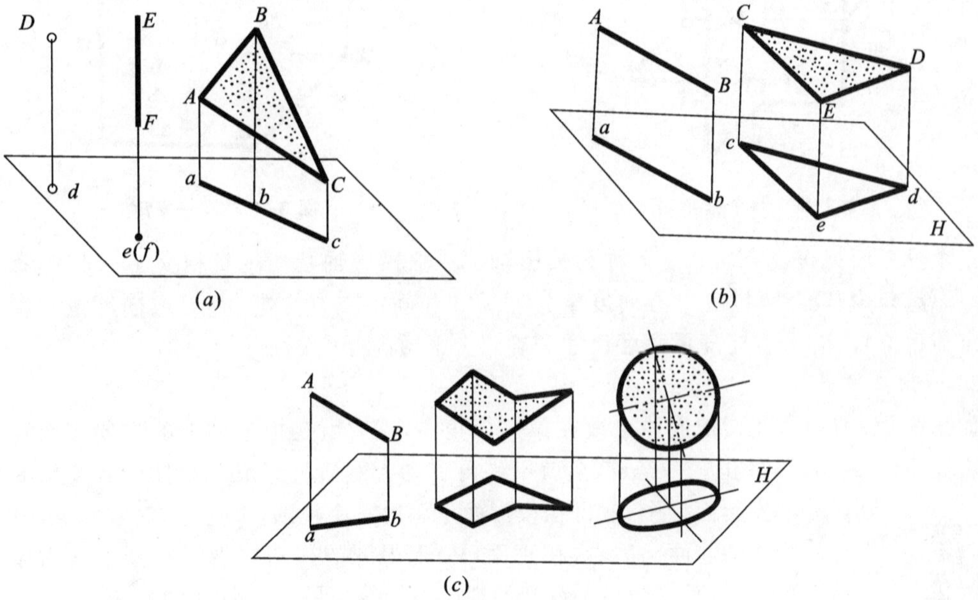

图 2-4　点、线、面的正投影

(a)积聚性；(b)真实性；(c)类似性

2.2　三视图的形成及投影规律

根据正投影的特性，假想用视线代替平行投影中的投射线，将物体向投影面作正投影时，所得的图形称为视图。图 2-5所示为三个不同的形体，它们在一个投影面上的视图完全相同。这说明仅有形体的一个视图，一般是不能确定空间形体的结构形状，故采用多面正投影，初学时常以画三视图作为基本训练方法。

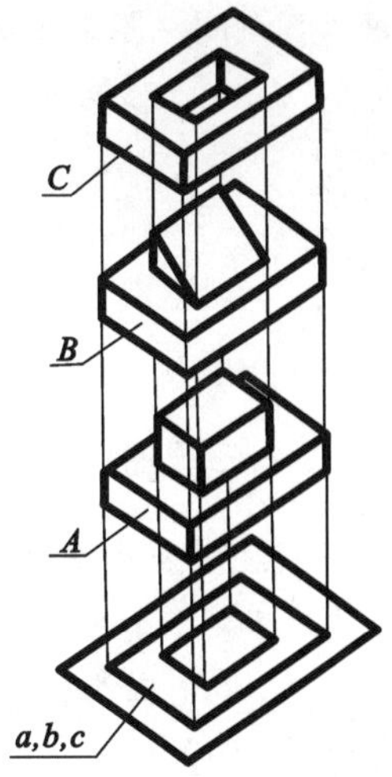

图 2-5　不同物体在一个投影面上的单面视图

2.2.1　三视图的形成

1. 投影面的设置

图 2-6 所示为设置三个互相垂直的投影面，称为三面投影体系，把空间分成八个分角，我们把形体正放在第一分角中进行投影。

如图 2-7 所示，在第一分角三个投影面中，直立在观察者正对面的投影面称为正立投影面，简称正立面，用字母 V 标记；

水平位置的投影面称为水平投影面，简称水平面，用字母 H 标记；右侧的投影面称为侧立投影面，简称侧立面，用字母 W 标记。也可简称 V 面、H 面、W 面。

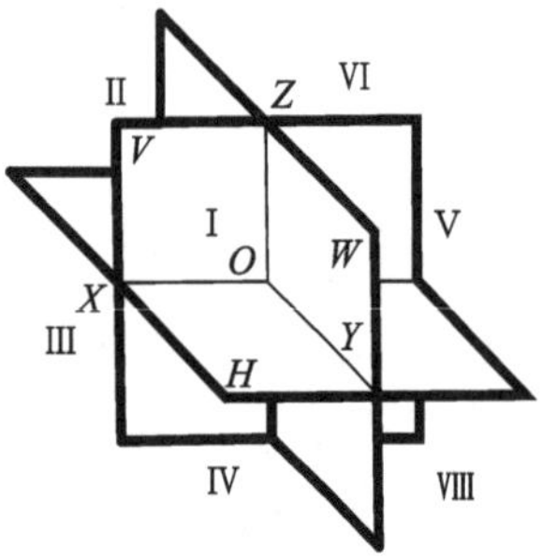

图 2-6　八个分角

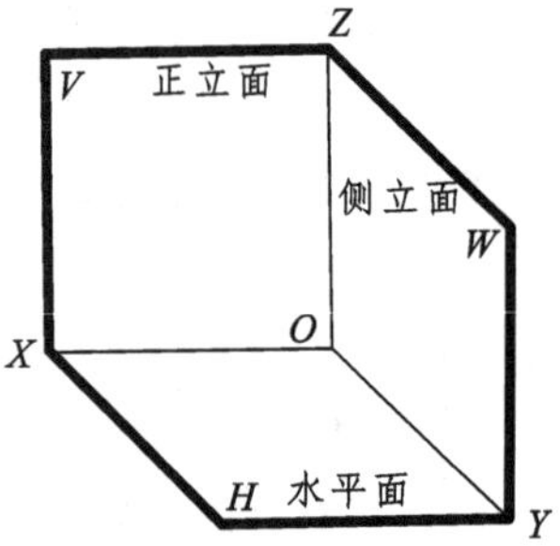

图 2-7　第一分角

三个投影面的交线 $0X$、$0Y$、$0Z$ 称为投影轴。三根投影轴互相垂直相交于一点 0，称为原点。以原点 0 为基准，可以沿 x 方向度量长度尺寸和确定左右位置；沿 Y 方向度量宽度尺寸和确定前后位置；沿 Z 方向度量高度尺寸和确定上下或高低位置。

2. 物体的投影

如图 2-8(a)所示，我们把形体正放在第一分角中，正放就是把形体上的主要表面置于平行投影面的位置。形体的位置一经放定，就不许再变动。然后将组成此形体的各几何要素分别向三个投影面投影，就可在投影面上画出三个视图。

从物体的前面向后看，在正面(V)上得到的视图叫做正视图。从物体的上面向下看，在水平面(H)上得到的视图叫做俯视图。从物体的左面向右看，在侧面(W)上得到的视图叫做左视图。

3. 投影面的展开

为了把三面视图画在同一张图纸上，即同一平面上，就必须把三个互相垂直相交的投影面展开摊平成一个平面。其方法如图 2-8(b)所示，V 面保持不动，使 H 面绕 X 轴向下旋转 90 度与 V 面处在同一平面，让 W 面绕 Z 轴向右旋转 90 度也与 V 面处在同一平面，展开后的三个投影面就在同一图纸平面上，如图 2-8(c)所示。

投影面展开摊平后 Y 轴被分为两处，分别用 $0Y_H$(在 H 面上)和 $0Y_W$(在 W 面上)表示。

在工程图样上通常不画投影面的边线和投影轴。展开后三视图的位置若按规定放置(俯视图在三视图的正下方，左视图在正视图正右方)，则不需标注图名，如图 2-8(d)所示。

2.2.2　三视图的分析

1. 三视图与空间物体间的关系

物体的三视图是相互联系的，物体都具有长、宽、高三个方向的尺寸，在制图中规定物体的左右方向为长，前后方向为宽，上下方向为高。但是每一个视图只能反映物体两个方向的尺寸。从图 2-8 中可以看出：正视图上反映了物体的长和高；

左视图上反映了物体的高和宽；

俯视图上反映了物体的长和宽。

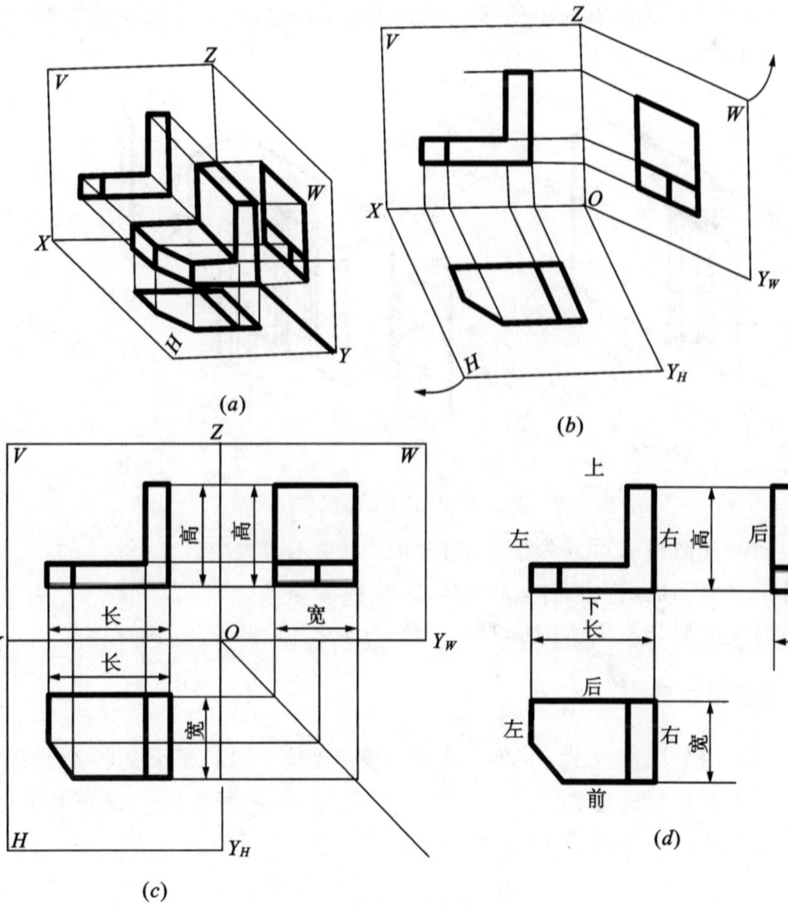

图 2-8　三视图的形成

(*a*)三面正投影;(*b*)投影面的展开;(*c*)展开后三视图的位置;(*d*)无轴三视图

2. 三视图的投影规律

三个视图若按图 2-8(*d*)所示的位置排列,它们之间必然具有下面的投影规律:

正视图和俯视图长对正;

正视图和左视图高平齐;

俯视图和左视图宽相等。

三视图的投影规律可以简单地概括为"长对正、高平齐、宽相等"。画图和读图时均须遵循这个最基本的投影规律。对于物体的整体是这样,对于其局部也是这样。长对正、高平齐的关系比较直观,易于理解。宽相等的关系,初学时概念往往模糊。因此,要切实搞清楚从空间物体到三视图形成的过程,分清前后位置,前后为宽。物体的宽度在俯视图中为竖直方向,在左视图中为水平方向。要反复地进行由物到图和由图对照物的画图和读图的训练,牢固地掌握三视图的投影规律。

2.3　基本体三视图的画法与识读

基本体是构成工程形体的基本单元。如图 2-9(*a*)所示的闸墩,可视为由基本体Ⅰ、Ⅱ、

Ⅲ、Ⅳ等经叠加或切割而形成，如图 2-9(*b*)所示。掌握基本体视图的画法和识读方法，可为研究工程形体的视图打下基础。

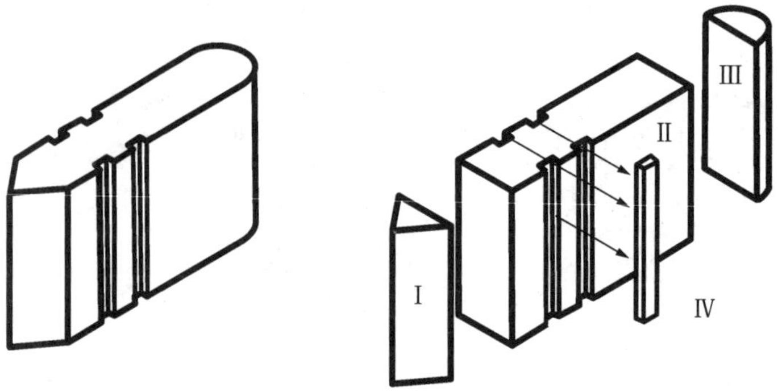

(*a*)　　(*b*)

图 2-9　基本几何体与工程形体

基本体根据其表面的几何性质可分为平面立体和曲面立体两大类：

平面立体是由若干平面围成的几何体，如棱柱体、棱锥体等。

曲面立体是由曲面或曲面与平面所围成的几何体，如圆柱体、圆锥体、圆球体等。

2.3.1　平面体三视图的画法

平面立体的表面都是由平面围成的，作平面体的投影，就是作出各平面的投影。因此，分析组成立体表面的各平面对投影面的相对位置及其投影特性，对正确作图是很重要的。常见的平面体有：棱柱、棱锥和棱台。如图 2-10 所示。

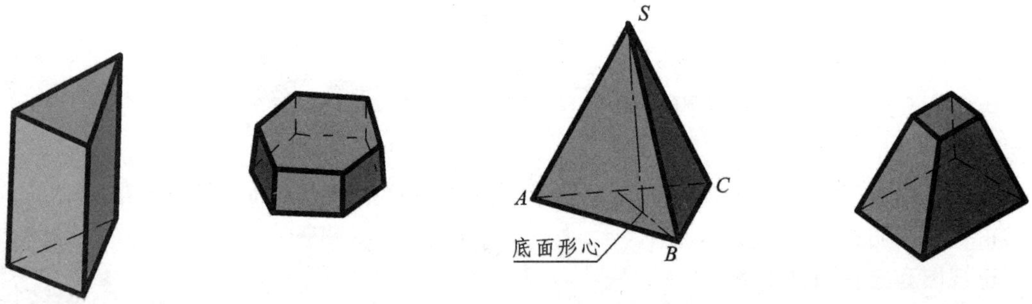

(*a*)　　(*b*)　　(*c*)　　(*d*)

图 2-10　平面体的形体特点

(*a*)三棱柱；(*b*)六棱柱；(*c*)三棱锥；(*d*)四棱台

1. 棱柱体的投影

棱柱体的投影特点：各棱线相互平行。

(1)三棱柱体的形体分析

如图 2-11(*a*)所示，在三面投影体系中，三棱柱的左、右两侧面是铅垂面，后侧面是正平面，其上底面和下底面都是水平面，如图 2-11(*b*)所示，水平投影是一个三角形线框，它是上底面和下底面投影的重合，并反映实形。三角形的三条边是垂直于 H 面的三个侧立面的积聚投影，三个顶点是垂直于 H 面的三条侧棱的积聚投影。如图 2-11(*c*)所示，水平投影是一个三角形线框，它是上底面和下底面投影的重合，并反映实形。三角形的三条边是垂直于 H 面的三个侧立面的积聚投影，三个顶点是垂直于 H 面的三条侧棱的积聚投影。

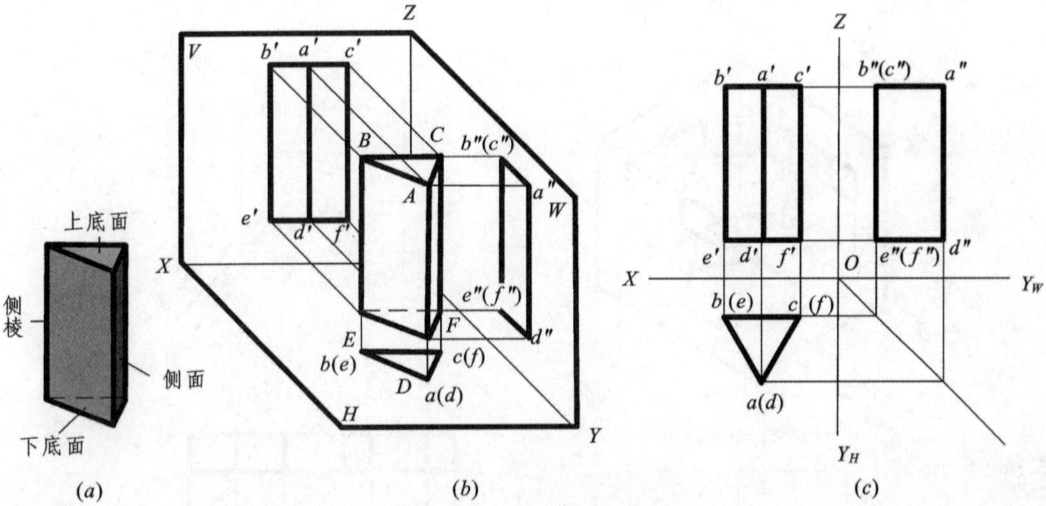

图 2-11　三棱柱体的投影

(a)三棱柱；(b)直观图；(c)投影图

正面投影是两个并排的矩形线框，左边是左侧面的投影，右边是右侧面的投影。两个矩形的外围线框是后侧面与左右侧面投影的重合。三条垂线是三条侧棱的投影，反映实长。两条水平线是上底面和下底面的积聚投影。

侧面投影是一个矩形线框，是左、右两个侧面投影的重合。两条铅垂线，左边一条是后侧面的积聚投影，右边一条是左右两侧面交线（即三棱柱前面的一条侧棱）的投影。两条水平线是上底面和下底面的积聚投影。

(2)三棱柱体投影图的画法

三棱柱体投影图的画法如图 2-12 所示。

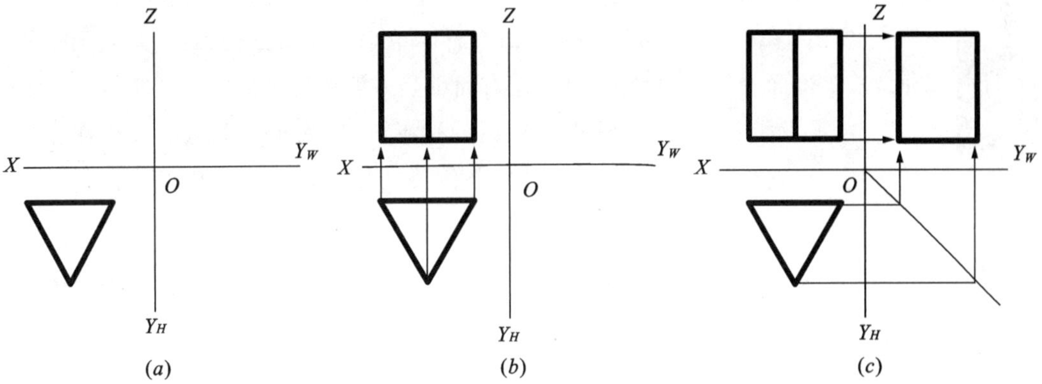

图 2-12　三棱柱体投影图的画法

(a)画反映上下底面实形的俯视图；(b)根据“长对正”和三棱柱高画正视图；(c)根据“高平齐、宽相等”画左视图

【例 2-1】 画出六棱柱体投影图。

六棱柱体投影图的画法如图 2-13 所示。

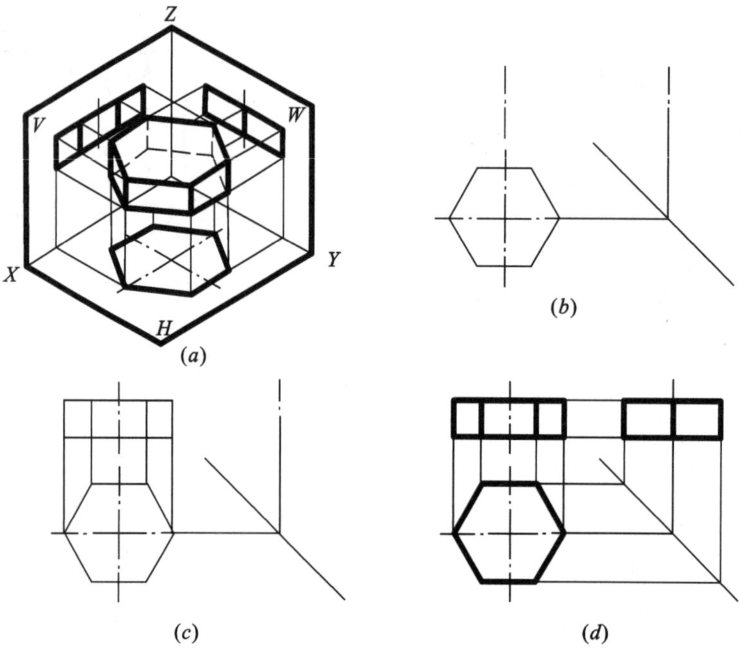

图 2-13 六棱柱体投影图的画法

(*a*)直观图;(*b*)画圆心、对称线及底面实形;(*c*)画正视图;(*d*)画左视图并加粗全图

2. 棱锥体的投影

棱锥体的投影特点:各棱线在有限远处相交。

(1)三棱锥体的形体分析

如图 2-14(*a*)、(*d*)所示,在三面投影体系中的一个三棱锥体,其底面是水平面,三个侧面中的后面是侧垂面,左右面都是一般位置平面。

水平投影中正三边形线框是底面的投影,反映实形。顶点的投影在正三边形的中心,它与三个角点的连线是三条侧棱的投影。三个三角形线框是三个侧面的投影。

正面投影外形是三角形线框,水平线是底面的积聚投影,两条斜边、竖直直线是三条侧棱的投影。三角形线框内的两个小三角形,分别为左右两侧面的投影。

侧面投影外形也是三角形线框,水平线是底面的积聚投影。斜边 $s''a''$ 是侧垂面 SAC 的积聚投影,三角形线框是一般位置平面 SAB 和 SBC 两个侧面投影的重合。

(2)三棱锥体投影图的画法

三棱锥体投影图的画法如图 2-14(*b*)、(*c*)、(*d*)所示。

【例 2-2】 画出四棱台体投影图。

四棱台体投影图的画法如图 2-15 所示。

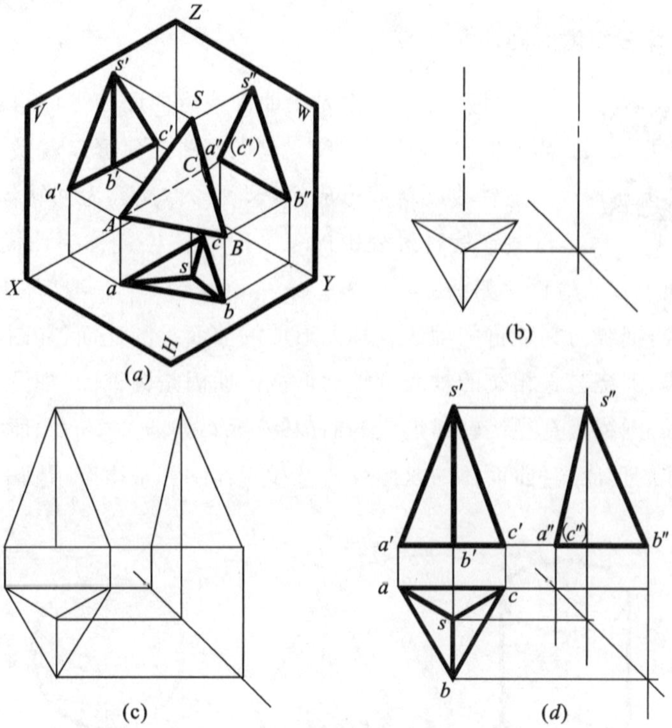

图 2-14　三棱锥体投影图的画法

(*a*)直观图；(*b*)画轴线及反映底面实形的水平投影；(*c*)按投影关系画其他两投影；(*d*)检查底稿图，整理并描深图线

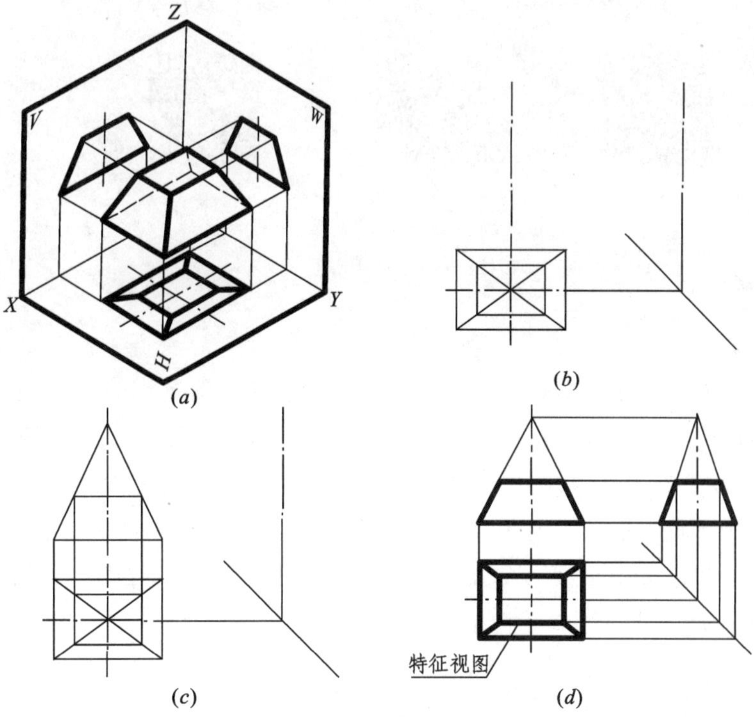

图 2-15　六棱柱体投影图的画法

(*a*)直观图；(*b*)画中心线、对称线后，画底面反映实形的特征图

(*c*)根据“长对正”和棱台的高度画出正视图；(*d*)根据“高平齐、宽相等”画出左视图并加深全图

2.3.2 曲面体三视图的画法

曲面体的表面是由曲面或由曲面和平面组成的。常见的曲面体有圆柱、圆锥、圆球。它们的曲表面可以看做是由一条动线绕某固定轴线旋转而形成的，这种形体又称为回转体。动线称为母线，母线在旋转过程中的每一个具体位置称为曲面的素线。因此，可认为回转体的曲面上存在着许多素线。

当母线为直线，围绕与它平行的轴线旋转而形成的曲面是圆柱面，如图 2-16(*a*)所示。

当母线为直线，围绕与它相交的轴线旋转而形成的曲面是圆锥面，如图 2-16 (*b*)所示。

当母线为一圆，围绕其直径旋转而形成的曲面是球面，如图 2-16 (*c*)所示。

了解了曲面体的形成，对曲面体的投影分析及投影作图都是很有帮助的。

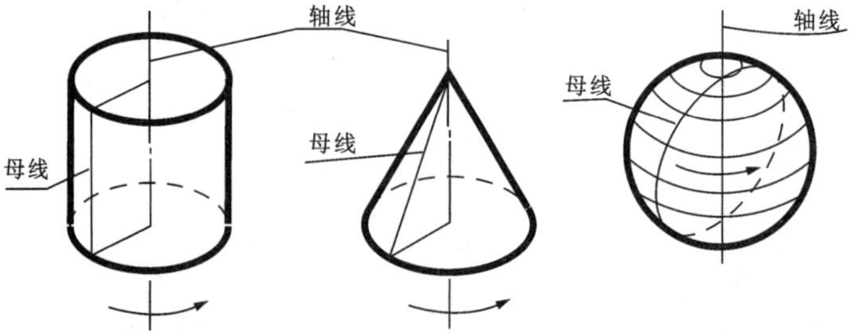

(*a*) (*b*) (*c*)

图 2-16 回转面的形成

(*a*)圆柱；(*b*)圆锥；(*c*)圆球

1. 圆柱体的投影

(1)圆柱体的投影

圆柱体由圆柱面和上、下底平面所围成，如图 2-17(*a*)所示。图 2-17(*b*)为一轴线垂直于水平投影面的正圆柱体的三面投影图。其中上、下两底平面为水平面，它的水平投影仍为圆，正面投影和侧面投影均积聚为直线；圆柱体轴线垂直于水平投影面，圆柱面的水平投影有积聚性，在正立投影面上画出轮廓素线 AA_1 和 BB_1 的投影；在侧立投影面上画出轮廓素线 CC_1 和 DD_1 的投影。应注意的是，轮廓素线 AA_1 和 BB_1 的侧面投影及 CC_1 和 DD_1 的正面投影与轴线的投影重合均不必画出。同时，应在投影图中用点画线画出圆柱体轴线的投影和圆的中心线。

(2)圆柱体投影图的画法

圆柱体投影图的画法见图 2-18。

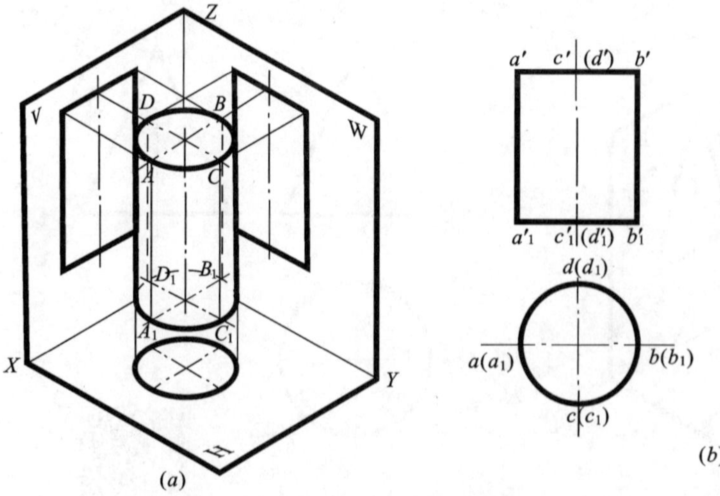

图 2-17　圆柱体的投影图

(*a*)直观图；(*b*)圆柱体三投影图

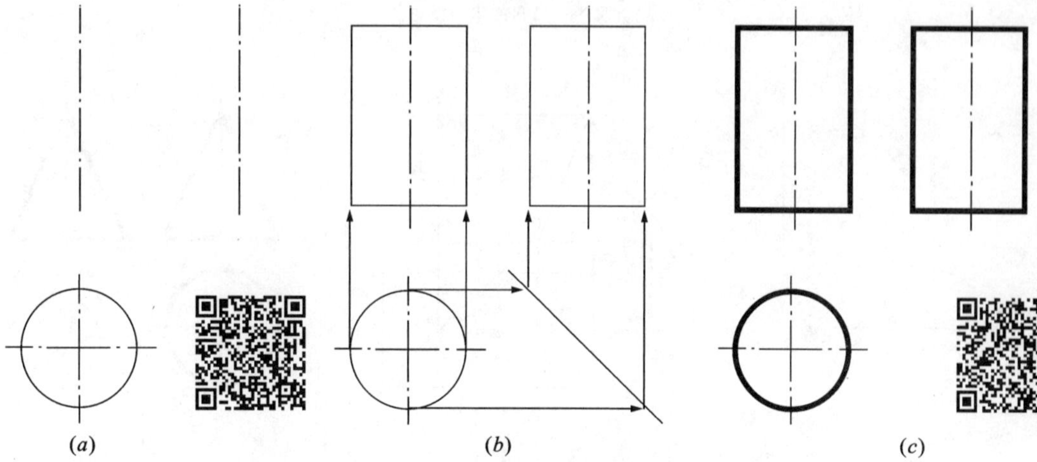

图 2-18　圆柱体投影图的画法

(*a*)画中心线及反映底面实形的投影；(*b*)按投影关系画其他两投影；(*c*)检查底图，整理并描深图线

2. 圆锥体的投影

(1)圆锥体的投影

圆锥体是由圆锥面和底平面所围成的，如图 2-19(*a*)所示。图 2-19(*b*)为一轴线垂直于水平投影面的圆锥体的三面投影图。其中圆锥体底平面平行于 *H* 面，故其水平投影为反映底平面实形的圆，它的正面投影和侧面投影为一直线；圆锥面的正面投影是画出轮廓素线 *SA* 和 *SB* 的投影，这两条素线的水平投影和侧面投影不必画出；侧面投影应画出轮廓线 *SC* 和 *SD* 的投影，该素线的另两个投影不必画出；水平投影与底面的水平投影重合。对于圆锥面来说，三个投影都没有积聚性。

(2)圆锥体投影图的画法

圆锥体投影图的画法如图 2-20 所示。

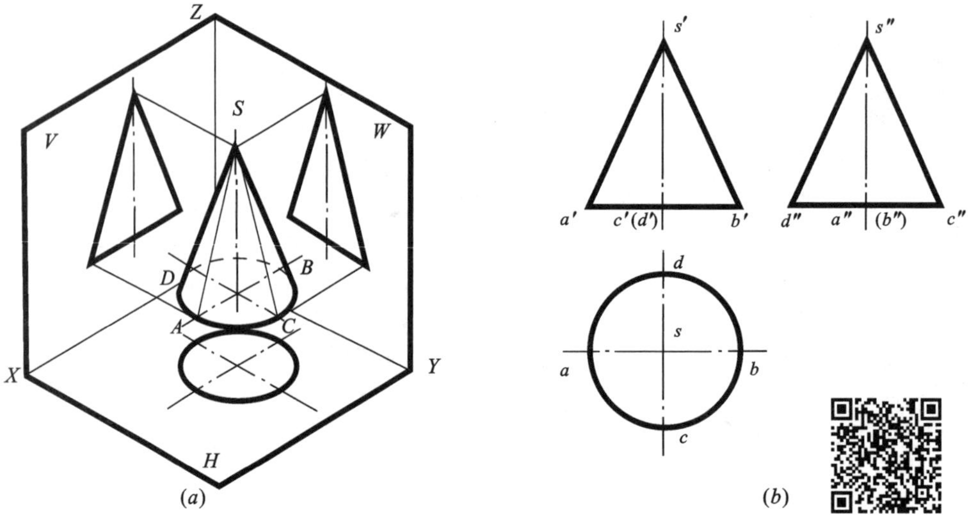

图 2-19　圆锥体的投影图

(a)直观图;(b)圆锥体三投影图

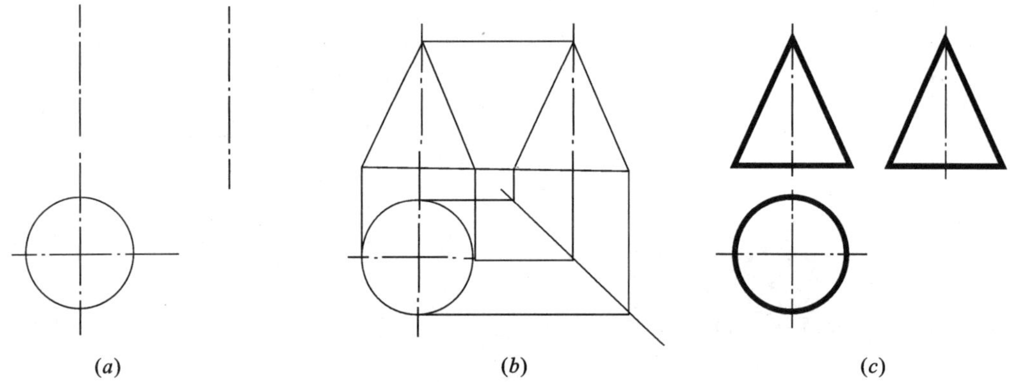

图 2-20　圆锥体投影图的画法

(a)画中心线及反映底面实形的投影;(b)按投影关系画其他两投影;(c)检查底图,整理并描深图线

3. 圆球体的投影

(1)圆球体的投影

如图 2-21(a)所示,在三面投影体系中有一球体。其三个投影为三个直径相等并等于球径的圆。

过球的水平大圆 A,其水平投影 a 是看得见的上半球面和看不见的下半球面投影的重合。过球心的正平大圆 B,其正面投影 b',为前、后半球面分界圆,过球心的侧平大圆 C,其侧面投影 c''为左右半球面分界圆。

圆球的俯视图：水平投影的圆是球面上平行于 H 面的最大圆的投影，与其对应的正面投影和侧面投影与图的水平中心线重合，仍然用点画线表示。圆球的正视图，与其对应的水平投影和侧面投影与圆的水平中心线和铅垂中心线重合，仍然用点画线表示。

圆球的侧视图：侧面投影的圆是球面上平行于 W 面的最大圆的投影，与其对应的水平投影和正面投影与圆的铅垂中心线重合，仍然用点画线表示。

(2)圆球体投影图的画法

圆球体投影图的画法如图 2-21(b)所示。

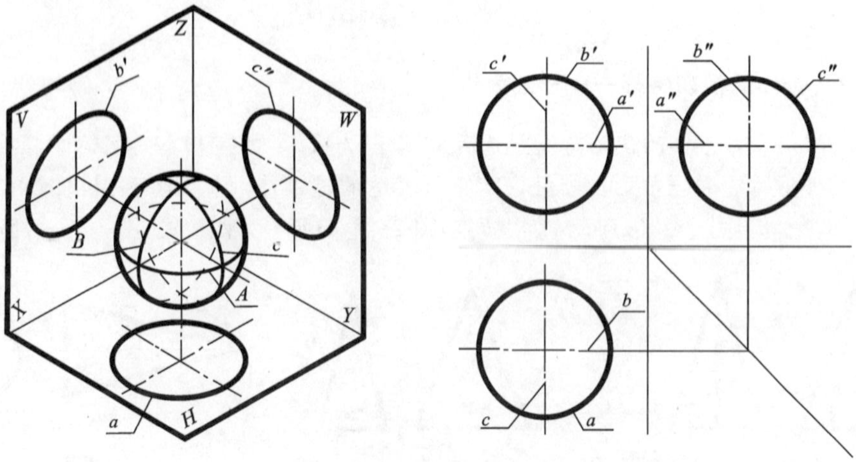

(a)　　　　　　　　　　(b)

图 2-21　圆球体投影图的画法

(a)直观图；(b)圆球体三投影图

2.4　基本体三视图的识读

所谓基本体视图的识读，是指通过基本体视图特征的分析、归纳，对基本体视图所表达的对象作出迅速而又准确的判断。对众多基本体的视图特征可概括为下述四个方面。

2.4.1　柱体的视图特征——矩矩为柱

如图所示，柱体的视图特征为“矩矩为柱”。其含义是，在基本几何体的三视图中，如有两个视图的外形轮廓为矩形，则可肯定它所表达的是柱体。至于是何种柱体，可结合阅读第三视图判定。在图 2-22 所示的三组基本几何体视图中，图 2-22(a)的正、左视图是矩形，俯视图为五边形，说明所表达的是一个五棱柱。图 2-22(b)的正、左视图为矩形，俯视图为三角形，所表达的是三棱柱。同法可知图 2-22(c)所示为圆柱的三视图。

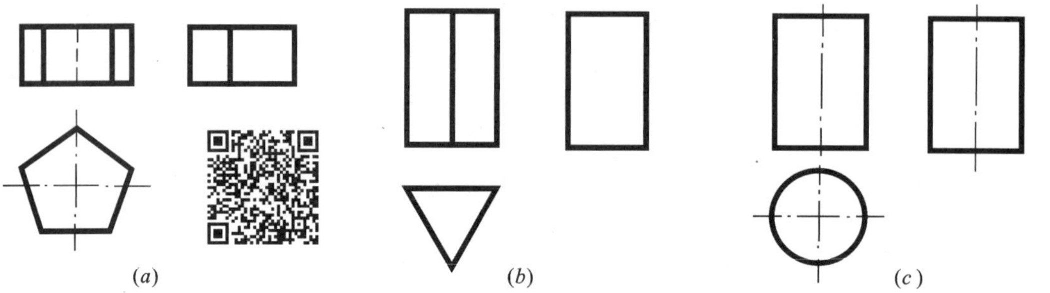

图 2-22　柱体的视图特征

(a)五棱柱；(b)三棱柱；(c)圆柱

2.4.2　锥体的视图特征——三三为锥

如图 2-23 所示，锥体的视图特征可概括为“三三为锥”。即在基本几何体的三视图中，如有两个视图的外形轮廓为三角形。则可肯定它所表达的是锥体，至于是何种锥体，由第三视图确定。由此不难看出，图 2-23(a)所示为六棱锥，图 2-23(b)所示为四棱锥，图 2-23(c)所示为圆锥。

图 2-23　锥体的视图特征

(a)六棱锥；(b)四棱锥；(c)圆锥

2.4.3　台体的视图特征——梯梯为台

如图 2-24 所示，台体的视图特征可概括为“梯梯为台”。即在基本几何体的三视图中，如有两个视图的外形轮廓为梯形，所表达的一定是台体，由第三视图可进一步确知其为何种台体。据此可知，图 2—24(a)所示为三棱台，图 2-24(b)所示为圆台。

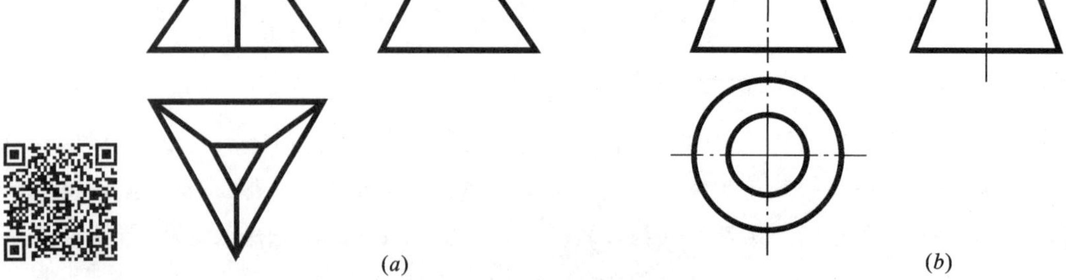

图 2-24　台体的视图特征

(a)三棱台；(b)圆台

当母线为一圆，围绕其直径旋转而形成的曲面是球面，如图 2-16(*c*)所示。

了解了曲面体的形成，对曲面体的投影分析及投影作图都是很有帮助的。

2.4.4 球体的视图特征——三圆为球

如图 2-25 所示，球体的三个视图都具有圆的特征，即“三圆为球”。图 2-25(*a*)所示为圆球，图 2-25(*b*)所示为半球。

对于上述柱、锥、台、球体的视图，如已知其中两个视图，且其中一个视图反映底面实形，同样可确知其几何形状。

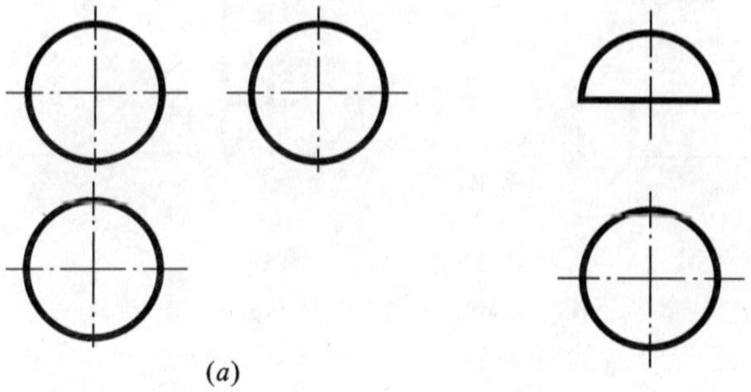

(*a*)　　　　(*b*)

图 2-25　球体的视图特征

(*a*)圆球；(*b*)半球

2.5 简单体三视图的画法

由基本体进行简单的叠加和切割而形成的立体称为简单体。

2.5.1 简单体三视图的画图步骤

在分析形体的基础上按如下步骤进行：

(1)根据轴测图选正视方向

(2)画定位(基准)线及大体形状(一般先画正视图)。

(3)画细部结构形状。

(4)完成三视图，检查描深。

2.5.2 简单体三视图的画法举例

【例 2-3】 画出如图 2-26(*a*)形体的三视图。

分析形体：该形体是由两四棱柱体进行简单的切割并叠加而成。我们称这种形体为组合柱体。其图形特征为：“两矩形线框对应一组合线框”。

作图步骤：如图 2-26(*b*)、(*c*)、(*d*)所示。

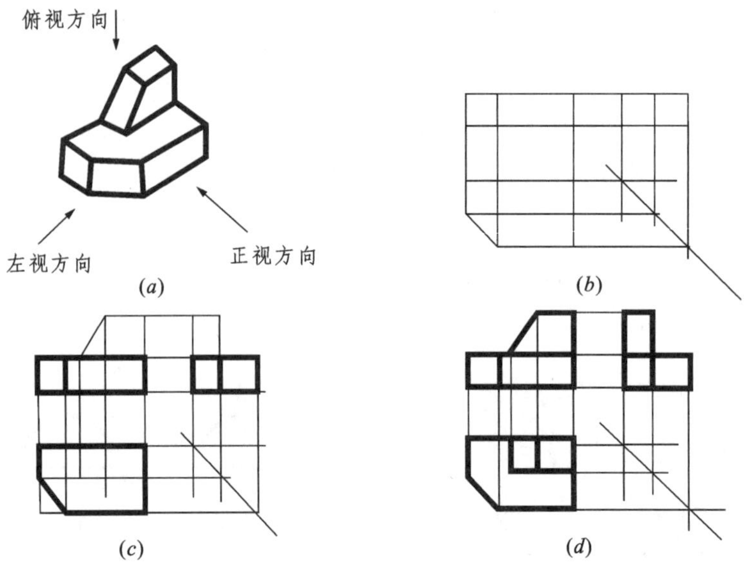

图 2-26　简单体三视图的画法(叠加)

(*a*)立体图;(*b*)画底板三视图;(*c*)画后立板三视图;(*d*)检查描深全图

【例 2-4】 画出如图 2-27(*a*)形体的三视图。

分析形体:该形体是由一四棱柱原体进行简单的切割而成。我们称这种形体为切割柱体。画该物体的三视图应先画原体,再画切割处形体。

作图步骤:如图 2-27(*b*)、(*c*)、(*d*)所示。

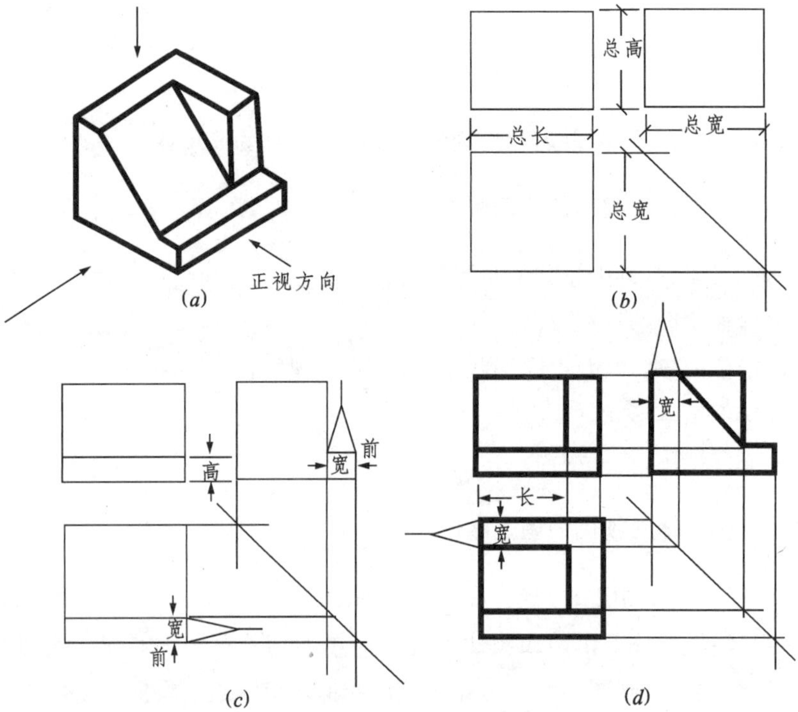

图 2-27　简单体三视图的画法(切割)

(*a*)立体图;(*b*)画四棱柱原体;(*c*)画切割处形体;(*d*)检查描深全图

复习思考题

1.三视图是(　　)。

(A)斜投影；　(B)中心投影；　(C)多面正投影；　(D)单面正投影。

2.当直线、平面与投影面垂直时,在该投影面上的投影具有(　　)。

(A)积聚性；　(B)真实性；　(C)类似收缩性；　(D)收缩性。

3.所学三视图正投影法中,投影面、观察者、物体三者相对位置是(　　)。

(A)人一面一物；　(B)物一人一面；　(C)人一物一面；　(D)面一人一物。

4.三面投影体系中,H 面展平的方向是(　　)。

(A)H 面永不动；　(B) H 面绕 Y 轴向下转 90°；

(C)H 面绕 Z 轴向右转 90°；　(D) H 面绕 X 轴向下转 90°。

5.物体左视图的投影方向是(　　)。

(A)由前向后；　(B)由左向右；　(C)由右向左；　(D)由后向前。

6.左视图反映了物体的什么方位(　　)。

(A)上下；　(B)左右；　(C)上下前后；　(D)前后左右。

7.能反映出物体左右前后方位的视图是(　　)。

(A)左视图；　(B)俯视图；　(C)正视图；　(D)后视图。

8.三视图中“宽相等”是指哪两个视图之间的关系(　　)。

(A)左视图与俯视图；　(B)正视图和左视图；

(C)正视图和俯视图；　(D)正视图和侧视图。

9.圆柱面的形成条件是(　　)。

(A)圆母线绕过其圆心的轴旋转；　(B)直母线绕与其平行的轴旋转；

(C)圆母线绕轴线旋转；　(D)直母线绕与其相交的轴旋转。

10.曲面体的轴线和圆的中心线在三视图中(　　)。

(A)可不表示；　(B)必须用点线画出；

(C)当体小于一半是才不画出；　(D)体小于等于一半时均不画出。

11.轴线垂直 H 面圆柱的正向轮廓素线在左视图中的投影位置在(　　)。

(A)左边铅垂线上；　(B)右边铅垂线上；

(C)轴线上；　(D)上下水平线上。

12.圆锥的 4 条轮廓素线在投影为圆的视图中的投影位置(　　)。

(A)都在圆心；　(B)在中心线上；

(C)在圆上；　(D)分别积聚在圆与中心线相交的 4 个交点上。

13.直棱柱体的一个视图反映底面实形,另两视图的图形特征是(　　)。

(A)三角形线框；　(B)圆线框；　(C)矩形线框；　(D)梯形线框。

第3章　点、直线、平面的投影

【教学目标和任务】

理解点的坐标；掌握点的三投影规律；根据点的坐标或点的两个投影正确绘制出点的第三个投影；

掌握各种位置直线和平面的定义和分类；根据直线或平面的两面投影，绘制直线或平面的第三面投影，并能判断出直线或平面的空间位置；

掌握直线与平面、平面与平面的相对位置关系，并能根据投影图判断出它们的位置关系或根据位置关系进行投影图的绘制。

【教学重点和难点】

教学重点：

点的坐标及点的三投影规律；各种位置直线的定义和分类；各种位置平面的定义和分类。

教学难点：

各种位置直线的投影特点；各种位置平面的投影特点；直线与平面、平面与平面的相对位置关系。

【岗课赛证要求】

掌握点、直线、平面的投影，是空间形体投影的分析能力和空间想象能力的基础。

【思政目标】

引导学生认识土木工程制图的重要性，激发学生学习兴趣，培养学生爱党报国、爱岗敬业、诚实守信、恪守职业道道德的品格，传承中华传统美德。

点、直线、平面是构成物体的基本几何元素，研究并掌握它们的投影理论和作图方法，对提高空间想象能力和对物体视图的分析能力，解决复杂物体读图画图中的有关问题具有非常重要的作用。

3.1　点的投影

3.1.1　点的三面投影的形成

如图 3-1(*a*)所示，将空间的点 A 置于三投影面体系中，然后由 A 向三个投影面作垂线，则其垂足 a、a'、a''分别为点 A 的三面投影。它们分别称为水平投影（H 面上的投影）、正面投影（V 面上的投影）和侧面投影（W 面上的投影）。点的规定标记是：空间点用大写字母标记，如 A、B、C…等；其水平投影用相应的小写字母标记，如 a、b、c…等；正面投影用相应小写字母加一撇标记，如 a'、b'、c'…等；侧面投影用相应的小写字母加两撇标记，如 a''、b''、c''…等。

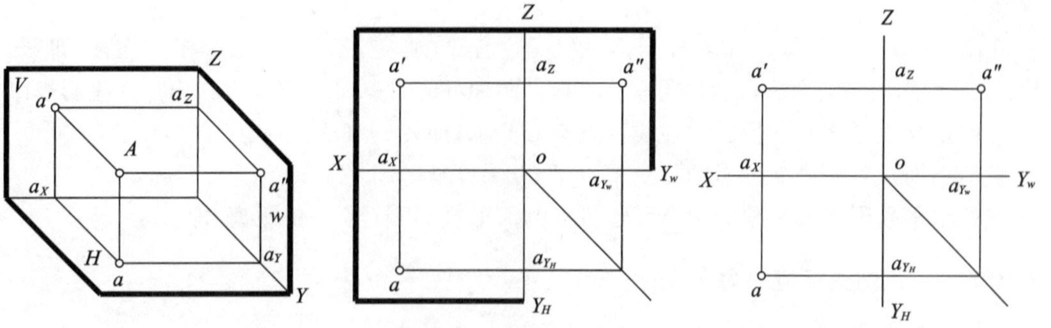

(a) (b) (c)

图 3-1 点的三面投影

移去空间点 A，将三个投影面展开摊平，便得到 A 点的三面投影图，如图 3-1(b)所示，再去掉投影面的边框线，投影面的名称不需标注，如图 3-1(c)所示。

3.1.2 点的坐标

如图 3-2(a)所示，点 A 的空间位置可用直角坐标来表示，它的书写形式为：$A(x,y,z)$，即把投影面当作坐标面，投影轴当作坐标轴，O 即为坐标原点。则：

点 A 的 x 坐标表示空间点 A 点到 W 面的距离，即 Aa''表示左右。

点 A 的 y 坐标表示空间点 A 点到 V 面的距离，即 Aa'表示前后。

点 A 的 z 坐标表示空间点 A 点到 H 面的距离，即 Aa 表示上下。

由图 3-2(a)可知：

$Aa''=a'a_z=aa_y=x$

$Aa'=aa_x=a''a_z=y$

$Aa=a'a_x=a''a_y=z$

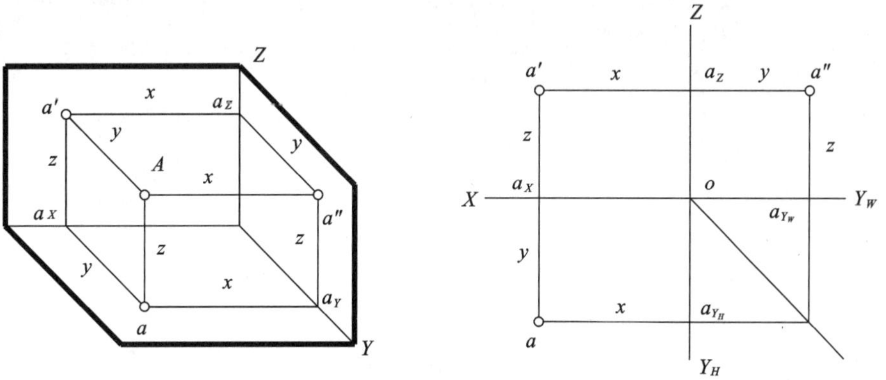

(a) (b)

图 3-2 点的坐标

(a)轴测图；(b)投影图

可见，点的投影与其坐标是一一对应的，因此我们可以直接从点到三面投影的距离量得该点的坐标值。

3.1.3　点的三面投影规律

在图 3-1(*a*)中，平面 Aaa_xa' 与 H、V 相互垂直。同时，它们的交线必定相互垂直，即 $aa_x \perp OX$，$a'a_x \perp OX$。投影面展开后，即得 $a'a \perp OX$。同理可证明 $a'a'' \perp OZ$ 由此得出点的投影规律：

点的正面投影和水平投影的连线垂直于 OX 轴，即 $a'a \perp OX$；

点的正面投影和侧面投影的连线垂直于 OZ 轴，即 $a'a'' \perp OZ$；

点的水平投影到 OX 轴的距离等于该点的侧面投影到 OZ 轴的距离，即 $aa_x = a''a_z$。

3.1.4　点的坐标值的含义

1. 点的位置

点的空间位置可分为：在投影面上，在投影轴上，在原点，在空间四种情况。当点的一个坐标值为零时，点的空间位置在某投影面上；当点的两个坐标值为零时，点的空间位置在某投影轴上；当点的三个坐标值为零时，点的空间位置在原点；当点的三个坐标值均不为零时，点的空间位置视为在空间。如表 3-1 所示。

表 3-1　各种位置的点

位置	直观图	投影图	坐标特点与投影特性
空间点	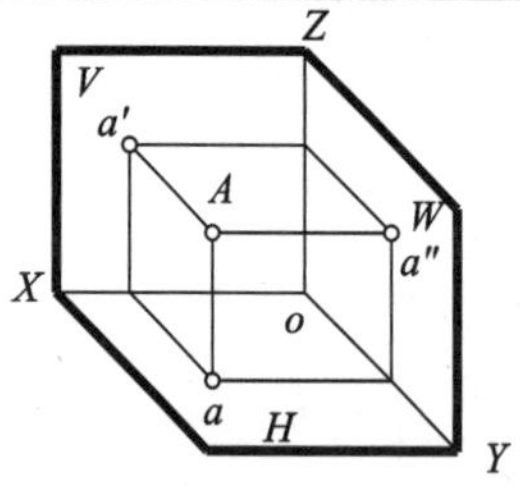	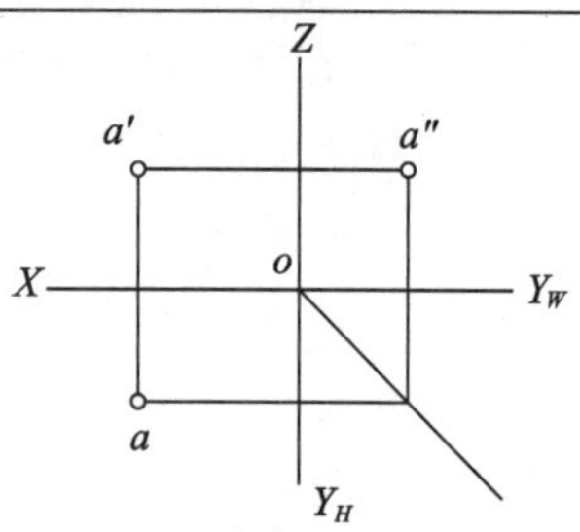	1. 点的三个坐标都不为零。 2. 点的三个投影都在相应的投影面上。
投影面上点	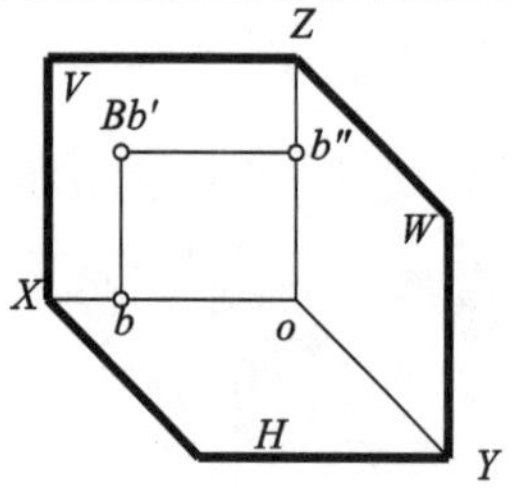 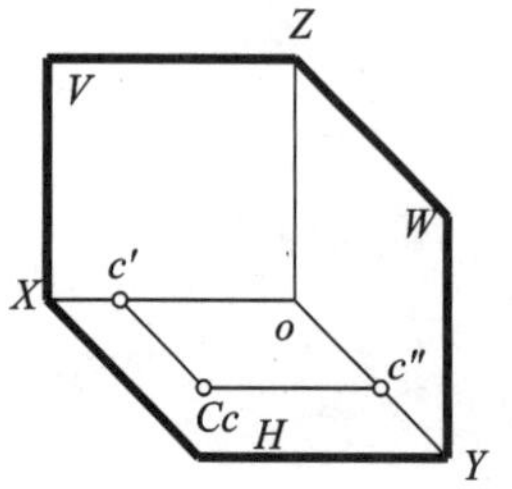	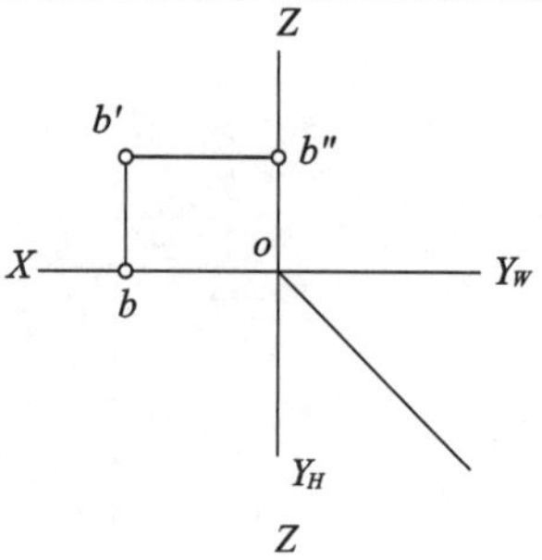 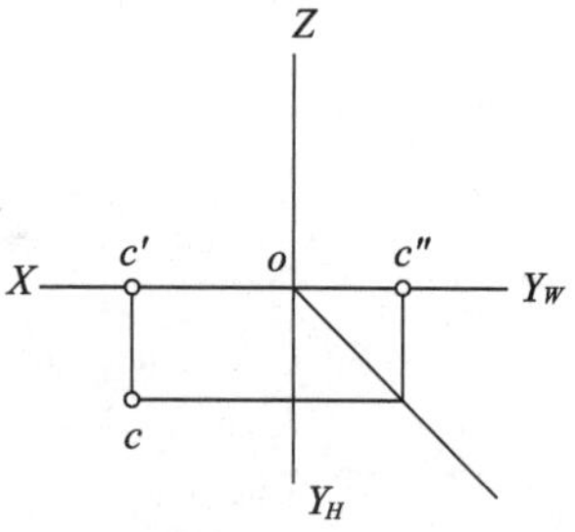	1. 点的一个坐标为零。 2. 点的一个投影在点所在的投影面上，与空间点重合；另两投影在投影轴上。

续表 3-1

位置	直观图	投影图	坐标特点与投影特性
投影轴上点	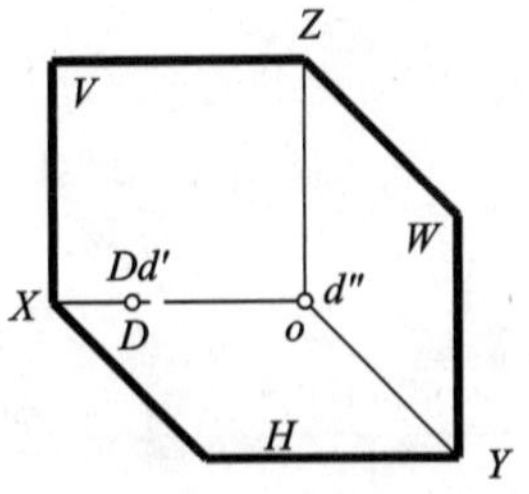 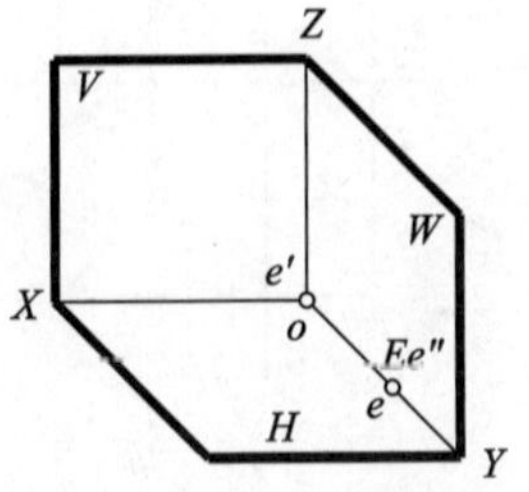	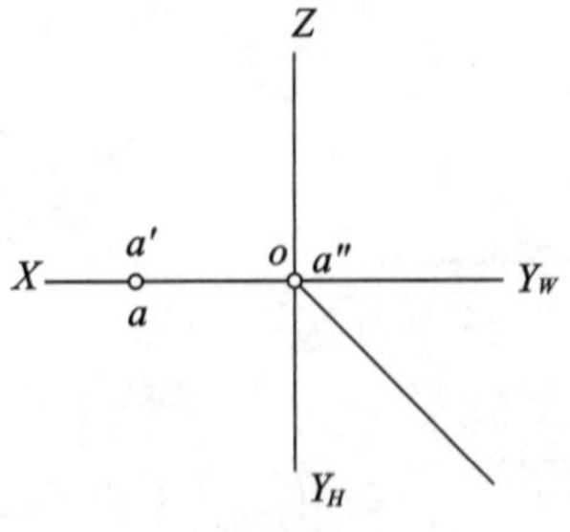 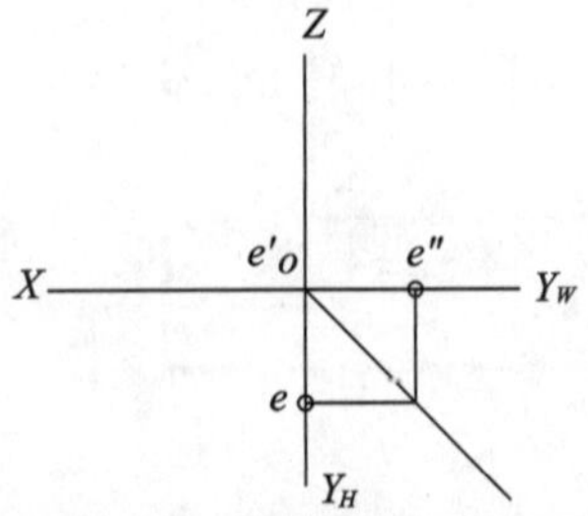	1. 点的两个坐标为零。 2. 点的两个投影在投影轴上，与空间点重合；另一个投影与原点重合。

注：若空间点在原点上，则三个坐标都为零；点的三个投影与空间点都重合在原点上。

2. 两点的相对位置

两点的相对位置是指空间两点之间左右、前后、上下的位置关系。可根据两点的坐标差，来判断两点的相对位置。X 坐标值反映空间点的左右位置，X 值越大，表示点越左。Y 坐标值反映空间点的前后位置，Y 值越大，表示点越前。Z 坐标值反映空间点的上下位置，Z 值越大，表示点越上。

在投影图中，每一个投影面上都能反映两个方向的坐标值，所以，必然能同时反映两个方向的位置关系。两面投影结合就能判定两点的空间位置关系。

【例 3-1】 已知 C、D 两点的投影图，如图 3-3(a)所示，试判别 C、D 两点的相对位置。

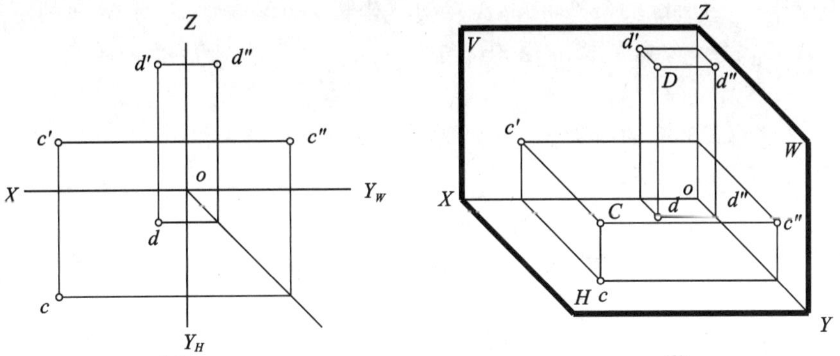

(a) (b)

图 3-3 两点的相对位置

分析：两点的相对位置，是由两点的相应坐标值来决定的，因此应在投影图中观察或量取两点坐标大小，然后再作比较。

结论：在正面投影中，c' 在 d' 之左、之下，即 $X_C > X_D$；$Z_C < Z_D$，在水平投影中，c 在 d 之前，即 $Y_C > Y_D$，所以点 C 在点 D 之左、下、前方，如图 3-3(b)所示。

3. 重影点及其可见性

当空间两点位于同一投射线上时，它们的投影在与该投射线垂直的投影面上必然重合，这两点称为对该投影面的重影点。

如图 3-4(*a*)中 *A*、*B* 两点在 *H* 面上投影重合，*C*、*D* 两点在 *V* 面上投影重合，*B*、*D* 两点在 *W* 面上投影重合。

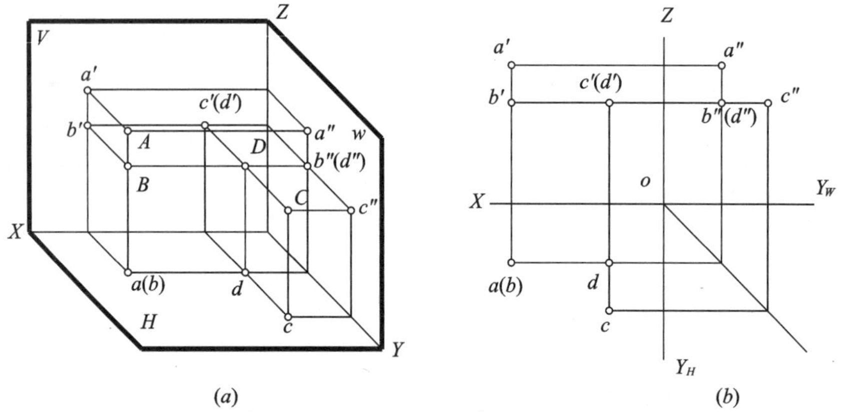

图 3-4 重影点

(*a*)直观图；(*b*)三面投影图

在重影点的三个坐标值中，必有两个坐标值是相同的。

当两点在某一投影面重合时，必有一点遮住另一点，这就需要进行可见性判断，判断的方法是：在不重合的投影上，比较不相同的坐标值的大小，坐标值大者可见，小者不可见，即左点遮右点、前点遮后点、上点遮下点，不可见的点在其字母上加括号表示。如图 3-4(*b*)所示。

3.1.5 画和读点的投影图与直观图

【例 3-2】 已知空间点 *A* 的坐标为(10,15,20)，试作该点的直观图和投影图。

分析：由所给的条件可知：*A* 点的 *x* 坐标为 10，表示 *A* 到 *W* 面的距离，*y* 坐标为 15，表示 *A* 到 *V* 面的距离，*z* 坐标为 20，表示 *A* 到 *H* 面的距离。

1. 作直观图

(1)画直观图的投影轴，*X* 轴为水平方向，*Z* 轴为铅垂方向，*Y* 轴与水平成 45°，如图 3-5(*a*)所示。

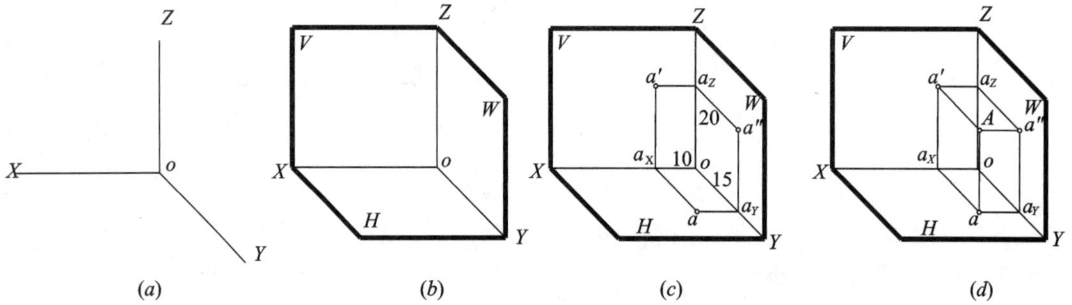

图 3-5 点的直观图的作图方法

(2)画直观图的投影面，在三个轴上的适当位置定点，画投影面的边框线，边框线与投影轴平行，如图 3-5(*b*)所示。

(3)画点 A 三面投影的直观图，在 X 轴上量取 10mm 截点 a_x，在 Y 轴上量取 15mm 截点 a_y，在 Z 轴上量取 20mm 截点 a_z，过 a_x、a_y、a_z 作对应轴的平行线，即可得到点在三个投影面上的投影 a、a'、a''，如图 3-5(*c*)所示。

(4)画点 A 的直观图，过点 a、a'、a''分别向 H、V、W 面作垂线，即 $Aa /\!/ Z$ 轴、$Aa' /\!/ Y$ 轴、$Aa'' /\!/ X$ 轴，三线汇交于点 A，即 A 点的直观图。如图 3-5(*d*)所示。

2. 作投影图

(1)先画投影轴并在其上分别量 $x=10$mm 得 a_x，$y=15$mm 得 a_{YH}，$z=20$mm 得 a_Z，如图 3-6(*a*)所示。

(2)过 a_X、a_{YH}、a_z 作 X 轴、Y_H 轴、Z 轴的垂线相交得 a、a'，如图 3-6(*b*)所示。

(3)根据点的投影规律补画出第三投影 a''，如图 3-6(*c*)所示。

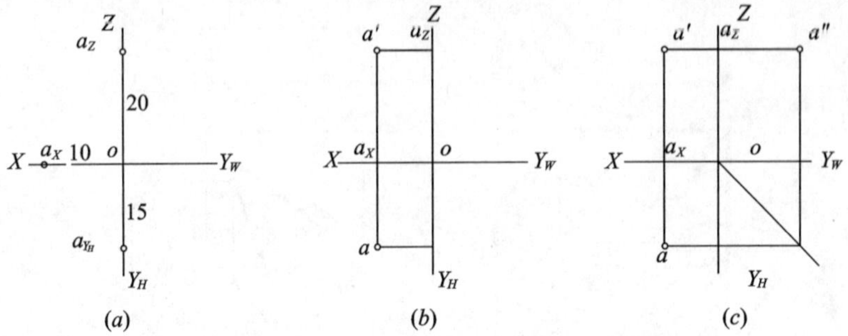

图 3-6 作点的投影图

【例 3-3】 如图 3-7(*a*)所示已知 A、B、C 三点的两面投影，试求其第三面的投影。

分析：根据点的投影规律，作投影连线垂直于投影轴，由两面投影求出第三面投影。

通过作出的投影图可知：C 点在 H 面上，即投影面上的点有一个坐标为零。B 点在 Z 轴上，即投影轴上的点有两个坐标值为零。如图 3-7(*b*)所示。

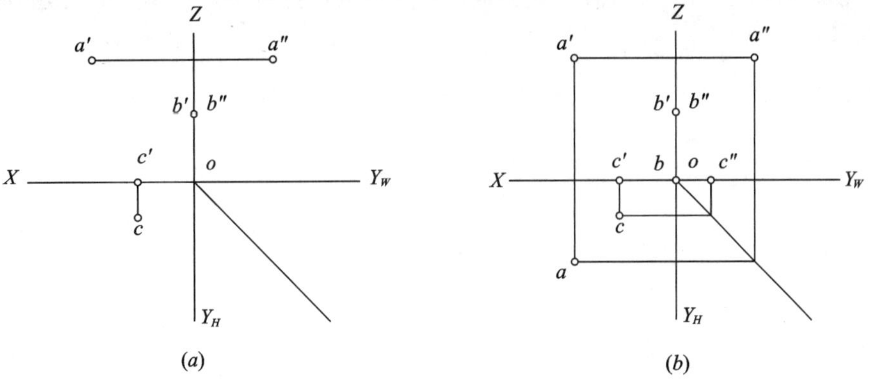

图 3-7 已知点的两面投影求作第三面投影

3.2　直线的投影

3.2.1　直线的投影图和直观图的画法

直线的投影一般仍为直线，要作直线的投影图，只要作出直线上两端点的投影，如图 3-8(*a*)所示。再将其同面投影连接，如图 3-8(*b*)所示。即为直线的投影。同理，只要作出直线上两点的直观图，如图 3-8(*c*)所示。然后连接其同面投影和空间两点即为直线的直观图，如图 3-8(*d*)所示。

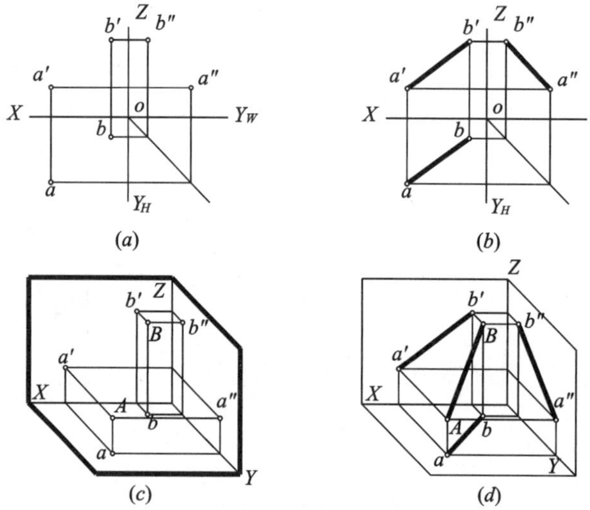

图 3-8　直线的直观图和投影图的画法

3.2.2　各种位置直线的投影特征

在三投影面体系中，空间直线与投影面的相对位置有三类：投影面平行线（简称平行线）、投影面垂直线（简称垂直线）和一般位置直线。前两类统称为特殊位置的直线。下面分别介绍它们的投影特征。

直线对 *H*、*V*、*W* 三投影面的倾角，分别用 α、β、γ 表示。

1. 投影面平行线

平行于某一投影面，且倾斜于另外两个投影面的直线，称为该投影面的平行线。

平行线有三种：

正平线—平行 *V* 面、$\beta=O°$、倾斜于 *H*、*W* 面。

水平线—平行 *H* 面、$\alpha=O°$、倾斜于 *V*、*W* 面。

侧平线—平行 *W* 面、$\gamma=O°$、倾斜于 *V*、*H* 面。

各种位置平行线的直观图、投影图及投影特征见表 3-2。

投影面平行线的投影特征可归纳为：与直线平行的投影面上的投影为一斜线，反映直线实长，并反映直线对其他两投影面的倾角；其余两投影的长度小于实长，而且垂直于同一投影轴。

表 3-2　投影面平行线

	正平线	水平线	侧平线
物体表面上的线	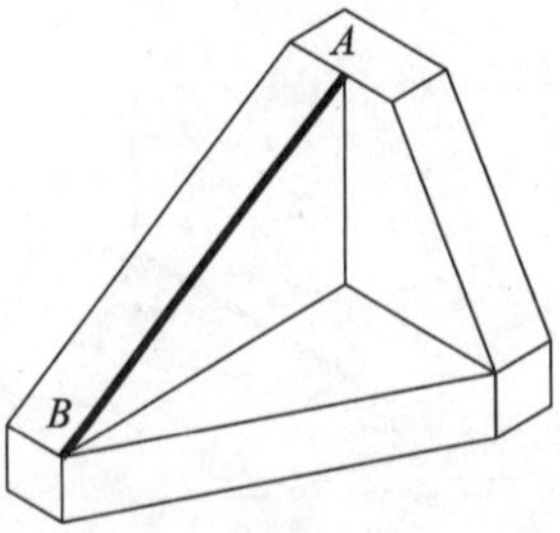	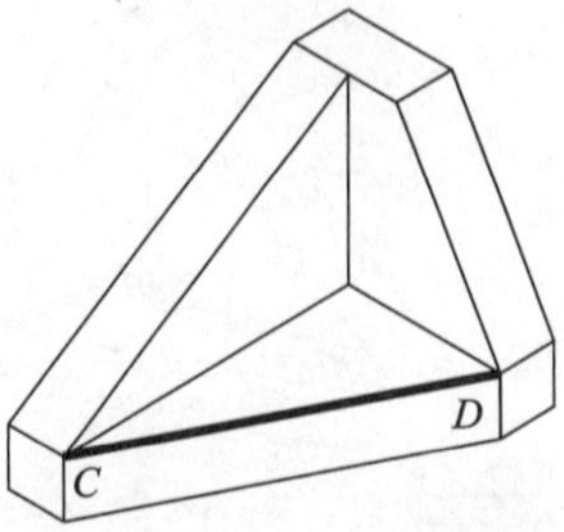	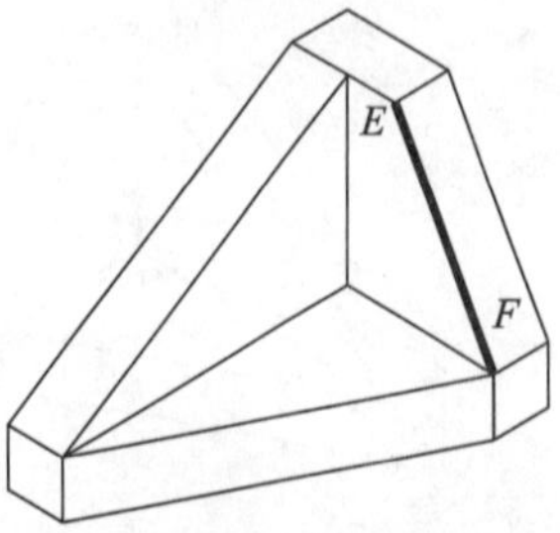
直观图	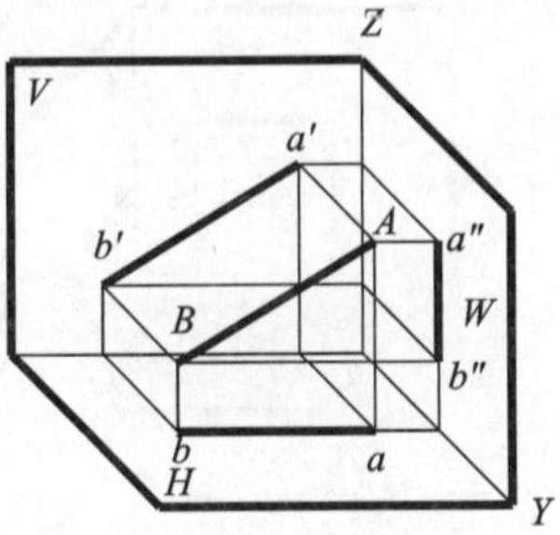	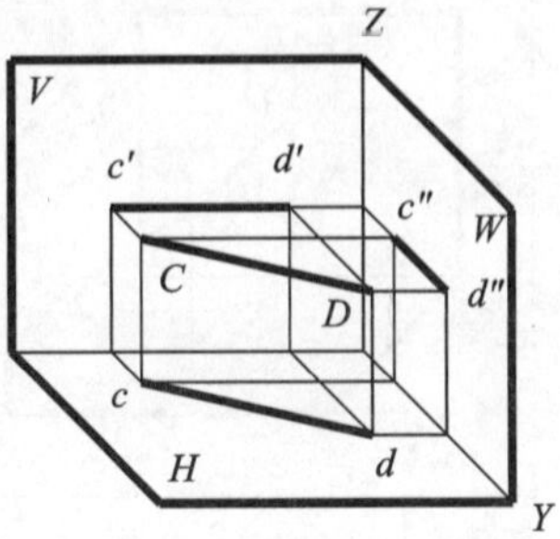	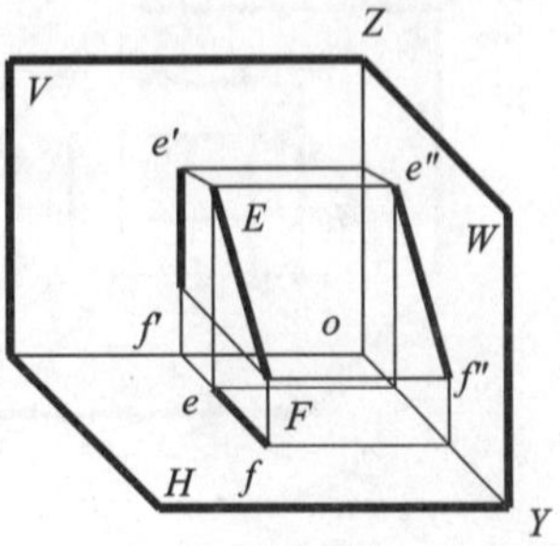
投影图	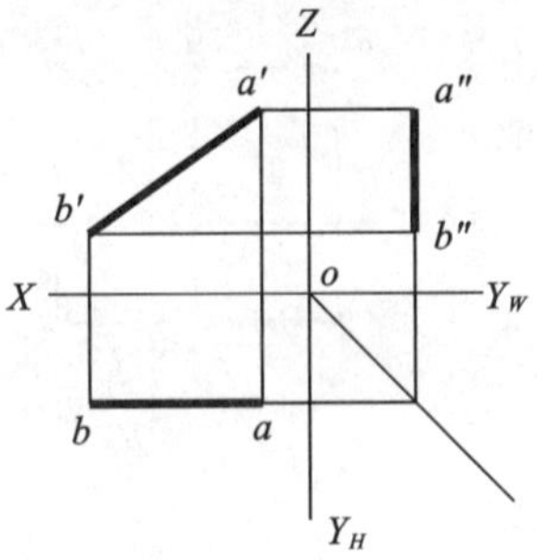	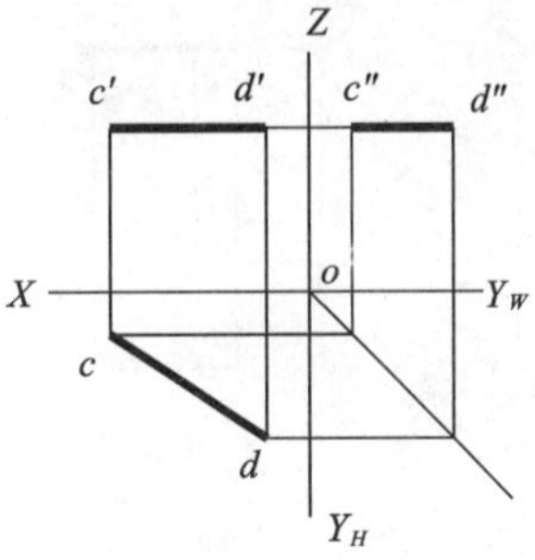	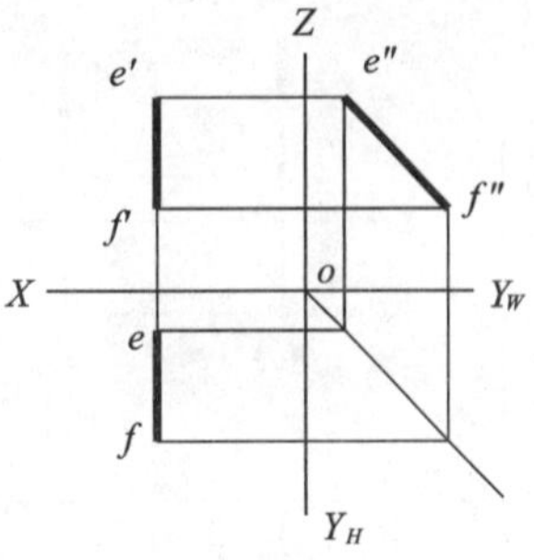
投影特性	$a'b'=AB$ $ab\perp oY_H$ $a''b''\perp oY_W$	$cd=CD$ $c'd'\perp oZ$ $c''d''\perp oZ$	$e''f''=EF$ $ef\perp oX$ $e'f'\perp oX$

2. 投影面垂直线

垂直于一个投影面的直线，称为该投影面的垂直线。

垂直线有三种：

正垂线—垂直于 V 面、$\beta=90°$。

铅垂线—垂直于 H 面、$\alpha=90°$。

侧垂线—垂直于 W 面、$\gamma=90°$。

各种位置垂直线的直观图、投影图及投影特征见表 3-3。

表 3-3　投影面垂直线

	铅垂线	正垂线	侧垂线
物体表面上的线	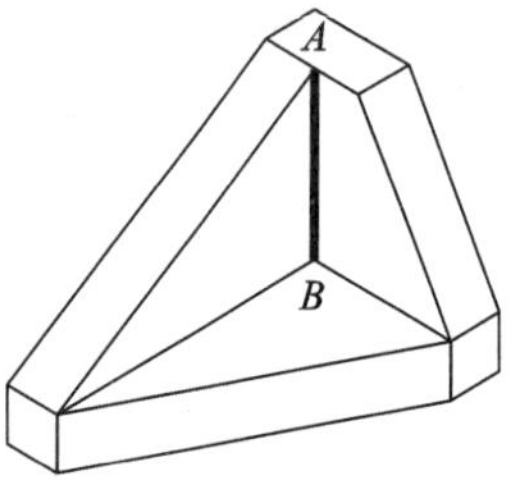	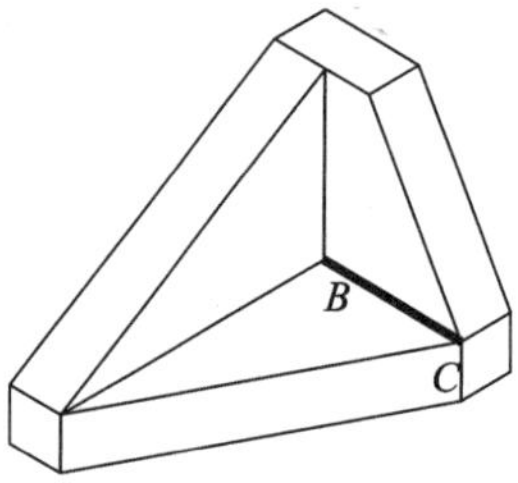	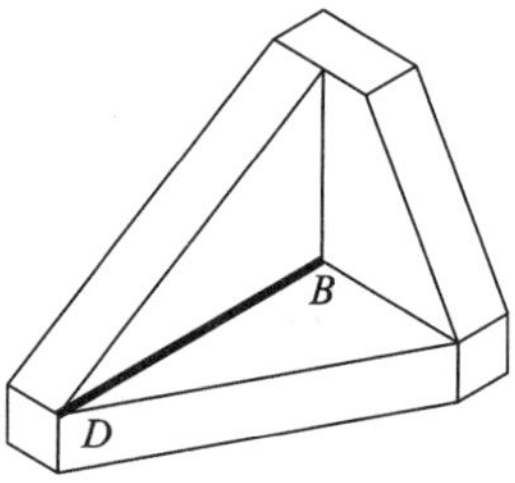
直观图	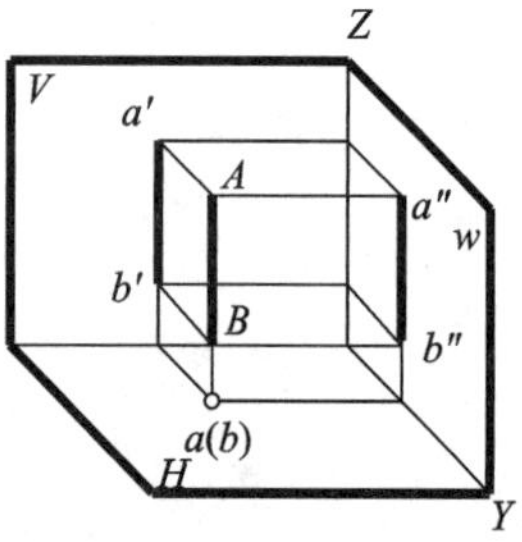	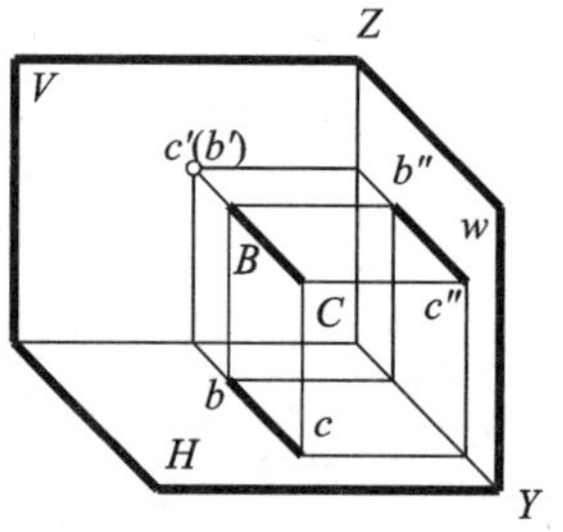	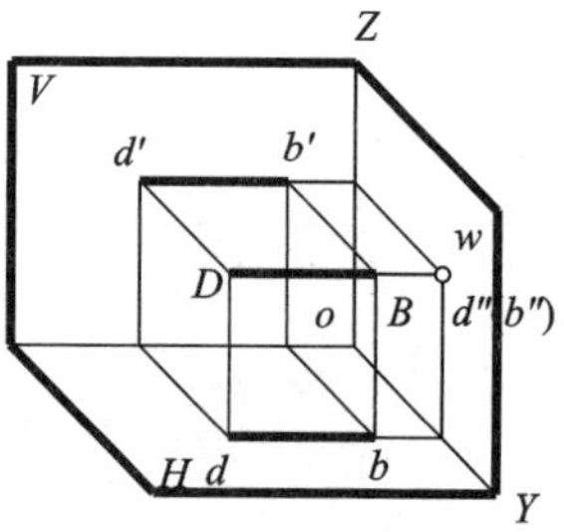
投影图	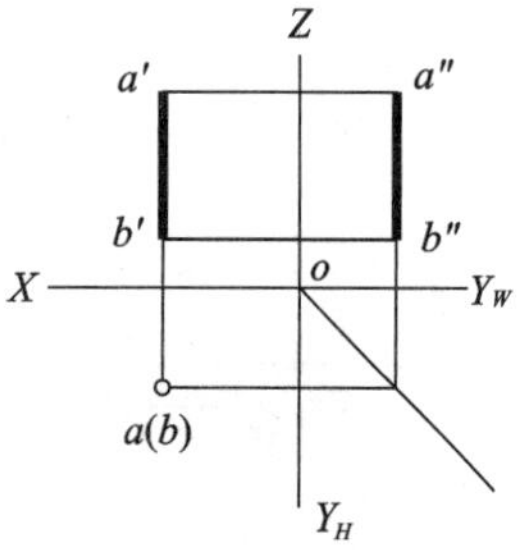	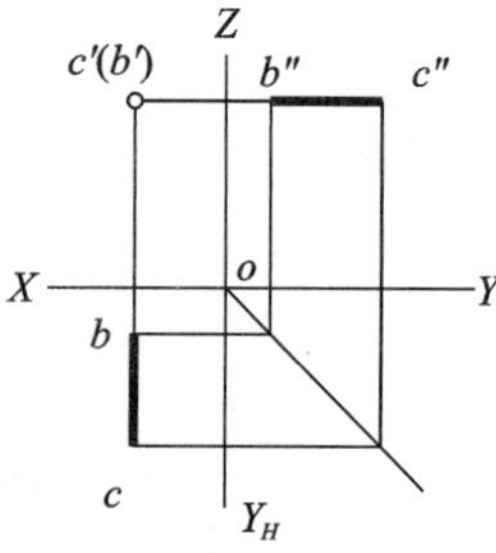	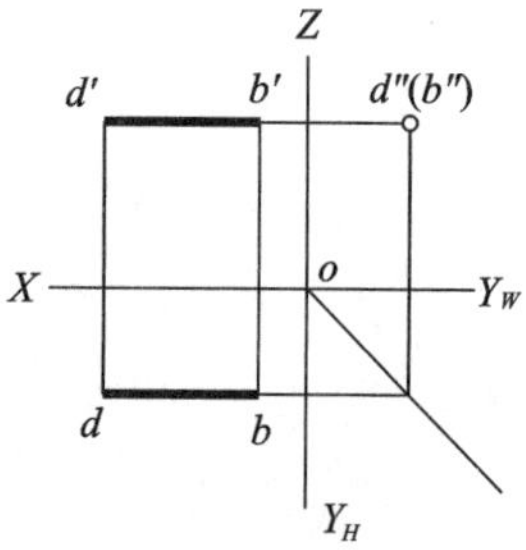
投影特性	ab 积聚为一点 $a'b' /\!/ oZ$ $a''b'' /\!/ oZ$ $a'b' = a''b'' = AB$	$c'b'$ 积聚为一点 $cb /\!/ oY_H$ $c''b'' /\!/ oY_W$ $cb = c''b'' = CB$	$d''b''$ 积聚为一点 $db /\!/ oX$ $d'b' /\!/ oX$ $db = d'b' = DB$

投影面垂直线的投影特征可归纳为：当直线垂直的投影面上的投影积聚为一点，其余两个投影反映直线的实长，且平行于同一投影轴。

3. 一般位置直线

与三个投影面都倾斜的直线，称为一般位置直线。其空间位置和投影图如图 3-9 所示。

一般位置直线的投影特征为：三个投影面上的投影均为斜线且小于实长，其与投影轴的夹角不反映空间直线对投影面的倾角。

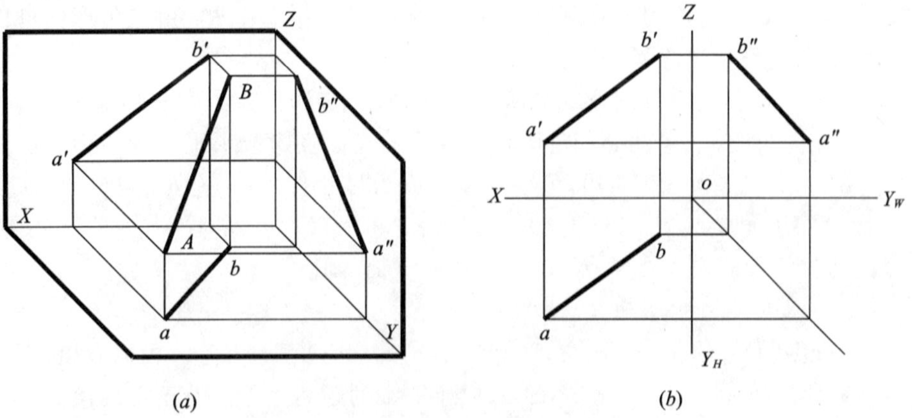

图 3-9　一般位置直线

3.3.3　求一般位置直线段的实长及投影面的倾角

如上所述，一般位置直线的投影不反映该线段的实长，在它的投影图中，也不反映直线对投影面倾角的真实大小。但是如果有了线段的两个投影，该线段的空间位置便唯一确定了，就可以根据线段和其投影的几何关系，用图解的方法——直角三角形法，求出线段的实长及其对投影面倾角的真实大小，兹介绍如下：

1. 求线段的实长及其对 H 面的倾角 α

(1)空间分析　在图 3-10(a)中，过点 A 作直线 $AB_0 /\!/ ab$，则构成直角 $\triangle ABB_0$，$\angle BAB_0$ 为 AB 对 H 面的倾角 α，直角边 AB_0 的长度等于 ab，另一直角边 BB_0 的长度为线段两端点 B 和 A 的 z 坐标之差 Z_B-Z_A，亦即 b'、a' 到 X 轴的距离之差。

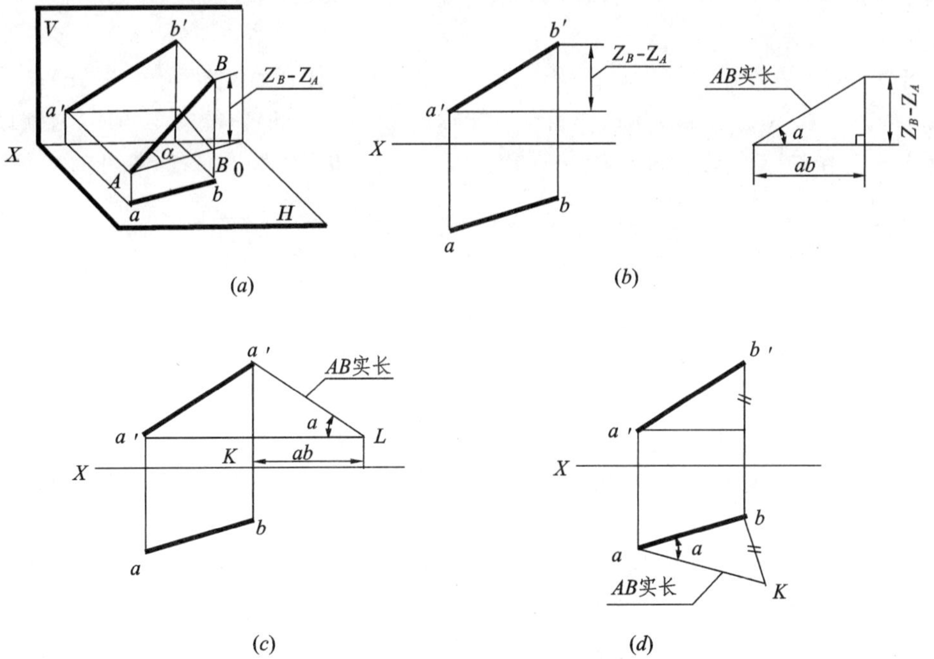

图 3-10　用直角三角形法求线段的实长及 α 角

可见，若已知线段的两个投影，就等于已知直角三角形的两直角边。则此直角三角形便可作出，也就同时求出线段的实长及 α 角了。

(2)作图方法　图 3-10(b)为已知线段 AB 的两投影 ab、$a'b'$ 时，单独作直角三角形求实长及 α 角的情形。为了作图简便，常将直角三角形画在线段的正面投影或水平投影图中。如图 3-10(c)所示，以 $b'K=Z_B-Z_A$ 为一直角边，量取 $KL=ab$ 为另一直角边，连 $b'L$，则 $b'L$ 即为线段 AB 的实长，而 $\angle b'LK$ 即为 α 角。图 3-10(d)是以 ab 为一直角边，量取 $bK=Z_B-Z_A$ 为另一直角边，连 aK 即为线段的实长，$\angle baK$ 即为 AB 对 H 面的倾角 α。

2. 求线段的实长及其对 V 面的倾角 β

在图 3-11(a)中，过点 B 作 $BA_0 /\!/ a'b'$ 交 Aa' 于 A_0，则构成直角 $\triangle ABA_0$。可以看出：直角边 $BA_0=a'b'$，另一直角边 $AA_0=Y_A-Y_B$，亦即 a、b 到 X 轴的距离之差。若已知线段 AB 的两面投影，该直角三角形的两直角边即为已知，便可画出直角三角形，则斜边为线段 AB 的实长，锐角 $\angle ABA_0$ 为 AB 对 V 面的倾角 β。

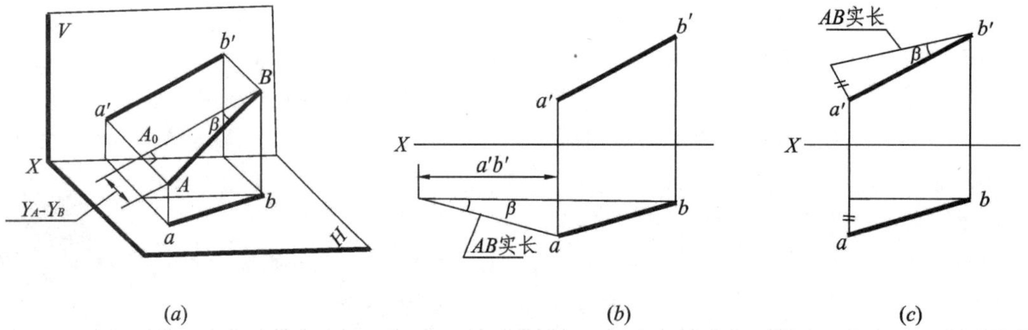

图 3-11　用直角三角形法求线段的实长及 β 角

图 3-11(b)为在水平投影上作直角三角形的情形；图 3-11(c)为在正面投影上作图的情形。

3. 直角三角形法小结

(1)求直线 AB 的 α 角时，必须以 ab 和 $|Z_A-Z_B|$ 为二直角边作直角三角形(图 3-2a)；求 β 角时，必须以 $a'b'$ 和 $|Y_A-Y_B|$ 为二直角边作直角三角形(图 3-12b)；同理，欲求 γ 角时，必须以侧面投影 $a''b''$ 为一直角边，以 $|X_A-X_B|$ 为另一直角边作直角三角形(图 3-12c)，不可搞错。

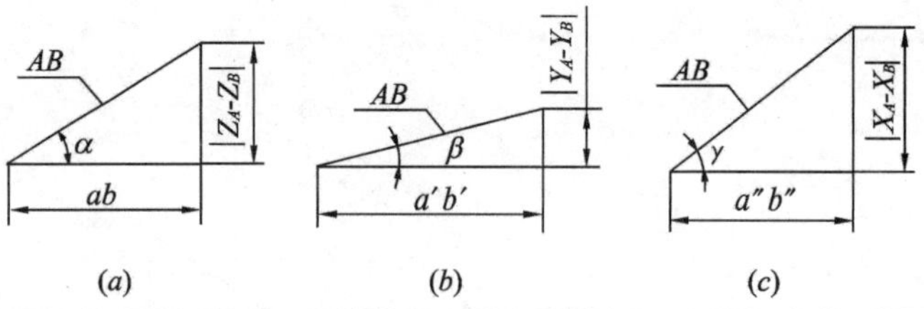

图 3-12　直角三角形的三个直角三角形

(2)所求倾角 α、β、γ 是直角三角形的斜边与分别代表投影 ab、$a'b'$、$a''b''$ 长度的直角边之间的夹角，如图 3-12 所示。

(3)直角三角形法不仅是求线段实长及其对投影面倾角的方法，也是解决一般位置直线作图问题的一种方法。从图 3-12 中可以看出：任一直角三角形都包含有四个参数：线段的实长(斜边)、一个投影长(一直角边)、线段两端点的坐标差(另一直角边)及直线对投影面的倾角(一锐角)。当已知任意两个参数时，便可作出该直角三角形，从而求出其他参数。

【例 3-4】 已知线段 AB 的一个投影 ab 和端点 A 的另一投影 a'，并已知 $\alpha=30°$，求作 AB 的 V 面投影 $a'b'$(图 3-13a)。

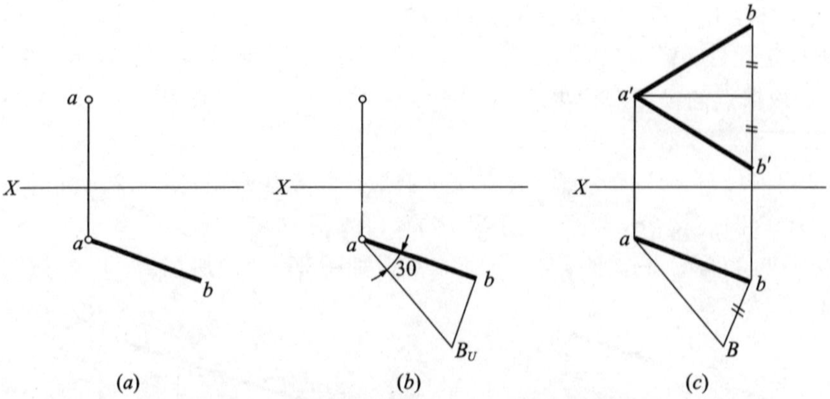

图 3-13 用直角三角形法求线段的正面投影

分析：已知 ab 及倾角 α，则可作出以 ab 为一直角边的直角三角形，另一直角边即为两端点 A、B 的 z 坐标差。

作图：(1)以 ab 为直角边作一直角$\triangle abB_0$，使$\angle baB_0=\alpha(30°)$，如图 3-13(b)所示；

(2)另一直角边 bB_0 即为两端点的 z 坐标差$|z_A-z_B|$。由于未指明 A、B 两点的 z 坐标哪一个大，故可截取两个 b'，即本题有二解，如图 3-13(c)所示。

3.2.4 直线上的点

直线上的点，其投影有下述两个特性。

1. 从属性

点在直线上，则点的各面投影必在该直线的同面投影上，这个特性称为从属性。

如图 3-14 所示，点 K 在直线 AB 上，则 k'在 $a'b'$上，k 在 ab 上，k''在 $a''b''$上。同时 k、k'、k'' 必须符合点的投影规律。因此，直线上点的投影，必在直线的同面投影上；反之，点的各面投影只要有一个不在直线的同面投影上，则点就一定不在该直线上。

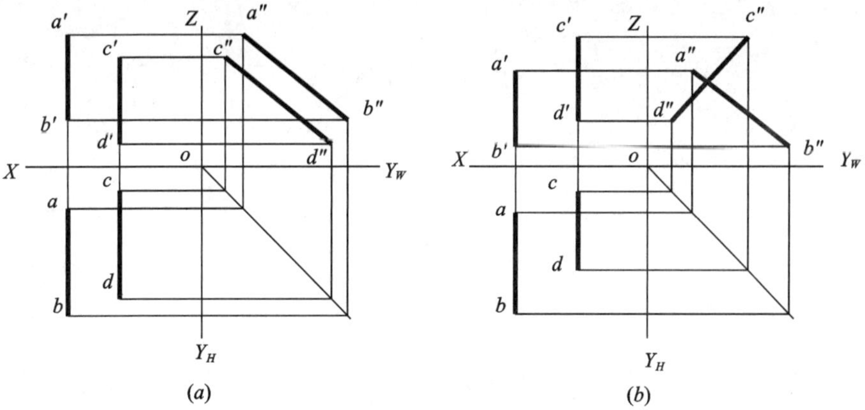

图 3-14 直线上点的投影

2. 定比性

直线上的点分割直线之比，投影后保持不变，这种特性称为定比性。

如图 3-14 中，$AK:KB=ak:kb=a'k':k'b'=a''k'':k''b''$

【例 3-5】 如图 3-15(a)所示，已知直线 AB 的两面投影，C 点在直线 AB 上，其线段之比为 $AC:CB=3:2$，求 C 点的两面投影。

分析：根据定比性，$AC:CB=ac:cb=a'c':c'b'=a''c'':c''b''=3:2$，用等分线段的方法先求得 c，然后根据点的投影规律再求 c'。

作图步骤：

(1)自 a 作任一直线并在其上截取任意 5 等分，得点 1、2、3、4、5。

(2)连接 $5b$，再过 3 点作 $5b$ 的平行线交 ab 于 c 点。

(3)自 c 点作垂线交 $a'b'$ 于 c' 点。如图 3-15(b)所示。

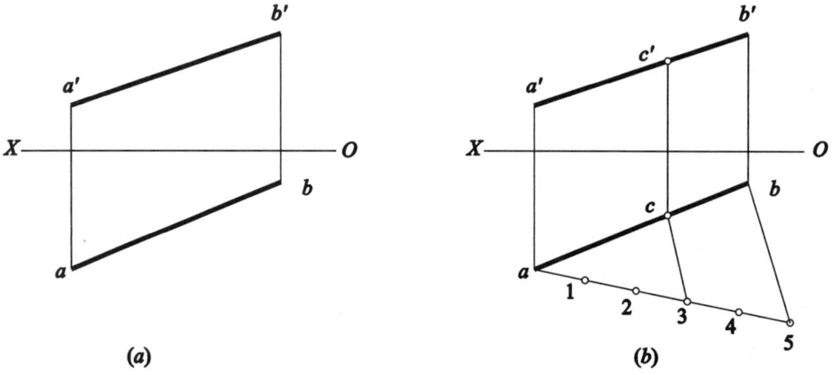

图 3-15 求直线上点的投影

【例 3-6】 如图 3-16(a)所示，判断 M 点是否在 CD 直线上。

分析：图中 CD 是侧平线，可根据从属性或定比性两种方法判断。

方法 1：用从属性判断，

作图步骤：

(1)作 CD 的侧面投影，得 $c''d''$。

(2)根据点的投影规律，作得 m''。

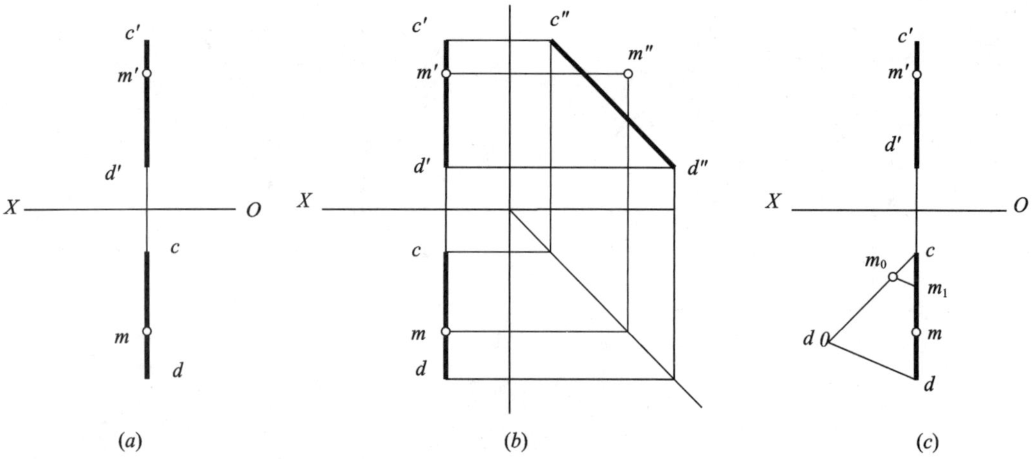

图 3-16 判断点是否在直线上

(3)结论：m''不在$c''d''$上，可判断 M 点不在 CD 直线上。如图 3-16(b)所示。

方法 2：用定比性法判断，

作图步骤：

(1)过 c 点作直线 $cd_0=c'd'$，连接 dd_0

(2)截取 $c'm'=cm_0$

(3)过 m_0作与 dd_0平行的直线，交 cd 于 m_1。

(4)结论：m_1与 m 不重合，故 M 点不在 CD 直线上。

3.2.5 两直线的相对位置

两直线的相对位置有三种，即平行、相交和交叉。

1. 两直线平行

如图 3-17(a)所示，直线 AB 和 CD 相互平行，则过 AB 和 CD 向 H 面作投影线所形成的平面 $ABba \parallel CDdc$，它们与 H 面的交线 ab 与 cd 也一定相互平行，故 $ab \parallel cd$，同理可证 $a'b' \parallel c'd'$，$a''b'' \parallel c''d''$。

因此，平行两直线的投影特征是：两直线平行，它们的同面投影都相互平行；反之，若两直线的各组同面投影都平行，则两直线在空间一定平行，如图 3-17(b)所示。

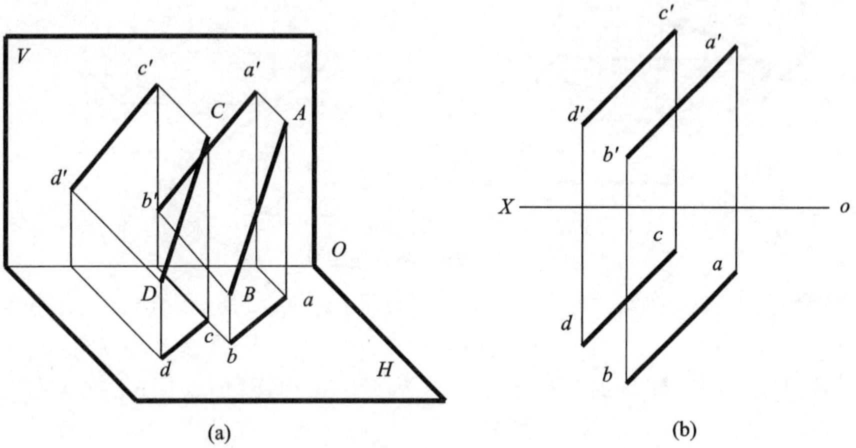

图 3-17　两直线平行

当根据投影图判断两直线在空间是否平行时，如果两直线为一般位置时，只要判断任意两面投影平行就可以判断两直线平行，而对投影面的平行线，则要判断直线所平行的那个投影面上的投影是否平行才能判定。如图 3-18 所示。

2. 两直线相交

如图 3-19(a)所示，直线 AB 与 CD 相交于 K 点，K 点是 AB 和 CD 两直线的共有点，按照直线上点的投影特性，点 K 的投影必然在直线 AB 的同面投影上，同时也在直线 CD 的同面投影上，即 k 一定是 ab 与 cd 的交点。同理 k'是 $a'b'$与 $c'd'$的交点，k''是 $a''b''$与 $c''d''$的交点，k、k'、k''是同一空间点的三面投影，必然要符合点的投影规律。

因此，相交两直线的投影特征是：两直线相交，它们的同面投影必定相交，且交点符合点的投影规律。反之，若两直线的同面投影都相交，且交点符合点的投影规律，则两直线在空间一定相交，如图 3-19(b)所示。

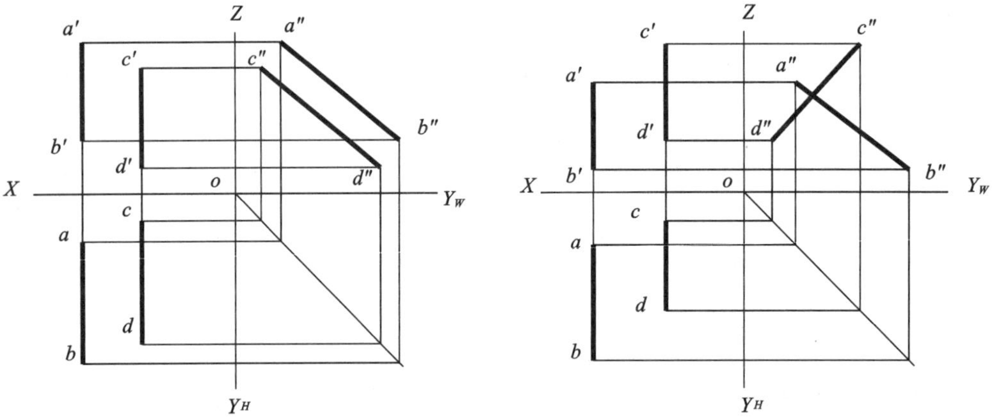

(*a*) 平行　　(*b*) 不平行

图 3-18　两直线平行的判断

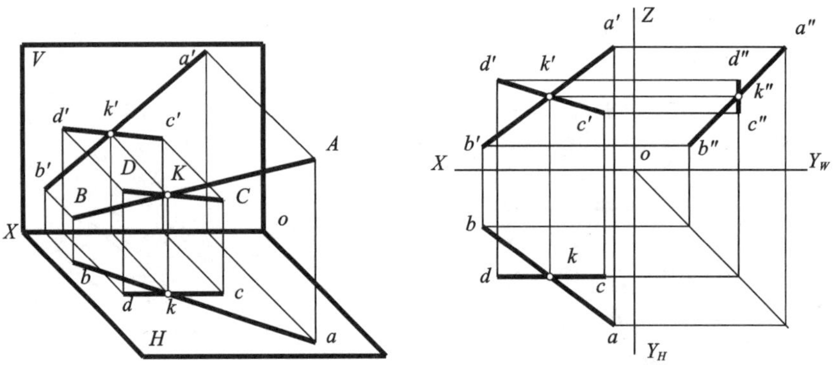

(*a*)　　(*b*)

图 3-19　两直线相交

当根据投影图判断两直线在空间是否相交时，一般根据两直线任意两组的同面投影即可判断。但当两直线之一为投影面平行线时，其中一组应为反映实长的投影。如图 3-20(*a*)所示 *CD* 为侧平线，若只根据 *V*、*H* 两面投影不足以判断其是否相交，但根据 *V*、*W* 两面投影则可作出正确的判断。如不作出 *W* 面投影，还可利用定比性作图判断，如图 3-20(*b*)所示。

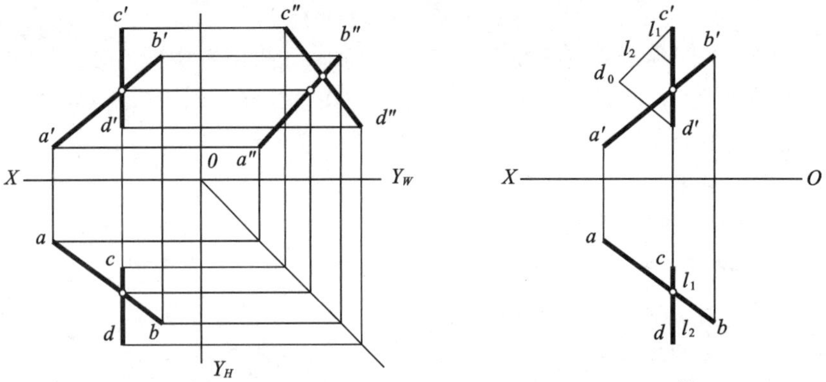

(*a*)　　(*b*)

图 3-20　两直线相交的判断

(*a*)根据投影特性判断两直线不相交；(*b*)用定比性作图判断两直线不相交

3. 两直线交叉

空间两直线既不平行，又不相交，称为两直线交叉。

因此，交叉两直线的投影特征是：既不符合平行两直线的投影特性，又不符合相交两直线的投影特性。它们的某些同面投影可能表现为互相平行，但不会所有同面投影都平行；它们的某些或全部同面投影可能表现为相交，但交点不符合点的投影规律，是重影点的投影，如图3-21所示。

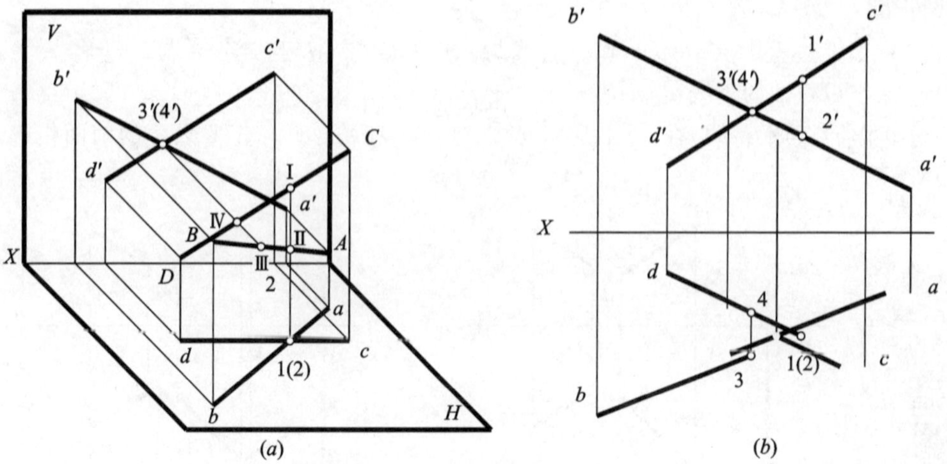

图 3-21 两直线交叉及重影点的分析

判断交叉两直线重影点可见性的步骤为：先从重合点画一条垂直于投影轴的直线到另一个投影中的两条线上去，就可以将重合点分开成两个点，所得两个点中坐标值大的为可见，不可见的投影点要加括号，如图 3-21(*b*)所示。

4. 两直线垂直

两直线垂直是两直线相交或交叉的特殊情况。

空间两直线垂直，若两直线都与某一投影面倾斜，则在该投影面上的投影不垂直；只要两直线中有一条直线平行某一投影面，则在该投影面两直线的投影互相垂直，即交角投影仍为直角，此特征为直角投影定理。

如图 3-22 所示，AB 与 AC 垂直相交，$AB /\!/ H$；$DE /\!/ AC$，DE 与 AB 垂直交叉。因 $AB \perp AC$、$AB \perp Aa$，由几何定理可知，AB 必垂直 AC 和 Aa 所决定的平面 $ACCA$ 和该平面上的任一直线，又知 $AB /\!/ ab$，所以 $ab \perp ac$；$DE /\!/ AC$，$de /\!/ ac$，则 $de \perp ab$。

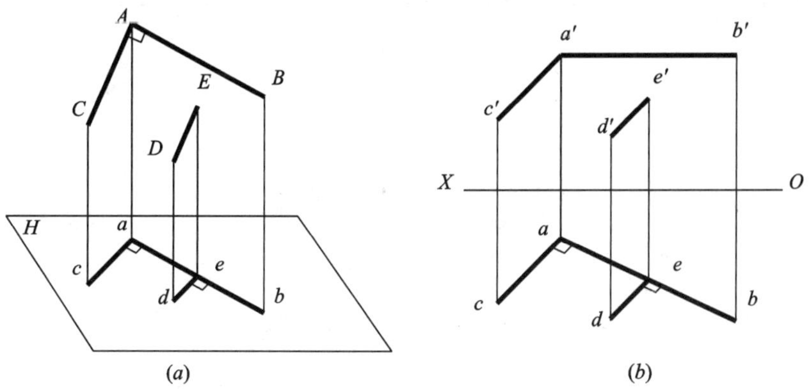

图 3-22 直角投影定理

反之，相交和交叉两直线的某一投影互相垂直，且有一条直线平行于该投影面时，则两直线在空间一定垂直。

【例 3-7】 如图 3-23(*a*)所示，作一条直线 *MN*，使它与已知两直线 *AB*、*CD* 相交于 *M*、*N* 点，且平行于已知直线 *EF*。

分析：*AB* 为正垂线，*AB* 和 *MN* 的交点 *M* 的 *V* 面投影 m' 必与 $a'(b')$ 重合。

作图步骤：

(1)在 *V* 面上过重影点 $a'(b')$，作一直线与 $e'f'$ 平行在 $c'd'$ 上交于 n' 点。

(2)过 n' 作 *OX* 轴的垂线交 *cd* 于 *n*。

(3)过 *n* 作 *ef* 的平行线，在 *ab* 上交 *m* 点。则 $m'n'$ 和 *mn* 即为直线 *MN* 的两面投影，如图 3-23(*b*)所示。

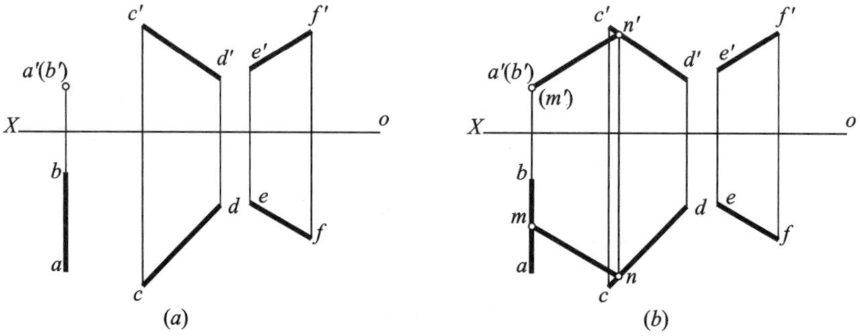

图 3-23 求作直线 *MN* 的两面投影

3.3 平面的投影

3.3.1 平面的表示法及投影图的画法

平面的空间位置可由下列任一组几何元素来确定：(*a*)不在同一直线上的三点；(*b*)一直线和直线外的一点；(*c*)相交两直线；(*d*)平行两直线；(*e*)任意平面图形。如图 3-24 所示。

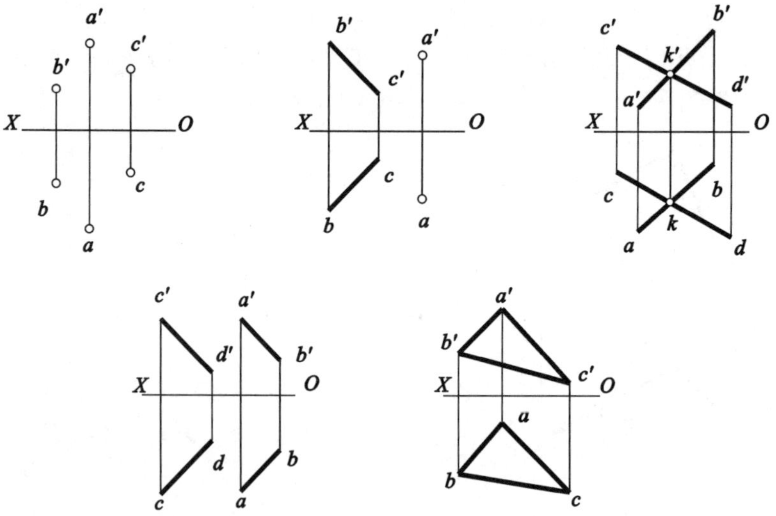

图 3-24 平面的表示方法

用几何元素表示平面，只要作出表示平面的几何元素的投影即可。所以求作平面的投影，实质上是求作点和线的投影。在投影图中，一般用平面图形表示平面的空间位置。

画平面多边形的投影图，一般先求出各定点的投影，然后将其同面投影依次用直线连接即得，如图 3-25 所示。

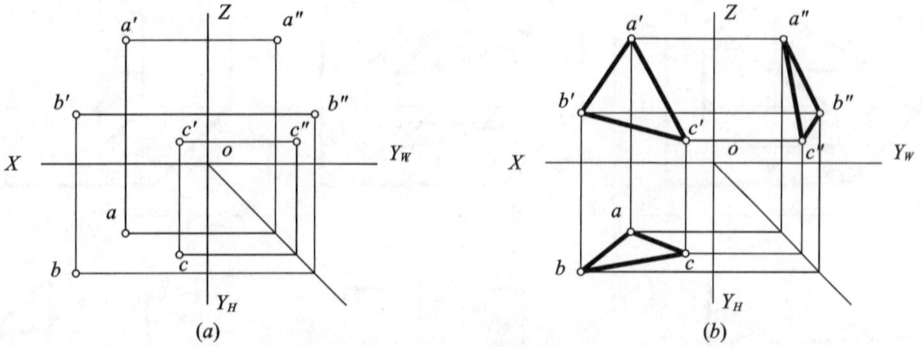

图 3-25　平面三投影图的画法

3.3.2　各种位置平面的投影特征

在三面投影体系中，平面的位置有三类：投影面的平行面、投影面的垂直面、一般位置的平面。前两类平面统称为特殊位置平面。

平面对 H、V、W 三投影面的倾角分别用 α、β、γ 表示。

1. 投影面的平行面

平行于一个投影面，且垂直于另外两个投影面的平面称为投影面平行面，投影面的平行面有三种：

正平面—平行于 V 面。

水平面—平行于 H 面。

侧平面—平行于 W 面。

各种投影面平行面的直观图、投影图及投影特征见表 3-4。

投影面平行面的投影特征可归纳为：与平面平行的投影面上的投影反映实形，其余两投影面上的投影均积聚为直线，且垂直于同一投影轴。

表 3-4　投影面平行面

	正平面	水平面	侧平面
物体上的表面	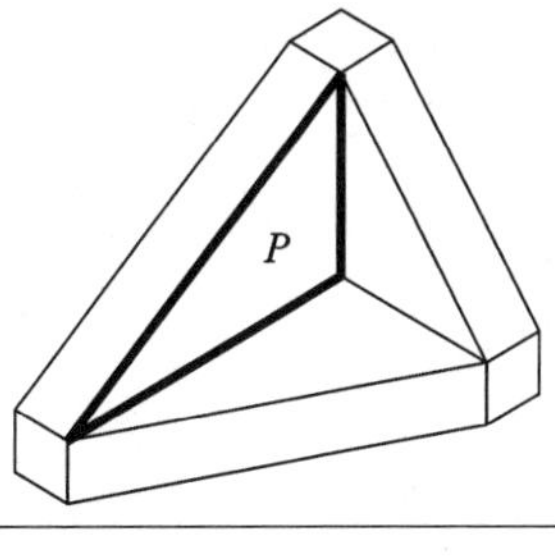	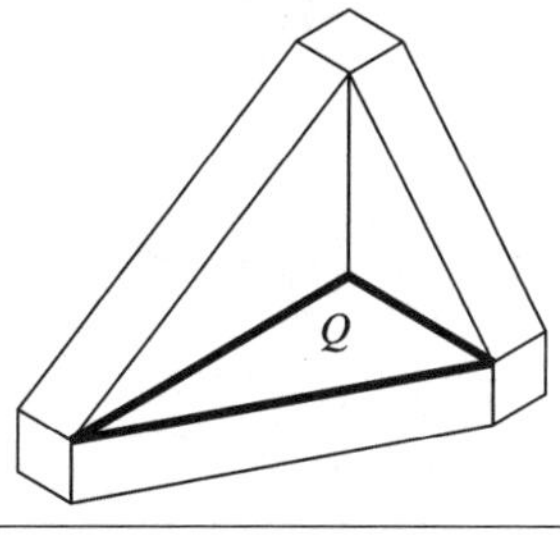	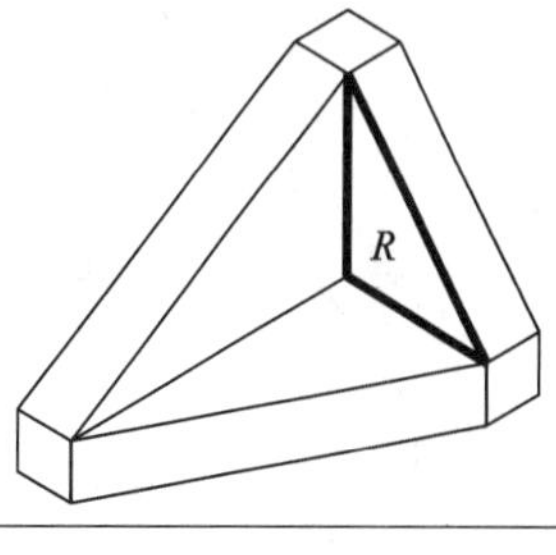

续表 3-4

	正平面	水平面	侧平面
直观图	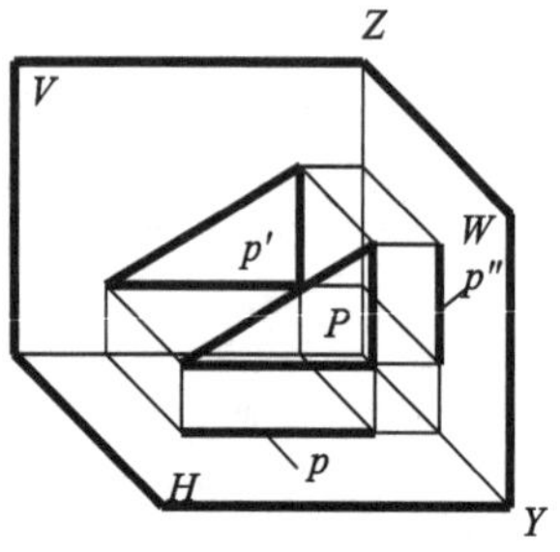	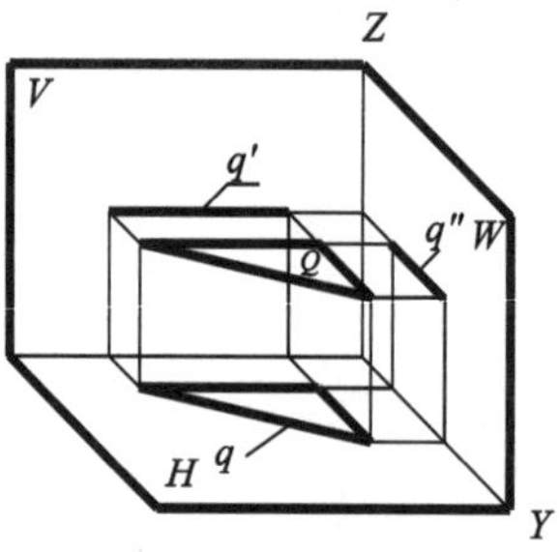	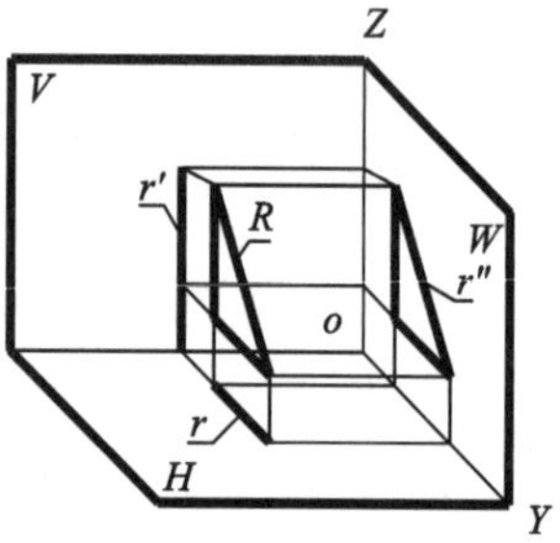
投影图	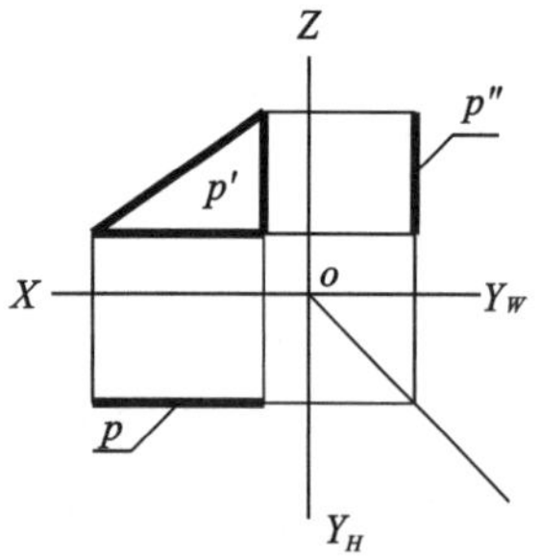	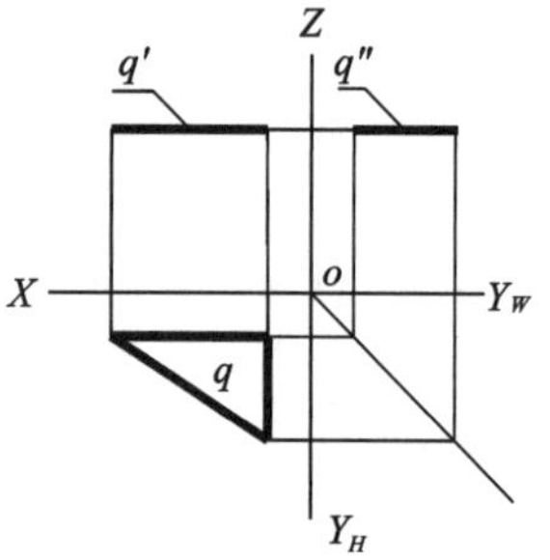	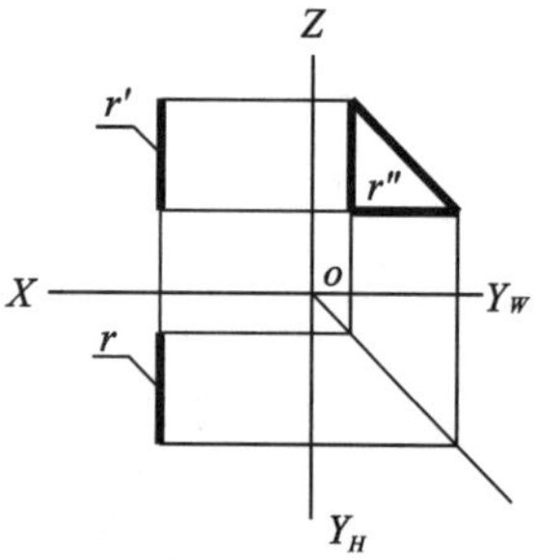
投影特性	1. *V* 面投影反映平面实形。 2. *H*、*W* 面投影均积聚为直线，且分别垂直于 *OY* 轴	1. *H* 面投影反映平面实形。 2. *V*、*W* 面投影均积聚为直线，且分别垂直于 *OZ* 轴。	1. *W* 面投影反映平面实形。 2. *V*、*H* 面投影均积聚为直线且分别垂直于 *OX* 轴。

2. 投影面垂直面

垂直于一个投影面，且倾斜于另外两个投影面的平面称为投影面垂直面，投影面垂直面有三种：

正垂面—垂直于 *V* 面，倾斜于 *H*、*W* 面。

铅垂面—垂直于 *H* 面，倾斜于 *V*、*W* 面。

侧垂面—垂直于 *W* 面，倾斜于 *V*、*H* 面。

各种投影面垂直面的直观图、投影图及投影特征见表 3-5。

表 3-5　投影面垂直面

	正垂面	铅垂面	侧垂面
物体上的表面	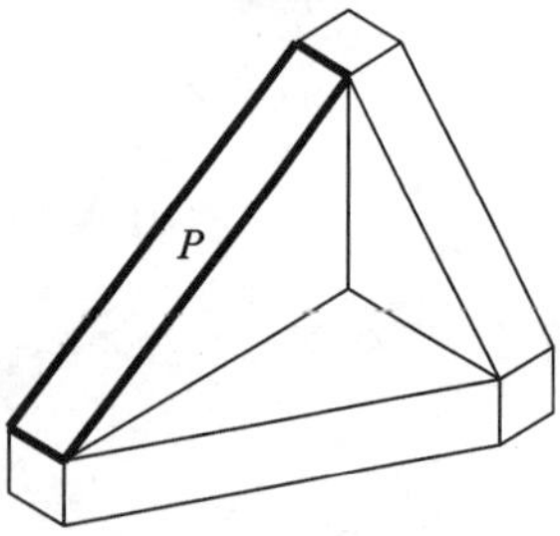	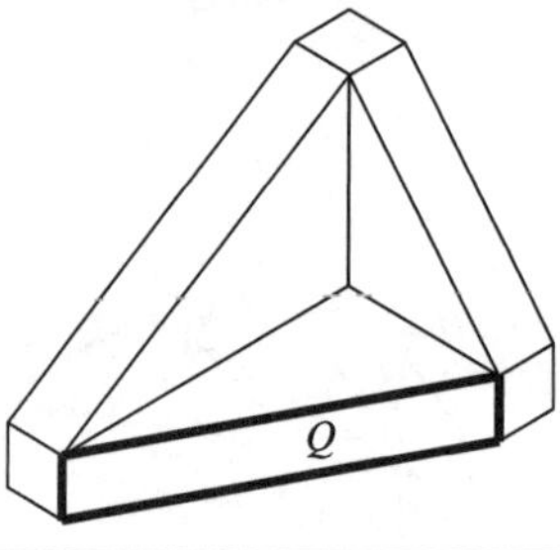	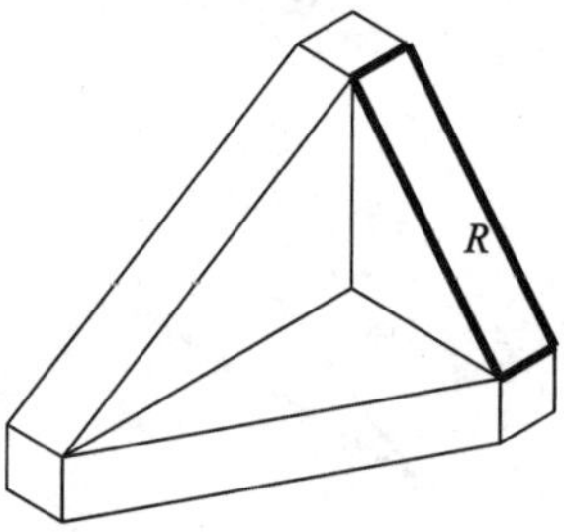

	正平面	水平面	侧平面
直观图	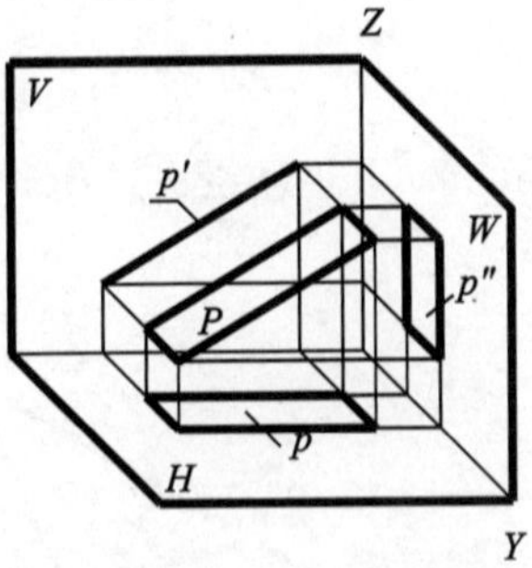	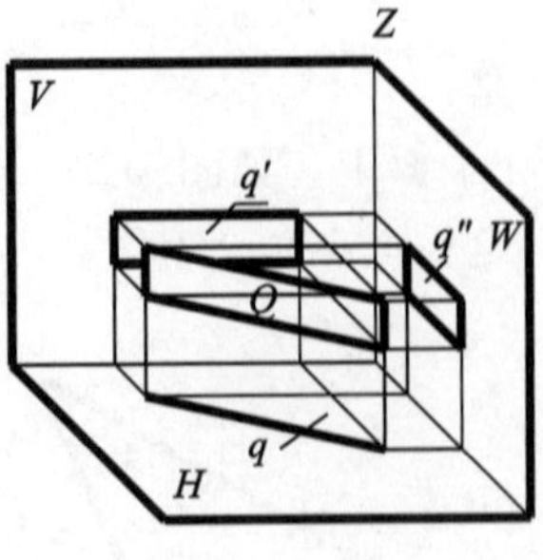	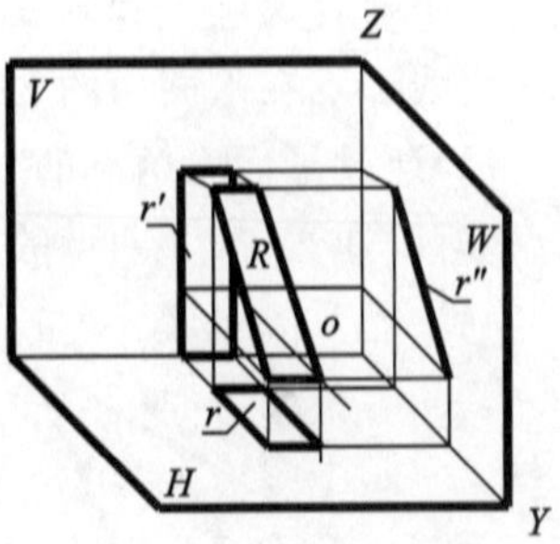
投影图	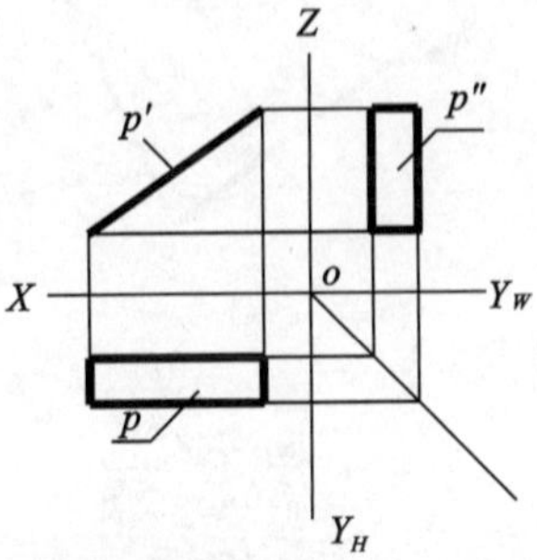	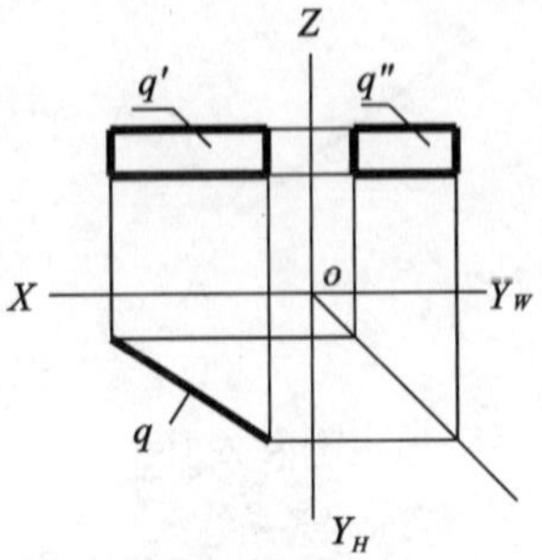	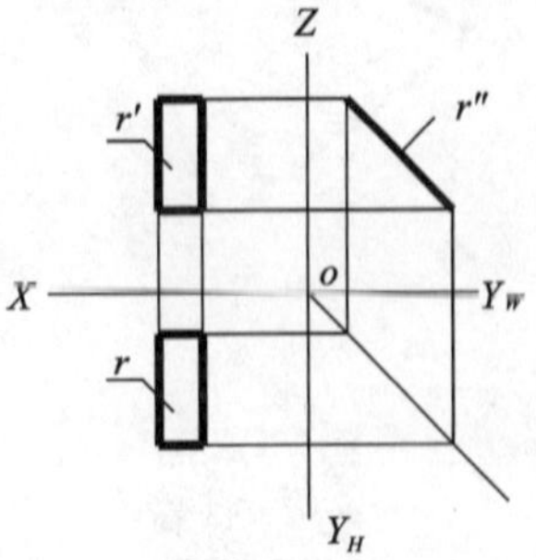
投影特性	1. V 面投影积聚为斜线。 2. H、W 面投影为平面的类似图形。	1. H 面投影积聚为斜线。 2. V、W 面投影为平面的类似图形。	1. W 面投影积聚为斜线。 2. V、H 面投影为平面的类似图形。

投影面垂直面的投影特征可归纳为：与平面垂直的投影面上的投影积聚为一倾斜直线并反映与其他两投影面的倾角，其余两个投影均为类似图形。

3. 一般位置平面

倾斜于三个投影面的平面，称为一般位置平面。其空间位置和投影图如图 3-26 所示。

一般位置平面的投影特征为：三投影均为平面的类似图形，不反映平面的实形与倾角。

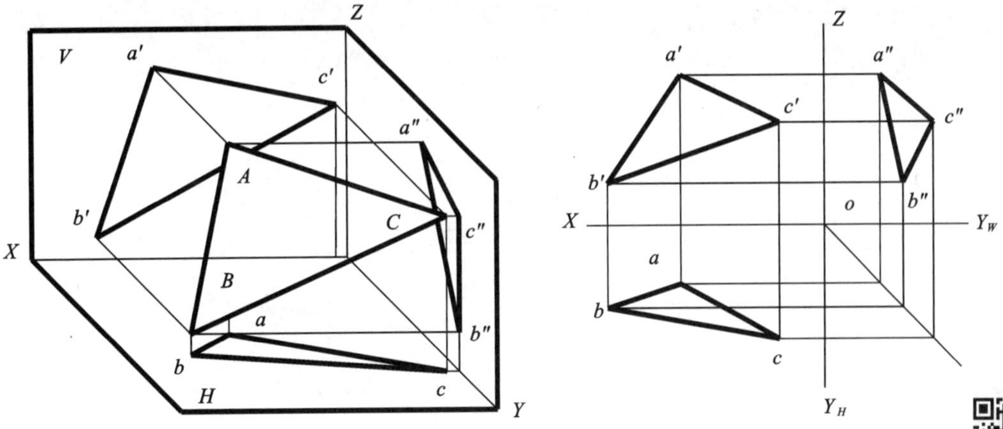

(a) (b)

图 3-26 一般位置平面

3.3.3 平面内的直线和点

1. 平面内的直线和点

直线和点在平面内的几何条件是：

(1)通过平面上两点的直线必在平面上。如图 3-27(*a*)所示，Ⅰ、Ⅱ两点是△*ABC* 平面上的点，所以通过Ⅰ、Ⅱ两点的直线必定在△*ABC* 平面上。

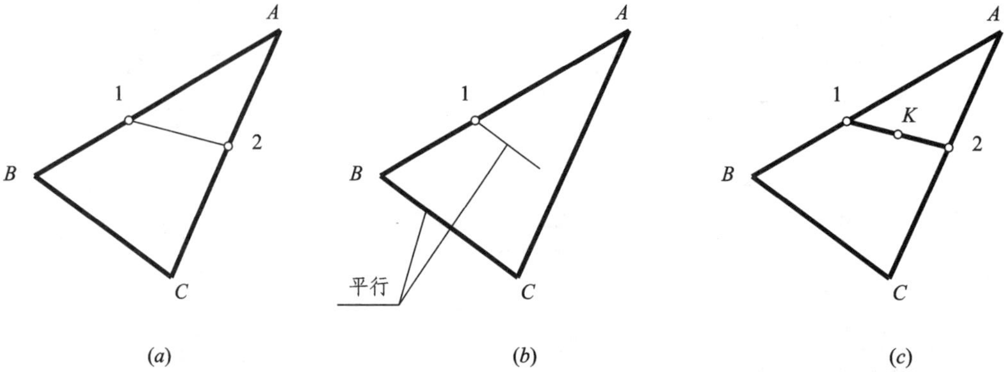

图 3-27 在平面上直线和点存在的几何条件

(2)通过平面上的一个点，且平行于平面上任意一条直线的直线必在该平面上。如图 3-27(*b*)所示，Ⅰ是△*ABC* 平面上的一个点，直线通过点Ⅰ且平行于平面上的直线 *BC*，则此直线必在△*ABC* 平面上。

(3)如果某点位于平面内任意一条直线上，则此点必在该平面上。如图 3-27(*c*)所示，点 *K* 位于△*ABC* 平面内的直线ⅠⅡ上，则点 *K* 必定在△*ABC* 平面上。

【例 3-8】 如图 3-28(*a*)所示，试判点 *M* 是否在△*ABC* 所确定的平面上。

分析：根据点在平面内的几何条件可知，点 *M* 若在△*ABC* 平面上，必在该平面上的某一条直线上，否则 *M* 点就不在平面内。

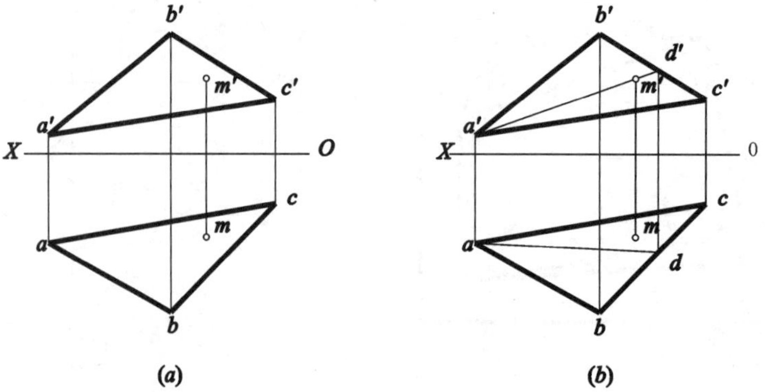

图 3-28 判断点是否在平面上

作图步骤：

(1)如图 3-28(b)所示，连 $a'm'$ 并延长交 $b'c'$ 于 d'，$a'd'$ 为平面内过点 m' 的辅助线。

(2)求点 d' 的水平投影 d，并连接 ad 未通过投影 m，故点 M 不在直线 AD 上。因此，点 M 也不在△ABC 平面内。

【例 3-9】 如图 3-29(a)所示，已知点 K 是在△ABC 平面上，已知 k'，求 k。

分析：点 K 在△ABC 平面上，必在△ABC 平面上的一条直线上。

作图步骤：

(1)连接 $c'k'$ 并延长，交 $a'b'$ 于 d'，则 $c'd'$ 是平面内过点 k' 的一条直线 CD 的正面投影，如图 3-29(b)所示。

(2)求 CD 的水平投影，过 d' 引 OX 轴的垂线并交得 ab 于 d，连接 cd 即为直线 CD 的水平投影，如图 3-29(b)所示。

(3)过 k' 作 OX 轴的垂线交 cd 于 k，即为所求，如图 3-29(c)所示。

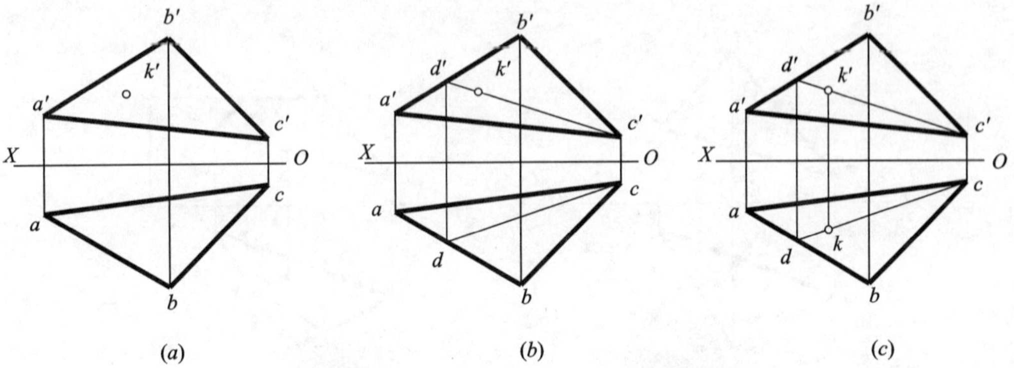

图 3-29 平面上取点

【例 3-10】 如图 3-30(a)所示，试完成该平面图形的水平投影。

分析：从平面图形的侧面投影积聚为一斜线，可知该平面图形为侧垂面，因此它的水平投影必为类似形。

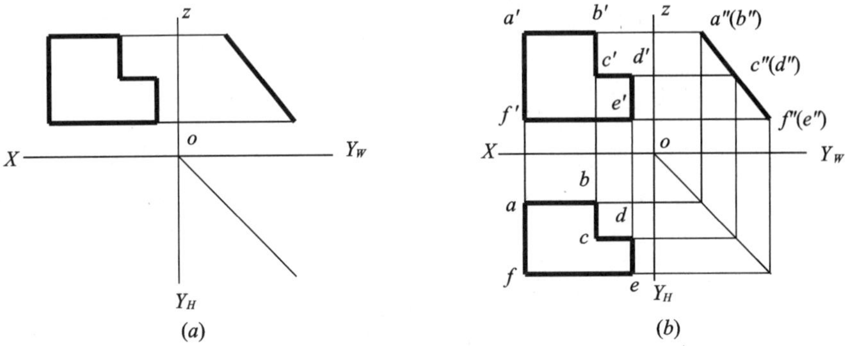

图 3-30 完成平面的水平投影

作图步骤：

(1)把正面投影的各交点 a'、b'、c'、d'、e'、f'，向侧面作投影得 $a''(b'')$、$c''(d'')$、$f''(e'')$。如图 3-30(*b*)所示。

(2)根据点的投影规律，求出各交点的水平投影 *a*、*b*、*c*、*d*、*e*、*f*。

(3)依次连接各点，即 *ab*、*bc*、*cd*、*de*、*ef*、*fa* 并加粗，完成该平面图形的水平投影。

2. 平面内的投影面平行线

平面内平行于投影面的直线称为平面内的投影面平行线。由于平面内的直线可分别平行于 *H*、*V*、*W* 面，所以平面内的投影面平行线包括平面内的水平线、平面内的正平线、平面内的侧平线。

平面内的投影面平行线，既要符合直线在平面内的几何条件，又要符合投影面平行线的投影特征。

【例 3-11】 如图 3-31(*a*)所示，已知△*ABC* 的两面投影，在平面内求作一条距 *H* 面为 15mm 的水平线 *DE*。

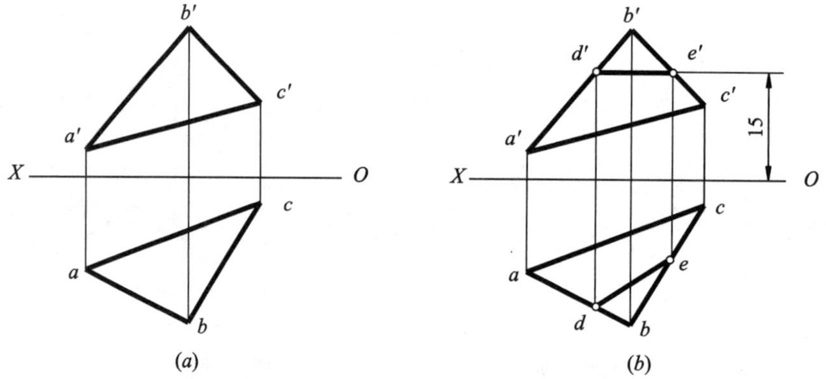

图 3-31 在平面内作水平线

分析：直线 *DE* 为水平线，则 $d'e' /\!/ OX$ 轴，且与 *OX* 轴的距离为 15mm，该直线在平面内，必通过平面内的两点。

作图步骤：

(1)如图 3-31(*b*)所示，作 $d'e'$，使 $d'e' /\!/ OX$，且距 *OX* 轴为 15mm，分别交 $a'b'$、$b'c'$于 $d'e'$。

(2)过 d'、e'作垂直于 *OX* 轴的直线，在 *ab*、*bc* 上求出 *d*、*e* 两点。

(3)连接 *de*，即为所求。

3.4 直线与平面、平面与平面的相对位置

3.4.1 平行

1. 直线与平面平行

由几何条件可知：如果一条直线平行于平面内的任意一条直线，则此直线与该平面平行；反之，若直线平行于平面，则在该平面内必能作出与此直线平行的直线。

如图 3-32(*a*)所示，直线 *DE* 平行于△*ABC* 平面内的直线 *AB*($d'e' /\!/ a'b'$，$de /\!/ ab$)，所以

DE 平行于△ABC 平面。

对于特殊位置的平面，只要判断其平面具有积聚性的那个投影是否与直线在该投影面上的投影平行即可。如图 3-32(b)所示。

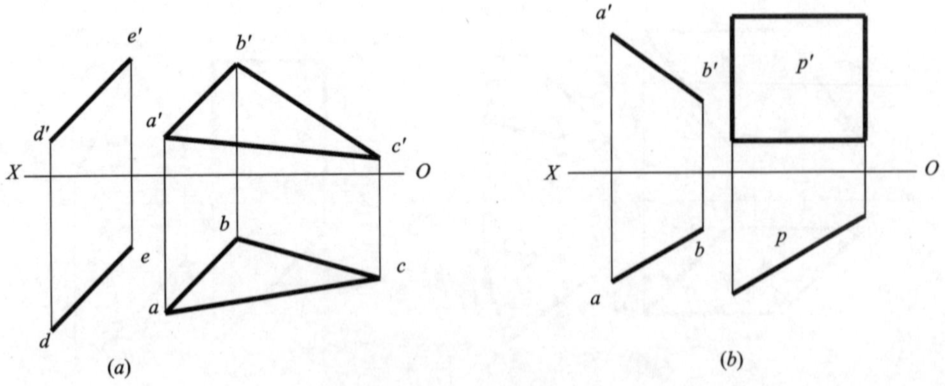

图 3-32 直线与平面平行

(a)直线与一般面平行；(b)直线与铅垂面平行

【例 3-12】 如图 3-33(a)所示，已知直线 MN 和△ABC 平面的两面投影，试判断直线 MN 是否与△ABC 平行。

分析：解决这类问题，是看能否在△ABC 平面上作出一条与 MN 平行的直线来，如能作出，则与△ABC 平面平行，否则 MN 与△ABC 平面不平行。

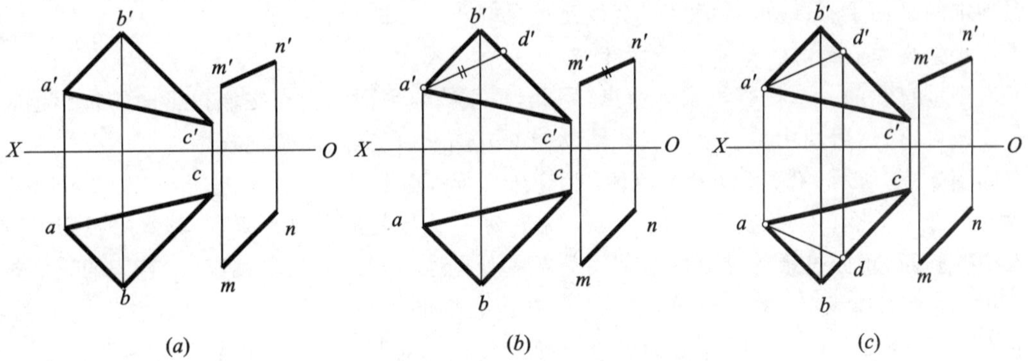

图 3-33 判断直线与平面是否平行

作图步骤：

(1)自 a'作 $m'n'$的平行线与 $b'c'$交于 d'，再自 d'向 OX 轴引垂线交 bc 于 d，如图 3-33(b)所示。

(2)连接 ad，因 ad 与 mn 不平行，即 MN 与 AD 不平行，所以 MN 与△ABC 平面不平行，如图 3-33(c)所示。

2. 平面与平面平行

由几何定理可知：如果一平面内的两条相交直线与另一平面内的两条相交直线对应平行，则这两个平面相互平行。

如图 3-34(a)所示，四边形 ABCD 中的 AB 平行于△EFG 中的 EF($a'b' /\!/ e'f$、$ab /\!/ ef$)，四边形中所作出的辅助直线 AH 平行于三角形中的 EG($a'h' /\!/ e'g'$、$ah /\!/ eg$)，所以平面 AB-

CD 平行于平面 EFG。

对于两垂直面平行的问题，首先要看是否是同一投影面的垂直面，如果是，则要判断其积聚性投影是否平行，如果平行，则两平面平行，否则不平行。如图 3-34(b)所示。

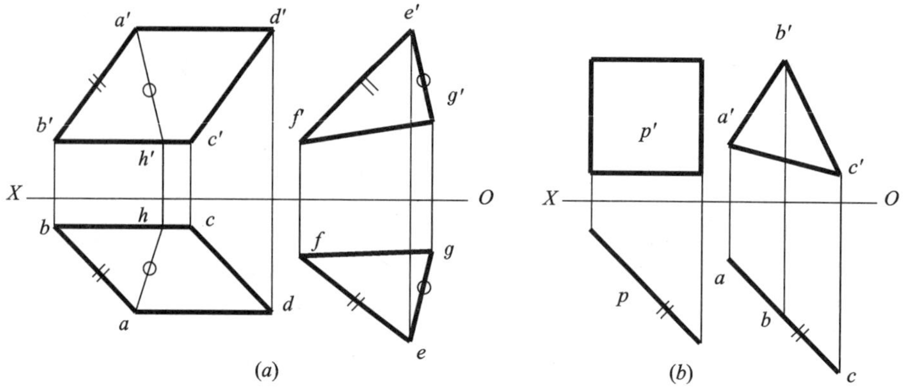

图 3-34　两平面平行

3.4.2　相交问题

直线与平面相交，交点是直线和平面的共有点，作图时，应先求出交点的投影，然后判定重影部分的可见性，交点是可见与不可见的分界点。

两平面相交，交线是两平面的共有线(直线)，作图时，只要求出交线上的两点，连线即得，然后判定两平面重影部分的可见性，交线是可见与不可见的分界线。

1. 投影面垂直线与一般位置平面相交

由于垂直线的一个投影积聚为一点，因此，垂直线与平面的交点在该投影面的投影也必定重合在该点上；然后利用平面上取点作辅助线的方法，求出交点的其他投影。

如图 3-35 所示，铅垂线 EF 与 ABC 相交于 K 点，水平投影 k 点必重合在 e(f)点上，连接 ck 并延长于 m，再作 CM 点正面投影 c′m′，c′m′与 e′f′点交点 k′即为所求，其水平投影的可见性不须要判断，正面投影的可见性可利用重影点可见性的判断方法来判定，由直线的正面投影 e′f′和平面上的边线 b′c′的重合投影 1′(2′)，找出它们的水平投影 1 和 2，可以看出点Ⅰ在前，点Ⅱ在后，所以 EF 直线 k′的上端为可见应画实线而 k′的下端与平面重叠部分为不可见，应画虚线。如图 3-35(b)所示。

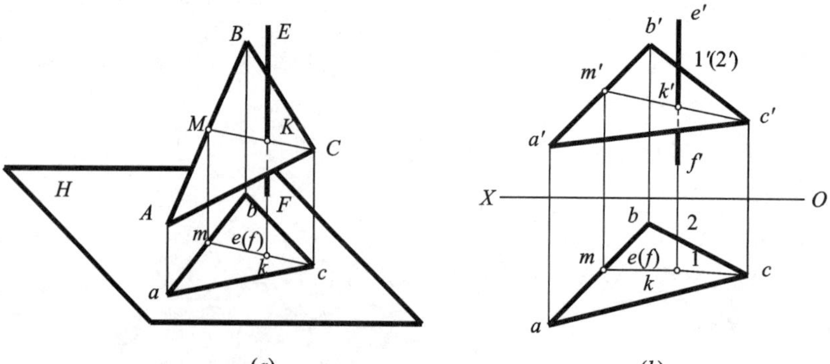

图 3-35　垂直线与一般位置平面相交

2. 一般位置直线与特殊位置平面相交

由于投影面垂直在其所垂直的投影面上的投影积聚为直线，故直线与特殊位置平面的交点在该投影面上的投影必定在平面的积聚性投影上，所以利用积聚性和共有性即可直接求出交点的一个投影，另一个投影则利用直线上取点的方法求出。

如图 3-36 所示，直线 AB 与铅垂面 $CDEF$ 相交，其交点 K 的水平投影即为直线的水平投影 ab 与平面 $CDEF$ 的水平投影（积聚为直线）的交点 k，由 k 向 OX 轴作垂线与 $a'b'$ 相交于 k'。由水平投影可以看出，直线 BK 位于平面 $CDEF$ 之前，而 KA 部分则在该平面之后，所以正面投影中 $k'a'$ 与平面投影的重叠部分应画虚线。

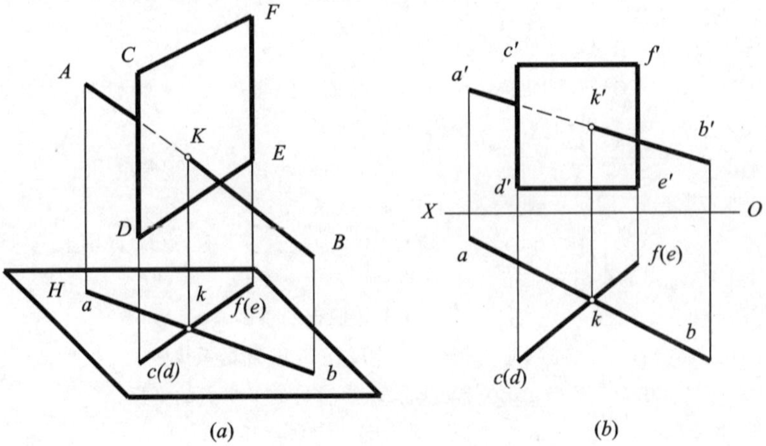

图 3-36　一般位置直线与垂直面相交

3. 一般位置平面与特殊位置平面相交

由于特殊位置平面的投影具有积聚性，因此，交线的一个投影必积聚在该投影上，由此可取出交线的其他投影。

如图 3-37(*a*)所示，平面 $DEFG$ 的交线 MN 是 ABC 平面上的两边 AB 和 AC 与平面 $DEFG$ 的两个交点 M 和 N 的连线。因此，求两平面的交线问题，实质上还是求直线与平面的交点问题，其中 $DEFG$ 平面为铅垂面。所以利用积聚性即可求出两交点的投影，连接即得交线。

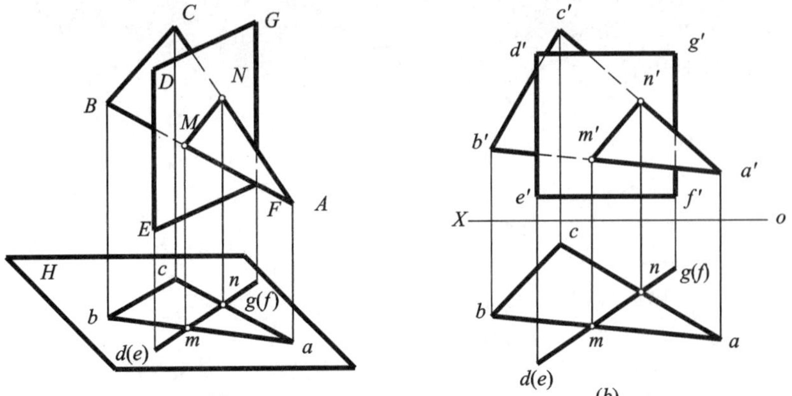

图 3-37　一般位置平面与垂直面相交

如图 3-37(b)所示，由水平投影 ab 和 ac 与平面 $d(e)(f)g$(积聚为直线)的交点 m 和 n，可求出 m'和 n'，连接 mn 和 $m'n'$ 即为交线的投影。对于可见性的问题，水平投影不需要判断。而正面投影的可见性则可以从两平面的水平投影中找到答案。很明显，平面 ABC 中的 $BCNM$ 部分位于四边形 $DEFG$ 之后，AMN 部分位于四边形 $DEFG$ 之前，所以在正面投影 $c'n'$、$b'm'$、$c'b'$ 在四边形平面之内的部分是不可见的，应画虚线，而对于四边形中的 fg 线端在为于三角形平面 ABC 之内的部分也是不可见的，应画虚线。

复习思考题

1. 点 A 的 x 坐标，反映了 A 点到(　)。

(A)H 面的距离；　(B)V 面的距离；　(C)W 面的距离；　(D)原点面的距离；

2. 绘制点的投影图时，V 面投影和 H 面投影相等的坐标是(　)。

(A)x；　(B)y；　(C)z；　(D)x 和 y。

3. 点 A 的 z 坐标为零，其空间位置在(　)。

(A)原点处；　(B)Z 轴上；　(C)V 面上；　(D)H 面上。

4. A 点和 B 点到 V、H 面的距离对应相等，这两点为(　)。

(A)H 面上的重影点；　(B)V 面上的重影点；

(C)W 面上的重影点；　(D)H 面和 W 面的重影点。

5. 在下列几组点的坐标中，在 W 面上为重影点，且 A 点可见的一组点的坐标是(　)。

(A)$A(5,10,8)$、$B(10,10,8)$；　(B)$A(10,10,8)$、$B(10,10,5)$

(C)$A(10,30,5)$、$B(5,30,5)$；　(D)$A(10,30,8)B(10,20,8)$。

6. 正垂线的投影特征是(　)。

(A)W 投影积聚成一点；　(B)H 投影变短；

(C)V 投影积聚成一点；　(D)H 投影变长。

7. 直线平行于投影面时，其投影(　)。

(A)反映实长；　(B)变短；　(C)变长；　(D)积聚成一点。

8. 已知 $a'b' /\!/ X$，ab 倾斜于 X，则 AB 直线为(　)。

(A)水平线；　(B)正平线；　(C)侧垂线；　(D)一般位置直线。

9. 已知 $c'd' /\!/ X$，$cd /\!/ X$，则 CD 直线为(　)。

(A)水平线；　(B)正平线；　(C)侧垂线；　(D)一般位置直线。

10. 在下列两直线的 V、H 面投影中，不能直接判断其平行的是(　)。

(A)两水行线；　(B)两正行线；　(C)两侧行线；　(D)两侧垂线。

11. 在 V、H 面投影中，相交的两直线是(　)。

(A)两直线的 V 面投影平行，H 面投影相交；

(B)两直线的 V、H 面投影都不平行，也不相交；

(C)两直线的 V、H 面投影都相交，交点连线不垂直于 OX 轴；

(D)两直线的 V、H 面投影都相交，交点连线垂直于 OX 轴。

12. 空间平行的两直线，其投影特征为(　)。

(A)正面平行于水平投影；　(B)两直线的水平投影平行；

(C)两直线的同面投影相互平行；　(D)三面投影相互平行。

13. 下列几种直线，与侧垂线不垂直的是(　)。

(A)正垂线；　(B)铅垂线；　(C)侧平线；　(D)正平线。

14. 一条正平线与一条一般位置直线垂直，这两条直线投影相互垂直的是（ ）。

(*a*)*V* 面投影； (*b*)*H* 面投影； (*c*)*W* 面投影； (*d*)*V*、*H* 面投影。

15. 平面倾斜于投影面时，其投影是（ ）。

(*A*)反映实形； (*B*)类似形面积缩小；

(*C*)积聚成直线； (*D*)类似形面积放大。

16. 平面平行于投影面时，其投影是（ ）。

(*A*)积聚成曲线； (*B*)反映实形；

(*C*)类似形面积缩小； (*D*)类似形面积放大。

17. 平面垂直于投影面时，其投影是（ ）。

(*A*)积聚成曲线； (*B*)积聚成直线；

(*C*)类似形面积缩小； (*D*)类似形面积放大。

18. 水平面的三面投影中，反映平面实形的是（ ）。

(*A*)*V* 面投影； (*B*)*H* 面投影； (*C*)*W* 面投影； (*D*)*V*、*H*、*W* 面投影。

19. 正垂面在三投影面体系中，类似性投影在（ ）。

(*A*)*V*、*H* 面； (*B*)*V*、*W* 面； (*C*)*W*、*H* 面； (*D*)*V*、*H*、*W* 面。

20. 在一般位置平面 *P* 内取一直线 *AB*，若 $a'b' \parallel X$ 轴，则 *AB* 直线是（ ）。

(*A*)水平线； (*B*)正平线； (*C*)侧平线； (*D*)侧垂线。

21. 一水平线与 *Q* 面平行，此水平线的投影与 *Q* 面内的（ ）。

(*A*)任一直线同面投影平行； (*B*)水平线同面投影平行；

(*C*)正平线同面投影平行； (*D*)侧平线同面投影平行。

22. 当垂直线与一般位置平面相交时，交点的投影可以在平面上作辅助线的方法求解，下列做法错误的是（ ）。

(*A*)过垂直线的积聚性投影与平面上任意一端点作辅助线；

(*B*)过垂直线的积聚性投影与平面上任意一直线平行的辅助线；

(*C*)过垂直线的积聚性投影与平面上的平行线为辅助线；

(*D*)不过垂直线的积聚性投影，在平面上任作一直线为辅助线。

23. 下列几组两平面相交，其交线为水平线的是（ ）。

(*A*)正垂面与侧垂面； (*B*)水平面与一般位置平面；

(*C*)侧平面与一般位置平面； (*D*)侧垂面与一般位置平面。

第4章 轴 测 图

【教学目标和任务】

理解轴测图的概念及分类；

掌握轴测图的平行性、可量性的基本性质；

掌握正等轴测图、斜二轴测图的轴间角及轴向伸缩系数；

掌握平面形体和曲面形体轴测图的绘制方法。

【教学重点和难点】

教学重点：

轴测图的概念和分类；轴测图的平行性、可量性的基本性质；正等轴测图、斜二轴测图的轴间角及轴向伸缩系数。

教学难点：

根据空间形体的特点，运用坐标法、特征面法、叠加法、切割法等方法绘制出形体的正等轴测图及斜二轴测图。

【岗课赛证要求】

轴测图是帮助读图、构思的辅助图样，应掌握形体轴测图的绘制方法。

【思政目标】

培养学生分析问题的整体意识。强调必须坚持系统观念，只有用普遍联系的、全面系统的、发展变化的观点观察事物，才能把握事物发展规律。

4.1 轴测投影的基本知识

图 4-1(*a*)为物体的三视图，完整反映物体的真实形状，便于标注尺寸，但立体感差，必须具有一定的投影知识才能看懂。图 4-1(*b*)是基于平行投影的轴测图，立体感强，是工程中常用的辅助图样。

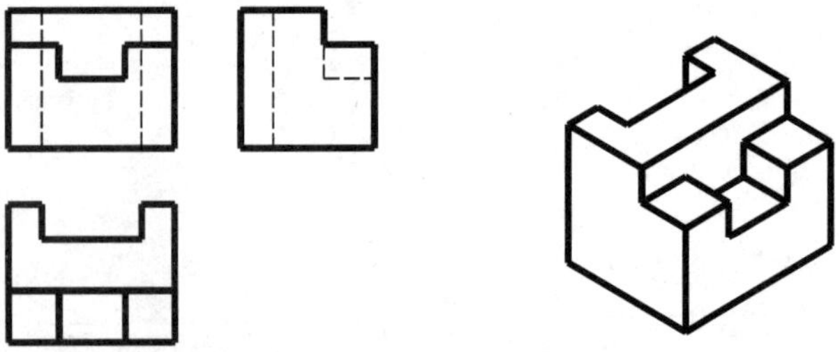

(*a*) (*b*)

图 4-1 轴测图与三视图

(*a*)正投影图；(*b*)轴测图

视图的优点是表达准确、清晰，作图简便，其缺点是缺乏立体感。轴测图的直观性强，但不适于表达形状复杂的物体，在生产中通常作为辅助图样，用于需要表达形体直观形象的场合。

4.1.1　轴测图的形成

图 4-2 所示为轴测图的形成过程。设想在立方体上设立空间直角坐标系 O_1X_1、O_1Y_1、O_1Z_1，将物体连同坐标系一起，沿不平行任一坐标轴的方向 S，向平面 P 作平行投影，即得到同时反映物体长、宽、高的轴测图。

其中：

平面 P 称为轴测投影面。

方向 S 称为轴测投影方向。

O_1X_1、O_1Y_1、O_1Z_1 称为坐标轴，分别平行于物体的长、宽、高方向。

OX、OY、OZ 称为轴测轴，是坐标轴在轴测投影面上的投影。

轴测轴之间的夹角 $\angle XOY$、$\angle XOZ$、$\angle YOZ$ 称为轴间角。

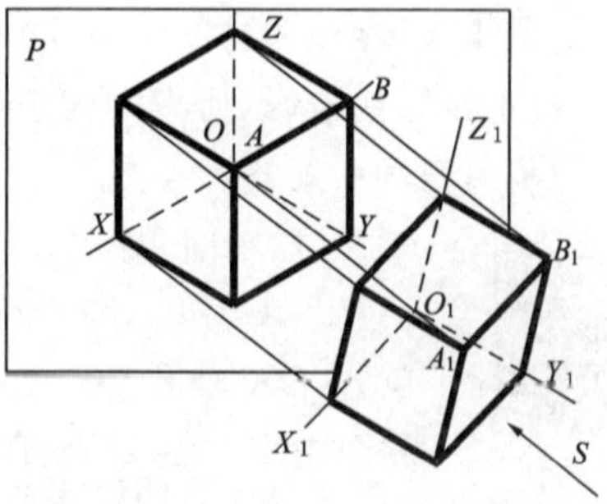

图 4-2　轴测图的形成

轴测图上沿轴测轴方向的线段长度与物体上沿坐标轴方向的对应线段长度之比，称为轴向伸缩系数。X、Y、Z 轴向伸缩系数分别用 p、q、r 表示，即：

$$p=\frac{OX}{O_1X_1};q=\frac{OY}{O_1Y_1};r=\frac{OZ}{O_1Z_1}$$

4.1.2　轴测图的分类

工程中常用的轴测图可作如下分类。

按投射方向分为正轴测图和斜轴测图两类：

当投射方向 S 垂直于轴测投影面 P 时，称为正轴测图；

当投射方向 S 倾斜于轴测投影面 P 时，称为斜轴测图。

按轴向伸缩系数是否相等分为三类：

$p=q=r$，称为正(或斜)等测图；

$p=r\neq q$ 或 $p\neq q=r$ 或 $p=q\neq r$，称为正(或斜)二测图。

$p\neq r\neq q$，称为正(或斜)三测图。

本章着重介绍工程上常用的正等轴测图(简称正等测)和斜二轴测图(简称斜二测)的画法。

4.1.3　轴测图的基本特性

(1)平行性　物体上互相平行的线段其轴测投影相互平行。

(2)定比性　物体上两平行线段长度之比在轴测图上保持不变。

根据定比性，物体上凡与坐标轴平行的线段，都具有相同的轴向伸缩系数，因而可以测量；反之，不平行于轴测轴的线段都不能直接测量。轴测图的“轴测”二字可以通俗地理解为“沿轴可以测量”。

(3)真实性　物体上平行于轴测投影面的平面，在轴测图中反映真实形状。

4.2　平面体轴测图的画法

4.2.1　平面体正等测的画法

1. 正等测图的形成

如图 4 - 2 所示，将物体置于轴测投影面之前，使坐标轴 O_1X_1、O_1Y_1、O_1Z_1 对 P 面的角度相同，按正投影法投影，所得即为正等轴测图，简称正等测图。

2. 轴间角和轴向变形系数

(1)轴间角

$\angle XOY = \angle XOZ = \angle YOZ = 120°$，如图 4-3($a$)所示。作图时，$OZ$ 轴成铅垂位置，OX 轴和 OY 轴可用 30°三角板配合丁字尺绘出，如图 4-3(b)所示。在轴测图中 Z 轴总是竖直放置，X 轴和 Y 轴的位置可以互换。

(2)轴向伸缩系数

正等测的轴向伸缩系数 $p=q=r=0.82$，为了画图简便，常采用简化轴向伸缩系数 $p=q=r=1$ 作图，因而正等测图是实际物体的轴测图的 1.22 倍，如图 4-3(c)所示。

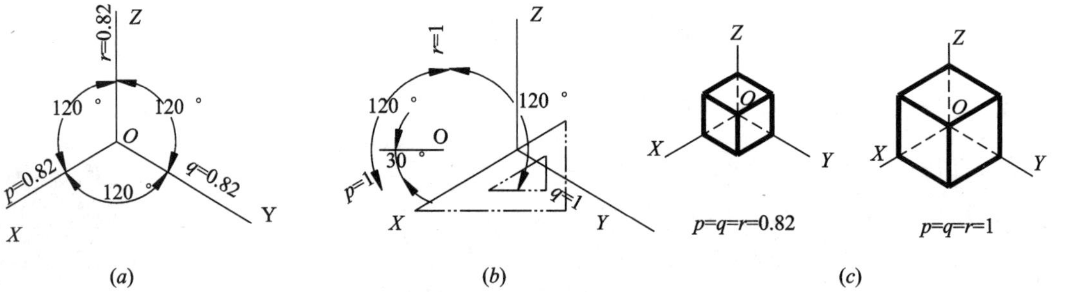

图 4-3　正等测图的轴间角、轴向变形系数

3. 作图方法

画轴测图常用的方法有：坐标法、特征面法、叠加法、切割法。其中坐标法是最基本的方法，其它方法都是根据物体的特点对坐标法的灵活运用。画轴测图时，轴测图上不必画出轴测轴，可画出参照轴测轴，然后以测量尺寸方便为原则选定起画点，依据轴测图的基本性质画出。

平面体的正等测图的画图的总体步骤是“由面到体”，即先画出物体的某一表面的轴测投影，然后“扩展”成立体。

(1)坐标法

利用平行坐标轴的线段量出尺寸，确定物体上各顶点的位置，并依次连接，这种得到物体轴测图的方法称为坐标法。

【例 4-1】　作图 4-4(a)所示的四棱台的正等测图。

分析：四棱台是由八点十二条线六个面组成，首先作出上下表面的正等测图，再连对应点得四棱台的正等测图，采用坐标法确定各点。

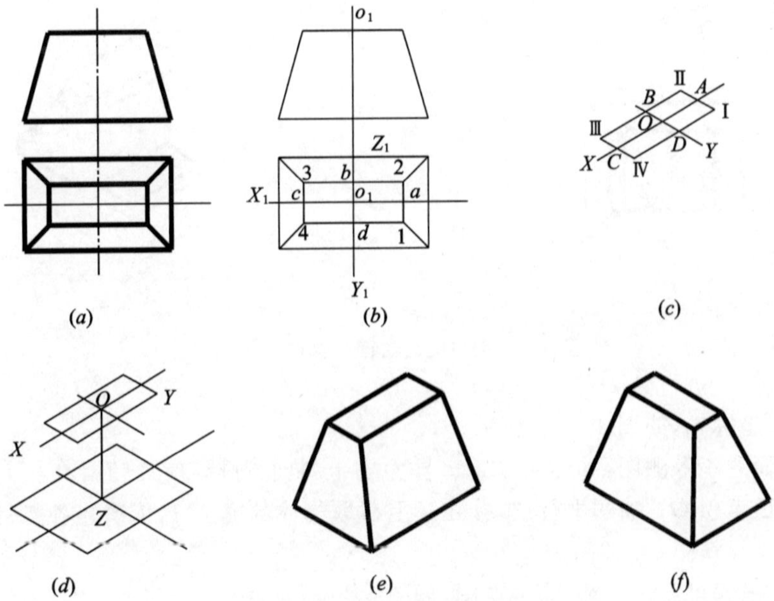

图 4-4　用坐标法画正等测图

作图步骤：

确定坐标原点、坐标轴，并在四棱台的俯视图上标出上表面的顶点 1、2、3、4，坐标轴上点 *a*、*b*、*c*、*d* 如图 4-4(*b*)所示。

作上表面的正等测图：作轴测轴 *OX*、*OY*，并按坐标在其上截得 *A*、*B*、*C*、*D* 四点，过上述四点作相应轴测轴的平行线，求得顶面各顶点的轴测投影Ⅰ、Ⅱ、Ⅲ、Ⅳ。，顺序连接各点即得四棱台上表面的正等测图，如图 4-4(*c*)所示。

作下表面的正等测图：首先将上表面的对称中心 *O* 沿 *OZ* 轴下移四棱台高得下表面对称中心，然后重复上表面的作图过程，即得下表面的正等测图，如图 4-4(*d*)所示。

用直线连上表面和下表面的对应点，擦去作图线，描深可见轮廓线，完成作图，如图 4-4(*e*)所示。

注意：由物体表面开始画图时，只需画出两根轴测轴，只有由表面向立体“扩展”时，才需画第三根轴测轴。轴测图中只画出物体的可见部分，而且轴测轴 *OX* 与 *OY* 可对调，本例对调上述二轴后四棱台的正等测图如图 4-4(*f*)所示。

(2)特征面法

特征面法适用于画柱类形体的轴测图。先画出能反映柱体形状特征的一个可见底面，再画出可见的侧棱，然后连出另一底面，这种得到物体轴测图的方法称为特征面法。

【例 4-2】　作图 4-5(*a*)所示的物体的正等测图。

分析：由图可知，物体的前后面反映物体的形状特征，正视图反映前后面的真实形状，故画图可依据正视图先画前表面的正等测图，然后沿宽度方向作棱线完成作图。

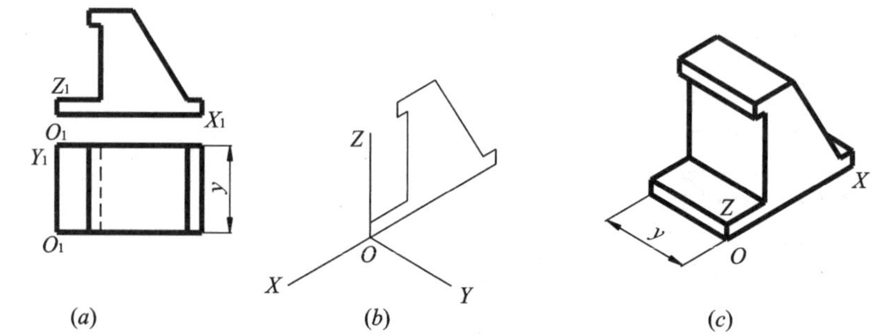

图 4-5　用特征面法画物体的正等测图

作图步骤：

设坐标原点、坐标轴，如图 4-5(*a*)所示。

作物体前表面的正等测图，如图 4-5(*b*)。注意右上斜向轮廓线应最后画出。

过前表面各顶点引 OY 轴的平行线，并在其上截取物体的宽度 y，依次连各点得物体的正等测图。

擦去作图线，描深可见轮廓线，完成全图，如图 4-5(*c*)所示。

【例 4-3】 作图 4-6 所示(*a*)所示物体的正等测图。

分析：由图可知物体，物体的前表面和左表面反映形状特征，所以该物体的正等测图仍采用特征面法作图。

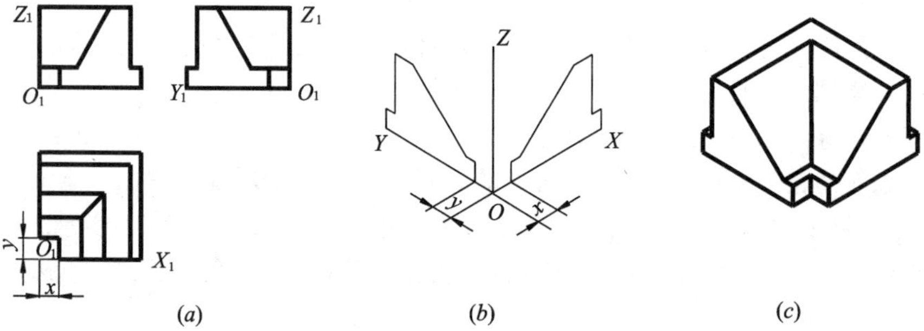

图 4-6　用特征面法画物体的正等测图

作图步骤：

设坐标原点、坐标轴，如图 4-6(*a*)所示。

作前表面和左表面的正等测图，如图 4-6(*b*)所示。

沿两表面各顶点分别作 OY、OX 的平行线使之对应相交，并作表面交线，即得物体的正等测图，如图 4-6(*c*)所示。

(3)叠加法

画由几部分叠加而成的物体时，应该从主到次逐过画出各基本体的轴测图，这种完成物体轴测图的方法称为叠加法。

【例 4-4】 作图 4-7(*a*)所示物体的正等测图

分析：该物体为一挡土墙，可看成由一个直八棱柱和两个三棱柱组合而成。应先画主体直八棱柱，再按三棱柱的位置逐一将两个三棱柱画出，完成作图。

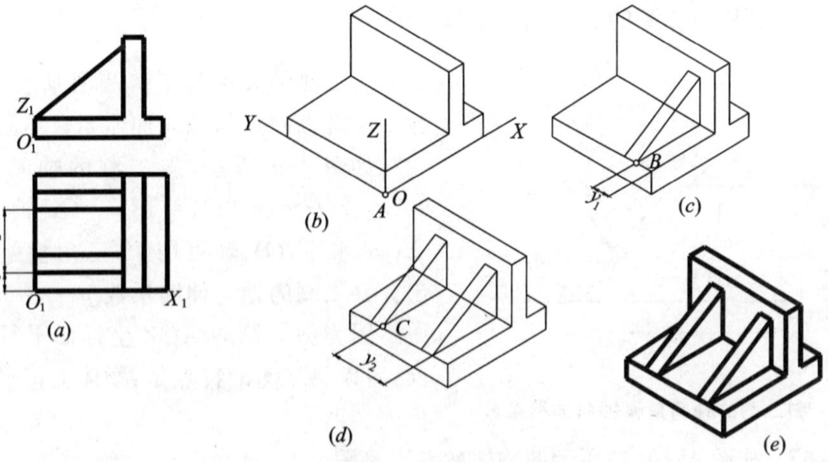

图 4-7　用叠加法画物体的正等测图

作图步骤：

设坐标原点、坐标轴，如图 4-7(*a*)所示

以 *O* 为起画点设立正等轴测轴，用特征面法画直八棱柱，如图 4-7(*b*)所示。

准确定位，以 *B* 为起画点，用特征面法画前面三棱柱，如图 4-7(*c*)所示。

准确定位，以 *C* 为起画点，用特征面法画后面三棱柱，如图 4-7(*d*)所示。

擦去被遮挡的图线，检查加深完成作图，如图 4-7(*e*)所示。

(4)切割法

画切割形体时，先画出原体，然后按切割的顺序画轴测图，这种画图方法称为切割法。

【例 4-5】 作图 4-8(*a*)所示物体的正等测图。

分析：该物体可认为是在五棱柱上切矩形槽而形成的。

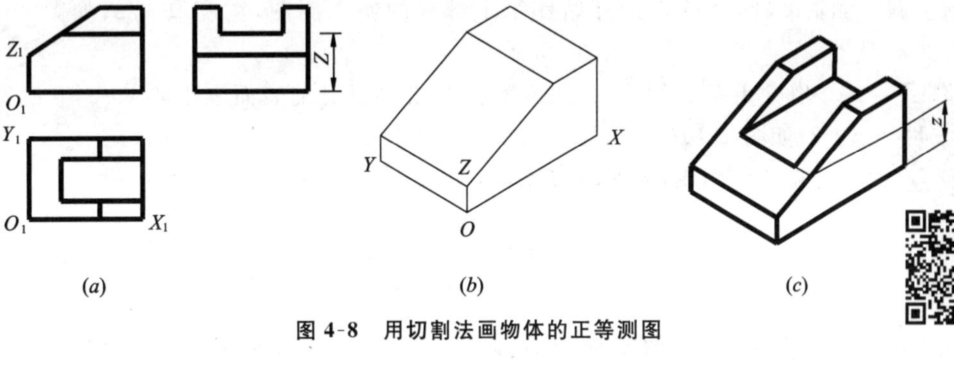

图 4-8　用切割法画物体的正等测图

作图步骤：

设坐标原点、坐标轴，如图 4-8(*a*)所示。

设立正等轴测轴，用特征面法画五棱柱的正等测图，如图 4-8(*b*)所示。

在上部居中位置切左右方向的矩形通槽，注意槽底与物体底面之距应平行于 *Z* 轴方向度量得，如图 4-8(*c*)所示。

擦去作图线及被切轮廓线，描深后完成作图。

4.2.2 平面体斜二测的画法

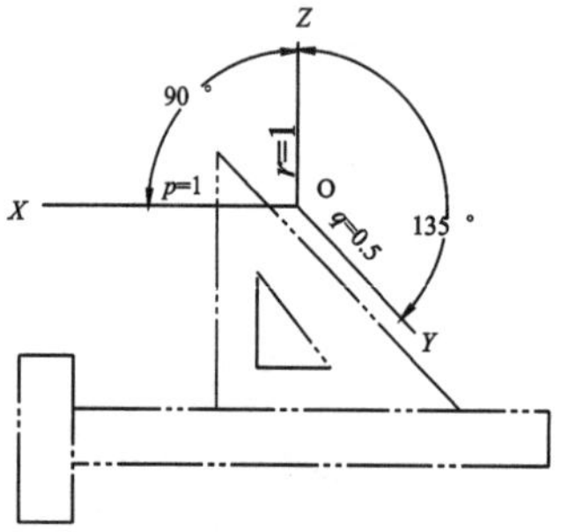

图 4-9 斜二测的轴间角和轴向伸缩系数

斜二测的画法与正等测图基本相同，区别仅在于两者轴间角与轴向伸缩系数不同。

如图 4-9 所示，斜二测的轴间角 $\angle XOZ = 90°$，$\angle YOZ = \angle XOY = 135°$。$OZ$ 轴成铅垂位置，OX 轴水平，OY 轴可用 45°三角板配合丁字尺画出。斜二测的轴向伸缩系数 $p=r=1$，$q=0.5$。

因为斜二测的 XOZ 坐标面平行于轴测投影面，所以斜二测的特点是：物体上正平面的斜二测反映实形。

【例 4-6】 作图 4-10(*a*)所示的物体的斜二测图。

分析：该物体的正视图反映物体的形状特征，适合用斜二测图表达。该物体由两部分组成，作图方法采用叠加法。

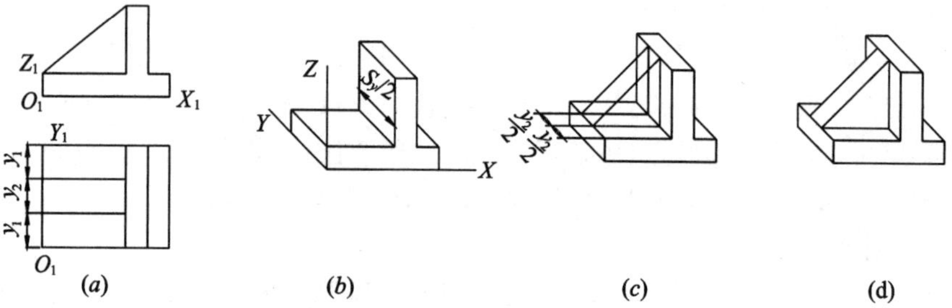

图 4-10 平面体的斜二测画法示例

作图步骤：

设坐标原点、坐标轴，如图 4-10(*a*)所示。

设立斜二测轴测轴，从前表面开始作第 Ⅰ 部分的斜二测图，宽度取 $y/2$，如图 4-10(*b*)所示。

作第 Ⅱ 部分的斜二测图，其中 Ⅰ、Ⅱ 两部分前表面之距取 $y_1/2$，Ⅱ 的宽度取 $y_2/2$，如图 4-10(*c*)所示。

擦去作图线，描深，完成作图，如图 4-10(*d*)所示。

4.3 曲面体轴测图的画法

曲面体轴测图的画法与平面体轴测图的画法相同，画曲面体轴测图的关键是掌握物体上圆以及圆弧的画法。

4.3.1 曲面体正等测的画法

1. 平行于坐标面的圆的正等测图

由于各坐标面与轴测投影面都倾斜，所以平行于坐标面的圆的正等测图是椭圆，如图 4-11 所示。由图 4-11 可以看出：

(1)圆的中心线的正等测平行于相应坐标面上的两根坐标轴。

(2)椭圆的长轴方向垂直于不在这个坐标面上的那根轴。如水平圆的正等测,中心线平行于 OX、OY 轴,长轴方向垂直于 OZ 轴。

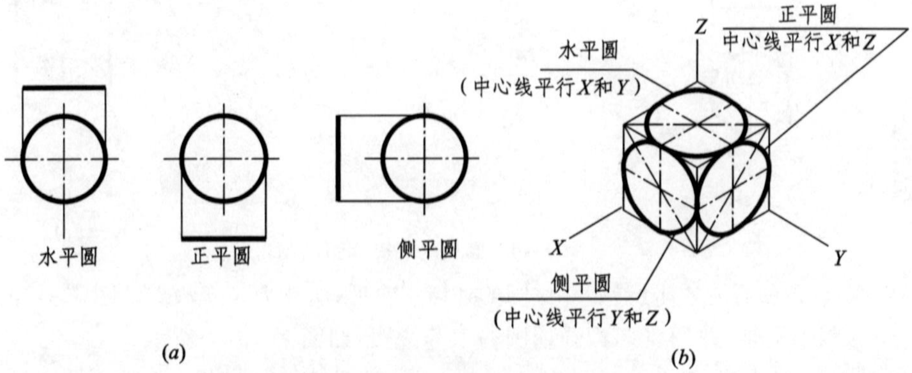

图 4-11　平行坐标面的圆的正等测图

(a)投影图;(b)止等测图

画平行坐标面的圆的正等测一般采用菱形法。菱形法是用四段圆弧近似画出椭圆,且只适用于正等测,画法如图 4-12 所示:

设坐标原点,坐标轴,并作圆的外切正方形,切点为 a、b、c、d,如图 4-12(a)所示。

设立正等测轴测轴,并以圆的中心为起画点,先画中心线;然后根据圆的半径定出一对共轭直径的端点 A、B、C、D,过此四个点画圆的外切正方形,即四条切线的正等测——菱形。A、B、C、D 为椭圆与各边菱形的切点,如图 4-12(b)所示。

过切点作切线的垂线得四个交点 1、2、3、4,即为四段圆弧的圆心,如图 4-12(c)所示。

分别以 1、2 为圆心,$1B$ 为半径,画 BC、AD 圆弧,再分别以 3、4 为圆心,$3A$ 为半径画 AB、CD 圆弧,完成作图,如图 4-12(d)所示。

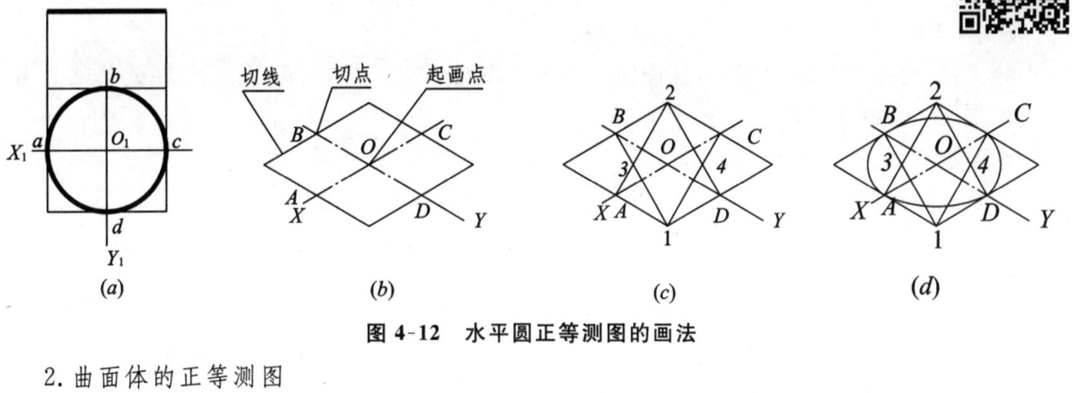

图 4-12　水平圆正等测图的画法

2. 曲面体的正等测图

常用的曲面体是圆柱、圆台(锥),它们的正等测图是画出两底面圆,再作出两底面公切线表示柱面或锥面。

【例 4-7】 作图 4-13(a)所示圆柱的正等测图。

分析:该圆柱轴线为铅垂线,顶圆和底圆分别位于 $X_1O_1Y_1$ 坐标面及其平行面上,其正等测图为椭圆,以菱形法作图。

作图步骤:

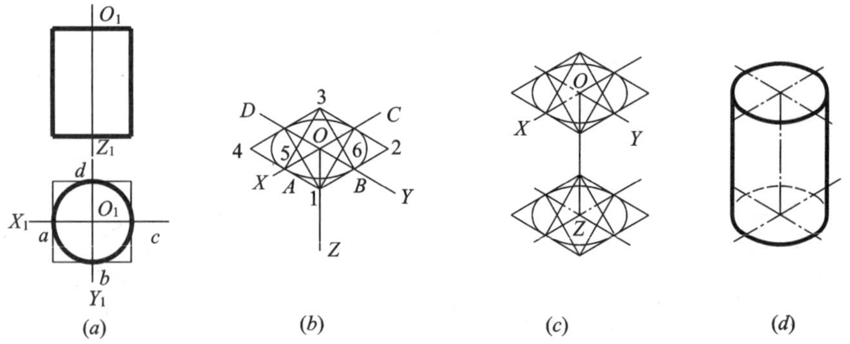

图 4-13　圆柱的正等测图的画法

设坐标原点(顶面圆心)、坐标轴,并作圆的外切正方形,切点为 a、b、c、d,如图 4-13(a)所示。

设立正等测轴测轴,并用菱形法画顶圆的正等测图,如图 4-13(b)所示。

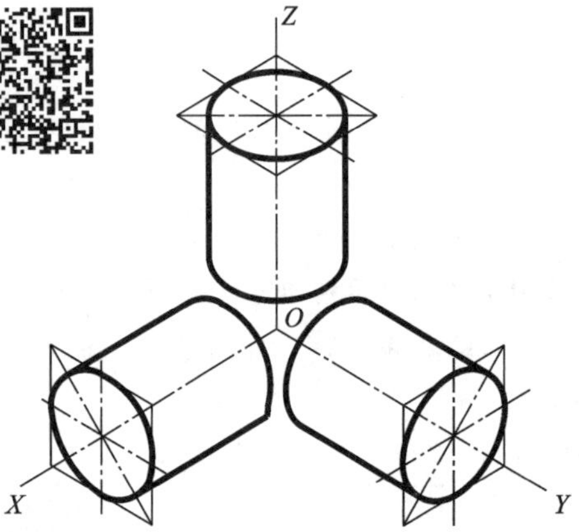

图 4-14　三个方向圆柱的正等测图

画底圆的正等测图。将顶圆圆心沿 Z 轴下移圆柱的高,得底圆圆心的正等测投影,然后用相应的半径画出底圆圆弧,得底圆的正等测图椭圆,如图 4-13(c)所示。

作两椭圆的公切线,擦去辅助线及不可见线,描深可见轮廓线后即完成作图,如图 4-13(d)所示。

注意:轴线为正垂线或侧垂线的圆柱,其正等测图的画法与上例相同,但因它们端面圆的空间位置不同,直径的方向不同,作出的椭圆的长短轴方向随之不同,因而圆柱的正等测图是不相同的,如图 4-14 所示。

【例 4-8】 作图 4-15(a)所示物体的正等测图。

分析:该物体上有两个圆角,作图时先不考虑圆角,作长方体的正等测图,在此基础上用切割法再作出圆角的正等测图。

画图步骤:

设坐标原点,坐标轴,延长圆角的两切线使之相交,如图 4-15(a)所示。

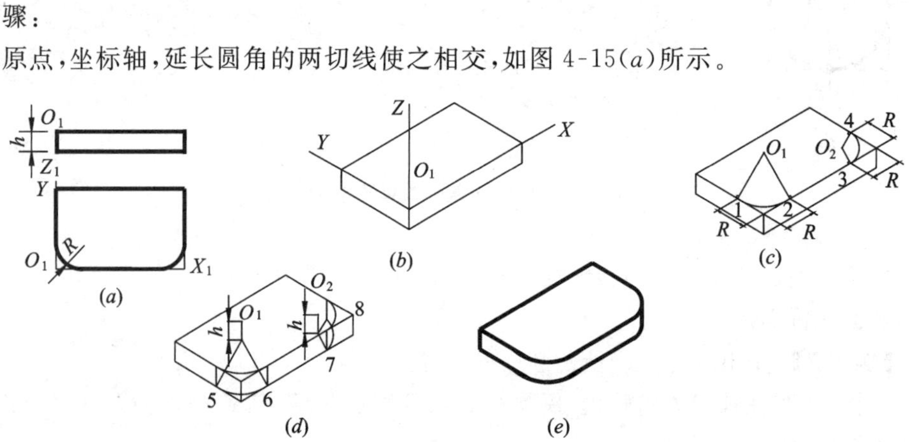

图 4-15　曲面体正等测图画法示例

设立正等测轴测轴，并不考虑圆角，作长方体的正等测图，如图 4-15(*b*)所示。

画圆角，先由 R 定上底面圆角的切点 1、2、3、4，然后过切点作垂线定圆心 O_1、O_2。以 O_1 为圆心，$O_1$1 为半径作 12 圆弧；以 O_2 为圆心，$O_2$3 为半径作 34 圆弧，得顶面两圆角的正等测图，如图 4-15(*c*)所示。

用移心法定下底面圆心及切点，并作圆弧，如图 4-15(*d*)所示。

作右角上下两圆弧的公切线，擦去作图线及不可见线，描深可见轮廓线后即完成作图，如图 4-15(*e*)所示。

【例 4-9】 作图 4-16(*a*)所示物体的正等测图。

分析：该物体为半圆头板，前后贯通圆柱孔。先作长方体，再用切割法画其正等测图。

作图步骤：

设坐标轴，作二分之一外切正方形，如图 4-16(*a*)所示。

作长方体的正等测图，如图 4-16(*b*)所示。

用菱形法作前表面上半圆的正等测图，用平移法作后表面上半圆的正等测图，在右上角作两圆弧的公切线，如图 4-16(*c*)所示。

切圆孔，得物体的正等测图，如图 4-16(*d*)所示。

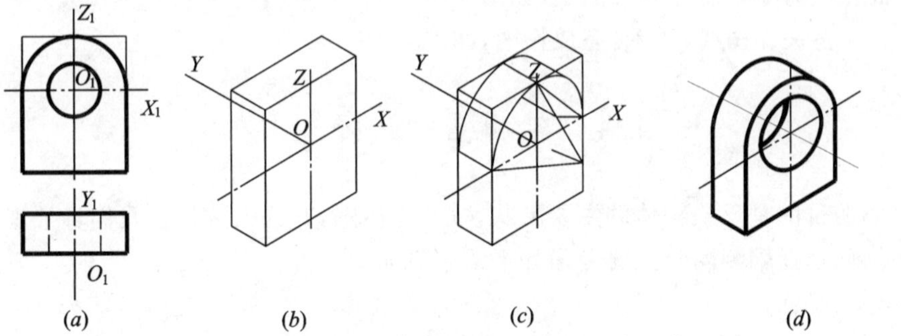

图 4-16　曲面体正等测图画法示例

注意：圆孔后壁的圆是否可见，取决于孔径与板厚之间的关系。若板厚度小于椭圆短轴，则后面的圆可见，反之为不可见。

4.3.2　曲面体斜二测的画法

由于正面斜二测的 XOZ 坐标面平行于轴测投影面，所以物体上正平圆的斜二测反映实形，可直接画出。物体上水平圆及侧平圆的斜二测为椭圆，可运用坐标法逐点画出，如图 4-17 所示。

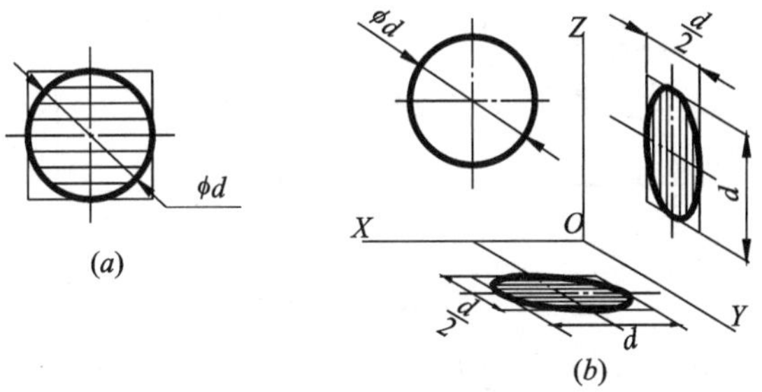

图 4-17　平行坐标面的圆的斜二测画法

(*a*)视图；(*b*)斜二测图

【例 4-10】 作图 4-18 所示物体的斜二测图

分析：物体的特征面平行于 $Y_1O_1Z_1$ 坐标面（由左视图反映），且只在一个方向有圆弧，可采用侧面斜二测画轴测图。

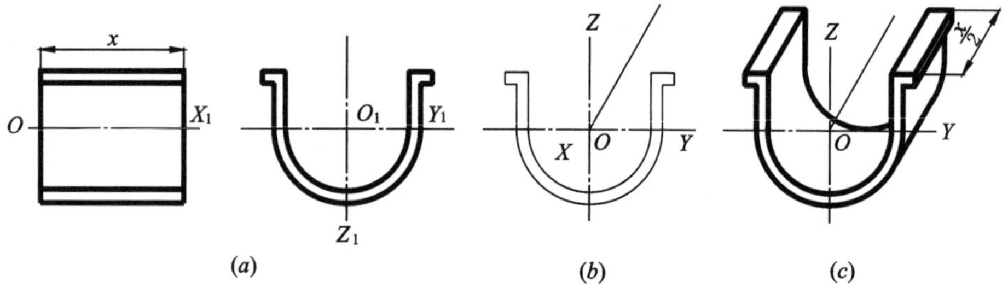

图 4-18 曲面体斜二测画法示例

作图步骤：

设坐标轴，$O_1X_1Y_1Z_1$，如图 4-18(*a*)所示。

设立侧面斜二测的轴测轴，并作物体一个表面的斜二测图，反映实形，如图 4-18(*b*)所示。

过表面上各点引平行于 *OX* 轴的直线，均截取 $x/2$，圆弧用平移法作图，进而作出另一表面的斜二测图，如图 4-18(*c*)。

擦去作图线，描深，完成作图，如图 4-18(*c*)。

4.4 轴测图的选择

绘制轴测图的目的是反映物体的主要形状，赋予立体感，并且大致符合我们日常观看物体得到的形象。为此选择轴测图时主要考虑如下两个方面：

1. 表达实形直观性好

图 4-19 所示的沙发，斜二测 *OY* 轴方向不同，表达效果却不同，显然，图(*a*)比图(*b*)更好的反映实形，直观性好。

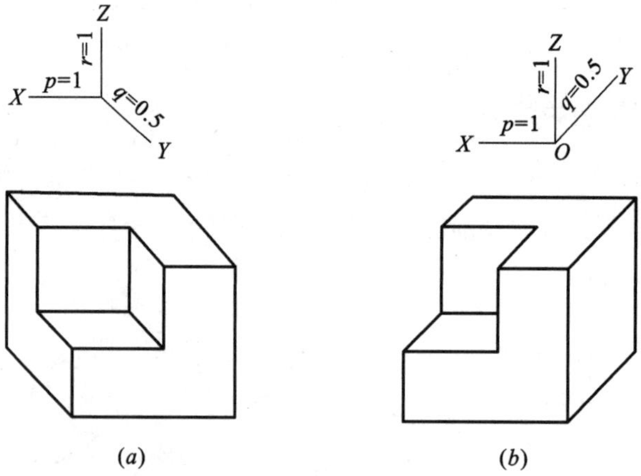

图 4-19 *OY* 轴方向不同的斜二测

图 4-20 是一含孔的圆筒，(*b*)是正等测投影，不能反映出圆筒上的孔是否为通孔，而(*c*)所示的正面斜二轴测投影就能充分表示清楚。

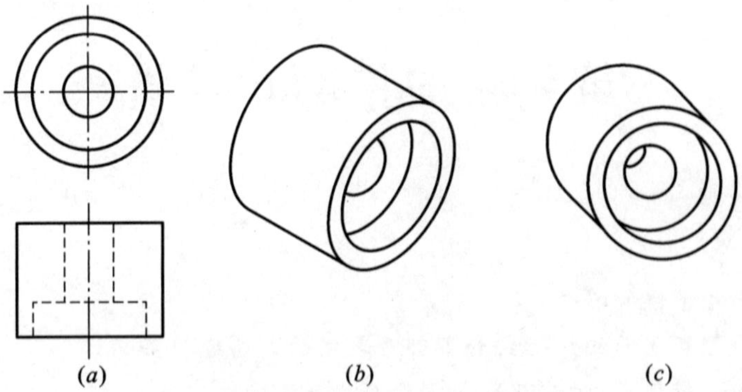

图 4-20　含孔圆筒的正等测与斜二测

2. 作图方便

作图是否简便首先取决于轴间角和轴向伸缩系数。各轴的方向要便于利用绘图三角板绘制，沿轴量度时应能直接利用一般的比例尺。圆和圆弧的投影应便于绘制。

复习思考题

1. 正轴测图是(　　)。

(A)单一中心投影；　　(B)单一斜投影；

(C)多面正投影；　　(D)单一正投影。

2. 轴测图具有的基本特性是(　　)。

(A)平行性，收缩性；　　(B)平行性，可量性；

(C)收缩性，积聚性；　　(D)平行性，积聚性。

3. 正等测的轴间角是(　　)。

(A)90°，90°，135°；　　(B)都是 90°；　　(C)90°，135°135°；　　(D)都是 120°。

4. 斜二测的轴向伸缩系数是(　　)。

(A)$p=q=r=1$；　　(B)$p=q=r=0.82$；

(D)$p=r=1,q=0.5$；　　(C)$p=q=1,r=0.5$。

5. 正平圆的斜二测图是(　　)。

(A)椭圆；　　(B)与原来相同的圆；

(C)放大 1.22 倍的圆；　　(D)放大 1.22 倍的椭圆。

6. 侧平圆中心线的正等测图应平行(　　)。

(A)X、Y 轴；　　(B)X、Z 轴；　　(C)Y、Z 轴；　　(D)任意两轴。

7. 水平圆中心线的正等测图应平行(　　)。

(A)X、Y 轴；　　(B)X、Z 轴；　　(C)Y、Z 轴；　　(D)任意两轴。

8. 平行于正立投影面的正方形，对角线平行于 X 轴、Z 轴，它的正等测图是(　　)。

(A)菱形；　　(B)正方形；　　(C)多边形；　　(D)长方形。

第5章　立体表面的交线

【教学目标和任务】

掌握截交线和相贯线的概念；

掌握截交线和相贯线的构成形式和各部分之间的表面连接关系；

用点、线、面的分析视角，对应获取截平面与立体上的共有点。

学会用辅助平面法求物体的相贯线及相贯线的简化画法。

【教学重点和难点】

截交线和相贯线的绘制方法。

【岗课赛证要求】

运用点、线、面的原理，求截交线；运用辅助平面法求物体的相贯线。

【思政目标】

培养学生分析问题的整体意识。强调用发展变化的观点观察事物，才能把握事物的发展规律。

在一些水工建筑物或建筑构件的表面上，常常会出现一些交线。这些交线，有的是由于立体被平面截切而得(即平面与立体表面相交)，称截交线。如图5-1(*a*)中所示进水闸闸首的翼墙和上游护坡的交线，图(*b*)中涵洞洞身和挡土墙的交线。有的则是由于立体和另一立体表面相交而形成，称相贯线。如图5-1(*c*)中主堤与支堤表面的交线，可看作两平面立体相交而形成，图(*d*)中廊道主洞和支洞的表面交线，可看成两曲面立体相交而形成。

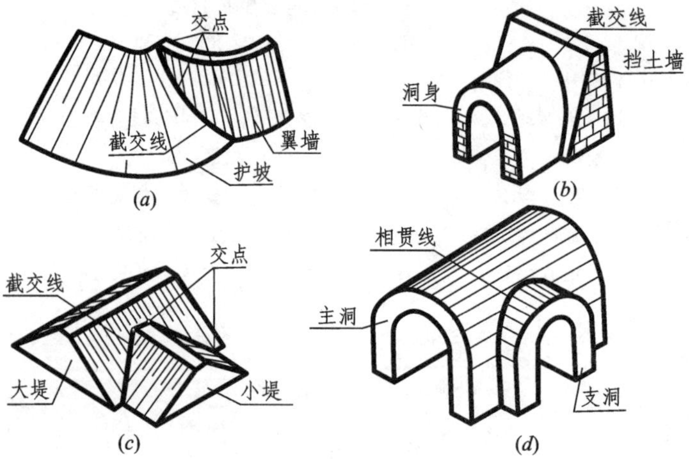

图5-1　表面交线实例

由图 5-1 中的实例可以看出，无论哪一种形式的相交，交线都有一个共同的性质，即交线是相交两表面的共有线，由两表面的一系列共有点组成，故求立体表面交线的实质是求立体表面的若干个共有点。

5.1 平面体的截交线

如图 5-2 所示，平面截切立体后在立体表面上产生的交线称为截交线，这个平面称为截平面，截切所得立体称为截断体，立体被截切后产生的新表面称为截断面。画截断体的视图，关键是分析截平面位置，通过求一系列共有点进而作出截交线。

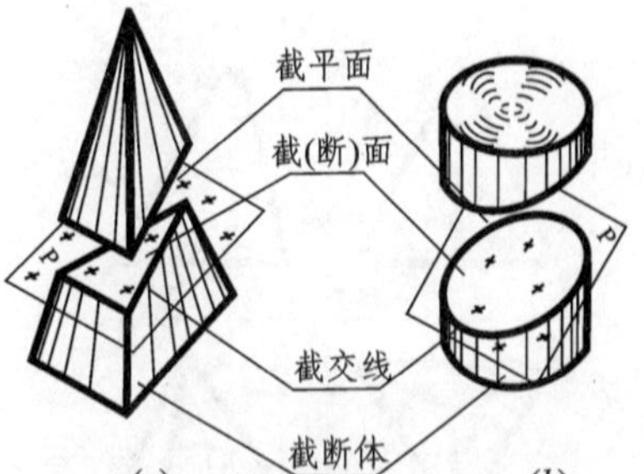

(a) (b)

图 5-2 截交线的基本概念

5.1.1 平面体表面取点

已知平面体的一组视图和其表面上点的 个投影，求点的其余二投影，此类作图题称平面体表面取点。点在平面体上的位置不同，所能采用的方法也不同。

1. 积聚性法

当点所在表面为特殊位置平面，即投影具有积聚性时，并且点的已知投影不在平面的积聚性投影上，则可先在其积聚性投影上作出点的第二面投影，进而作出其三面投影的方法，称积聚性法。

【例 5-1】 已知立体表面上点 A 的正面投影 a'，求点的另两面投影。[图 5-3(*a*)]

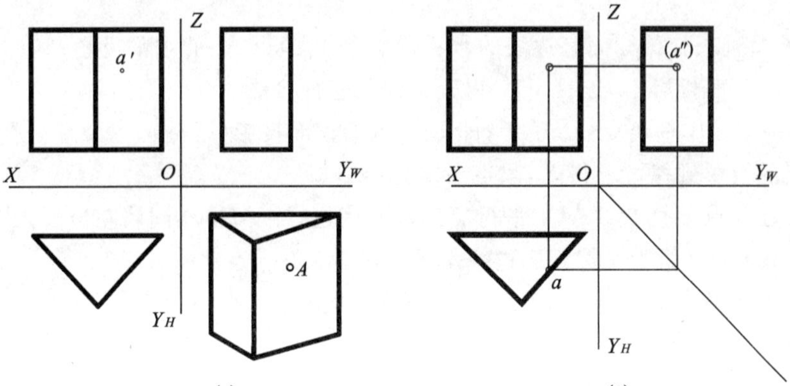

(*a*) (*b*)

图 5-3 积聚性法

分析：根据立体的三视图，可知其为三棱柱。再由点 A 的正面投影为可见，可判断点 A 在三棱柱的右前表面上。该面的水平投影具有积聚性，故可利用积聚性法先求出点 A 的水平投影，再根据点 A 的两面投影作出其侧面投影。

作图：如图 5-3(*b*)所示：

(1)求 a。过 a' 作直线垂直于 OX 轴且与右前表面的水平投影相交，交点即为所求。

(2)再求 a''。根据点的投影规律，由 a、a' 求得点的侧面投影，因点所在右前表面的侧面投影不可见，故点的侧面投影亦为不可见，以(a'')标记。

2. 辅助直线法

当点所在表面为一般位置平面时，可用前面所介绍的辅助线法来求作，过已知点作属于平面的直线，求出直线的第二面投影并在其上求点的该面投影，最终求出点的第三面投影的方法，称为辅助直线法。

【例 5-2】 已知立体表面上点 B 的水平投影 b，求其另外两面投影。[图 5-4(a)]

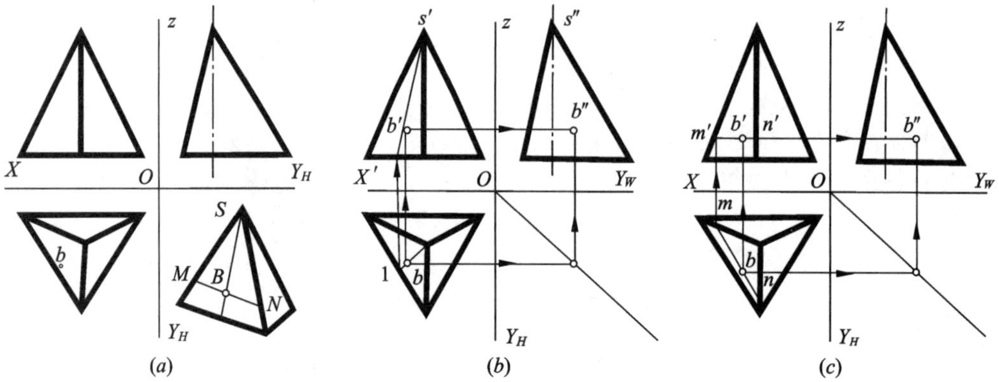

图 5-4 辅助直线法

分析：根据立体的三视图，可知其为三棱锥，点 B 位于三棱锥的左棱面上。该面为一般位置平面，三面投影均为类似形，在此需用辅助直线法才能求出点的另二面投影。

作图：

方法一：采用辅助线法，连锥顶和已知点并延长得辅助线 SI。由此知 SI 属于左棱面。[图 5-4 (b)]

(1)连接 sb 并延长交该棱面底边线的水平投影于 1，即得 SI 的水平投影 $s1$。

(2)作点 I 的正面投影 $1'$，连接 $s'1'$，得辅助线的正面投影。

(3)由 b 向 $0X$ 轴作垂线交 $s'1'$ 于 b'，即得 B 点的正面投影(可见)。

(4)根据点的投影规律可求得 b''，因点在左，故 b'' 可见。

方法二：过已知点 B 作直线 MN 平行于该棱面底边线。MN 亦同属左棱面。[图 5-4(c)]

(1)过 b 作线 mn 平行于左棱面底边线水平投影，与棱线交于 m，n。

(2)作 MN 的正面投影 $m'n'$，并在 $m'n'$ 上求 b'，可见。

(3)利用点的投影规律求 b''，可见。

解题时，以上两种方法可任取其一。

3. 辅助平面法

可用于同一平面上若干点的投影的同时求取。是过属于平面的点的投影作一辅助平面平行于立体上的基本面，通过求出辅助平面的另一面投影从而求得点的其余投影的方法。

【例 5-3】 已知立体表面上点 E 的侧面投影 e''，用辅助平面法求其水平投影和正面投影。[图 5-5(a)]

分析：读图知立体为三棱锥，点 E 在左棱面。利用辅助平面法过 E 作一辅助平面 P 平行于底面，则点 E 的另一面投影必在该面的另一面投影上。

作图：如图 5-5(b)所示：

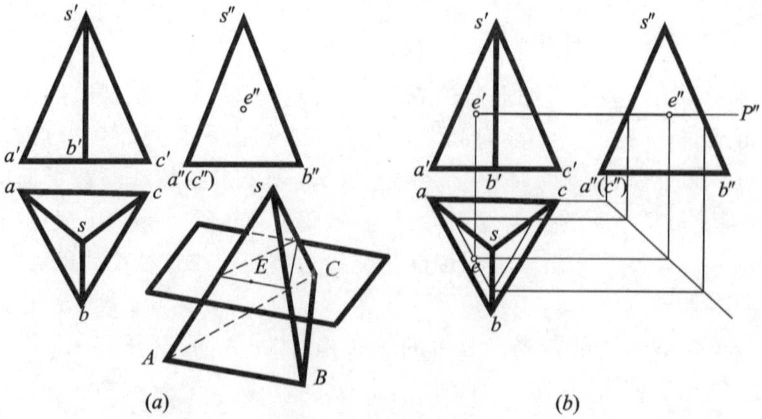

图 5-5 辅助平面法

(a)已知;(b)求点的投影 e 与 e'

(1)过 e''作辅助平面 p''平行底面。

(2)作出该辅助面的水平投影,并在其上求出 E 点的水平投影 e,可见。

(3)根据点的投影规律,求出点的第三面投影 e'(可见)。

以上介绍的三种方法可根据实际情况灵活使用,点的正确位置的分析及投影可见性的判别同样要引起重视。

5.1.2 平面体截交线的形状

在图 5-2 中,我们给大家介绍了截交线的一系列概念,在本节中,我们将进一步介绍平面体截交线的其他特性。

1.平面体截交线的形状

如图 5-6(a)所示,任何平面体被截平面切割,其截交线必定是一个平面多边形。对单一截平面而言,截断面多边形的边是截平面与平面体各面的交线,其边数为截平面所截到的侧面和底面数的总和;多边形的顶点是平面体上各棱线(包括底边线)与截平面的交点,有几个交点即为几边形。

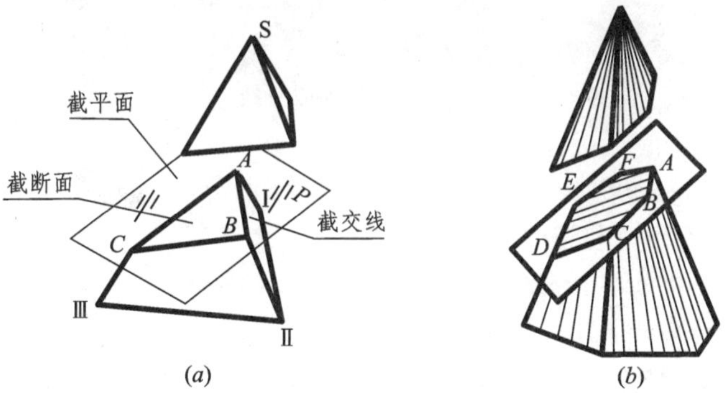

图 5-6 平面体截交线的形状

2.平面体截交线的性质

(1)共有性:从图 5-6(b)可看出,截交线是截平面与立体表面的共有线。

(2)封闭性:由于立体有一定的范围,故截交线为封闭的平面图形。[图 5-6(b)]

5.1.3 平面体截交线的画法

平面体的表面是由一些平面图形所围成的。平面体被一平面截割后形成的截交线，为截切面上的封闭折线，折线的每一线段为形体的棱面与截切面的交线。转折点为平面体的棱线与截切面的交点。因此，求作平面体截交线的方法为：先求出各棱线与截平面的交点，再依次连接各交点，并判别可见性。连点的原则为：只有位于立体的同一平面上又同时位于同一截切面上的相邻两点方可连接。下面以求三棱锥截交线为例说明求作截交线的方法。(图 5-7)

1. 分析图形

准确的分析是正确作图的前提。分析的顺序是：体——面——线——点。现以单一截平面截切三棱锥为例加以说明。[图 5-7(*a*)]

(1)体：通过已知视图判断被截立体的名称。根据“三三为锥”，可知图 5-7(*a*)所示为三棱锥，由底面和三个棱面构成。

(2)面：分析截平面的空间位置。由截平面的正面投影积聚为一斜线，可判断截平面为正垂面。另两面投影为类似形。

(3)线：即截交线的形状特征。两平面相交必有一条交线，由主视图可判断，三棱锥的三个棱面被截切，故截平面与立体的交线有三条，即截交线为三边形。

(4)点：在已知投影上找出截交线与各棱线的交点，这些交点亦为另两面投影上截交线的转折点。

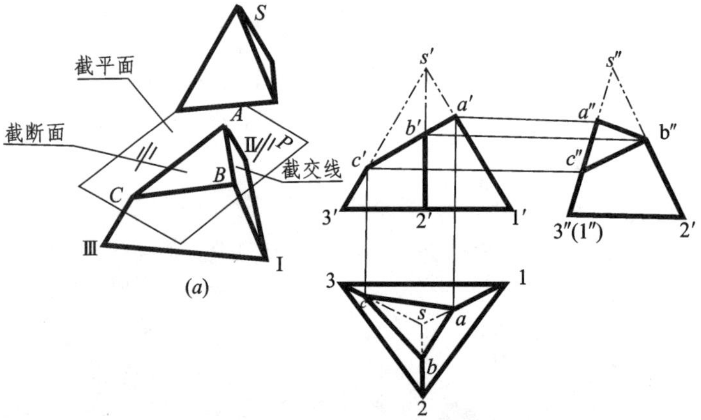

图 5-7 三棱锥的截交线

2. 作图

在正确分析的基础上，可以有步骤地进行作图。在此仍以图 5-7(*b*)为例加以说明。

(1)做出立体截切前的完整视图。

(2)求点：在主视图上找出截交线与各棱线的交点。即图中 a'、b'、c'。点在棱线上，故可在棱线的另两面投影上直接求出点的另两面投影 a、b、c 和 a''、b''、c''，并判断可见性。

(3)连线：根据截交线的已知投影[即图 5-7(*b*)中的正面投影]的连点顺序连接所求各点，即得截交线的另二面投影。应注意判别连线的可见性(如首尾两点均可见则表面连线可见，否则为不可见)。

(4)擦掉多余图线。立体被截掉的多余线形应擦掉。该例中截平面至锥顶的部分已被截掉，故俯视图和左视图中的对应部分应截除：即如图 5-7(*b*)所示 sa、sb、sc 和 $s''a''$、$s''b''$、$s''c''$。

3. 检查

检查是验证作图正确性的关键步骤。可以通过检查判断所作截交线的正确与否，也可通过检查擦去多余图线或添加图线，完成全图。下面以图 5-7(b)为例加以说明。

(1)检查截交线的形状。截交线为截平面截切立体而得，故其投影具有相似性。由图知，三棱锥的截交线一面投影积聚，另两面投影为类似三角形，符合投影规律。

(2)检查各棱线的投影是否满足投影规律。该步骤具有一举两得的功用：一可知各被截棱线是否按投影规律作出和图线擦除是否正确；二可在此对棱线被截后可见性进行逐一辨别并作修改。

(3)检查三棱锥被截切各表面的投影是否符合投影规律。由图知，三棱锥各面均被截为四边形，且符合一般位置平面的投影特性。

(4)以上验证说明作图结果正确。检查时，并不一定要涉及所有被截表面，可以视截面情况酌情抽查。

作图举例：

【例 5-4】 分析截断体的截交线性质，补全其水平投影和侧面投影。[图 5-8(a)]

分析：根据"三三为锥"可判断被切立体为六棱锥，又根据截平面的正面投影积聚为一条斜线，可判断截平面为正垂面。截平面截六个棱面，故截交线为六边形。[图 5-8(b)]

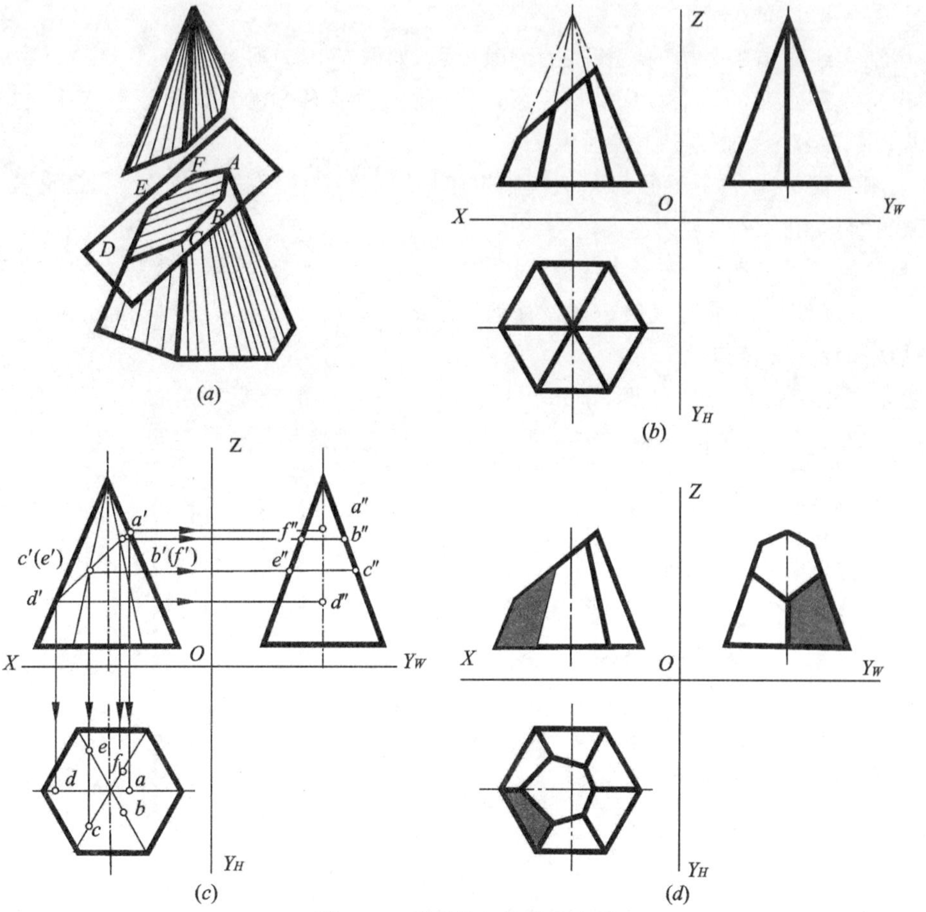

图 5-8 截断几何体的截交线

作图:［图 5-8(c)］

(1)求点:在已知视图上找出截平面与六条棱线的交点,分别为 a'、b'、c'、d'、e'、f'。并在俯视图和左视图上求出其对应点。

(2)连线:各点的另两面投影均为可见,故可直接按正视图的连接次序用粗实线连接各点的同面投影,在俯视图和左视图上得到截交线的投影。

(3)擦线:由正视图得知,从截交线各转折点到锥顶的棱线均被截除,故必须在俯视图和左视图上擦去被截棱线。

(4)检查:先检查截交线,正面投影积聚,水平投影和侧面投影均为类似形,结果正确;再检查六条棱线,经检查发现最右棱线从 a''到 d''应为不可见,改为虚线;各面截切后投影均为四边形,结果正确。

(5)加粗加深可见轮廓。［图 5-8(d)］

【例 5-5】 如图 5-9(a)所示,六棱柱中间开槽,已知其正面投影和水平投影,求作开槽后的侧面投影。

分析:如图 5-9(b)所示,槽是由两个侧平面 P,Q 和一个水平面 S 组合切割而得的。槽底面 S 是六边形,其水平投影反映实形,正面投影和侧面投影各积聚为水平直线;两个侧平面 P 和 Q 均为矩形,它们的正面投影和水平投影都积聚为铅垂线,侧面投影反映实形且重合。

作图:

(1)用细实线作出未开槽的六棱柱的侧面投影,如图 5-9(b)所示。

(2)作出水平面 S 的侧面投影。按投影规律,找出水平面 S 的正面投影和水平投影,作出侧面投影 $3''4''5''6''7''8''$,如图 5-9(c)所示。

(3)求侧平面 P、Q 的侧面投影。依投影规律作图,可得 P 面投影 $1''2''3''4''$,Q 面投影 $7''8''9''10''$与之重合,如图 5-9(c)所示。

(4)判断轮廓可见性,擦去多余部分。因在六棱柱中间开槽,故侧面投影中水平面与侧平面的交线 $3''4''$为不可见,应画虚线。六棱柱前后棱线被截部分及上表面被截部分亦要擦去。

(5)加粗加深可见轮廓。

该题亦可用表面取点法解题,即求出截交线与各表面的交点 I-X 的侧面投影,通过连线——擦多余线——检查的步骤顺次解题。学生可依据熟练情况选择解题方法。

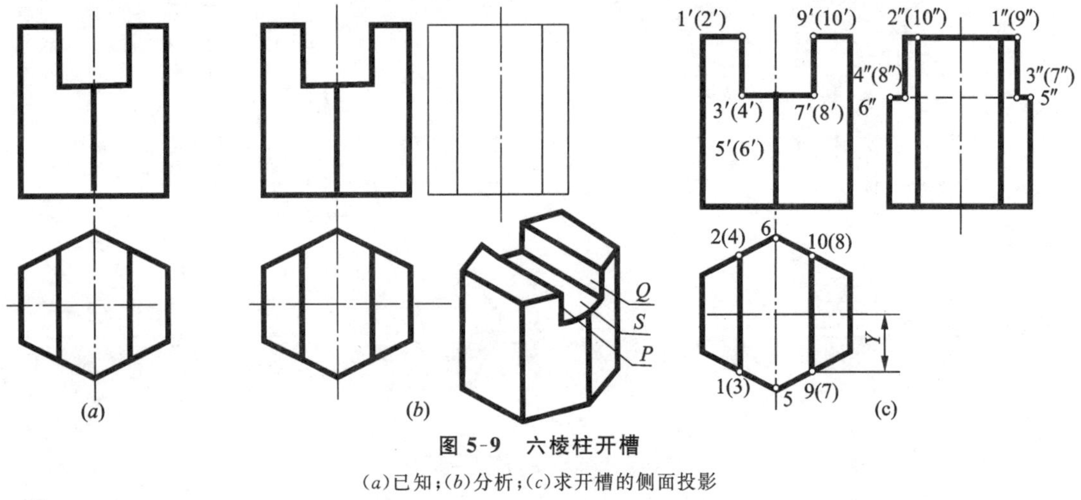

图 5-9 六棱柱开槽

(a)已知;(b)分析;(c)求开槽的侧面投影

【例 5-6】 如图 5-10(*a*)所示，正四棱锥被正穿一矩形孔，已知其正面投影，现用求截交线的方法补全其俯视图和左视图。

分析：穿孔可以看成由两个水平面和两个侧平面组合截出，解题可分两步，即：一、求出截平面与表面的交点的各面投影并连线；二、求各截平面之间的交线并判别可见性。

作图：如图 5-10(*b*)所示：

(1)补全未截立体的左视图。

(1)在正视图上找出截平面与四棱锥表面的交点。左前棱面和右前棱面 6 个，顺次标记为 1′、2′、3′、4′、5′、6′，左后棱面和右后棱面 6 个，顺次标记为 7′、8′、9′、10′、11′、12′。

(2)在俯视图和左视图上，用辅助平面法依次求出交点的水平投影和侧面投影(辅助面即为两水平面)，并作标记。

(3)用直线顺次连接各点的同面投影。即俯视图 1-2-3-4-5-6 和 7-8-9-10-11-12，左视图中 1″-2″-3″-4″-5″-6″和 7″-8″-9″-10″-11″-12″。

(4)作各截平面的交线。交线有四条：即 *IIIX*、*VIIII*、*IVXI*、*VIVII*，水平投影 3 至 10、1 至 8 不可见，画虚线；侧面投影 3″至 10″、4″至 11″不可见，为虚线。

(5)擦去被截轮廓，即前后两棱线被截部分。

(6)检查加深可见轮廓。

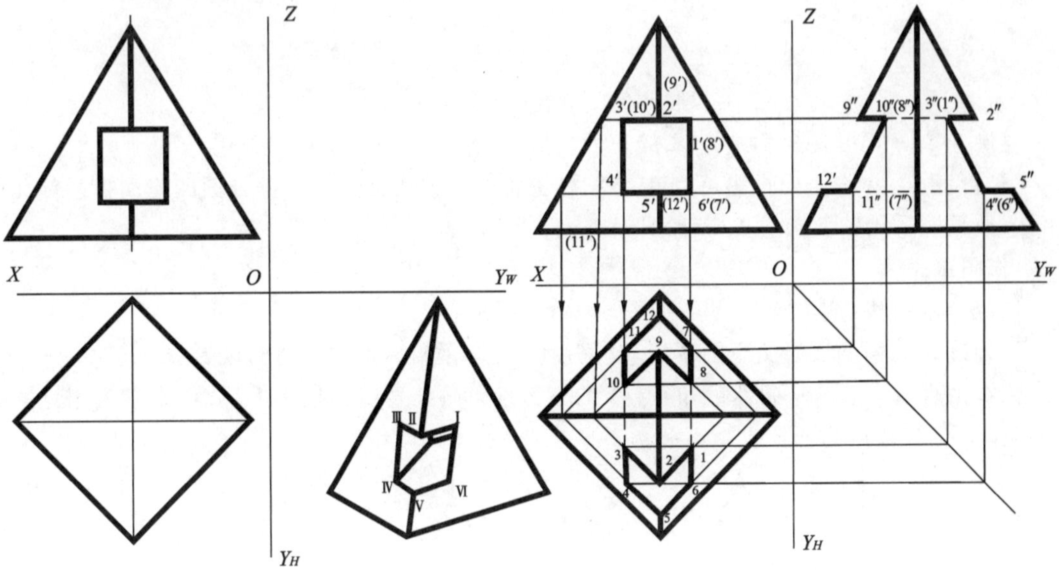

(*a*) (*b*)

图 5-10 穿孔平面体的截交线

5.2 曲面体的截交线

5.2.1 曲面体表面取点

曲面体表面取点和平面上取点的方法基本相同，即当曲面的一个投影有积聚性时，可利用积聚性投影直接求得点的投影；当曲面体的各个投影都没有积聚性时，则须利用辅助线或辅助面法来求。下面举例说明。

【例 5-7】 求立体表面上点 A 的水平投影和侧面投影[图 5-11(*a*)]。

分析:根据立体视图特征,可判断圆柱轴线垂直于 W 面。由 a' 位置可判断点 A 在圆柱的前下 1/4 表面上。圆柱面的侧面投影积聚为圆,可根据点的投影规律直接在该圆上找出点的侧面投影,再求点的水平投影,注意求点过程中进行可见性的判别。

作图:如图 5-11(*b*)所示:

a)过 a' 作辅助线垂直于 0Z 轴并与左视图前半圆相交,交点 a'' 即为点 A 的侧面投影(可见)。

b)根据投影规律,由 a'、a'' 求得 a(不可见)。

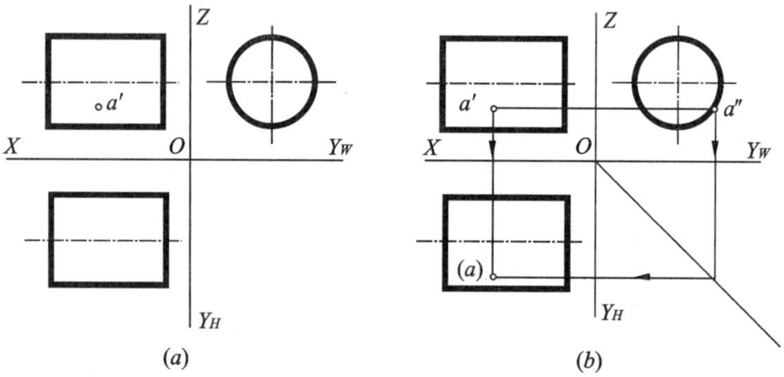

图 5-11 曲面体表面取点(一)

【例 5-8】 已知圆锥面上点 A 的正面投影 a',求 a、a''。[图 5-12(*a*)]

分析:由点 A 的正面投影可判断点 A 在圆锥的左前表面上。因圆锥面的三面投影都无积聚性,故只能采用辅助素线法或辅助圆法进行求解。

作图:

方法一:用辅助素线法求解。如图 5-12(*b*)所示:

(1)过 a' 作辅助素线交底圆于 e',根据投影规律,作出 $s'e'$ 的另两面投影 se 和 $s''e''$。

(2)由直线上点的从属性可知,点 A 的三面投影必在直线的投影上,故可直接利用点的投影规律求出点 A 的另两面投影 a 和 a''。

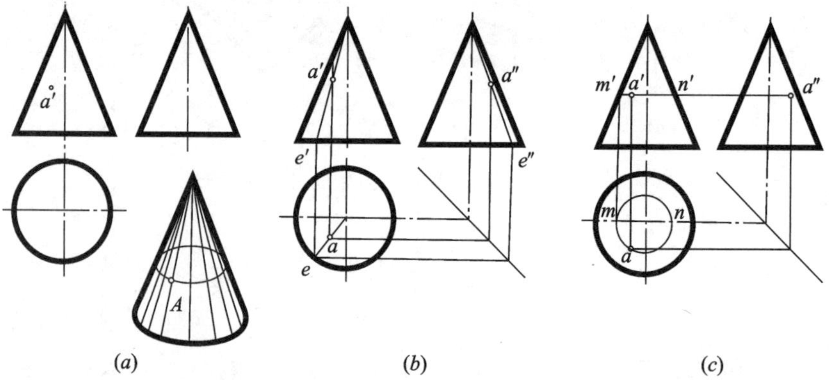

图 5-12 曲面体表面取点(二)

(*a*)已知;(*b*)素线法取点;(*c*)纬圆法取点

方法二：用辅助圆法求解。如图 5-12(c)所示：

(1)过 A 在圆锥面上作垂直轴线的水平圆，其正面投影为 $m'n'$，其长度等于直径。作出其水平投影(圆)。点 A 在该圆上，故其水平投影可根据其方位(左前方)用投影规律作出。

(2)由 a、a' 求出 a''(可见)。

【例 5-9】 已知球面上点 A 的正面投影 a' 为不可见，求其另两面投影，并判断可见性。[图 5-13(a)]

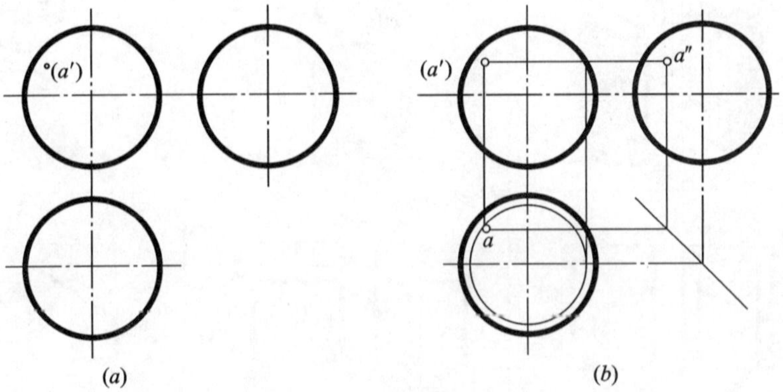

图 5-13　曲面体表面取点(三)

(a)已知；(b)求点的投影 a、a''

分析：由已知条件知点 A 在左上后半球面上。由于球面投影无积聚性，故须用辅助圆法求作。即过点 A 作一水平圆，求出水平圆的另两面投影，即可在其上求出点 A 的另两面投影。

作图：如图 5-13(b)所示：

(1)过点 A 作水平辅助圆。过 a' 作水平线，得到辅助圆的正面投影，线长即为直径。在水平面上，以球心为圆心，作出该辅助圆的显实投影。

(2)在水平辅助圆上求 a。过 a' 作直线垂直 $0X$ 轴且与水平辅助圆后半圆交于点 a，a 即为所求。因其在上半球，故可见。

(3)由 a、a' 求出 a''。因其在左半球，故可见。

同理，可过点 A 作正平辅助圆或侧平辅助圆求 a 和 a''，读者可自行分析。

5.2.2　曲面体截交线的形状

曲面体截交线是截平面与曲面立体表面的交线，通常是封闭的平面曲线，具有与平面立体截交线相同的性质，即截交线是截平面与曲面立体表面的共有线，截交线上的点是两面的共有点。

1. 圆柱截交线

如表 5-1 所示，圆柱被平面所截，根据截平面 P 与圆柱轴线相对位置的不同，所得圆柱截交线形状有三种：即截平面 P 分别与圆柱轴线垂直[图(a)]、平行[图(b)]、倾斜[图(c)]，则截交线分别为圆、矩形和椭圆。

2. 圆锥截交线

如表 5-2 所示，圆锥被平面所截，根据截平面与圆锥轴线的相对位置不同，所得截交线有 5 种情况：圆、椭圆、抛物线与直线组成的平面图形、双曲线与直线组成的平面图形和三角形。

表 5-1 圆柱截交线

截平面位置	与轴线平行	与轴线垂直	与轴线倾斜
截交线形状	矩形	圆	椭圆
轴测图		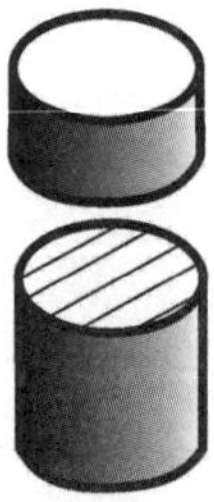	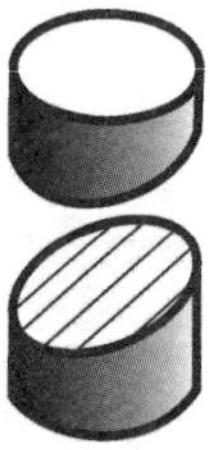
投影图	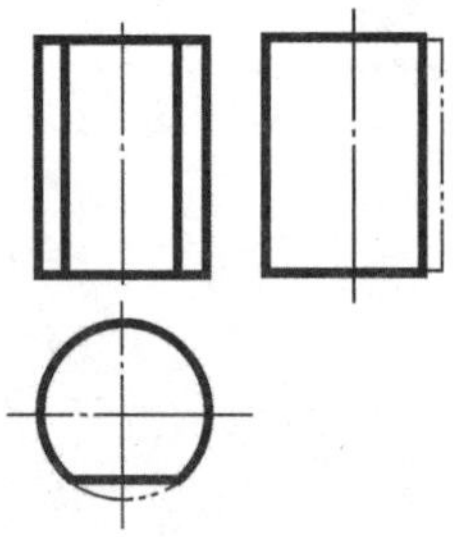	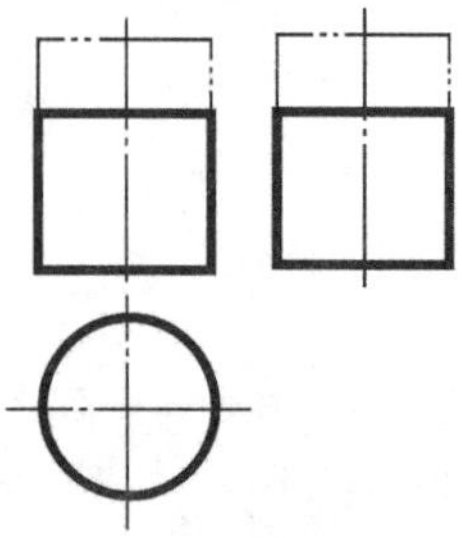	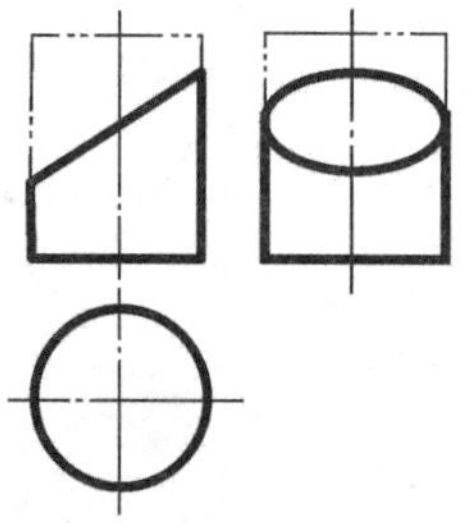

表 5-2 圆锥截交线

截平面位置	垂直于轴线	倾斜于轴线	平行于一条素线	平行于两条素线	过锥顶
截交线形状	圆	椭圆	抛物线与直线组成	双曲线与直线组成	三角形
轴测图	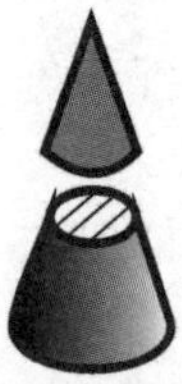	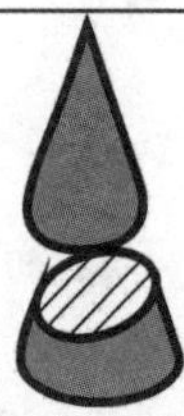			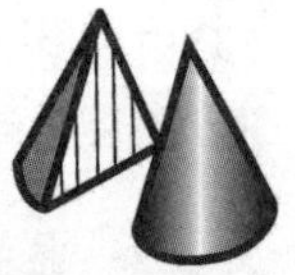
投影图	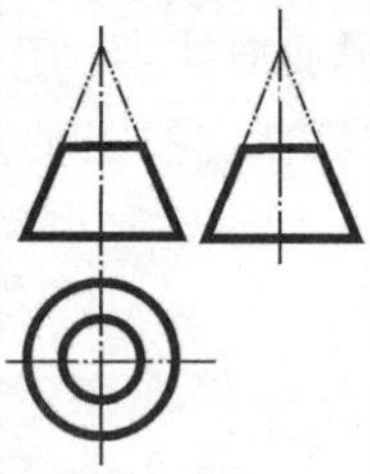	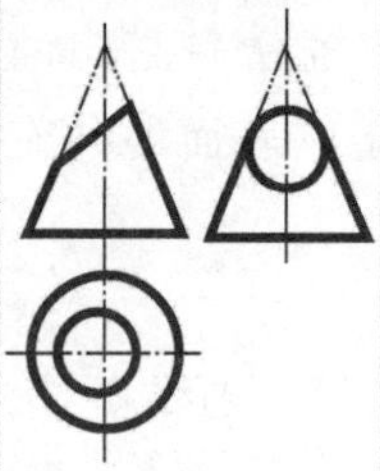	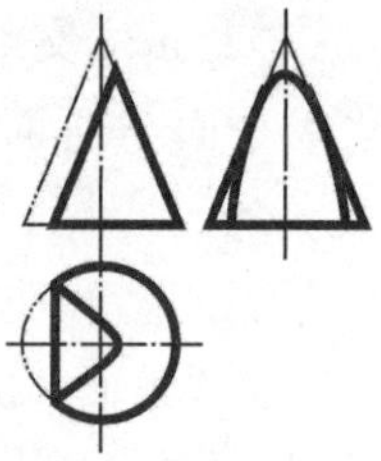	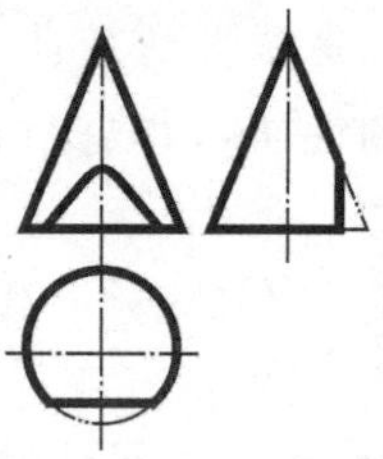	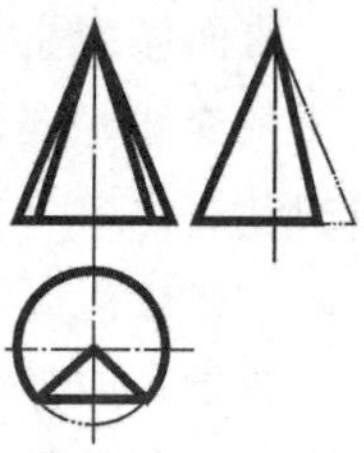

3. 圆球截交线

如表 5-3 所示，圆球被任意方向的平面所截，截交线都是圆。由于截平面与投影面的相对位置不同，其投影可能为圆、椭圆或直线段。

表 5-3　圆球截交线

截平面位置	投影面的平行面（以正平面截切为例）	投影面的垂直面（以正垂面截切为例）
截交线形状	圆	椭圆
轴测图		
投影图	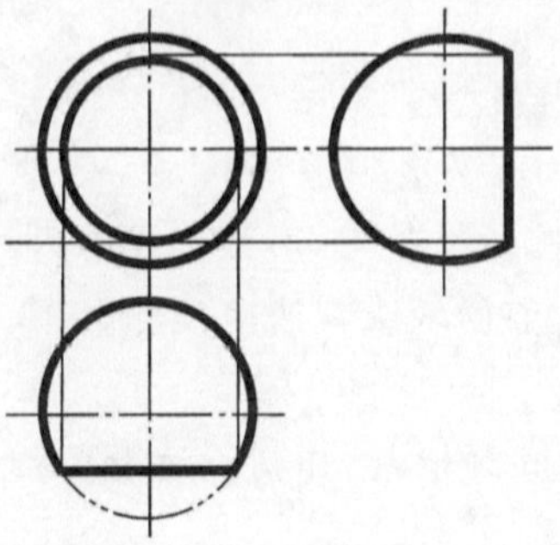	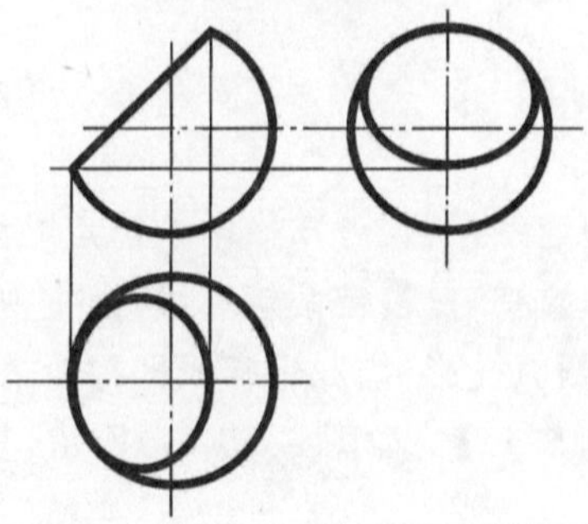

5.3.3　曲面体截交线的画法

求作曲面体截交线的投影首先要根据曲面的性质及截平面的位置，分析截交线的形状，然后才能确定合适的求作方法。当截交线为多边形时，应先求出多边形各顶点，并依次连接；当截交线为圆时，只需确定圆心和半径作图求得；当截交线为非圆曲线时，则应求出曲面和截平面的一系列共有点，并依次连接成光滑的曲线。共有点的求取通常按下列步骤进行：

(1)求特殊点：即截交线上的最高、最低、最左、最右、最前、最后等控制点，通常为截交线与立体轮廓素线的交点；

(2)求一般点：根据实际情况作出截交线上 2 个以上一般点的投影，以便于将截交线连接成光滑曲线。

以下举例说明曲面体截交线的画法。

【例 5-10】　如图 5-14(*a*)所示，圆柱被一正垂面斜切，已知其正面投影，求其另二面投影。

分析：直立圆柱被正垂面斜切，截交线为椭圆。其正面投影积聚为一斜线，水平投影与圆柱的俯视图圆重合，故我们只需求出该椭圆的侧面投影。如图 5-14 (*b*)所示，椭圆截交线上共有四个特殊点：Ⅰ、Ⅱ、Ⅲ、Ⅳ，可在正、俯视图上找出相应投影并根据投影规律作出其侧面投影；再依次在正视图上取一般点作侧面投影连线即得。

作图：如图 5-14 (*c*)所示：

(1)求特殊点：本例的特殊点为椭圆长短轴的四个端点，即截交线与圆柱最前、最后、最右、最左素线的交点。其中Ⅰ、Ⅱ为截交线最高、最低点，也是最右、最左点，Ⅲ、Ⅳ为截交线最前、最后点。分别在主、俯视图上标出并求出各点的侧面投影 1″、2″、3″、4″。

(2)求一般点：在主视图截交线积聚性投影上任取一般点的正面投影 5′、6′、7′、8′，作出其水平投影，利用点的投影规律求出一般点的侧面投影 5″、6″、7″、8″。

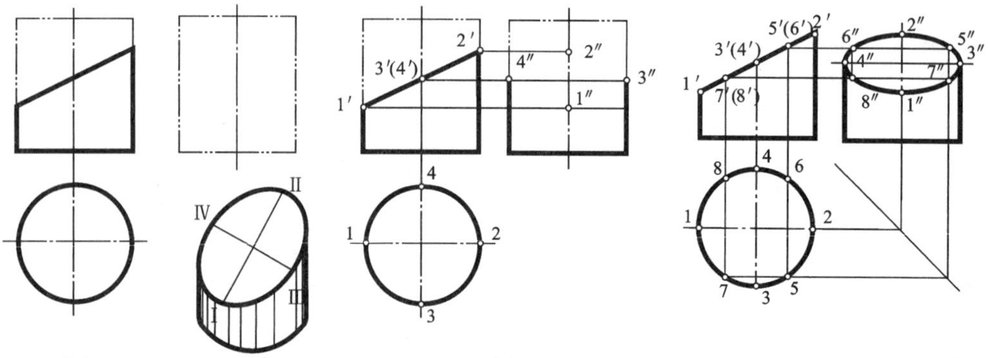

(a)　(b)　(c)　(d)

图 5-14　圆柱截交线

(*a*)已知;(*b*)分析;(*c*)求特殊点;(*d*)求一般点,连线

(3)连线:根据已知投影的连点顺序,光滑连接所求各点,得截交线的侧面投影。

(4)检查,擦去被截轮廓线:由主视图知,圆柱前后轮廓素线由顶部至 3′、4′处被截除,擦去相应的侧面投影,描深轮廓线即得所求左视图。

【例 5-11】 如图 5-15 (*a*)所示,空心圆柱中间开槽,已知其正面投影和水平投影,求其侧面投影。

分析:槽是由两个平行圆柱轴线的侧平面 *P*、*Q* 和一个垂直轴线的水平面 *S* 组合切割而得,因此,截交线由圆弧和直线段所组成[如图 5-15 (*b*)]。该截交线的正面投影积聚,水平投影反映水平截面实形,侧面投影反映侧平截面实形。故解题时,可利用平面的投影规律直接作出各截面的投影,并判别可见性(与例 5-5 六棱柱开槽作法相同,此处不再详叙),也可通过表面取特征点连线的方法,作出截交线。下面用后一种方法作图求解。

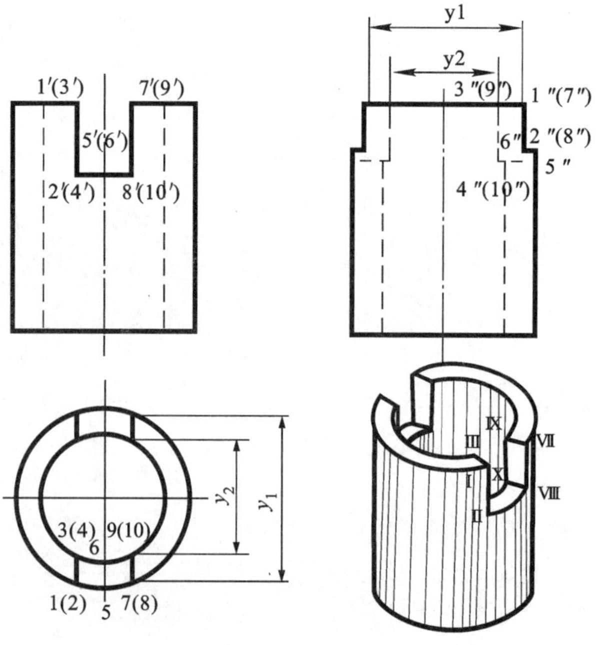

(*a*)　(*b*)

图 5-15　圆柱开槽

作图：如图 5-15 (c)所示：

(1)作出截切前圆柱的侧面投影。

(2)求特殊点：即截交线与空心圆柱最前、最后素线的交点。由于截切后柱体前后对称，故只取前半柱面分析，得点 V、VI。分别在主视图和俯视图上找出其对应投影并根据点的投影规律作出其侧面投影 5″、6″。

(3)求一般点：即截交线与前半圆柱表面的其他交点，共 8 个：Ⅰ、Ⅱ、Ⅲ、Ⅳ、Ⅶ、Ⅷ、Ⅸ、Ⅹ。找出其正面投影和水平投影，并作出其侧面投影 1″、2″、3″、4″、7″、8″、 9″、10″。

(4)连线：根据正俯视图的连接次序依次连线，并进行可见性的判别。因开槽在圆柱中间，故侧面投影中水平面与侧平面的交线不可见。故图中 5″-2″为可见，2″-6″-4″为不可见，2″-1″为可见，4″-3″为不可见；后半部分依次对称作出。

(5)检查，擦去多余图线：被截去的水平面以上素线和上表面被截部分应擦去。利用平面投影规律检查各截平面的投影是否符合投影规律，检查后加深加粗，完成全图。

【例 5-12】 如图 5-16 (a)所示，已知护坡顶面与翼墙迎水面交线的水平投影，求作其正面投影。

分析：翼墙迎水面为平面与 1/4 圆柱面的组合面，与护坡顶面的交线相当于组合面与侧垂面的交线，其中 DC 为直线，CBA 是 1/4 椭圆，如轴测图所示。因只有截交线的一面投影，欲求其另一面投影，可用辅助直线法求解。

作图：如图 5-16 (b)所示：

(1)在水平投影上作辅助线 DE 的投影 de，过 c 作 cf 平行 ae，交 de 于 f；过截交线上任意点 B 的水平投影 b 再作辅助线平行 ae，交 de 于 g。

(2)在正面投影上作 $d'e'$，求出 DE 上点 G、F 的投影 g'、f'，根据投影规律作出 a'、b'、c'，并光滑连接，得 1/4 椭圆的正面投影。

(3)作直交线的正面投影，按投影关系求出 d'后连 $d'c'$即得。

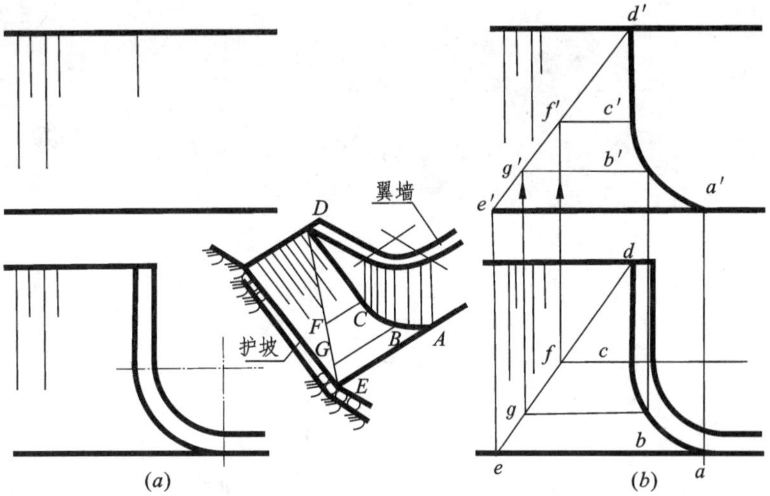

图 5-16 翼墙与护坡的表面交线

【例 5-13】 如图 5-17 (a)所示，圆锥被一正垂面截切，完成圆锥截交线的另两面投影。

分析：截平面 P 与圆锥轴线倾斜，与所有素线相交，其截交线为椭圆。截交线的正面投影重合为一直线，水平投影和侧面投影均为小于实形的椭圆。可用辅助圆法取点作图。

作图：如图 5-17 (b)所示：

(1)求特殊点：即椭圆长短轴的端点Ⅰ、Ⅱ、Ⅲ、Ⅳ，分别为正垂面与圆锥最前、最后、最左、最右素线的交点，直接作出其水平投影 1、2、3、4 和侧面投影 1″、2″、3″、4″。

(2)求一般点：在积聚性投影上任取一般点的正面投影 5′、6′、7′、8′，利用辅助圆法过点作水平辅助圆，求出 5、6、7、8，再依次作出 5″、6″、7″、8″。

(3)光滑连接各点的同面投影，得截交线的另两面投影。擦去主、俯视图中锥顶被截部分，完成全图。

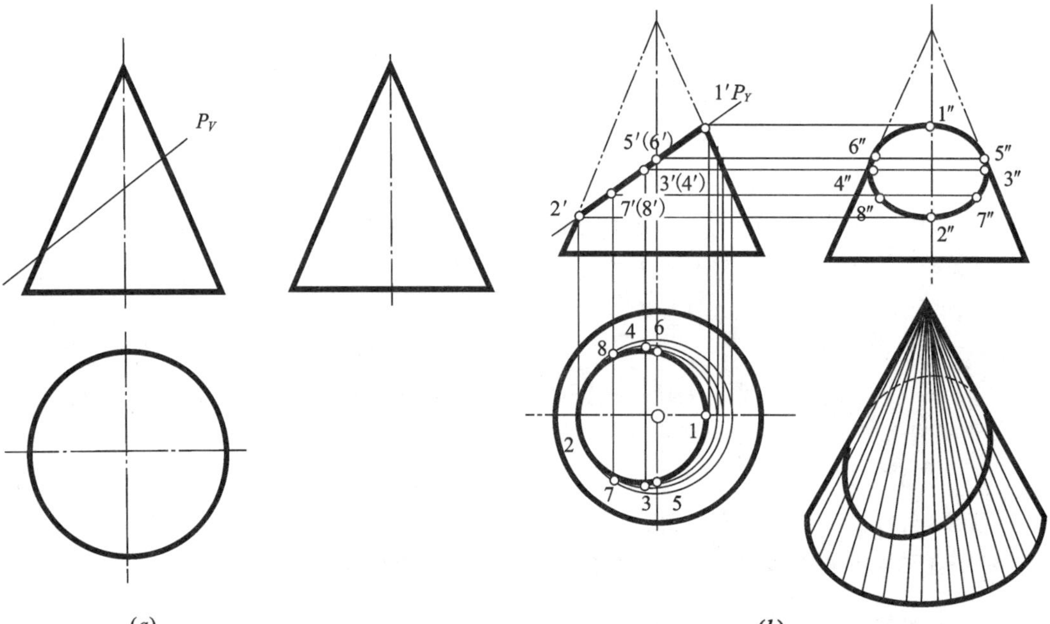

(a) (b)

图 5-17　正垂面截切圆锥

【例 5-14】　如图 5-18(a)所示，正垂面 P 与圆球相交，求截交线的投影。

分析：用正垂面截切圆球，截交线形状为圆。截交线的正面投影积聚为直线，其水平投影和侧面投影均为椭圆。首先找出椭圆长短轴的端点，再找出适量的分析点，光滑连接即得。求椭圆上点的投影仍可采用辅助圆法。本例采用水平辅助圆。

作图：如图 5-18 (b)所示：

(1)求特殊点：即截平面与特殊位置素线的交点，共 6 个，在主视图积聚性投影上分别标出：1′、2′、5′、6′、7′、8′，直接求出 6 个点的另两面投影。

(2)求椭圆长短轴端点：自球心的正面投影向 1′2′作垂线。垂足为正垂线ⅢⅣ的积聚性投影，其水平投影及侧面投影反映圆的直径实长，即为椭圆长轴，投影可用辅助圆法求得。与之垂直的直线ⅠⅡ即为短轴。

(3)求一般点：可根据需要作 2-4 个一般点，本题省略。

(4)光滑连接各点的同面投影，擦去被截部分，完成全图。

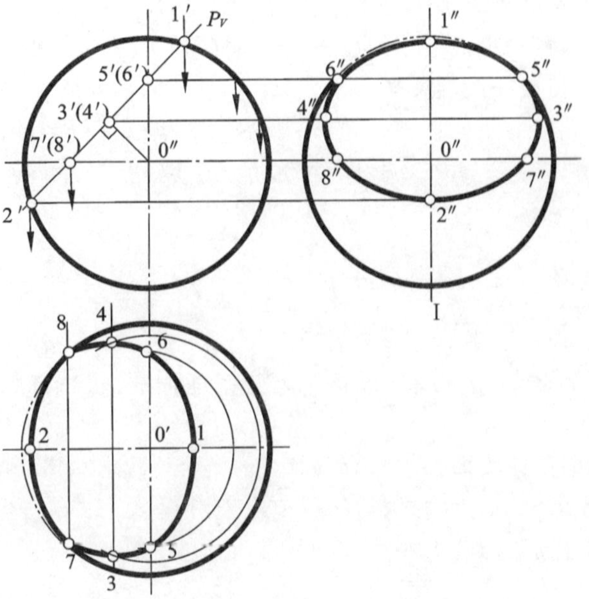

图 5-18　正垂面截切圆球

【例 5-15】　一般回转面被一正平面所截，求作截交线的投影。(图 5-19)

分析：截交线是平面曲线。其正面投影反映实形，水平投影和侧面投影积聚成一直线。由于回转轴线为铅垂线，故可用辅助水平面法解题。

作图：如图 5-19 所示：

(1)求特殊点：在水平积聚性投影上找出截平面与最前素线交点的水平投影 5，因其距离轴线最近，故也是截交线的最高点。利用辅助圆法求出其正面投影 5′。最低点 1、2 亦是最左、

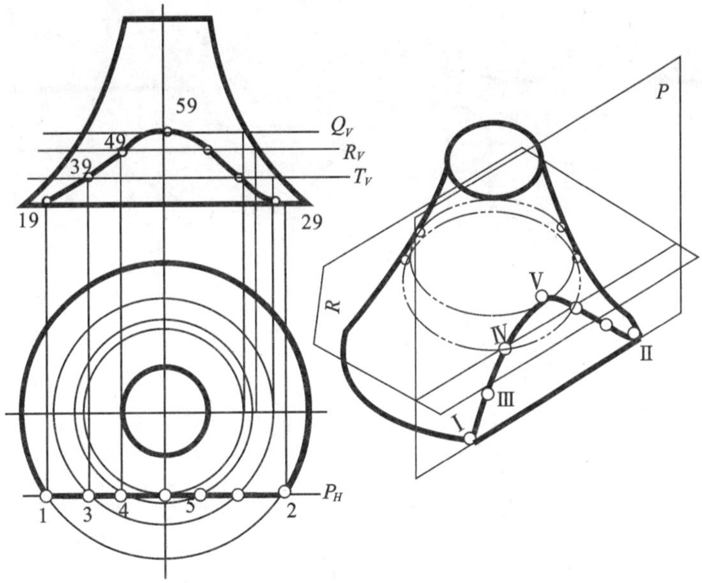

图 5-19　一般回转面的截交线

最右点，可直接在底面的正面投影上作出 1′、2′。

(2)求一般点：在最高点和最低点之间取辅助平面 R 和 T，则可求得Ⅲ、Ⅳ点的投影。

(3)光滑连接各点即得截交线的投影。

5.3 两曲面体的相贯线

5.3.1 相贯线的形状

两立体相交，在其表面上产生的交线称为相贯线[图 5-1(c)、(d)]。本节主要讨论两曲面体(回转体)相贯。两回转体的相贯线一般情况下是空间曲线，仅特殊情况下是平面曲线或直线。

相贯线的实质是两曲面体表面上的所有共有点的集合。故求相贯线的投影就是想办法求出两曲面体表面上的若干个共有点的投影，然后依次光滑连接。求相贯体表面共有点常采用的方法有表面取点法和辅助平面法。

5.3.2 表面取点法求相贯线

当两相贯体表面的投影具有积聚性时，相贯线的投影也重影在积聚投影上，可利用点的已知两个投影直接作出第三个投影；或一个表面的投影具有积聚性，利用一些点的位置的特殊性直接作出其投影。这种求点的方法叫做表面取点法。

【例 5-16】 如图所示两圆柱体正交，补全其投影。[图 5-20(a)]

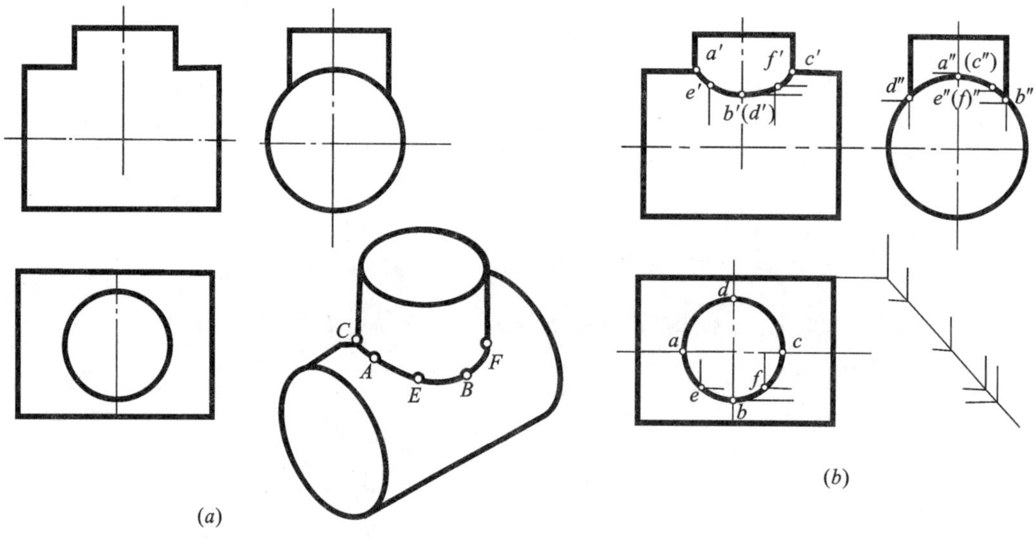

图 5-20　两圆柱正交

分析：(1)空间分析。本例为两个圆柱体垂直相交(即两轴线垂直相交，称正交)，具有共同的前后、左右对称平面，因此相贯线前后、左右对称，是封闭的空间曲线。

(2)投影分析。垂直小圆柱的水平投影积聚为圆，位于小圆柱表面的相贯线的水平投影当然与此圆重影；同理，相贯线的侧面投影也重影在大圆柱表面的侧面积聚投影上，是两圆柱侧面投影的共有圆弧部分。

作图：如图 5-20(b)所示：

(1)求特殊点。即相贯线上最左、最右点，最上、最下点，最前、最后点等极限位置的点。本例中特殊点分别为最左、最右点 A、C 两点(也是最上点)，最前、最后点 B、D 两点。根据各点的水平及侧面投影可求得正面投影 a'、$b'(d')$、c'。

(2)求一般位置点 E、F。特殊位置点只是确定了相贯线的范围，若是想要较准确地作出相贯线的投影，还需要作出一些一般位置的点。在相贯线的已知水平投影上定出 e、f，然后根据投影规律作得 $e''(f'')$，求得 e'、f'。

(3)光滑连接 a'、e'、$b'(d')$、f'、c' 各点即得相贯线的正在投影。

【例 5-17】 分析廊道主洞与支洞外表面交线，补全其投影。[图 5-21(a)]

分析：(1)空间分析。廊道主洞与支洞上部分均为半圆柱体，且轴线垂直相交，其交线为一空间曲线。下部分均为长方体，其交线为两条直线，如图 5-21(b)。

(2)投影分析。相贯线的正面、侧面投影已知，需求作水平投影。由于直交线是铅垂线，需求作的实际上为两个半圆柱面的相贯线。

作图：如图 5-21(c)所示：

(1)求特殊点。由最左、最右点 A、B 和最高点也是最后点 C 的正面及侧面投影，作出其水平投影 a、c、b。

(2)求一般位置点 D、F。在相贯线的侧面投影上先定出 $d''(e'')$，作得 d'、e'，然后作得水平投影 d、e。

(3)光滑连接 a、d、c、e、b 各点，即得相贯线的水平投影。

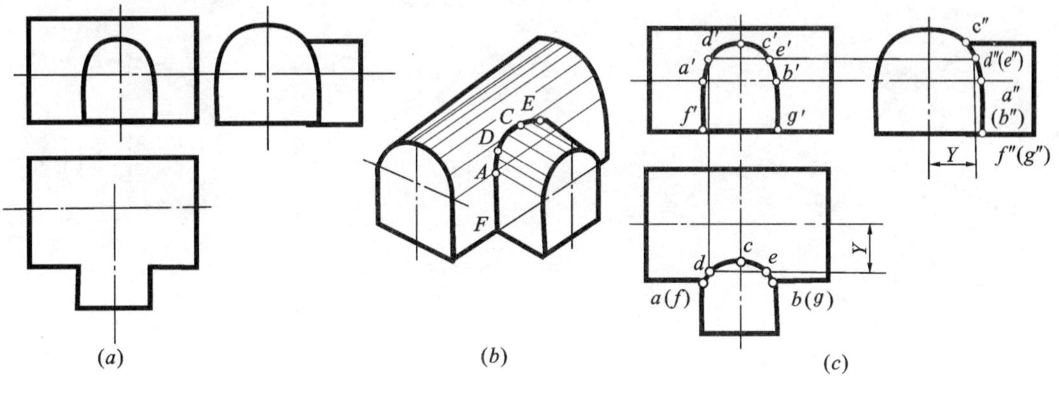

图 5-21 廊道外表面交线的投影

在作图时，有时会遇到圆柱体被正穿圆孔或两内圆柱面(两圆孔)相交，也会在圆柱表面产生相贯线的情形，其形状、性质、投影作图方法与两圆柱相交时相同。

5.3.3 用辅助平面法求相贯线

当两回转体的相交表面中有一个或都不具有积聚投影时，可采用辅助平面法求得相贯线。辅助平面法求相贯线的基本原理是求三面共点。分别求出辅助平面与两曲面体表面的交线，两交线的交点即为相贯线上的点，该点既在辅助平面上，又在两相交曲面体表面上。

选择辅助平面的原则：

(1)选辅助平面与两曲面体表面的辅助截交线的投影应是简单易画的直线或圆。因此常选用特殊位置的平面作为辅助面。

(2)辅助平面应位于两曲面体的共有区域内，否则共有点将无法找到。

以下举例说明。

【例 5-18】 如图 5-22(*a*)所示，求作圆柱与圆锥的相贯线。

分析：(1)空间分析。本例为圆柱与圆锥正交，相贯线为封闭的空间曲线。因其具有共同的前后、左右对称平面，所以相贯线前后、左右对称。

(2)投影分析。圆锥面的投影无积聚性，圆柱面的侧面投影具有积聚性，故相贯线只有侧面投影为已知，其正面投影和水平投影均需求作，在此采用辅助平面法解题。

作图：如图 5-22(*b*)所示：

(1)求特殊位置点。本例中特殊位置点有四个，即最高点 C(也是最左、最右点)和最低点Ⅲ、Ⅳ(也是最前、最后点)。由已知的侧面投影 1″、(2″)、3″、4″可直接作得正面投影 1′、2′、3′、4′和水平投影 1、2、3、4。

(2)求一般位置点。在适当位置以水平面为辅助平面截切两回转体，截得的截交线分别为两直线和圆。它们的交点Ⅴ、Ⅵ、Ⅶ、Ⅷ，即为相贯线上的一般点。作各点所在水平圆的水平投影，并由已知侧面投影 7″、(8″)、5″、(6″)在其上作出 7、8、5、6，最后求出 5′(7′)、6′(8′)。

(3)在水平投影上依次光滑连接 1、5、3、6、2、8、4、7、1 各点，即得相贯线的水平投影，在正面投影上依次光滑连接 1′、5′(7′)、3′(4′)、6′(8′)、2′，即得相贯线的正面投影。

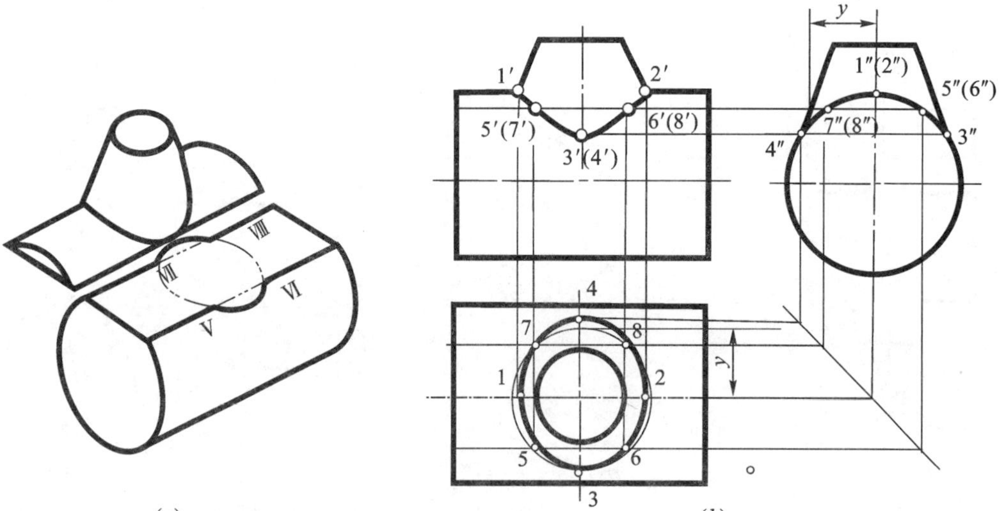

(*a*) (*b*)

图 5-22 圆柱与圆锥正交

(*a*)轴测图；(*b*)三视图

5.3.4 相贯线的特殊情况

两曲面体相交，相贯线一般为空间曲线，但特殊情况下，相贯线可以是直线、平面曲线(圆或椭圆)，常见的情况如表 5-4 所示。

表 5-4

相贯情况	轴 测 图	投 影 图	相贯线及其投影
两圆柱轴线平行		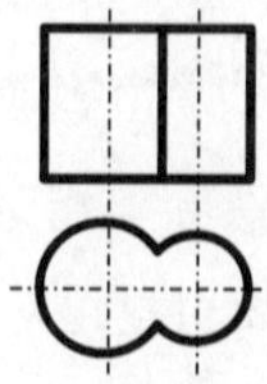	相贯线为圆柱素线
两圆锥共顶		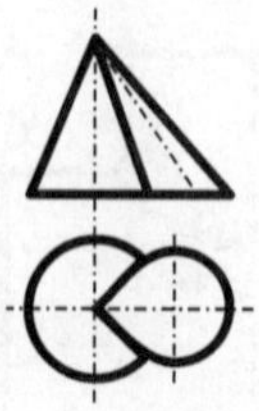	相贯线为圆锥素线
圆柱和圆球共轴		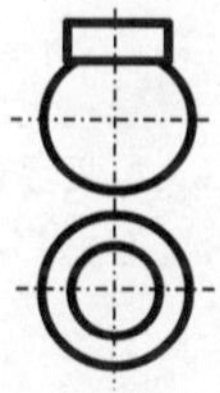	相贯线为垂直于轴线的圆，在与轴线平行的投影面上，投影为直线
正交两圆柱公切于一球		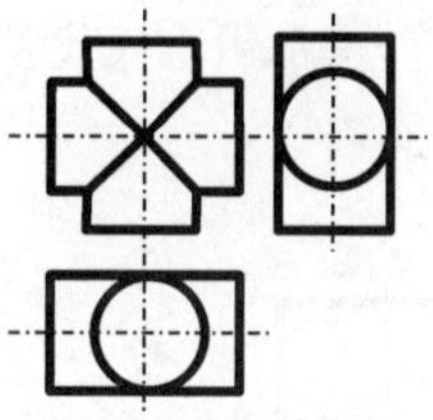	相贯线为两个相等的椭圆，在与两轴线平行的投影面上，相贯线投影为直线
斜交两圆柱公切于一球		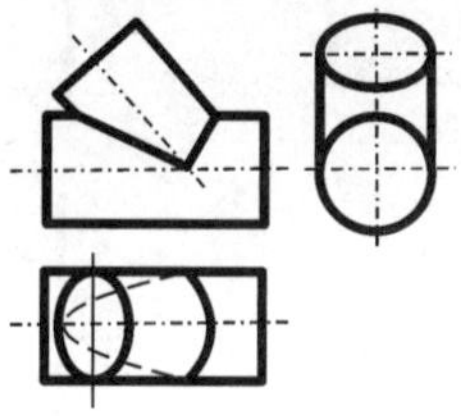	相贯线为两个半个椭圆，在与两轴线平行的投影面上，相贯线投影为直线
圆锥与圆柱正交公切于一球	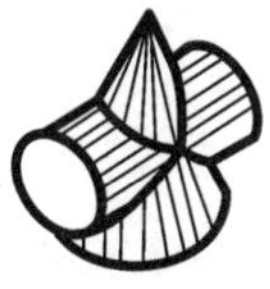	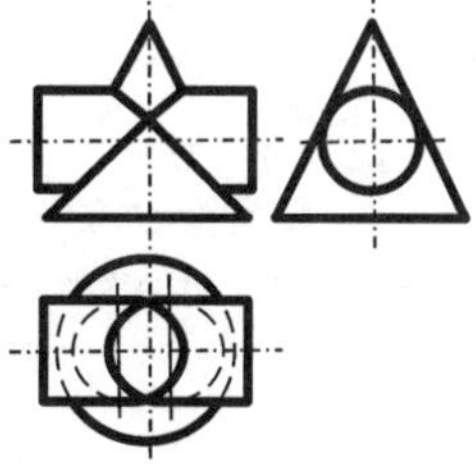	相贯线为两个相等的椭圆，在与两轴线平行的投影面上，相贯线投影为直线

5.3.5 相贯线的近似画法及简化画法

为了减少绘画工作量，提高设计效率及图样的清晰度，在不引起误解的情况下，图形中的相贯线可以用近似画法和简化画法。简化表示法参见《技术制图 简化表示法 第1部分：图样画法》GB/T 16675.1—2012。

1. 相贯线近似画法

当两圆柱不等径正交时，其相贯线可以采用圆弧代替非圆曲线。其画法如图5-23所示。

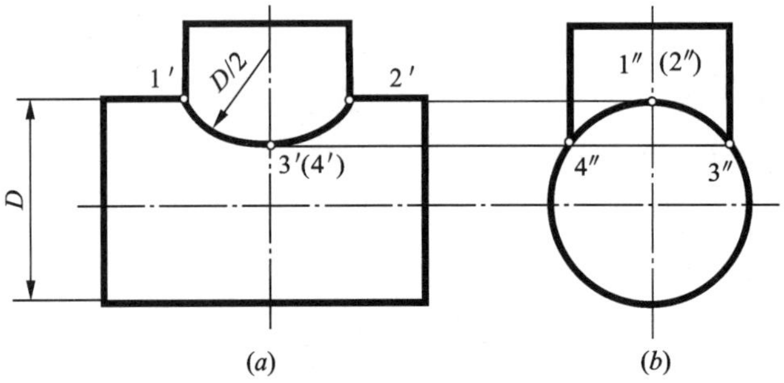

图5-23 相贯线的近似画法

(*a*)简化前；(*b*)简化后

2. 相贯线的简化画法

当相贯线的投影比较接近直线时，可用直线代替非圆曲线，如图5-24所示。或者相贯线比较微小，如圆柱面的正穿小圆孔等，也常用直线代替非圆曲线。还有更加简化的方法就是用模糊画法表示相贯线，如图5-25所示。

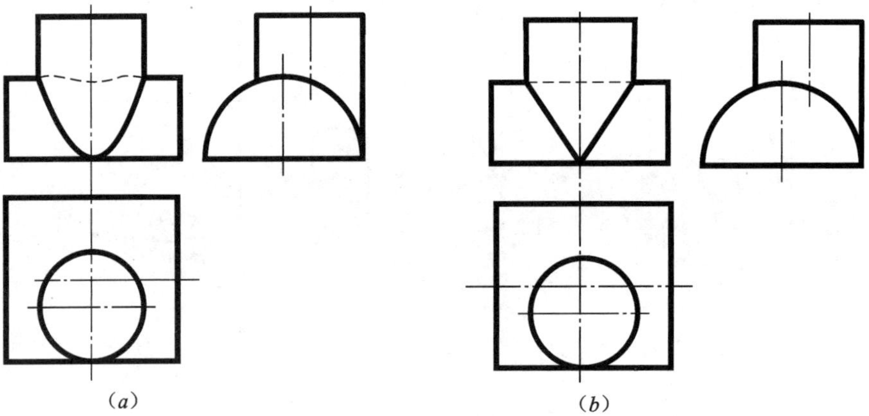

图5-24 相贯线的简化表示法

(*a*)简化前；(*b*)简化后

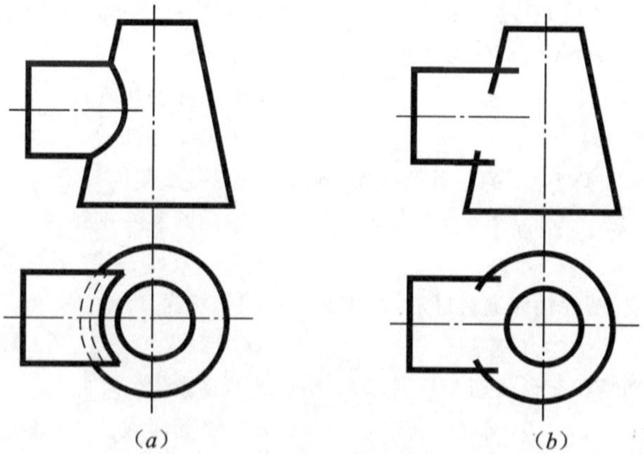

图 5-25　相贯线的模糊画法

(*a*)简化前；(*b*)简化后

复习思考题

1. 不能利用积聚性取点的面有(　　)。

(*A*)投影面平行面；　(*B*)投影面垂直面；　(*C*)圆柱面；　(*D*)圆锥面。

2. 在圆锥面上取点(　　)。

(*A*)都要用辅助圆法求；　(*B*)都要用辅助素线法求；

(*C*)可直接利用积聚性求；　(*D*)只有点在轮廓素线上时可直接求。

3. 底面平行于 *H* 面的正四棱锥，被一正垂面切断四条侧棱，其截交线的空间形状为(　　)。

(*A*)一条直线；　(*B*)矩形；　(*C*)梯形；　(*D*)三角形。

4. 轴线为铅垂线的圆柱被两相交平面截切，其中一个面为水平面，另一个面为侧平面，其截交线的空间形状为(　)。

(*A*)一矩形和一圆弧；　(*B*)两圆弧；

(*C*)两矩形；　(*D*)一矩形和一直线。

5. 轴线为铅垂线的圆锥被两相交平面截切，其中一个面过锥顶，另一面为水平面，其截交线空间形状为(　)。

(*A*)双曲线与三角形；　(*B*)三角形与圆弧；

(*C*)抛物线与圆弧；　(*D*)双曲线与抛物线。

6. 求立体表面的交线时，一般位置点通常在(　　)上选取。

(*A*)各立体轴线上；　(*B*)特殊位置素线上；

(*C*)特殊位置平面上；　(*D*)具有积聚性特征面的积聚性投影上。

7. 轴线垂直于 *H* 面的正圆锥被一平面截切，该截平面与轴线的夹角 θ 与半锥顶角 α 的大小正好相等，此时截交线的形状为(　)。

(*A*)抛物线；　(*B*)圆弧；　(*C*)三角形；　(*D*)双曲线。

8. 与 *H* 面呈 45°的正垂面 *P*，截切一轴线为铅垂线的圆柱，截交线的侧面投影是(　)。

(*A*)圆；　　(*B*)椭圆；　　(*C*)二分之一圆；　(*D*)矩形。

9. 两圆柱等径正交，相贯线的空间形状为(　)。

(*A*)相交的两斜直线；　　(*B*)相交的两圆；

(*C*)垂直相交的两椭圆；　　(*D*)两空间曲线。

10. 用一个与水平面交角为45°的正垂面截切一圆球，所得截交线的投影为(　)。

(*A*)两椭圆和一直线；　　(*B*)两圆和一直线；

(*C*)一圆和两椭圆；　　(*D*)一直线、一圆和一椭圆。

11. 一圆柱与球正交，圆柱轴线通过球心，相贯线的空间形状为(　)。

(*A*)空间曲线；　　(*B*)椭圆；　　(*C*)圆；　　(*D*)两同心圆。

12. 一圆柱与圆锥轴线相交且公切于一圆球，其相贯线的投影为(　)。

(*A*)直线和双曲线；　　(*B*)椭圆；　　(*C*)平面曲线；　　(*D*)直线和椭圆(圆)。

13. 相贯线的形状决定于(　)。

(*A*)参与相贯立体的形状和大小；　　(*B*)参与相贯立体的相对位置；

(*C*)参与相贯立体的大小和位置；　　(*D*)参与相贯立体的形状、大小和位置。

14. 用$\beta=45°$的铅垂面，距球心为1 / 3半径处截切圆球，所产生的截交线的特殊点有(　)。

(*A*)6个；　　(*B*)8个；　　(*C*)10个；　　(*D*)12个。

第6章　组合体

【教学目标和任务】

掌握组合体的形体分析法和线面分析法的概念；

掌握组合体的组合形式和各部分之间的表面连接关系；

根据组合体的两视图，能正确补绘出组合体的第三视图；

正确、完整、清晰地进行组合体的尺寸标注。

【教学重点和难点】

组合体三视图的绘制方法；按照制图标准对组合体视图标注尺寸。

【岗课赛证要求】

运用形体分析法和线面分析法，对组合体三视图进行读图、绘图及标注尺寸。

【思政目标】

培养学生具体问题具体分析的能力，抓住主要矛盾，解放思想、实事求是、与时俱进、求真务实，一切从实际出发。

所谓组合体，是对形状、结构比较复杂的这一类形体的统称。工程建筑物，从形体角度看，都是由一些基本体按一定的组合形式组合而成，称其为组合体。本章阐述组合体的画法，尺寸注法和读图方法。

6.1　组合体的形体分析

6.1.1　组合体的组合方式

如图6-1所示，组合体的组合方式通常分为如下三种：叠加类，切割类和综合类。

6.1.2 组合体各部分之间表面连接关系及投影特点

组合体表面连接关系可分为：叠加、相切和相交三种。

(1)叠加：组合体中两部分的平面相互接触。根据两平面相互接触的情况可分为：

①表面平齐：平齐时无分界线。如图6-2(*a*)

②表面不平齐：不平齐时有分界线。如图6-2(*b*)

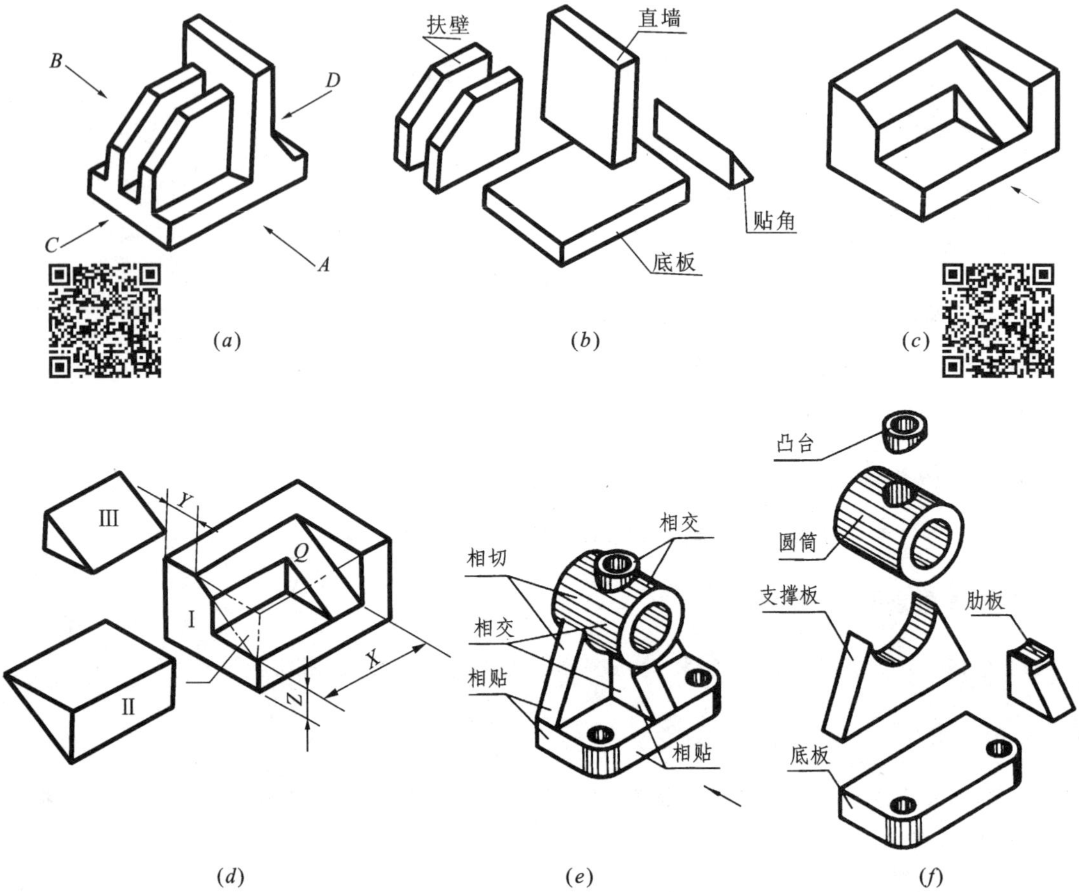

图 6-1　组合体的组合形式

(*a*)叠加类；(*b*)叠加类分解；(*c*)切割类；(*d*)切割类分解；(*e*)综合类；(*f*)综合类分解

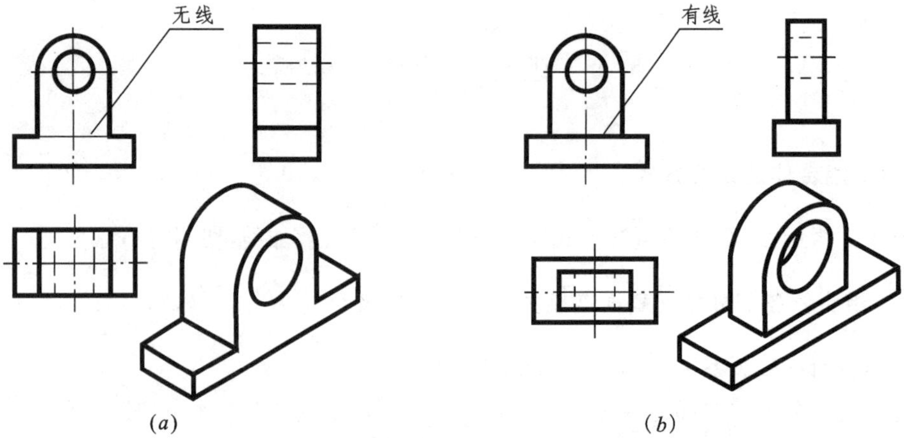

图 6-2　形体相贴

(*a*)平齐；(*b*)不平齐

(2)相切:组合体中两部分间平面与曲面或曲面与曲面光滑过度。相切处不存在交线。如图 6-3 所示。

在相切处形成光滑过渡,故不需画交线。因此在正视图和左视图中相切处不应画线。只需注意两个切点在正视图和左视图中的位置。

(3)相交:组合体中两部分间的表面彼此相交。

在相交处有交线即相贯线,应画出交线。如图 6-4 所示。

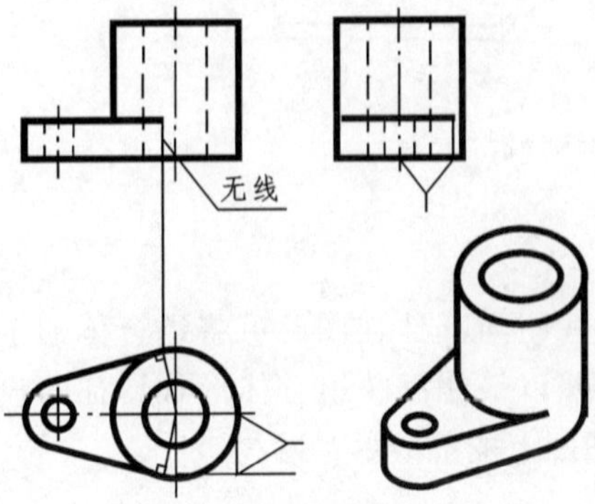

图 6-3　形体相切

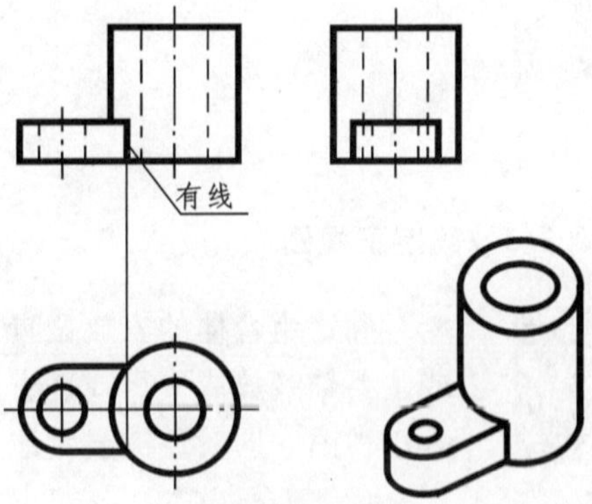

图 6-4 形体相交

6.1.3　形体分析法的概念

形体分析法的实质就是:将组合体分解成若干个基本体,从而来分析其组合形式和相对位置关系,以达到化繁为简,化难为易的目的。

如图 6-5(*a*)为闸室的形体分析。该闸室看起来较复杂,但应用形体分析首先将其分解成四个基本体,从而根据各基本体的相对位置逐个叠加而成。

如图 6-1(*c*)(*d*)所示的组合体则是切割类组合体,它可以设想将基本体通过两次切割而成。

总之,形体分析法可归纳为“分解”和“综合”两步进行。它是画图、看图和标注尺寸的常用方法。

6.2　组合体视图的画法

画组合体视图通常按如下三步骤进行。即形体分析、确定正视图及画图。

6.2.1　形体分析

分析组合体由哪些基本体组成,它们之间的相对设置和组合形式如何。如图 6-5 所示。

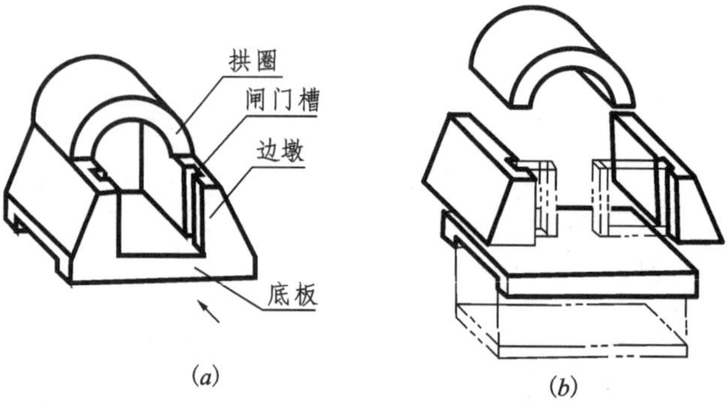

图 6-5 闸室的形体分析

6.2.2 确定正视图

确定组合体的安放位置，并选择正视图与其他视图。可将组合体的主要面或主要轴线放成平行或垂直于投影面，并以最能反映组合体形状特征的投影作为正视图。同时还需要考虑其他两个视图上的虚线尽量减少。

6.2.3 画图

1. 选定比例，确定图幅

根据三视图所占面积，考虑标注尺寸的地方，按标准选择适当的比例和图幅。

2. 布置视图的位置

在适当的位置画出各视图的基准线，使各视图的位置在图纸上确定下来。布图应使各视图均匀布局，不能偏向某边；各视图之间要留有适当的空间，以便于标注尺寸。如图 6-6 所示

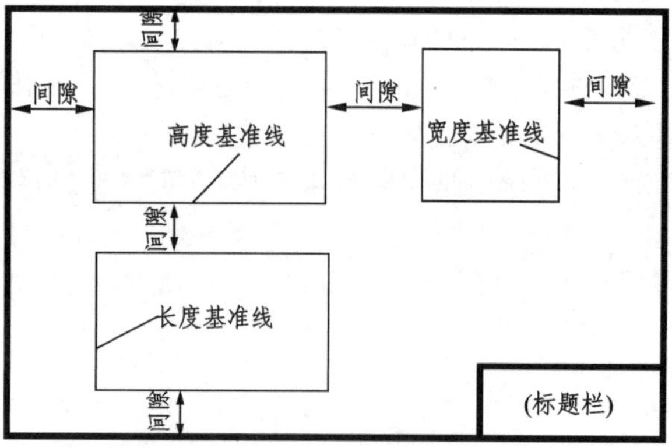

图 6-6 三视图的放置

3. 画底稿

用形体分析法一个部分一个部分逐个地画，画图时应注意每部分三视图间都必须符合投影规律，注意各部分之间表面连接处的画法。

4. 检查描深

底稿画完后，应对照立体检查各图是否有缺少或多余的图线，然后描深全图。

【例 6-1】 画出图 6-5(*a*)所示闸室的三视图。

分析:1、形体分析

闸室是叠加类组合体。将闸室分解成如下四个部分:底板、边墩及拱圈。

底板在下,边墩放其两侧面。两表面为叠加放置。

拱圈放在两边墩上,并与其叠加。画图时应注意表面平齐时不应画线。

2、确定正视图

闸室放置位置是底面水平,并使主要轴线垂直投影面。图 6-5(*a*)中箭头所指投影方向能较多地反映闸室形状特征及相对位置,选此方向为正视图的投影方向。作图:选定比例、确定图幅。布置视图、画出各图基准线,如图 6-7(*a*)所示,然后画底稿:先画主要部分,画每一部分应先外后内;最后检查描深。具体画图步骤如图 6-7(*b*)～(*e*)所示。

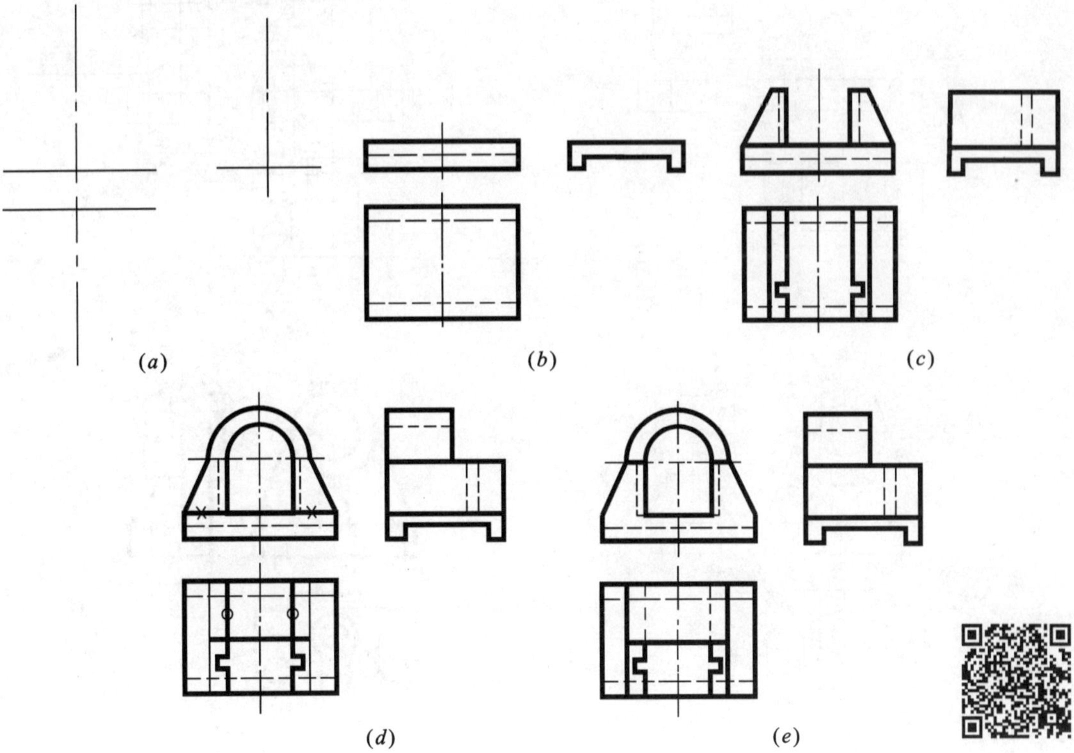

图 6-7 闸室视图的画图步骤

(*a*)画基准线;(*b*)画底板三视图;(*c*)画边墩三视图;(*d*)画拱圈三视图;(*e*)桥查描深全图

【例 6-2】 画出图 6-8(*a*)所示轴承座的视图。

分析:1、形体分析

轴承座是综合式组合体,可分解成如下五个部分:底版、肋板、支撑板、圆筒和凸台。其连接方式主要有:(1)相切:支撑板与圆筒(2)相交:肋板与圆筒外圆柱面(3)相贯:圆筒与凸台相交(4)叠加:各部分间表面连接关系。

2、确定正视图:按箭头所指方向

作图:按图 6-8(*a*)～(*f*)所示

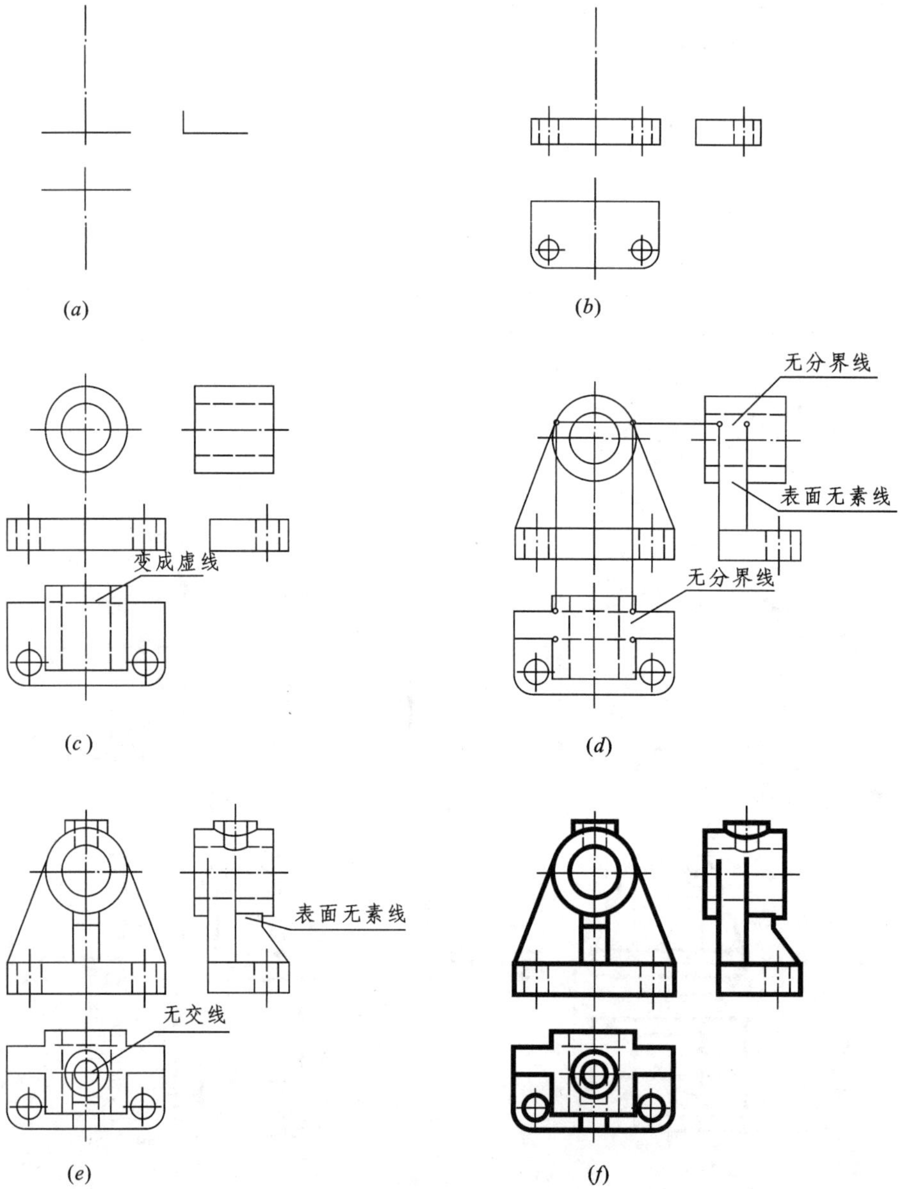

图 6-8　轴承座视图的画图步骤

(a)画各图基准线；(b)画底板三视图；(c)画圆筒三视图；
(d)画支撑板三视图；(e)画肋板和凸台三视图；(f)检查并加深全图

【例 6-3】　画出图 6-1(c)所示切割式组合体三视图。

作图步骤如图 6-9(a)～(d)所示。

1、画外形。画未切长方体的三视图。如图 6-9(a)所示。

2、画侧垂面 Q 的投影。如图 6-9(b)所示。

3、切去三棱柱。从反映形状特征的左视图开始。如图 6-9(c)所示。

4、检查描深。

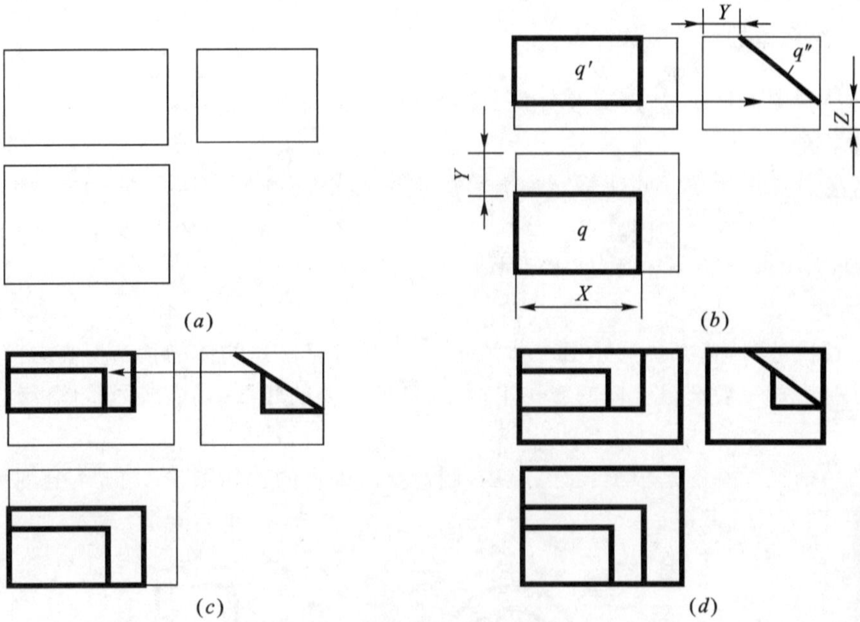

图 6-9　切割式组合体的画图步骤

6.3　组合体视图的尺寸标注

物体的大小是由图上所标注的尺寸来确定的，所以在画出视图之后，还必须标注尺寸，以便施工人员能根据图纸进行施工。因组合体是由基本形体组合而成的，为注好组合体的尺寸，应先了解基本形体的尺寸注法。

6.3.1　基本形体的尺寸标注

基本形体的尺寸标注，应按物体的形状特点进行标注。如图 6-10 是常见的基本形体尺寸标注方法。

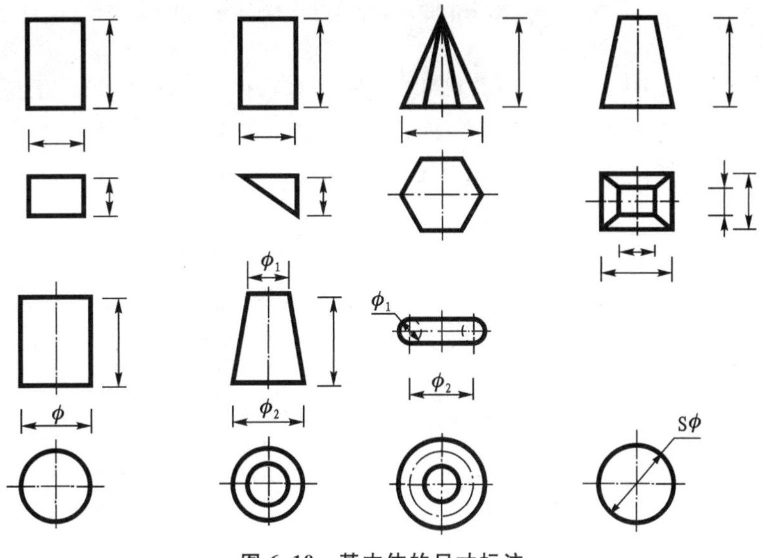

图 6-10　基本体的尺寸标注

6.3.2　组合体的尺寸标注

在组合体视图上标注尺寸，必须标注“齐全、清晰、正确”。

1. 尺寸齐全

尺寸齐全就是指所注尺寸能够完全确定物体各组成部分的大小以及它们之间的相互位置关系和组合体的总体大小。因此，标注组合体尺寸时，必须在形体分析的基础上先选择出尺寸基准，然后再标注出定形、定位和总体尺寸。

(1)尺寸基准

标注定位尺寸时，首先要选择出尺寸的起点，即尺寸基准。物体的长、宽、高方向上至少各有一个尺寸基准。一般选组合体的对称平面、大的或重要的底面、端面或回转体的轴线等作为尺寸基准。

工程图中的尺寸基准是根据设计、施工、制造要求确定的。如图 6-11 所示分别注出其长、宽、高三个方向的尺寸基准。

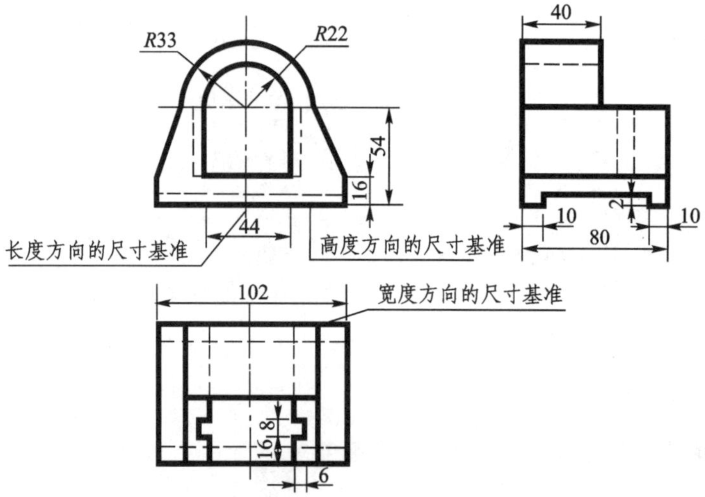

图 6-11　闸室的尺寸标注及尺寸基准的确定

(2)定形尺寸

确定各基本体形状大小(长、宽、高)的尺寸。如图 6-11 中的定形尺寸有：正视图中的 16、俯视图中的 102、左视图中的 80，是底板长、宽、高的尺寸。边墩的定形尺寸为长：(102、44)，(*R*33、*R*22)；宽 80(8、6)；高(54、16)。拱圈的定形尺寸为 *R*33、*R*22。

(3)定位尺寸

确定各基本体之间相对位置(上下、左右、前后)的尺寸，定位尺寸要直接从基准注出。如图 6-11 中定位尺寸有；正视图中决定拱圈高度定位 54，左右位置可由中心线确定。俯视图中 16 为门槽宽度方向的定位尺寸，其他部位由于左右相贴，前后靠齐，不必再标注定位尺寸。

(4)总体尺寸

确定物体总长、总宽、总高的尺寸。如图 6-11 中总体尺寸有：总长 102；总宽 80；总高(54＋*R*33)。

2. 尺寸清晰

注意事项：

(1)尺寸要标注完整、清晰、易读、不重复。如图 6-11 中边墩长已由(102—44)注出,不需重复标注。

(2)为使所注尺寸清晰、易读,尽可能避免在虚线上标注尺寸。

(3)半径尺寸应注在反映圆弧的视图上,直径尺寸可视具体情况,标注在反映圆实形的视图上或反映该回转体轴线实长的视图上。

(4)为方便读图,尺寸最好注在图形之外,并布置在两视图之间。

(5)为便于读图,定形、定位尺寸应尽量集中在一个视图中。

(6)为使图面清晰,图形中的尺寸应小尺寸在内、大尺寸在外。

3. 尺寸正确

应做到尺寸数字和选择基准正确,符合国家制图标准规定。

【例 6-4】 标注图 6-12 所示轴承座的尺寸。

分析:前面已分析该组合体由五部分组成。

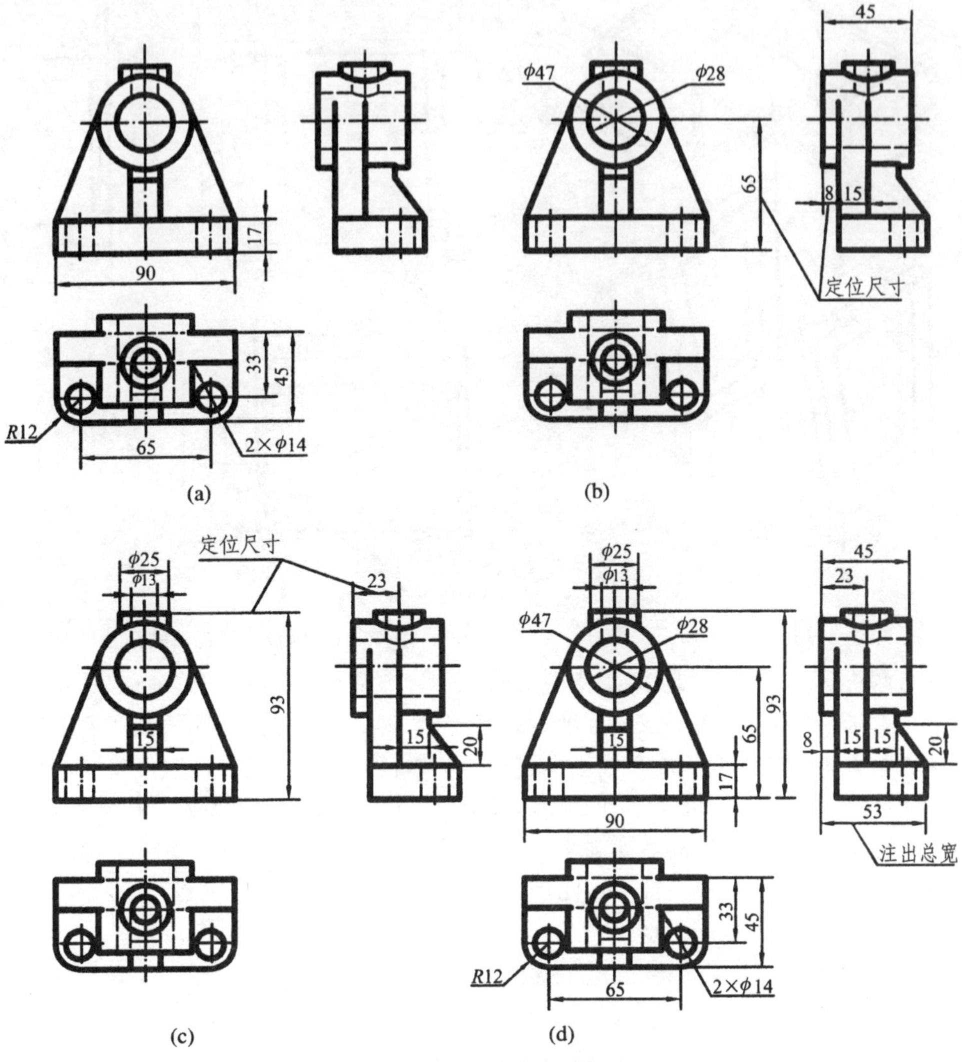

图 6-12 轴承座的尺寸标注

(*a*)注底板尺寸;(*b*)注圆筒和支撑板尺寸;(*c*)注肋板和凸台尺寸;(*d*)注全总体尺寸并去掉重复尺寸"**8**",完成标注作用:(1)按顺序选注底板定形、定位尺寸。如图 6-12(*a*)。

(2)注圆筒和支撑板尺寸。如图 6-12(*b*)。

(3)注肋板和凸台尺寸。如图 6-12(*c*)。

(4)注全总体尺寸并去掉重复尺寸“8”。如图 6-12(*d*)。

【例 6-5】 水槽组合体的尺寸标注(尺寸单位为 mm)。如图 6-14 所示。

(1)水槽尺寸分析。

①定形尺寸。如图 6-13 所示,水槽的外形尺寸:620×450×250;水槽四周壁厚 25,槽底厚 40,圆柱通孔直径 ϕ70。

直角梯形空心支撑板的外形尺寸分别为 310、550、400,板厚 50,制成空心板后的四条边框宽度,水平方向为 50,铅垂方向均为 60。

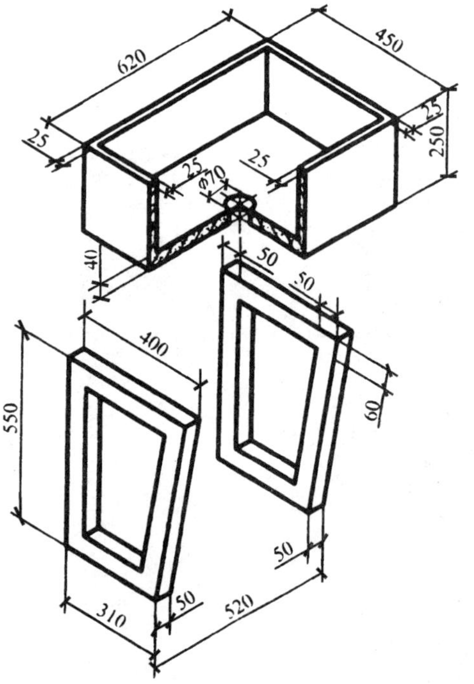

图 6-13 尺寸分析

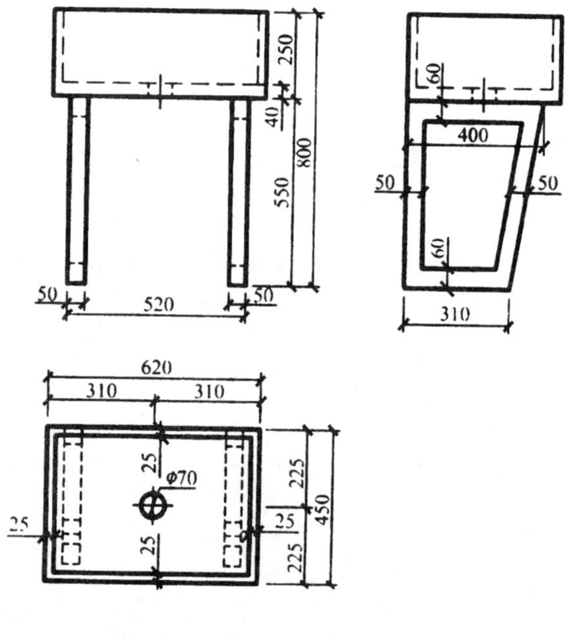

图 6-14 组合体三视图的尺寸标准

②定位尺寸。如图 6-13 所示,水槽底的圆柱孔居中布置,因此长、宽方向的尺寸基准在水槽圆柱孔的中心线上,并以中心线为基准,注出两个长度定位尺寸 310 和两个宽度定位尺寸为 225,并以圆柱孔的中心线为长度尺寸基准注出两支撑板外壁之间的长度定位尺寸 520。

③总体尺寸。从图 6-13 可看出,水槽的总长尺寸为 620,总宽尺寸为 450,总高尺寸为 800。

(2)水槽组合体尺寸的标注方法和步骤。

如图 6-14 所示为水槽组合体三视图的尺寸注法及步骤。

第一步:标注各基本体的定形尺寸。

①标注水槽体的外形尺寸长 620、宽 450、高 250;

②标注水槽体的四周壁厚 25、槽底厚、槽底圆柱孔 ϕ70;

③标注梯形空心支撑板的外形尺寸:310、550、400 和板厚 50;

④标注空心板四条边框宽度的水平方向、铅垂方向尺寸:50、60。

第二步：标注定位尺寸。

①以圆柱孔中心线为基准，标注两个长度定位尺寸 310 和两个宽度定位尺寸 225。

②同样以圆柱孔中心线为基准，标注两支撑板外壁之间的长度定位尺寸 520。

第三步；标注总体尺寸。

标注水槽总长尺寸 620、总宽尺寸 450、总高尺寸 800。

(3)检查三个投影图中所注尺寸是否符合“齐全、清晰、正确”。

①尺寸齐全。检查定形尺寸、定位尺寸、总体尺寸是否标注齐全。

②尺寸清晰。检查直径尺寸 $\phi 70$ 是否注在反映实形的视图中。检查所标注的尺寸是否易读(如：尺寸布置在两图之间；定形尺寸、定位尺寸是否集中标注；尺寸是否有重复)。检查图形尺寸是否按照小尺寸在内、大尺寸在外的方式标注。

③尺寸正确。尺寸基准选择正确，尺寸数字标注正确，标注方式符合国家标准规定。

6.4 组合体视图的识读

要能正确迅速地读懂图，一要有扎实的读图基础知识，二要掌握读图的方法，三要通过典型题反复进行读图实践。

6.4.1 读图的基础知识

1. 掌握读图的准则

由于一个视图不能确定组合体的形状，因此看图时应以反映该组合体主要特征的视图为中心，将各视图联系起来看，这是读图的准则。

2. 熟记读图的依据

三视图间的投影规律及基本体三视图的图形特征和各种位置直线、平面的投影特征是读图的依据，只有熟练地掌握它们，才能读懂各类组合体的图形。

3. 弄清图中线和线框所代表的含义

(1)如图 6-15(*a*)所示，视图中的图线可表示：面与面交线的投影；平面或柱面的积聚投影；曲面轮廓素线的投影。

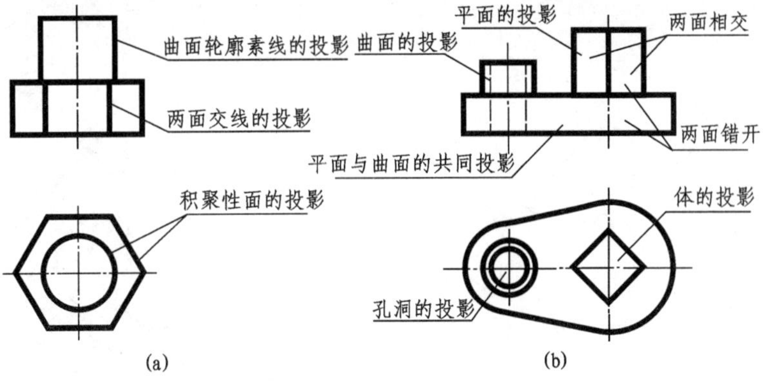

图 6-15 视图中线和线框的含义

(*a*)线的含义；(*b*)线框的含义

(2)如图 6-15(*b*)所示，视图中封闭的线框可表示：体的投影；孔洞的投影；面的投影。面可能是平面、曲面，也可能是平面与曲面的结合。

两线框如有公共线，则两个面一定是相交或错开。

6.4.2 读图的基本方法

读图是画图的反向思维过程，所以读图的方法与画图是相同的。读图的基本方法也是形体分析法，遇难点部分辅以线面分析法。

1. 形体分析法读图

形体分析法读图的要点就是一部分一部分地看，具体读图步骤可分为：

(1)分线框、识视图。分线框就是从一个投影重叠较少、结构关系明显的视图入手，结合其他视图，按线框把视图分解为若干部分。识视图即弄清各视图的观看方向，各视图与空间物体之间的方位关系，从而建立起图物关系，这是整个看图过程中所不能忽视的问题。

(2)对投影、想形状。根据投影规律，逐一找出每个线框在其他视图中的对应投影，然后根据基本体三视图的图形特征，逐一想象出空间形状。

(3)综合起来想整体。判断出各部分的形状之后，再对照视图，按它们的相互位置合在一起，综合想象出整体形状。

总之，形体分析法读图就是逐个分部分读懂后再综合起来想整体。

【例 6-6】 根据图 6-16 所示组合体(涵洞)的三视图，想象其空间形状。

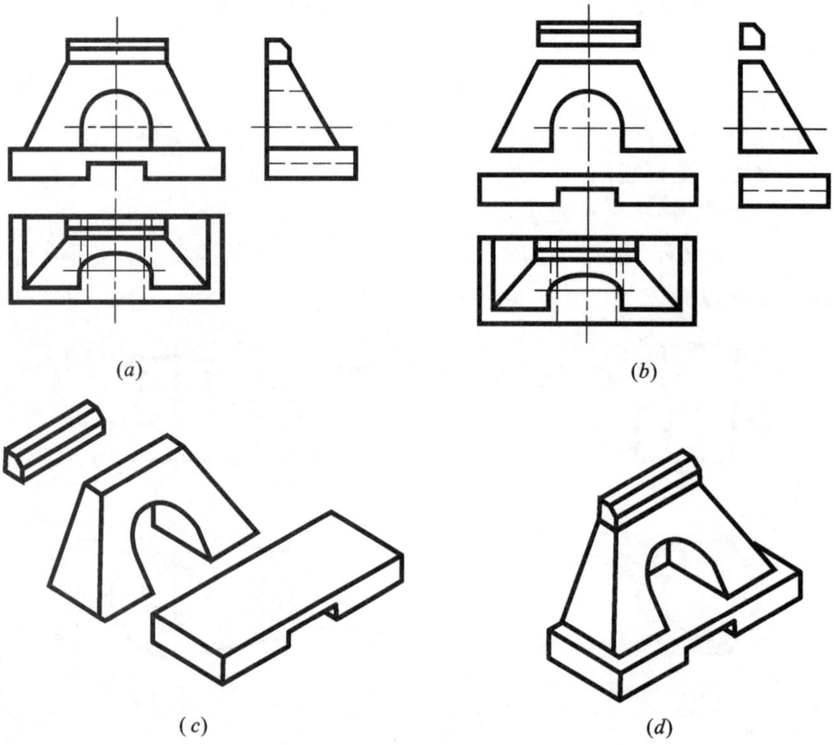

图 6-16　组合体读图示例一

分析

(1)分线框、识视图。首先弄清各视图名称、观看方向，建立起图物关系；然后分线框。该物体很显然是叠加体，从左视图入手，结合其他视图可将其分为上、中、下三部分，如图 6-16(*b*)所示。

(2)对投影、想形状。由左视图按投影规律找出各部分在正视图和俯视图上的对应线框。如图 6-16(*b*)所示，下部三线框为两矩形线框对应一倒写的凹字多边形，空间形状为倒放的凹形柱；中部梯形线框对应正视图也为梯形线框，对应俯视特征图可看出是半四棱台，其内虚线对应三投影可知是在半四棱台中间挖穿一个倒 *U* 形孔；上部分对应另两视图都是矩形线框，故是直五棱柱，各部分立体形状如图 6-16(*c*)所示。

(3)综合起来想整体。由正视图可看出，半四棱台，直五棱柱依次在凹形柱之上，且左右位置对称，看俯视图(或左视图)三部分后边均靠齐，整体形状如图 6-16(*d*)所示。

2. 线面分析法读图

线面分析读图是以线面为读图单元，其一般不独立应用。当物体上的某部分形状与基本体相差较大，用形体分析法难以判断其形状时，这部分的视图可以采用线面分析法读图。即将这部分视图的线框分解为若干个面，根据投影规律逐一找全各面三投影，然后按平面的投影特征判断各面的形状和空间位置，从而综合得出该部分的空间形状。

总之，线面分析法读图就是逐个面地看。先分析表面形状再分析其相对位置。

【例 6-7】 根据图 6-17 所示组合体(八字形翼墙)的三视图想象其空间形状。

由视图可知，该组合体分为底板和翼墙两部分。

(1)用形体分析法识读底板形状。综观该部分物体的三视图，其正、左视图外形均为矩形，俯视图为梯形，与基本体的视图特征相符，故用形体分析法识读，且不难想象其为一梯形底板，如图(*e*)所示。

(2)用线面分析法识读翼墙形状。该部分物体的三视图与基本体视图的差异很大，只能采用线面分析法识读。

1)分线框：将正视图划分成五个线框，其中 1′、2′、3′正视方向可见，(4′)、(5′)不可见，如图 6-17(*a*)所示。

2)对投影、分析表面形状、位置：

1′的对应投影：1 为四边形，1″为斜线，故表面 *I* 为侧垂位置四边形平面，如图 6-17(*b*)所示。

2′的对应投影：2 及 2″均为垂直于 *OY* 轴的线段，故Ⅱ为正平位置的梯形平面，如图 6-17(*c*)所示。

3′的对应投影：3 为斜线、3″为四边形，故Ⅲ为铅垂位置的梯形平面，如图 6-17(*c*)所示。

4′的对应投影：4、4″均为与 *OY* 轴垂直的线段，故Ⅳ为正平位置的梯形平面，如图 6-17(*c*)所示。

5′的对应投影：5、5″均为四边形，故 *V* 为一般位置的四边形平面，如图 6-17(*d*)所示。

上部翼墙的底面与底板顶面重合，故为水平面。

3)组合各面想形体：上部翼墙由六个平面围成。前后表面为正平位置梯形平面，前小后大；顶面是侧垂位置四边形平面，连接前后两表面；左端面为铅垂位置的梯形平面；右端面为一般位置的四边形平面；底面为梯形水平面。形体的空间形状如图 6-17(*e*)所示。

(3)综合。将物体上下两部分的读图结果加以综合(本例为叠加),就得出了组合体的总体形状和结构。该组合体为一土建形体,是涵洞进口段(或出口段)的一段八字形翼墙,如图 6-17(*f*)所示。

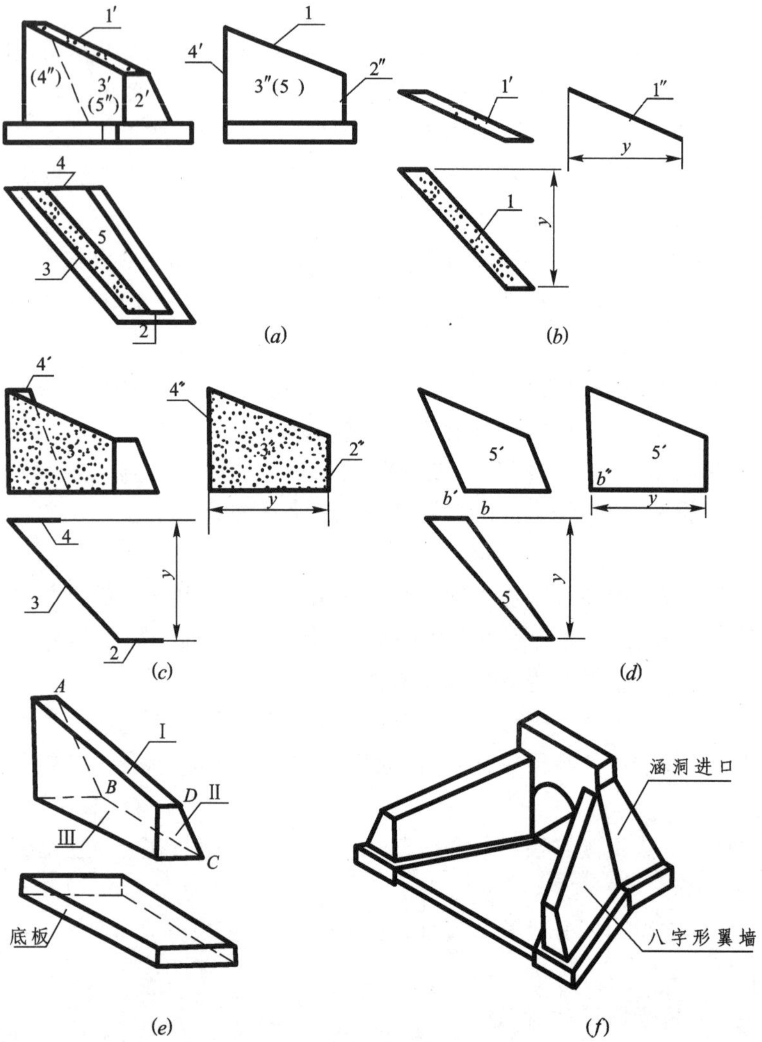

图 6-17　组合体读图示例二

3. 检验读图的基本手段

检验人们是否读懂图的手段有两种:

(1)根据二视图补画第三面视图(二补三)

(2)根据不完整的三视图来构想立体补全所遗漏的线段(补漏线)

下面举例说明具体的解题步骤及方法。

【例 6-8】 补画图 6-18(*a*)所示组合体的左视图。

分析:根据图 6-18(*a*)所示的两面视图,可看出该组合体是由主体、两底板和支板四部分叠加而成的。运用形体分析法,想象主体的空间形状,主体为半圆筒,上部前面切一缺口并在缺口平面正中上下挖一圆柱通孔,根据想象形体的过程,补画出该部分的左视图,如图 6-18

(*b*)所示。运用形体分析法，分析支板的空间形状为前后挖一圆柱通孔的半圆柱，半圆柱在主体之上与主体的叠加方式是相交，补画该部分左视图应注意正确画出相贯线，如图 6-18(*c*)所示。同理，运用形体分析法，想象两底板的空间形状，均为带圆柱通孔的长方体，在主体的左右对称分布，相对主体前后居中，所以两底板在左视图中投影重合，补画出该部分在左视图，最后加深全图、如图 6-18(*d*)所示。

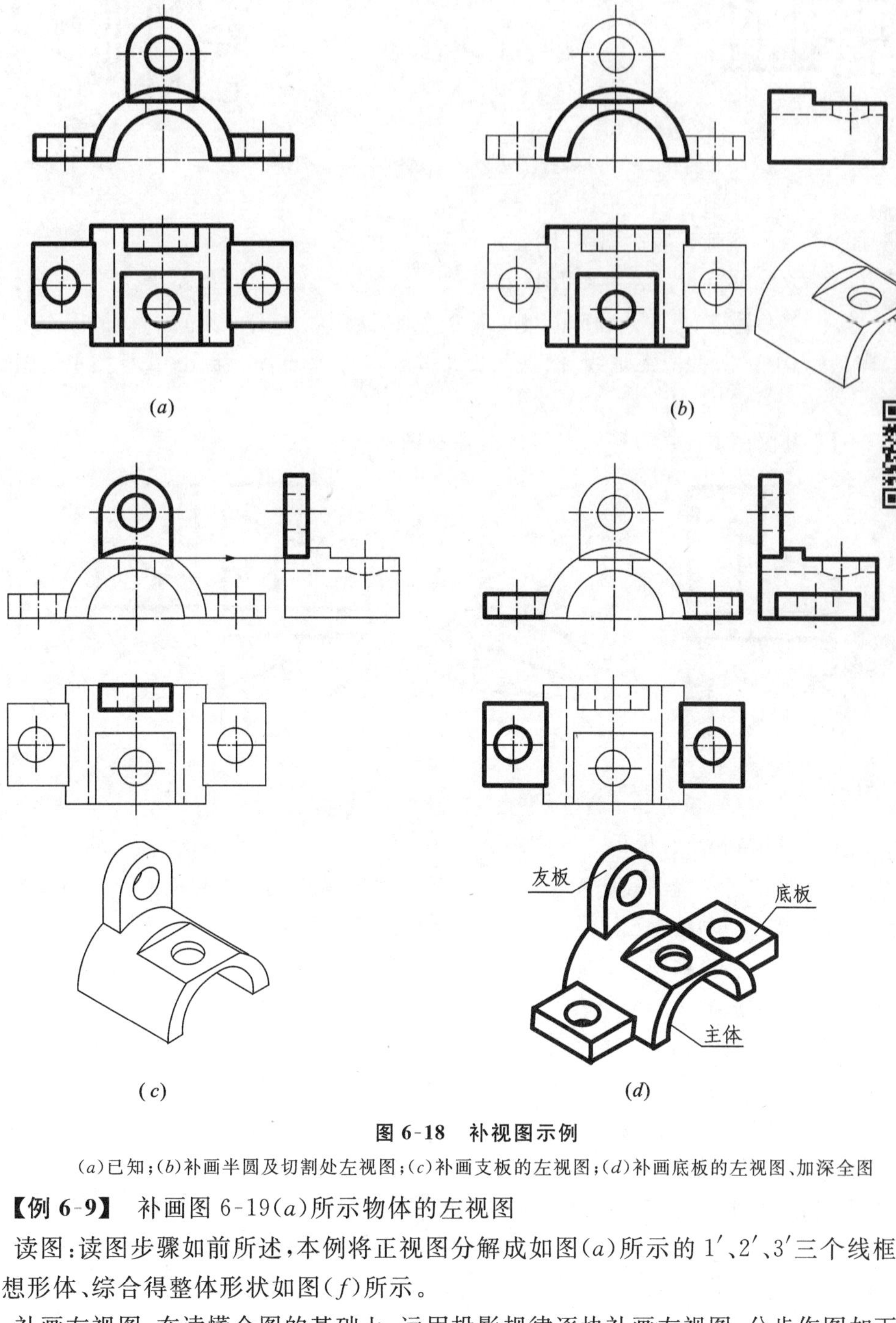

图 6-18　补视图示例

(*a*)已知；(*b*)补画半圆及切割处左视图；(*c*)补画支板的左视图；(*d*)补画底板的左视图、加深全图

【例 6-9】　补画图 6-19(*a*)所示物体的左视图

读图：读图步骤如前所述，本例将正视图分解成如图(*a*)所示的 1′、2′、3′三个线框，经对投影、想形体、综合得整体形状如图(*f*)所示。

补画左视图：在读懂全图的基础上，运用投影规律逐块补画左视图，分步作图如下：

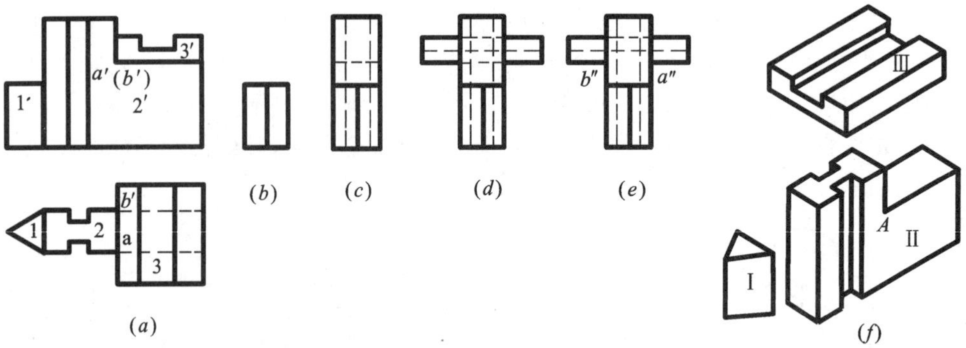

图 6-19　形体分析法读图训练——补视图(一)

(1)补画Ⅰ的左视图[图(*b*)。

(2)补画Ⅱ的左视图[图(*c*)

(3)补画Ⅲ的左视图[图(*d*)

(4)检查、描深。物体Ⅱ、Ⅲ两部分叠加后成为一整体,该范围内Ⅱ的原有分界面已不存在,即图(*d*)中 *a*″、*b*″间应无虚线,擦去此线并按规定线型描深其余图线,所补左视图如图(*e*)所示。

【例 6-10】 补画图 6-20(*a*)所示组合体的左视图

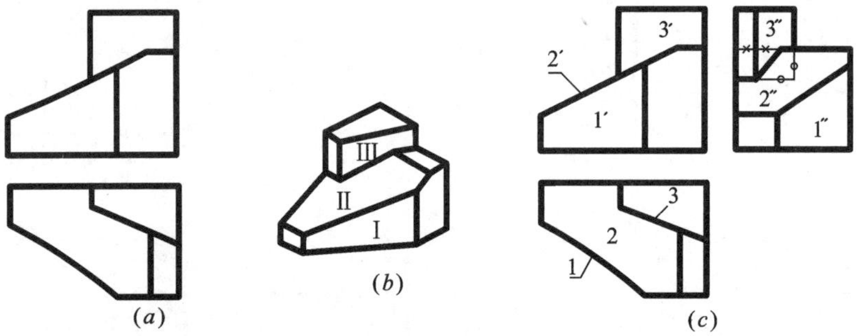

图 6-20　线画分析法读图训练——补视图(二)

读图:由正视图可知,组合体由上下两部分组成。

(1)识读下部形体。正视图和俯视图表明,下部形体系四棱柱被正垂面左上截顶(截断面的正面投影积聚成斜线)和铅垂面左前截角(截断面的水平投影积聚成斜线)所形成。

(2)识读上部形状。已知视图表明为一被切四棱柱,前端面为铅垂面,底面部分为水平面、部分为正垂面,与下部形体的顶面重合。

组合体的空间形状如图 6-20(*b*)所示。

补视图[图 6-20(*c*)]:(1)补画下部形体的左视图。按先外形后切割的顺序进行。

1)补画未切形体四棱柱的左视图。

2)补画铅垂面 *I* 的侧面投影 1″,梯形线框。

3)补画左端面(侧平面)的侧面投影,矩形线框。

(2)补画上部形体的左视图。作图顺序与下部形体相同,先画未切四棱柱的左视图,再求出前端面(铅垂面)的侧面投影 3″,应与 3′成类似形(五边形),并去除被切轮廓(图中画"○"者)。

(3)分析表面连接关系。物体上下两部分的右端面平齐,连接处无分界线[图 6-20(*c*)中打“×”者]，应擦除。

所补左视图如图 6-20(c)所示。

【例 6-11】 根据组合体的两视图补画第三视图如图 6-21(a)所示。

读图：先从正视图中划出如图(a)所示的 $1'$、$2'$ 两个线框，找出其对应投影 1、2，可知：1——长方板；Ⅱ——切槽四棱柱。如图(b)所示。

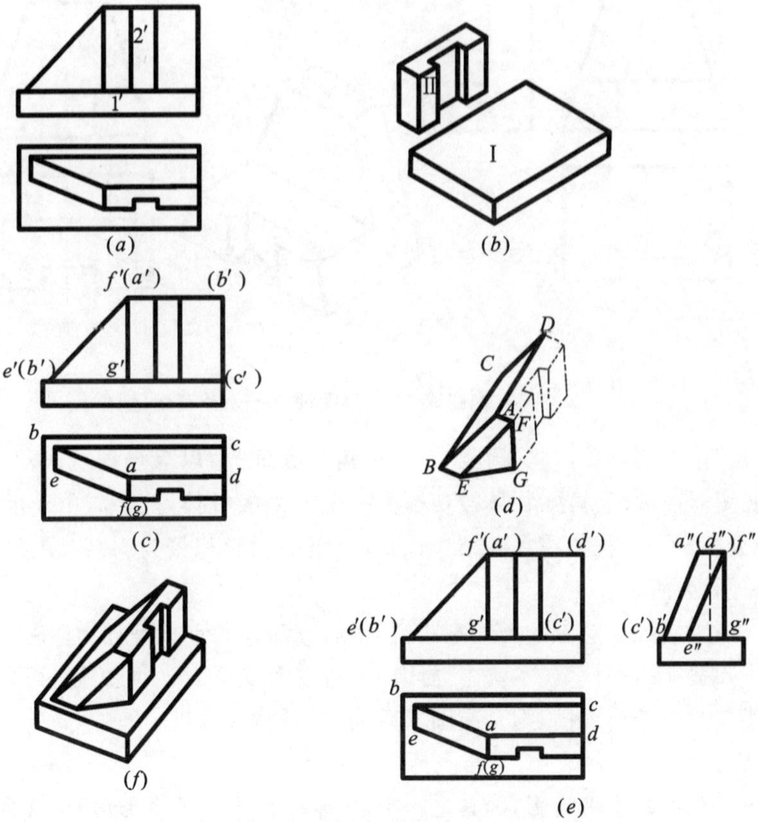

图 6-21 浅面分析法读图训练——补视图(三)

物体的其他(Ⅱ之左及之后)部分，对投影发现与基本体的视图特征相距甚远，故用线面分析法识读。

按照线面分析法划分线框的方法，如图(c)所示，先从俯视图中划出 $abcd$ 和 $abef$ 两个线框，继而找出它们的对应投影。$abcd$ 与 $a'b'c'd'$ 对应(均为类似形)，因为 $a'd'$ 与 ad 同时平行于 OX 轴，AD 必为侧垂线，则 $ABCD$ 为侧垂面。$abef$ 的对应投影显然不是正视图中的三角形线框 $e'f'g$(边数不等，不是类似形)，因此只能是斜线 $e'(b')f'(a')$，由此可知其为一四边形正垂面。最后将正视图中尚未分析的线框 $e'f'g'$ 划出来对投影，它与俯视图中斜线 $ef(g)$ 对应，说明其为三角形铅垂面。以上读图结果如图(d)所示。

综合以上两方面读图所得，可知物体的总体形状如图 6-21(f)所示：长方底板 I 在下，其上偏后竖立切槽四棱柱Ⅱ，Ⅰ、Ⅱ两部分右端平齐；Ⅱ之左，前表面 EFC 从右前斜向左后，顶面 $ABEF$ 由右上斜向左下，后表面 $ABCD$ 自前向后倾斜，Ⅱ的右端面随之向后扩展成直角梯形。

补视图：(1)补画Ⅰ、Ⅱ两部分的左视图。

(2)补画平面 EFC、$ABEF$、$ABCD$ 的侧面投影。

所补画左视图如图 6-21(e)所示。

【例 6-12】 补全图 6-22(a)所示组合体中漏缺的图线。

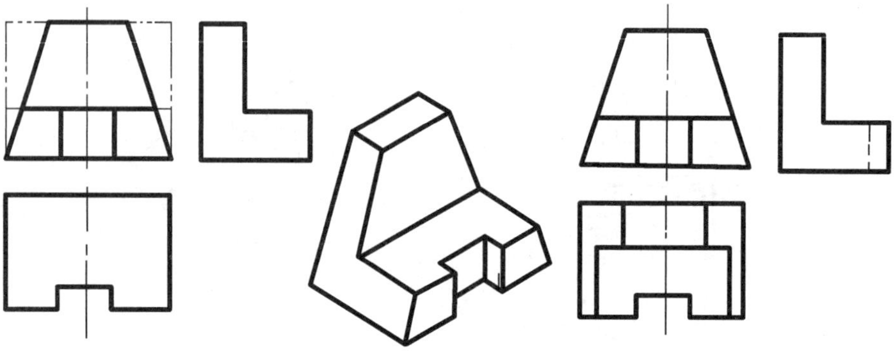

(a) (b) (c)

图 6-22 读图训练——补漏线(一)

读图：(1)识读未切形体。将正视图左右缺角补齐(图中以双点划线表示)，以此与反映形状特征的左视图对照阅读，可知物体被切前为一个 L 形棱柱体，前部居中开矩形槽。

(2)分析被截情况。物体左右各被一正垂面(正面投影积聚为斜线)切角。被截后组合体的空间形状如图(b)所示。

补漏线：(1)查漏线。对于此类切割式组合体，查漏线的重点是查物体表面的投影，特别是切割后所形成和残存的表面，如本例中物体的左右端面及顶面。通过检查可以发现，它们的水平投影漏线甚多。至于矩形槽，则是漏画了后表面的侧面投影。

(2)补漏线：

1)补画物体顶面的水平投影，因其是水平面，水平投影反映真形(矩形线框)，其长、宽尺寸分别由正面投影和侧面投影得到。

2)补画物体左、右端面的 H 面投影，它是与侧面投影对应的类似形(L 形)，根据已知的正面，侧面投影，求端面六个顶点的水平投影并顺序连接即得。

【例 6-13】 补全图 6-23(a)中所示物体漏缺的图线

读图：(1)识读被切形体为两四棱柱叠加而成。该物体被切前为一个 L 形棱柱体。

(2)分析被截情况。物体左边被一铅垂面所切，右边被一正平面和一水平面所切。如图(b)所示。

补漏线：(1)查漏线：三个视图均有漏线

(2)补漏线：

1)补画铅垂面正、俯、左视图中的漏线。

2)补画正平面与水平面的交线在正视图中的漏线。所补漏线如图 6-23(c)所示。

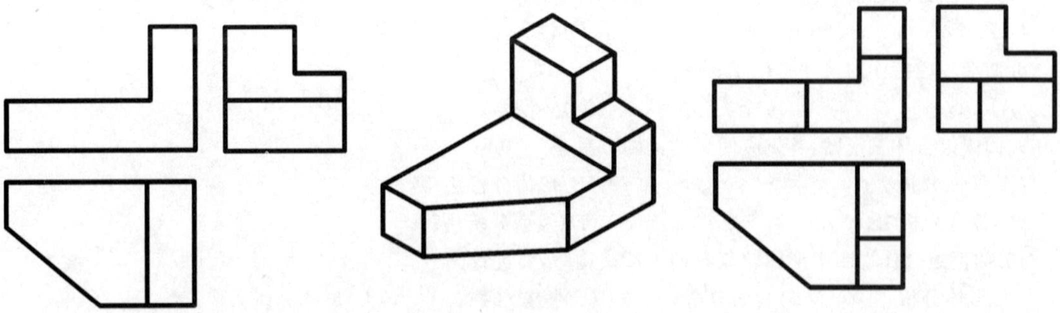

(*a*)　　(*b*)　　(*c*)

图 6-23　读图训练——补漏线(二)

复习思考题

1. 绘制组合体视图时，应先进行(　　)。

(*A*)尺寸分析；　(*B*)线型分析；　(*C*)视图选择；　(*D*)形体分析。

2. 选择组合体主视图的投影方向时，应(　　)。

(*A*)尽可能多地反映组合体的形状特征及各组成部分的相对位置；

(*B*)使它的长方向平行于正投影面；

(*C*)使其他视图呈现的虚线最少；

(*D*)前三条均考虑。

3. 柱体需要标注的尺寸是(　　)。

(*A*)两个底面形状尺寸和两底面间的距离；

(*B*)所有线段的定形尺寸；

(*C*)一个底面形状尺寸和两底面间距离；

(*D*)底面形状尺寸。

4. 台体需要标注的尺寸是(　　)。

(*A*)两个底面形状尺寸和两底面间的距离；

(*B*)所有线段的定形尺寸；

(*C*)一个底面形状尺寸和两底面间距离；

(*D*)底面形状尺寸。

5. 切割体需要标注的尺寸(　　)。

(*A*)原体尺寸和截平面的形状尺寸；

(*B*)原体尺寸和截平面的位置尺寸；

(*C*)原体尺寸和截平面的形状与位置尺寸；

(*D*)所有线的定形尺寸及定位尺寸。

6. 大半圆直径尺寸数字前应标注的符号是(　　)。

(*A*)ϕ；　(*B*)R；　(*C*)$S\phi$；　(*D*)SR。

7. 大半圆柱应标注的尺寸是(　　)。

(A)2 个；　　(B)3 个；　　(C)4 个；　　(D)5 个。

8. 凹形柱应标注的尺寸是(　　)。

(A)4 个；　　(B)5 个；　　(C)6 个；　　(D)7 个。

9. 阅读组合体三视图，首先应使用的读图方法是(　　)。

(A)线面分析法；　　(B)形体分析法；

(C)综合分析法；　　(D)线型分析法。

10. 阅读组合体视图中形体较复杂的细部结构时，要进行(　　)。

(A)形体分析；　　(B)线面分析；　　(C)投影选择；　　(D)尺寸分析。

第7章　工程形体的表达方法

【教学目标和任务】

掌握各种视图的概念、标注规定及绘制方法；

掌握剖视图的概念、分类及绘制方法；

掌握断面图的概念、分类及绘制方法；

掌握工程形体图样的识读方法及绘制方法。

【教学重点和难点】

教学重点：

视图、剖视图、断面图的概念、分类、标注及绘制方法。

教学难点：

运用视图、剖视图及断面图表达工程形体的内、外部结构。

【岗课赛证要求】

工程形体的表达方法——视图、剖视图、断面图，是识读、绘制专业图的的必备知识。

【思政目标】

培养学生的系统思维能力，引导学生树立大局观念和全局意识。

在前几章介绍了三视图的投影规律，以及用三视图配合尺寸标注来表达空间物体形状和大小的方法。但在生产实践中，工程建筑物的内外形状复杂多样，仅用三视图往往是不够的，工程图上常用视图、剖视图、剖面图以及断面图等来表达。这里需指出，机械制图标准中规定为视图、剖视图和断面图；建筑制图标准中规定为视图、剖面图和断面图；水利水电制图标准中规定为视图、剖视图和剖面图。本章将详细介绍这些表达方法的形成以及应用。

7.1　视　　图

物体向投影面投影所得到的图形称视图，视图一般用来表达物体的外部结构。工程图上常用的视图有：基本视图、向视图、局部视图以及斜视图等。

7.1.1　基本视图

1. 六面基本视图的形成及名称

国标中规定用正六面体的六个面作为基本投影面（即在 H、V、W 的基础上对称的增加三个），将物体放在其中后，物体保持不动，分别向六个基本投影面投影，如图 7-1(*a*)所示，即得到如下的六个基本视图。

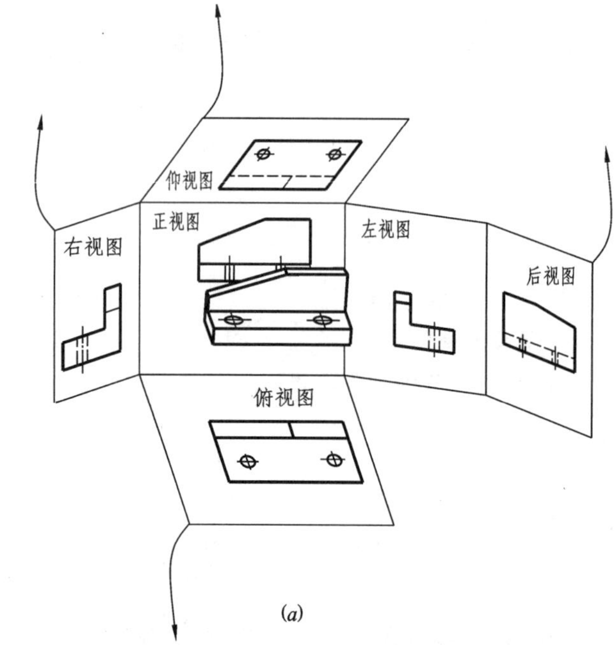

(a)

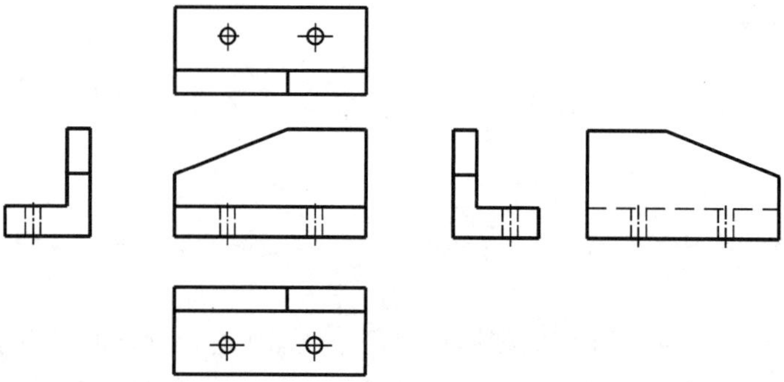

(b)

图 7-1　六面基本视图

正视图——由前向后投影所得到的视图，又称为正立面图；

俯视图——由上向下投影所得到的视图，又称为平面图；

左视图——由左向右投影所得到的视图，又称为左侧立面图；

右视图——从右向左投影所得到的视图，又称为右侧立面图；

仰视图——从下向上投影所得到的视图，又称为底面图；

后视图——从后向前投影所得到的视图，又称背立面图。

2. 六面基本视图的配置关系

为了使六面基本视图位于同一个平面上，国标中规定，将六个基本投影面按图 7-1(*a*)中的箭头所示方向展开在同一个平面上。

六面基本投影面展开后，六面基本视图的配置关系就确定了，如图 7-1(*b*)所示。采用此种配置时，一律不标注视图的名称。

3. 投影规律及位置对应关系

六面基本视图是三视图的发展与完善。因此，三视图的投影规律仍适应于六面基本视图，即：正、俯、仰、后长对正；

正、左、右、后高平齐；

俯、左、仰、右宽相等。

六面基本视图的位置对应关系：除后视图外，其余视图以正视图为中心，靠近正视图的是物体的后方，远离正视图的是物体的前方，即“近后远外”。并且应注意：正、后视图上、下位置关系一致，而左、右位置关系相反；俯、仰视图左、右位置关系一致，而前、后位置关系相反；左、右视图上、下位置关系一致，而前、后位置关系相反。

4. 基本视图的应用

总之，在实际画图时，一般不会用六个基本视图来表达一个物体的外形，而是根据其外形的特点和复杂程度，相应的选择其中几个基本视图来表达。并且，一般情况下都应该选择正视图。

7.1.2 向视图

不按投影关系来配置的视图称向视图。

一般情况下，基本视图会按照图 7-1(*b*)来配置。但由于受图纸大小或布图等等的影响，需要调整某些基本视图的配置关系，这些视图称为向视图。

向视图必须标注。标注方法为：在向视图的正上方用大写字母水平书写“×向”，并用箭头和相同大写字母在相应视图旁指明其投影方向。如图 7-2 中，先根据每个视图的正上方有无“×向”标注，得出该图是由三个基本视图和三个向视图（*A* 向、*B* 向、*C* 向）组成。根据三个基本视图的配置关系得出分别为正视图、俯视图和左视图；根据箭头和字母确认出，*A* 向视图即仰视图，*B* 向视图即右视图，*C* 向视图即后视图。

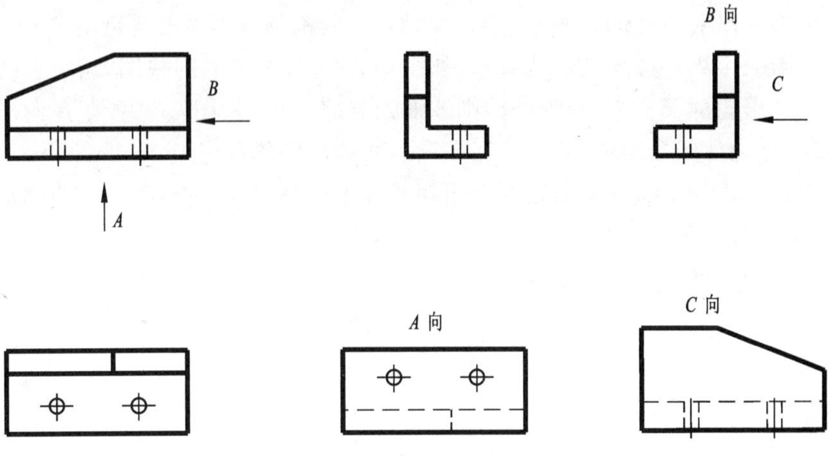

图 7-2　向视图

7.1.3 局部视图

将物体的某一部分向基本投影面投影所得到的视图称为局部视图。局部视图一般用来表达物体上某些平行于基本投影面部分的形状。

如图 7-3 所示物体为一集水井，是由一个圆筒、左上方的进水口和右下方的出水口三部分组成。根据该物体的特点，已经选择了正视图和俯视图。用这些基本视图已经清楚地表达了圆筒的形状以及三部分之间的位置连接关系，而对于进水口和出水口这两部分的形状尚未清晰地表达出来。如果再选择左视图和右视图，则大部分投影(圆筒的投影)重复。因此，可沿着箭头 A 所指方向向右侧面投影，仅仅画出局部的左视图以表达进水口部分的形状；沿着箭头 B 所指方向向左侧面投影，仅仅画出局部的右视图以表达出水口部分的形状。这样集水井就清晰简单地表达出来了。

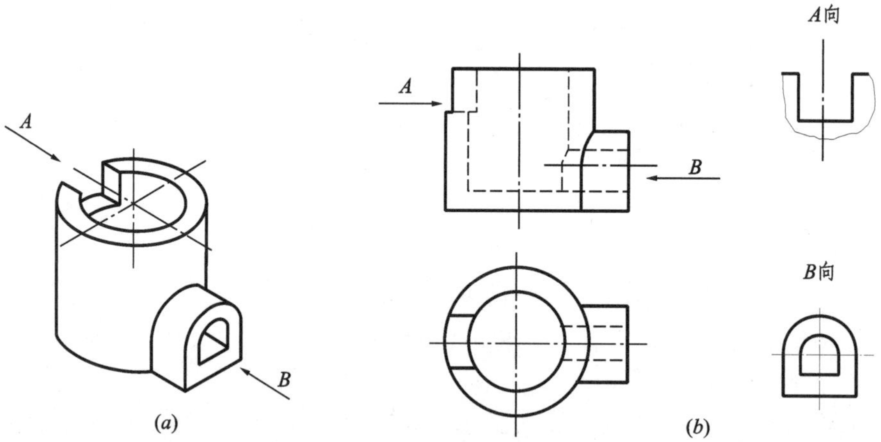

图 7-3　局部视图

可以看出，局部视图不仅减少了画图的工作量，而且重点突出、方法灵活。局部视图是基本视图的一部分，所以它必须依附于一个基本视图，不能独立存在。

画局部视图时应注意以下几点：

(1)局部视图只画出需要表达的物体某一部分的形状，其范围根据需要自行确定。

(2)局部视图的断裂边界一般用波浪线表示，如图 7-3 中的 A 向局部视图；当所表达的局部结构是完整的，且外形轮廓又成封闭线框时，则波浪线省略不画，如图 7-3 中的 B 向局部视图。应该注意波浪线是物体断裂痕迹的表示，必须画在物体的实体部分上。

(3)必须用带大写字母的箭头在基本视图上指明需投影的部位及方向，并在相应的局部视图的正上方用相同的字母水平书写“x 向”。

(4)局部视图应尽量配置在箭头所指的方向，并与相应的基本视图保持投影关系，如图 7-3中的 A 向局部视图；由于布图等原因，允许把局部视图配置在图幅的其他适当位置，如图 7-3中的 B 向局部视图。

7.1.4　斜视图

将物体的某一部分向不平行于基本投影面的平面投影所得到的视图称为斜视图。斜视图一般用来表达物体上某些倾斜于基本投影面部分的真实形状。

如图 7-4(a)所示物体，由平行于水平投影面和倾斜于基本投影面的两部分组成。根据该物体的特点，已经选择了正视图和局部视图来分别表达物体两部分的位置连接关系以及一部分的真实形状。对于物体上的倾斜部分，由于在基本视图上无法反映其真实形状，为了反映实形，可以选择一个与倾斜部分平行的辅助投影面，将其投影在该辅助投影面上，就得到了如图7-4(*b*)中的 A 向斜视图。

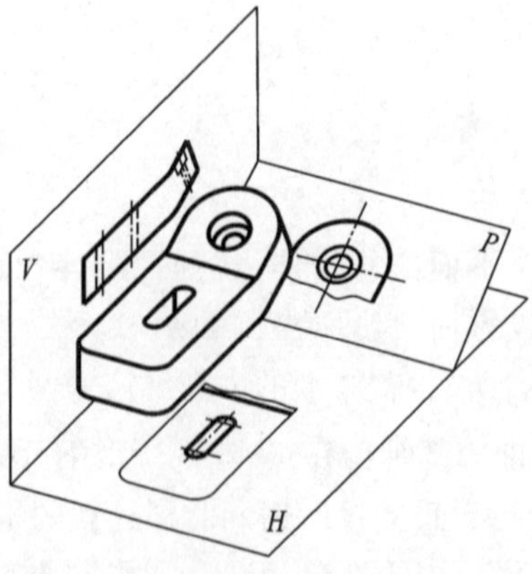

(*a*)

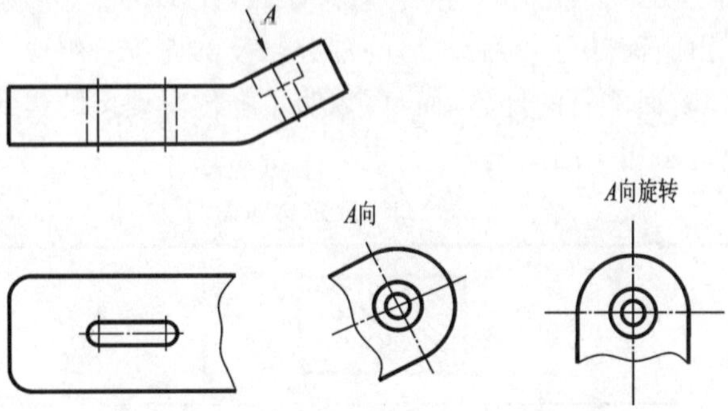

(*b*)

图 7-4 斜视图

可以看出，斜视图不仅减少了画图的工作量，降低了画图的难度，同时，给读图带来很大的方便。但由于斜视图一般是表达物体倾斜部分的形状，所以它必须依附于一个基本视图，不能独立存在。

画斜视图还应注意以下几点：

斜视图只要求画出倾斜部分的真实形状，其余部分不必画出而以波浪线断开，波浪线画法与局部视图相同。

斜视图必须进行标注，标注的方法与局部视图相同。应该特别注意，箭头必须垂直于物体的倾斜部分。

斜视图应尽量按投影关系配置，必要时也可以配置在其他适当的位置。在不致引起误解时，允许将图形转正，使图形的主要轮廓线（或中心线）成水平或铅垂位置以便于画图。经过旋转的斜视图，必须在其正上方水平书写“*x* 向旋转”或“⌒*A*”以便于读图，如图 7-4(*b*)所示。

7.2 剖面图

前面介绍了几种常用的视图，它是着重表现物体的外部结构的一种表达方法。而当物体的内部结构比较复杂且层次较多时，如果仍然用视图来表达，那么必然会出现很多虚线，严重影响了图形的清晰，给读图、画图以及尺寸标注带来诸多不便。为此，制图标准中规定了表达物体内部结构的方法——剖面图。

7.2.1 剖面图的概念

1. 剖面图的形成

假想用剖切平面剖开物体，将处在观察者和剖切平面之间的部分移去，而将其余的部分向投影面投影所得到的图形，称为剖面图，也可简称为剖视。

如图 7-5(*a*)所示，物体上的内部结构为两个孔，左方的通孔和右方的阶梯孔。两个孔的轴线皆为铅垂方向(即内部结构在正、左视图上不可见)，并且前后一致；①因此，选择一个假想的剖切平面 P，让 P 平行于正立投影面同时通过孔的轴线，将物体剖开；②然后，将剖切平面之前的部分(即阻挡观察内部结构的部分)移走；③将剩余部分向正立投影面投射；④最后，在剖切时产生的断面部分处画上相应的剖面符号。这样，就逐步形成了物体的剖面图。

显然，剖面图是由断面部分、断面之后的部分以及剖面符号组成。剖面符号不仅仅区分出了物体的断面部分和断面之后的部分，而且，表明了物体所使用的建筑材料。对于不同的建筑材料，国家标准中规定了相应的图例，详见表 7-1 所示。

表 7-1 建筑材料图例

金属材料（已有规定）剖面符号者除外		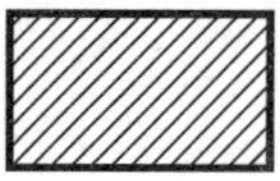	混凝土	
非金属材料(已有规定面符号者除外)		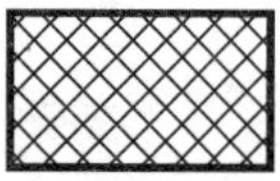	钢筋混凝土	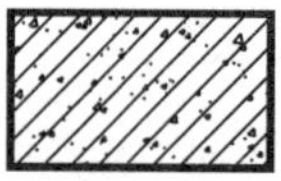
线圈绕组元件		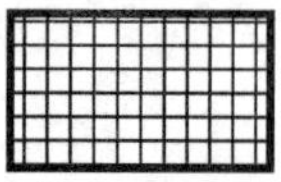	砖	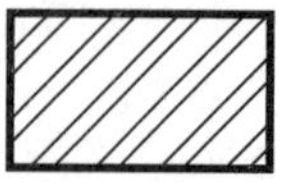
木材	纵向		基础周围的泥土	
	横向	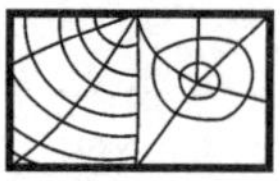		
型砂、填砂、粉末冶金、陶瓷刀片、硬质合金处等			木质胶合板	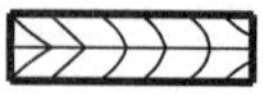
玻璃等透明材料		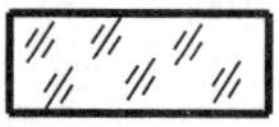	液体	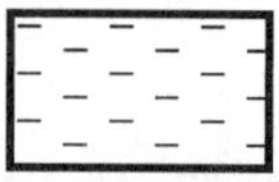

2. 剖面图的标注

剖面图是一种特殊的表达方法，为了便于读者辨认视图与剖面图之间的投影关系，国家标准规定，剖面图一般应加以标注。标注的内容包括剖切位置线、投影方向和剖面图的名称，如图 7-5(*b*)所示。

(1)剖切位置线：表示剖切平面的位置。在剖切平面的起止处各画一条短粗实线，其长度约为 5～10mm。该粗实线应该靠近图形轮廓，但不能与图形的轮廓线相交或重合。

(2)投影方向：在剖切位置线的两端，画两条与之垂直的细实线，其长度约为 4～6mm，来表示剖切后的投影方向。

(3)剖面图的名称：在剖切位置线和箭头的外侧，用相同的阿拉伯数字或大写字母水平注写剖面图的名称，并在相应剖面图的正下方，用“$x - x$”标注出对应的图名。如在同一张图纸上有几个剖面图时，应该用不同的数字或字母标注，不得重复使用。

特殊情况下，可以简化或省略剖面图的标注：

当剖面图按投影关系配置且中间无其他图形隔开时，可省略箭头；

满足(1)的前提下，若同时剖切平面又与物体的对称面(或基本对称面)重合，则可省略标注，如图 7-5(*c*)。

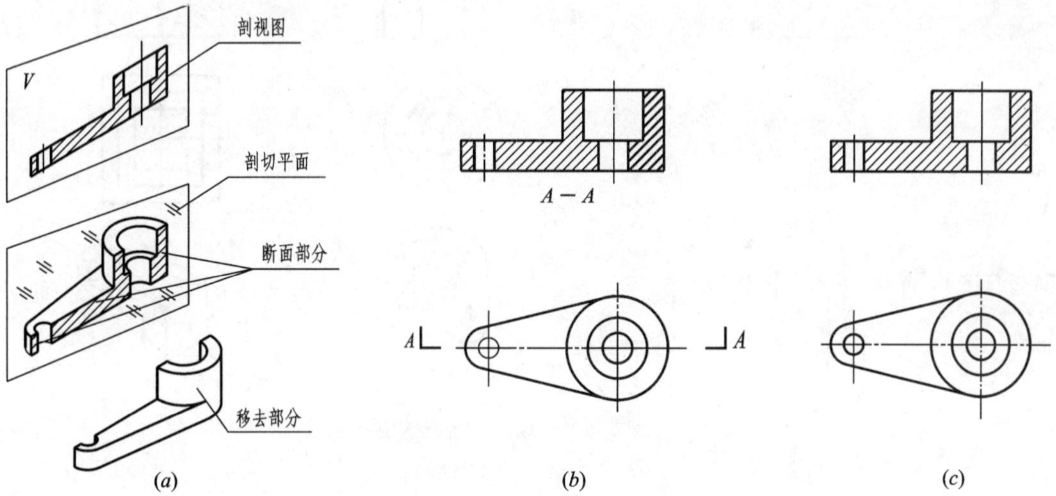

图 7-5　剖面图的形成与标注

3. 剖面图的画图步骤

当物体的内部结构较复杂时，应用剖面图来表达其内部结构，步骤如下：

选择适当的剖切位置：画剖面图，首先应考虑在什么位置、怎么剖开物体。为了能准确地反映出物体内部孔、槽等结构的真实形状，且又不增加新的线条，一般选择剖切平面与基本投影面平行并尽量通过孔、槽等结构的对称平面或轴线，图 7-5(*a*)中剖切平面就通过两个孔的轴线并且平行正立投影面。

画剖面图：物体是假想被剖开的，因此应想象出物体上哪一些内部结构经过剖切变为可见，而物体的哪一些部分被移走使其上轮廓线也消失；然后将剖切平面切到的断面部分和剖切平面之后可见部分按投影原理画出即可。图 7-5(*a*)中，两个孔剖切后变为可见，而底板和圆筒的相切交线被移走，因而在剖面图上无此轮廓线。

画建筑材料图例(剖面符号)：在物体的断面部分画出对应的建筑材料图例，这样就可以区分出实体和空心部分，便于读图。图 7-5(b)中，有剖面符号的部分是实体即断面，处在同一个正平面上，其余部分是空心即物体的内部结构，处在正平面之后。根据正、俯视图，很容易想象出该物体的内、外形状以及远近的层次。

进行必要的标注。

4. 画剖面图应注意的问题

(1)剖切的假想性：剖切是一种假想，绝不是真的把物体切开了，也没有真的把一部分移走。所以，当一个图形采用剖面图后(图 7-5 中的正视图)，其他图形仍应完整画出(图 7-5 中的俯视图)。

(2)合理的省略虚线：采用剖面图后，为了使图形简明清晰，在其他视图上已经表达清楚的而在剖面图上不可见的虚线一般省略不画，如图 7-5(c)中断面之后的圆筒和底板上表面的交线，在俯视图上已反映出其真实形状，故在剖面图上的虚线可省略。

剖面图中要防止漏线：画剖面图时，剖切平面之后的可见轮廓线必须画出，尤其是孔与孔的交线很容易被遗漏，初学者应特别注意，如图 7-6 所示。

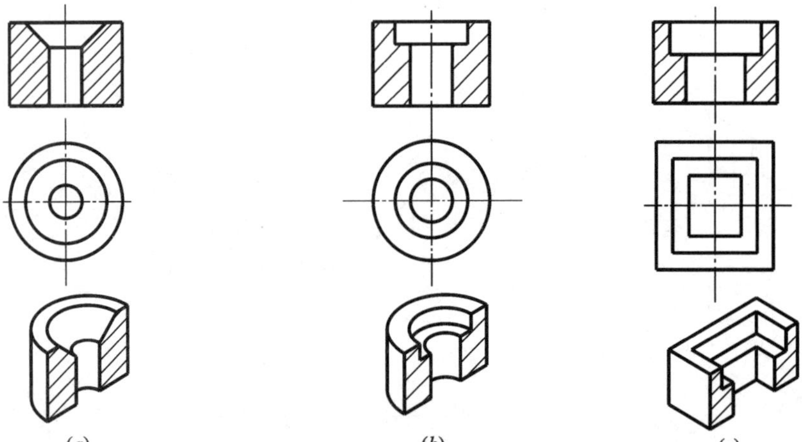

(a) (b) (c)

图 7-6 剖成图中容易漏画的图线

剖面线的方向：金属材料的剖面符号习惯上称剖面线，是与水平线成 45°的间隔相等、方向相同的细实线。应该特别注意，同一物体的不同视图上的剖面线的方向和间隔必须一致，如图 7-7 所示。

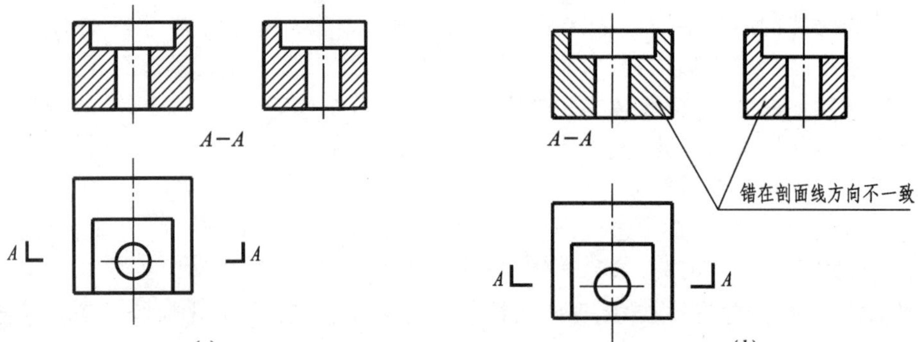

(a) (b)

图 7-7 同一零件各剖面图剖面线的画法

剖面图与剖切平面的位置:剖面图是被剖切平面剖开后投影得到的,因此,在剖面图上只能反映出剖切平面与物体相交而产生的断面以及断面之后部分的形状,而无法反映出剖切平面与物体之间的相对位置关系。剖切平面的位置只能在其积聚性投影的视图上反映出来。如图 7-5(*b*),正视图取剖视,只能在剖切平面(正平面)积聚的俯视图或左视图上表示出其与物体的相对位置。

7.2.2 剖切平面与剖切方法

由于物体内部形状的复杂多样性,就需要用不同数量、不同相对位置关系的剖切平面来剖开物体,因而得到不同的剖切方法,如图 7-8 所示,现分别介绍如下:

1. 单一剖切平面

用一个平行于基本投影面的剖切平面把物体剖开的方法,称为单一剖,如图 7-8(*a*)所示。

2. 几个平行的剖切面

用两个或两个以上相互平行且平行于一个基本投影面的剖切平面剖开物体的方法,称为阶梯剖,如图 7-8(*b*)所示。

3. 两个相交的剖切面

用两个相交的剖切平面剖开物体的方法,称为旋转剖,如图 7-8(*c*)所示。

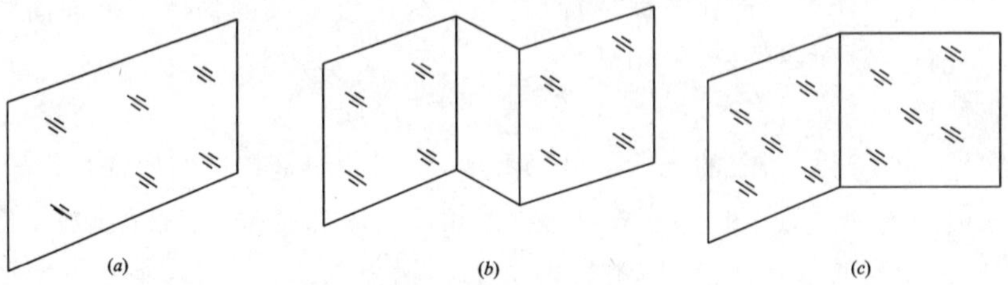

图 7-8 剖切平面的种类

(*a*)单一剖切面;(*b*)几个平行的剖切平面;(*c*)两相交的剖切平面

7.2.3 剖面图的种类

物体不仅需要用不同的剖切方法剖切其内部结构,还需根据其内部、外部结构的不同特点来选择相应的剖切范围。根据物体上剖切范围的大小,可将剖面图分为三类:即全剖面图、半剖面图和局部剖面图。

1. 全剖面图

用一个或几个剖切平面完全地剖开物体所得到的剖面图统称为全剖面图。它通常包括:单一全剖面图、阶梯剖面图和旋转剖面图。

2. 半剖面图

当物体具有对称平面时,用单一剖切平面以对称平面为界把物体对称的一半剖开,而另一半不剖向投影面投射所得到的剖面图称半剖面图。如图 7-9 所示。

3. 局部剖面图

用单一剖切平面把物体的局部(而非整体或对称的一半)剖开所得到的剖面图称为局部剖面图。如图 7-12 所示。

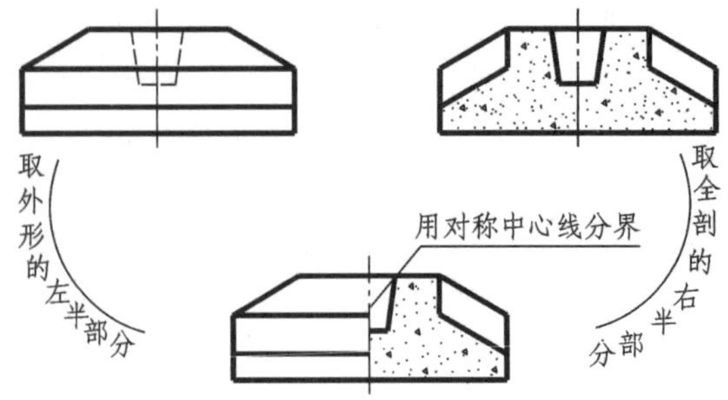

(a)

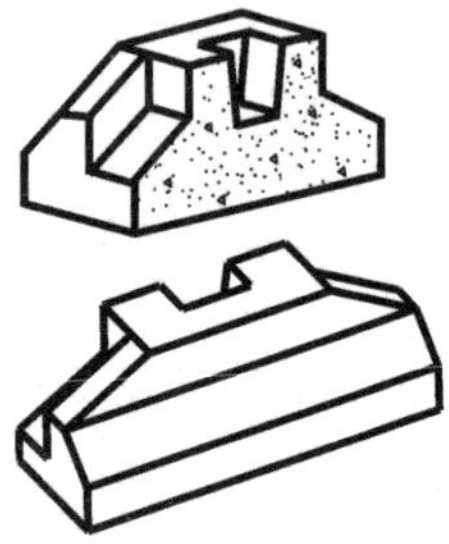

(b)

图 7-9　半剖面图的形成

7.2.4　几种常用的剖面图

1. 单一全剖面图(全剖面图)

用一个平行于基本投影面的剖切平面把物体完全剖开后进行投影所得到的剖面图称为单一全剖面图，简称全剖面图。如图 7-5 所示。

全剖面图一般适用于外形比较简单，而内部结构比较复杂的物体。全剖面图的标注方法及省略条件与前述“剖面图的标注”相同。

2. 半剖面图

前面已经说明了半剖面图的概念。可以看出，半剖面图是在物体形状对称的视图上，以对称线为界，一边画成全剖面图的一半来表达物体相应的内部结构，另一边画成视图的一半来表达物体上的外部结构的形状，这样的组合图形集剖视与视图为一图，能够减少画图者的工作量。如图 7-9 所示混凝土杯形基础，由于它的外部结构形状和内部结构形状都需要在正视图上表达，因而正视图不适合选用全剖面图。分析此物体可以看出，它的内、外结构在正视图上同时关于同一个左右对称面对称，因此正视图适合选用半剖面图来同时反映出物体的内、外结构特征。画法如图 7-9(*a*)所示。

选用半剖面图的前提是物体的内、外结构有同一个对称面，并且根据物体的内外结构的复杂程度，可以在不同的视图上分别选用半剖面图来表达物体上不同地方的内、外结构，如图 7-10(*c*)所示，在正视图和俯视图上分别选用了半剖面图。分析图 7-10 所示物体，可知该物体是由上、下端盖，中间的圆筒以及前后的耳板四部分组成。在正视图上既要表达出耳板的真实形状，又要清楚的表达出圆筒内部的孔，而耳板和圆筒上的孔又同时关于一个左右对称面对称，因此正视图适合选用左右半剖面图来表达，如图 7-10(*a*)所示；在俯视图上，既要反映出上下端盖的真实形状，又要清楚的表达出两个耳板内部的孔，而这需要表达的内外两部分又同时关于前后、左右均对称，因此俯视图既适合选用左右半剖面图来表达，也适合选用前后半剖面图来表达，图 7-10(*b*)选用前后半剖面图。

对于工程形体基本对称，而内、外都需要表达清楚时，采用半剖面图，如图 7-11 所示物体。

画半剖面图时应注意：

(1) 半剖面图中，半个剖面图和半个视图之间的分界线应是细点画线，一定不能画成粗实线。

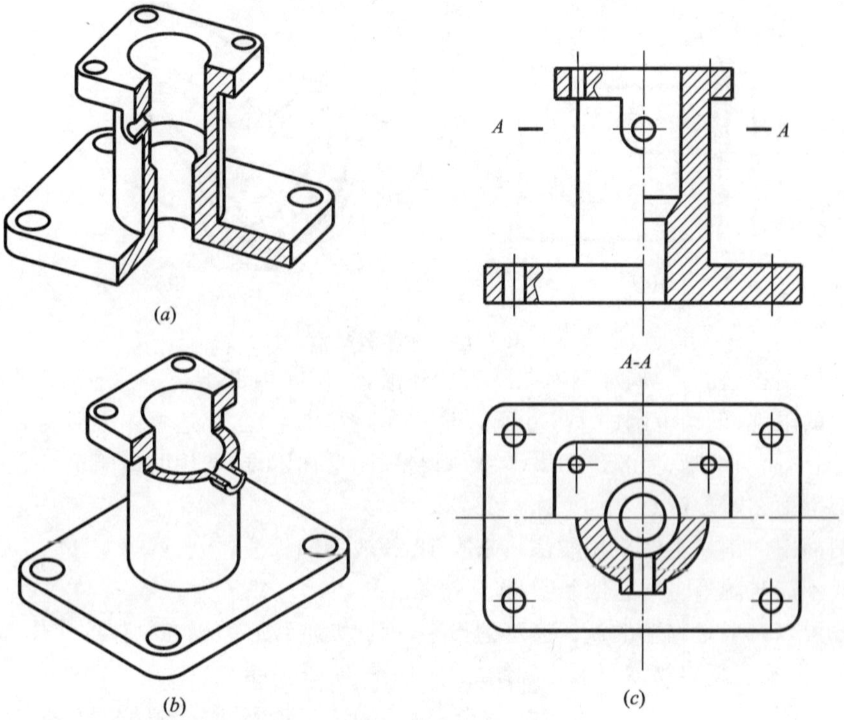

图 7-10　对称机件的半剖面图

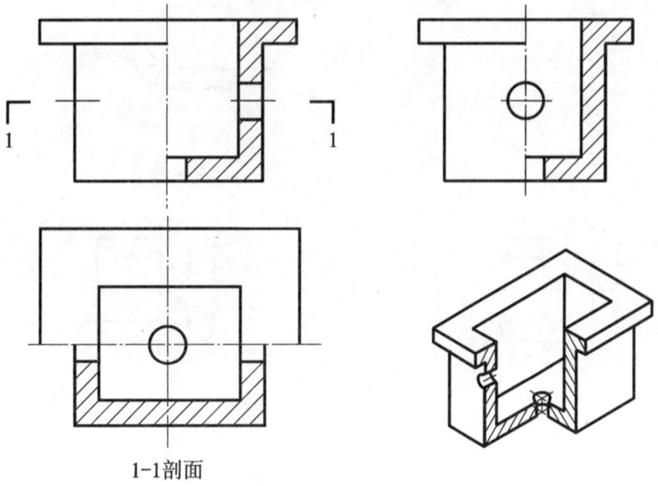

图 7-11　工程形体的半剖面图

(2) 由于半剖面图图形对称，所以处在半个视图中的已经在半个剖面图中侧重表达的内部形状的虚线，应该省略不画。

(3) 半剖面图中，一般将半个剖面图画在对称线的右边或下边。

半剖面图的标注方法和全剖面图的标注方法相同，如图 7-10 所示。

3. 局部剖面图

用一个平行于基本投影面的剖切平面把物体局部地剖开所得到的剖面图，称为局部剖面图，如图 7-12 所示。

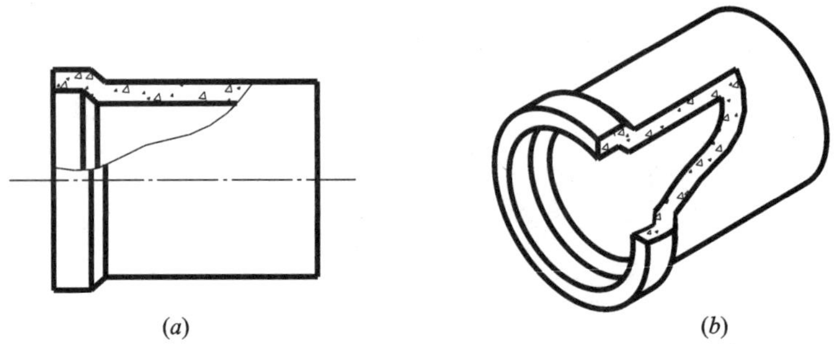

(a)　　(b)

图 7-12　局部剖面图

与半剖面图相同的是，局部剖面图既表达外形，又反映内部结构，但是局部剖面图不受物体是否对称的限制，剖切范围的大小也可以根据实际需要来定，表达物体更加灵活。如果运用得当，可使图形简明清晰；但若剖切太零碎，则给读图增加困难，选用时应侧重考虑读图方便。

画局部剖面图时应注意：

局部剖面图的剖切范围应用波浪线来表示，一般不加标注。

波浪线不能与图形上的轮廓线重合。

波浪线可以看成是物体的断裂痕迹的投影，因此波浪线必须画在物体的实体部分，一定不能穿孔而过，更不能超出物体图形轮廓线之外，如图 7-13 所示。

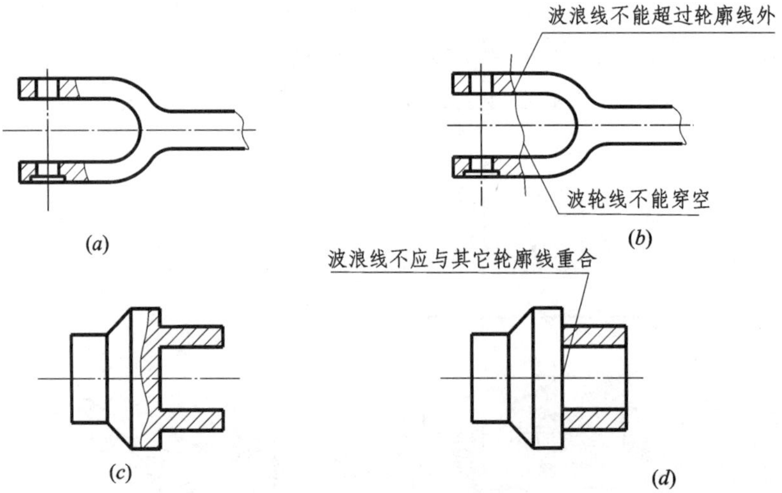

图 7-13　波浪线的画法

(a)正确；(b)错误；(c)正确；(d)错误

4. 阶梯剖面图

用几个平行于某一基本投影面的剖切平面把物体剖开所得到的剖面图称为阶梯剖面图，简称阶梯剖。

如图 7-14 所示，物体是由上下两个四棱柱组成，四棱柱左边后方有一通孔，四棱柱右边中间有一阶梯方孔，并且两个孔的轴线都是铅垂方向，因此应该选择在正视图上用剖面图来表达其内部结构，用俯视图反映四棱柱的实形和孔的形状和位置。因为两个孔的轴线不处在同一个正平面上，因此无法用一个剖切平面同时把这些孔都剖开。为了使这两个孔的轮廓线同时在正视图可见，假想用两个互相平行的剖切平面(并且是正平面)分别通过需表达的两个孔的轴线进行剖切，然后在正视图的位置画出其剖面图。如图 7-14 所示。

画阶梯剖面图应该注意：

物体用阶梯剖表达时，因为剖切是假想的，因此剖切后得到的阶梯剖面图中一定不能画出剖切平面转折处的分界线，如图 7-14(*b*)所示。

阶梯剖面图必须加以标注。标注的方法是：在剖切平面的起、止处和转折处画上剖切位置符号，注上相同的大写字母或数字；并在起、止处垂直画上投影方向符号(若剖面图按投影关系配置，且中间无其他图形隔开时，此项可省略)，然后在相应的阶梯剖面图的正上方用相同字母或数字水平标注“*x-x*”，如图 7-14(*b*)所示。

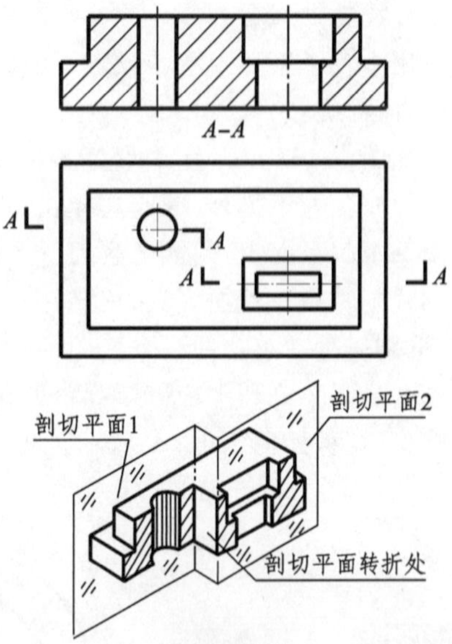

图 7-14　阶梯剖面图

阶梯剖面图不仅可以表达物体的内部结构，在工程图样中，还可以用一个阶梯剖反映物体上不同方位部分的结构形状。如图 7-15 所示，是消力池和渠道相连部分的视图表达，是由全剖正视图、俯视图和阶梯剖 *A-A* 剖面图组成。全剖正视图清楚地反映出了消力池和渠道底板的轮廓和各自采用的建筑材料；俯视图表达出了平面布置情况；而两部分的形状特征显然只能在左、右视图上反映出来；又因为消力池和渠道为左右方位且前后对称，为了减少画图工作量，用两个平行的剖切平面(侧平面)分别剖切这两部分的一半，然后向侧立投影面投影得到阶梯剖 *A-A*。这样一来，消力池和渠道的形状特征和建筑材料同时在一个阶梯剖的 *A-A* 图上都反映出来了。

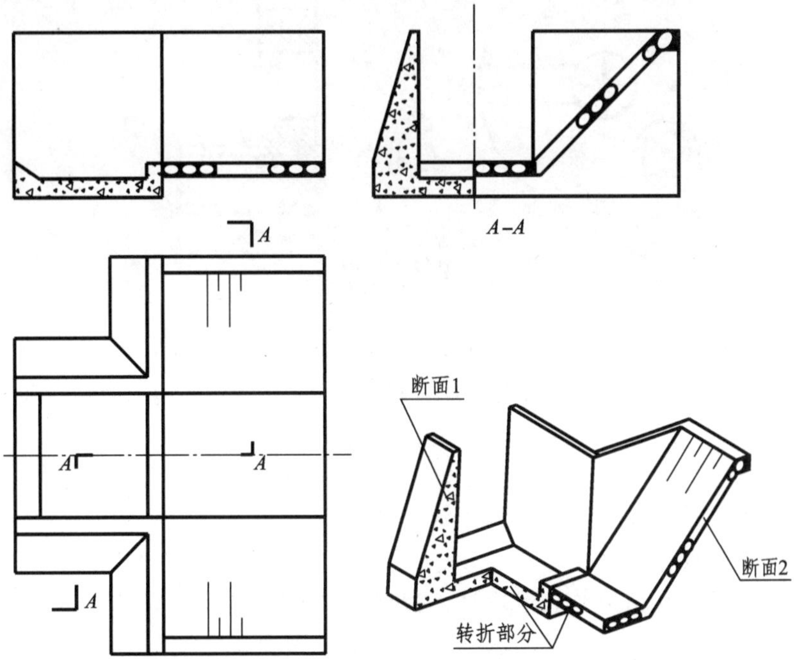

图 7-15　阶梯剖面图

5.旋转剖面图

用垂直于某一个基本投影面的两个相交的剖切平面将物体剖开,所得到的视图称旋转剖面图,简称旋转剖。

如图 7-16(a)所示,物体上有三个不同的孔,中间孔的右边有一槽。因三个孔的轴线都是正垂方向且上下排列,因此选择在左视图用剖面图来反映其内部结构;因为三个孔的轴线不处在同一个侧平面上,因此无法用一个剖切平面同时把这些孔都剖开。为了使这三个孔和槽的轮廓线同时在左视图可见,假想用两个相交的剖切平面,并且交线处在中间圆孔的轴线位置上,分别通过需表达的三个孔的轴线进行剖切;然后将正垂面所切出的断面形状,绕其交线旋转到与另一个剖切平面(侧平面)处在同一平面以后,再向侧立投影面投影得出的剖面图即为旋转剖面图,如图 7-16(b)所示。

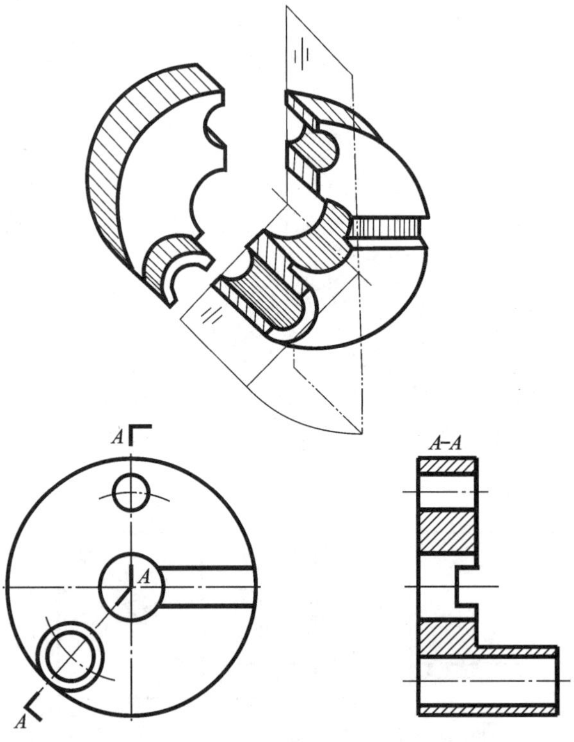

图 7-16　旋转剖面图

画旋转剖面图应注意:

(1)旋转剖必须有明显的旋转中心,且剖切面之间的交线应通过该中心;

(2)旋转剖应按先剖切再旋转最后再投影的过程进行作图,因此旋转剖面图只能与假想已经被旋转后的物体保证投影关系;

(3)剖切平面后面的结构,一般仍按原位置投射;

(4)旋转剖必须加以标注,标注的方法和阶梯剖相同。

6.复合剖面图

当物体的内部结构较多,用以前的剖面图都无法表达清楚时,可用几个剖切平面剖开物体所得到的剖面图称复合剖面图,简称复合剖。

图 7-17 所示为混凝土坝内廊道的表达方法,其俯视图是复合剖,选用了图示

中的三个剖切平面将物体剖开而得。对于中间正垂面剖切的部分，也可以用展开画法来表达。

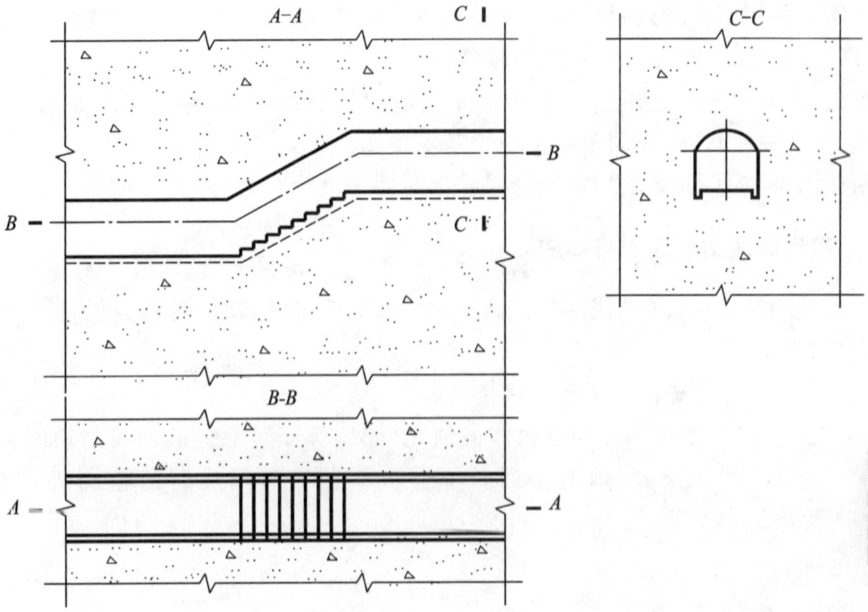

图 7-17　复合剖

复合剖必须加以标注，标注的方法和阶梯剖、旋转剖相同。当采用展开画法时，还应在相应复合剖的正上方水平书写“*x-x* 展开”。

7.3　断面图

7.3.1　断面图的概念与分类

假想用剖切平面将物体在某处切断，仅画出该断面部分的图形和材料图例，这样的图形称为断面图，简称断面，如图 7-18 所示。

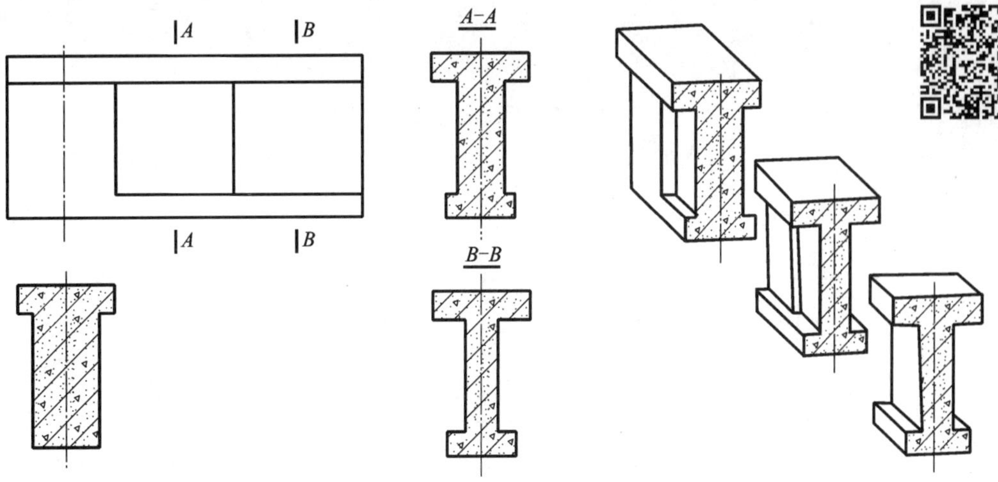

图 7-18　断面图

断面图主要是为了清晰明了的表达物体上某些部分的纵断面的形状，因此，剖切平面一般选择在与物体上的主要轮廓线垂直的位置。一般情况下，断面图适用于表达物体上的肋板，轮辐，轴类零件上的键槽和孔以及杆状类的零件。

不难看出，断面图一般是不包括剖切平面之后的轮廓线的，这是它与剖面图最大的不同点。同时，它不能独立存在，必须依附于一个基本视图。

根据断面图画在图上的位置，可以分成移出断面和重合断面两种。

7.3.2 移出断面图的画法与标注

画在基本视图轮廓线之外的断面图，称为移出断面图，简称移出断面。它们的轮廓线用粗实线绘制，如图 7-18(*b*)所示。

1. 移出断面画法的特殊规定

(1)当剖切平面通过物体上的孔、凹坑等回转部分的轴线剖切时，此回转部分应按剖视绘制，即对于回转部分应绘制其断面之后的轮廓线。如图 7-19 所示。

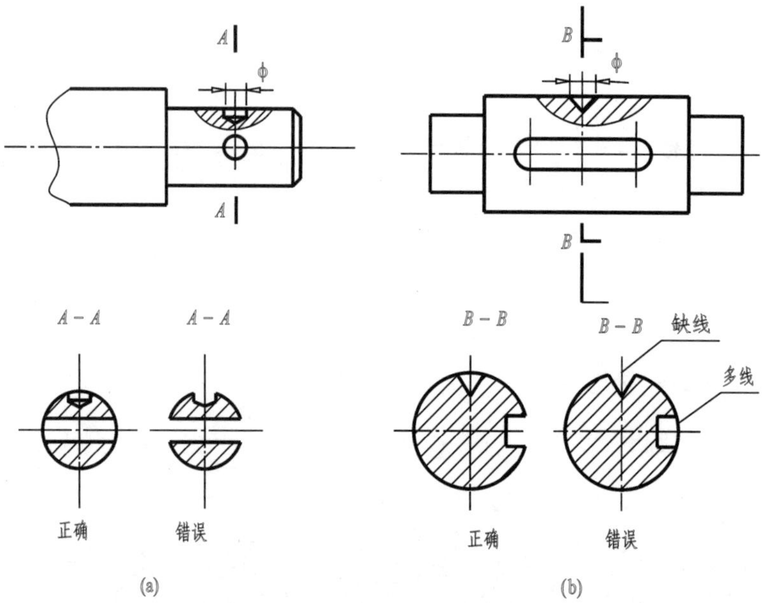

图 7-19 移出断面画法的特殊规定

(2)当剖切平面通过物体上的非回转部分，如果出现完全分离的两部分断面时，则此部分也应按剖视绘制，如图 7-20 所示。

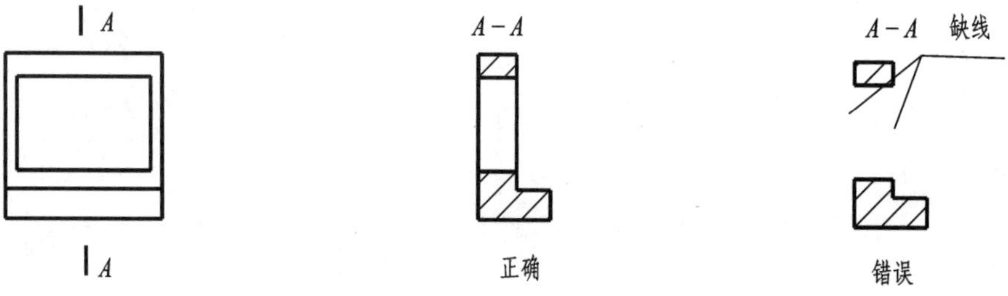

图 7-20 移出断面画法的特殊规定

(3)由两个或多个相交的剖切平面剖切得出的移出断面，中间一般应断开，如图 7-21 所示。

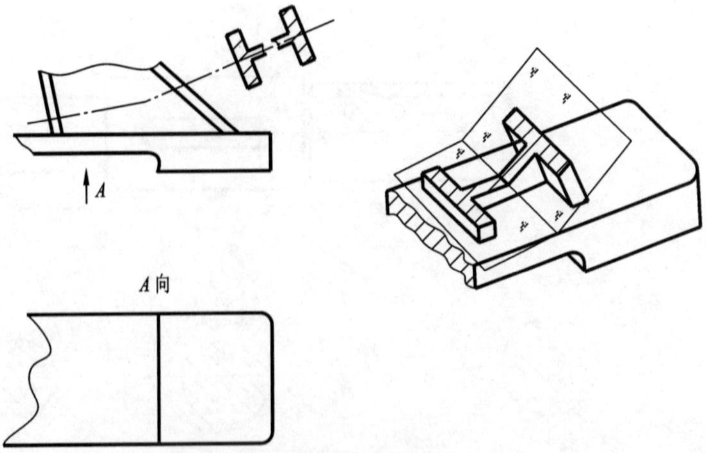

图 7-21　移出断面画法的特殊规定

(4)当断面图形对称时，也可将其画在视图的中断处，如图 7-22 所示。

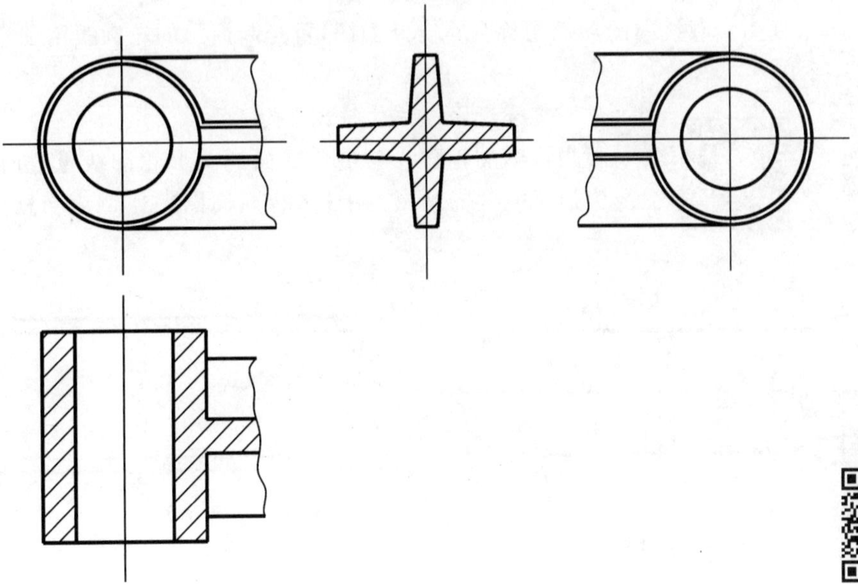

图 7-22　移出断面画法的特殊规定

2. 移出断面图的配置与标注

移出断面图的配置与标注形式多样。

(1)移出断面图不配置在剖切平面迹线的延长线上时，在基本视图上，应用剖切符号表示剖切位置，用箭头表示投影方向(若断面对称时，箭头可省略)，用大写字母作为标记。并在对应断面图的正上方用相同的大写字母"X - X"来标记，如图 7-18(*b*)所示。

(2)移出断面图应该尽量配置在剖切平面迹线的延长线上。此种情况下，当剖切平面通过物体上的回转部分时，可省略所有标注；当剖切平面通过物体上的非回转部分时，若对应的断面图形对称，则可省略箭头和字母；若对应的断面图形不对称时，则只可省略字母，但必须用剖切符号和箭头表示出投影方向。如图 7-23 所示。

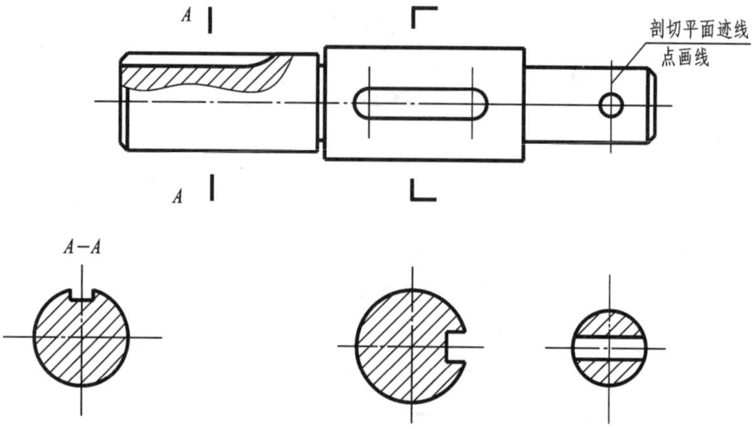

图 7-23　移出断面的标注

7.3.3　重合断面图的画法与标注

画在基本视图轮廓线内的断面图称为重合断面图，重合断面图的轮廓线用细实线来绘制，如图 7-24 所示。

1. 重合断面画法的特殊规定

当视图的轮廓线与重合断面的图形轮廓线重叠时，视图轮廓线应连续完整的画出，并且重合断面图的比例应与视图中的比例一致，如图 7-25 所示。

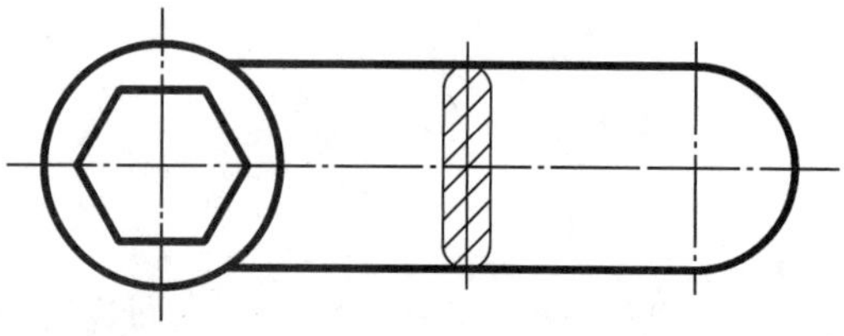

图 7-24　重合断面

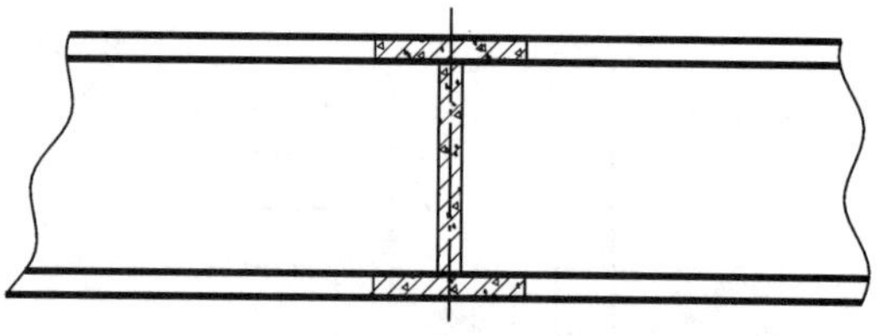

图 7-25　重合断面

2. 重合断面图的标注

重合断面为对称图形时，可不作任何标注，如图 7-24、7-25 所示。

重合断面为不对称图形时，应标注剖切符号和箭头，可省略字母，如图 7-26 所示。

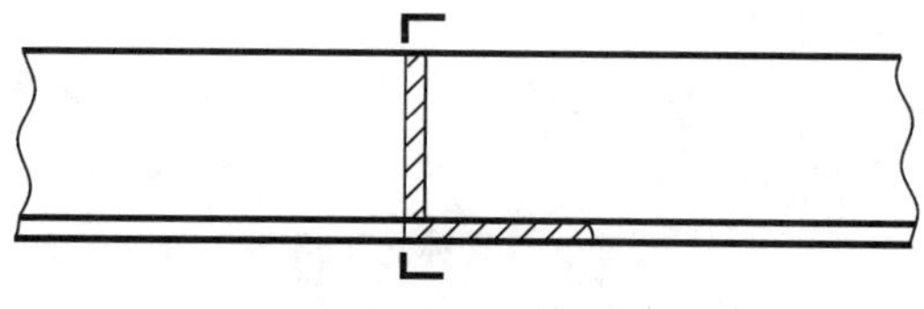

图 7-26　重合断面

7.4 其他表达方法

在前几节的内容里，介绍了物体常用的表达方法-视图、剖视图以及断面图，但是对于一些特殊的物体，国家标准还规定了一些相应的表达方法，本节主要介绍几种常用的其他表达方法。

7.4.1 断开画法

较长的机件(轴、杆、型材、连杆等)，沿长度方向的形状一致或按一定规律变化时，可以将中间部分截断去掉，只将两端靠拢后再画出，但是标注的尺寸数字还必须是物体的真实尺寸，机件断裂处应该用波浪线表示。如图 7-27 所示。

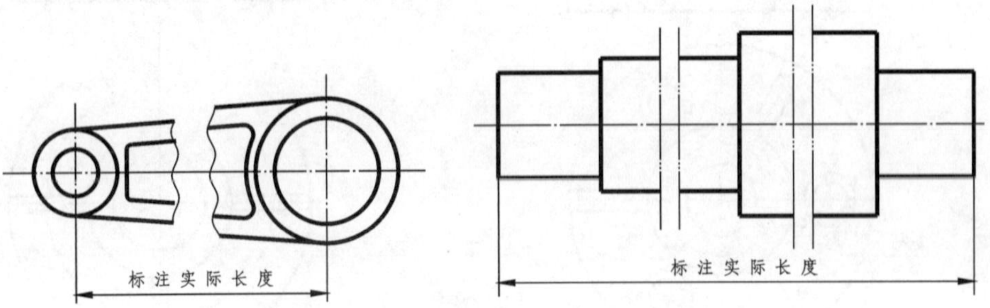

图 7-27 断开画法

7.4.2 肋、轮辐以及薄壁的规定画法

在剖视图中，对于物体上的肋、轮辐以及薄壁部分，如果剖切平面按纵向通过这些结构，从而使这些结构被削薄，对于这些被削薄的结构规定按不剖来画，并用粗实线将它们与邻接部分分开，如图 7-28 所示。

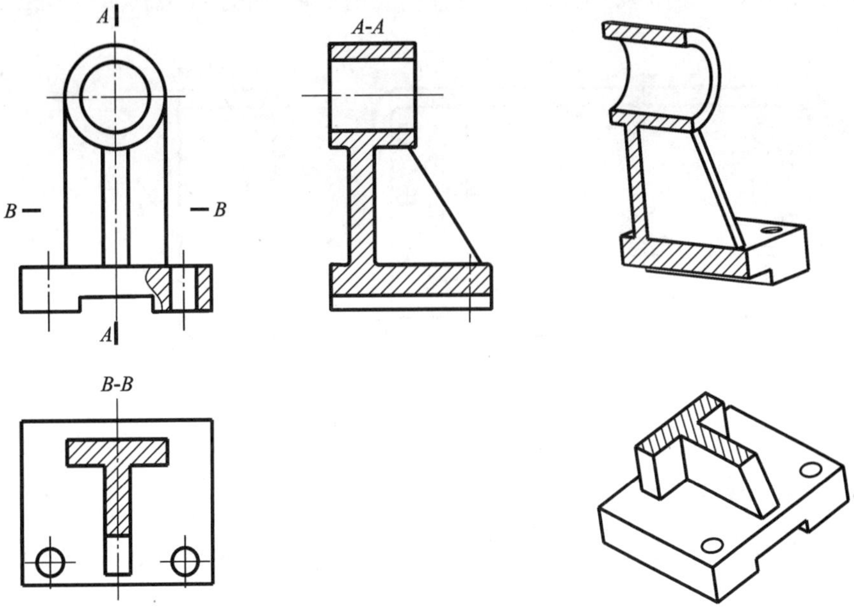

图 7-28 肋的规定画法

7.4.3 回转体上肋、轮辐以及孔的规定画法

当回转体上均匀分布的肋、轮辐以及孔等结构不处在剖切平面上时，可将这些结构先旋转到剖切平面的位置上，然后再画出其投影，如图 7-29 所示。

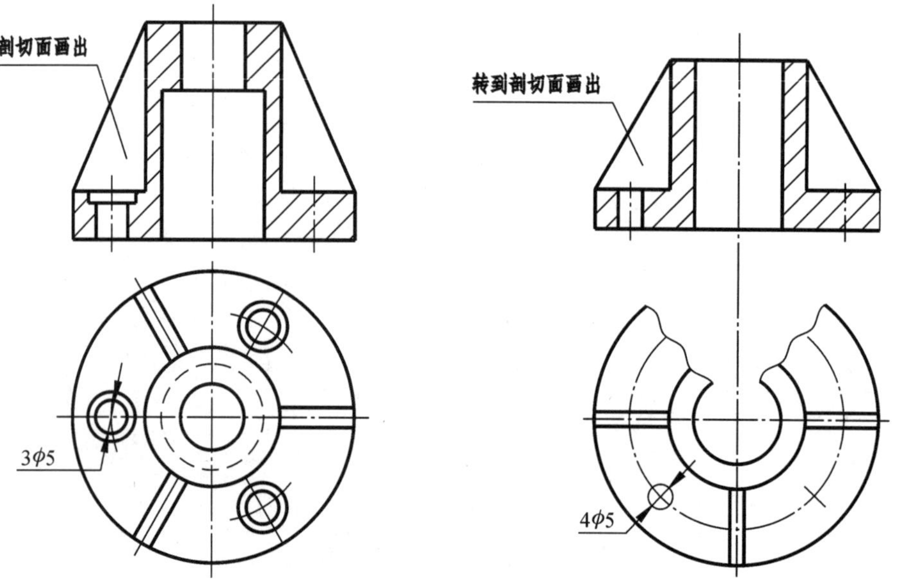

图 7-29 回转体上肋、孔的规定画法

7.4.4 相同结构的省略画法

若物体上有若干直径相同且按规律分布的孔(通孔、阶梯孔、螺孔等)，允许只画出一个或几个，其余只画出点画线来表示中心位置，但必须注明孔的数量，如图 7-30 所示。

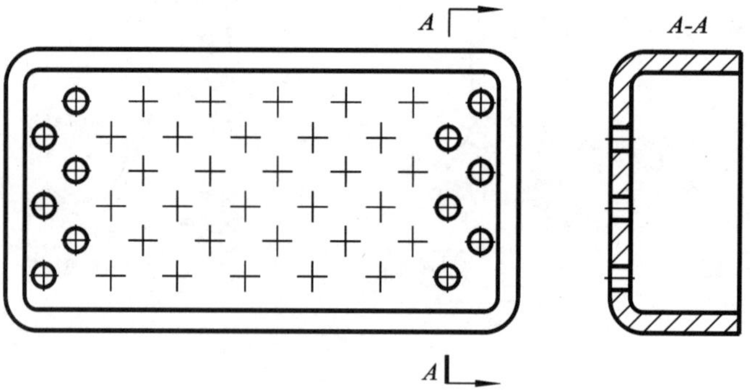

图 7-30 相同结构的省略画法

7.4.5 机件上小平面的表示方法

当机件上的小平面在图形中不能充分表示时，可以用平面符号(相交的细实线)表示，如图 7-31 所示。

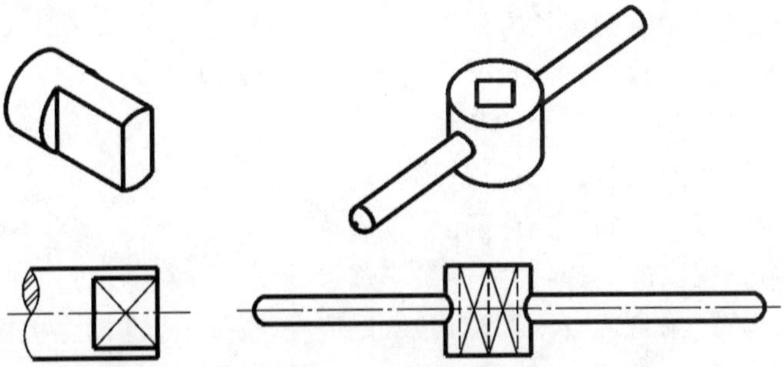

图 7-31　小平面的表示方法

7.5　综合应用举例

前面介绍了多种常用的一些表达方法，着重说明了其形成、适用条件以及标注方法。而在实际生产中碰到的物体结构形状也是多种多样，那么应该怎样综合应用上述表达方法，才能使物体表达的完整、正确和清晰，同时视图、剖视图、断面图等数量最少，布局合理，又能突出主要视图？本节将结合实例来对此加以介绍。

【例 7-1】　如图 7-32(*a*)所示物体为涵洞，它是由底板、翼墙、胸墙和洞身四部分组成，试确定其表达方案。

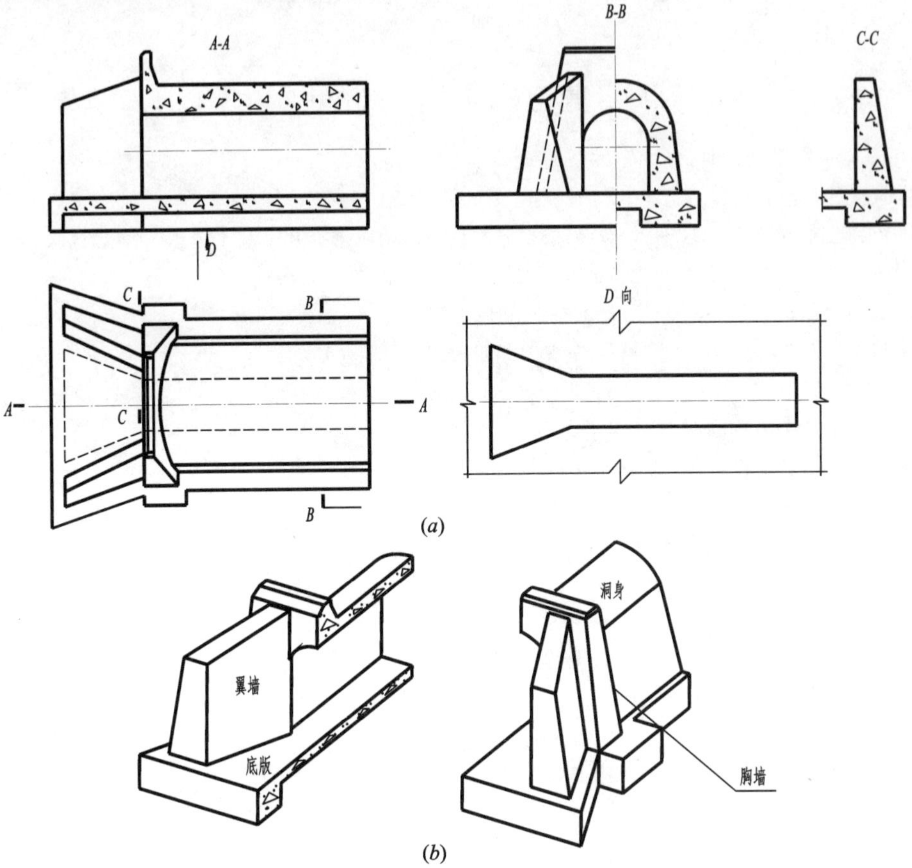

图 7-32　涵洞

分析每一部分,确定相应的表达方法:

底板:底板水平放置,前后对称,且其下方有一内部结构——槽;

翼墙:两个翼墙对称地立在底板的两侧,其形状是一有规律变化的杆;

胸墙:胸墙与翼墙相连,胸墙中有一拱形孔;

洞身:洞身与胸墙相连,洞身中有一孔。

首先,应考虑主正视图的选择:因物体系一过水建筑物,故正视方向如图所示;并且物体前后对称,并且底板、胸墙、洞身皆有内部结构,所以应在正视图上选用全剖视图。

然后,分析未表达清楚的部分,选择必要的其他视图:可以看出,物体上各部分的外形以及平面布置情况均未表达。根据物体的特点(前后对称),应选择用半剖左视图既表达底板、翼墙、胸墙的立面外形,又表达洞身和有内部结构部分的底板的形状特征而使表达方法减少;用俯视图可简单、准确地表达出平面布置情况。此时,物体已经完整的表达出来了。

但对于翼墙和底板下方槽的形状,以上表达会给读图带来很大困难。因此,针对翼墙是杆状类形状,再增加一断面图重点强调翼墙形状;而根据槽处在底板的下方,再选用一仰视的局部视图来强调槽的形状。这样,就做到了画图简单而读图也比较方便。如图 7-32(*b*)所示。

复习思考题

1、物体选用基本视图来表达时,应该(　　)

(*A*)6 个基本视图都应画出;　　(*B*)只画正、俯、左三视图;

(*C*)必须画正、俯、左三视图;　　(*D*)根据物体的特点来相应选择几个基本视图。

2、能同时表达出物体的前后和左右方位的视图是(　)

(*A*)正视图和俯视图;　　(*B*)仰视图和俯视图;

(*C*)正视图和后视图;　　(*D*)左视图和俯视图。

3、向视图就是(　)

(*A*)在基本视图上加上名称的视图;

(*B*)将物体某部分向基本投影面投影的视图;

(*C*)将物体某部分向倾斜于基本投影面的平面投影的视图;

(*D*)不按投影关系来配置的基本视图。

4、识读基本视图和向视图的方法是(　)

(*A*)视图正上方有无"*x* 向";　　(*B*)视图旁边有无标注箭头;

(*C*)视图是否完整;　　(*D*)视图旁边有无标注。

5、画局部视图时,应该注意(　)

(*A*)必须按照投影关系配置;　　(*B*)必须向基本投影面投影;

(*C*)必须选择投影面与物体局部平行;(*D*)必须画上波浪线。

6、画斜视图时,应该注意(　)

(*A*)必须按照投影关系配置;

(*B*)必须向基本投影面投影;

(C)必须选择辅助投影面与物体上倾斜部分平行；

(D)必须画上波浪线。

7、局部视图与斜视图的实质区别是(　)

(A)投影面不同；　　(B)投影方法不同；

(C)投影部位不同；　　(D)标注不同。

8、若物体上孔的轴线方向为前后方向，应该选择在(　)作剖视图。

(A)正视图或俯视图；　　(B)俯视图或左视图；

(C)左视图或正视图；　　(D)任意视图。

9、若正视图作剖视图，应该在(　)标注相应的剖切位置和投影方向。

(A)俯视图上；　　(B)正视图上；

(C)左视图上；　　(D)反映前后方位的视图上。

10、同一物体的剖面符号，应该(　)

(A)同一个视图方向、间隔一致；　　(B)所有视图方向、间隔一致；

(C)同一视图方向相反、间隔一致；　　(D)所有视图方向相反、间隔一致；

11、若一物体前后对称，且其上的孔的轴线是铅垂线，则应该在(　)选用半剖视图。

(A)正视图；　　(B)左视图；　　(C)俯视图；　　(D)左视图或俯视图。

12、半剖视图中，视图部分与剖视图部分的分界线必须是(　)。

(A)粗实线；　　(B)细实线；　　(C)细点画线；　　(D)细双点画线。

13、局部剖视图中的波浪线应该(　)。

(A)穿孔而过；　　(B)随意画在图形上即可；

(C)与图形轮廓线重合；　　(D)仅画在物体的实体部分。

14、阶梯剖视图中，相邻剖切平面间的转折面的投影应该(　)。

(A)用双点画线画出；　　(B)用细实线画出；

(C)不画出；　　(D)用粗实线画出。

15、旋转剖视图中，对于和基本投影面不平行的剖切部分，应该(　)。

(A)直接投影；　　(B)先旋转再投影；

(C)不画其投影；　　(D)先旋转再用双点画线画出其投影。

16、移出断面在(　)时，必须标箭头。

(A)不按投影关系配置；　　(B)没有配置在剖切平面迹线延长线上；

(C)断面不对称；　　(D)任何情况。

17、移出断面在(　)时，必须标字母。

(A)不按投影关系配置；

(B)没有配置在剖切平面迹线延长线上；

(C)断面不对称；

(D)任何情况。

18、重合断面的轮廓线必须用(　)绘制。

(A)粗实线；　　(B)细实线；　　(C)点画线；　　(D)虚线。

第8章　标高投影

【教学目标和任务】

掌握标高投影的概念及用途；

掌握点、直线和平面(地形面)的标高投影表示法；

掌握等高线的概念及建筑物与地形面的交线的作图方法；

掌握地形断面法的作图方法及其应用。

【教学重点和难点】

教学重点：

标高投影的概念及其用途；点、直线和平面(地形面)的标高投影表示法；等高线、坡面交线、开挖线及坡脚线的概念。

教学难点：

建筑物在水平地面上的标高投影图的绘制要点；建筑物在自然地面上的标高投影图的绘制要点。

【岗课赛证要求】

标高投影图的绘制和阅读是水利工程专业人员具备的技能。

【思政目标】

培养学生严谨求实的科学态度和精益求精的工匠精神，引导学生追求卓越。

8.1　概　　述

工程建筑物常常建立在地面上，而地面通常是不规则曲面，在工程图上如何表达地面以及求作建筑物与地面的交线，是投影法需要解决的问题。标高投影法是用以表达地面及复杂曲面的常用的一种投影方法。

如图 8-1 所示的四棱台，如果只画出水平投影，还缺少棱台高度。如在水平投影中加注出它的上、下底面距某一基面的高度(如下底面为 0.00，上底面为 4.00)，则四棱台的形状和大小可以完全确定。这种用水平投影加注高度数字表示空间形状的方法称为标高投影法，标高投影图就是由上述方法所得到的单面正投影图。

标高投影图中的基准面一般为水平面，土建工程中通常采用国家统一规定的水准零点(与测量相一致的标准海平面)作为基准面，高度数值称为高程，单位为米(m)。为了度量需要，标高投影图中必须画出绘图比例尺或注明绘图比例。

(a) (b)

图 8-1 四棱台及其标高投影

8.2 点、直线、平面的标高投影

8.2.1 点的标高投影

空间点的标高投影，就是点在 H 面上的投影加注点的高程。基准面以上的高程为正，基准面以下的高程为负。如图 8-2 中，点 A 记作 a_4，点 B 记作 b_{-3}。

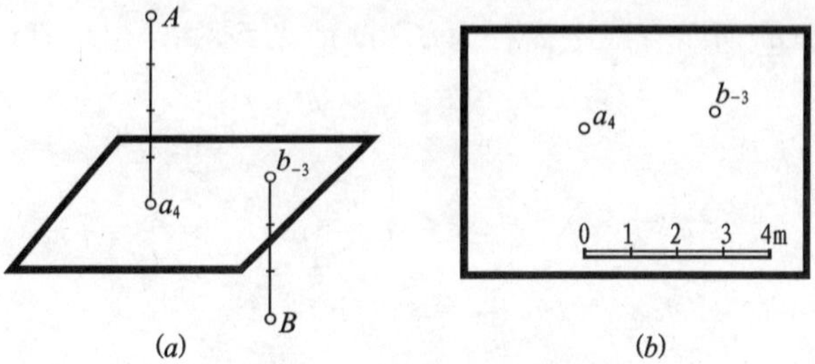

(a) (b)

图 8-2 点的标高投影

8.2.2 直线

1. 直线的坡度和平距

直线上两点之间的高差(H)与水平距离(L)之比称为直线的坡度，记作 i。

图 8-3a 中，直线 AB 的高差 $H=3$m，水平距离 L=6m，则直线 AB 的坡度为：

$$i=\tan a=\frac{H}{L}=\frac{3}{6} \qquad \text{记作 } 1:2$$

即当直线 AB 上两点的高度差为 1m 时，水平距离为 2m。

直线上两点的高差为 1 时的水平距离数值，称为直线的平距，记作 l，即：

$$l=\frac{L}{H}=\frac{1}{\tan a}=\frac{1}{i}$$

由此可见，平距与坡度互为倒数，坡度大则平距小，坡度小则平距大。图 8-3a 中，直线 AB 的坡度为 1∶2，平距为 2，即当直线 AB 上两点的高差为 1m 时，其水平距离为 2m。

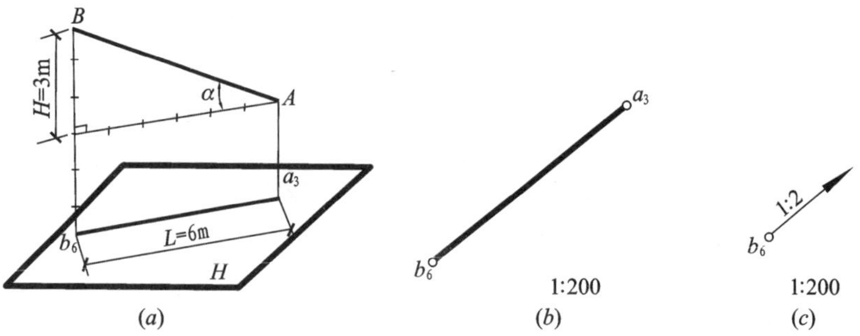

图 8-3　直线的标高投影

2. 直线的表示法

(1)直线的水平投影和线上两点的高程,见图 8-3(*b*);

(2)直线上一点的高程和直线的方向(坡度数字和指向下坡的箭头),见图 8-3*c*。

3. 直线上的点

直线上的点有两类问题需要求解,一是在已知直线上定出任意高程的点;二是已知直线上的点,推算该点的高程。

【例 8-1】 求图 8-4(*a*)所示直线上高程为 3.3*m* 的点 *B*,并定出该直线上各整数标高点。

解:

(1)求点 *B*

$$H_{AB}=(7.3-3.3)\text{m}=4\text{m},\quad l=\frac{1}{i}=\frac{1}{1/3}=3$$

$$L_{AB}=l\times H_{AB}=3\times 4\text{m}=12\text{m}$$

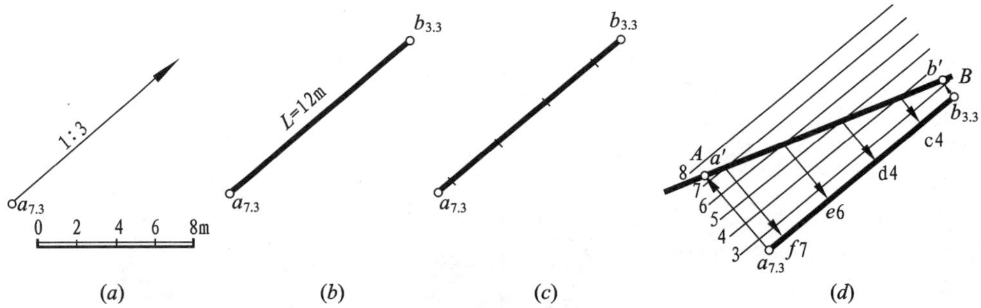

图 8-4　在直线上定点

(*a*)已知;(*b*)计算法第一步;(*c*)计算法第二步;(*d*)图解法

如图 8-4*b* 所示,自 $a_{7.3}$顺箭头方向按比例取 12*m*,即得到 $b_{3.3}$。

(2)求整数标高点

数解法

因 *l*=3,可知高程为 4、5、6、7m 各点间的水平距离均为 3*m*。高程 7m 的点与高程 7.3m 的点 *A* 之间的水平距离=*H*×*l*=(7.3-7)×3=0.9m。自 $a_{7.3}$沿 *ab* 方向依次量取 0.9m 及三个 3m,就得到高程为 7、6、5、4m 的整数标高点,如图 8-4*c* 所示。

图解法

如图 8-4(*d*)所示,作辅助铅垂投影面 *V*//*AB*,在 *V* 面上按适当比例作相应整数高程的水平线（水平线平行于 ab，最低一条高程为 3m，最高一条高程为 8m，图上未标出投影轴），根据 A、B 两点的高程作出 AB 的 V 面投影 $a'b'$，它与各水平线的交点即为直线 AB 上相应整数高程点的 V 面投影。自这些点作 ab 的垂线，即可得到直线 AB 上各整数标高点 c_4、d_5、e_6、f_7。

如作辅助正面投影时，所采用的比例与标高投影的比例一致，则 $a'b'$ 反映线段 AB 的实长，$a'b'$ 与水平线之间的夹角即为 AB 线段对 H 面的倾角 α。

【例 8-2】 如图 8-5 所示，求直线 AB 的坡度与平距，并求直线上 C 点的标高。

为求坡度与平距，先求出 H 和 L，然后用 $i=\frac{H}{L}$ 及 $l=\frac{1}{i}$ 确定直线的坡度与平距。

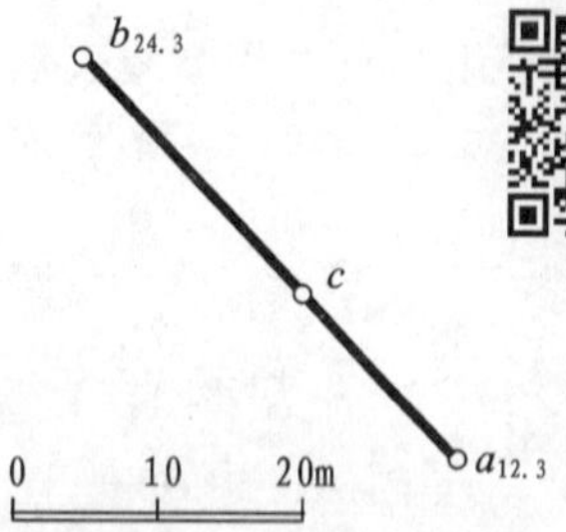

图 8-5 求直线的坡度和 C 点的标高

下面只介绍数解法：

用比例尺量得 $L_{AB}=36$，经计算得

$H_{AB}=24.3\text{-}12.3=12.0\text{m}$

因此 $i=\frac{12}{36}=\frac{1}{3}$ $l=3$

然后按比例尺量得 ac 间的距离为 $L_{ac}=15\text{m}$，据 $i=\frac{H}{L}$ 得

$$\frac{1}{3}=\frac{H_{AC}}{15} \quad 即\ H_{AC}=5\text{m}$$

于是，点 C 的标高应为 24.3-5=19.3m

用图解的方法也可求出 C 点的标高，参照图 8-4(d)，由读者自行分析作图。

8.2.3 平面的标高投影

1、平面上的等高线和坡度线

(1)平面上的等高线

在标高投影中平面上的水平线称为等高线，它们是一组互相平行的直线，一条等高线上各点的高程是相同的。当相邻等高线之间的高差相同时，其水平距离也相等；当高差为 1m 时，水平距离即为平距，见图 8-6(a)。

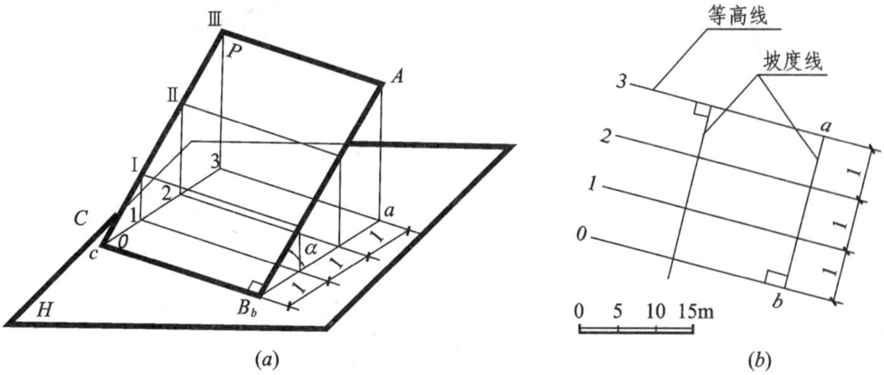

图 8-6 平面上的等高线和坡度线

(2)平面上的坡度线

平面上与等高线相垂直的直线称为坡度线，如图 8-6(*a*)中的直线 AB。从图中可知，因为 $AB \perp BC$，所以 $ab \perp bc$，即坡度线和等高线的水平投影互相垂直，如图 8-6(*b*)所示。由于 AB 和 ab 同时垂直于 P 面和 H 面的交线 BC，因此角 a 就是 P 面对 H 面的倾角。则坡度线 AB 的坡度就是平面 P 的坡度。

2. 平面的表示法

在标高投影中，平面可以用几何元素的标高投影表示，常用的有三种：

(1)一组平行的等高线表示平面。如图 8-7(*a*)所示；

(2)一条等高线和一条坡度线表示平面。如图 8-7(*b*)所示；

(3)平面上一条任意直线和一条坡向线(虚线箭头指向下坡)表示平面，如图 8-7(*c*)所示。

为了比较直观地反映平面倾斜方向，一般还应画出示坡线，示坡线画在平面高的一边，并垂直于等高线。

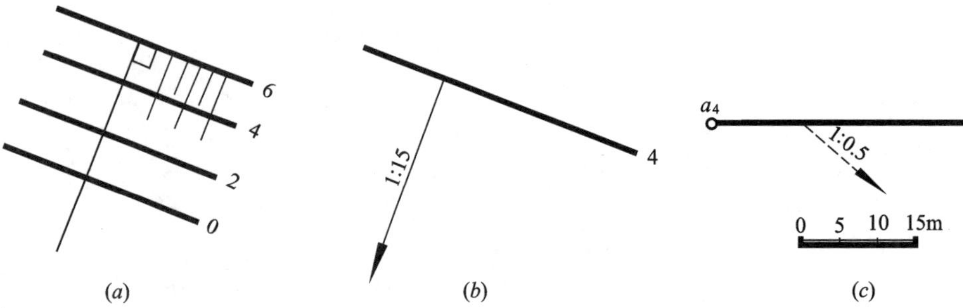

图 8-7　平面的表示法

3. 作平面上的等高线

【例 8-3】 求作图 8-8(*a*)所示平面上高程为 0m 的等高线。

解：0m 等高线必与已知的 4m 等高线平行，且通过坡度线上高程为 0m 的点 B，AB 的水平距离 $L_{AB}=l \times H_{AB}=1.5\times 4\text{m}=6\text{m}$。如图 8-8*b* 在坡度线上自 a_4 向下坡方向量取 6m 得 b_o，过 b_o 作直线与 4*m* 等高线平行即为所求。

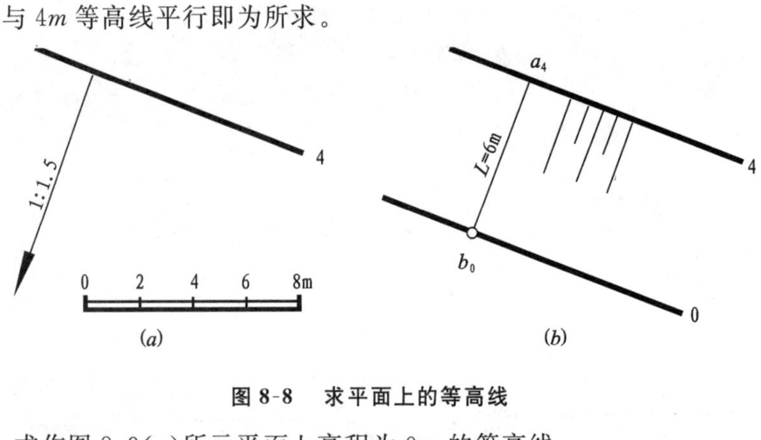

图 8-8　求平面上的等高线

【例 8-4】 求作图 8-9(*a*)所示平面上高程为 0m 的等高线。

解：由于已知直线 AB 不是平面上的等高线，所以该平面坡度线的准确方向未知，但 0m 等高线必通过 b_O，且距 a_4 点的水平距离 $L=l \times H=0.5\times 4\text{m}=2\text{m}$。因此，如图 8-9(*b*)，首先

以 a_4 为圆心，$R=2\text{m}$ 为半径作圆弧，再过点 b_0 向该弧引切线，得切点 C_0，直线 b_0c_0 即为所求。

此解题方法可以理解为，以点 A 为锥顶，底圆半径 R 为 2m，素线坡度为 1∶0.5 作一正圆锥面，0m 等高线与底圆相切，平面 ABC 与该圆锥面相切，切线 AC 就是平面的坡度线，如图 8-9(*c*)所示。

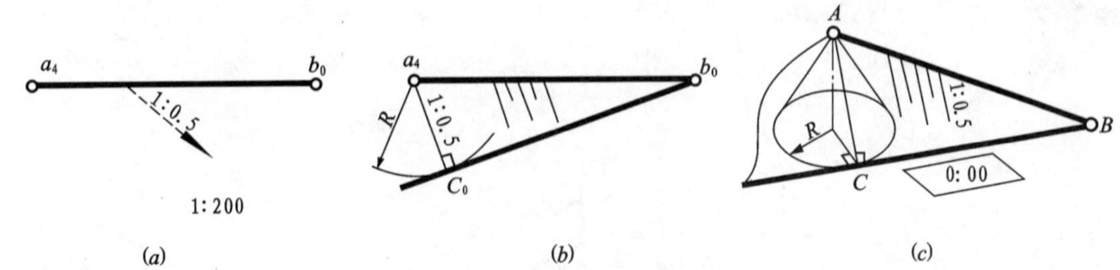

图 8-9　求平面上的等高线

4. 两平面的交线

在标高投影中，两平面（或曲面）的交线，就是两平面（或曲面）上相同等高线交点的连线，见图 8-10。

在实际工程中，相邻两坡面的交线称为坡面交线，坡面与地面的交线称为坡脚线（填方坡面）或开挖线（挖方坡面）。

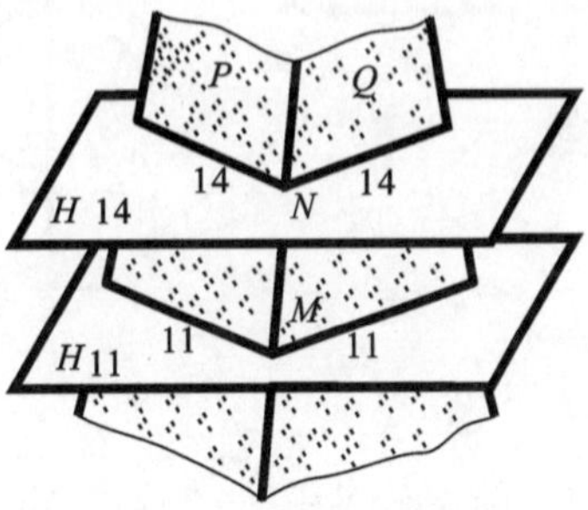

图 8-10　两平面交线的求法

【例 8-5】　在高程为 2m 的地面上挖一基坑，坑底高程为-2m，坑底的大小、形状和各坡面的坡度如图 8-11(*a*)所示，求作开挖线和坡面交线。

解：如图 8-11(*b*)所示。

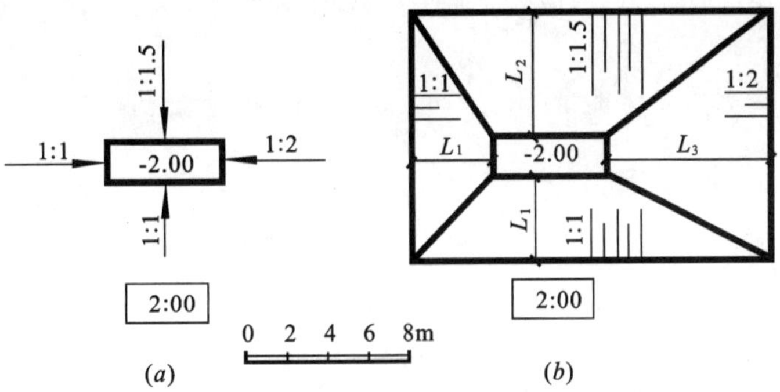

图 8-11　基坑开挖线和坡面交线

(1)求开挖线：地面高程为 2m，因此开挖线就是各坡面上高程为 2m 的等高线。它们分别与相应的坑底边线平行，其水平距离可由 $L=l\times H$ 求得。式中高差 $H=4\text{m}$，所以 $L_1=1\times4\text{m}=4\text{m}$，$L_2=1.5\times4\text{m}=6\text{m}$，$L_3=2\times4\text{m}=8\text{m}$。

(2)求坡面交线：分别连接相邻两坡面相同高程等高线的交点，即得到四条坡面交线。

(3)画出各坡面的示坡线。

从图 8-11(b)中可以看出，当相邻两坡面的坡度相等时，其坡面交线是两坡面上相同高程等高线夹角的角平分线。

【例 8-6】 如图 8-12(a)所示，在标高为 2m 的地面上修建一平台，台顶高程为 5m，有一斜坡引道通至平台顶面。平台的坡面坡度为 1∶1，引道两侧的坡面坡度为 1∶1.2，试画出其坡脚线和坡面交线。

分析：坡脚线即各坡面与地面的交线，是坡面上高程为 2 的等高线。

作图：(1)求坡脚线。平台坡脚线与坡面顶边缘线 a_5b_5 平行，水平距离为 $L_1=1\times3\text{m}=3\text{m}$，据此作出平台的坡脚线。

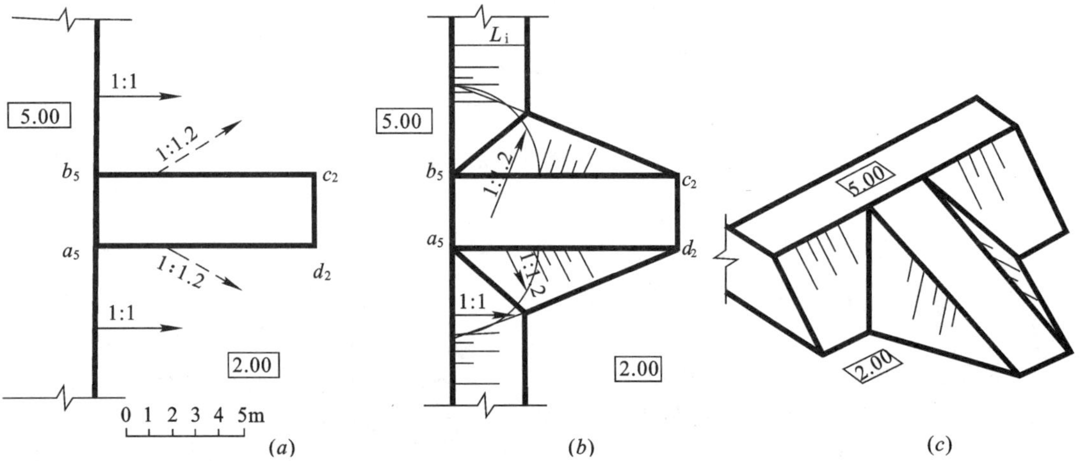

图 8-12 求平台、引道与地面的交线

引道两侧坡脚线求法与图 8-12(b)相同：分别以 a_5、b_5 为圆心，$L_2=1.2\times3\text{m}=3.6\text{m}$ 为半径画圆弧，再由 c_2、d_2 分别作两圆孤的切线，即为引道两侧的坡脚线。

(2)求坡面交线。平台边坡坡脚线与引道两侧坡脚线的交点 m、n 就是平台坡面与引道两侧坡面的共有点，a_5、b_5 也是平台坡面与引道两边坡的共有点，连接 a_5m、b_5n，即为所求的坡面交线。

(3)画示坡线，注意引道两侧边坡线应分别垂直于坡面上等高线 md_2、nc_2，如图 8-12(b)所示。

8.3 曲面和地形面的标高投影

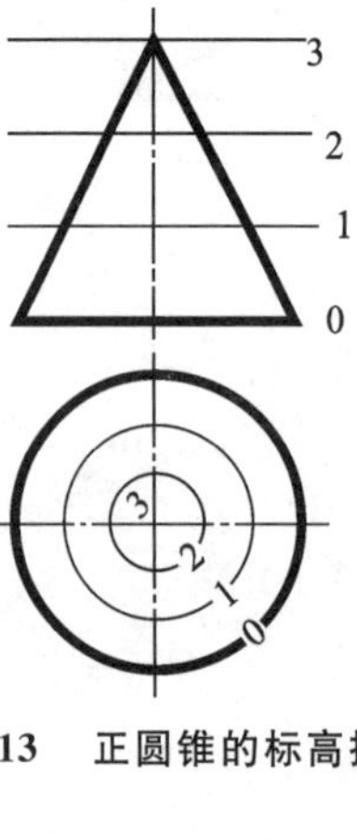

图 8-13 正圆锥的标高投影

8.3.1 正圆锥面

如图 8-13 所示，当正圆锥面的轴线垂直于水平面时，其标高投影通常用一组注上高程数字的同心圆(圆锥面的等高线)表示。锥面坡度愈陡，等高线愈密；坡度愈缓，等高线愈疏。

在河道疏浚、道路护坡工程中，常将转弯坡面做成圆锥面，以保证在转弯处坡面的坡度不变，如图 8-14 所示。

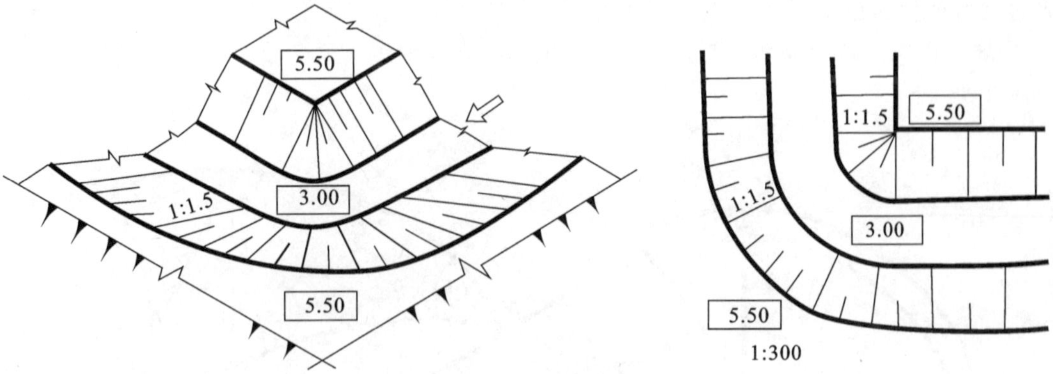

图 8-14　河渠的转弯坡面

【**例 8-7**】 在高程为 2m 的地面上筑一高程为 6m 的平台，平台面的形状及边坡坡度如图 8-15(a)所示，求坡脚线和坡面交线。

解：如图 8-15(b)、(c)所示。

(1)求坡脚线。各坡面的坡脚线是各坡面上高程为 2m 的等高线。平台左右两边的坡面是平面，其坡脚线是直线，并且与平台边线平行，水平距离 $L=l\times(6-2)$m$=4$m。

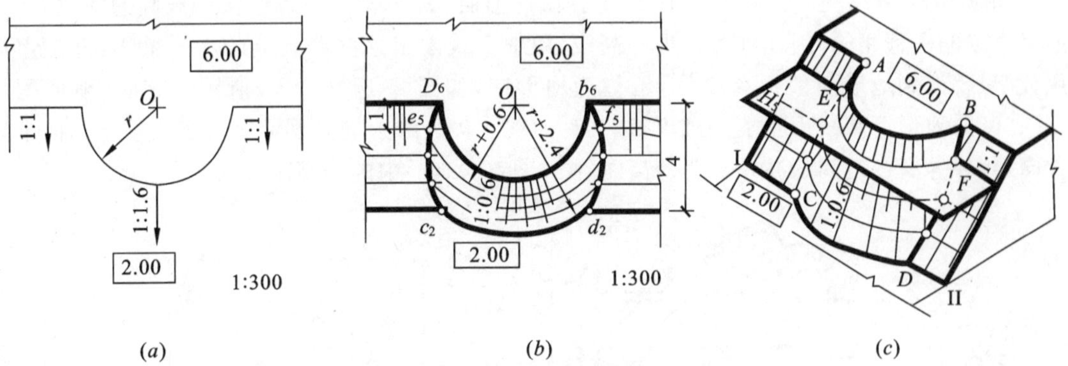

图 8-15　圆锥坡面的坡脚线和坡面交线

平台中部边线为半圆，其边坡是圆锥面，所以坡脚线与台顶半圆是同心圆，其半径为 $R=r+L=r+0.6\times(6-2)$m$=r+2.4$m。

(2)求坡面交线。坡面交线是由平台左右两边的坡面与中部圆锥面相交而形成的，因两边坡面的坡度小于圆锥面的坡度，所以坡面交线是两段椭圆弧。a_6、b_6和 C_2、d_2分别是两条坡面交线的端点。为了求出中间点，需要在平台两边坡面和中部圆锥面上，分别求出高程 5、4、3m 的等高线。两边坡面上的等高线为一组平行直线，它们的水平距离为 1m($i=1:1$)；圆锥面上的等高线为一组同心圆，其半径差为 0.6m($i=1:0.6$)。相邻面上相同高程等高线的交点就是所求交线上的点。用光滑曲线分别连接这些点，就可得到坡面交线。

(3)画出各坡面的示坡线。圆锥面上的示坡线应注意过圆心(锥顶)O。

8.3.2　同坡曲面

一个各处坡度皆相等的曲面称为同坡曲面。

同坡曲面的形成：正圆锥的轴线始终垂直于水平面，锥顶角不变，锥顶沿着一空间曲导线

AB 运动所产生的包络面。如图 8-16 所示。

同坡曲面与圆锥面的切线是这两个曲面上的共有坡度线。这种曲面常用于道路爬坡拐弯的两侧边坡。

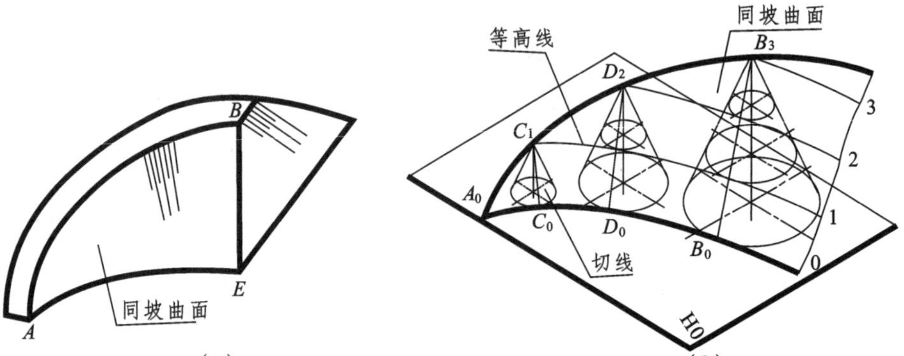

(*a*) (*b*)

图 8-16　同坡曲面的形成

8.3.3　地形面

1. 地形等高线

如图 8-17(*a*)所示，假想用水平面 *H* 去截地形面，其交线为一条形状不规则的曲线，曲线上每个点的高程相等，因此称为地形等高线，用细实线画出这些等高线的水平投影，并注上高程数字，就得到地形面的标高投影，也称为地形图，如图 8-17(*b*)、(*c*)所示。有时，地形图逢"0"、"5"的地形等高线用粗实线画出，称为计曲线。等高线上的高程数字的字头规定指向上坡方向，相邻等高线之间的高差称为等高距，图 8-17(*b*)、(*c*)中的等高距均为 5m。

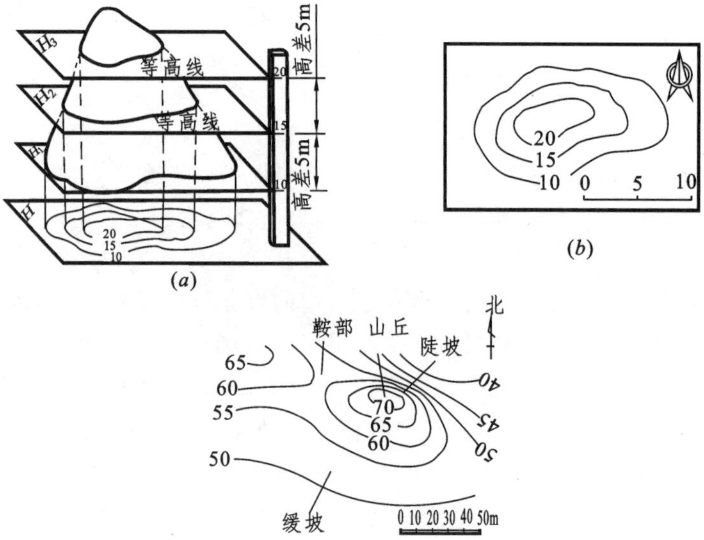

(*a*) (*b*) (*c*)

图 8-17　地形面的表示法

用这种方法表示地形面，能够清楚地反映出地形面的形状，地势的起伏变化，以及坡向等。如图 8-17(*c*)中右方环状等高线，中间高，四周低，表示一小山头；山头东北面等高线较密集，平距小，表示地势陡峭；西南面等高线平距较大，表示地势平坦，坡向是北边高南边低。

2. 地形断面图

用一铅垂面剖切地形面，画出剖切平面与地形面的交线并画上剖面材料图例，即得地形断面图，如图 8-18 所示。

与地形面相切的铅垂面在地形图上积聚成一直线，该直线为地形面的剖切线，用Ⅰ-Ⅰ表示。剖切线与地形图上的等高线分别相交，如图 8-18 中的 1、2、3…等点。这些点的高程与其所在等高线的高程相同。由此可以作出地形断面图，其作图方法见图 8-18。

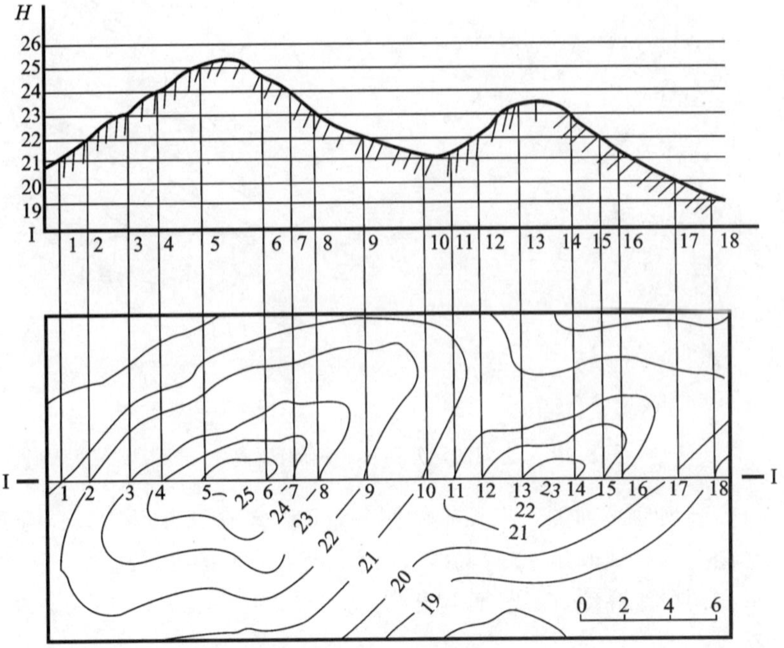

图 8-18　地形断面图

(1)以高程为纵坐标，Ⅰ-Ⅰ剖切线的水平投影为横坐标作一直角坐标系。根据地形图上各等高线的高程，标注在纵坐标上，并由各高程点作平行于横坐标轴的高程线。

(2)将剖切线Ⅰ-Ⅰ上与各等高线的交点 1、2…等移至横坐标轴上。

(3)自 1、2…等各点作纵坐标轴的平行线，与相应的高程线相交。

(4)徒手将各交点连成曲线，并根据地质情况画上相应的剖面材料图例。

当地形面的地势较平缓时，为了充分显示地形面的起伏情况，允许采用不同的纵横比例，使纵向比例较横向比例为大，此时不表示剖面的实际形状，而只表达剖面处的地形变化情况。

8.4　工程建筑物的交线综合举例

【例 8-8】　在河道上筑一道土坝，位置如图 8-19(*a*)中坝轴线所示，坝顶宽 6m，高程 41m，上游边坡 1∶2.5，下游边坡 1∶2，试作土坝的标高投影图。图 8-19(*b*)为土坝轴测图。

分析：土坝为填方工程。土坝顶面及上下游坡面与地面都有交线。由于地面是不规则曲面，所以交线都是不规则的平面曲线。坝顶是水平面，它与地面的交线是地面上同高程等高线的一小段。其上下游坡脚线上的点，是坡面与地面的同高程等高线的交点。求出一系列同高程等高线的交点，把它们依次光滑地连接起来，即得土坝各坡面与地面的交线。

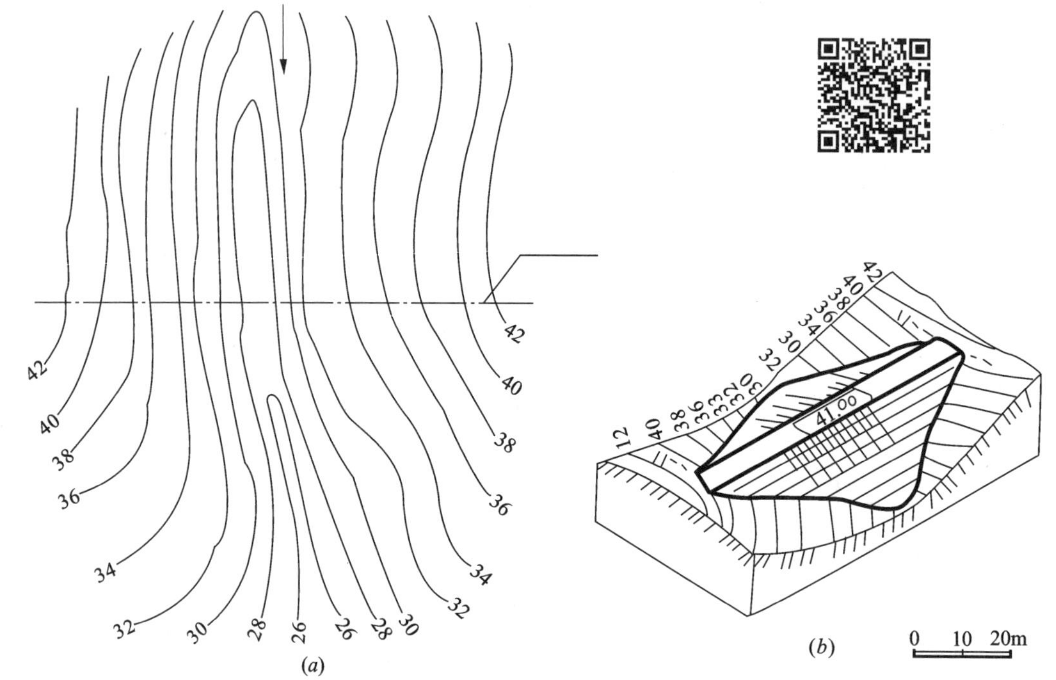

图 8-19　土坝的已知条件和轴测图

作图(图 8-20):(1)画坝顶平面图。在坝轴两侧各量取 3m,画出坝顶边线。坝顶高程为 41m,用内插法在地形图上用虚线画出 41 等高线,从而求出坝顶面的左右边线。注意坝顶左、右边线是高程为 41m 的两段等高线(曲线)而非直线。

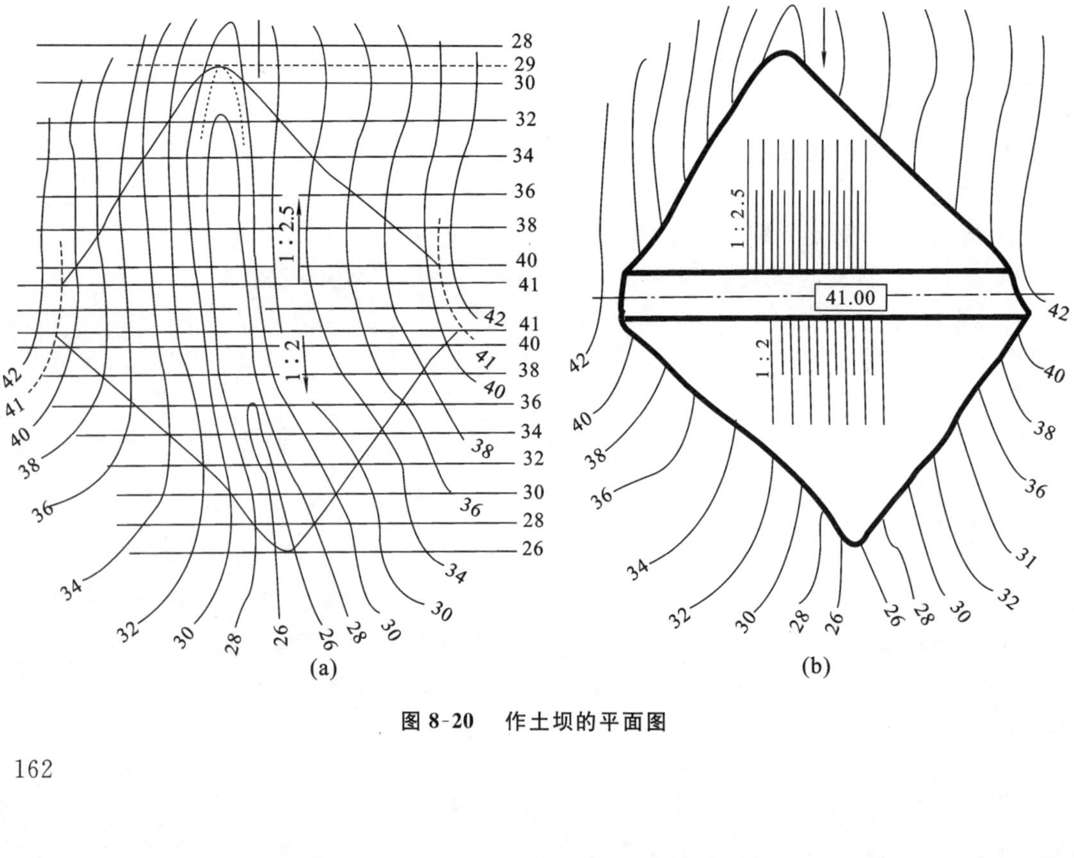

图 8-20　作土坝的平面图

(2)求上游坡面的坡脚线。在上游坡面上作与地形面相应的等高线，根据上游坡面坡度 1∶2.5，知平距 $l=2.5$，按比例即可作出与地形面相应的等高线 40，38……，然后求出坝坡面与地面相同高程等高线的交点，顺次光滑连接诸点，即得上游坡面坡脚线。

画上游坡脚线时应注意：河道为凹槽，坡脚线在河槽最低处应为曲线，即不应将等高线 30 上的两个点连成直线，而应顺交线的弯曲趋势，连成曲线（凸向上游）。

(3)求下游坡面的坡脚线。下游坡面坡脚线的求解方法与上游坡面坡脚线相同，只是下游坡面坡度为 1∶2，所以坡面上等高线平距 $l=2\text{m}$。依次连接所求出的共有点，即得到下游坡面的坡脚线（最低处连成凸向下游的曲线）。

(4)画出两面边坡上的示坡线，并注明坝顶高程及各坡面的坡度，即完成全图，如图 8-20(*b*)所示。

【例 8-9】 如图 8-21 所示在山坡上修筑一水平广场。已知广场的平面图及其高程为 30m，填方边坡为 1∶1.5，挖方边坡为 1∶1，试求各边坡与地面的交线及各坡面交线。

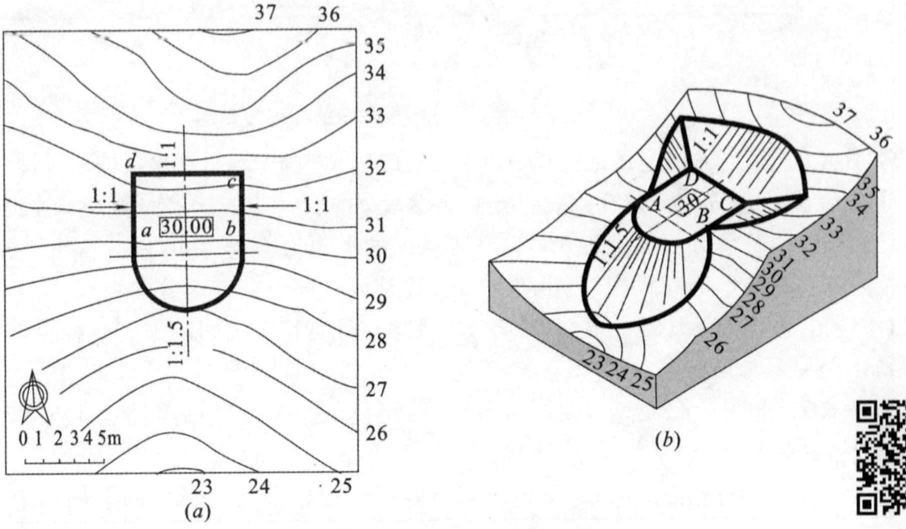

图 8-21　广场的已知条件和轴测图

分析：因为水平广场高程为 30m，所以地面上高程为 30m 的等高线就是挖方和填方的分界线，它与水平广场轮廓边线的交点 *a*、*b* 就是填、挖边界线的分界点。

地形面上比 30m 高的地方是挖方部分，平面轮廓为矩形，所以坡面为三个平面、其坡度均为 1∶1。挖方坡面的等高线为一组平行线。挖方部分不仅产生开挖线还存在坡面交线。

由于相邻两坡面的坡度相等，因此两坡面的交线是两坡面同高程等高线相交的角平分线（即 45°线）。

地形面上比 30m 低的地方是填方部分，填方坡面包括一个圆锥面和两个与它相切的坡面。其等高线分别为同心圆和平行直线。因坡度相同，所以相同高程的等高线相切。

作图（图 8-22）：(1)求开挖线。因地形图上等高线间距为 1m，所以坡面等高线的间距也应取为 1m，挖方坡度为 1∶1，等高线的平距 $l=1\text{m}$。以此作出坡面上高程为 31、32……的一组平行等高线。坡面等高线与同高程的地面等高线相交，就得出许多交点。徒手把这些点连接起来，即得开挖线。至于坡面交线，因属特例，由广场的顶角 *c*、*d* 作 45°斜线即得。

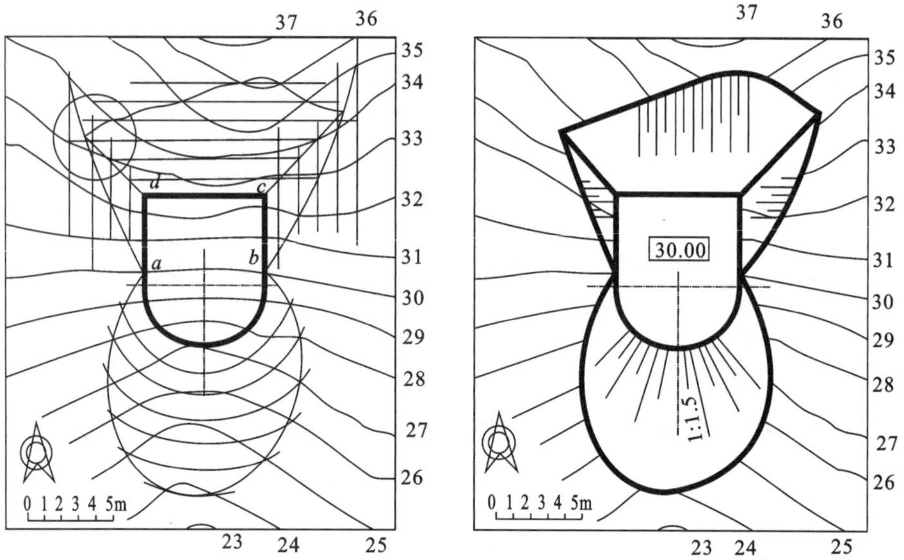

(*a*)　　　　　　　　　　　　(*b*)

图 8-22　求广场的标高投影图

需要注意的是两坡面开挖线的交点(如图中左上角圆圈内所示),它是两坡面及地形面的共有点(三面共点),画图时先由一条开挖线和坡面交线相交得该点,另一开挖线则应画至此点结束。

(2)求坡脚线。填方的坡度为 1∶1.5,等高线的平距为 $l=1.5$m,以此作出锥面上的等高线,与相同高程的地形等高线相交,得各交点。连接各点即得填方部分的坡脚线。

(3)画出各坡面的示坡线。注意填、挖方示坡线有别,长短相间的细实线皆自高端引出,作图结果如图 8-22(*b*)所示。

【例 8-10】 如图 8-22 所示,在地面上修一条斜坡道,已知路面及路面上等高线的位置,并知填、挖方边坡均为 1∶2,求各边坡与地面的交线。

分析:比较路面与地面的高程可以看出,道路西侧比地面高,应填方;东侧比地面低,应挖方。路南填方、挖方分界点在路面边缘高程 18m 处,路北填、挖方分界点大致在高程 17m 与 18m 之间,准确位置要通过作图确定。

作图:如图 8-23(*c*)所示

(1)作填方两侧坡面的等高线。以路面边界上高程为 16m 的点为圆心,2m 为半径作圆弧,此圆弧可理解为素线坡度为 1∶2 的正圆锥面上高程为 15m 的等高线。自路面边界上高程为 15m 的点作此圆弧的切线,就是填方坡面上高程 15m 的等高线。再自路面边界上高程为 16m、17m 的点作此切线的平行线,即得填方坡面上相应高程的等高线。

(2)作挖方两侧坡面的等高线。求法与作填方两侧坡面的等高线相同,但方向与同侧填方等高线相反(因为这时所作的圆锥面是倒圆锥面,顶点在下面)。

(3)将坡面上等高线与地面同高程等高线的交点依次连接起来,就得到坡脚线和开挖线。需要注意的是路北的 a、b 两点不能直接连接,这两点都应与填挖方分界点 c 相连。点 c 的求法是:假想扩大路北填方的坡面,自高程为 18m 的点再作一高程为 18m 的等高线(图中用虚线表示),求出它们与地面高程为 18m 等高线的交点 K,连接 aK,与路面边界线交于点 c,就是填挖方分界点。如假想扩大路北挖方的坡面,也可得出相同的结果。

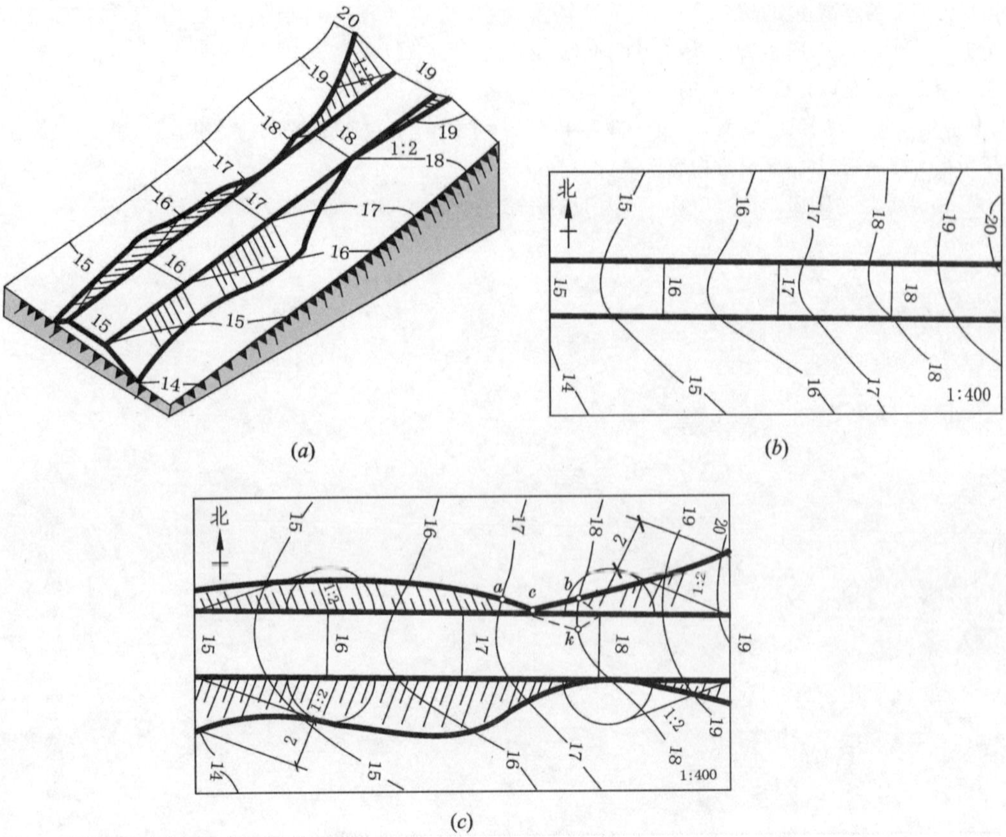

图 8-23　斜坡道的开挖线和坡脚线

复习思考题

1. 标高即为测量学中的"高程",单位以(　)计。

(A)米　　(B)厘米　　(C)毫米　　(D)cm

2. 修建在地面以上的建筑物,其表面与地面的交线叫(　)。

(A)坡面线;　　(B)坡脚线;　　(C)等高线;　　(D)开挖线。

3. 绝对高程的起点是(　)。

(A)某建筑物的基础;　　(B)最高海平面;

(C)最低海平面;　　(D)黄河多年平均海平面。

4. 建筑物表面与地形面的交线上的点是(　)。

(A)建筑物表面等高线上任意位置的点;

(B)地面等高线上任意位置的点;

(C)建筑物表面与地面上同高程等高线的交点;

(D)建筑物表面与地面上两条不高程等高线的交点。

5. 平面的坡度线,就是平面的(　　),它垂直于平面上的水平线.

(A)斜度线　　(B)最小斜度线　　(C)最大斜度线　　(D)垂直线.

6. 两平面的交线就是两条同高程等高线交点的连线,这是用来()基本方法。

求平面相交的　　(B)求等高线平面的(C)求坡脚线　　(D)求开挖线

7. 正圆锥面上的等高线都是(　　)。

(A)圆　　(B)同心圆　　(C)椭圆　　(D)扁圆

8. 地形图上高程是以什么为起点的。(　)

(A)某一山顶　　(B)某一湖面　　(C)多年平均海平面　　(D)最高海平面

9. 等高线上标注高程时,字头方向应该是(　)

(A)向上　　(B)向左　　(C)向地形高处　　(D)与尺寸数字规定相同

第9章 水利工程图

【教学目标和任务】

了解水利工程图的种类、用途和特点；

掌握水利工程图的基本表达方法和特殊表达方法；

掌握水利工程图尺寸标注的规定；

熟悉常见水工建筑物的基本组成和表达方法；

掌握常见水工建筑物的绘制步骤和方法。

【教学重点和难点】

教学重点：

水利工程图的基本表达方法和特殊表达方法；水利工程图的尺寸标注。

教学难点：

识读和绘制常见水工建筑物的工程图。

【岗课赛证要求】

识读和绘制水工建筑物的工程图是水利工程专业的必备技能。

【思政目标】

培养学生严谨求实的科学态度和精益求精的工匠精神，引导学生追求卓越。

9.1 水工图概述

表达水利水电工程建筑物的图样称为水利工程图，简称水工图。水工图的内容包括视图、尺寸、图例符号和技术说明等，它是反映设计思想、指导施工的重要技术资料。

绘制水工图沿用行业制图标准，本章将按现行的《水利水电工程制图标准》(SL 73—95)的规定，并参照最新(21世纪)颁布的有关制图的国家标准来阐述水工图的表达方法。

本节将对常见的水工建筑物及其结构和水工图的分类作简要介绍。

9.1.1 水工建筑物简介

为利用或控制自然界的水资源而修建的工程设施称为水工建筑物。一项水利工程，常从综合利用水资源出发，同时修建若干个不同作用的建筑物，这种建筑物的综合体称为水利枢纽。图9-1所示为我国大型水利枢纽——三峡水利工程全貌。该枢纽主要由拦河坝、发电站、船闸(垂直升船机、双线五级船闸)、泄水闸、冲沙闸等建筑物组成。图中不同编号分别是：①拦河坝——挡水建筑物，用以拦截河流，抬高上游水位，形成水库和落差。②水电站——利用上、下游水位差及流量进行发电的建筑物。③船闸、④垂直升船机——用以克服水位差产生的通航障碍的建筑物。双线五级船闸用于航运，垂直升船机用于过船。⑤泄水闸——用以泄洪及排放上游水流，进行水位和流量调节的建筑物。⑥冲砂闸——用以排放水库泥沙的建筑物。图 9-1 中在泄水闸底孔及船闸处均布置有排沙底孔。

图 9-1　三峡水利工程全貌

9.1.2　水工建筑物中常见结构及其作用

在水工建筑物中常设置以下结构：

1. 上、下游翼墙

水闸、船闸等过水建筑物的进出口处两侧的导水墙称为翼墙。

2. 铺盖

铺盖是铺设在上游河床之上的一层防冲、防渗保护层，它紧靠闸室或坝体，如图 9-2 所示。其作用是减少渗透，保护上游河床，提高闸、坝的稳定性。

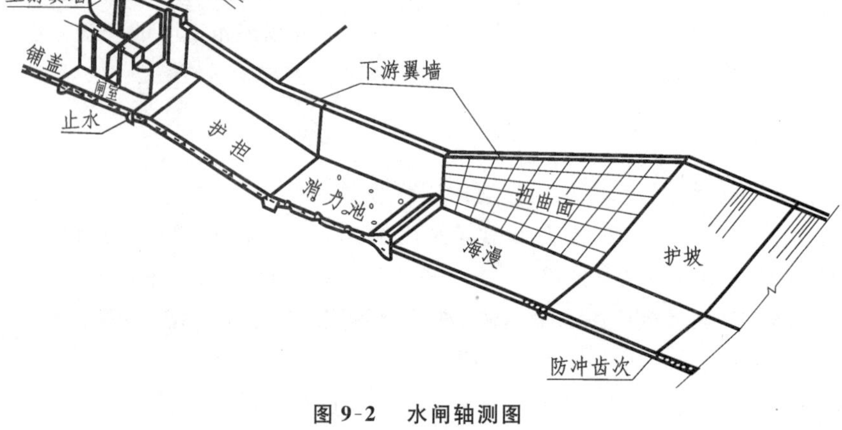

图 9-2　水闸轴测图

3. 护坦及消力池

经闸、坝流下的水带有很大的冲击力，为防止下游河床受冲刷，保证闸、坝的安全，在紧接闸、坝的下游河床上，常用钢筋混凝土做成消力池，如图 9-2 所示。水流至池中，产生翻滚，消耗大部分能量。消力池的底板称护坦，上设排水孔，用以排出闸、坝基础的渗透水，降低底板所承受的渗透压力。

4. 海漫及防冲槽(或防冲齿坎，见图 9-2)

经消力池流出的水仍有一定的能量，因此常在消力池后的河床上再铺设一段砌块石护底，用以保护河床和继续消除水流能量，这种结构称海漫。海漫末端设干砌块石防冲槽或防冲齿坎，以保护紧接海漫段的河床免受冲刷破坏。

5. 廊道

廊道是在混凝土坝或船闸闸首中，为了灌浆、排水、输水、观测、检查及交通等的要求而设置的结构，如图 9-3 所示。

6. 分缝

对于较长的或大体积的混凝土建筑物，为防止因温度变化或地基不均匀沉陷而引起的断裂现象，一般需要人为地设置结构分缝(伸缩缝或沉陷缝)，图 9-4 所示为混凝土大坝的分缝。

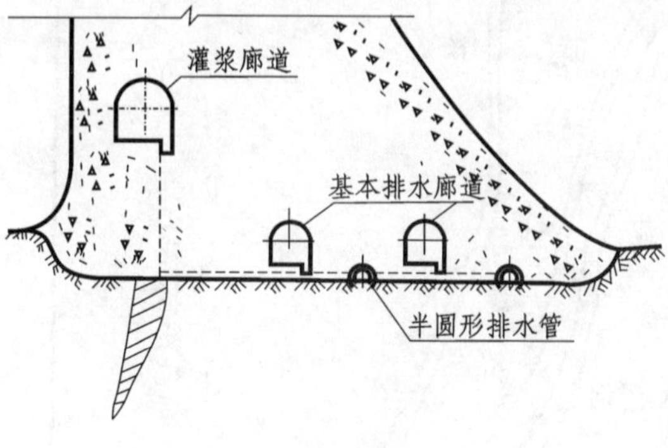

图 9-3　廊道断面图

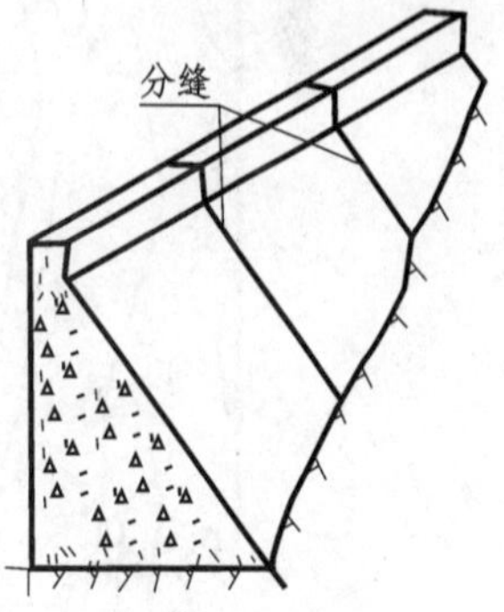

图 9-4　坝体分缝

7. 分缝中的止水

为防止水流的渗漏，在水工建筑物的分缝中应设置止水结构，其材料一般为金属止水片、油毛毡、沥青、麻丝和沥青芦席等。图 9-5 所示为常见的几种止水结构的断面。

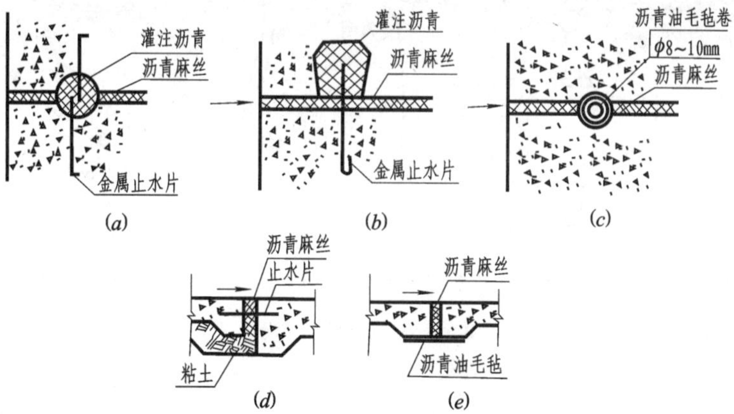

图 9-5　止水结构断面形式

9.1.3 水工图的分类及特点

1. 水工图的分类

水利工程的兴建一般需在勘测的基础上经历规划、设计、施工、验收等阶段，每个阶段对水工图有不同的要求，需要绘制相应的图样。

图样的基本类型有：工程位置图（包括灌溉区规划图）、枢纽布置图（或总体布置图）、建筑物结构图和施工图等。在施工过程中，有时需要对原设计进行修改，根据工程建成以后的实际情况画出的图样称为竣工图。

（1）工程位置图（包括灌溉区规划图）

工程位置图主要表示：水利枢纽所在的地理位置；与枢纽有关的河流、公路、铁路、重要的建筑物和居民点等。图 9-6 所示是江苏省引江工程枢纽位置示意图。

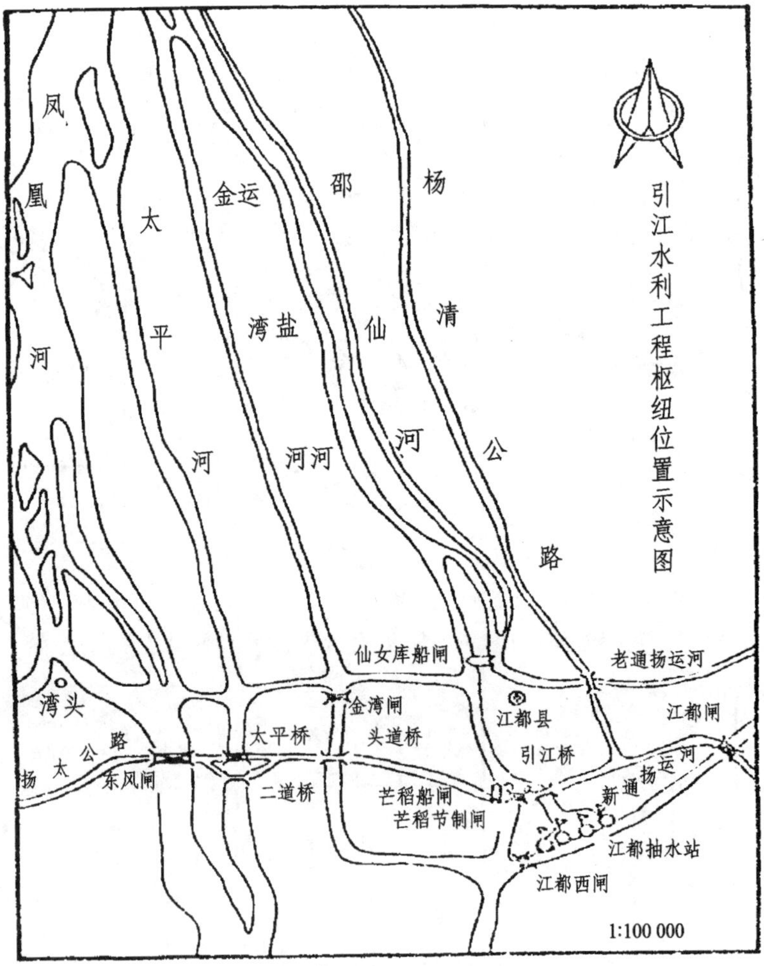

图 9-6　枢纽位置示意

工程位置图的特点是：(1)表示的范围大，图形的比例小，一般比例为 1：5000～1：10000，甚至更小；(2)建筑物一般采用图例表示。表 9-1 为水工建筑物常用平面图例。

表 9-1　水工建筑物常用平面图例

名称		图例
水库	大型	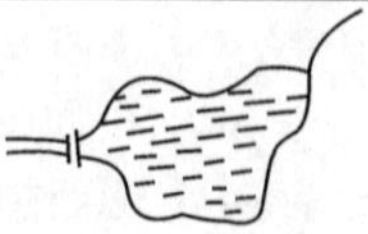
水库	小型	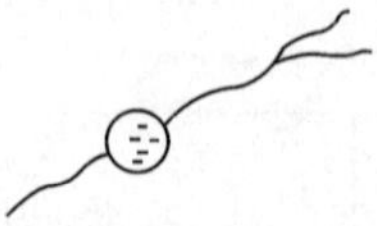
混凝土坝		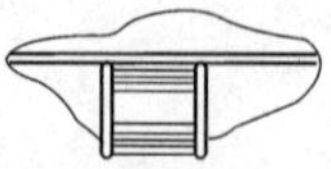
堤		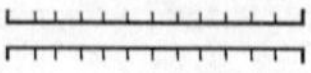
防浪堤	直墙式	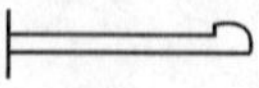
防浪堤	斜墙式	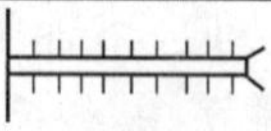
水电站	大比例尺	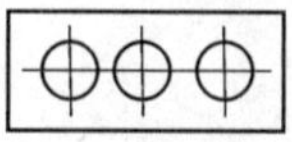
水电站	小比例尺	
变电站		
泵站		
船闸		
土石坝		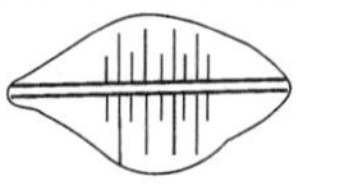
水闸		
溢洪道		
渡槽		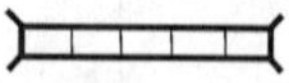
隧洞		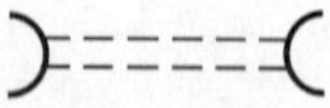
涵洞管		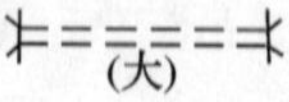 (大) 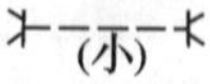 (小)
虹吸		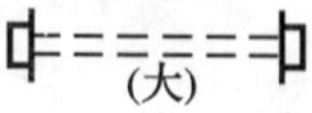 (大) 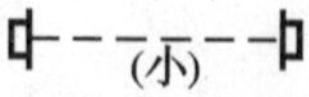 (小)
跌水		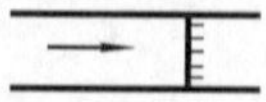
斗门		
沟	明沟	
沟	暗沟	
灌区		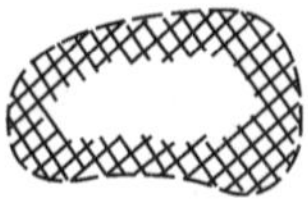
鱼道		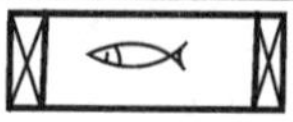

续表 9-1

名　　称	图　　例	图　　例
平板闸门	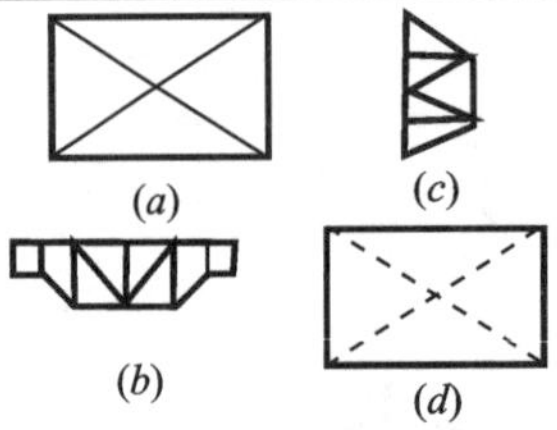	(a) 下游立面图 (b) 平面图 (c) 侧面图 (d) 上游立面图
弧形闸门	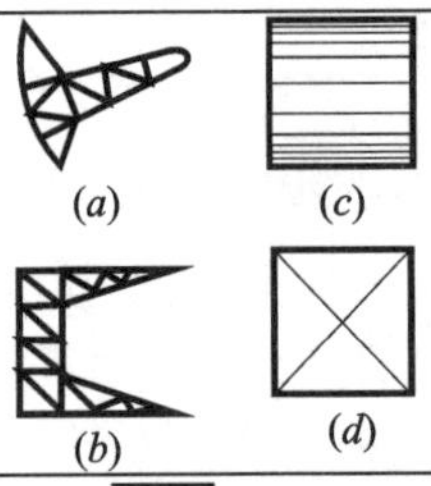	(a) 侧面图 (b) 平面图 (c) 上游立面图 (d) 下游立面图
桥式吊车	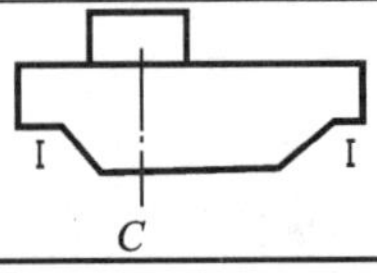	用在厂房断面图中

阅读某灌区规划图(如图 9-7),首先根据指北针辨明方向,然后看清各主要建筑物的类别及布局。该灌区有 5 座水库作为取水渠首,通过塘堰的调节,由总长 1000 多 km 的总干渠和分干渠灌溉 1000 多万亩土地,灌区内水库、塘堰、总干渠及分干渠的位置均在图中作了示意性表达。

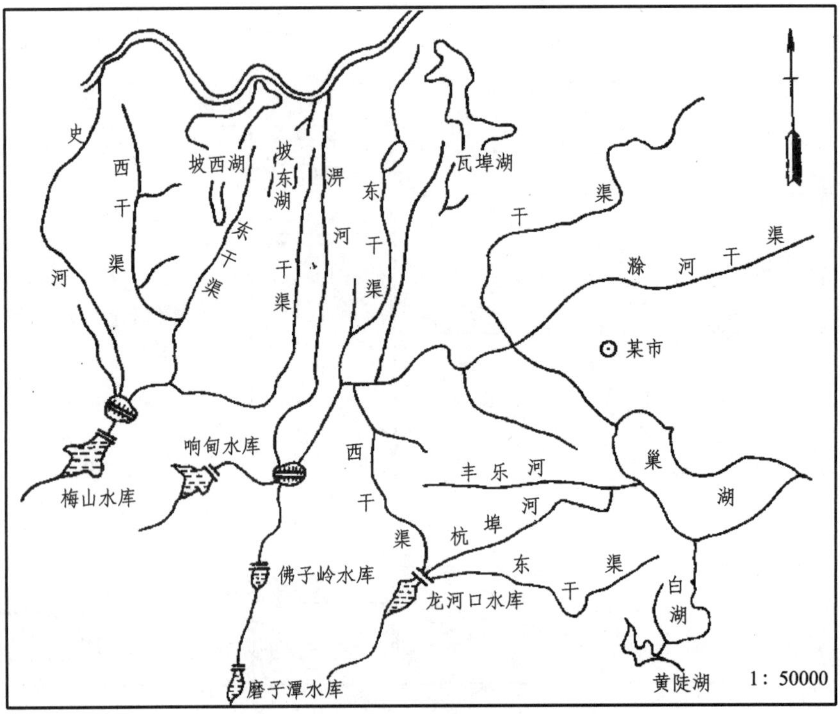

图 9-7　某灌区规划图

(2)枢纽平面布置图(或总体布置图)

枢纽平面布置图主要表示整个水利枢纽在平面上的布置情况,如图9-37所示。枢纽布置图一般包括以下的内容:

①水利枢纽所在地区的地形、河流及流向、地理方位(指北针)等;

②各建筑物的相互位置关系;

③建筑物与地面的交线、填挖方边坡线;

④铁路、公路、居民点及有关的重要建筑物;

⑤建筑物的主要高程和主要轮廓尺寸。

枢纽布置图有以下特点:

①枢纽平面布置图必须画在地形图上。

②为了使图形主次分明,结构上的次要轮廓线和细部构造一般均省略不画,或采用示意图表示这些构造的位置、种类和作用。

③图中尺寸一般只标注建筑物的外形轮廓尺寸及定位尺寸、主要部位的高程、填挖方坡度。

(3)建筑物结构图

结构图是以枢纽中某一建筑物为对象的工程图,包括结构布置图、分部和细部构造以及钢筋混凝土结构图等(这类图的数量最多),如图9-35、36所示,为某水闸结构布置图,它和枢纽布置图都是设计阶段绘制的图样。

建筑物结构图包括如下内容:

(1)表示建筑物的结构形状、尺寸及材料;

(2)表示建筑物各分部和细部的构造、尺寸及材料;

(3)工程地质情况及建筑物与地基的连接方式;

(4)相邻结构物之间的连接方式;

(5)附属设备的位置;

(6)建筑物的工作条件,如上、下游各种设计水位、水面曲线等。

(4)施工图

按照设计要求绘制的指导施工的图样称为施工图。施工图主要表达施工程序、施工组织、施工方法等内容。常用施工图如施工场地布置图、基础开挖图、混凝土分期分块浇筑图、钢筋图等。

(5)竣工图

工程施工过程中,对建筑物的结构进行局部修改是难免的,竣工后建筑物的实际结构与建筑物结构图存在差异。因此,应按竣工后建筑物的实际结构绘制竣工图,供存档和工程管理用。

上述内容仅仅是常见的水工图的一般分类。随着现代科学技术的飞跃发展,工程上将不断采用新的施工方法和新型结构,图样也将会出现新的类型。

总之,设计者应根据生产的需要选择能满足生产要求的图样。

2.水工图的特点

(1)比例尺小

水工建筑物形体庞大,画图时常用小比例尺,各类水工图常用比例如表9-2所示。

特殊情况下,允许在同一个视图中的铅垂和水平两个方向采用不同的比例。

(2)详图多

表 9-2　水工图常用比例

图　　类	比　　　　例
枢纽总布置图施工总平面布置图	1∶5000，1∶2000，1∶1000，1∶500，1∶200
主要建筑物布置图	1∶2000，1∶1000，1∶500　1∶200，1∶100
基础开挖图 基础处理图	1∶1000，1∶500，1∶200，1∶100，1∶50
结构图	1∶500，1∶200，1∶100，1∶50
钢筋图	1∶100，1∶50，1∶20
细部构造图	1∶50，1∶20，1∶10，1∶5

因画图所采用的比例尺小，细部构造不易表达清楚。为了弥补以上缺陷，水工图中常采用较多的详图来表达建筑物的细部构造（关于详图的有关知识，将在下一节详细介绍）。

(3)剖面图多

为了表达建筑物各部分的剖面形状及建筑材料，便于施工放样，水工图中剖面图（特别是移出剖面）应用较多。

(4)考虑水和土的影响

任何一个水工建筑物都是和水、土紧密联系的，绘制水工图应考虑水流方向，并注意对建筑物土下部分的表达（具体表达方法将在下一节介绍）。

(5)粗实线的应用

水工图中的粗实线，除用于可见轮廓线外，对于建筑物的施工缝、沉陷缝、温度缝、防震缝、不同材料分界线等也应以粗实线绘制。

9.2　水工图的表达方法

9.2.1　视图配置及名称

水工图上常用的是三视图，即正视图、俯视图和侧视图。俯视图一般称为平面图，正视图和侧视图一般称为立面图。由于水工建筑物许多部分被土层覆盖，而且内部结构也较复杂，所以剖视、断面应用较多。图 9-8 为陡坡结构图，采用平面图和 *A-A*、*B-B* 两个剖视图才能表达清楚。

为了看图方便，每个视图都应标注图名，图名一般标注在图形的上方，并在图名下方绘一粗横线。视图应尽可能按投影关系配置。在布置图形时，习惯上使水流方向由左向右或由后向前。

若视图对称，为了减少幅面，节省绘图工作量，允许只画一半，对称面画点画线，并在点画线两端标上对称符号，如图 9-9 中的平面图。也可将两个对称的视图各画一半合并在一起，对称面画点画线，并分别标注相应的图名称为合成视图，如图 9-9 中的侧视图为上游立面图和下游立面图合并而成。

人站在上游，面向建筑物作投射，所得的视图叫做上游立面图；站在下游，面向建筑物作投射，所得的视图叫做下游立面图。面向下游站立时，人的左手侧称

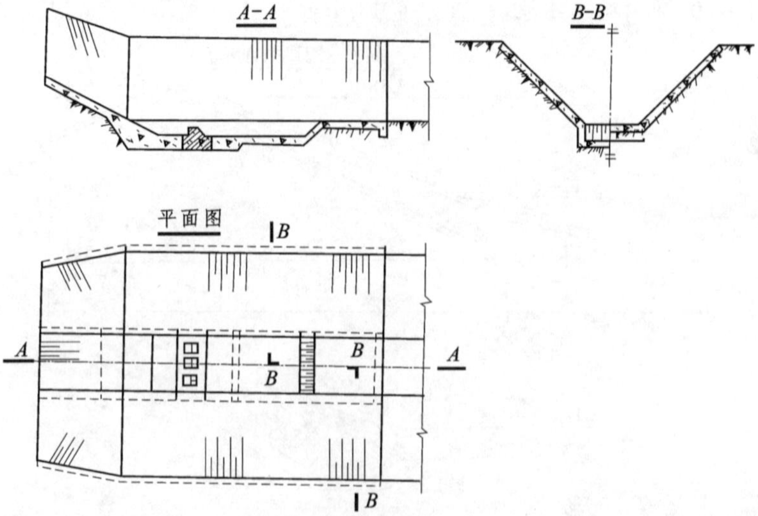

图 9-8　陡坡结构图

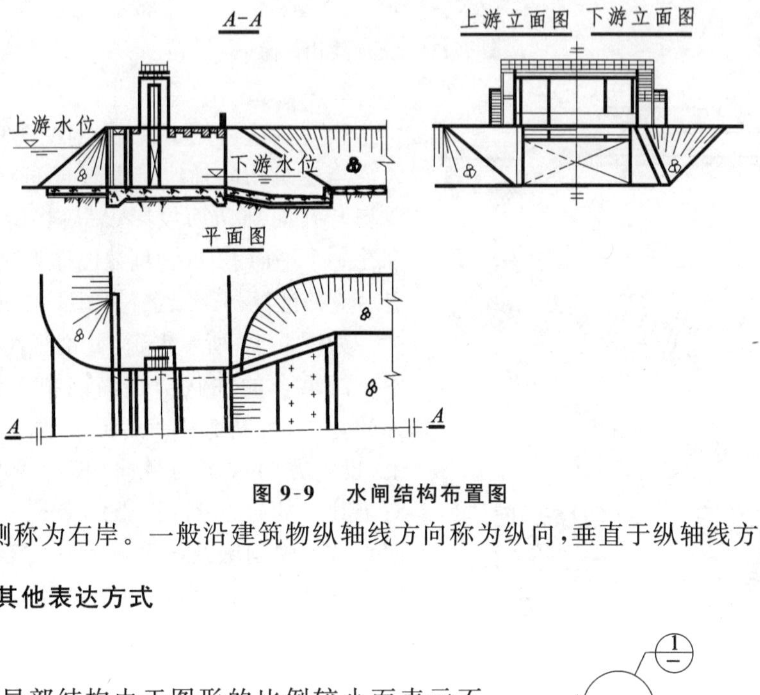

图 9-9　水闸结构布置图

为左岸,右手侧称为右岸。一般沿建筑物纵轴线方向称为纵向,垂直于纵轴线方向称为横向。

9.2.2　其他表达方式

1. 详图

当物体的局部结构由于图形的比例较小而表示不清楚或不便于注写尺寸时,可将这些局部结构用较大的比例画出,称为局部放大图或详图,如图 9-10、图 9-11 所示。其表达方法是:在原图形上用细实线圆表示需要放大的部位,用引出符号“1/—”标注详图的编号(分子)和放大图所在图纸的编号(分母),便于看图时查阅。若详图画在本张图纸内,则分母用“一’表示,如图 9-11 中的“1/—”。在相应的详图下方(或上方),应标注编号

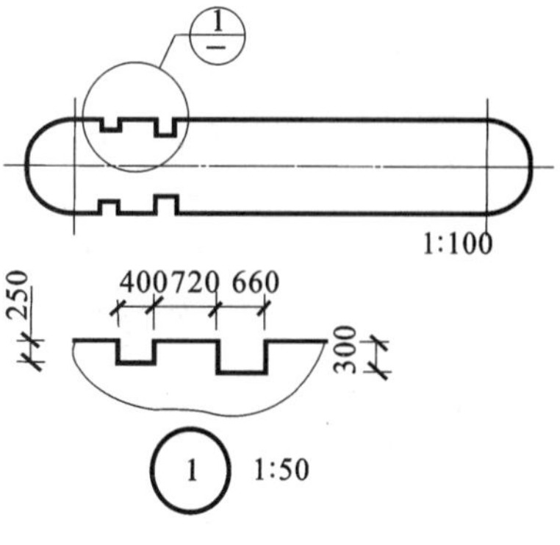

图 9-10　闸墩结构大样

和比例，如①1：50，圆用粗实线绘制，直径为 14mm。

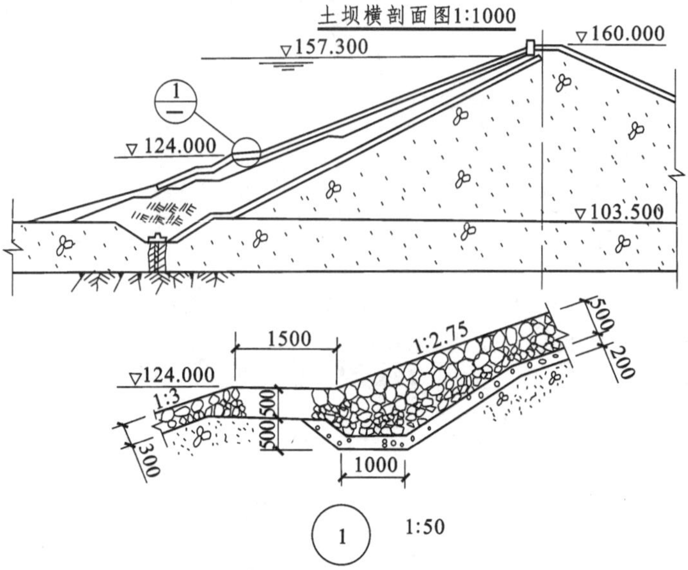

图 9-11　土坝结构详图

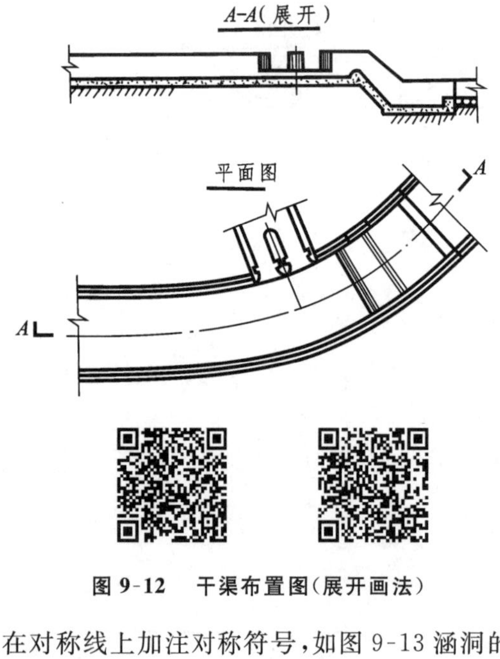

图 9-12　干渠布置图(展开画法)

2. 展开画法

展开画法适用于视图、剖视图和断面图。

当建筑物的轴线是曲线或折线时，可以沿轴线切开并向剖切面投影，然后将所得的剖视图展开在一个平面上，这种剖视图称为展开剖视。在图名后应标注“展开”二字，如图 9-12 所示。

如图 9-12 所示渠道，其剖视图系采用与渠道中心线重合的柱状剖切面剖切后展开而得。展开的方法是：先把柱面后面的建筑物投影到柱面上，投影方向一般为径向(投影线与柱面正交)。对于其中的进水闸，投影线平行于闸的轴线，以便真实反映闸墩及闸孔的宽度，然后将柱面展开成平面，即得 *A-A*(展开)剖视图。

3. 省略表示法

当图形对称时，可以只画对称的一半，但须在对称线上加注对称符号，如图 9-13 涵洞的平面图所示。对称符号为对称线两端与之垂直的平行线(细实线)各两条。

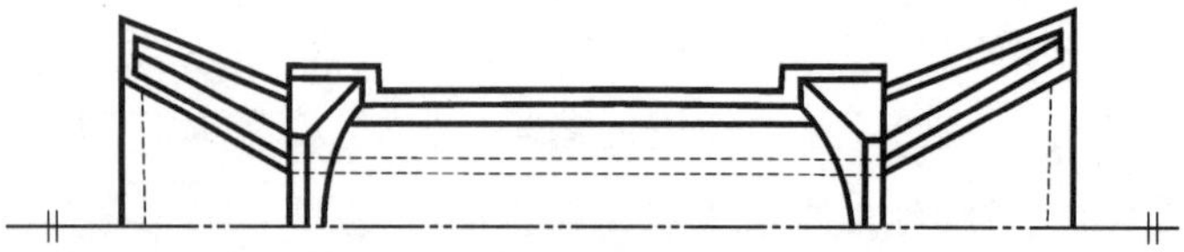

图 9-13　涵洞平面图(省略画法)

4. 分层表示法

当建筑物有几层结构时，为了表达出各层的结构和节省图幅，可以采用分层表示法，即在同一视图内按其结构层次分层绘制，如图 9-14 所示。画分层视图时，相邻层次用波浪线（或分缝线、分段线）作分界，并用文字标注各层的名称。

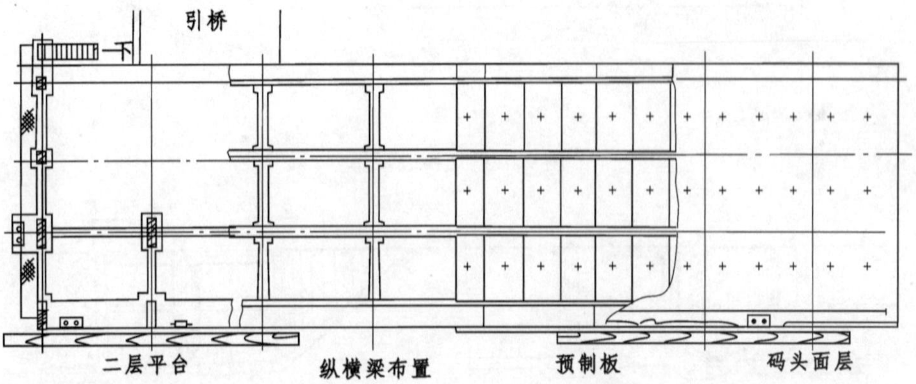

图 9-14　码头平面图（分层画法）

5. 假想表示法

水工图中为了表示活动部件的运动范围，或者为了表示相邻结构的轮廓，可以采用假想表示法——用双点画线表示假想投影。在图 9-15 水电站厂房横断面图中，发电机转子和水轮机的吊装位置采用了假想表示法。

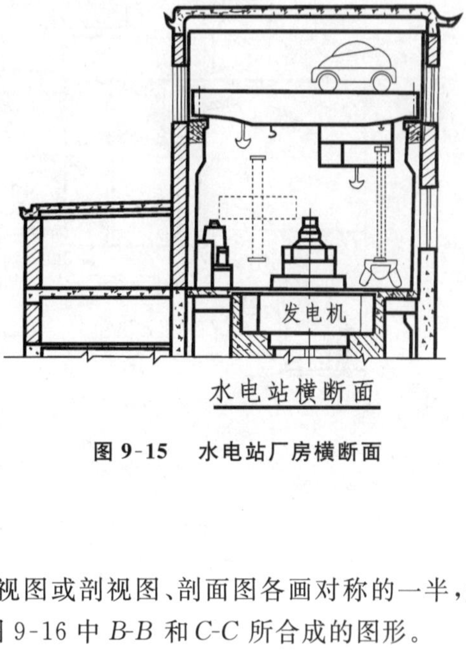

图 9-15　水电站厂房横断面

6. 拆卸表示法

当所要表示的结构被装配式部件或附属设备或埋土遮住时，可假想将后者拆去，然后绘制视图，这种画法称为拆卸表示法。如图 9-16 所示，水闸左右对称，平面图中闸室的一半采用拆卸表示法，未将工作桥和公路桥示出，左岸翼墙及边墩未填土，用实线表示。

7. 合成表示法

对称或基本对称的图形，可将两个相反方向的视图或剖视图、剖面图各画对称的一半，并以对称线为界，合成一个图形，称为合成视图。如图 9-16 中 *B-B* 和 *C-C* 所合成的图形。

8. 连接表示法

当结构物比较长但又必须画出全长时，由于图纸幅面的限制，允许采用连接表示法，将图形分成两段绘制，并用连接符号和标注相同字母的方法表示图形的连接关系，如图 9-16 所示。

9.2.3　规定画法和简化画法

1. 对于构造相同且均布的孔洞，如图 9-17 所示的消力池底板上的排水孔，在反映其分布情况的视图中，可按其外形画出少数孔洞，其余的用符号“＋”表示出它们的中心位置。

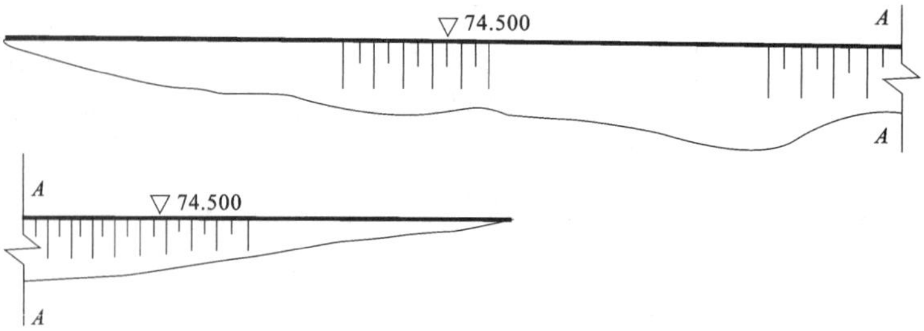

图 9-16　连接表示法

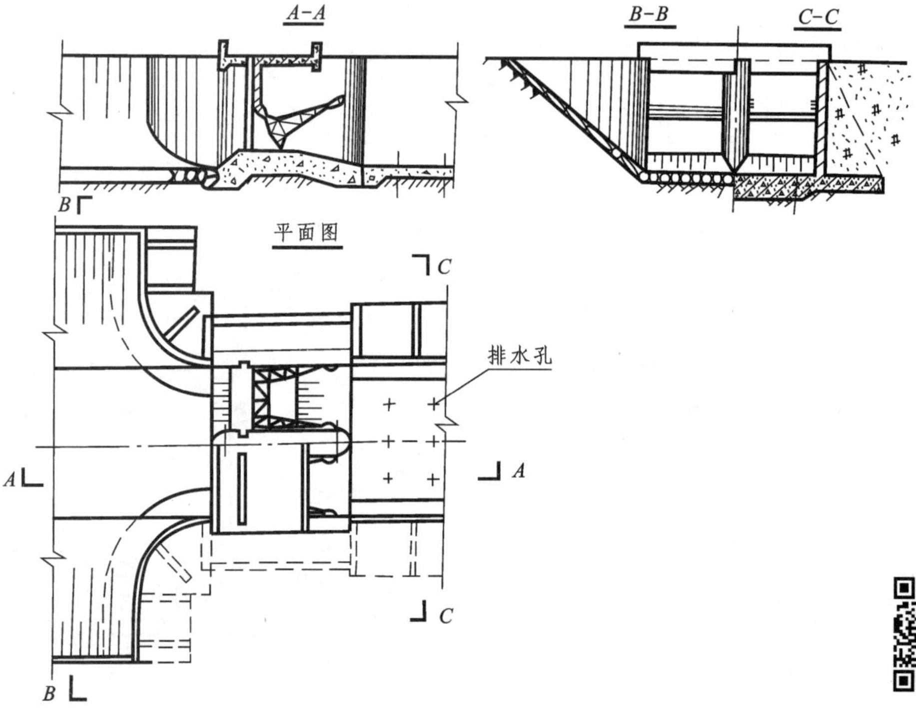

图 9-17　简化画法、拆卸画法和合成视图

2. 当图形的比例较小致使某些细部构造无法在图中表示清楚，或者某些附属设备（如闸门、启闭机、吊车等）另有专门的图纸表示，不需在图上详细画出时，可以在图中相应部位画出示意图。这种画法虽然不能表示结构的详细情况，但能表示出它的位置、类型和作用。常用的一些示意图例如表 9-1 所示。

3. 建筑物中有各种缝线，如沉陷缝、伸缩缝、施工缝合材料分界线等。虽然缝线两边的表面在同一平面内，但画图时一般仍按轮廓线处理，用一条粗实线表示，如图 9-18 所示。

4. 在《水利水电工程制图标准》中规定实线、虚线和点画线的宽度分为粗、中粗、细三个等级，如图 9-19 所示，并要求同一张图纸上，同一等级的图线，其宽度应一致。

当图上线条较多、较密时，可按图线的不同等级，将建筑物的外轮廓线，剖视图的截面轮廓等用粗实线画出，将廊道截面轮廓、闸门、工作桥墩等用中粗线画出，使所表达的内容重点突出，主次分明。

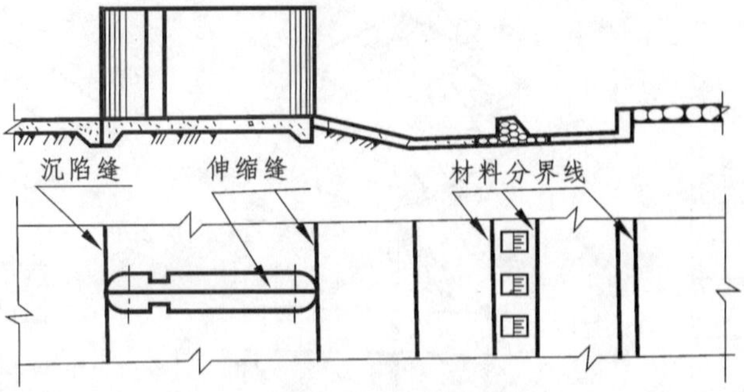

图 9-18　缝线的表示

5. 为了增加图样的明显性，水工图上的曲面应用细实线画出其若干素线，斜坡面应画出示坡线，如图 9-20 所示。

图 9-19　图线

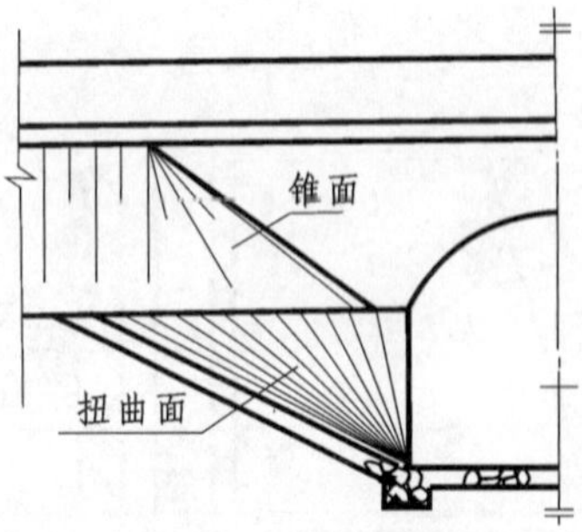

图 9-20　曲面表示

9.3　水工图常见曲面的画法

水工建筑物的某些表面为曲面，常见的如柱面、锥面、渐变面及扭面等。在水工图中，除画出它们的投影外，还需在其投影范围内画出若干条素线，以使图形更为清晰。

1. 柱面

在水工图中，对于柱面，在反映其轴线实长的视图中画出若干条间隔不等的直素线(细实线)，靠近轮廓线处密，靠近轴线处稀。如图 9-21 所示闸墩的两端及溢流坝顶柱面部分，分别在正视图和俯视图中画出了柱面素线。

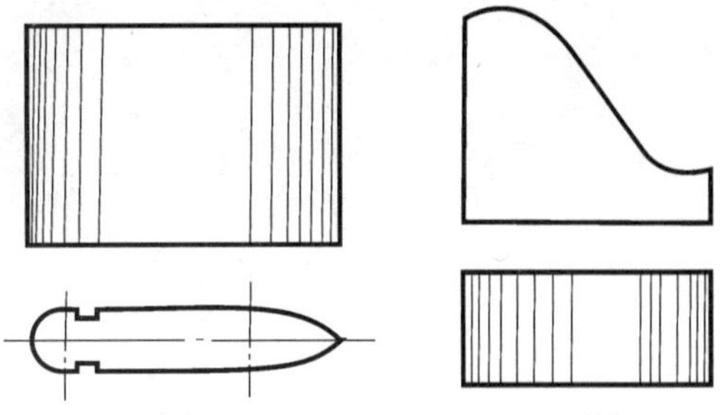

图 9-21　柱面的画法

2. 锥面

对于锥面，有两种画法：①在其反映轴线实长的视图中画若干条有疏密之分的直素线，在反映锥底圆弧实形的视图中则画若干条均匀的直素线，如图 9-22(*a*)所示；②在锥面的各视图中均画出若干条示坡线，如图 9-22(*b*)(*c*)所示。注意锥面示坡线方向应指向锥顶。

3. 渐变面

水电站及抽水机站的引水管道或隧洞通常是圆形断面，而安装闸门处需要做成矩形断面。为使水流平顺，在矩形断面与圆形断面之间，通常采用渐变段过渡，使断面逐渐变化，如图9-23

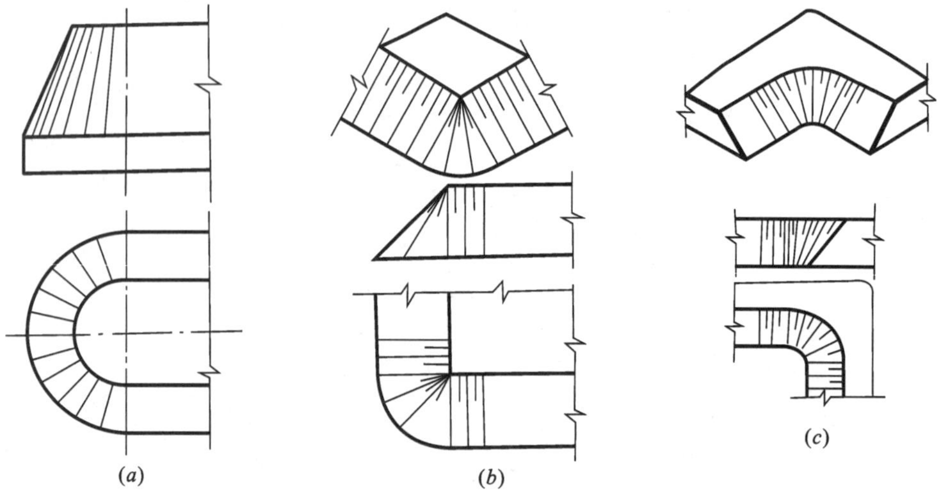

图 9-22　锥面的画法

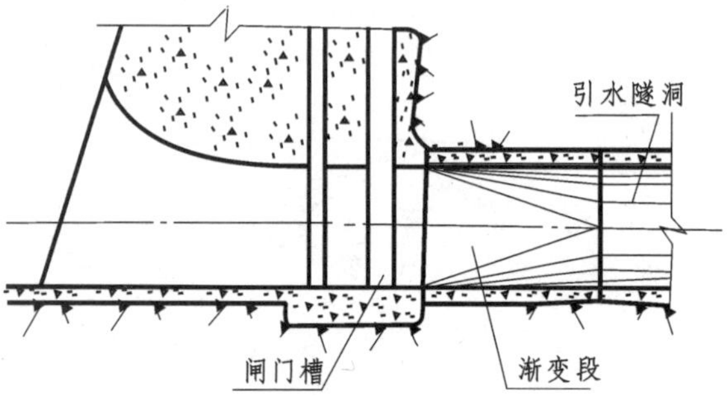

图 9-23　渐变段过渡

所示。

(1)渐变面的组成。渐变面是由四个三角形平面和四个部分斜椭圆锥面相切而形成的组合面，如图 9-22(a)所示。其中，方(矩)形的四个顶点 S_1、S_2、S_3、S_4：分别为四个斜椭圆锥的顶点，圆周的四段圆弧分别为四个斜椭圆锥的底圆，圆心 O 与锥顶 S_1、S_2、S_3、S_4 的连线 OS_1、OS_2、OS_3、OS_4，分别为四个斜椭圆锥的圆心连线。

(2)渐变面的素线表示法。表达要领如图 9-24 所示：①用粗实线画出渐变面的外形轮廓。②用细实线画出平面与斜椭圆锥面的切线(分界线)，其正面投影和水平投影均与斜椭圆锥面圆心连线的同面投影重合。③锥面部分加绘直素线。

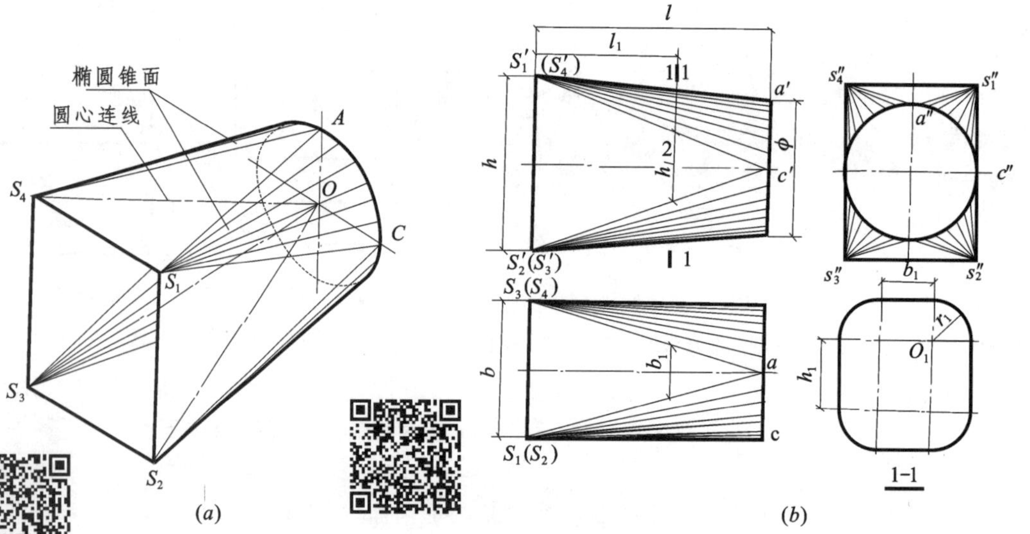

图 9-24　渐变段表面的组成

(3)渐变面的断面图。为了便于施工放样，确保工程质量，需绘制渐变面的若干断面图。剖面图系平行于渐变面端面的剖切平面与渐变面的截交线。由于两平面的交线为直线，平面与斜椭圆锥面的截交线为圆，渐变面的剖面图是四角为圆角的矩形，如图 9-24(b)所示。矩形的高度由正视图中量得(h)，矩形的宽度由俯视图中量得(b)，圆角的圆心为剖切平面与斜椭圆锥圆心连线的交点(O)，半径(R)为圆心至轮廓线之距离，可从正(或俯)视图中量取。

4. 扭面

扭面也是一种渐变面。渠道的断面为梯形，水工建筑物的过水断面为矩形，两者之间常以一光滑曲面过渡，这个曲面就是扭面，扭面所在部分结构(如进出口段)称为扭面过渡段，如图 9-25(a)所示。

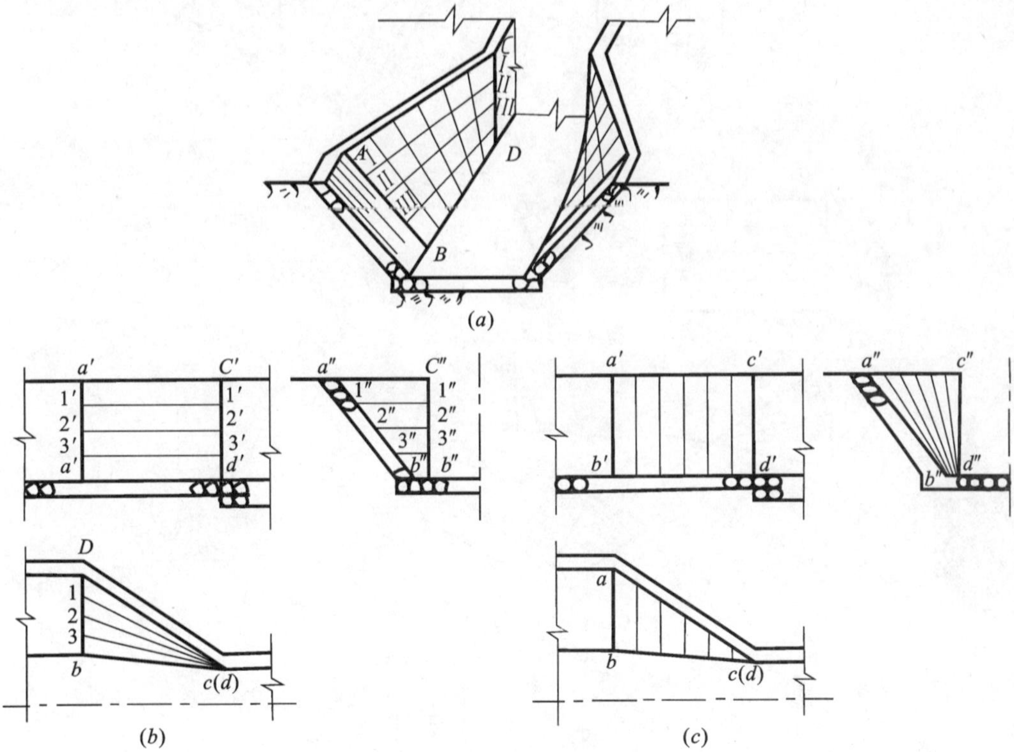

图 9-25　渠道中的扭面的画法

扭面的形成：一直母线沿两交叉直导线移动，且始终平行于一个导面，所形成的曲面称为扭面。画图时，不仅要画出其导线、曲面边界线及外形轮廓线的投影，一般还要用细实线画出若干素线的投影。

扭面的画法：扭面经常用于水闸、船闸或渡槽与渠道的连接处。如图 9-25(a)所示，渠道两侧边坡是斜面，水闸侧墙面是直立的，为使水流平顺，在连接处采用了扭面。图中画出了它的两组素线，一组为水平线，一组为侧平线。图 9-25(b)、(c)为连接段的投影图。图(b)上画出了水平素线，图(c)上画出了侧平素线。

在水利工程图中，习惯于在俯视图上画出水平素线的投影，在左视图上画出侧平素线的投影，而在正视图(剖视)上不画素线，只写“扭曲面”或“扭面”，如图 9-26(a)所示。

在实际工程中，这种翼墙不仅迎水面做成扭面，其背水(挡土)面也做成扭面，如图 9-26(a)中的 $EFHG$ 面，其导面与迎水面的导面相同。图 9-26(b)单独画出了背水曲面的投影图及立体图。施工时，往往需要画出这种翼墙的断面图，图 9-26(c)示出了 1-1 断面图的画法。因剖切平面为侧平面，平行于导面，所以它与翼墙迎水面及背水面的交线都是直线。

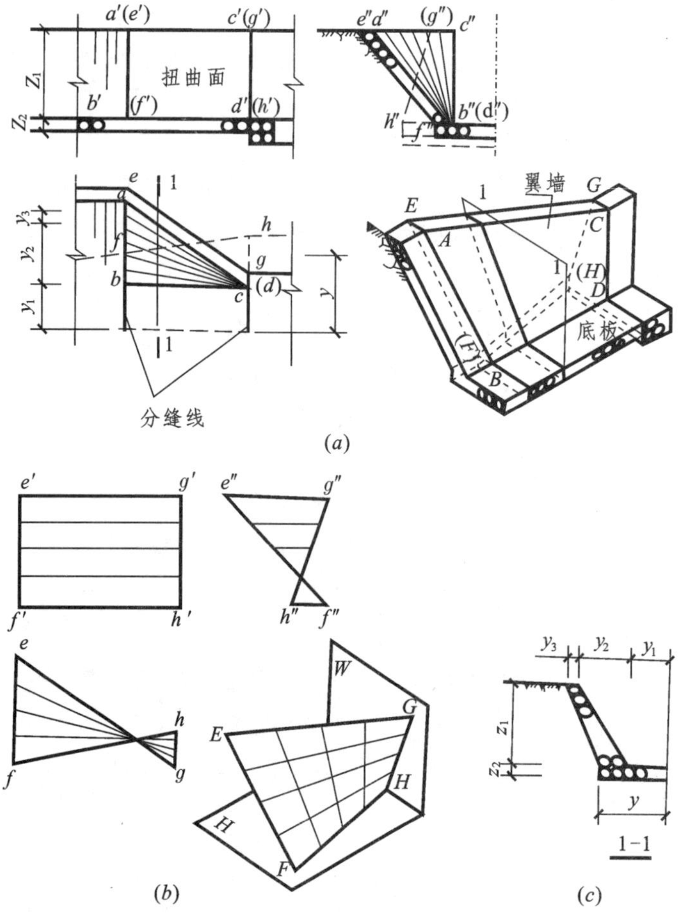

图 9-26　翼墙中扭面的画法

9.4　水工图的尺寸标注

对水工建筑物的尺寸标注既应适应其形体构造的特点，又应满足设计、施工的要求。在第 1 章和第 6 章已介绍尺寸标注的基本规定和方法，本节将讨论水工图的尺寸标注。

9.4.1　基准面和基准点

水利工程是建造在地面上的，通常是根据测量坐标系所建立的施工坐标系来确定各个建筑物在地面上的位置。施工坐标系一般是由三个互相垂直的平面构成的一个三维空间坐标体系。

第一个坐标面是水准零点的水平面，称为高度基准面，它由国家统一规定。我国各地区采用的水准零点是不同的，有吴淞零点、废黄河零点、塘沽零点、珠江零点、青海零点等。工程图中一般应说明所采用的水准零点名称。

第二个坐标面是垂直于水平面的平面，称为设计基准面。大坝一般以通过坝轴线的铅垂面为设计基准面，水闸和船闸一般以通过闸中心线的铅垂面为设计基准面，码头工程一般以通过码头前沿的铅垂面为设计基准面。

第三个坐标面是垂直于设计基准面的铅垂面。

三个坐标面的交线是三条相互垂直的直线，是单个建筑物所采用的坐标轴。在图上只需用两个基准点来确定设计基准面的位置，其余两个基准面即隐含在其中。图 9-27 为大坝和电站的平面布置图，其基准点 $A(x=253252.48, y=68085.95)$、$B(x=253328.06, y=68126.70)$ 即确定了坝轴线和设计基准面的位置。x、y 坐标值由测量坐标系测定，一般以米为单位。

9.4.2 高度尺寸的标注

水工建筑物施工过程中，其主要表面的高度是通过水准测量测得的，因此在水工图中对其应通过标注高程（又称标高）来表示，次要表面的高度则通过标注相对高度来确定。

1. 标高的注法

标高由标高符号及标高数字两部分组成，如图 9-27(*a*)所示。

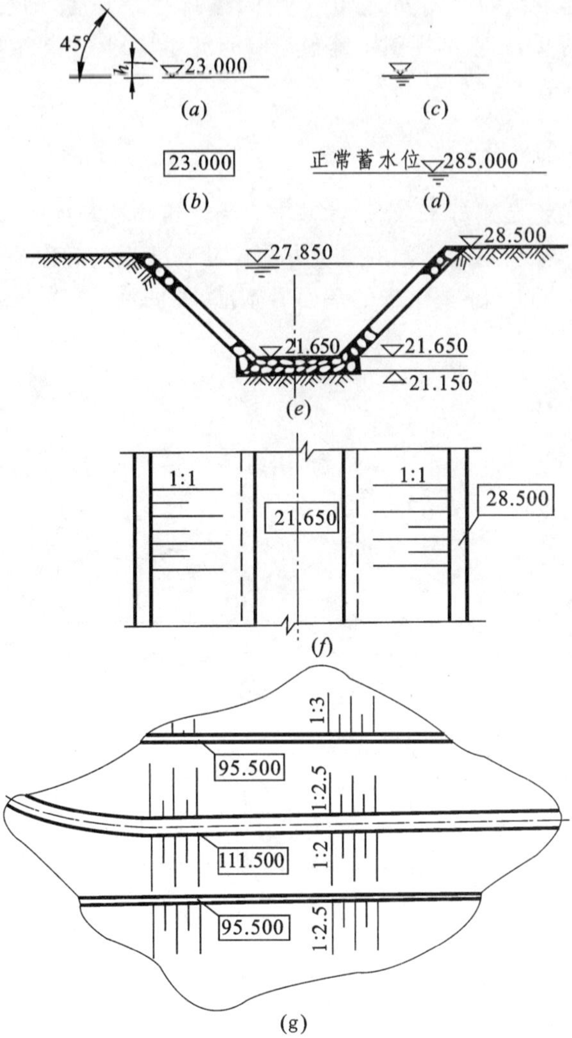

图 9-27 标高的注法

(1)标高符号。在立面图和铅垂方向的剖视图、剖面图中，标高符号一般采用如图 9-27(*a*)所示的等腰直角三角形，用细实线绘制，高度约为数字高度的 2/3。标高数字一律注写在标高符号的右边，如图 9-27(*e*)中的高程“21.150”及“21.650”等。

在平面图中，标高符号是用细实线绘制的矩形线框，标高数字注写在其中，如图 9-27(*b*)所示。当图形较小时，可将符号引出绘制，如图 9-27(*f*)、(*g*)所示。

(2)标高数字。标高数字一律以米为单位，注写到小数点以后第三位，在总布置图中，可注写到小数点后第二位。零点标高注写成±0.000 或±0.00；正数标高数字前一律不加“+”号，如图 9-27 中的“27,850”“111.500”等；负数标高数字前必须加“−”号，如“−1.250”、“−5.80”等。

(3)水面标高(水位)的注法。水面标高的注法与立面图中注标高相类似，区别在于需在水面线下画三条渐短的细实线，如图 9-27(*e*)中的标高尺寸“27.850”。特征水位应在标注水位的基础上加注特征水位名称，如图 9-27(*d*)中的“正常蓄水位”。

2.高度的标注

对建筑物的次要表面，仍采用标注高度的方法，即标注它与重要表面的高差。如图 9-35 纵剖视图中铺盖齿墙的尺寸“50”，其尺寸基准是高程为 4.000 的铺盖顶面。

9.4.3 平面尺寸的标注

标注平面尺寸的关键是选好长、宽尺寸基准。当建筑物在长度或宽度方向对称时，应以对称轴线为基准，如图 9-35 所示进水闸的宽度方向尺寸基准为其对称轴线。当建筑物的某一方向无对称轴线时，则以建筑物主要结构的端面为基准，如图 9-35 中进水闸长度方向尺寸以闸室底板上游端面为基准。

9.4.4 桩号的注法

对于坝、隧洞、渠道等较长的水工建筑物，沿轴线的长度尺寸一般采用“桩号”的注法，标注形式为 $k+m$，k 为公里数，m 为米数，如图 9-27 所示。起点桩号注成 0+000，起点桩号之后，是 k、m 为正值，起点桩号之前，k、m 为负值。桩号数字一般沿垂直于轴线方向注写，且标注在同一侧。

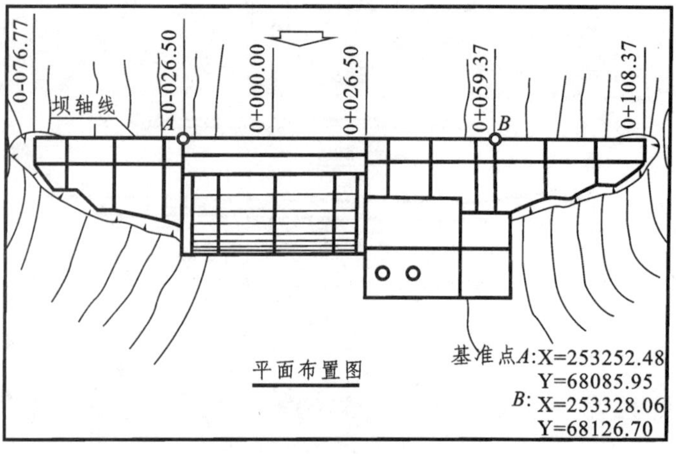

图 9-28 里程桩号表示

当同一图中几种建筑物采用“桩号”标注时，可在桩号数字之前加注文字以示区别，如坝 0＋021.00，洞 0＋018.30 等。

9.4.5 非圆曲线的尺寸注法

图 9-29 为非圆曲线尺寸标注举例。其中溢流坝面为非圆曲线，标注时一般将非圆曲线上各点的坐标值列表表示，如图中表格“坝面曲线坐标值”所示。

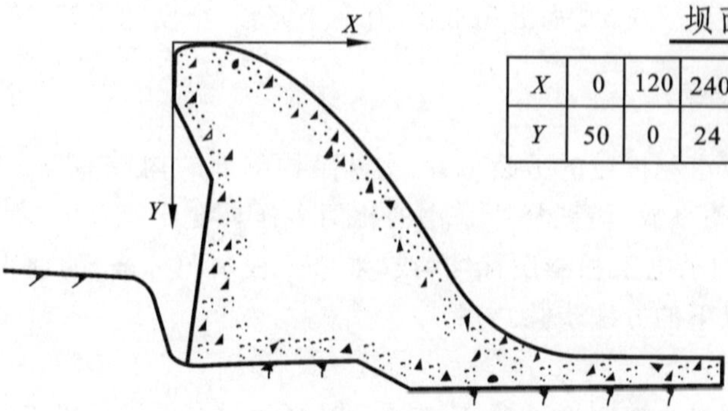

坝面曲线坐标值

X	0	120	240	400	560	720	880	960
Y	50	0	24	102	226	935	603	720

图 9-29 非圆曲线尺寸的注法

9.4.6 简化注法

多层结构尺寸的注法。多层结构尺寸可于引出线上标注，引出线必须垂直通过被引的各层应按结构的层次注写文字和尺寸。如图 9-30 所示

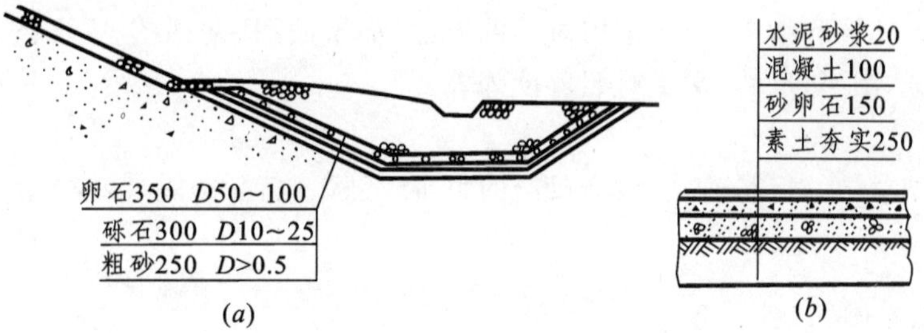

图 9-30 多层结构的尺寸注法

均匀分布的相同构件或构造，可简化标注。如图 9-35 所示，进水闸平面图尺寸“10＊100”表示排水孔的横向间距有 10 个，间距值为 100cm。

9.4.7 尺寸齐全与重复尺寸

水工建筑物的施工是分阶段进行的，水工图中要求注出全部分段尺寸，还应标注总体尺寸，这样封闭尺寸链式的标注不但是允许的，也是需要的。当一个建筑物的几个视图不能画在同一张图纸上，或虽画在同一张图纸上但相距较远时，为便于读图，允许标注重复尺寸。

9.5 水工图的阅读

在设计、施工、科研、学习等活动中都要求水利工程技术人员具有熟练阅读水工图的能力。

9.5.1 阅读水工图的要求

1. 通过看枢纽布置图了解:枢纽的地理位置,该处的地形和河流状况,各建筑物的位置和主要尺寸,建筑物之间的相互关系。

2. 通过看结构图了解:各建筑物的名称、功能、工作条件、结构特点,建筑物各组成部分的结构形状、大小、作用、材料和相互位置,附属设备的位置和作用等。

3. 进行归纳总结,以便对水利枢纽(或水工建筑物)有一个完整、全面的了解。

9.5.2 阅读水工图的方法步骤

基于水工图内容广泛,大至水利枢纽的平面布置,小到结构细部的构造都需表达;视图数量多且视图之间常不能按投影关系放置;图样所采用的比例多样且变化幅度大(如从 1∶500 到 1∶5);专业性强且涉及《水利水电工程制图标准》或《港口工程制图标准》的内容多等方面特点,阅读水工图一般宜采用以下的方法步骤。

1. 概括了解

看有关专业介绍、设计说明书。按图纸目录,依次或有选择地对图纸进行粗略阅读。分析水工建筑物总体和分部采用了哪些表达方法;找出有关视图和剖视图之间的投影关系;明确各视图所表达的内容。

2. 深入阅读

概括了解之后,还需要进一步仔细阅读,其顺序一般是由总体到分部、由主要结构到其它结构、由大轮廓到小局部,逐步深入。读水工图时,除了要运用形体分析法和线面分析法外,还需知道建筑物的功能和结构常识,运用对照的方法,如平面图、剖视图、立面图对照着读,整体和细部对照着读,图形、尺寸、文字对照着读等等。

3. 归纳总结

最后通过归纳总结,对建筑物(或建筑群)的大小、形状、位置、功能、结构特点、材料等有一个完整和清晰的了解。

9.5.3 读图举例

【例 9-1】 识读进水闸结构图。(见本书末的插页图 9-35,9-36)。

第一步:概括了解

水闸的作用:水闸建造于河道或渠道中,安装有可以启闭的闸门。开启闸门即开闸放水;关闭闸门则可挡水,抬高上游水位;调节闸门开启的大小,可以控制过闸的水流量。因此,水闸的作用可以概括为:控制水位、调节流量。

水闸的组成部分:图 9-31 所示为某水闸的立体示意图。

第二步:深入阅读

水闸由上游连接段、闸室、下游连接段三部分组成,现结合图 9-31 将水闸各部分的结构及作用介绍如下:

1. 闸室。水闸中闸墩所在的部位为闸室。闸室是水闸的主体,闸门即位于其中。

(1)组成。闸室由底板、闸墩、岸墙、胸墙、闸门、交通桥、工作桥、便桥等组成。

(2)作用。闸室是水闸直接起控制水位、调节流量作用的部分。

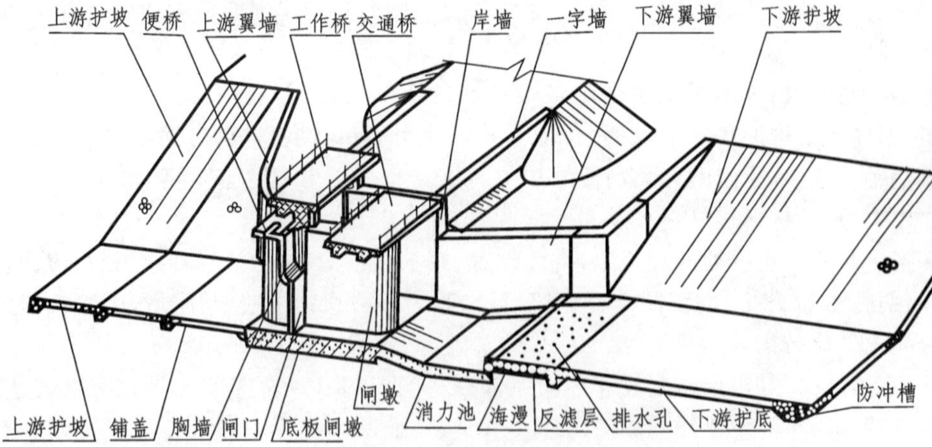

图 9-31　水闸的立体示意图层

2. 上游连接段。图 9-31 中闸室以左的部分为上游连接段。

(1)组成。上游连接段由上游护坡、上游护底、铺盖、上游翼墙等组成。

(2)作用。上游连接段的作用主要有三点：一是引导水流平稳进入室闸(顺流)；防止水流冲刷河床(防冲)；三是降低渗透水流对水闸的不利影响(防渗)。

下游连接段。图 9-31 中闸室以右的部分称为下游连接段。

(1)组成。下游连接段由下游翼墙、消力池、下游护坡、海漫、下游护底及防冲槽等组成。

(2)作用。下游连接段的主要作用是消除出闸水流的能量，防止其对下游河床的冲刷，即防冲消能。图 9-31 海漫部分设置排水孔是为了排出渗透水。为了使排出的渗透水不带走海漫下部的土粒，在排水孔下面铺设粗砂、小石子等进行过滤，称为反滤层。

读图(图 9-35，图 9-36)：

1. 概括了解。阅读标题栏和说明，建筑物名称为“进水闸”，是渠道的渠首建筑物，作用是调节进入渠道的灌溉水流量，由上游连接段、闸室、下游连接段三部分组成。图中尺寸高程以米计，其余均以厘米为单位。

2. 分析视图。为表达进水闸的主要结构，共选用平面图、进水闸剖视图、上下游立面图和七个剖面图。其中前三个图形表达进水闸的总体结构，剖面图的剖切位置标注于平面图中，它们分别表达上下游翼墙、一字形挡土墙、岸墙、闸墩的剖面形状、材料以及岸墙与底板的连接关系。

平面图采用了省略画法，只画出了以进水闸轴线为界的左岸。闸室部分采用了拆卸画法，略去交通桥、工作桥、便桥和胸墙。

进水闸剖视图系沿闸孔中心水流方向剖切，故可称为纵剖视图。

上下游立面图为合成视图。

3. 分析形体。分析了视图表达的总体情况之后，读图就进入分析形体的关键阶段。对于进水闸，宜从水闸的主体部分闸室开始进行分析识读。

首先从平面图中找出闸墩的视图。借助于闸墩的结构特点，即闸墩上有闸门槽、闸墩两端曲面形状利于分水，先确定闸墩的俯视图。结合 H-H 剖面图并参照岸墙的正视图，可想象出闸墩的形状是两端为半圆头的长方体，其上有两个闸门槽，偏上游端的是检修门槽，另一个为主门槽，闸墩顶面左高右低，分别是便桥、工作桥和交通桥的基础。闸墩长 1200cm、宽 100cm，材料为钢筋混凝土。

闸墩下部为闸底板，进水闸剖视图闸室最下部的矩形线框为其正视图。结合阅读 *H-H* 剖面图可知，闸底板结构形式为平底板，长 1200cm、厚 160cm，建筑材料为钢筋混凝土。闸底板是闸室的基础部分，承受闸门、闸墩、桥等结构的重量和水压力，然后传递给地基，因此闸底板厚度尺寸较大，建筑材料较好。

岸墙是闸室与两岸连接处的挡土墙，平面位置、迎水面结构（如门槽）与闸墩相对应。将平面图、进水闸剖视图和 *H-H* 剖面图结合识读，可知其为重力式挡土墙，与闸墩，闸底板形成山字形钢筋混凝土整体结构。

由于“进水闸结构图”只是该闸设计图的一部分。闸门、胸墙、桥等部分另有图纸表达，此处只作概略了解。闸室的主要结构读懂之后，转而识读上游连接段。顺水流方向自左至右先识读上游护坡和上游护底。将进水闸剖视图和上游立面图结合识读，可知上游护坡分为两段，材料分别为干砌块石和浆砌块石，这是由于愈靠近闸室水流愈湍急，冲刷愈烈的缘故。护坡两段各长 600cm。护底左端砌筑梯形齿墙以防滑，块石厚 40cm，下垫黄沙层厚 10cm。

与闸室底板相连的铺盖，长 800cm、厚 40cm，材料为钢筋混凝土。上游翼墙分为两节，其平面布置形式第一节为圆弧形，第二节为八字形，结合断面 *A-A*、*D-D*，可知上游翼墙为重力式挡土墙，主体材料为浆砌块石。进水闸剖视图表明，上游翼墙与上游河道坡面有交线（截交线），交线由直线段和平面曲线两部分组成，分别为八字形翼墙和圆弧形翼墙与坡面的交线。圆弧形翼墙的柱面部分画有柱面素线。

采用相同的方法，也可以读懂下游连接段各组成部分，请读者自行分析识读。

第三步：归纳总结

最后，将上述读图的成果对照总体图综合归纳，想象出进水闸的整体形状。

进水闸为两孔闸，每孔净宽 400cm、总宽 900cm，设计引水位 7.54m，灌溉水位为 7.39m。

上游连接段有干砌块石和浆砌块石护坡、护底，钢筋混凝土铺盖和两节上游翼墙。

闸室为平底板，与闸墩及岸墙的连接为“山”字形整体结构，闸门为升降式闸门，门高 450cm，门顶以上有钢筋混凝土固定式胸墙，闸室上部有交通桥、工作桥、便桥各一座，均为钢筋混凝土结构。

下游连接段中下游翼墙平面布置形式为“反翼墙”式，分三节，均为浆砌块石重力式挡土墙；与闸底板相连的为消力池，长 1200cm、深 100cm，以产生淹没式水跃，消除出闸水流大部分能量；下游护坡、海漫、下游护底分别用浆砌块石、干砌块石护砌，长度分别为 600cm 和 2000cm；海漫部分设排水孔，下铺反滤层；下游护底末端与天然河床连接处有防冲槽。

在读懂进水闸主要部分的形状、结构、尺寸和材料之后，可进一步思考：“进水闸结构图”对进水闸哪些部分尚未表达或表达不全，还需要增加哪些视图，现有的视图表达是否得当，有无更好的表达方案？深入的思考有助于加深对工程图样的理解。

【例 9-2】 阅读枢纽布置图（图 9-37，图 9-38）。

第一步：概括了解

1. 枢纽的功能及组成

枢纽主体工程由拦河坝和引水发电系统两部分组成。拦河坝包括非溢流坝和溢流坝，用于拦截河流、蓄水和抬高上游水位。溢流坝在高程 91m 以上设弧形闸门，用于上游发生洪水时开启闸门泄流。引水发电系统是利用形成的水位差和流量，通过水轮发电机组进行发电的专用工程，它由进水口段，引水管、蜗壳、尾水管及水电站厂房等组成。

2. 视图表达

本工程由枢纽平面布置图、下游立面图、剖视图（A-A、B-B、D-D）以及断面图（C-C、E-E）表达其总体的布置。图中较多地采用了示意、简化、省略的表示方法。其中：

枢纽平面布置图表达了地形、地貌、河流、指北针、坝轴线位置及建筑物的布置。

下游立面图表达了河谷断面、溢流坝、非溢流坝和发电站厂房的立面布置和主要高程。

剖视图和断面图分别表达了溢流坝和非溢流坝的断面形状和结构布置；引水发电系统和水电站的结构布置。

第二步：深入阅读

1. 非溢流坝

从枢纽平面布置图和下游立视图看出编号为 1、2、3、4、7、8、9、10、11、12、13 的坝段为非溢流坝，各坝段之间设伸缩缝，从 C-C 断面图可以看出坝体的断面形状、尺寸大小和结构布置。

从 C-C 断面图看出坝内设一条检查廊道，一条灌浆廊道，在距上游坝面 2m 处设一排多孔混凝土管，用于坝身排水；渗透水集中于灌浆廊道，然后抽到下游河中；坝段分缝中设有止水铜片。图 9-31 是其结构布置的立体图。

2. 溢流坝

溢流坝设在编号为 4、5、6、7 的四个坝段上。其中 4、7 两段设计成部分溢流的形式，5、6 两段为全溢流形式，坝段分缝设在闸孔的中间处。

从 A-A 剖视图可以看出，坝的过水表面做成柱面，柱面的导线由抛物线和三段圆弧连接而成。坝段分缝中止水铜片沿上游面及溢流面弯曲布置。溢流坝上部设有闸墩、闸门、工作桥、牛腿、导水墙及检修门槽等。从闸墩头部断面图可知墩的头部为柱面。闸门、工作桥、启闭机等为坝的附属设备，图中采用示意、省略的表示方法。闸门的极限运动位置采用假想表示方法。

坝内两个廊道的高程分别为 83m 和 67m，与非溢流坝段的高程不同，中间有斜坡相连，其详细情况需阅读廊道结构图。图 9-32 是溢流坝段结构布置的立体图。

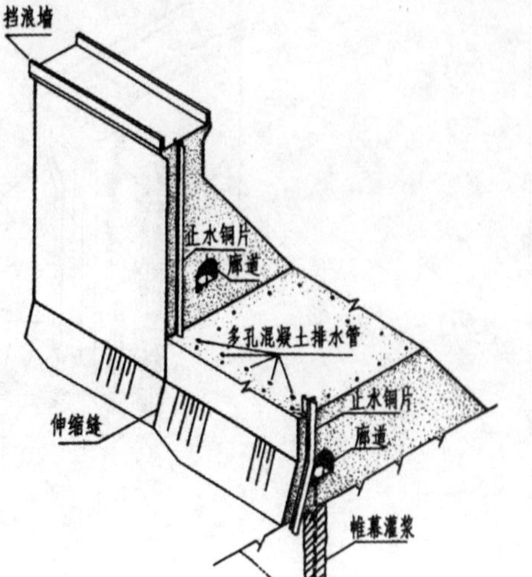

图 9-32　非溢流坝结构布置

3. 引水发电系统

从枢纽平面布置图可知引水发电系统布置在编号为 8、9 的坝段。B-B 是阶梯剖视，剖切平面通过引水管中心线及水轮机、尾水管中心线；D-D 是复合剖视，剖切面由平面和柱面组合而成，它通过引水管和蜗壳的中心线。上述两剖视表达了引水发电系统的结构布置，B-B 剖视还反映了坝段的断面形状。在引水系统中，水流经拦污栅进入进水口、引水管、蜗壳、导叶推动

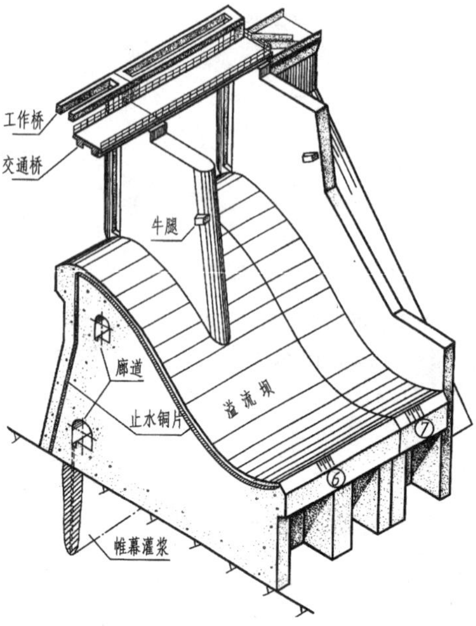

图 9-33　溢流坝结构布置

水轮发电机组运转。

进水口前设拦污设备，以防杂物流人管道，*B*-*B* 和 *D*-*D* 剖视表达了引水系统的结构布置形式，图中采用拆卸表示法，未将拦污栅画出。进水口做成柱面并设置检修门槽和工作门槽。断面为长方形的进水口和断面为圆形的引水钢管之间由渐变段连接。渐变段处设一通气孔直通坝顶，当管道内出现局部真空时，可通过通气管进行补气。Φ4600 的引水钢管埋设在坝内，与蜗壳进口端连接。图 9-34 为引水发电系统结构布置情况的立体图。

第三步：归纳总结

最后根据枢纽平面布置图所表达的建筑物的相互关系构想出整个枢纽的立体形象；根据 *B*-*B* 和 *D*-*D* 剖视弄清整个引水发电系统的结构形状和相互关系。

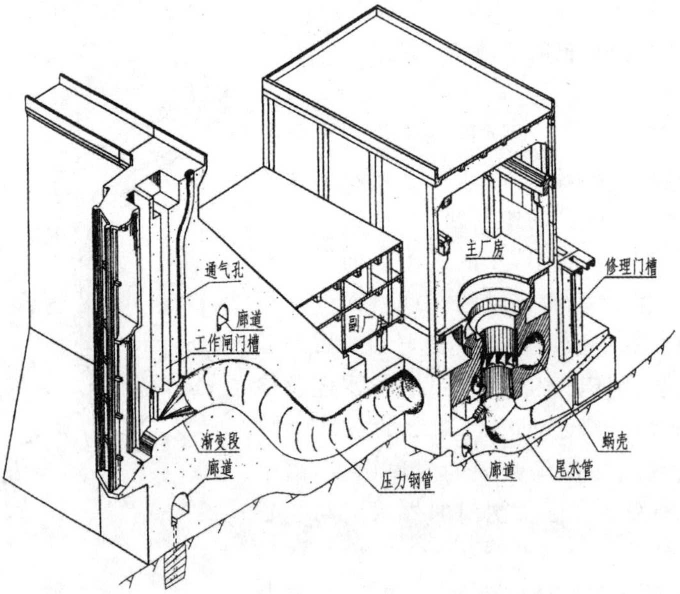

图 9-34　水电站引水系统结构布置图

9.6　水工图的绘制

9.6.1　画图步骤

1. 根据设计资料及不同设计、施工阶段对图样的要求来分析、确定需表达的内容。

2. 选择最佳视图表达方案。

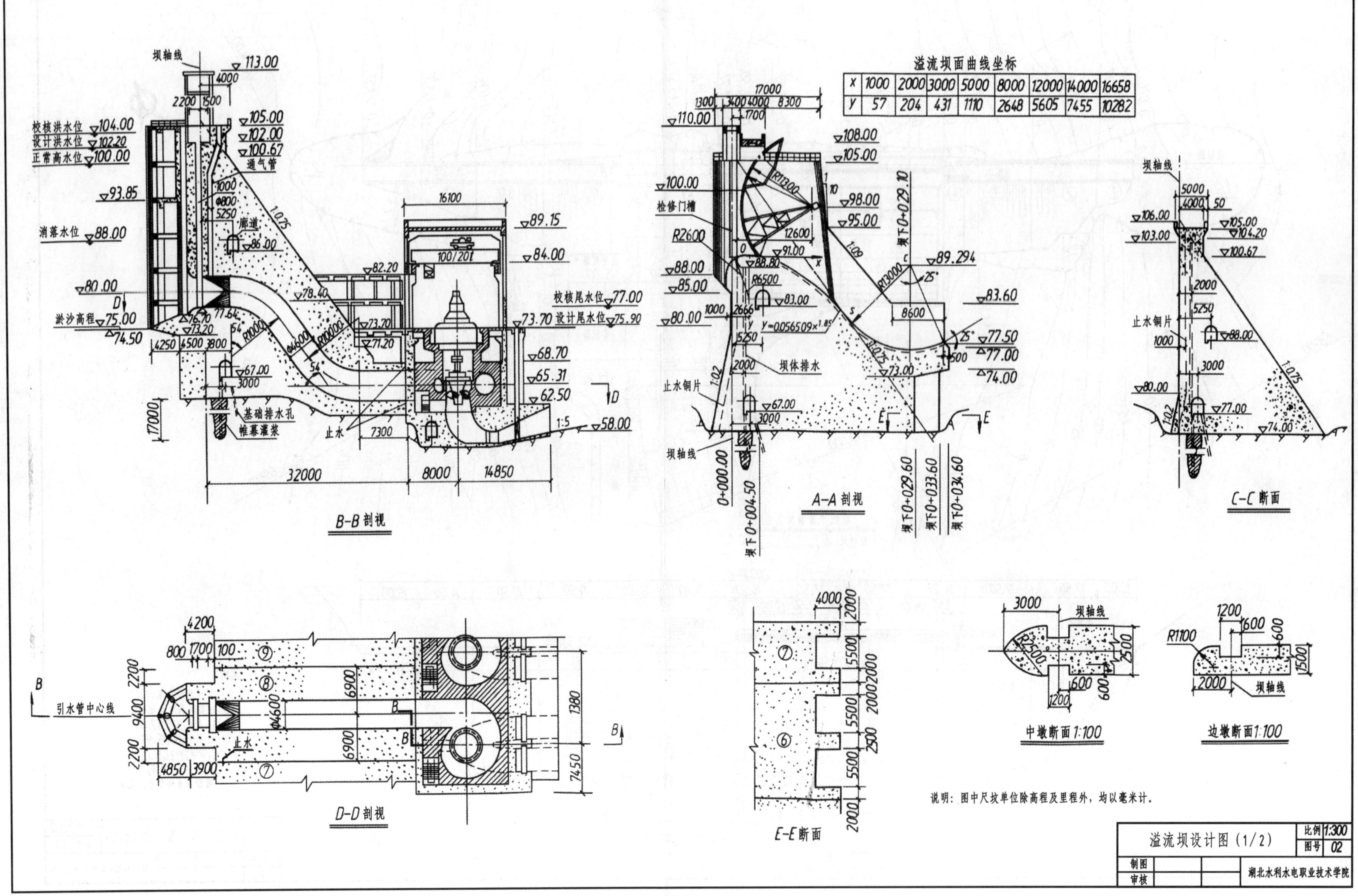

溢流坝面曲线坐标

x	1000	2000	3000	5000	8000	12000	14000	16658
y	57	204	431	1110	2648	5605	7455	10282

图9-38 溢流坝设计图

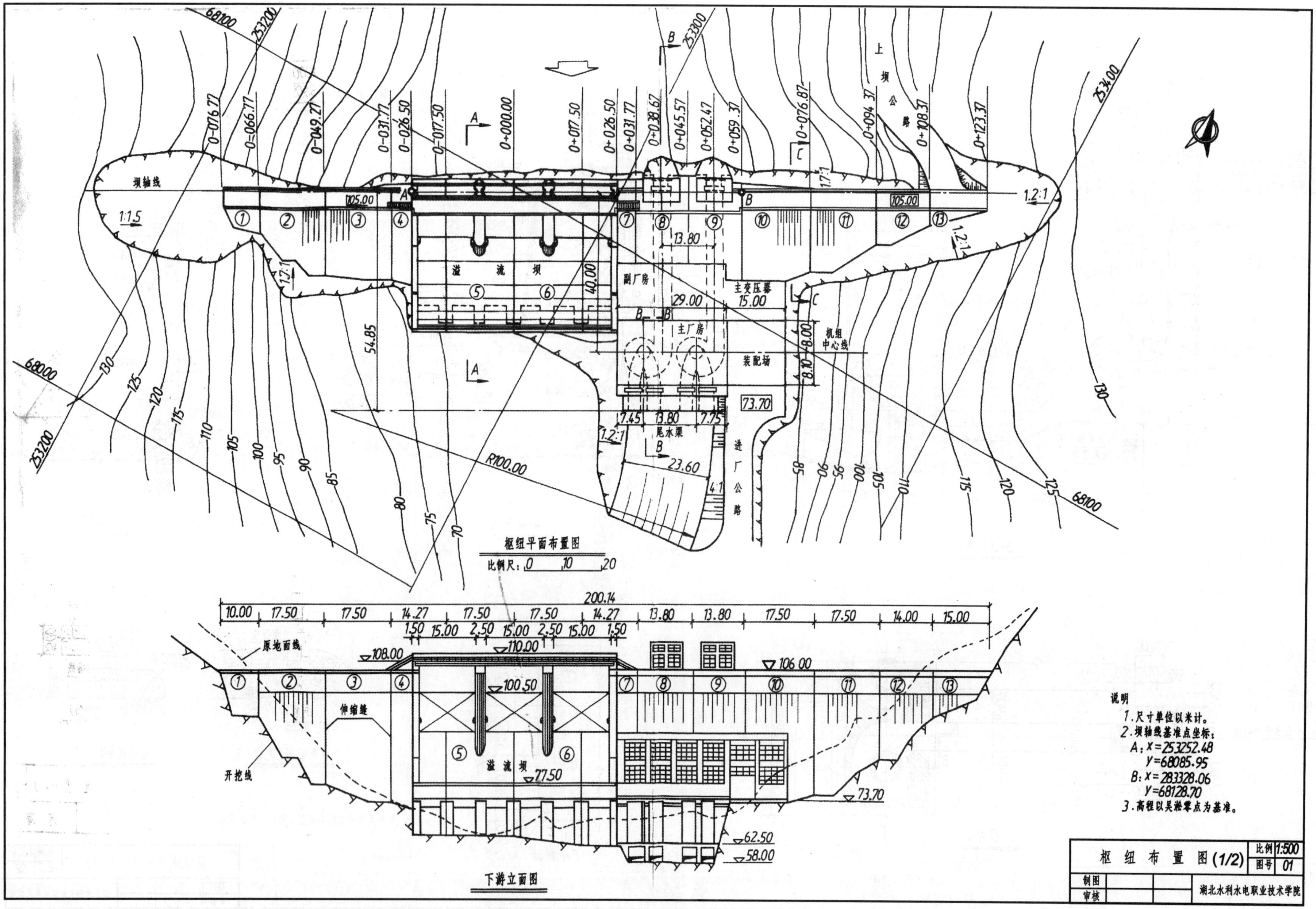
坝轴线
溢流坝
副厂房
主变压器
主厂房
装配场
机组中心线
尾水渠
进厂公路
上坝公路
枢纽平面布置图
比例尺：0 10 20
原地面线
伸缩缝
开挖线
下游立面图
说明
1.尺寸单位以米计。
2.坝轴线基准点坐标：
A：X=253252.48
Y=68085.95
B：X=283328.06
Y=68128.70
3.高程以吴淞零点为基准。
枢纽布置图(1/2)
比例 1:500
图号 01
制图
审核
湖北水利水电职业技术学院

图9-37 枢纽布置图

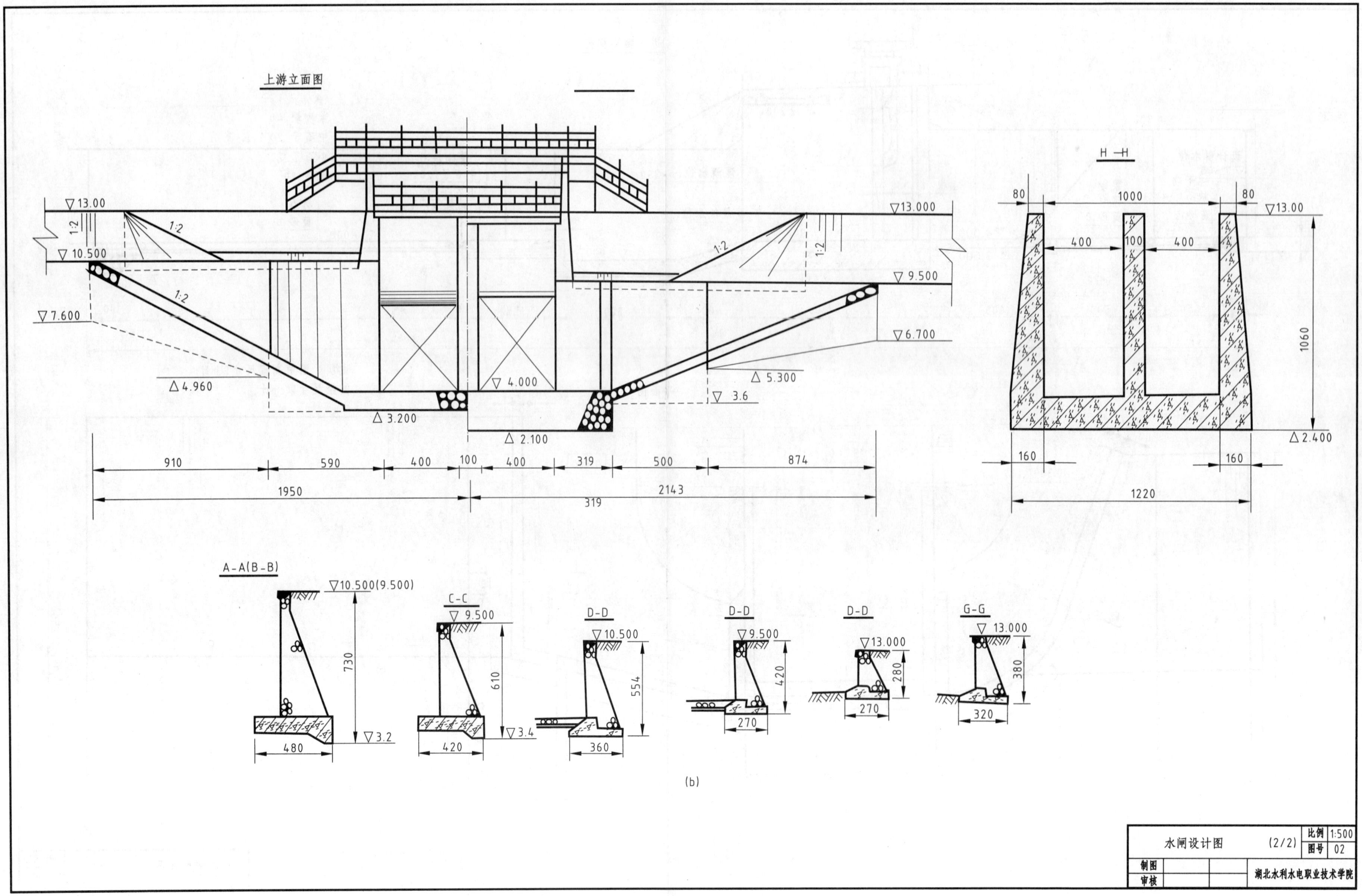
上游立面图
▽13.00
▽10.500
▽7.600
△4.960
△3.200
▽4.000
△2.100
▽13.000
▽9.500
▽6.700
△5.300
▽3.6
1:2
910
590
400
100
400
319
500
874
1950
2143
319
H—H
80
1000
80
▽13.00
400
100
400
1060
△2.400
160
160
1220
A-A(B-B)
▽10.500(9.500)
730
▽3.2
480
C-C
▽9.500
610
▽3.4
420
D-D
▽10.500
554
360
D-D
▽9.500
420
270
D-D
▽13.000
280
270
G-G
13.000
380
320
(b)
水闸设计图
(2/2)
比例
1:500
图号
02
制图
审核
湖北水利水电职业技术学院

图9-36 进水闸结构图

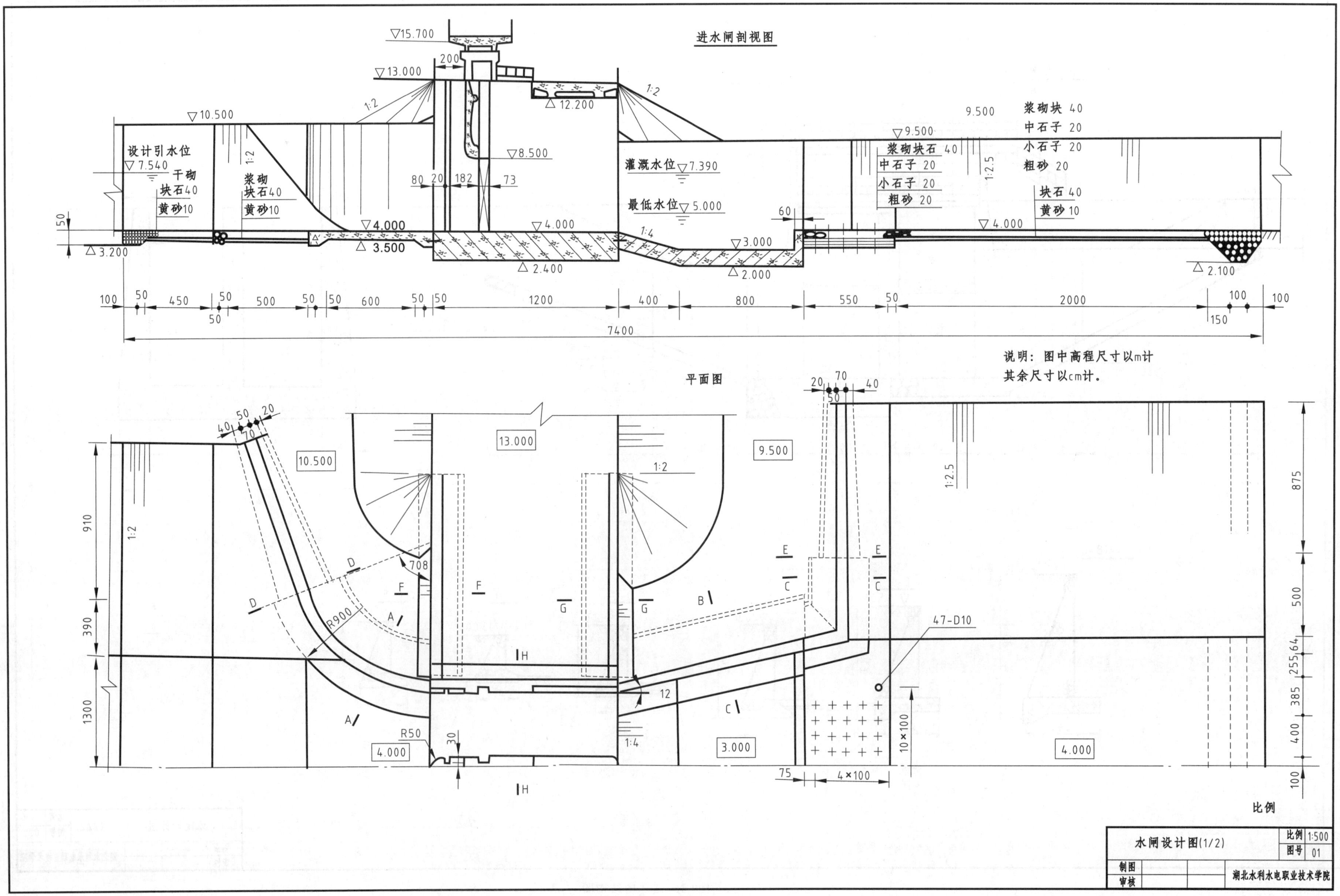
进水闸剖视图
▽15.700
▽13.000
200
▽10.500
1:2
▽12.200
▽8.500
设计引水位
▽7.540
干砌
块石40
黄砂10
浆砌
块石40
黄砂10
80 20 182 73
灌溉水位▽7.390
最低水位▽5.000
▽4.000
▽3.500
▽3.200
▽2.400
▽3.000
▽2.000
60
1:4
9.500
▽9.500
浆砌块石 40
中石子 20
小石子 20
粗砂 20
浆砌块 40
中石子 20
小石子 20
粗砂 20
块石 40
黄砂 10
1:2.5
▽2.100
100 50 450 50 500 50 50 600 50 50 1200 400 800 550 50 2000 100 100
150
7400
说明：图中高程尺寸以m计
其余尺寸以cm计。
平面图
10.500
13.000
9.500
1:2
1:2.5
1:4
708
R900
R50
12
47-D10
10×100
4×100
75
4.000
3.000
4.000
910
390
1300
875
500
255.64
385
400
100
比例
水闸设计图(1/2)
比例 1:500
图号 01
制图
审核
湖北水利水电职业技术学院

图9-35 进水闸结构图

3. 选择画图所采用的比例，注意按国家标准的规定选用，在表达清楚的前提下，尽量选用较小比例。

4. 布置视图，使各视图在图纸上位置适中。

(1)计算各视图所占范围。

(2)各视图尽量按投影关系配置。

5. 画底稿。

(1)画各视图的作图基准线，即轴线、中心线、主要轮廓线。

(2)画图顺序为：先画主要部分，后画次要部分，最后画细部结构。先画特征明显的视图再画其他视图，注意投影规律的应用。

(3)标注尺寸。

(4)画建筑材料图例。

(5)填写标题栏，注写文字说明。

(6)检查描深图线。

9.6.2 抄绘水工图的方法

我们在工程制图课中，常采用抄绘水工图这一作业形式，让学生进一步掌握水工图识读及绘制的基本要求。

1. 基本要求：在不改变建筑物结构及原图表达方案的前提下，另选比例将原图抄绘于指定图纸上，或再补画少量视图。

2. 抄绘与读图的关系：正确抄绘的基础是读图，只有认真识读原图了解建筑物的主要结构，并弄清各视图间的对应关系，抄绘结果的正确性才有保证。同时还应看到，抄绘的过程又是深入读图的过程。抄绘过程中遇到的每根线、每个尺寸的位置、画法及注写，常涉及一些概念问题，其中有的正是此前读图时忽略或遗漏的问题。因此，为了做到正确抄也不仅仅是绘图技能的训练。它是培养、提高水工图识读能力的一种有效的方法。

3. 画图步骤。与上述水工图的画图步骤相同。

9.7 钢筋混凝土结构图

按一定的比例将水泥、黄沙、石子和水混合后浇入定形的模板内，经过振捣、养护后即成坚硬如石的混凝土构件。混凝土的抗压能力强，但其抗拉能力较差。为了提高构件的抗拉能力，在混凝土受拉区域内配置一定数量的钢筋，使混凝土和钢筋两种材料凝结成一整体，即成为钢筋混凝土构件。

用钢筋混凝土制成的板、梁、柱构件称为钢筋混凝土结构。主要表达钢筋混凝土结构的图样称为钢筋混凝土图，简称钢筋图。

1. 基本知识

(1)钢筋符号

根据钢筋，混凝土结构设计规范，对国产建筑用钢筋，按其强度等级分为五级。除 *I* 级钢筋材料为碳素钢、外形为光圆外，Ⅱ、Ⅲ、Ⅳ、*V* 级钢筋的材料均为合金钢，外形为带纹(人字纹或螺旋纹)钢筋，强度逐级提高。各级钢筋均有规定的符号，如表 9-3 所示。

表 9-3 钢筋代号及强度标准值

种类（热轧钢筋）	代号	直径 d (mm)	张度标准值 f_{yk} (N/mm²)
HPB 235 (Q235)	Φ	8~20	235
HRB 335 (20MnSi)	Φ	6~50	335
HRB 400(20MnSiV、20MnSiNb、20MnTi)	Φ	6~50	400
RRB400 (K20MnSi)	$Φ^R$	8~40	400

(2)钢筋的作用和分类

钢筋按其在构件中的作用不同，可分为五类，如图 9-39 所示。

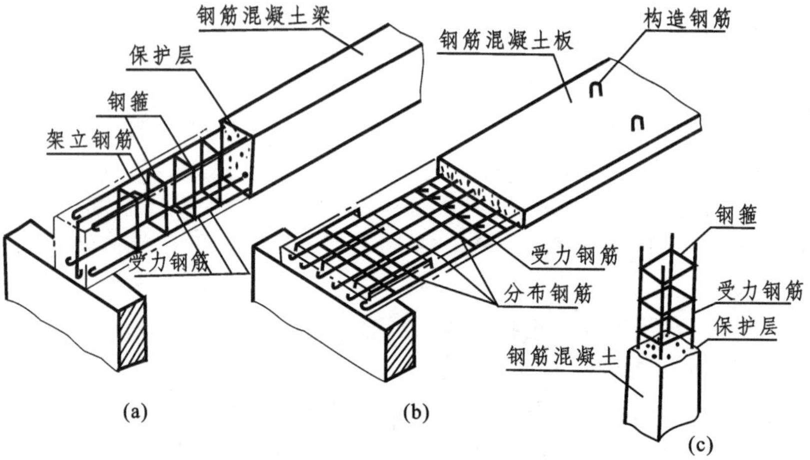

图 9-39 钢筋分类

1)受力钢筋。主要承受拉、压应力的钢筋，用于钢筋混凝土梁、板、柱中。

2)钢箍。固定受力钢筋的位置，并承受部分斜向应力，用于梁、柱构件中。

3)架立钢筋。用于固定梁内钢箍的位置，至少与两根受力钢筋、钢箍构成钢筋骨架。

4)分布钢筋。用于板内，与板内受力钢筋垂直分布，将承受的外力均匀地传给受力钢筋。

5)构造钢筋。因构造要求或施工安装需要而配置的钢筋。

(3)钢筋端部的弯钩

为了加强钢筋和混凝土的凝结力，钢筋外形为光圆时，需将其两端加工成弯钩。带纹钢筋两端可不做弯钩。弯钩的常见形式及画法如图 9-40 所示。

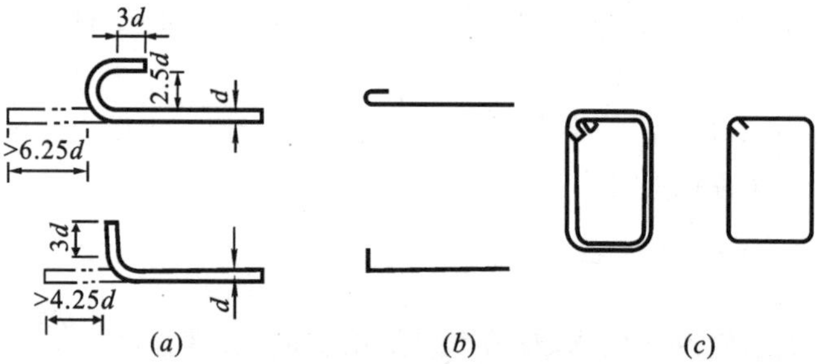

图 9-40 弯钩的形式和画法

(a)半圆弯钩；(b)直弯钩；(c)钢箍的弯钩

(4)钢筋的保护层

为保护钢筋以防锈、防火、防腐蚀，钢筋不应外露，即其外皮与构件表面之间应有一定厚度的混凝土，称为钢筋的保护层。保护层的厚度可从有关的设计规范中查得。梁和柱中受力钢筋的保护层通常为 25mm，钢箍为 15mm，分布筋的保护层通常为 10mm 或 15mm。

2. 钢筋图的图示法

钢筋图主要用于表达构件中钢筋的位置、规格、形状和数量，即表达的重点为钢筋，由此形成钢筋图的图示特点。

(1)钢筋图的表达

钢筋图通常由构件立面图、平面图和剖面图等组成。钢筋图一般采用全剖，必要时也可采用半剖、阶梯剖或局部剖等画法。如图 9-41 所示的立面图为半剖视图，图 9-42 所示为局部剖视图。对于配筋较复杂的构件，除上述视图外，通常还有钢筋详图和钢筋表。

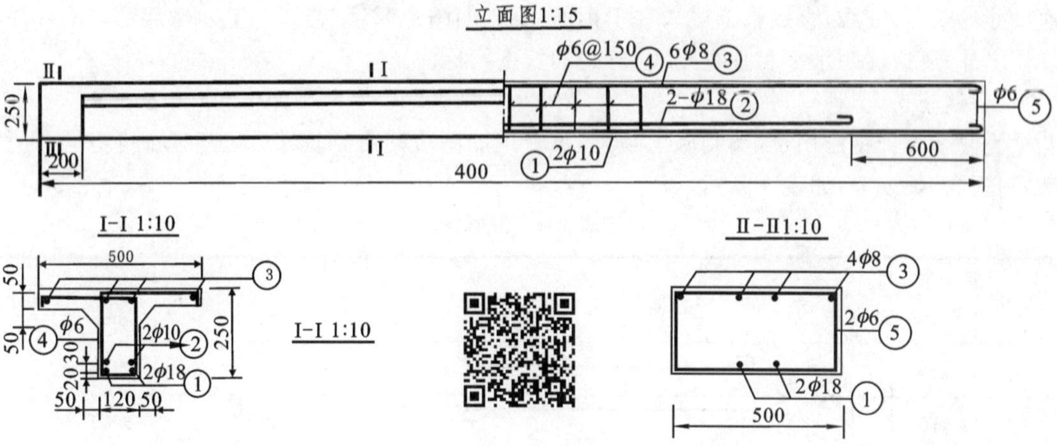

图 9-41　T 形梁钢筋图

(2)钢筋图的图示特点

为了在钢筋图中突出钢筋，钢筋图具有如下特点：①构件的外形用细实线表示，钢筋用粗实线绘制。②在剖面图中，钢筋的截面用小黑圆点表示。③剖视图、断面图中不画混凝土材料图例，将其假想为透明体。以上画法特点，在图 9-41 及图 9-42 中均有充分体现。

(3)钢筋的编号和尺寸标注

为便于读图时区分不同类型、不同尺寸的钢筋，对钢筋应进行编号。每类钢筋（即形状、规格及长度均相同者）只编一个号，编号字体为阿拉伯数字，编号小圆圈和引出线均为细实线，如图 9-43 所示。图中，小圆圈内填写钢筋编号数字，“n”为钢筋的根数，“ϕ”为钢筋的直径和等级代号，“d”为直径数值，“ @”为钢筋间距的代号，“s”为钢筋间距的数值。

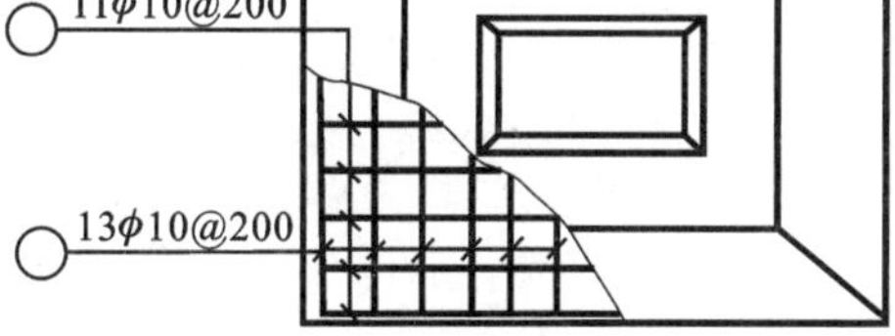

图 9-42　基础钢筋图

图 9-43　钢筋的标注

钢筋编号的顺序应有规律，一般为自下而上，自左至右，先受力钢筋后架立钢筋。

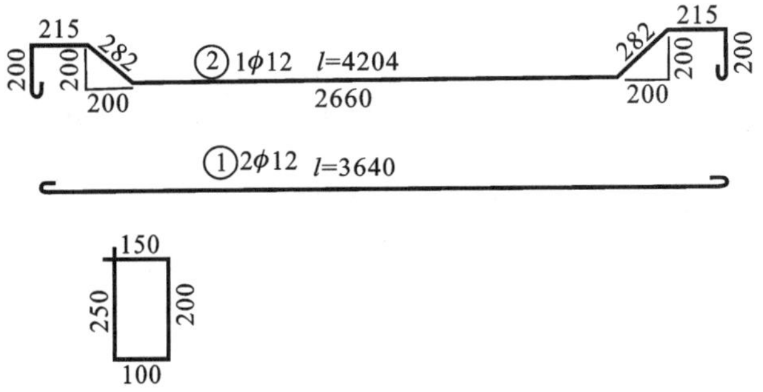

图 9-44　单根钢筋的标注

单根钢筋的标注形式如图 9-44 所示。图中“l”为钢筋总长。由图可知，标注尺寸时不需画尺寸界线、尺寸线，直接将分段长注于钢筋一侧（如图中“215”、“282”等）；弯起部分除标注分段长之外，还应注明水平和垂直距离；弯钩的长度不标注。

(4)钢筋表

为便于统计钢筋用量，编制施工预算，每套钢筋图应附有钢筋表，说明钢筋的编号、直径、型式、根数、长度等，如表 9-4 所示。

表 9-4　钢筋表

编号	直径(mm)	型式	单根长(mm)	根数	总长(mm)	备注
①	φ18		4184	2	8368	
②	φ10		2990	2	5980	
③	φ8		4184	4	16736	
④	φ6	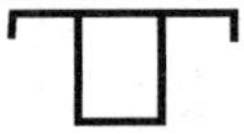	1270	25	31750	
⑤	φ6	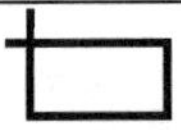	1480	2	2960	

3. 钢筋图的识读

识读钢筋图，应首先了解构件名称、作用和外形，然后着重看懂构件中钢筋的形状、规格、长度、数量、间距等。

下面以图 9-41 所示 T 形梁钢筋图为例，介绍识读钢筋图的一般方法和步骤。

(1)了解构件名称、外形及所用的视图。该构件为 T 形梁，采用半剖视的正立面图和Ⅰ-Ⅰ、Ⅱ-Ⅱ断面图表达。构件外形尺寸为长 4000mm、宽 500mm、高 250mm。

(2)弄清构件中各编号钢筋的位置、规格、形状、数量等，这是识读的重点。方法是从钢筋的编号顺着指引线回找钢筋的投影，并将立面图与断面图对照阅读。如图 9-41，从立面图可知梁下部有编号为①的钢筋 2 根，Ⅰ级钢筋，直径 18，对照Ⅰ-Ⅰ断面图可知它位于梁下部前后两角。从立面图还可看出①号钢筋以上有2根②号钢筋，直径10，结合Ⅰ-Ⅰ断面图可知它前后位置与①号钢筋相同。同法可知⑧号钢筋位于梁的上部，共4根，直径为8。梁中及梁端各有钢箍④和⑤，④号钢箍直径声6，间距150；⑤号钢箍共2根，梁的两端各有l根，直径为6。

(3)与钢筋表对照。对照读图结果与钢筋表，检查读图结果是否正确。

复习思考题

1. 水工图是用于什么事业的图。(　　)

(A)交通事业　(B)城市建筑事业　(C)水利事业　(D)城市给水事业

2. 地形图是在什么阶段绘制的。(　　)

(A)施工　(B)初步设计　(C)技术设计　(D)勘测

3. 建筑结构图是在什么阶段绘制的。(　　)

(A)规划设计　(B)施工设计　(C)技术设计　(D)勘测设计

4. 下列哪些图是施工阶段绘制的。(　　)

(A)地质图　(D)枢纽布置图　(C)土坝平面图　(D)基础开挖图

5. 竣工图是在什么阶段绘制的。(　　)

(A)施工阶段　(B)规划阶段　(C)竣工阶段　(D)初设阶段

6. 圆柱曲面的素线投影画法是(　　)

(A)从轴线到轮廓线之间，由稀到密地画细实线

(B)在曲面的投影范围等分画素线

(C)按视图中间密，两边稀画素线

(D)按中间稀，两边密画粗实线素线

7. 圆锥曲面上素线应该：是(　　)

(A)不过锥顶　(B)通过锥顶　(C)粗实线　(D)同心圆

8. 方圆渐变段长度1/2处剖面圆弧半径是(　　)

(A)圆形的半径　(B)方形的边长　(C)圆形半径的$l/2$　(D)圆形半径的1/4

9. 扭曲面侧面投影上的素线是(　　)

(A)平行于水平面　(B)平行于侧平面　(C)平行于正平面　(D)是一般位置线

10. 坝体平面布置图上的水流方向应该是(　　)

(A)从左到右　(B)从下向上　(C)自上而下　(D)任意方向

11. 水闸沿长度方向的剖视是(　　)

a)横剖视图 b)局部剖视图 c)纵剖面图 d)纵剖视图

12. 扭曲面边墙中间的剖面形状是(　　)

(A)矩形　(B)平行四边形　(C)菱形　(D)梯形

13. 水闸的平面图沿对称线只画-半是(　　)

(A)半剖视图　(B)省略画去　(C)纵剖视图　(D)全剖视图

14. 水闸一半画上游半立面，一半画下游半立面的视图是(　)

(A)阶梯剖视　(B)半剖视图　(C)纵向剖视　(D)合成视图

15. 沿水闸的圆弧中心线剖切开，画出“展开图”的投影方法是(　　)

(A)正投影法　(B)平行投影法　(C)柱面投影法　(D)中心投影法

16. 某水闸平面图上，在中心线两侧一半画有桥，——半没画桥，这是(　　)

(A)采用拆卸画法　(B)只建半个桥　(C)画图的失误　(D)投影错误

17. 某水闸平面图上的消力池中排水孔，已经画出几个圆孔，其余的只画出中心线，采用的是什么画法，(　　)

(A)省略画法　(B)拆卸画法　(C)折断画法　(D)示意画法

18. 某构件很长，中间系无规律变化，不能省略，比例已确定，图纸长度不够，应采取的画法是(　　)

(A)分层画法　(B)折断画法　(C)合成视图　(D)连接画法

19. 某构件很长，中间系有规律变化或无变化，可以省略，应采取的画法是(　　)

(A)折断画法　(B)连接画法　(C)省略画法　(D)示意画法

20. 某溢流坝的平面图上画出了弧形闸门，应该采用什么画法？(　　)

(A)地图图例　(B)示意画法　(C)详图画法　(D)拆卸画法

21. 水闸纵剖视中，剖切平面剖到了闸墩，闸墩应该按什么画。(　　)

(A)剖面图　(B)剖视图　(C)不受剖画法　(D)立面图

22. 隧洞的桩号 0+000 应该标注在什么位置。(　　)

(A)尾端　(B)中间　(C)闸门槽　(D)始端

23. 等高线上标注高程时，字头方向应该是(　　)

(A)向上　(B)向左　(C)向地形高处　(D)与尺寸数字规定相同

24. 在标注反滤层尺寸时，指引线垂直层面，应该怎样标注(　　)

(A)层面间厚度反向标注　(B)按顺序标注层厚，材料，规格

(C)注封闭尺寸　(D)注重复尺寸

25. 配筋图采用的投影方法是(　　)

(A)中心投影法　(B)正投影法　(C)轴测投影法　(D)斜投影法

26. 钢筋混凝土结构剖面图上应该(　　)

(A)画材料符号　(B)把结构轮廓画成粗实线

(C)把钢筋投影画成虚线　(D)把结构轮廓画成细实线

第10章　房屋建筑图

【教学目标和任务】

了解土木工程图的种类、用途和特点；
掌握土木工程图的基本表达方法和特殊表达方法；
掌握土木工程图尺寸标注的规定；
熟悉常见房屋建筑物的基本组成和表达方法；
掌握常见房屋建筑物的绘制步骤和方法。

【教学重点和难点】

教学重点：
房屋建筑图的基本表达方法和特殊表达方法；房屋建筑图的尺寸标注。
教学难点：
识读和绘制常见房屋建筑图的工程图样。

【岗课赛证要求】

识读和绘制房屋建筑工程图是土木工程专业的必备技能。

【思政目标】

培养学生坚持原则、实事求是的品质，树立公平公正意识，做到廉洁自律，自觉维护土木工程师的职业荣誉与尊严。

10.1　建筑施工图

10.1.1　概述

房屋按其使用功能的不同分为以下三类：
(1)工业建筑，如机械制造厂的各种厂房、仓库等。
(2)农业建筑，如粮仓、饲养场等。
(3)民用建筑，又分为居住建筑(如住宅、宿舍、公寓等)和公用建筑(如学校、商场、医院、旅馆、体育馆等)。

1. 房屋的组成部分

各种不同功能的房屋，一般都是由基础、墙和柱、楼面和地面、楼梯、门、窗、屋面等基本部分组成，它们各处在不同位置，发挥着各自的作用。如图10-1所示。

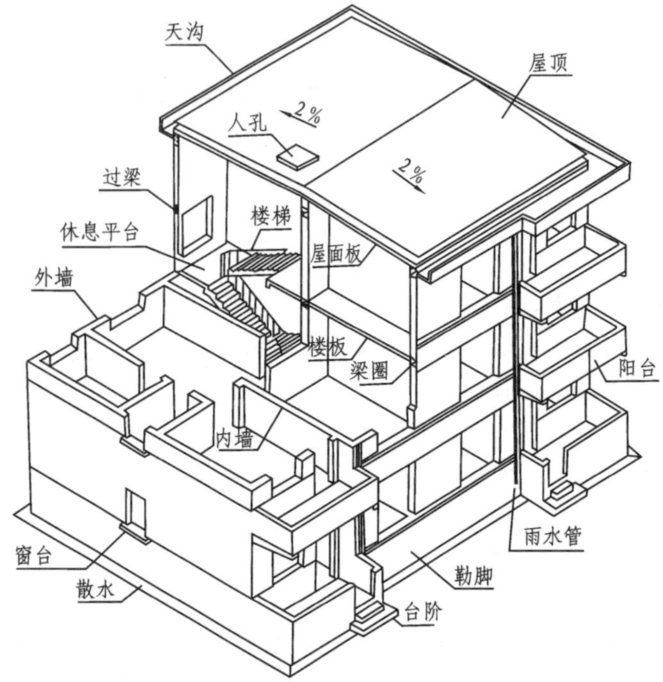

图 10-1　房屋的组成

(1)基础:是建筑物与土层直接接触的部分,起支承建筑物的作用。

(2)墙体:是房屋的承重和围护构件,承受屋顶及楼层传来的荷载并传给基础,抵御风雨对室内的侵蚀,外墙起围护作用,内墙可分隔房间。

(3)楼面与地面:在垂直方向将房间分隔成若干层,并且是水平承重构件。楼面是二层及以上各层的水平分隔并承受家具、设备和人的重量,并把这些荷载传给墙和柱。地面是指第一层使用的水平部分,它承受第一层房间的荷载。

(4)楼梯:是房间垂直方向是设施。台阶是室内外高差的构造处理方式,同时也供室内外交通之用。

(5)门窗:门主要作交通联系和分隔房间之用,窗主要作采光、通风之用。

(6)屋面:是房屋最上部的承重构件,同时起防水、隔热保温等作用。

2. 房屋施工图

房屋施工图通常有:建筑施工图、结构施工图和设备施工图,分别简称"建施"、"结施"、"设施"。而设备施工图又有给水排水施工图(简称"水施")、电气施工图(简称"电施")等。一栋房屋的全套施工图的编排顺序一般为:图纸目录、总平面图及施工总说明、建筑施工图、结构施工图、给水排水施工图、电气施工图等。

建筑施工图是表达总体布局、外部造形、内部布置、细部结构、内外装饰、固定设备和施工要求的图样。一般包括总平面图、建筑平面图、建筑立面图、建筑剖面图、建筑详图等。

3. 建筑施工图中的有关规定

绘制和阅读房屋的建筑施工图,不仅要符合正投影原理,还应遵守有关标准。建筑专业制图的现行标准是《房屋建筑制图统一标准》GB/T50001—2001、《总图制图标准》GB/T50103—2001 和《建筑制图标准》GB/T50104—2001 等。

(1)线型

建筑专业制图所采用的各种线型，应符合《建筑制图标准》的规定，详见表10-1。

表10-1　图线

名称	线型	线宽	用　　途
粗实线		b	1. 平、剖面图中被剖切的主要建筑构造（包括构配件）的轮廓线 2. 建筑立面图或室内立面图的外轮廓线 3. 建筑构造详图中被剖切的主要部分的轮廓线 4. 建筑构配件详图中的外轮廓线 5. 平、立、剖面图的剖切符号
中实线		$0.5b$	1. 平、剖面图中被剖切的次要建筑构造（包括构配件）的轮廓线 2. 建筑平、立、剖面图中建筑构配件的轮廓线 3. 建筑构造详图及建筑构配件详图中的一般轮廓线
细实线		$0.25b$	小于$0.5b$的图形线、尺寸线、尺寸界线、图例线、索引符号、标高符号、详图材料做法引出线等
中虚线		$0.5b$	1. 建筑构造详图及建筑构配件不可见轮廓线 2. 平面图中起重机（吊车）轮廓线 3. 拟扩建的建筑物轮廓线
细虚线		$0.25b$	图例线，小于$0.5b$的不可见轮廓线
粗单点长画线		b	起重机（吊车）轨道线
细单点长画线		$0.25b$	中心线、对称线、定位轴线
折断线		$0.25b$	不需画全的断开界线
波浪线		$0.25b$	不需画全的断开界线构造层次的断开界线

(2)比例

建筑专业制图所采用的比例，宜符合表10-2的规定。

表10-2　比例

图　　名	比　　例
建筑物或构筑物的平面图、立面图、剖面图	1∶50、1∶100、1∶150、1∶200、1∶3000
建筑物或构筑物的局部放大图	1∶10、1∶20、1∶25、1∶30、1∶50
配件及构造详图	1∶1、1∶2、1∶5、1∶10、1∶15、1∶20、1∶25、1∶30、1∶50

(3)标高

标高是标注建筑物高度的另一种尺寸形式。标高符号的画法和数字的注写应符合《房屋建筑制图统一标准》的规定。

标高有绝对标高和相对标高两种：绝对标高是以青岛附近的黄海平均海面为基准；相对标高是以房屋底层的室内地坪高度为基准（即为零），比零点高的标高为"正"，反之为"负"。

个体建筑物图样上的标高符号，如图10-2(b)所示。

总平面图上的标高，用涂黑表示，如图 10-2(a)所示。

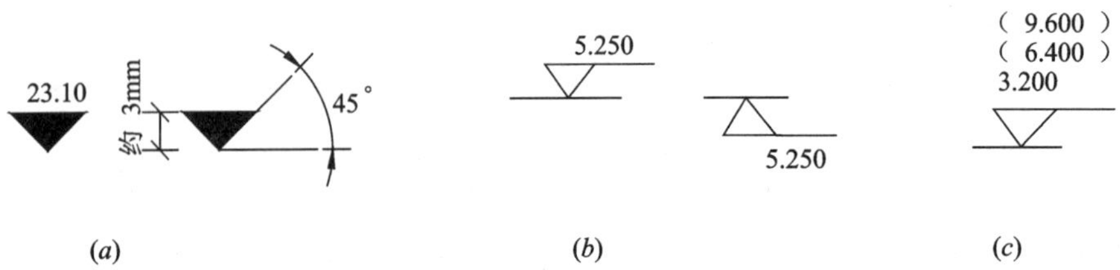

图 10-2　标高符号

(a)总平面图标高符号；(b)标高的指向；(c)一个符号标注数个标高

(4)定位轴线定位轴线用以确定墙、柱、梁等承重构件的位置，是施工时定位、放线的重要依据。

定位轴线用细点画线表示，并加以编号，编号应注写在轴线端部的圆内。圆应用细实线绘制，直径 8～10mm。

平面图上定位轴线的编号，宜注在图样的下方与左侧。横向编号用数字从左至右顺序编写，竖向编号用大写字母从下至上顺序编写(字母 I、O、Z 不能用作轴线编号)。

对于非承重的隔墙或次要的承重构件，以分式标注附加轴线。如图中的"1/A"表示 A 号轴线后附加的第一根轴线。如图 10-3 所示。

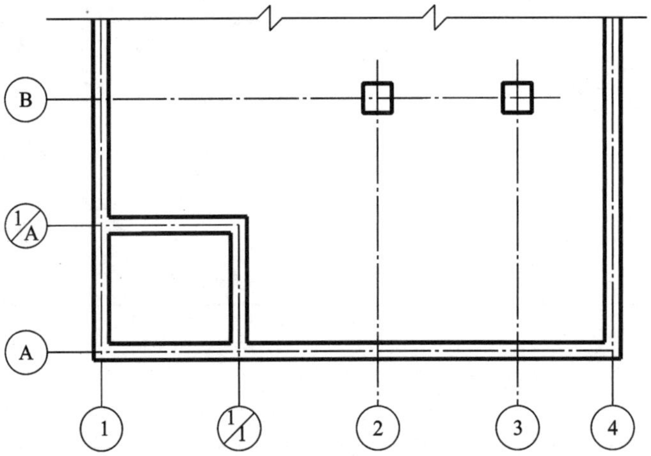

图 10-3　定位轴线

(5)索引符号与详图符号

索引符号：图样中的某一局部或构件，如需另画样图，应以索引符号索引，其画法及含义如图 10-4 所示。

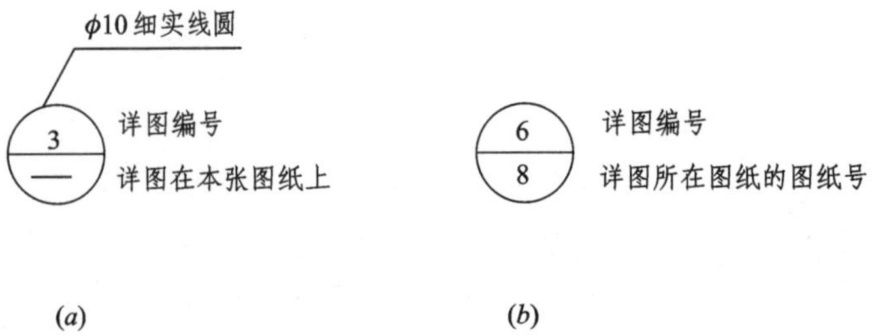

图 10-4　索引符号

详图符号：表示详图的位置及编号，其画法及含义如图 10-5 所示。

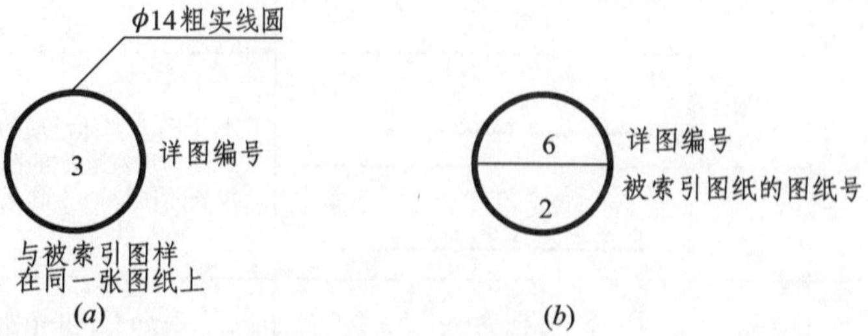

图 10-5　详图符号

10.1.2　总平面图及总说明

1. 作用

总平面图是新建房屋在基地范围内的总体布置图。它表明新建房屋的平面形状和层楼、与原有建筑物的相对位置、周围环境、地貌地形、道路和绿化的布置等情况。

总平面图也是新建房屋定位、施工放线、土方施工以及绘制水、电、暖、煤气等管线总平面图的依据。

2. 总平面图例

总平面图一般采用 1∶500、1∶1000、1∶1000 的比例，以图例来表明新建、原有、计划扩建或拆除的建筑物，以及铁路、道路、绿化的布置。《总图制图标准》(GB/T 50103—2010)分别列出了总平面图例、道路与铁路图例、管线与绿化图例，见表 10-3。

表 10-3　常用总平面图图例

名称	图例	说明
新建的建筑物	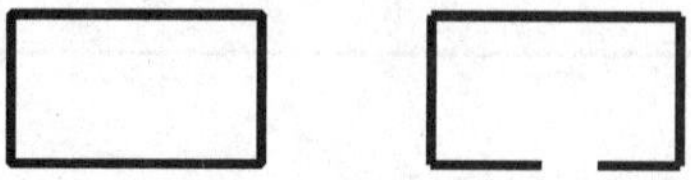	1. 左图为不画出入口图例，右图为画出入口图例。 2. 需要时可在图形内右上角以点数或数字表示层数。 3. 用粗实线表示。
原有的建筑物	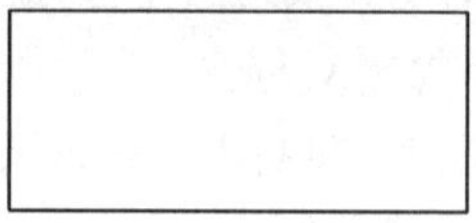	1. 应注明拟利用者。 2. 用细实线表示。
计划扩建的预留地或建筑物		用中粗虚线表示
拆除的建筑物	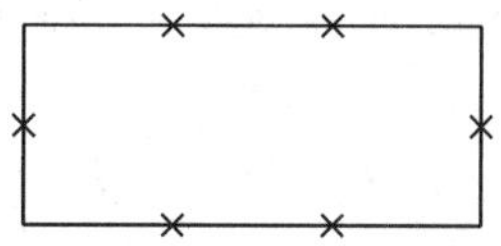	用细实线表示

续表 10-3

名称	图例	说明
围墙及大门	 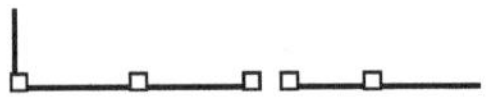	上图为实体性质的围墙，下图为通透性质的图墙，若仅表示围墙时不画大门
新建的道路	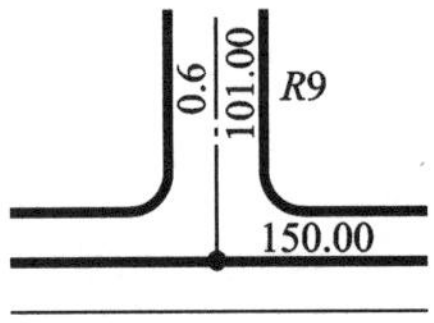	“R9”表示道路转弯半径为9m,“150.00”为路面中心控制点标高，“0.6”表示0.6%的纵向坡度，“101.00”表示变坡点间的距离
原有道路	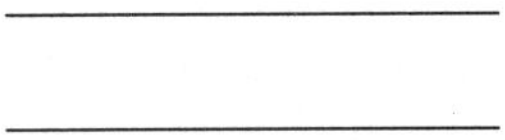	
计划扩建的道路		
人行道	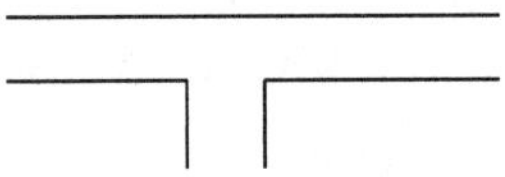	
阔叶灌木		

3. 总平面图的内容

总平面图一般内容有：

(1)表明新建区的总体布局，如用地范围、原有建筑物或构筑物的位置、道路等。

(2)确定新建筑物的平面位置，一般可以按原有房屋或道路定位标注定位尺寸(以米为单位)。

(3)新建房屋底层室内地坪和室外整平地坪的绝对标高。

(4)用指北针表示房屋的朝向；风玫瑰图表示常年风向频率和风速。

指北针如图 10-6 所示右上角所示，圆用细实线绘制，直径为 24mm，指北针尾部的宽度为 3mm，指尖指向正北。

4. 阅读

(1)图名、比例、朝向。图 10-6 所示是某宿舍区的总平面图。由于表示的范围较大，画图采用较小的比例，本图的比例为 1∶500。根据指北针可知，宿舍区北有进口，建筑物主要出入口均朝北。

(2)原有建筑物情况。该宿舍区原有三层楼房两座、四层楼房两座及平房一幢。宿舍区内有南北向干道一条，地面标高 6.37m。西、北两边有砖砌围墙。

(3)新建建筑物情况。新建筑物为三层宿舍楼，总长 13.44m，总宽为 9.64m，室内底层地面绝对标高 6.85m。新建宿舍楼位于宿舍区西北角。为建此楼需拆除小平房一幢。

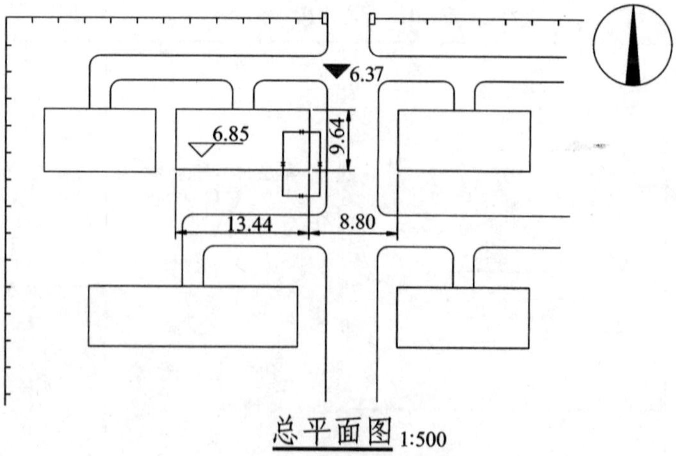

图 10-6　建筑总平面图

5. 施工总说明

施工总说明主要用来说明图样的设计依据和施工要求。中小型房屋的施工总说明也常与总平面图一起放在建筑施工图内，或者施工总说明与结构总说明合并，成为整套施工图的首页，放在所有施工图的最前面。

10.1.3　建筑平面图

1. 形成

建筑平面图是将房屋从门窗洞口处水平剖切后俯视，即将剖切平面以下部分向水平面投影所得到的图形。

平面图反映了房屋的平面形状、大小和房间的布置、墙(或柱)的位置、门窗的位置及各种尺寸。多层房屋一般应每层画一个平面图，并注明相应的图明，如"底层平面图"、"二层平面图"等。对于相同的楼层可以画一个"标准层平面图"。除楼层平面图外，还应画屋顶平面图。屋顶平面图是屋面在水平面上的投影，不剖切。

2. 构配件图例

由于建筑平面图常用 1∶100、1∶200 或 1∶50 等较小比例，图样中的一些构造和配件，不可能也不必要按实际投影画出，只需用规定的图例表示。建筑专业制图采用《建筑制图标准》规定的构造及配件图例，见表 10-4。

3. 图示内容

一般地，平面图包含以下内容：

(1)图名、比例、朝向。

(2)定位轴线及其编号。

(3)各房间的名称、布置和分隔，门窗的位置，墙、柱的断面形状和大小。

(4)楼梯的位置及梯段的走向与级数。

(5)其他构配件如台阶、雨篷、阳台等位置。

(6)平面图的轴线尺寸、各建筑构配件的大小尺寸和定位尺寸以及楼地面的标高。

(7)剖面图的剖切符号，表示房屋朝向的指北针(这些仅在底层平面图中表示)。

(8)详图索引符号。

表 10-4　常用配件图例

名称	图例	名称	图例
单扇门（M）	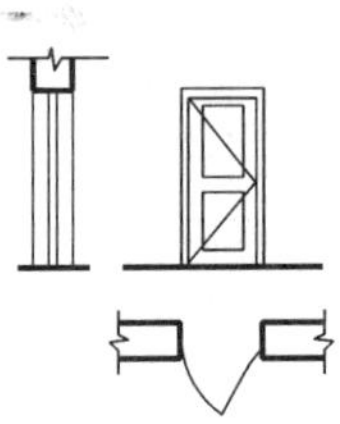	单层外开平开窗（C）	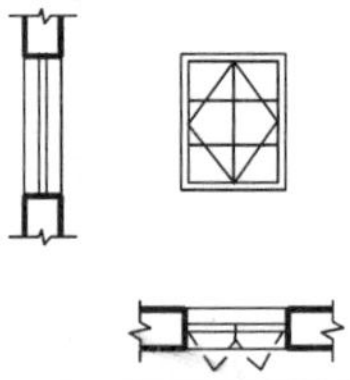
双扇门（M）	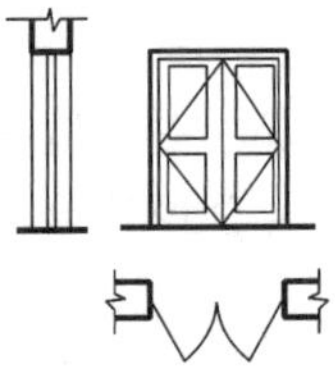	左右推拉窗（C）	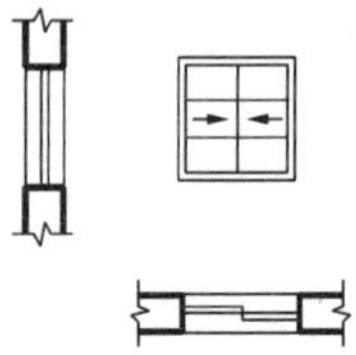
双开拆叠门(M)	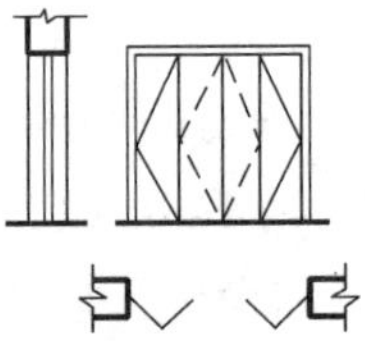	底层楼梯	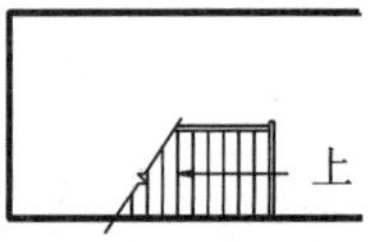
		中间层楼梯	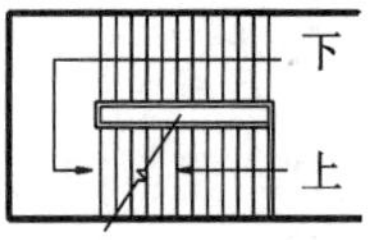
		顶层楼梯	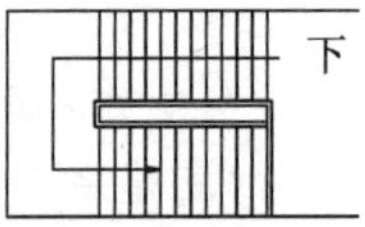

4. 读图

以如图 10-7 所示平面图为例，说明平面图的内容和读图方法。

(1)图名、比例、朝向。该平面图为某宿舍楼的底层平面图，比例 1∶100，图中房屋纵轴为南北向、横轴为东西向，主要出入口朝北。

(2)定位轴线。横向定位轴线①-⑤分别表示横向外墙及房间隔墙的位置，附加轴线分别表示厨房及楼梯间隔墙的位置。竖向定位轴线Ⓐ-Ⓓ表示纵向外墙及房间隔墙的位置。

(3)平面布置情况。平面布置为一单元两居户，每户二室一厅，另有厨房及卫生间，朝南有阳台。大居室开间 3.3m、进深 4.5m，小居室开间 3.3m、进深 3.9m。

(4)门、窗位置和类型。以东边的一户为例，由图可知，有大门(m_1)、居室门(m_2)、阳台门(m_3)及厨房门、厕所门(m_4)，均为单扇平开门。每户居室窗(C_1、C_2)、厅室窗(C_1)、厨房窗(C_3)、厕所窗(C_4)。

(5)楼梯。楼梯位于楼房中部北面入口处，两梯段，经 18 级踏步至二楼

(6)室外构、配件。房屋四周做有散水，还有雨水管等。

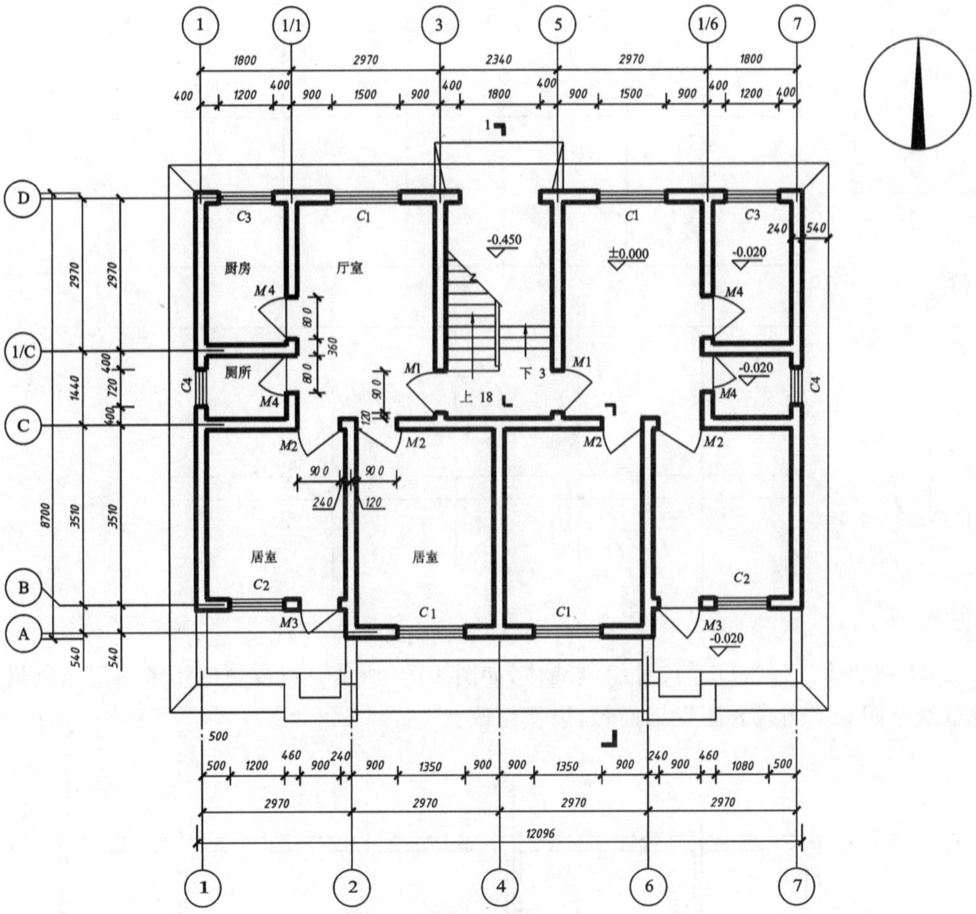

底层平面图 1:100

图 10-7 底层平面图

(7)尺寸、标高。外部尺寸有三道，最外为总长(13440)和总宽(9640)；中间为定位轴线间距，表示房间大小；最里一道尺寸表示门窗的大小及位置，如 C_1 宽 1500，C_2 宽 1200。内部尺寸标注墙厚(240)及门的大小、位置。标高为相对标高，底层地面为±0.000，楼梯间为-0.450，厨房和厕所地面均为-0.020。

(8)剖切符号。图中标注了 1—1 剖面图的剖切位置及投影方向，系经楼梯间和大居室门窗用两个平行平面剖切(阶梯剖)，投影方向自右向左。

5.建筑平面图的绘图步骤

以图 10-7 底层平面图为例，说明平面图的绘图步骤。

选定比例和图幅

首先，根据房屋的大小按国标的规定选择一个合适的比例，通常用 1∶100，从而确定图幅的大小，选定图幅时应考虑标注尺寸、符号和有关说明的位置。

绘制底图

步骤如下：

(1)绘制轴线。考虑标注尺寸、轴号、图名、图框、标题栏及其他符号等，均匀布置图面，根据开间和进深尺寸绘制出定位轴线。如图 10-8 所示。

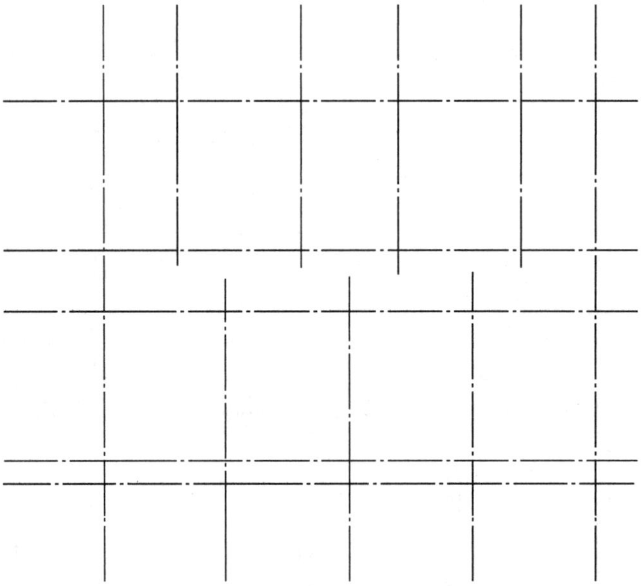

图 10-8　绘制轴线

(2)绘制墙体。根据墙厚尺寸绘制墙体，如图 10-9 所示。可以暂时不考虑门窗洞口，画出全部墙线草图。草图线要画得细而轻，以便修改。

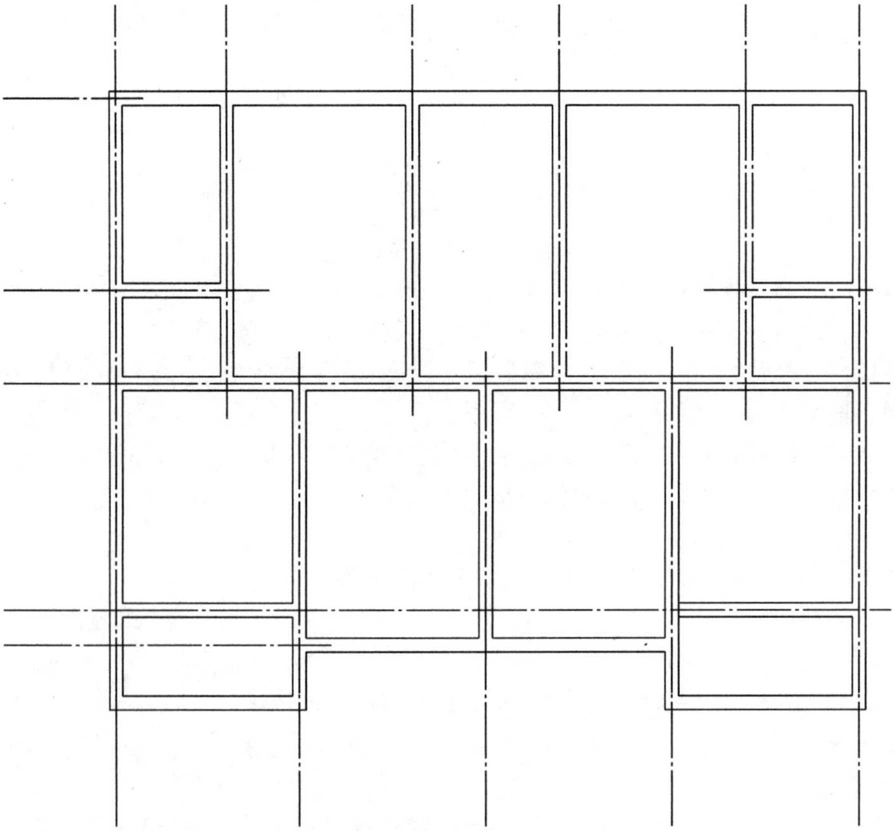

图 10-9　绘制墙体

(3)门窗开洞。根据门窗的大小及位置，确定门窗的洞口，如图 10-10 所示

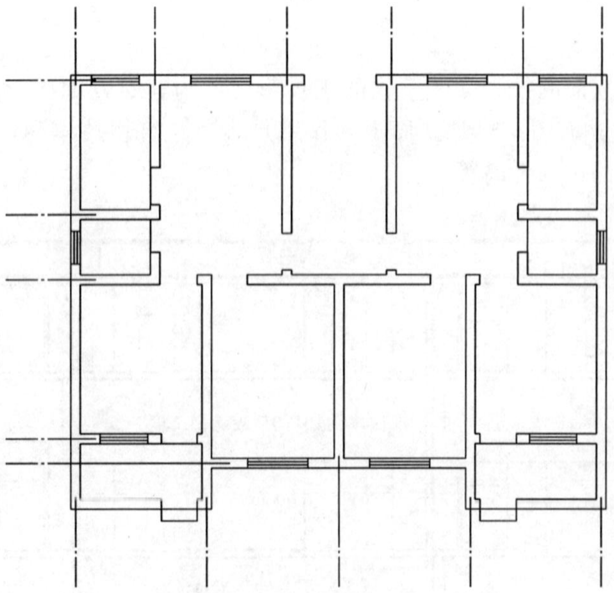

图 10-10 绘制门窗洞

(4)绘制其他设施。按规定图例和尺寸绘制门窗、阳台、台阶、散水等符号，如图 10-11 所示。

(5)加深墙线，标注尺寸、房间名称、门窗名称及其他符号，完成全图。如图 10-7 所示。

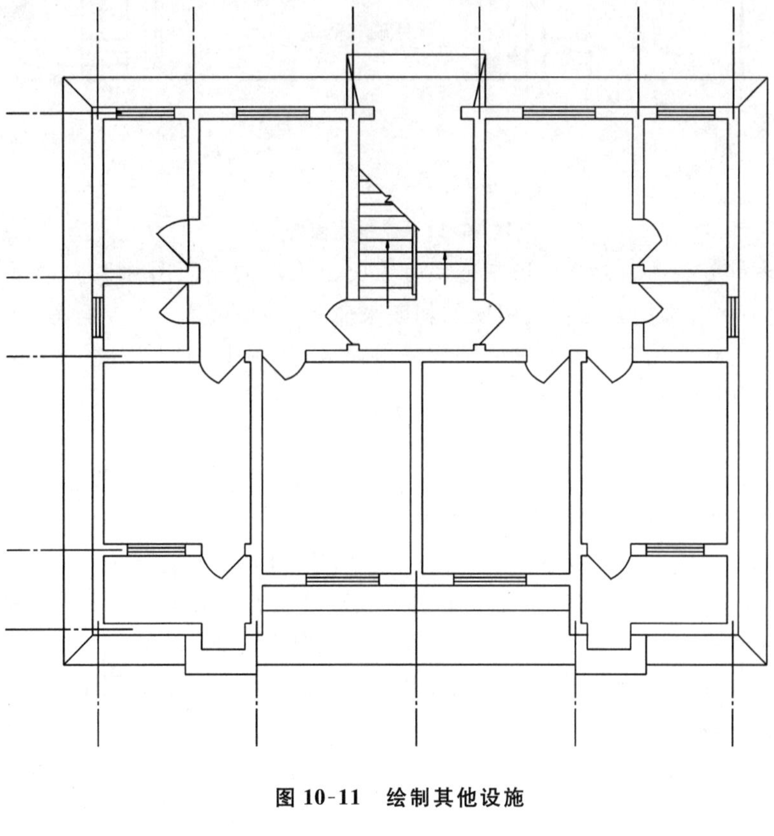

图 10-11 绘制其他设施

10.1.4 建筑立面图

1. 作用及分类

在平行于建筑物立面的投影面上所作的正投影图称为建筑立面图，简称立面图。图 10-12 所示为某宿舍楼的立面图。建筑立面图的作用是表达建筑物的体型外貌、外墙面装修、门窗位置及形式和主要部位的标高等。

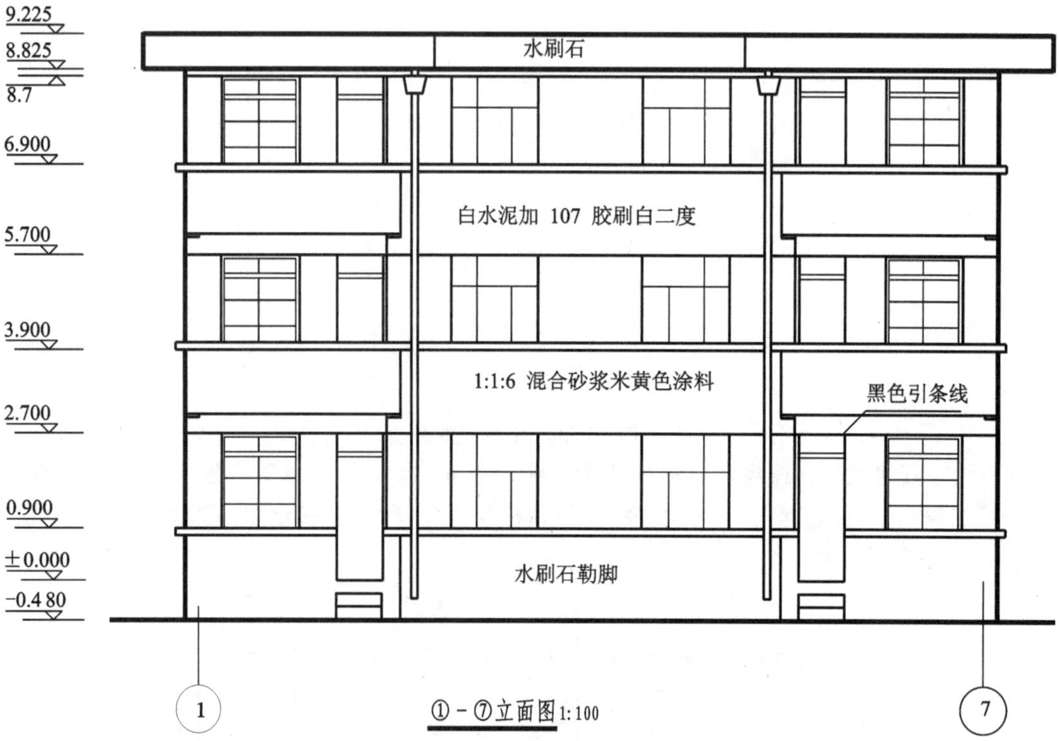

图 10-12 建筑立面图

立面图有多种分类命名方法。通常把反应主要出入口的立面图称为正立面图，由此确定背立面图和左、右侧立面图。也可按房屋的朝向来命名立面图，分为南立面图、北立面图、东立面图和西立面图。还可按立面图两端的轴线编号命名，如图 10-12 所示立面图可称为背立面图或南立面图或如图所示①-⑦立面图。

2. 内容及阅读

(1)图名、比例。将图 10-7 与图 10-12 对照阅读，可知①-⑦立面图投影方向由南向北，主要表达轴线墙面上的建筑内容，画图比例为 1：100。

(2)立面造型、外貌。该建筑物为三层楼房，平屋顶，外形为长方体。

(3)门窗位置及形式。对照底层平面图可知，大居室有三扇外开平开窗(C_1)，上部腰窗有两扇，分别为固定窗和上悬窗。小居室有二扇平外开窗(C_2)，腰窗为上悬窗。阳台门为单扇内开门(m_3)。

(4)其他构、配件。屋顶有出檐天沟，阳台位于楼房的东西两侧，底层阳台至室外面有三级台阶，外墙拐角处有雨水管。

(5)标高。图中对室外地面、门窗洞上下口、檐口顶面等均标注了高程，在施工中起高度控制作用。

(6)外墙面装饰。外墙面主要色彩为米黄色,配黑色引条线。窗台刷白色图料。檐口和勒脚表面均为水刷石面。

3.建筑立门图的绘图步骤

立面图采用与平面图相同的图幅和比例。

(1)画定位轴。考虑好图面的布置后,先画出定位轴线:与该立面对应的轴线、各楼层的层面线以及室外地面线,如图10-13所示。画出定位线是为了确定立面上门窗、阳台等的位置。

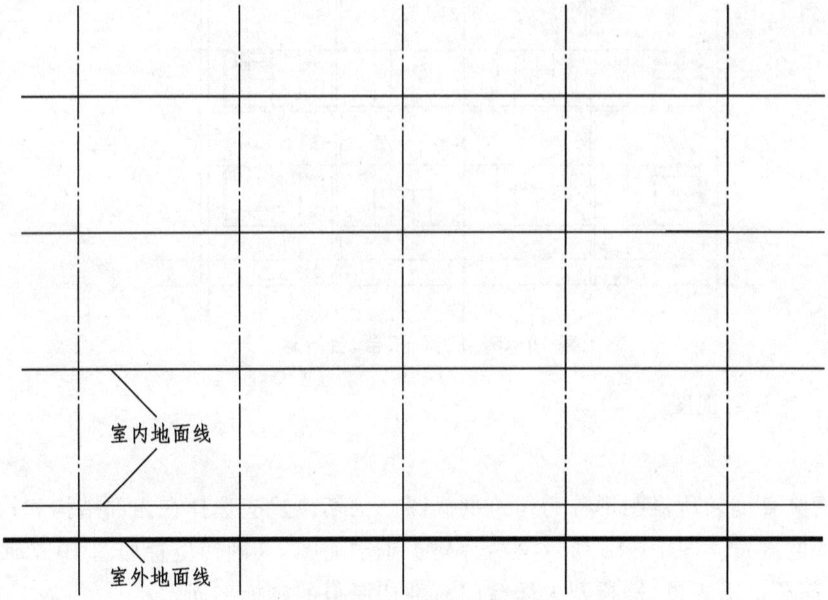

图10-13 绘制定位轴线

(2)画轮廓线。根据总长和总高尺寸画出外轮廓线及其他主要轮廓线,如图10-14所示。

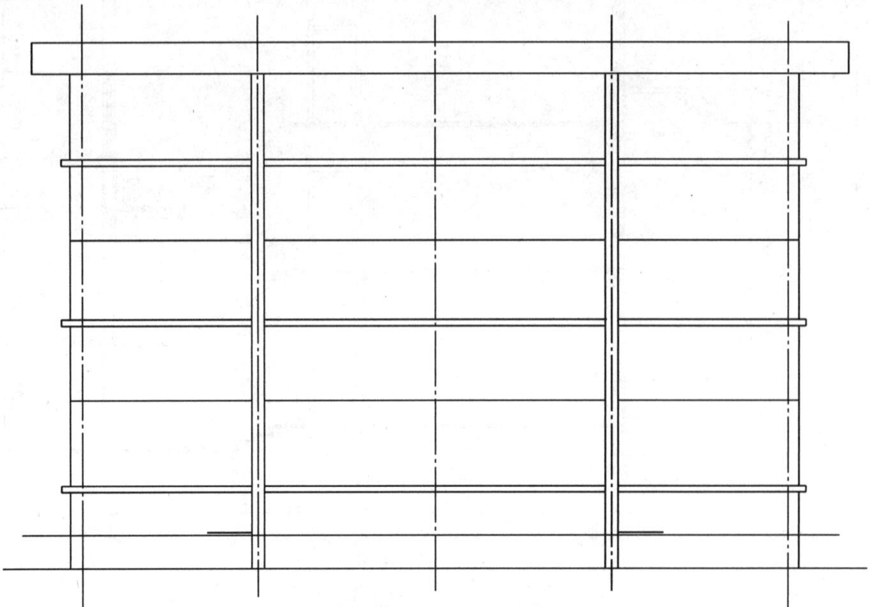

图10-14 绘制主要轮廓线

(3)绘制门窗、阳台、台阶等。按门窗的尺寸绘制门窗图例,如图10-15所示。门窗尺寸即洞口的大小一般在门窗表中表示，窗垛的尺寸(在平面图中已标注)，绘制台阶、雨篷等。如图10-15 所示。

(4)加深图线、标注尺寸完成全图。如图 10-12 所示。

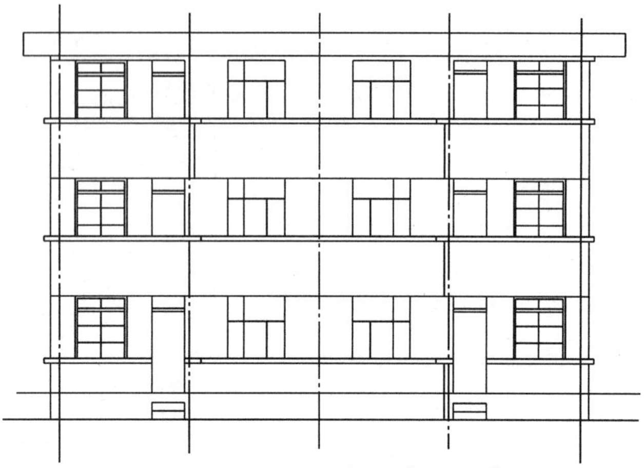

图 10-15　门窗、阳台、台阶等

10.1.5　建筑剖视图

1. 形成

将建筑物竖直剖切所得图形称为建筑剖面图。剖切位置应选择在内部结构和构造比较复杂或有代表性的部位。图 10-16 所示某宿舍楼 1-1 剖面图，其剖切位置如图 10-7 底层平面图所示，剖切平面是沿出入口、楼梯及大居室门窗剖切所得的阶梯剖面。

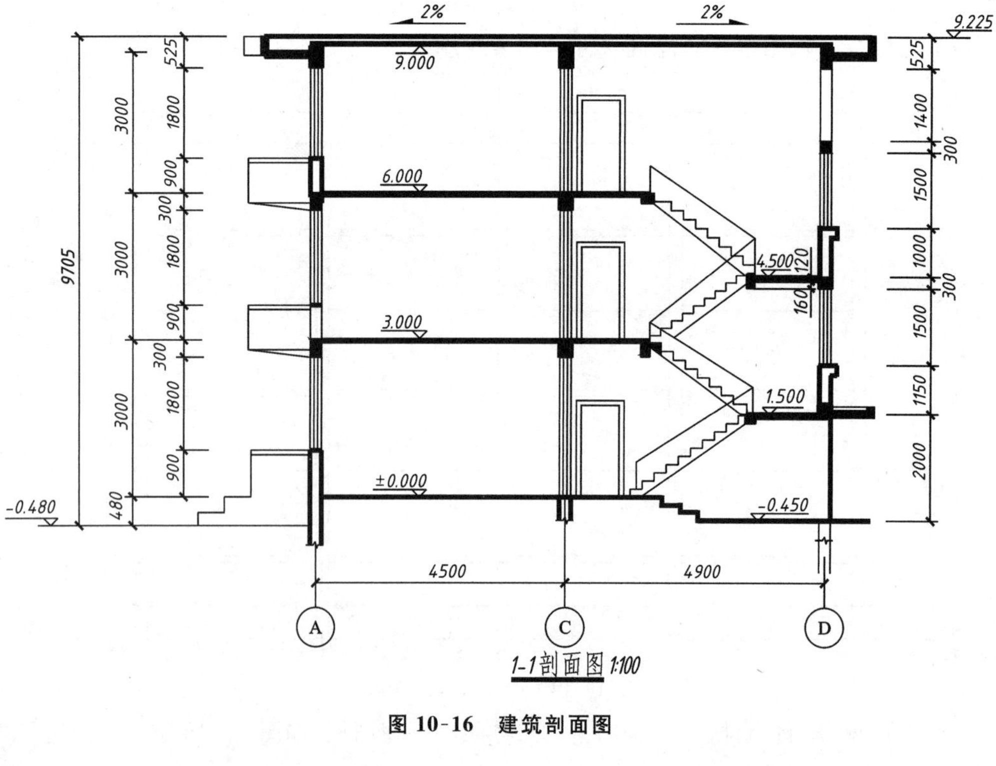

图 10-16　建筑剖面图

2. 内容及阅读

(1)图名、比例、定位轴线编号。1-1 剖面图画图比例 1∶100,剖切到墙身轴线为Ⓐ、Ⓒ、Ⓓ。

(2)建筑物内部空间布局与构成。1-1 剖面图表明,该宿舍楼为砖混结构,屋面、天沟、楼板、楼梯、圈梁、过梁(图中涂黑者)均为钢筋混凝土构件,墙身为砖砌。楼梯为平行双跑式,每层两个梯段,梯段为板式楼梯。屋面以 C 轴线为分水线向两侧排水,排水坡度为 2%。

(3)尺寸。剖面图中外部尺寸有三道,最里一道表示门窗洞高度及位置;中间一道标注建筑物的层高,即楼(地)面至上一层楼面的距离;最外一道尺寸为总高。图 10-16 右侧的尺寸表示北墙上门窗洞的高度和位置。

3. 建筑剖视图的绘制步骤

(1)画定位线。考虑好图面的布置后,先画出定位线:该剖视处对应的轴线、各楼层的层面线以及室外地面线,如图 10-17 所示。这里的定位线是绘制被剖切的墙体、门窗和楼面板的基准。

(2)画墙体、楼面板等。绘制剖切到的内外墙及楼板,如图 10-18 所示。

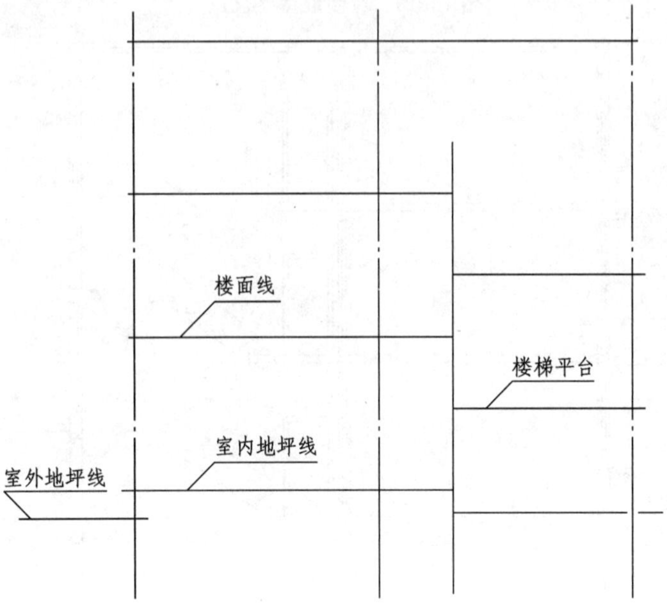

图 10-17 绘制定位线

(3)画楼梯等。绘制楼梯的投影,注意剖切到的梯段和未剖切到的梯段都要画,如图 10-19 所示。

(4)加深图线、标注尺寸。加深墙体、圈梁、过梁及被剖切的梯段等,完成全图。

10.1.6 建筑详图

1. 形成

建筑详图是建筑细部的施工图。对于建筑平、立、剖面图中难以表达清楚的构、配件(如门、窗、楼梯、阳台等),根据施工需要另用较大比例绘制的样图称为建筑详图。

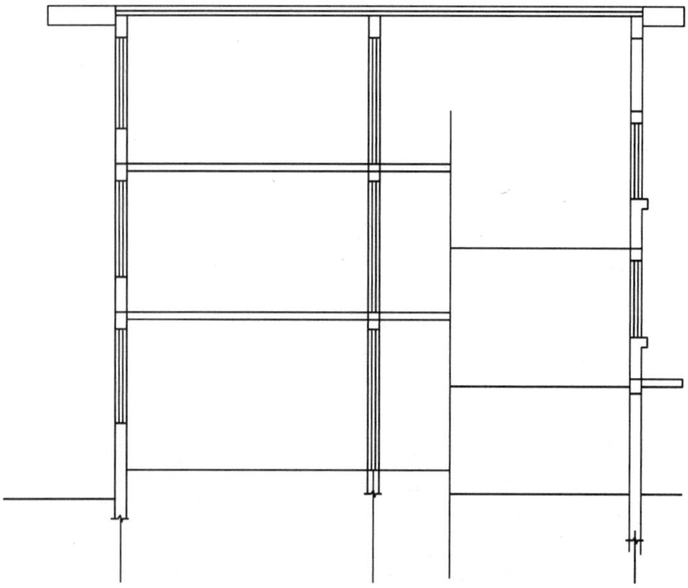

图 10-18 绘制墙体、楼板

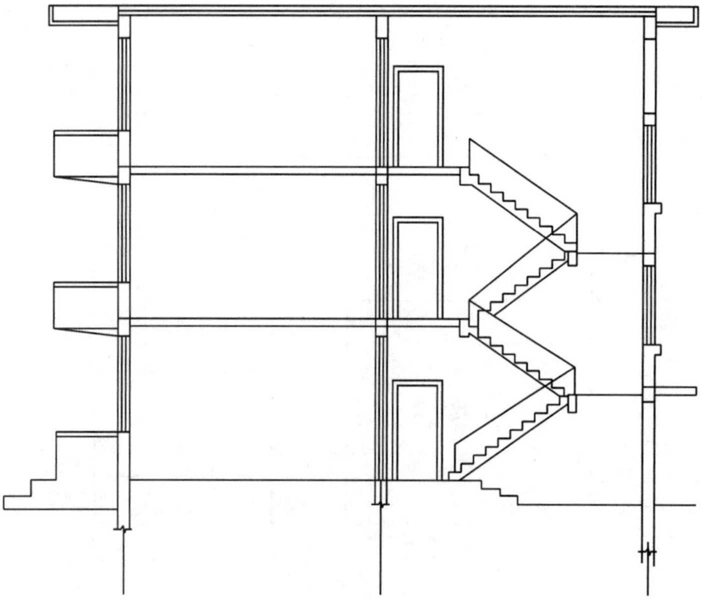

图 10-19 绘制楼梯等

2. 外墙剖面详图

外墙剖面详图通常由墙身各主要建筑部位的剖面节点详图组成。图 10-20 所示为某宿舍楼轴线外墙(南外墙)的剖面详图,它由三个节点详图组成,表达了屋顶和挑檐、楼地面、窗过梁、窗台和散水等的构造及楼板与墙的连接情况。因二层与三层楼构造相同,所以合用一个节点详图表达。

因详图画图比例较大(图 10-20 比例为 1∶20),所以在详图上应画出建筑材料图例,并在墙身、楼地面和顶棚处画出抹灰线,以表示粉刷层厚度。多层构造作法一般用文字加以说明。详图符号应与被索引符号相对应。

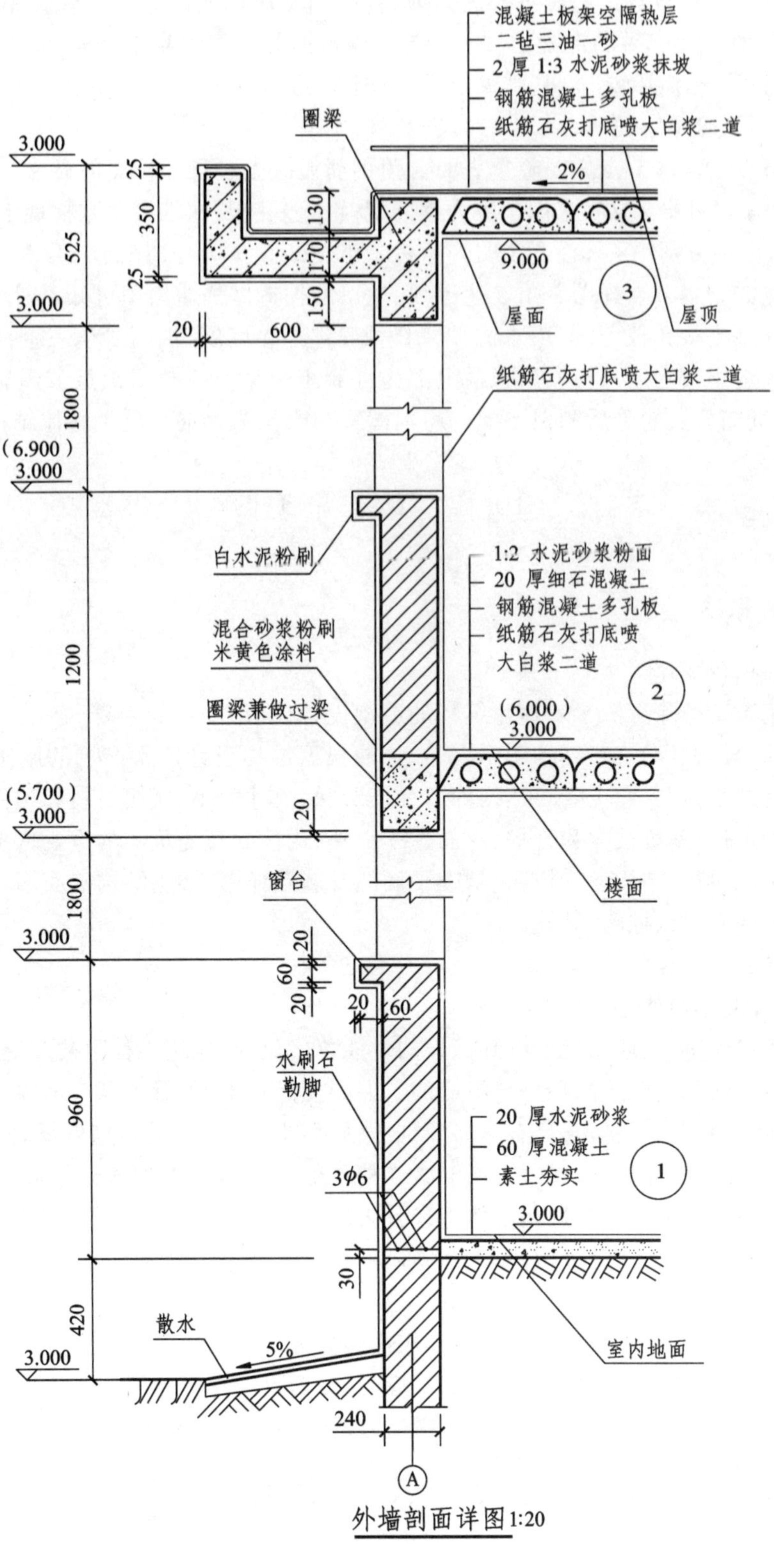

图 10-20 外墙剖面详图

底层节点①。本节点详图着重表达勒脚、散水和室内地面的做法。勒脚用防水及耐火的水刷护面，下接坡度为5%的混凝土散水。与室内地面等高的墙身中设有30毫米厚的钢筋混凝土防潮层，以防土壤中水分沿基础墙上升而侵蚀上面墙身。窗台用砖砌凸出墙面。室内地面为多层结构，详见文字说明。

中间层节点②。本节点详图着重表明窗顶钢筋混凝土过梁和楼面的做法。窗顶处有钢筋混凝土圈梁兼做窗过梁。楼板采用预应力钢筋混凝土多孔板，两端搁置在横墙上。楼面面层及内墙面的做法图中分别作了标注和说明。标高3.000和(6.000)分别表示二层和三层楼面高程。

顶层节点③。本节点详图着重表达屋顶、檐口的构造做法。由图可知，该屋顶承重结构为预应力钢筋混凝土多孔板，其上用水泥砂浆做成2%排水坡度，再用二毡三油防水层覆盖，油毡的“收头”固定于天沟压顶内。屋顶最上部为混凝土板架空隔热保温层。屋顶层底面（即三楼“天花”）用纸筋石灰粉平后刷白二度。屋顶圈梁与天沟为钢筋混凝土整体结构。

10.2 结构施工图

10.2.1 概述

1.结构施工图概述

房屋建筑施工图除了图示表达建筑物的造型设计内容外，还要对建筑物各部位的承重构件（如基础、柱、梁、板等）进行结构图示表达，这种根据结构设计成果绘制的施工图样，称为结构施工图，简称“结施”。它主要表达构件的具体形状、尺寸大小、所用材料和构件布置等内容。它是房屋结构定位、基坑放样和开挖、钢筋选配绑扎、构件立摸浇筑等的重要依据。

结构施工图包括：结构设计说明，基础平面图及基础详图，楼层结构平面图，屋面结构平面图，承重构件（如梁、板、柱等）结构详图。

2.钢筋混凝土结构的基本知识

(1)钢筋混凝土构件简介

纵观近代建筑史，钢筋混凝土以其优异的性能价格比，在建筑工程中被广泛应用。钢筋混凝土构件是由钢筋和混凝土两种材料组成的。混凝土是将水泥、石子、砂、水按一定配比组合，经拌和凝固而成的人工石料，它具有较高的抗压强度，但抗拉、抗折强度偏低，而钢筋抗拉、抗折强度大，为了提高构件的抗拉强度，在混凝土构件的受拉区域内加入钢筋，就形成了钢筋混凝土构件。钢筋混凝土构件根据其制作工艺分为现浇构件和预制构件。为了提高构件的抗裂性，还可制成预应力钢筋混凝土构件。

(2)钢筋的分类和作用

配置在钢筋混凝土构件中的钢筋，按其作用可分为：

a.受力钢筋：主要用于构件中承受拉、压应力，分为直筋和弯起筋。

b.架立钢筋：起架立作用，用来固定梁内受力钢筋和箍筋位置。

c.箍筋：用来固定受力钢筋的位置，并承受部分斜拉应力。

d.分布筋：用于板内受力钢筋固定，且与板内受力钢筋垂直分布，形成均匀整体受力。

(3)钢筋的弯钩和保护层

为了提高钢筋和混凝土的黏结力，通常在钢筋两段做成半圆形弯钩或直弯钩，称钢筋的锚固弯钩。

钢筋混凝土构件为防止外界因素引起钢筋的锈蚀,并增加钢筋与混凝土结合的整体性,在结构表面与钢筋之间有一定厚度的混凝土,称钢筋的保护层,具体数值可查阅有关设计规范。

(4)钢筋的种类、级别和代号

由于钢筋的生产工艺不同,因此钢筋的品种繁多。其力学性能也各异。

3.常用构件的代号

在建筑工厂中,由于所使用的构件种类繁多。因此,在结构施工图中,为了简明扼要地标注构件,通常采用代号标注的形式。所用构件代号可在国家《建筑结构制图标准》中查用。常用构件代号见表10-5。

表10-5 常用构件代号

板	B	屋架	WJ
屋面板	WB	托架	TJ
空心板	KB	天窗架	CJ
槽形板	CB	框架	KJ
折板	ZB	刚架	GJ
密肋板	MB	支架	ZJ
楼梯板	TB	柱	Z
盖板或沟盖板	GB	基柱	J
挡雨板或檐口板	YB	设备基础	SJ
吊车安全走道板	DB	桩	ZH
墙板	QB	柱间支撑	Z
天沟板	TGB	垂直支撑	CC
梁	L	水平支撑	XC
屋面梁	WL	梯	T
吊车梁	DL	雨棚	YP
圈梁	QL	阳台	YT
过梁	GL	梁垫	LD
连系梁	LL	预埋件	M
基础梁	JL	天窗端壁	TD
楼梯梁	TL	钢筋架	W
檩梁	LT	钢筋骨架	G

4.构件标准图集

在建筑设计中,有大量的钢筋混凝土构件采用定型设计构件,为此国家及各地区都编制了定型构件的标准施工图集,以方便设计人员设计时引用或查阅。由于各地区对钢筋混凝土构件的表示方法不尽相同,使用时应注意查阅当地的构件标准图集。

10.2.2 钢筋混凝土构造图

1.概述

钢筋混凝土构造图由模板图、配筋图、预埋件详图和钢筋明细表组成。它充分表达了钢筋混凝土构件的外形、尺寸钢筋的配置，预埋件和预留孔洞的大小和位置。在建筑结构中，主要钢筋混凝土构件是梁、板、柱。

钢筋混凝土结构图的图示方法，应根据钢筋混凝土构件的具体特征，主要采用钢筋混凝土构件平面图、立面图和断面图等图示表达。

在钢筋混凝土构件详图中，构件外形轮廓采用细实线表示，通常省略混凝土图例，而构件中所选配的钢筋采用粗实线或黑圆点表示，同时还应标注出钢筋的编号、代号、直径、根数、间距等。在构件详图中，除了需要清楚表达钢筋混凝土构件的外形和配筋情况外，为了区分各种类型的配筋，还应在标注时对构件中所配钢筋加以编号。编号原则是：相同的钢筋(即形状、规格、尺寸相同)只编一个号；先受力筋(先直筋后弯筋)后架立筋或分布筋再箍筋等自上而下、从左向右顺序编号。编号标注的方法：结构配筋在图中各类钢筋合适的部位上，用带箭头的细实线引出，并在引出线尾端画一个直径为 6mm 的细实线圆，用阿拉伯数字将钢筋编号注写在圆中。

如标注 2Φ16②，②表示钢筋的编号为 2 号；Φ16 表示 2 根直径 16mm 的Ⅰ级钢筋。又如标注 Φ6 @200，@为钢筋间的间距代号，表示直径 6mm 的Ⅰ级钢筋间距 200mm。

2. 钢筋混凝土梁

在建筑结构中采用了大量的钢筋混凝土梁，其所处位置不同，作用和代号也不尽相同，见表 10-5。梁的配筋图通常由立面图、断面图、钢筋详图或钢筋明细表组成。

如图 10-21 所示是钢筋混凝土简支梁的配筋图，该梁的配筋图由立面图、断面图、钢筋表组成。图中所示，梁的两端简支在砖墙上，梁的跨度 4500mm，断面 400mm×250mm 下部配置 3 根直径为 18mm 的受力钢筋，编号为①；上部配置 2 根直径为 12mm 的架立钢筋，编号为②；箍筋采用的钢筋直径为 8mm，分布间距 200mm，编号为③，并且全梁均匀分布。梁的钢筋加工图见钢筋表。

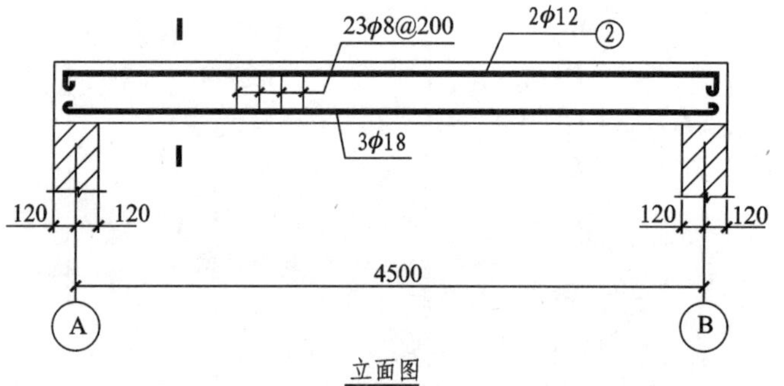

立面图

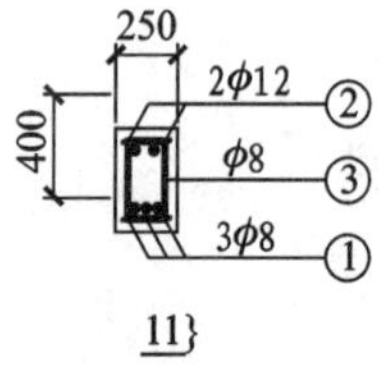

11}

钢筋表

编号	型式	直径	长度	数量	备注
1	120 4696 120	φ18	4921	3	
2	150 4696 150	φ12	5141	2	
2	350 210	φ8	1220	23	

图 10-21　简支梁配筋图

10.2.3. 基础平面图和基础详图

1. 概述

基础是建筑物向地基传递全部荷载的承重构件。由于它的构造与房屋上部的结构形式和地基承载力有密切关系，故形式多样，常见的基础形式有条形基础和独立基础。

基础施工图是基础定位放样、基坑开挖和施工的主要依据，它主要由基础平面图和基础详图组成。

2. 基础平面图

基础平面图是一种剖视图，是假想用一个水平剖切面，沿室内地面与基础之间将建筑物剖切开，再将建筑物上部和基础四周的土移开后所作出的水平投影，称为基础平面图。基础平面图主要内容包括：基础的平面布置，基础的形状和尺寸，基础梁的位置和代号，基础详图的剖切位置和编号等。

以条形基础为例，在基础平面图中，被剖切到的基础墙体，轮廓线采用粗实线表示，构造柱断面涂黑，基础底面外轮廓线采用细实线表示，而基础细部的可见轮廓线通常省略不画（如大放脚轮廓线等），各种管线及其出入口处的预留孔洞用虚线表示。除此之外，图中还应标注出基础各部分的尺寸。

基础平面图的定位轴线应与建筑施工图一致，比例也尽量相同。

画基础平面图时，应根据建筑平面图中的定位轴线和比例，确定基础的定位轴线，然后画出基础墙、基础宽度轮廓线等，同时标注基础的定位轴线、尺寸、基础详图的剖切位置和编号。

如图 10-22 所示，该图反映了某宿舍楼的基础平面布置情况、基础详图的尺寸、剖切位置和编号，请自行参照阅读。

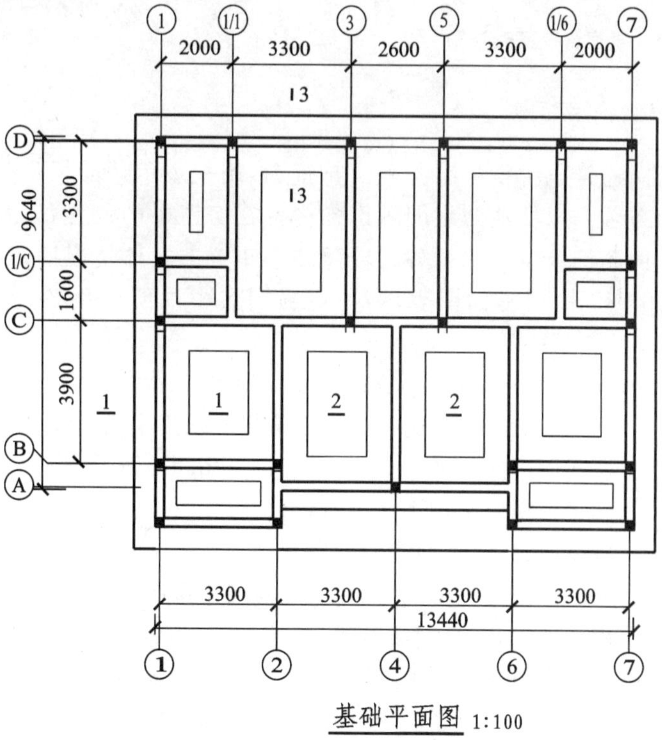

图 10-22 基础平面图

3. 基础详图

由于基础平面图只表示了基础的平面布置，而基础各部分的断面情况没有表达出来，为了给砌筑基础提供依据，就必须画出各部分的基础断面详图。

基础详图是一种断面图，是在基础合适的部位，采用假想的剖切平面垂直剖切基础所得到的断面图。为了清楚地表达基础的断面，基础详图的比例较大，通常取 1∶20、1∶30 绘制。基础详图充分表达了基础的断面形状、材料、构造、大小和埋置深度。

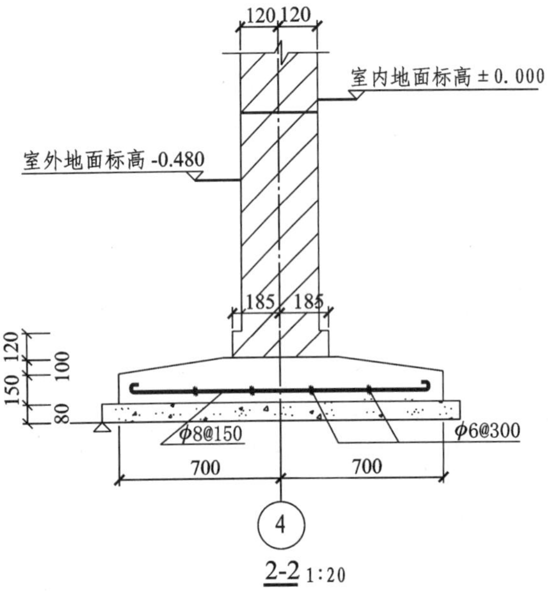

图 10-23　某宿舍楼基础详图

基础的断面形状与埋置深度应根据上部的荷载以及地基承载力而定。即使同一幢房屋，由于各处的荷载和地基承载力不同，其基础断面的形式也不同，其基础断面的形式也不同。对每一处断面不同的基础，都需要画出它的断面图，并在基础平面图上用剖切位置线表明该断面的位置。对条形基础断面形状和配筋形式较类似的，可采用通用基础详图的形式，通常详图的轴线符号圆圈内不注明具体编号。

基础详图的主要内容有：基础断面图中的定位轴线及其编号；基础断面结构、形状、尺寸、标高、材料以及配筋；基础梁（或圈梁）的尺寸和配筋；防潮层的位置等。

如图 10-23 所示某某宿舍楼的基础详图。

10.2.4. 楼层结构平面图

楼层结构平面图通常也称楼层结构平面布置图，用来表示楼面板及其下面的墙、梁、柱等承重构件的平面布置。以便清楚地图示出各构件在房屋中的位置，以及它们之间的构造关系。楼层结构平面图的数量应根据各层楼面结构布置的具体情况确定，如果楼层结构布置情况相同，可只用一个楼层平面图表示，但应在图名中注明合用各层的层数，否则分层表示。

楼层结构平面图是一个水平剖视图，是假想用一个水平面紧贴楼面剖切形成的。图中被剖切到的墙体轮廓线用中实线表示；被遮挡住的墙体轮廓线用中粗虚线表示；楼板轮廓线用细实线表示；钢筋混凝土柱断面用涂黑表示；梁的中心位置用粗点画线表示。

如图 10-24 所示，某宿舍楼层结构平面图，请自行参照阅读。

楼层结构平面图的比例与建筑平面图的基本相同。

楼层结构平面图，要求图中定位轴线、尺寸应与建筑平面图一致，图示比例也应尽量相同。各类钢筋混凝土梁、柱用代号标注，其断面形状、尺寸、材料和配筋等均采用断面详图的形式表示；现浇楼面板的形状、尺寸、材料和配筋等可直接标注在图中，对于配筋相同的现浇板，只需标注其中一块，其余可在该板图示范围内画一细对角线，注明相同板的代号，从略表达；预制楼板则采用细实线图示铺设部位和方向，并画一细对角线，在上注明预制板的数量、代号、型号、

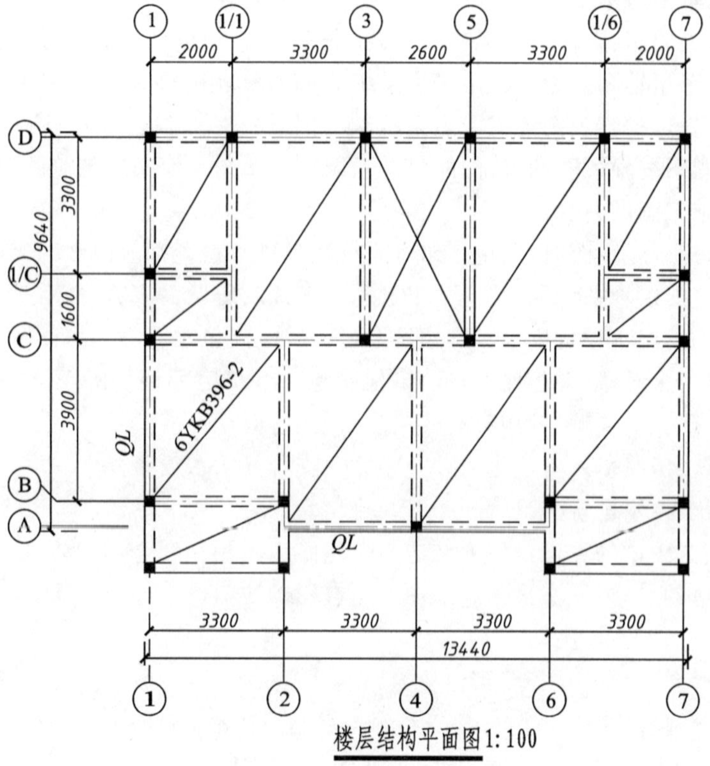

图 10-24 某宿舍楼层结构平面图

尺寸和荷载等级等，对于相同铺设区域，只需作对角线并简要注明；门窗过梁可统一说明，其余内容可省略。楼梯间如另有详图，可在平面图上用一相交对角线表示。

钢筋混凝土构件（梁、板、柱）均采用“国标”规定的代号和编号标注，只要查看这些代号、编号和定位轴线就可以清楚这些构件的位置和数量。

10.3 给水排水施工图

10.3.1 概述

1. 给水排水施工图的分类及其组成

给水排水施工图（简称给排水施工图）可分为室内给排水施工图和室外给排水施工图两部分。室内给排水施工图主要表示一幢建筑物中用水房间的卫生器具、给水排水管道及其附件的类型、大小与房屋的相对位置和安装方式的施工图，主要包括管道平面图、系统轴测图、安装详图、图例和施工说明等；室外给排水施工图主要表示一个区域的给水排水管网的布置情况，主要包括室外管网的总平面布置图、流程示意图、管道纵剖面图、工艺图和详图等。

2. 给排水施工图的特点

绘制和识读给排水施工图时，应注意以下特点；

(1)排水施工图中所表示的设备装置和管道一般采用统一的图例，在绘制和识读给排水施工图前，应阅读和掌握与图纸有关的图例及其所代表的内容。

(2)给排水管道的布置，往往是纵横交叉，在平面上较难表明它们的空间走向。因此，给排水施工图中，一般采用轴测投影法画出管道系统的直观图，用一张直观图来表明各层管道系统的空间关系及走向，这种直观图称为管道系统轴测图，简称系统轴测图。绘图时，是根据各层平面布置图来绘制系统轴测图的，读图时可把系统轴测图和平面布置图对照识读，这样就能较快地掌握给排水施工图的内容。

(3)在识读给排水施工图时，无论是给水系统还是排水系统都应按水的流向进行识读。如识读一幢房屋的室内给水系统图，首先找出进水的来源及房屋引入管，然后按一定的流向通过干管、支管，最后找出用水设备(洗脸盆、盥洗台、拖布池、高位水箱等)；识读一幢房屋的室内排水系统图，则可从用水设备(洗脸盆、盥洗台、拖布池、小便槽、大便器等)开始，沿污水流向，经支管、干管到排出管。上述顺序可归纳如下：

室内给水系统：房屋引入管→水表井→干管→支管→用水设备。

室内排水系统：排水设备→支管→干管→排出管。

(4)给排水施工图中的管道设备安装应与建筑施工图相互配合，尤其在预留洞口、预埋件、管沟等方面对土建的要求，需在土建施工图纸上有明确注明。

3. 给水排水施工图中常见的图例

给水排水工程图中，除详图外，其他各类图示管道设备等，一般采用统一图例表示，现列出常用图例的一部分，见表10-6[摘自《建筑给水排水制图标准》(GB/T 50106—2010)]。

表10-6　给水排水常用图例

序号	名称	图例	说明	序号	名称	图例	说明
1	生活给水管			15	截止阀	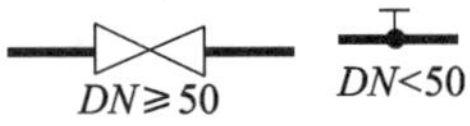	
	热水给水管			16	旋塞阀	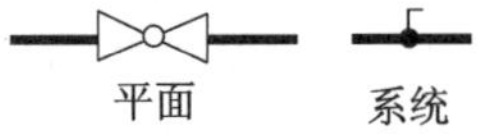	
				17	球阀		
2	交叉管	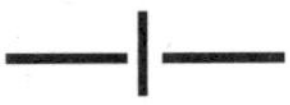		18	浮球阀	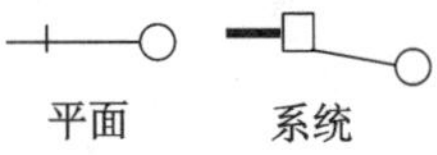	
3	三通连接			19	放水龙头		左侧为平面，右侧为系统
4	四通连接			20	台式洗脸盆	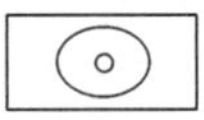	
5	管道立管	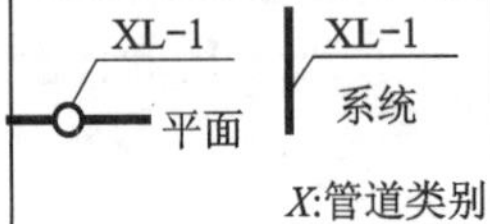 X:管道类别 L:立管 I:编号		21	台式说脸盒		

续表 10-6

序号	名 称	图 例	说明	序号	名 称	图 例	说 明
6	存水弯	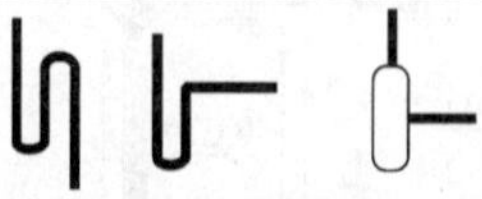		22	浴盆	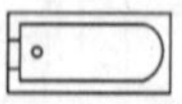	
7	阀门井 检查井			23	化验盆、洗涤盆	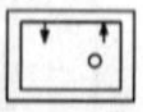	
8	清扫口	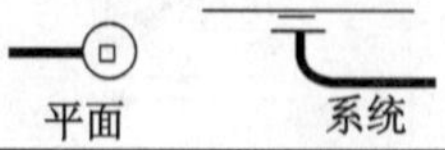		24	盥洗槽	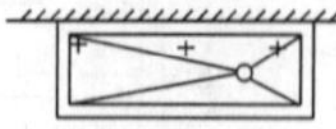	
9	通气帽	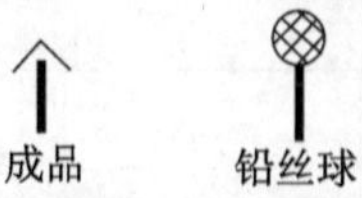		25	污水池		
10	雨水斗	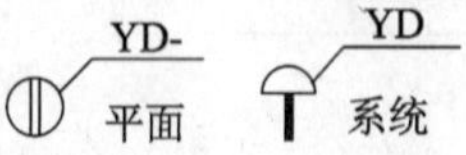		26	蹲式大便器	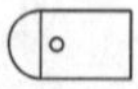	
11	排水漏斗	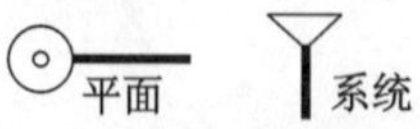		27	坐式大便器	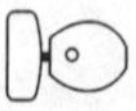	
12	圆形地漏	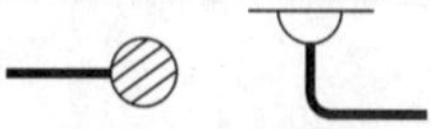		28	小便槽		
13	自动冲洗水箱			29	淋浴喷头		
14	闸阀			30	矩型化粪池	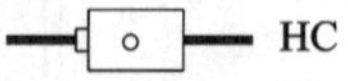	

10.3.2 室内给排水平面图

管道平面图即室内给排水平面图是排水施工图中最基本的图纸，它主要图示卫生器具、给水排水管道及其附件相对房屋的平面位置。

1. 管道平面图的图示特点

(1)管道平面图的比例

室内给排水平面图一般采用与建筑平面图相同的比例，常采用 1∶100 的比例，必要时也可采用 1∶50、1∶200 或 1∶150 等。

(2)管道平面图的数量

多层建筑的给排水平面图原则上应分层绘制，管道系统布置相同的楼层，管道平面图可以只绘制一个给排水平面图，但底层管道平面图必须单独画出，一般应画完全的底层平面图。屋面上的管道系统和屋面排水应另画屋顶管道平面图。

由于底层管道平面图中的室内管道与户外管道相连，所以必须单独画出一个完整的底层管道平面图(如图 10-25 所示)；各层管道系统的布置相同，可以合并绘制一个楼层管道平面图，如图 10-26 所示。

(3)管道平面图中的房屋平面图

在管道平面图中所画的房屋平面图，仅作为管道系统各组成部分的水平布局和定位的基准，因此，仅需抄绘房屋的墙身、柱、门窗洞口、楼梯、台阶等主要构配件，房屋的细部和门窗代

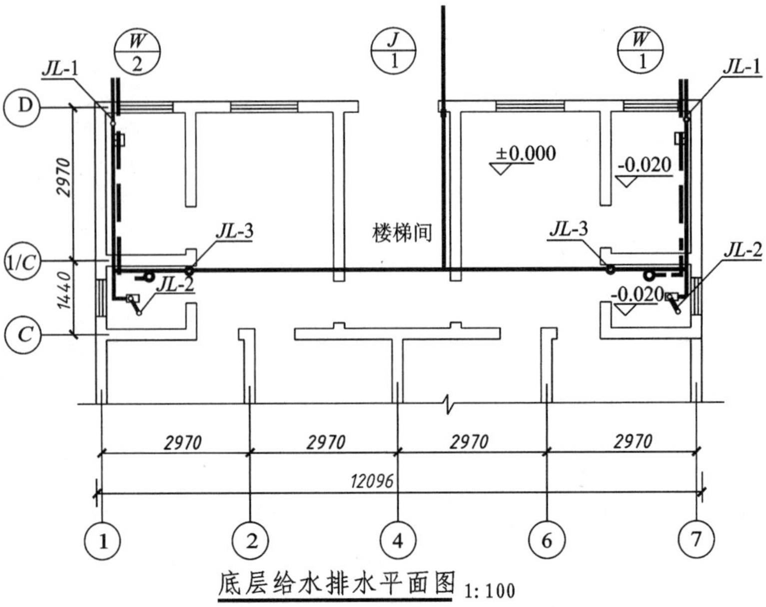

图 10-25　底层给水排水管道平面图

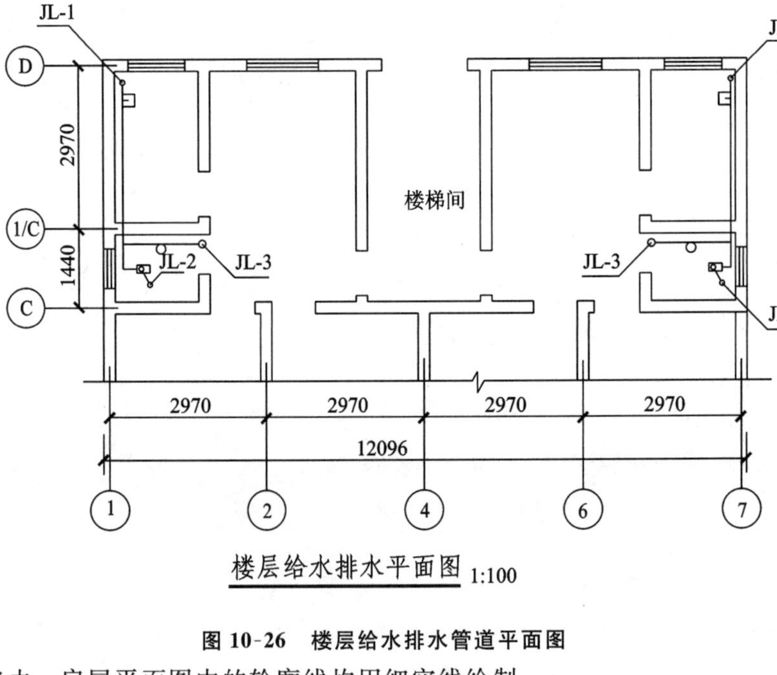

图 10-26　楼层给水排水管道平面图

号等均可省略去。房屋平面图中的轮廓线均用细实线绘制。

(4)管道平面图中的图例

管道平面图中的图例均应按照《建筑给水排水制图标准》(GB/T 50106—2010)中所规定的图例绘制,见常用图例列表 10-6。其中除管道用粗实线(b)外,其余均用细实线($0.35b$)绘制给水管道用粗实线,排水管道用粗虚线。

(5)管道的类别代号和管道系统编号

在底层管道平面图中各种管道都要按系统编号,系统的划分一般给水管道以每一个引入管为一个系统，排水管道以每一个承接排水管的检查井为一个系统。给水管道的类别代号为大写汉语拼音字母 J，排水管道有污水系统和废水系统，则其类别代号 W 和 F。管道的类别代号写在系统编号直径为 10mm 的细实线圆圈内的分子处，管道系统的编号写在圆圈内的分母处。

各种管道不论在楼面或地面之上或之下，均按可见表示，按管道的规定线型画出，当管道在平面图上下投影重影时，可以平行画出。即使明装管道也可以画入墙内，但应说明管道系统是明装的。

给水系统中的引入管和排水系统中的排出管仅需在底层房屋管道平面图中画出，在楼层管道平面图中一律不画。

立管用直径为 $3b$ 的细实线圆表示，并要表示立管的类别和代号，如图 10-45 中 *JL*-1，表示给水立管 1；*PL*-2 表示排水立管 2。

(6)管道平面图中的尺寸和标高

在给水排水管道平面图中应该标注墙或者柱的轴线的尺寸，以及室内外地面和楼面的标高。一般不标注卫生器具和管道的定位尺寸，因此卫生器具和管道一般都是沿墙或者靠柱设置的，必要时以墙面或柱面为基准标注尺寸，卫生器具的规格可注在引出线上，或在施工说明中说明。管道的管径、标高和排水管道的坡度均注在管道系统图中。管道的长度用比例从图中量出近似尺寸，在安装时则以实测尺寸为准，所以在管道平面图中也不标注管道的长度尺寸。

2. 管道平面图的画法

给水排水施工图一般先画底层管道平面图，再画楼层管道平面图。各层管道平面图的画法应包括如下内容：

(1)画出房屋的平面图和卫生器具平面图(一般底层平面图应该全部画出，楼层平面图可以只画局部)。

(2)画出给水管道的立管。

(3)画出给水管道的引入管，再按水流的方向画出横支管和管道附件，并连接到各卫生器具。

(4)画出排水管道的立管。

(5)画出排水管道的排出管，再按水流的逆向画排水管道的横支管和管道附件，并连接到各卫生器具。

(6)标注尺寸和标高。

10.3.3 给排水系统原理图

管道系统图是给水排水施工图中的主要图纸，它分给水管道系统图和排水管道系统图，分别表示给水管道系统和排水管道系统的空间走向、各管段的管径、标高、排水管道的坡度，以及各种附件在管道上的位置，系统原理图简称系统图，一般按正面斜轴测来绘制。

1. 管道系统图的图示特点

(1)管道系统图的比例

管道系统图的比例一般采用与管道平面图相同的比例，当管道系统比较复杂时也可采用放大的比例放大画出，必要时也可不按比例绘制。总之，视具体情况而定，以能表达清楚管路情况为佳。

(2)管道系统图的数量和管道系统符号

管道系统图的数量是按给水引入管和排水检查井的数量而定的。每一个管道系统图的符号都应与管道平面图中的系统索引符号相附,注写在直径为 14mm 的粗实线圆圈内,各管道系统图一般应按系统分别绘制。

(3)管道系统图的轴向和伸缩系数

管道系统图均采用斜等测即正面斜轴测图绘制,在图 10-27 和图 10-28 中所示 O_1X_1 轴处于水平方向,O_1Z_1 轴处于铅垂方向,O_1Y_1 轴一般与水平方向成 45°(或与水平方向呈 30°或 60°)。三个轴向的伸缩系数均为 1。根据正面斜轴测图的性质,在管道系统图中凡是与三个轴向平行的线段均反映实长。

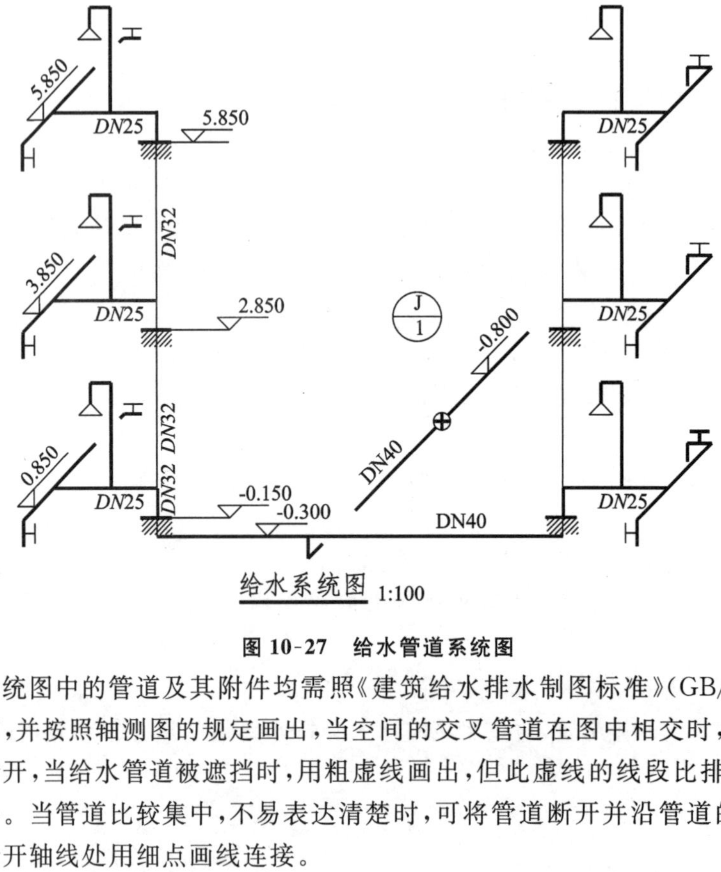

图 10-27 给水管道系统图

在管道系统图中的管道及其附件均需照《建筑给水排水制图标准》(GB/T 50105—2010)中规定的图例,并按照轴测图的规定画出,当空间的交叉管道在图中相交时,应将不可见的管道在相交处断开,当给水管道被遮挡时,用粗虚线画出,但此虚线的线段比排水管道粗虚线的线段要短一些。当管道比较集中,不易表达清楚时,可将管道断开并沿管道的轴线移开画出,而在管道的断开轴线处用细点画线连接。

(4)管道系统图中墙、地面和楼面的画法

在管道系统图中还应画出被管道穿过的墙、柱、地面、楼面和屋面,如图 10-27 和图 10-28 所示,图中被管道穿过的墙、地面、楼面和屋面均用细实线画出其断面。

(5)管道系统图中的管径和标高

各种管段的公称直径称为管径(DN)都注在管段的旁边,当位置受限制时也可注在管段的引出线上。管道的管径要逐段注出,当管径相同时,可仅注在该管段的始末处,中间管段可省略不注。

凡有坡度的排水横管还要注出坡度(给水横管没有坡度)。坡度注在排水横管的旁边或引

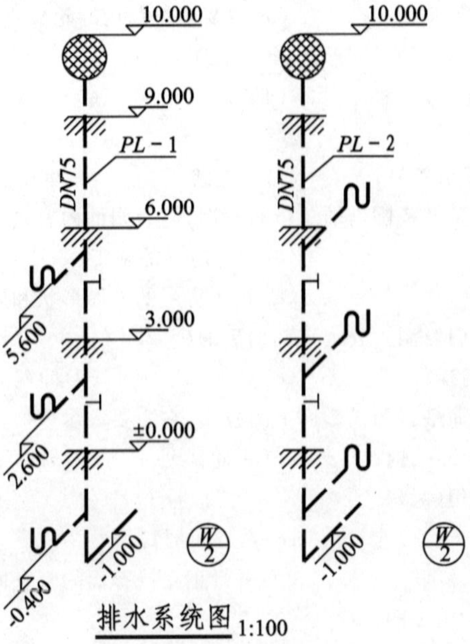

图 10-28 排水管道系统图

出线上。当排水横管采用标准坡度时，在图中可省略不注，但应在施工说明中加以说明。

管道系统图中的标高均注相对标高。在给水管道系统图中给水横管的标高均以管道的中心轴线为基准，除了标注给水横管中心的标高外，还要注明地面、楼面、屋面、水箱以及阀门和放水龙头的标高。在排水管道系统图中的排水横管的标高以管底为基准，排水横管的标高由卫生器具的安装高度所决定，所以一般不标注排水横管的标高，而只要标注出横管起点的管底标高，另外还要标注地面、楼面、屋面、立管管顶、检查口的标高，如图 10-28 所示。

管道系统图应画出的内容

(1)画出立管；

(2)画出立管所穿过的地面、楼面和屋面的断面；

(3)画出横管；

(4)画出横管所穿过的墙和梁的断面；

(5)画出管道上的附件；

(6)注写各管段的公称直径、标高、坡度等。

复习思考题

1. 房屋建筑图是用来(　)。

(A)指导房屋施工；　　(B)执行建筑制图标准；

(C)检查房屋；　　(D)验收房屋。

2. 绘制和阅读房屋建筑施工图时应该是(　)。

(A)符合正投影原理；　　(B)《建筑制图标准》；

(C)符合透视图原理　　(D)符合正投影原理和遵守《建筑制图标准》。

3. 在房屋图中粗实线表示(　)。

(a)不看见轮廓线；　　(b)中心线和轴线；

(*c*)次要建筑结构的轮廓线；　　(*d*)主要建筑结构的轮廓线。

4.标高是标注建筑物高度的一种尺寸形式，其单位为(　)。

(*a*)毫米；　(*b*)厘米；　(*c*)米；　(*d*)米和毫米。

5.定位轴线是确定(　)。

(*a*)尺寸界线；　(*b*)索引符号；　(*c*)中心线；　(*c*)墙和柱等的位置。

6.总平面图是新建房屋在基地范围内的总体布置图，它表明的内容之一有(　)。

(*a*)新建房屋的结构；　　(*b*)新建房屋的施工；

(*c*)新建房屋的设备；　　(*d*)新建房屋的平面形状和层数。

7.建筑平面图是将房屋从门窗洞口处水平剖切后的(　)。

(*a*)正视；　(*b*)俯视；　(*c*)左视；　(*d*)仰视。

8.立面图是房屋在与外墙面平行的投影面上的投影，它主要表示(　)。

(*a*)外形；　(*b*)内部结构；　(*c*)平面形状；　(*d*)局部结构。

9.建筑剖面图是将建筑物用(　)。

(*a*)水平面剖切；　　(*b*)垂直面剖切；

(*c*)平行面剖切；　　(*d*)平行正立投影面的竖直面剖切。

10.建筑详图是建筑细部的施工图，也称(　)。

(*a*)平面图；　(*b*)立面图；　(*c*)剖面图；　(*d*)节点图。

第 11 章　透视图

【教学目标和任务】

理解透视图的目的及透死图的基本概念,掌握透视图的基本作图方法和技巧,理解透视图的作图规律。具备空间想象能力,作出空间几何元素的透视图。

【教学重点和难点】

1. 重点:透视图的基本作图方法。
2. 难点:分辨多点透视位置的方法。

【岗课赛证要求】

透视图的绘制和阅读是土木工程专业人员必备的技能。

【思政目标】

培养守正创新的精神,在实践中唤醒、激活、弘扬中华优秀传统文化。

认识到民族复兴需要强大的物质力量,也需要强大的精神力量。

11.1　透视图的形成

观察建筑物的形象如图 11-1 所示,由图中可见:

建筑物上,等高度的铅垂线,距观察者近的则高,远的较低,越远越低,即近高远低。

建筑物上,等距离的铅垂线,距观察者近的柱距疏,远的较密,越远越密,即近疏远密。

以上所述均为透视现象,它符合人们的视觉形象,使观察者看了如目睹实物,所以透视图是研究视觉形象的真实图画。

当人们站在玻璃窗内用一只眼睛观看室外的建筑物时,把看到的形象准确地画在玻璃窗上,所构成的投影图,称为透视投影图,简称透视图(或透视)。如图 11-2 所示,人的眼睛为投影中心,在透视图中称为视点 S。把在人和建筑物之间的玻璃窗设为一个铅垂的投影面,在透视图中这个铅垂的投影面称为画面。过视点与建筑物上各点的连线 SA、SB……称为视线(或投影线)。

各视线 SA、SB……与画面的交点 A、B……就是建筑物上点 A,B……的透视。依次连接各点的透视,即得物体的透视图。

透视图是一种单面投影,它是用中心投影法画出的,视点、画面、物体,是形成透视图的三要素,这三者以这样的顺序排列:

视点——画面——物体。

图 11-1 透视图的效果

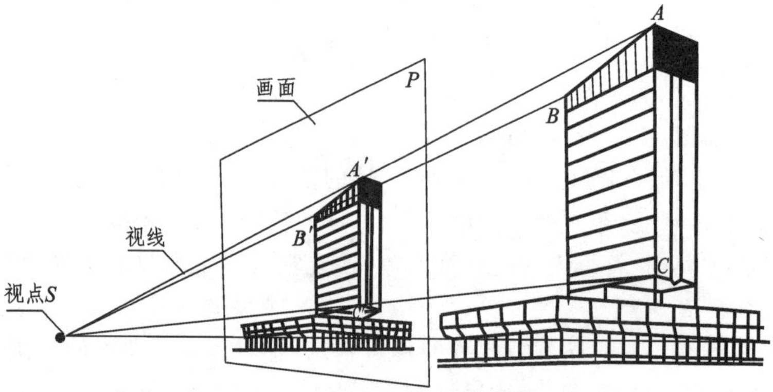

图 11-2 透视投影过程

11.2 透视图基本术语

以图 11-3 为例，透视图中常用基本术语如下：

基面 G——建筑物所在的地平面，为水平面。

画面 P——透视图所在的平面，与基面垂直(假设为一透明面)。

基线 p-p——画面与基面的交线。

视点 S——人眼所在的点(大写字母 S 表示)。

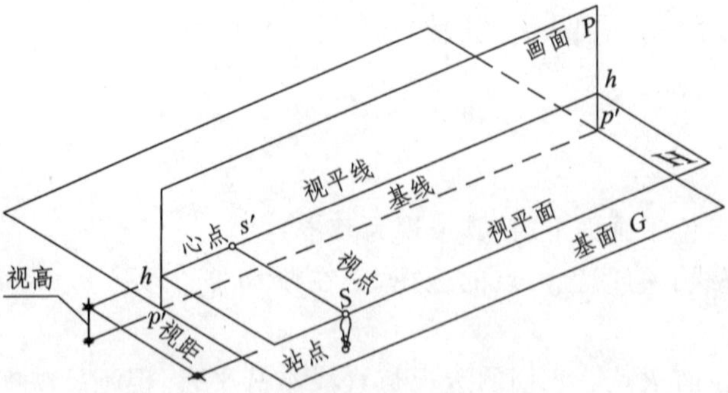

图 11-3　透视图的效果

站点 s——视点 S 在基面上的正投影(小写字母 s 表示)。

心点 s'——视点 S 在画面上的正投影(小写字母 s'表示)。

视平面 H——过视点 S 所作的水平面,与画面 P 垂直。

视平线 $h-h$——视平面与画面的交线,

视高——视点到基面的垂直距离,即 Ss。

视距——视点到画面的垂直距离,即 Ss'。

需要指出的:心点 s'必在视平线上;基线 p-p 与视平线 $H-H$ 应互相平行。

作图时把基面 G 和画面 P 沿基线拆开摊平在一个平面上,让画面保持不动,将基面 G、站点 s 和画面线 $P-P$(画面 P 的水平投影)放置在画面 P 的正上方,使 s 与 s'符合正投影规律,如图 11-4(a)所示。

由于基面、画面的边框线对作图不起作用,故可去掉,只保留画面线 P-P、视平线 h-h、基线 p'-p'(基面 G 在画面上的投影)以及站点 s 和心点 s',如图 11-4(b)所示。应注意:P-P 线、h-h 线,p'-p'线三条线必须互相平行。

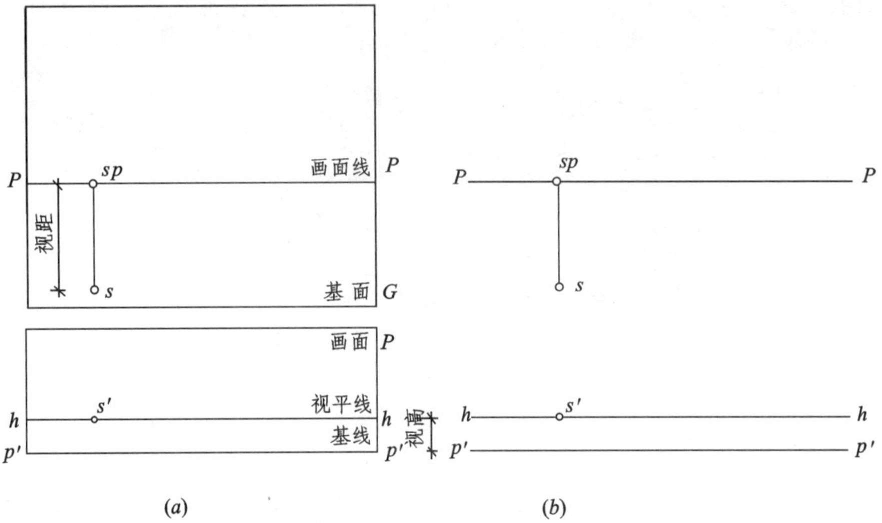

图 11-4　作图时基面与画面的位置

11.3 透视图的规律、特性和种类

11.3.1 透视投影规律

1. 点的透视仍为一个点，点位于画面上时，其透视为其本身。

2. 直线的透视一般仍为直线。直线上一点的透视，必在该直线的透视上。直线上无穷远点的透视叫灭点。

3. 平行于画面的直线组，没有灭点。它们的透视与直线本身平行，但不反映实长(如建筑物上的铅垂线)。

4. 位于画面上的直线，它的透视与直线本身重合且反映实长。

5. 与画面相交的一组平行直线组必有共同的灭点。水平线的灭点必位于视平线上。

11.3.2 透视图的特性

1. 建筑物上原来等宽的墙面、窗户等，在透视图中变得近疏远密。

2. 建筑物上原来等高的铅垂线(墙体、柱子等的轮廓线)在透视图中变得近高远低。

3. 大小相同的建筑形体，在透视图中变得近大远小。

4. 建筑物上与画面相交的平行直线，在透视图中不再平行，而是愈远愈靠拢，直至交与一点，这个点称为灭点(或消失点)。

11.3.3 透视图的分类

根据建筑物与画面的相对位置不同，透视图可分为一点透视、两点透视和三点透视。

1. 一点透视

建筑物上的主要立面(长度方向和高度方向)与画面平行，宽度方向的直线垂直于画面所作的透视图只有一个灭点，称为一点透视，如图 11-5 所示。一点透视常用于画室内布置，庭院、长廊等的透视图。

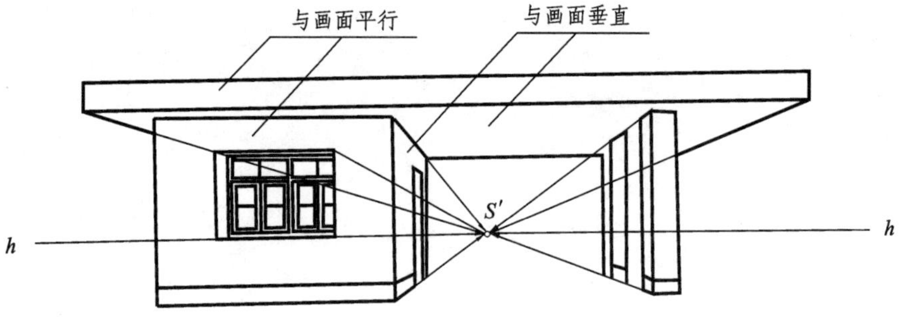

图 11-5 一点透视

2. 两点透视

建筑物上的主要表面(长度方向和宽度方向)与画面倾斜(有一定夹角)，但其上的铅垂线(高度方向的轮廓线)与画面平行，所作的透视图有两个灭点，称为两点透视，如图 11-6 所示。

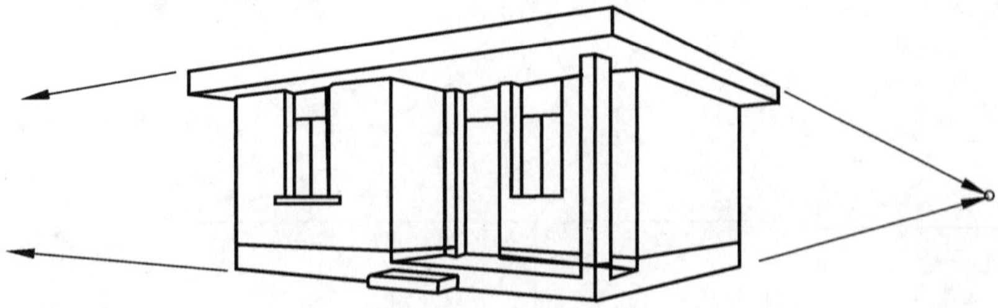

图 11-6　两点透视

3. 三点透视

建筑物上长宽高三个方向与画面均不平行时，所作的透视图有三个灭点，称为三点透视。

在这三种透视图中，两点透视应用最多，三点透视因作图复杂，很少采用。本章只介绍两点透视作图的基本知识。

11.4　两点透视

11.4.1　长方体的透视

【例 11-1】　如图 11-7(*a*)所示，已知长方体的平面图及其高度 *l* 基线 p'-p'、视平线 *h*—*h*、画面线 *P*-*P*、站点 *s*，求作长方体的透视。

分析：由图 11-7(*a*)可知，长方体的底面位于基面上，且长、宽方向（图中 *X*、*Y* 向）与画面线 *P*—*P* 倾斜，即于画面倾斜，故有两个灭点 F_x、F_y。底面角点 *a* 与 *P*-*P* 线重合，故可知长方体的 *Aa* 棱线位于画面上，反映真高。为简化作图，一般均选择形体的一角靠在画面上，使其反映真实高度。

作图步骤：

①求灭点 F_x、F_y

过站点 *s* 作长方体长度方向 *ab* 的平行线，交 *P*-*P* 线于 f_x，再过站点 *s* 作长方体宽度方向 *ad* 的平行线，交 *P*—*P* 线于 f_y，f_x、f_y就是两灭点的水平投影。过 f_x、f_y分别向视平线 *h*—*h* 作垂线，得交点 F_x、F_y即为所求灭点。

②确定长、宽两组直线的透视方向

由于点 *a* 是长宽两条直线的交点，且又在画面上，其透视 a° 与自身重合，这样的点称为直线的画面交点。同时点 *a* 也位于基面上，故其透视 a° 必定在 p'-p'线上。作图时过 *a* 引铅垂线与 p'-p'相交，交点即为 a°。连 $a^{\circ}F_x$，得到长度方向的全长透视。连 $a^{\circ}F_y$，得到宽度方向的全长透视。也就是说：一直线的画面交点与灭点的连线就是该直线的透视方向。

③作长方体的底面透视

由透视投影规律知，直线上一点的透视，必在该直线的透视方向上。故 *b* 点的透视 b° 必定在 $a^{\circ}F_x$上，*d* 点的透视 d° 必在 $a^{\circ}F_y$上。连视线 *sb*、*sc*、*sd* 与 *P*-*P* 线交于 b_p、c_p、d_p。过 b_p、c_p、d_p向下引垂线交 $a^{\circ}F_x$于 b° 点，交 $a^{\circ}F_y$于 d° 点。连 $b^{\circ}F_y$和 $d^{\circ}F_x$交于 c°，此交点必位于过 c_p向下所作的铅垂线上。连接 $a^{\circ}b^{\circ}c^{\circ}d^{\circ}$ 得到长方体底面的透视，如图 11-7(*a*)所示。

④求各竖直线段的透视

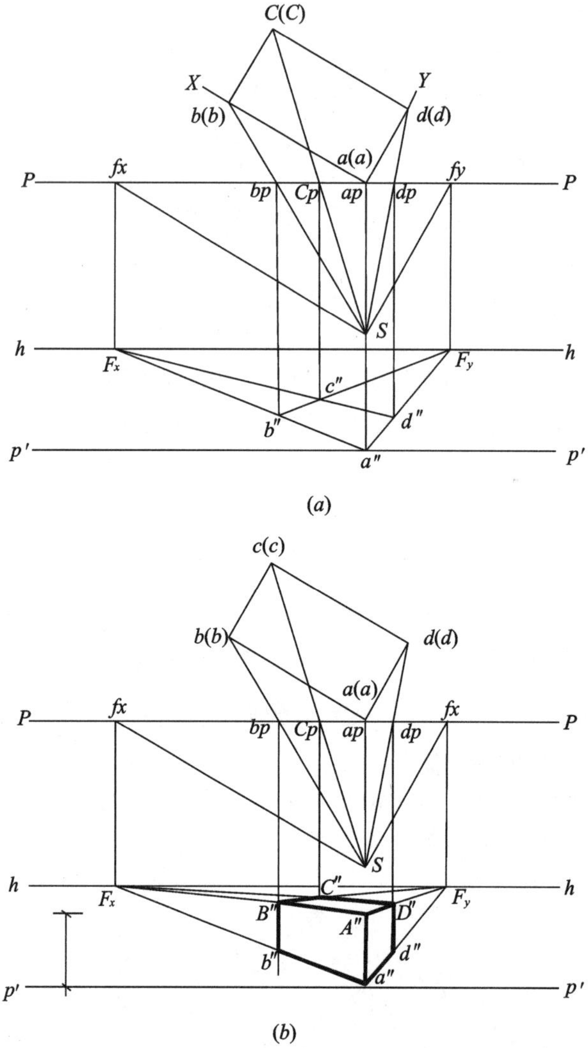

图 11-7　作长方体的透视

长方体的四条侧棱均为与画面平行的铅垂线，其透视与各侧棱自身平行。又因为侧棱 Aa 位于画面上，故在透视图中反映实际高度（也称真高）。作图时过底面透视的各顶点向上引铅垂线，量取 $A^{\circ}a^{\circ}$ 等于 l。连 $A^{\circ}F_x$ 和 $A^{\circ}F_y$，与各侧棱线交于 B°、D°。连 $D^{\circ}F_x$、$B^{\circ}F_y$，两线交于 C°，即得各竖直线的透视。

⑤连接各透视点并加粗图线，即完成了长方体的透视图。长方体上不可见的虚线在透视图中不必画出，如图 11-7(*b*)所示。

11.4.2　建筑形体的透视

建筑形体可看成由多个基本形体叠加、切割而成，其透视图一般可看成是多个基本形体透视的叠加与切割。

【例 11-2】 作坡屋顶房屋形体的透视图

已知坡屋顶房屋形体的平面图、立面图、站点 s、画面线 P-P、视平线 h-h、基线 p'-p'，如图 11-8 所示。求作坡屋顶房屋形体的透视图。

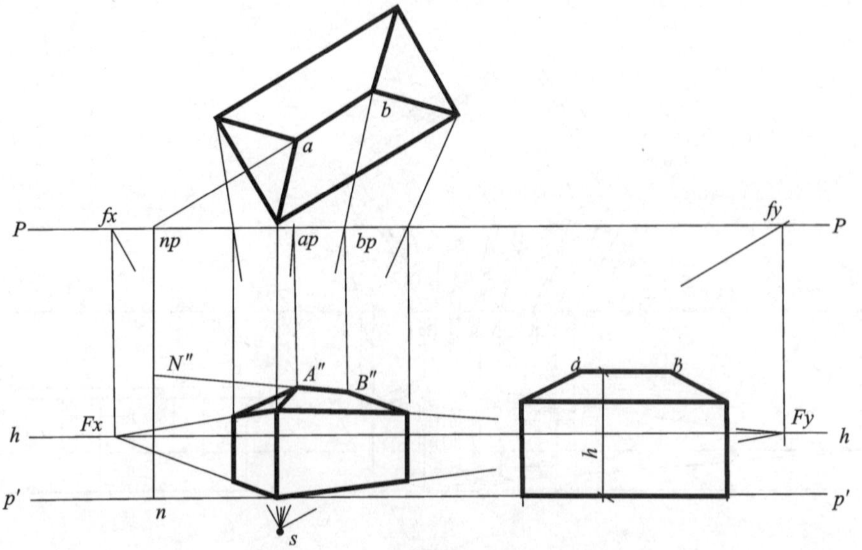

图 11-8　坡屋顶房屋形体的透视图

分析：由图 11-8 所示，该形体下部墙体部分是长方体，上部屋顶为左右两端切去一角后的三棱柱。作图时可分为两步：第一步作墙身部分（长方体）的透视图；第二步作坡屋顶部分（三棱柱）的透视图，两者叠加即得坡屋顶房屋形体的透视图。

作图步骤：

根据上例求长方体透视的方法作出下部墙体的透视图。

求作上部坡屋顶的透视图。求屋顶部分的透视时，关键是要确定屋脊线 AB 在透视图中的位置。具体步骤如下：

首先，延长屋脊线 ab，交画面线 P-P 于 n_p 点，该点即为屋脊线与画面的交点。然后过 n_p 向下引垂线，交 p'-p' 线于 n 点，并截取 nN° 等于屋脊高 h，即可得到屋脊线与画面交点的透视 N°。再连接 $N^{\circ}F_y$，屋脊线 AB 的透视必在 $N^{\circ}F_y$ 上。连 sa、sb 交 P-P 线于 a_p、b_p，过 a_p、b_p 向下引垂线与 $N^{\circ}F_y$ 相交，交点 A°、B° 的连线即为屋脊线的透视。

将墙体上方四角点的透视与 A°、B° 相连，即可完成坡屋顶房屋形体的透视图，如图 11-8 所示。

11.4.3　房屋的透视图

画房屋的透视图时，若视点、画面和房屋三者的位置不同，所得的透视图形状和透视效果也会不同。因而画透视图时要注意正确地选择视角、视高，以确定视点的位置。同时，也要注意画面与物体的角度，以便获得满意的透视效果。

下面以图 11-9 为例，说明作房屋透视图的方法和步骤。

根据房屋的平面图，确定画面与房屋的角度。为作图方便，习惯上将建筑物的一角与画面接触，让主立面与画面成 30°角。

确定站点的位置。从站点 s 引两条水平视线分别与长方体的最左、最右两侧棱相切，两视线之间的夹角称为视角，视角一般在 28°～30°之间，如图 11-10(a)所示。

作图时将 30°三角板的两长边靠住在平面图上的最左及最右角点。这时三角板的顶点即为站点 s 的位置，如图 11-10(b)所示。视角确定后，视距的大小也相应确定。

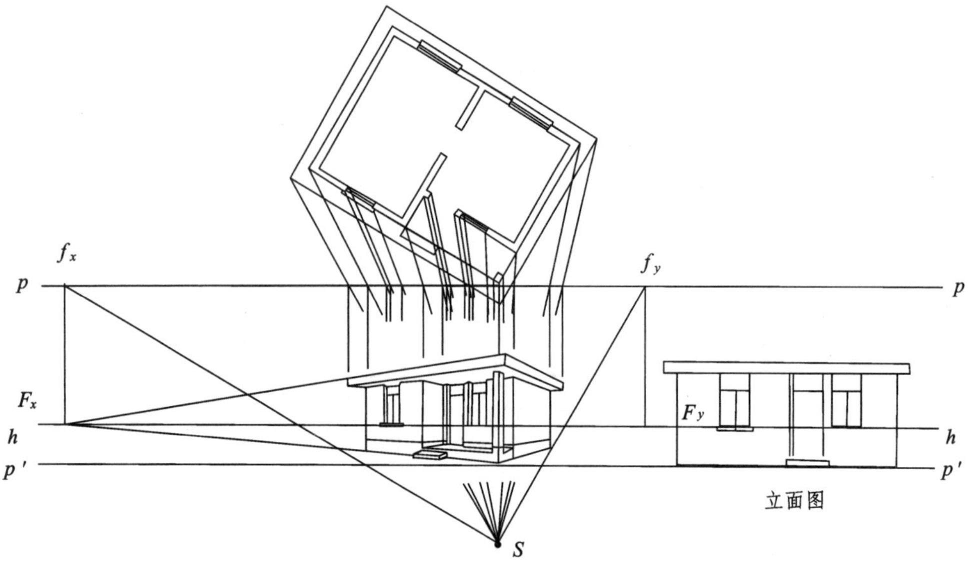

图 11-9　房屋透视图

确定基线和视平线。基线 p'-p'确定后，可由视高按房屋投影图的比例画出视平线 h-h。视高通常取人的眼睛到地面的距离(约 1.7m 左右)。图中站点 s 在 p'-p'线之下，这是为了节省图幅而把画面与基面重叠在一起，所作的透视图不受影响。

按前述方法求出灭点 F_x、F_y。

作房屋外形轮廓线的透视。

作门窗、柱、台阶、勒脚等细部的透视。

检查整理、加粗图线，完成整幢房屋的透视图，如图 11-10 所示。

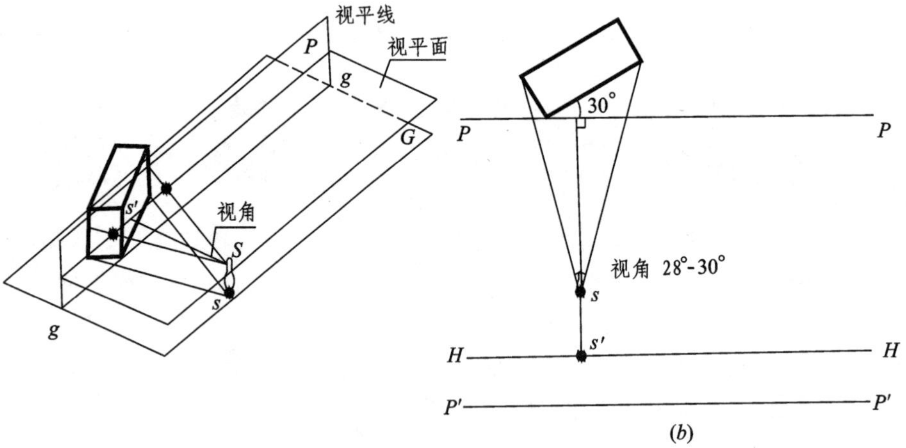

图 11-10　视角与站点

复习思考题

1. 两点透视有(　　)。

(A)多个灭点；　(B)一个灭点；　(C)两个灭点；　(D)三个灭点。

2. 灭点又称为(　　)。

(A)视点；　(B)站点；　(C)心点；　(D)消失点。

3. 建筑物上原来等高的铅垂线在透视图中(　　)。

(*a*)没有变化；　(B)近短远长；　(C)近长远短；　(D)近宽远窄。

4. (　　)相当于以人的眼睛为投影中心的中心投影。

(A)轴测投影；　(B)正投影；　(C)标高投影；　(D)透视投影。

5. 在透视图中，放置建筑物的水平面称为(　　)。

(A)基面；　(B)画面；　(C)视平面；　(D)投影面。

6. 过视点与画面垂直的视线，称为(　　)。

(A)视平线；　(B)主视线；　(C)基线；　(D)投影线。

第12章　道路工程图

【教学目标和任务】

了解道路、桥梁结构及特点；

掌握城市道路平面图、标准横断面图、道路路面结构图的绘制方法，并能按标准和规范进行绘制；

掌握桥梁立面图的绘制方法，并能按标准和规范进行绘制

【教学重点和难点】

教学重点：

绘制道路平面图、标准横断面图、桥梁立面图

教学难点：

按照绘制对象结构特点、绘制标准进行准确绘制

【岗课赛证要求】

具备道桥等建筑结构基本绘制能力

【思政目标】

培养学生遵守规则，多角度观察问题、独立分析问题的能力；培养学生较强责任意识，精益求精的大国工匠精神。

12.1　概　述

12.1.1　道路分类

交通运输是国民经济的命脉，它的发展反映了一个国家的经济水平和综合国力。交通运输系统是由各种运输方式组成的一个综合体系，由道路运输、铁路运输、水上运输、航空运输和管道运输五大部分所组成。

道路主要是供人们生产、生活所必需的各种车辆通行及人行的带状结构，按其所处的位置、交通性质及使用特点的不同，道路可分为公路、城市道路、厂矿道路及林业道路四大类。

1. 公路

公路是联结城、镇和工矿基地、港口及集散地等，主要供汽车行驶，具备一定技术和设

施的道路。按照交通部颁布的中华人民共和国行业标准《公路工程技术标准》JTG B01—2003，根据其使用任务、性质和适应的交通量，把公路分为：高速公路、一级～四级公路共五个等级。

2. 城市道路

城市道路是指城市内部的道路，是城市组织生产、安排生活、物资流通所必需的车辆、行人交通往来的道路，是联结城市各个功能分区和对外交通的纽带。按照中华人民共和国行业标准《城市道路设计规范》CJJ 37—90，根据城市道路在道路网中的地位、交通功能以及对沿线建筑物的服务功能等，城市道路分为快速路、主干路、次干路和支路四大类。

3. 厂矿道路及林业道路

厂矿道路主要是为工厂、矿区交通服务的。厂矿道路因其功能的不同，可分为厂外道路、厂内道路和露天矿山道路。

林业道路是修建在林区内为发展林业生产服务的道路，在林区内构成林道网。林道网一般是由基本道路和营林道路所组成。

12.1.2 道路工程图的主要内容

道路是由路基、路面、桥梁、涵洞、隧道和沿线设施（加油站、收费站、服务区等）所组成的带状三维空间构造物。路线则是指道路中线的空间位置，是一条由直线、曲线（圆弧曲线和缓和曲线）组成的空间曲线。道路的中心线方向狭长，其竖向高差和平面的弯曲变化与地形起伏有关系，这是道路工程图的图示方法与其他工程图最大区别。路线在水平面上的投影称为路线的平面图；沿中线竖直剖切再行展开则是路线的纵断面图；中线上任意一点的法向切面是道路在该点的横断面图，如图 12-1 所示。道路工程图就以其路线平面、纵断面和各个横断面来表示道路的线形走向、空间位置等情况。

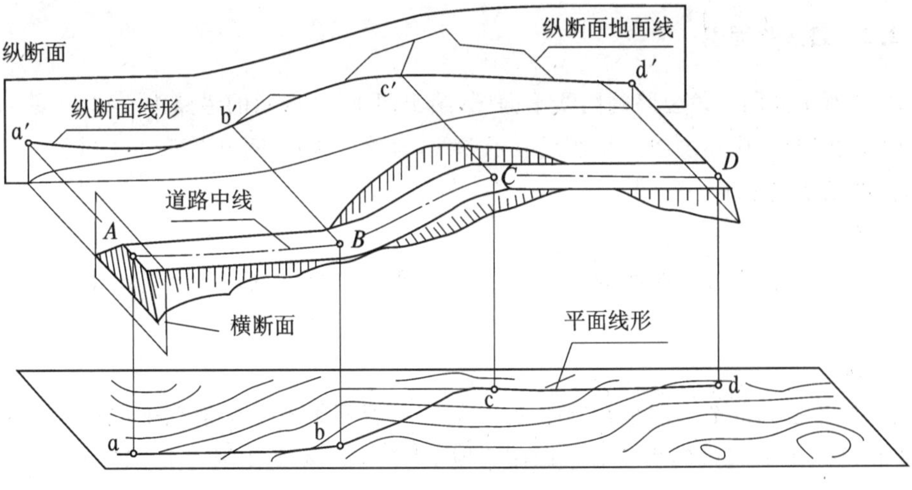

图 12-1 道路平面、纵断面、横断面图的形成示意图

一条道路的成功修建包括很多阶段，一般先进行工程可行性研究阶段，再进行勘察设计阶段，最后按照设计完成的道路施工图进行施工建造。其中勘察设计阶段中的设计文件和图样的主要内容通常包括：(1)总说明书（现场勘测资料、筑路材料、水文地质资料、基础资料等）；(2)总体设计（用于高速公路和一级公路）；(3)路线；(4)路基；(5)路面；(6)排水及防护工程；(7)桥梁；(8)涵洞；(9)隧道；(10)路线交叉；(11)交通工程及沿线设施；(12)环境保护；(13)投资估算；(14)其他。因此，道路工程图是由表达路线整体状况的路线图和表达各工程实体构造的桥梁、隧道等工程图的组合。

本章着重介绍道路工程的道路平面总体设计图、路线、路基与路面、排水工程、桥梁等工程的施工图的内容、图示特点、读图和绘图方法。

12.2 公路路线工程图

道路工程（本体）施工图包括道路平面总体设计图、路线平面图、路线纵断面图、路线横断面图、路基与路面工程图、排水与防护工程及环保绿化等工程的图样。

12.2.1 道路平面总体设计图

一条道路本体的水平投影图称为道路平面总体设计图。它是指包括道路中心线在内的有一定宽度的带状地形图。该图表达路线的方位、平面线形、沿路线两侧一定范围内的地形、地物等情况，是道路设计文件的重要组成部分。如图 12-2 所示为某公路的一段平面总体设计图。图中除表示出地形（等高线表示）、地物外，还表示出公路的宽度和中线，路基边线及桥梁的位置等。

平面总体设计既要符合公路设计的要求，又尽可能充分利用原有地形、地物、少占农田，因地制宜，以满足经济等要求。

12.2.2 路线平面图

图 12-3 所示为同一段公路的路线平面图，绘出图 12-2 所示的道路中心线（中线），地貌地物与图 12-2 相同，图中用加粗的粗实线表示路线，该路段地处 K5＋274.000 与 K5＋850.000 之间，其他图示要点如下：

(1) 方位

为了表示地区的方位和路线的走向，地形图上需画出坐标网或指北针。本图右上采用指北针。

(2) 比例

公路路线工程图的地形图是经勘测而绘制的，可根据地形起伏情况采用相应比例。通常在山岭重丘区采用 1∶2000，微丘和平原区采用 1∶5000。本图比例为 1∶2000。

(3) 地物

地物和道路附属构筑物是用图例表示的，表示地物的常用图例如表 12-1 所示。

制图		校对	

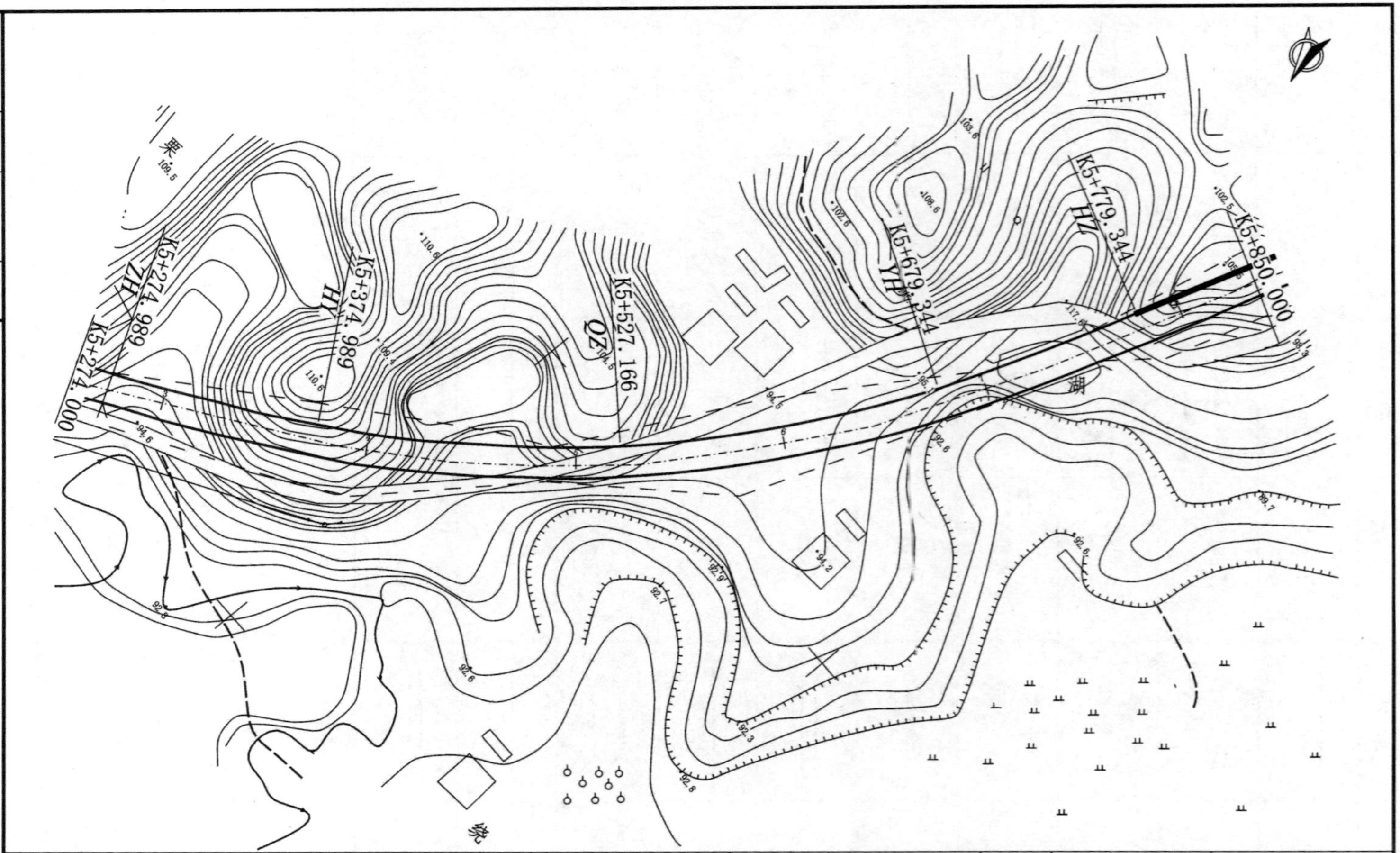

×××建设公司	×××高速公路××路段	公路平面总体设计图	图号	SⅡ-5-1	比例	1:2000	×××设计院
					日期	2000.12	

图12-2 公路平面总体设计图

表 12-1　常用平面图图例及符号(一)

名称	符号	名称	符号	名称	符号
路中心线		房屋	独立 成片	用材林	
水准点	BM编号 高程	高压电线 低压电线		围墙	
导线点	编号 高程	通讯线		路堤	
交角点	JD编号	里程桩号		路堑	
铁路		水田		小路	
公路		旱田		坟地	
大车道		水田		变压器	
桥梁涵洞		水库 鱼塘		经济林	
水沟		坎		等高线　冲沟	
河流		晒谷场		石质陡崖	

(4) 路线的图示内容

① 桩号

路线的长度用里程表示，里程桩号标注在道路中线上。在中线的起始、终端处画一条垂直于中线的细实线，并在细实线外侧标注该段公路的里程桩号，并规定从路线的起点至终点由左向右递增。路线前进方向的左侧，设有“◐”标记表示为公里桩，公里桩之间路线前进方向的左侧(或右侧)，用垂直于路线的短细线“|”表示为百米桩，数字写在短细线端部，字头朝向上方。里程桩号亦称中桩，是按一定的间隔，沿公路中线走向，钉入地面上的一系列木(或竹)桩，桩上面写有桩号，表示该点距路线起点的水平距离。如某桩位距路线起点的水平距离为 5527.166m，则桩号标记为 K5+527.166，K 字后面第 1 个数字表示公里整数，如图 12-3 所示，该图路段起始桩号为 K5+274.000，终止桩号为 K5+850.000，因此算出本路段长 5850－5274＝576m。图中路段上标有 3～8 的数字是百米桩号，即为 K5+300.000、K5+800.000 等。

制图	校对

平曲线要素表

	交点桩号	偏角Δ	R(m)	L_S(cm)	T(m)	L(m)	E(m)
JD4	K5+535.414	左38°36′47″	600.000	100.000	260.426	504.355	36.488

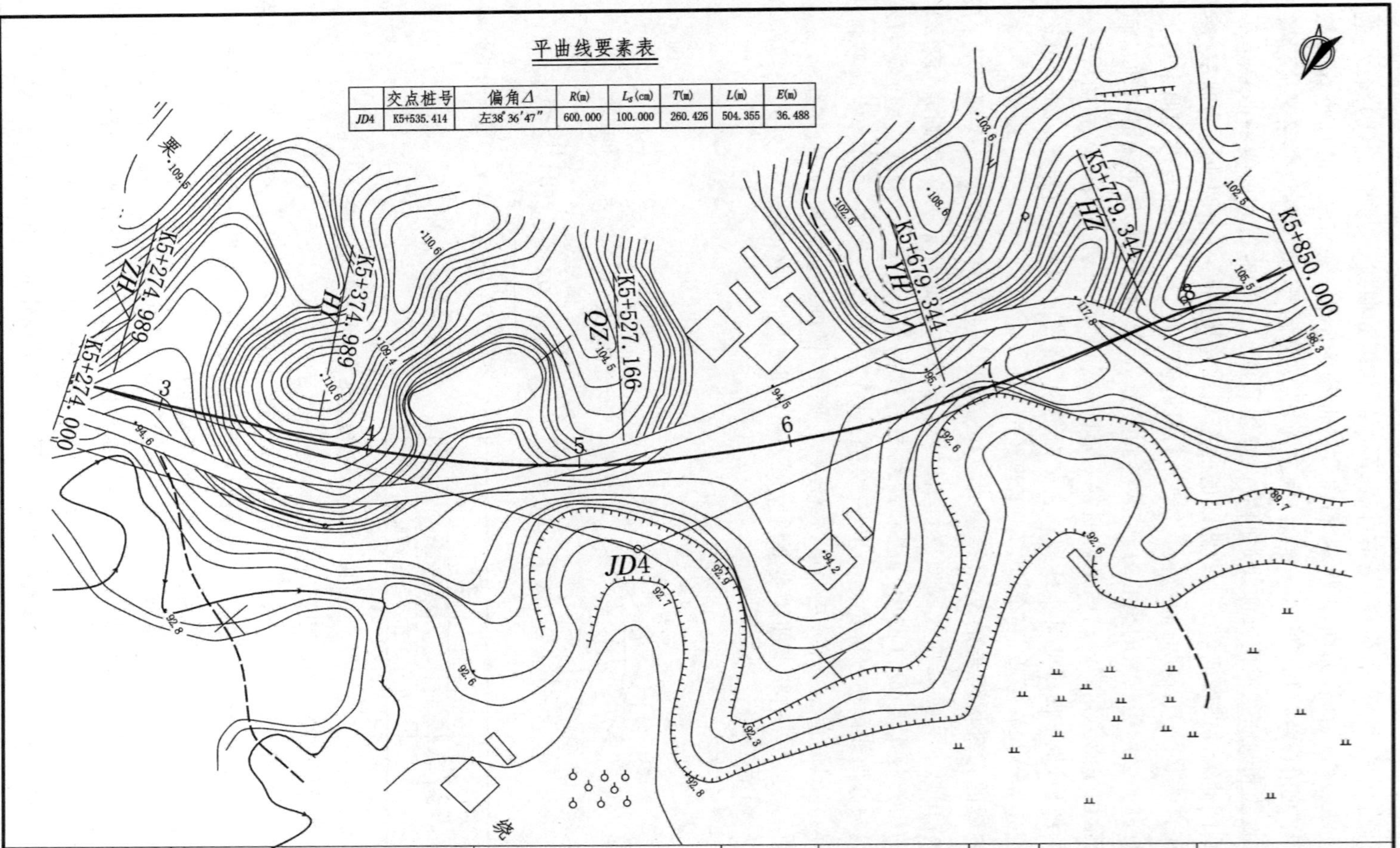

× × × 建设公司	× × × 高速公路 × × ×路段	公路路线平面图	图号	S II-5-1	比例	1:2000	× × × 设计院
					日期	2000.12	

图12-3 公路路线平面图

② 平曲线

平曲线是路线平面线形的简称，是由直线、圆曲线和缓和曲线（又称回旋线）组成，这三者称为平曲线的三要素。直线的曲率为零，圆曲线的曲率为常数，缓和曲线的曲率为变数。按《公路桥涵设计通用规范》(JTG D60—2004)规定，除四级公路外，其余各级公路都应设置缓和曲线，一般在直线和圆曲线或两圆曲线之间应设置缓和曲线。这时缓和曲线的曲率是从直线的曲率（零）到圆曲线的曲率或前一个圆曲线的曲率到被连接的后一个圆曲线的曲率，逐渐过渡的。车辆在直线路段上行驶时间过长，会增加司机的疲劳度，或者车辆在进入曲率过大的圆曲线线路段行驶时会产生较大的离心力，使人感到不舒适，从而设置缓和曲线可增加车辆行驶的舒适性、安全性并能美化路线的线型。通常“直线—缓和曲线—圆曲线—缓和曲线—直线”的顺序组合的线形，是平曲线的基本线型。在平面图中，路线上的各几何要素必须光滑连接并使之达到路线连续、流畅、舒适、安全、优美、工程经济。

将道路中线的直线段延长的交点标记为 JD，并按前进方向将交点依次编号为：$JD1$、$JD2$、…、JDn，在每个交点处均设置曲线，圆曲线与直线的交点标记为 YZ（圆直）或 ZY（直圆），圆曲线的中点标记为 QZ（曲中）；缓和曲线与直线的切点标记为 ZH（直缓）或 HZ（缓直），缓和曲线与圆曲线的切点标记则为 HY（缓圆）或 YH（圆缓），如图 12-4。控制平曲线形态的要素还有：$\alpha(\Delta)$偏角、$\alpha_z(\Delta L)$左偏角、$\alpha_y(\Delta R)$右偏角、圆曲线设计半径 R、切线全长 L、外距 E 及缓和曲线长 L_s。这些平曲线要素均应以表格的形式（平曲线要素表）列入路线平面图中。如图12-3、图 12-4。

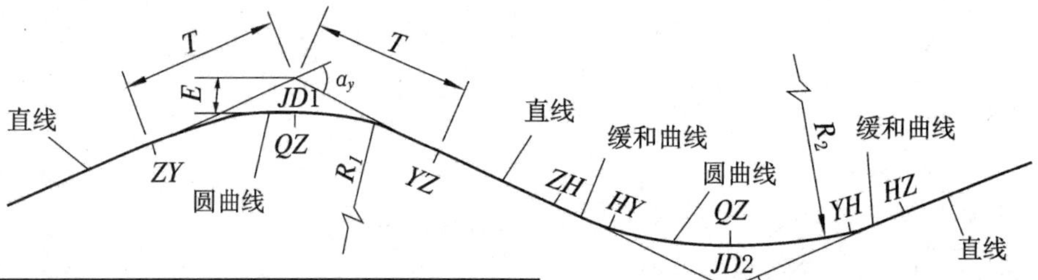

NO	α		R	L_s	T	L	E
	Z	Y					
JD1		23°16′20″	8300		926.24	1800.17	61.85
JD2	12°31′16″		5500	600.75	602.50	1200.35	32.91

图 12-4　曲线要素图

(5) 绘制路线平面图的注意事项

① 先绘制地形图，地形图用等高线表示，等高线徒手绘出，要求线条顺滑。然后绘制路线中心线。路线平面图是指包括道路中线在内的带状地形图，测绘宽度一般为中线两侧 100～200m。对 1∶5000 的地形图，测绘宽度每侧不应小于 200m。

② 路线平面图应从左向右绘制，桩号左小右大。路线中心线按先直线后曲线的顺序绘出，用 1.4(b)的特粗实线表示路线中心线。当绘制公路平面总体设计图时，则路线中心线用细单点长画线绘出，然后根据公路宽度从中线两侧逐桩加宽，用粗实线光滑连接直线和曲线。绘好路面宽度后再用细实线绘出边坡，用示坡线表示。示坡线用长短相间的细实线绘出，其短线一般不短于 2mm。标注平曲线主要要素点、公里桩和百米桩等桩的位置，以及本张图纸中路线的起点和终点里程桩号等。

③ 由于公路路线具有狭长曲线的特点，需要分段画在若干张图纸上。使用时可以将图纸

拼接起来。路线分段一般在直线部分，最好取整数桩号断开，断开的两端均应以细单点长画线垂直于路线画出接图线，如图 12-5。

图 12-5　路线图拼接

12.2.3　路线纵断面图

路线纵断面图是用假想的铅垂面通过公路中心线进行剖切展开后向 V 面投影获得的，此投影图即为路线的纵断面图，简称纵断面。纵断面图反映了道路中线原地面的起伏状况以及路线设计线的纵坡情况。路线平面图和纵断面图结合起来即可确定道路的空间位置。

纵断面图包括高程标尺、图样和测设数据表三部分内容。按规定图样应绘在图幅上方，测设数据表位于图样的下方，高程标尺应布置在测设数据表上方左侧，如图 12-6。

(1) 图示特点

① 比例

路线纵断面的横向标示路线的长度，竖向标示自然地面和路基的高程。由于地形和设计线的高程变化比起路线的长度要小得多，为了在路线的纵断面上清晰地显示出高程的设计和设计上的处理，竖向(高度方向)比例比横向(长度方向)比例一般大 5～10 倍。纵断面图内应注明竖、横向所采用的比例。图 12-6 所示的纵断面图的竖向比例为 1∶400，横向比例为 1∶2000。

② 地面线

自然地面与经过道路中线的铅垂剖面的交线称为地面线。图上用不规则的细折线表示设计中线处的地面线，反映出中线以上或以下的地貌。

③ 设计坡度线

由竖向剖切平面与设计道路平面的交线，并展开在同 V 平面后，再向 V 面投影所得的道路纵向的中线，称为设计坡度线，它表示道路中线的纵向设计线型，图上用粗实线表示。设计坡度线由若干条坡度不等的直线段和竖曲线两种线型组成。

纵断面上相邻纵坡线的交点为变坡点(BPD)。为保证行车安全、舒适，在变坡点处，用一段曲线来缓和，称为竖曲线。竖曲线分为凸形和凹形两种，分别用“┌┴┐”和“└┬┘”符号表示，并将竖曲线的曲率半径 R、切线长 T 和外距 E 等要素标注于其上，如图 12-6 上方所示，在 K3＋700 处设有 R＝5300m 的凹形曲线，该竖曲线的中点高程为 94.700m(左侧未完整示出)，在 K4＋200 处设有 R＝8000m 的凸形曲线，该竖曲线的中点高程为 110.000m。

④ 沿线构造物

当路线上设有桥涵、通道、立体交叉等人工构造物时，应在其相应设计里程和高程处，按图例绘制并注明构造物名称、种类、大小和中心里程桩号。如图 12-6 所示，该段路线在 K4＋100

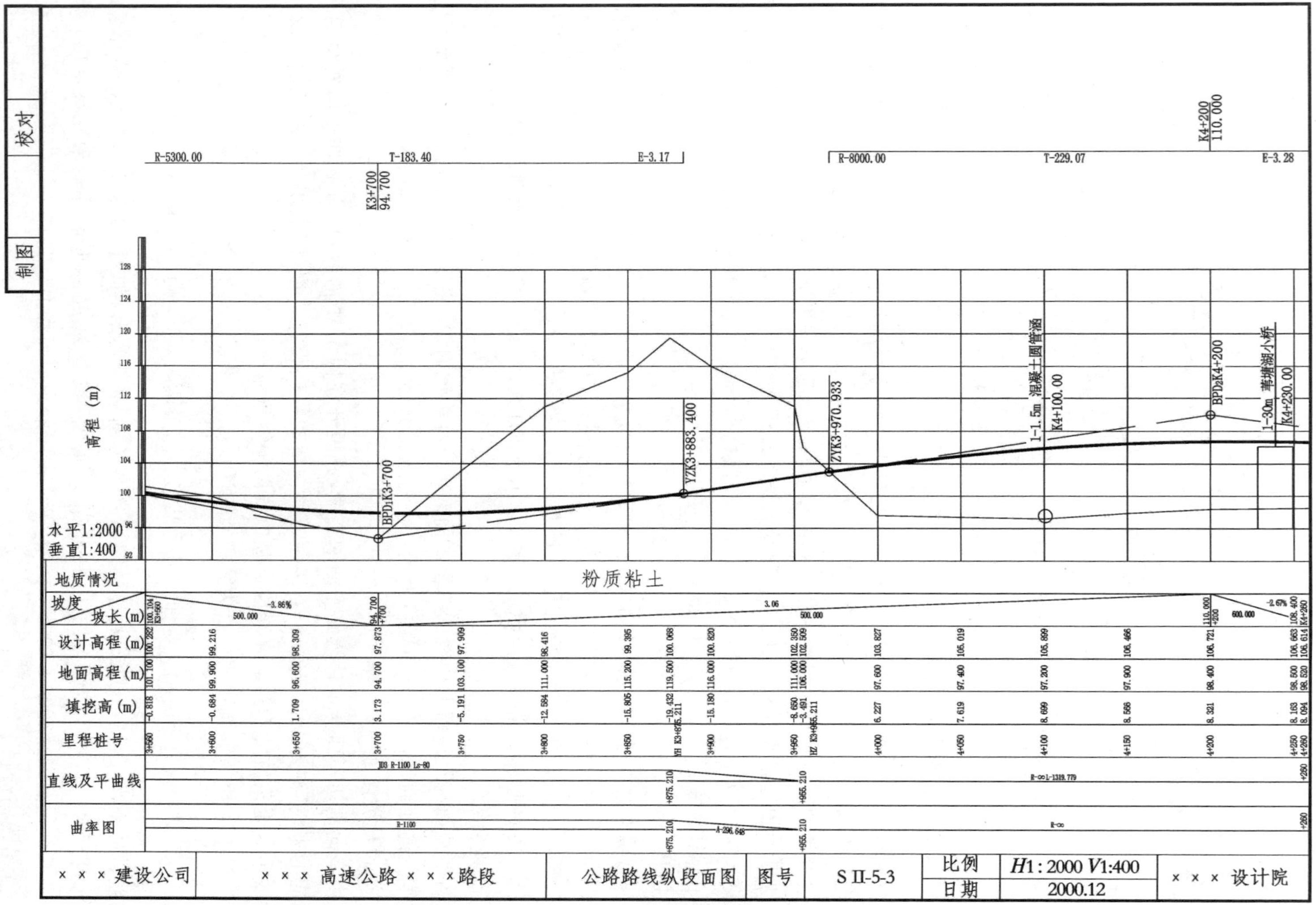

图12-6 公路路线纵段面图

处设置了钢筋混凝土圆管涵(圆形断面所示),其圆管涵直径为 1.5m,在 K4+230 处设置了一跨径为 30m 的桥梁。

⑤ 高程标尺

按竖向设计比例画出高程标尺,位于路线纵断面数据表上左侧。如图 12-6 标尺高程从 92m 到 128m,根据设计线和标尺,用三角板直角边靠于标尺,另一直角边上紧靠竖曲线上要读的各点,再看标尺上的读数,即可知道路线上任何点的高程。

(2) 测设数据表

测设数据表一般包括:地质概况;坡度及坡长;设计高程;地面高程;填挖高;里程桩号;直线及平曲线;曲率图;超高等。表中各项可根据不同设计阶段和不同公路等级要求增减。

路线纵断面图的测设数据表是与图样上下对应布置的,这种表示方法能较好地反映出纵向设计线在各桩号处的高程、填挖的土方量、地质条件和纵向坡度,以及平曲线与竖曲线的配合关系。

下面结合图 12-6 的数据表说明坡度与坡长、平曲线的表示方法:

① 坡度与坡长

如图 12-6 测设数据表中"坡度、坡长"一栏,纵坡度表示均匀坡度段坡度的大小,是以上升高度 h 与水平距离 l 之比的百分数来量度的,即 $i=h/l(\%)$(上坡取正,下坡取负)。把设计坡度线上的一个直线段称作一个坡度段,每个坡度段的坡长是该段的终止桩号与起始桩号的差值,即该段设计线的水平投影长度。图 12-6 中在 K3+700 至 K4+200 路段含有的纵坡坡度为 3.06%(上坡),坡长为 500m。

②平曲线

在路线设计中竖曲线与平曲线的配合关系直接影响汽车行驶的安全性和舒适性,以及道路排水状况。由于公路的平面设计图与纵断面图是分别表示的,所以在纵断面图的测设数据中,以简约的形式表示出纵、平曲线的配合关系。

如图 12-6 中"直线与平曲线"一栏中,以"—"表示直线段,以"╱‾‾╲"和"╲__╱"或"┌─┐"和"└─┘"四种图样表示曲线段,其中前两种表示设置缓和曲线的情况,后两种表示不设置缓和曲线的情况,图样凹、凸表示曲线的转向,上凸表示左转曲线,下凹表示右转曲线。图 12-6 中在 K3+700 处设有一竖曲线,曲率半径 $R=5300.00$m、切线长 $T=183.40$m、外距 $E=3.17$m,同时,此处设有 JD_3 的平曲线,平曲线半径 $R=1100$m,缓和曲线长度 $L_s=80$m。

(3)画路线纵断面应注意以下几点

① 纵横比例一般在第一张图中注释说明。

② 路线纵断面图画在透明方格纸的反面,方格纸上的格子一般纵横方向按 1mm 为单位分格,每 5mm 处印成粗线,使之醒目,便于使用。用方格纸画路线纵断面图,既可省用比例尺,加快绘图速度,又便于进行检查。

③ 画路线纵断面图与路线平面图一样,从左到右按里程顺序画出。

④ 当路线坡度发生变化时,变坡点应用直径为 2mm 的中粗线圆圈表示,而切线应采用细虚线表示。由于路线纵断面图的测设数据表是与图样上下对应布置的,因此较好地反映出纵向设计线在各桩号处的高程、填挖高度、地质条件和坡度,以及平曲线与竖曲线的配合关系。

(4)读图可按下列顺序进行

①看清水平、垂直方向采用的比例与水准点位置。

②看地面线,了解沿路线纵向的地势起伏情况及地质情况。

③看设计线，了解路线沿纵向的分布情况（包括坡度和坡长）。

④比较设计线与地面线，了解路线填、挖情况。

⑤看清设置竖曲线的位置及竖曲线要素（R、T、E）。

⑥了解沿路线纵向其它工程构造物的分布情况及其主要内容。

⑦了解竖曲线与平曲线的配合关系。

注意在读图过程中，应紧密结合测设数据表与图样部分，把纵断面图中体现出来的内容读懂、读透。

12.2.4 路线横断面图

(1) 图示方法及内容

路线横断面是道路中线上各点法向断面（过该点与中线垂直的断面），它由横断面设计线（横断面上沿路面的轮廓线）、地面线（横向截平面与该点处自然地面的交线）和边坡线组成。如不考虑地物关系，很多桩号处所作的横断面是完全一样的。所以在路线设计时，只选取几个具有代表性的横断面图绘出，这种图称为路线标准横断面，其作用是表达路线与地形，路线各组成部分用地范围，以及与其他构造物的横向布置关系，还可用于计算土、石方工程量，作为设计概算、施工预算的依据。图 12-7 所示为路线横断面标准组成图式。

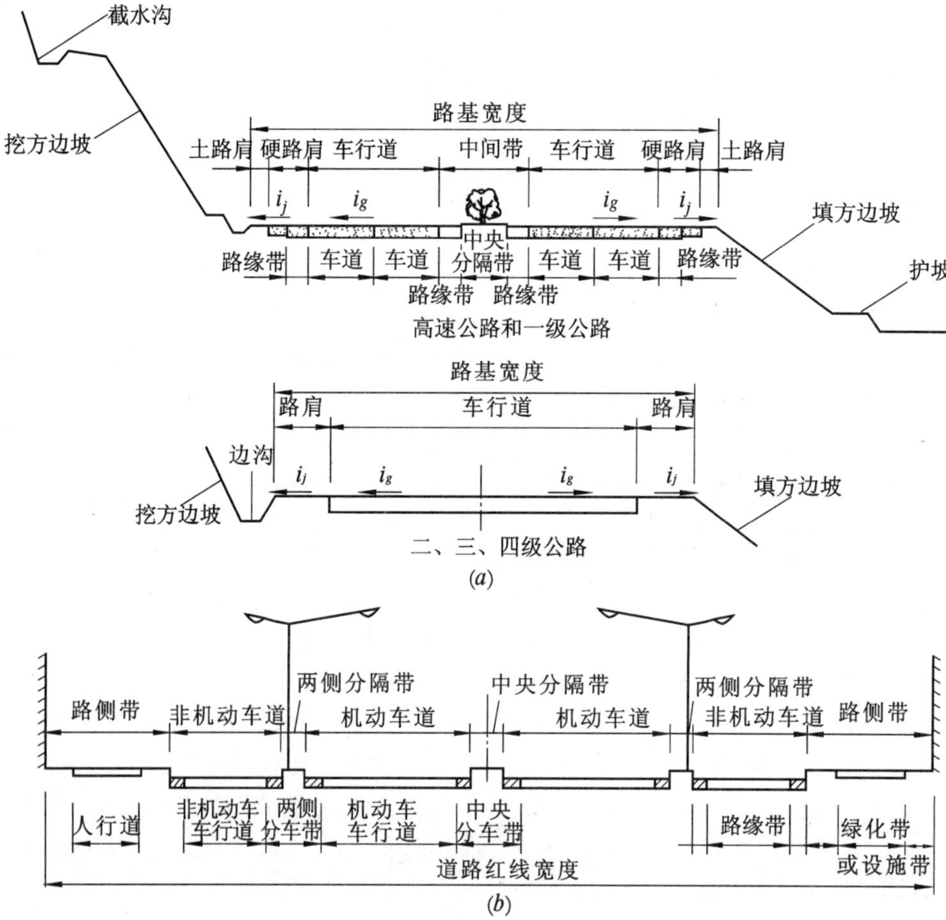

图 12-7 路线横断面标准图

(a) 公路路线横断面组成图式；(b) 城市道路横断面组成图式

(2) 公路路线横断面

图 12-7(a)所示为高速公路、一级公路和二、三、四级公路的横断面标准组成图。在标准横断面上，表达了车行道、路缘带、硬路肩、土路肩和中央分隔带等路线各组成部分的尺寸和横向布置关系。

(3) 城市道路横断面

城市道路横断面设计应在城市规划的红线范围内进行。横断面形式、布置、各组成部分尺寸及比例应按道路类别、计算行车速度、设计年限、机动车与非机动车交通量、人流量、交通组织和交通设施、地形等因素统一安排，以保证车辆和人行交通的安全通畅。车道宽度一般按行车速度可取 3.0m、3.25m、3.5m 或 3.75m。如图 12-7(b)所示为城市道路横断面组成图式(详见 12.3.3 节)。

12.2.5 路基、路面工程图

1. 路基

路基是道路的基础，是路面下方用土、石材料修筑与路面共同承受交通荷载和其他荷载，维持路面标高稳定的条形构筑物。路基横断面图是在路线中心桩处作一垂直于路面中心线的断面图。路基断面图的作用是表达各中心桩处横向地面起伏及设计路基横断面情况。为了满足行驶安全和畅通，要求路基具有足够的密实度、强度和稳定性，从而能够为路面的强度和平整度提供有力可靠的支承。路基工程图要求每一个中心桩处，根据测量资料和设计要求顺次画出每一个路基横断面图，并以此来计算公路的土石方量和作为路基施工的依据。

(1)路基横断面的形式

① 填方路基(即路堤)，如图 12-8(a)所示。在图中标注出该断面处的里程桩号，中心线处的填方高度 H_T 以及该断面的填方面积 A_T。

② 挖方路基(即路堑)，如图 12-8(b)所示，在图中标注出该断面处的里程桩号，中心线处的挖方高度 H_W 以及该断面处的挖方面积 A_W。

③半填半挖路基，如图 12-8(c)所示。在图中标注出该断面的里程桩号、中心线处的填(或挖)方高度 H_T(H_W)以及该断面的填方面积 A_T 和挖方面积 A_W。路基工程图的基本内容包括路基本体(由地面线、路面顶面和边坡围起的土石方实体)、路基防护和加固工程、路基排水工程。如图 12-9 所示为路基结构断面图，图中详细表达了路基的位置组成层次及其名称和大小。

(2)画路基横断面应注意的问题

① 路基横断面图应按桩号从下至上、从左至右布置在一幅图纸内，当采用小图幅(如 A3 图幅)，路基横断面数量又较多时，则应按桩号从小到大(如 K1＋100、…、K1＋150、…、K2＋250、…)顺次布置在相邻并连续编号的图幅内，以便读图、查找，有利于施工。如图 12-10，图中标示出各个里程桩号处的路基的填挖与地面线的情况，并附有每个横断面处的填挖方量计算表格。

② 横断面地面线用细实线绘出，设计轮廓线一律绘成粗实线。

③ 桩号应标注在相应路基横断面图的上方，在每一横断面图适宜位置，绘出对应桩号路基横断面的数量表格，注明填高、挖深、填方面积和挖方面积等。

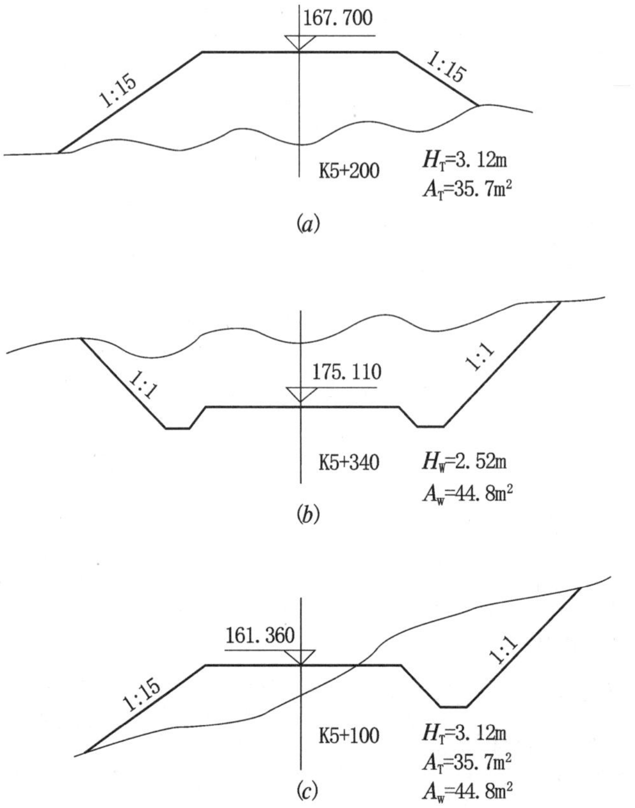

图 12-8　路基横断面三种形式

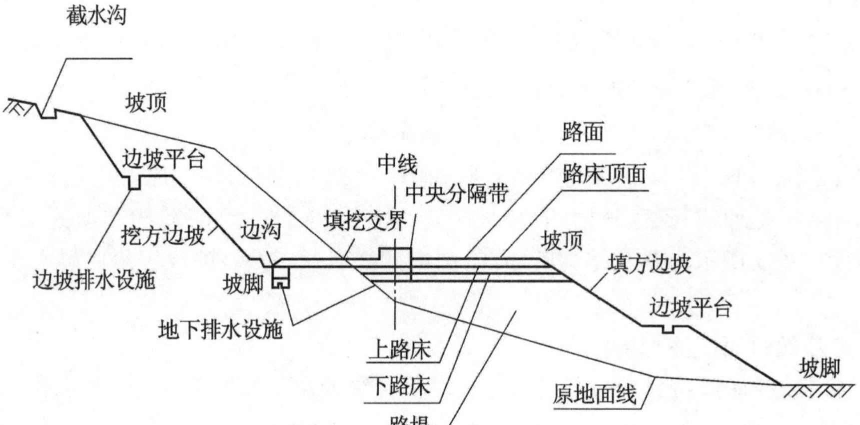

图 12-9　路基结构横断面图

2. 路面

路面是在路基顶面以上车行道范围内用各种不同材料分层铺筑而成的一种层状结构物。路面应具有良好的稳定性和足够的强度，其表面应满足平整、抗滑和排水的要求。公路路面应根据交通量及其组成情况和公路等级、使用任务、功能、当地材料及自然条件，结合路基进行综合设计。

制图	校对

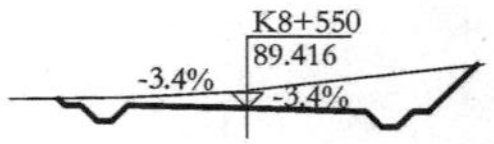

桩号 K8+550	
填	挖 1.084(m)
路基宽 左 7.50(m)	右 7.50(m)
高　差 左 0.159(m)	右 -0.249(m)
边　坡 左 1:1.00	右 1:1.00
边　距 左 11.97(m)	右 14.58(m)
面　积 左 0.00	右 38.38(m²)

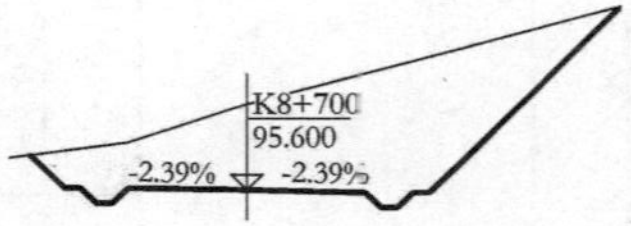

桩号 K8+700	
填	挖 5.600(m)
路基宽 左 7.50(m)	右7.50(m)
高　差 左 0.099(m)	右-0.189(m)
边　坡 左 1:1.00	右1:1.00
边　距 左 13.68(m)	右23.58(m)
面　积 左 0.00	右186.57(m²)

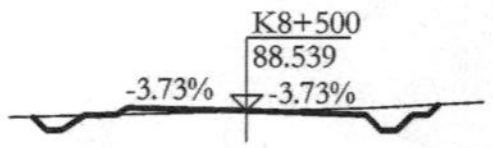

桩号 K8+500	
填 0.039(m)	挖
路基宽 左 7.50(m)	右7.50(m)
高　差 左 0.179(m)	右-0.269(m)
边　坡 左 1:1.50(m)	右1:1.00
边　距 左 13.51	右12.18(m)
面　积 左 2.22(m²)	右7.78(m²)

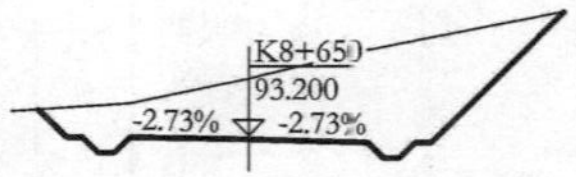

桩号 K8+650	
填	挖 3.900(m)
路基宽 左 7.50('n)	右7.50(m)
高　差 左 0.119(m)	右-0.209(m)
边　坡 左 1:1.00	右1:1.00
边　距 左 13.29(m)	右19.89(m)
面　积 左 0.00	右126.59(m²)

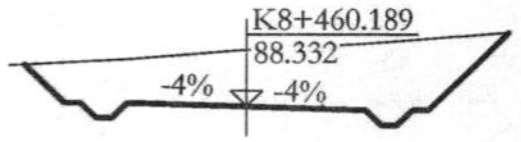

桩号 K8+460.189	
填	挖 3.668(m)
路基宽 左 7.50(m)	右 7.50(m)
高　差 左 0.195(m)	右 -0.285(m)
边　坡 左 1:1.00	右 1:1.00
边　距 左 14.02(m)	右 16.58(m)
面　积 左 0.00	右 102.67(m²)

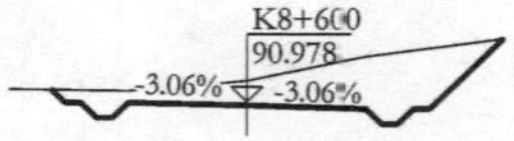

桩号 K8+600	
填	挖 1.622(m)
路基宽 左 7.50(m)	右7.50(m)
高　差 左 0.139(m)	右-0.229(m)
边　坡 左 1:1.00	右1:1.00
边　距 左 12.35(m)	右16.10(m)
面　积 左 0.00	右59.39(m²)

××× 建设公司	××× 高速公路 ×××路段	路基横断面图	图号	S II-5-4	比例	1:100	××× 设计院
					日期	2000.12	

图12-10 路基横断面图

(1) 路面结构图

典型的路面结构形式一般由面层、基层、底基层与垫层组成，自上至下排列，如图 12-11（*a*）。当路面结构类型单一时，可直接在标准横断面图上用竖直引出线（细实线）标注材料层次及厚度，如图 12-11（*b*）；当路面结构类型较多时，可按各路段不同的结构类型分别绘制路面结构图，并标注材料图例（或名称）及厚度，如图 12-11（*c*）。各级公路的路面等级见表 12-2，面层类型见表 12-3。

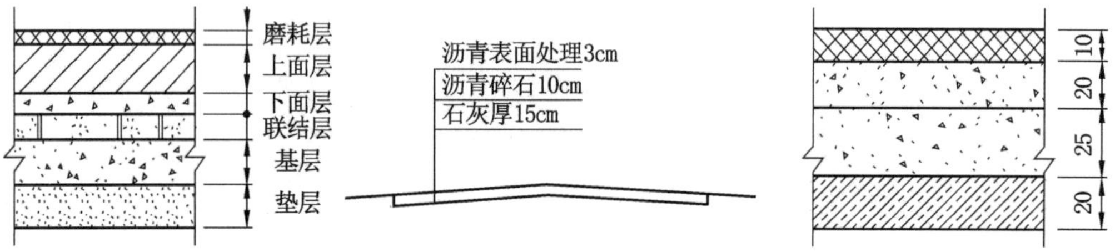

(*a*)　(*b*)引出标注法　(*c*)

图 12-11　路面结构图

表 12-2　路面等级

公路等级	高速公路	一	二	三	四
采用的路面等级	高级	高级	高级或次高级	次高级或中级	中级或低级

表 12-3　路面面层类型

路面等级	面层类型
高级	1. 沥青混凝土 2. 水泥混凝土
次高级	1. 沥青贯入式 2. 沥青碎石 3. 沥青表面处治
中级	1. 碎石、砾石（泥结或级配） 2. 半整齐石块 3. 其他粒料
低级	1. 粒料加固土 2. 其他当地材料或加固改善土

(2)路拱大样图

路拱是满足道路的横向排水要求而设计的，其形式有直线、抛物线、双曲线和双曲线中插圆弧线等。路拱大样图可以清楚地表达出路面横向的形状，为此应按垂直比例大于水平比例的方式绘制路拱大样图，如图 12-12。

路拱坡度根据路面类型和当地自然条件的不同，可采用：沥青混凝土、水泥混凝土为 1%～2%，其他沥青路面为 1.5%～2.5%，半整齐石块为 2%～3%，碎石、砾石等粒料路面为 2.5%～3.5%，低级路面为 3%～4%。

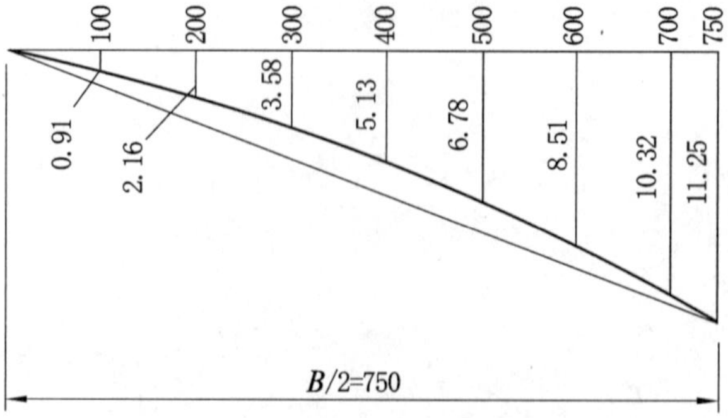

图 12-12 路拱大样图

12.3 城市道路工程图

城市道路主要包括:机动车道、非机动车道、人行道、分隔带、绿化带、交叉口、交通广场等各种设施。在交通高度发达的城市,还建有立体交叉口、地下通道等。道路从运输与建设经营管理条件来分析,直线距离最佳,但是由于受地形、地物、地质情况和建筑物布局的限制,以城市道路路线在水平向、竖直向上发生转折的点称为路线在平面和竖直面上的控制点,它是城市道路定线的依据。

城市道路工程图的内容也包括平面图、纵断面图、横断面图。其图示方法与公路路线工程图大体相同。城市道路的设置是在城市规划和交通规则基础上实施的,交通性质和组成部分比公路复杂,因此横断面图也比较复杂。又由于城市道路所占地形相对平缓,因此纵断面图竖向变化甚小。

12.3.1 城市道路平面图

城市道路平面图用来表示城市道路方向、平面线型和车行道布置及沿路两侧一定范围内的地形、地物情况。从中可以了解道路走向、占地面积以及修建该路段所应拆除的原有地物等情况。城市道路的导线、中线及路线两侧的地形、地物、水系、植被等的绘制方法与公路基本相同,下面主要介绍城市道路中各种设施的绘制方法。如图 12-13 为卫星路平面图(十字形路口)。现以图 12-13 为例分析城市道路工程图的内容及表示方法。

(1)道路情况

① 道路中心线 用单点长画线表示,路面宽度及路面断面布置形式用粗实线表示。为了表示道路的长度,在道路中心线上设有里程标记,其起点为东西与南北道路中心线的交点。

② 规划红线 道路红线是道路用地与城市其他用地的分界线,红线之间的宽度也就是道路的总宽度,所以当道路的中心线画出之后,则应按城市道路的规划宽度画出道路红线。如果有远期红线规划或近期红线规划,都应绘出并注明。

③ 车道线 车道线是城市道路平面设计图的重要内容。在路幅宽度内,有机动车道、非机动车道,在机动车道中还分快车道、慢车道等。各种车道线的位置、宽度要一一画在平面图中。车道的曲线部分应按设计的圆曲线半径、缓和曲线长度绘制。各车道之间的分隔带、路缘带等也应绘出。

④ 本图所采用的比例为 1∶500,从图中可以了解到南北路段为“四幅路”断面布置形式;

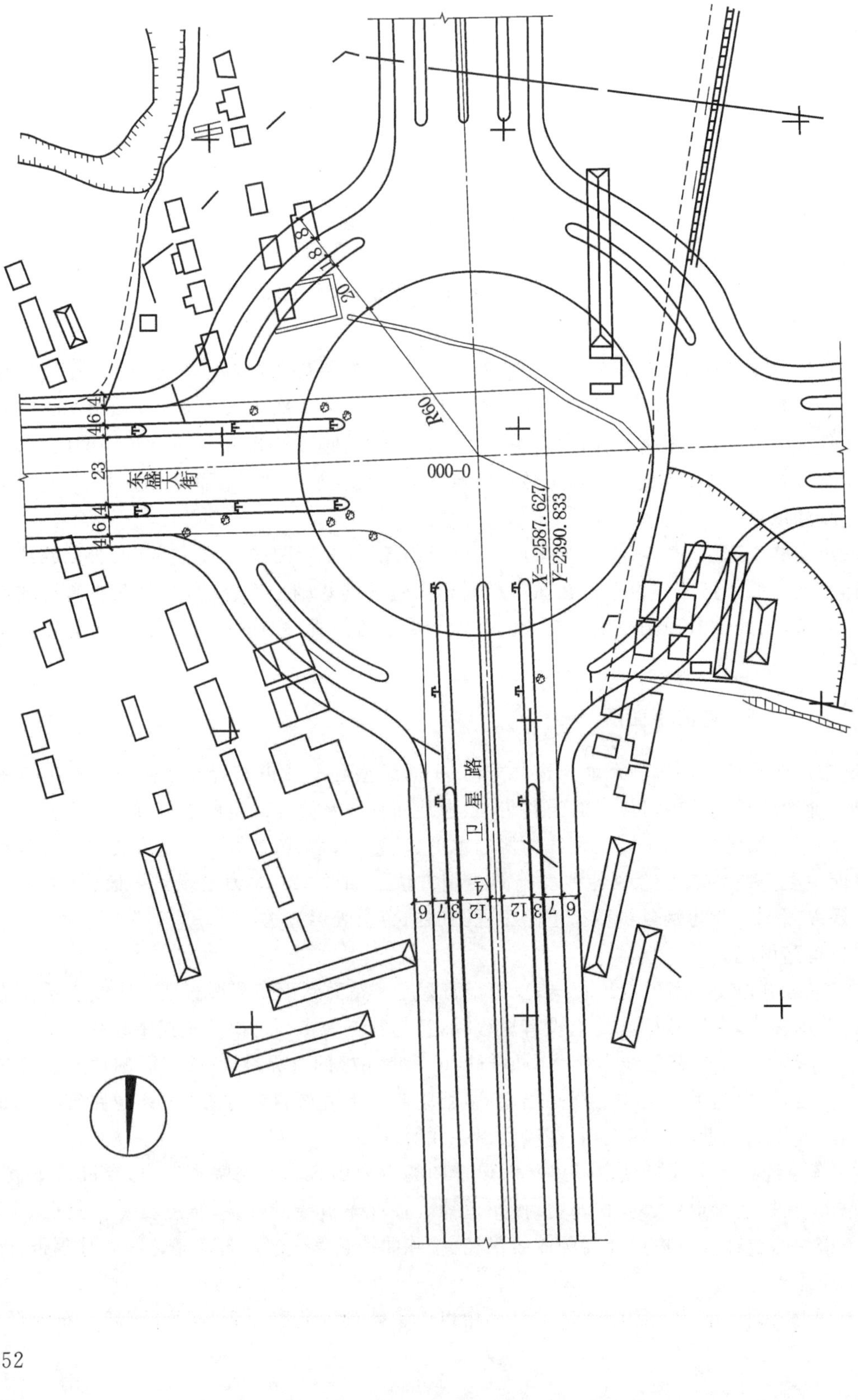

图12-13 卫星路平面图

东西路段为“三幅路”断面布置形式。卫星路南北段路面宽度：机动车道为12m，中间设有4m宽的分隔带，非机动车道为7m，与机动车之间的分隔带为3m，人行道为6m。

⑤ 十字交叉口中央是半径为60m的圆形岛，岛外围为“两幅路”断面布置形式，机动车道宽度为20m，非机动车道为8m，人行道为8m，分隔带宽度为1m。中心点坐标 $X=-2587.672$，$Y=2390.833$ 表示距离坐标网原点南2587.627m，东2390.833m。圆形岛的设置主要是方便组织交通，其大小决定了占地范围。

⑥ 路口转弯处设置圆曲线，可以保证车辆平顺地改变行车方向，从一段直路转到另一段直路上去。

(2)地形、地物情况

①圆形岛内偏西南角有一堤坝需拆除，附近的许多建筑物也要拆除。

②图中的其他图例可以查阅表12-1、表12-4。

平面设计图主要有两种图式：一种是直接在地形图上所作的平面布置图，红线以内和红线以外的地形地物一律保留；另一种是只绘红线以外的地形地物，红线以内只绘车道线和道路上的各种设施而不绘地形地物。两种图各有优缺点：前者可以看出设计人员是如何处理道路与地形地物之间关系的(包括拆迁情况)，后者则可更清晰地表现道路上各种设施的位置与尺寸。前一种图一般用在方案研究与初步设计中，后一种图用在技术设计中。

表12-4 常用平面图例及符号(二)

名称	符号	名称	符号	名称	符号
砖石、混凝土结构房屋	B	只有屋盖的简易房	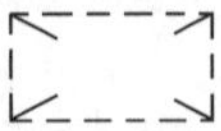	储水池	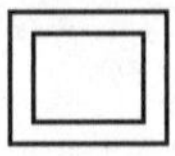
砖瓦房	C	围墙	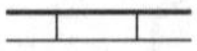	下水道检查井	
石棉瓦房等简易房	D	非明确的路边线	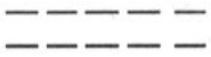	通讯杆	

12.3.2 城市道路纵断面图

城市道路路线纵断面图的获得和图示内容与公路路线纵断面图相同，其作用也是表达路线线型、地面起伏、地质情况等，由于城市道路纵向起伏比较小，所以其纵断面图中线型比较平直，而且城市道路还要考虑雨水排除设施系统，并画出排水系统纵断面图及雨水口、检查井等构造图(图略)。

12.3.3 城市道路横断面图

城市道路横断面是沿道路宽度方向，垂直于道路中心线方向的横断面图。它由车行道、人行道、分隔带组成。其作用是表达路线各组成部分的宽度及相互之间的位置和高差。

城市道路横断面基本形式及其适用条件如下：

① 单幅路(又称一块板断面)　适用于机动车交通量不大，非机动车较少的次干路、支路，如图12-14(a)。

② 双幅路(又称两块板断面)　适用于单向两条机动车车道以上，非机动车较少的道路。

有平行道路可供非机动车通行的快速路和郊区道路以及横向高差大或地形特殊的路段，亦可采用双幅路，如图 12-14(*b*)。

③ 三幅路(又称三块板断面)　适用于机动车交通量大，非机动车多，红线宽度大于或等于 40m 的道路，如图 12-14(*c*)。

④ 四幅路(又称四块板断面)　适用于机动车速度高，单向两条机动车车道以上，非机动车多的快速路与主干路，如图 12-14(*d*)。

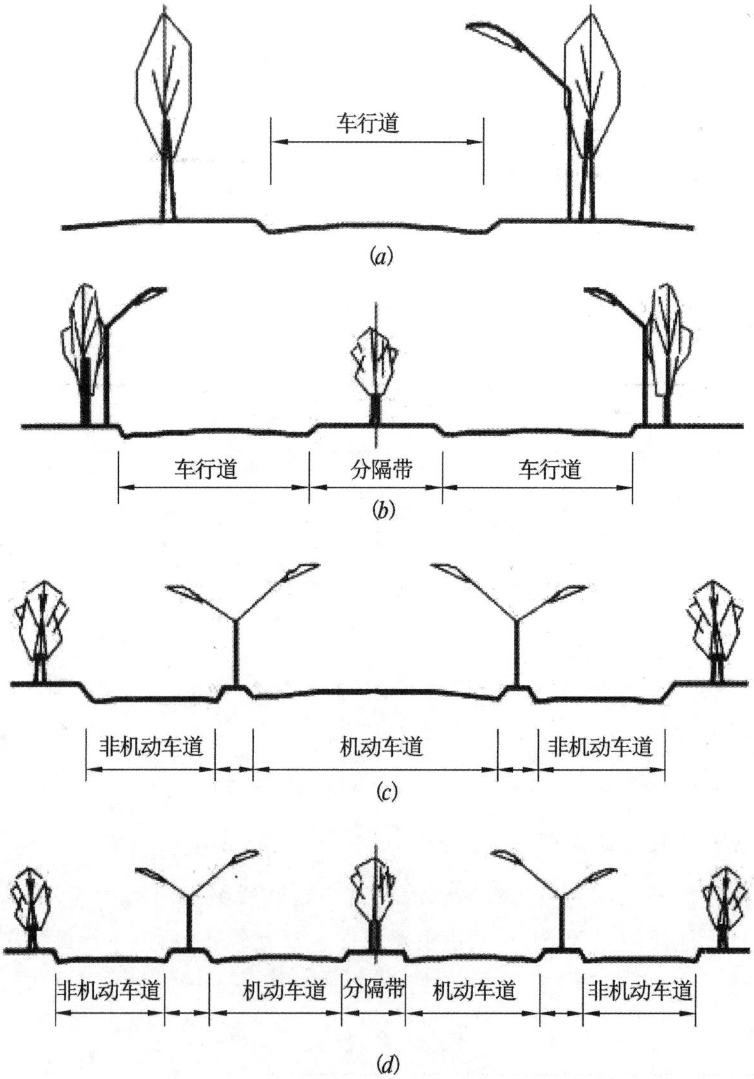

图 12-14　城市道路横断面的基本形式

(*a*)单幅路；(*b*)双幅路；(*c*)三幅路；(*d*)四幅路

12.4　道路交叉口

道路与道路(或铁道)相交的部位称为道路交叉口。根据各相交道路所处的空间位置不同，交叉可分为平面交叉和立体交叉两大类。

12.4.1 平面交叉口的形式

平面交叉是指各相交道路中线在同一高程相交的道口。平面交叉的形式决定于道路系统规划、交通量、交通性质和交通组织，以及交叉口用地及其周围建筑的情况。常见的平面交叉口形式有：十字形、X 字形、T 字形、Y 字形、错位交叉和复合交叉等几种，如图 12-15 所示。

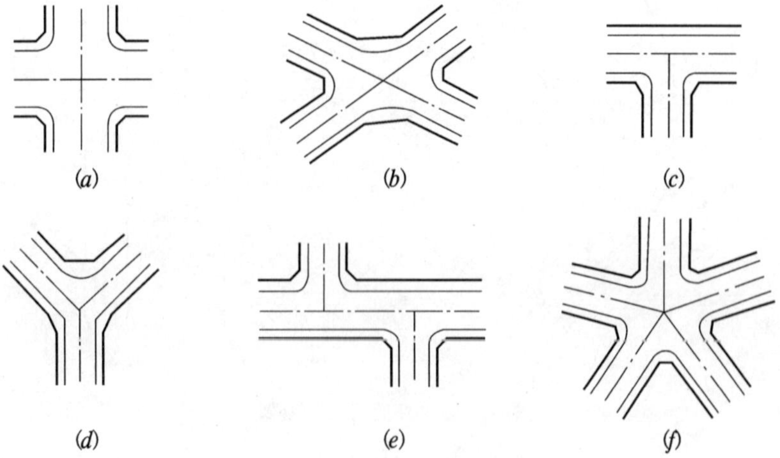

图 12-15 平面交叉口形式

(*a*) 十字形；(*b*) X 字形；(*c*) T 字形；(*d*) Y 字形；(*e*) 错位交叉；(*f*) 复合交叉

12.4.2 立体交叉口的形式

立体交叉是指交叉道路在不同高程相交的道口。其特点是各相交道路上车流互不干扰，可以各自保持原有的行车速度通过交叉口。当平面交叉口用交通控制手段无法解决交通要求时，可采用立体交叉，以提高交叉口的通行能力。

根据立体交叉结构物形式不同可分为：隧道式和跨线桥式两种基本形式。跨线桥有下穿式和上跨式两种，高速或快速道路从桥下通过，相交道路从桥上通过时称为下穿式，反之称为上跨式，如图 12-16 所示。

根据相交道路上行驶的车辆是否能互相转换，立体交叉又分为分离式（图 12-17）和互通式（图 12-18）两种。分离式立体交叉，在道路交叉处仅设隧道或跨线桥，而不设上、下道路之

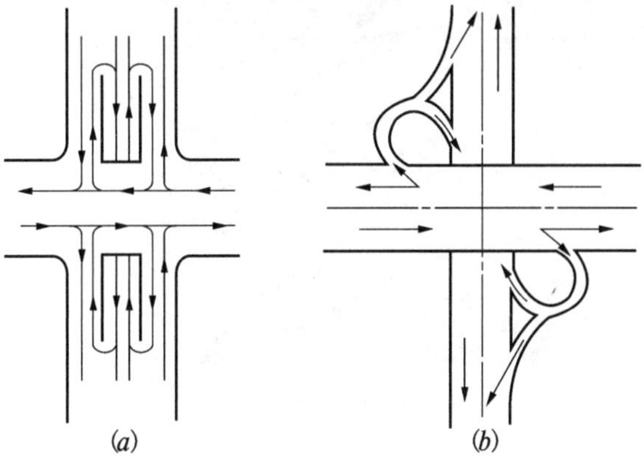

图 12-16 立体交叉的基本类型形式

(*a*) 下穿式；(*b*) 上跨式

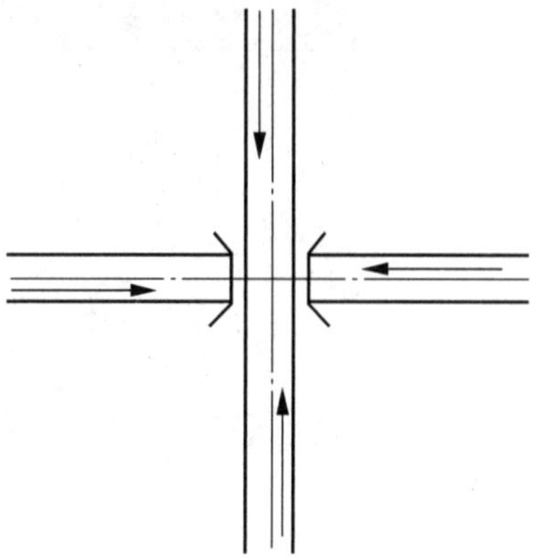

图 12-17 分离式立体交叉

间的连接匝道。互通式立体交叉,在道路交叉处除设隧道或跨线桥外,并在上、下道路之间设有连接匝道供车辆转换用。城市道路一般要求能互相转换,多采用互通式立体交叉。图 12-18 所示为喇叭形和苜蓿叶型互通式立体交叉。

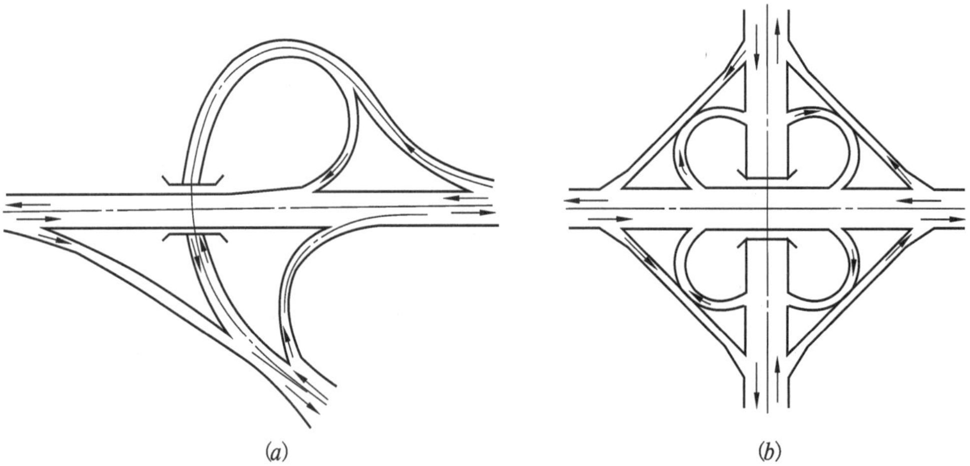

图 12-18　互通式立体交叉

(a) 喇叭形;(b) 苜蓿叶型

(1) 立体交叉工程图

道路立体交叉工程图的内容视分离式还是互通式类型的不同而有所不同,互通式立体交叉工程图主要有:平面图、线位图、纵断面示意图、路基标准横断面图(略)、效果图(略)及竖向设计图等(详细如下)。

① 平面图(含效果图)

图 12-18 所示为某互通式立体交叉简化的平面和交通组织图(局部)。该互通式立体交叉为三路相交斜喇叭形,干道为上跨式跨路桥。图中用细实线箭头表示机动车的车流方向,说明交通组织情况。图 12-19 所示为互通式立体交叉的立体效果示意图。

图 12-19　互通式立体交叉效果示意图

② 线位图(线形布置图)

图 12-20 所示为某互通式立体交叉线位图。图中指北针表示了立体交叉的方位和走向。干

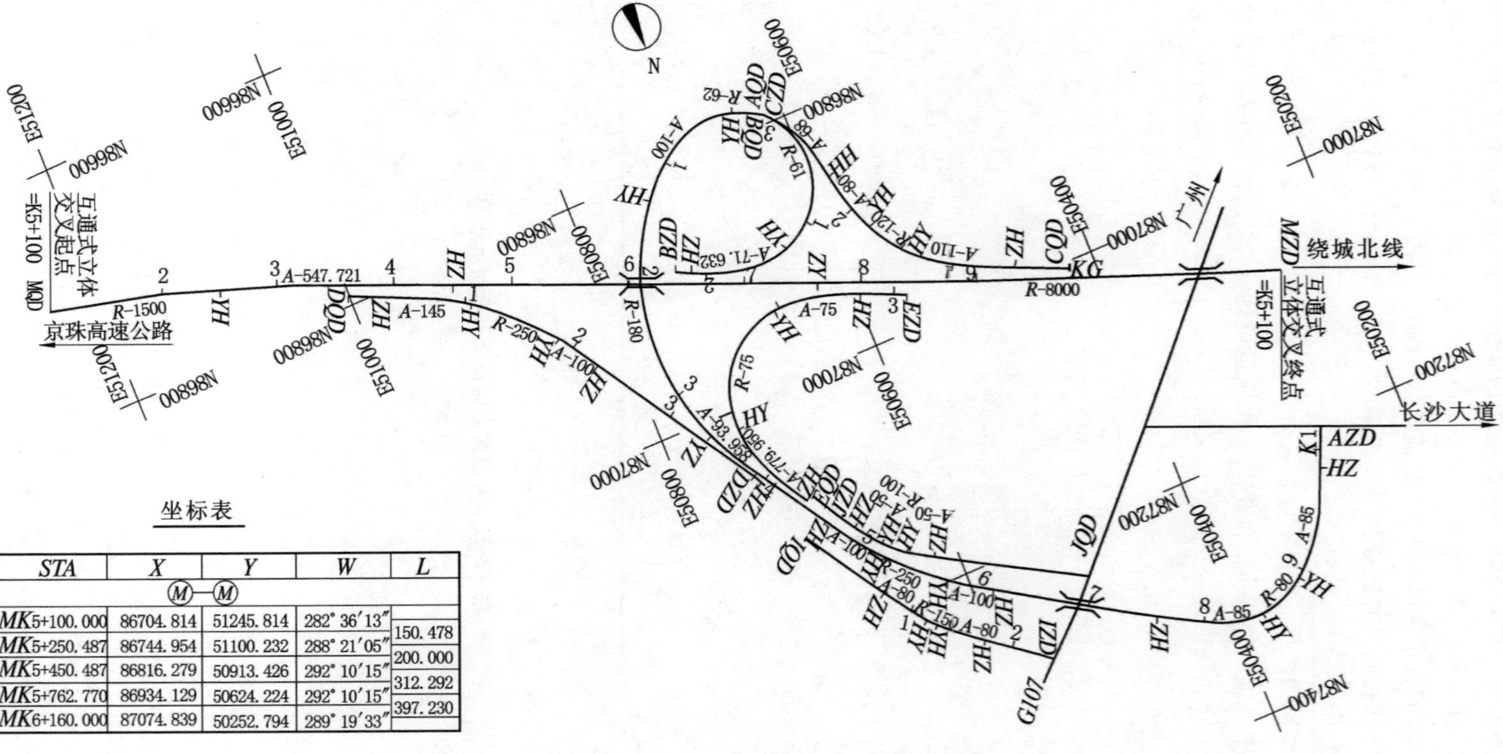

坐标表

NO	STA	X	Y	W	L
		Ⓜ—Ⓜ			
MQD	MK5+100.000	86704.814	51245.814	282°36′13″	150.478
YH	MK5+250.487	86744.954	51100.232	288°21′05″	200.000
HZ	MK5+450.487	86816.279	50913.426	292°10′15″	312.292
ZY	MK5+762.770	86934.129	50624.224	292°10′15″	397.230
MZD	MK6+160.000	87074.839	50252.794	289°19′33″	

图12-20 互通式立体交叉线位图

道和匝道的设计路线均用中线(或粗线)绘制,用加文字的箭头指明交通流向。并将 *M—M* 干道和 *A—A*、*B—B*、*C—C*、*D—D*、*E—E*、*I—I*、*J—J* 匝道的起点、终点、里程桩号、控制点位置(*ZH*、*HY*、*YH*、*HZ* 等)、圆曲线半径(*R*)和缓和曲线参数(*A* 标注在图上),用坐标表将干道和匝道的起点(*QD*)、终点(*ZD*)和控制点的桩号及 *X*、*Y* 坐标列出(图 12-20 中列出 *M—M* 线)。

③纵断面示意图

在立交工程纵断面图中,机动车与非机动车的道路设计线均采用粗实线绘制,其测设数据可在测设数据表中列出。如图 12-21 为 *A—A* 匝道设计线纵断面图,在桩号为 AK0＋201.27 处设有一预应力钢筋混凝土连续空心板立交桥,桥宽为(16＋20＋16)m,桥中心线与该匝道中线交角为 86°32′27″。

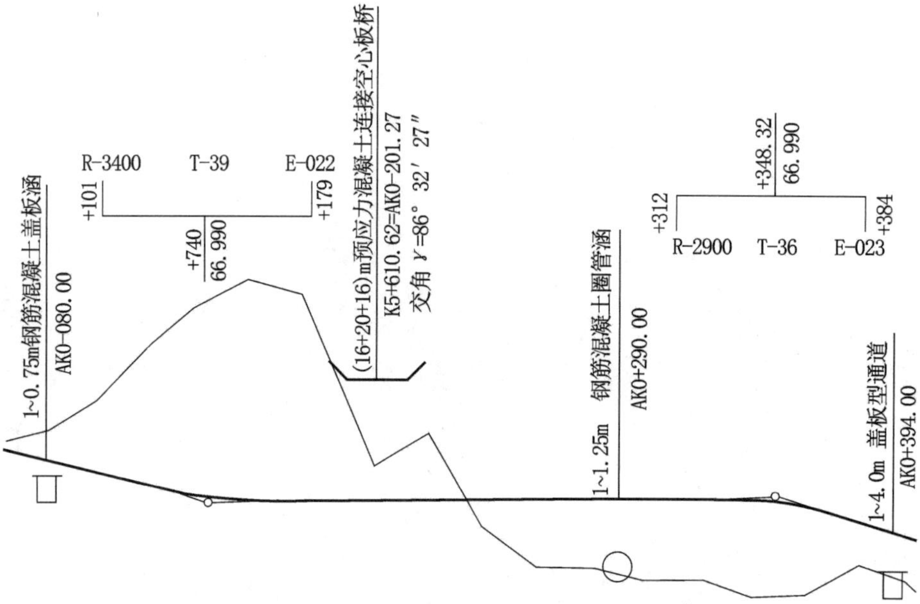

图 12-21　互通式立体交叉纵断面示意图

12.5　桥梁工程图

12.5.1　概述

桥梁是道路工程中跨越江河、山谷和道路立体交叉处必不可少的工程结构物。桥梁的类型很多,细分如下:

①按用途分类:公路桥、铁路桥、公路铁路两用桥、人行桥、运水桥(渡槽)、专用桥(通过管路、电缆等)、农桥等。

②按主要承重结构材料分类:木桥、钢桥、圬工桥(包括砖、石、混凝土桥)、钢筋混凝土桥、预应力钢筋混凝土桥。

③按结构体系分类:梁式桥、拱桥、刚架桥、斜拉桥、悬索桥及其组合体系桥等,如图 12-22。

④按桥梁全长和跨径的不同可分为特大桥、大桥、中桥和小桥等。

不论哪类结构形式的桥梁,其构造都是由基本的三大部分组成:

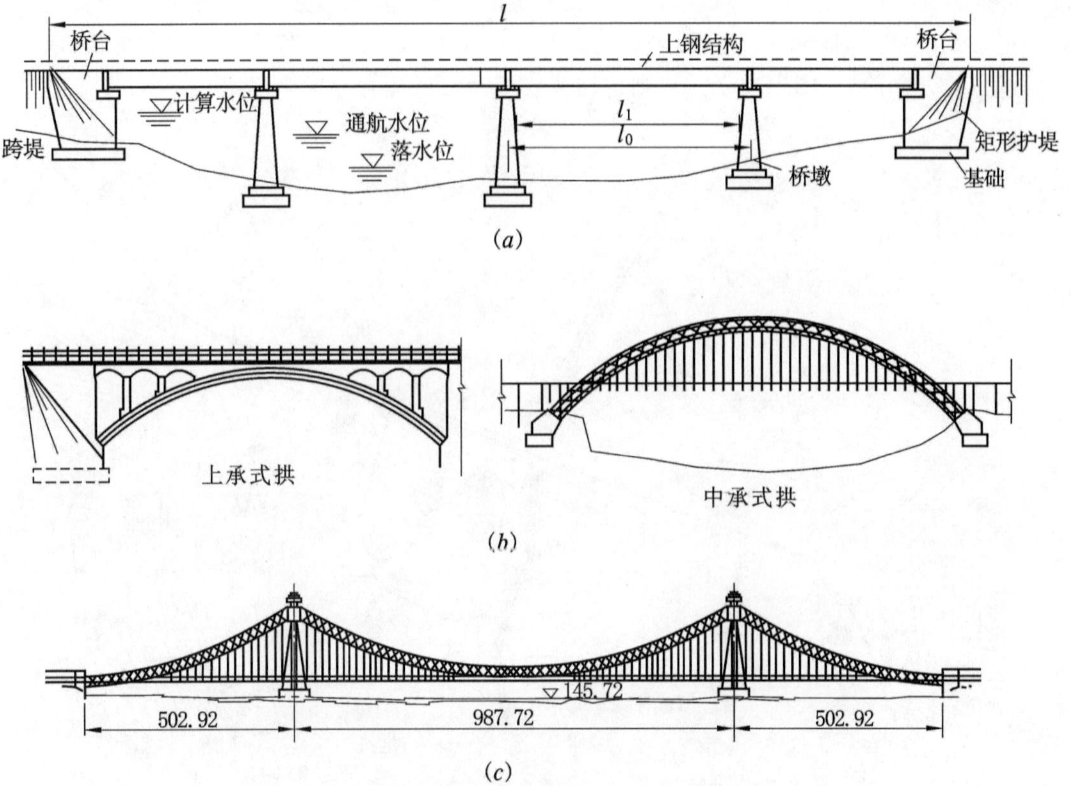

图 12-22 桥梁的构造组成、梁式桥、拱式桥、悬索桥示意图

(a) 梁式桥、桥梁构造组成；(b) 拱式桥；(c) 悬索桥

①上部结构(或称桥跨结构)：包括主梁、主拱圈、主塔、索、桥面系等；

②下部结构：包括桥墩、桥台、立柱、盖梁、基础等；

③附属结构：包括护栏、灯柱、排水系统等。

一座桥梁的施工图一般由如下内容组成：

①桥位平面图和桥位地质断面图：桥位平面图主要表示道路通过江河时建造桥梁的平面位置，一般表达在道路路线平面图上，采用小比例如 1∶500、1∶1000、1∶2000 等，在该平面图上用图例“ 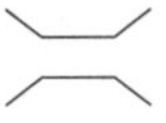 ”表示桥梁。桥位地质断面图是根据水文调查和地质钻探所得资料绘制，包括河床断面图、最高最低水位线和常年水位线。这两种图是桥梁设计和计算土石方量的重要依据；

②桥梁桥型布置图(又称桥梁总体布置图)：由立面图、平面图和剖面图组成；

③主梁或主拱等构件图：一般每一构件由立面、平面、剖面和断面图等组成；

④桥墩、桥台、基础构件图：每一构件图都包括由立面、平面、剖面和断面图等；

⑤附属构件详图等。

12.5.2 钢筋混凝土梁桥工程图

1. 桥位平面图

桥位平面图主要表明桥梁和路线连接的平面位置。如图 12-23 所示，通过实际地形测绘桥位处的道路、河流、水准点、里程、钻孔以及附近的地形、地物，以便作为设计桥梁和施工定位的依据。桥位平面图常用的比例有：1∶500、1∶1000、1∶2000。桥位平面图中的植被、水准符号均按正北方向绘制，图中文字方向则按路线要求及总的图标方向来确定。

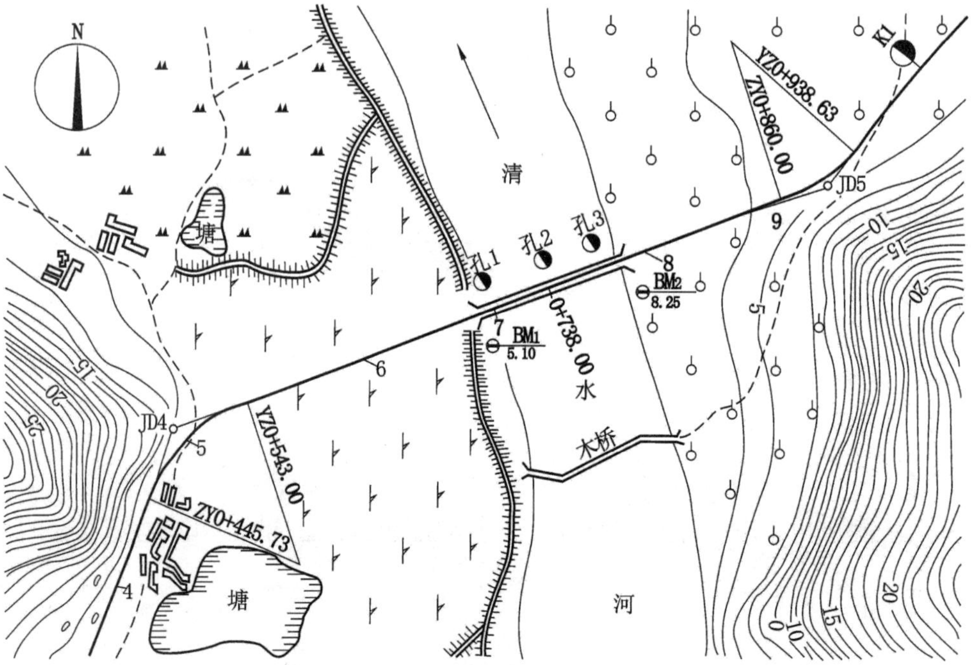

图 12-23　桥位平面图

2.桥梁桥型(总体)布置图

桥梁的桥型布置图主要标明桥梁的形式、跨径、孔数、总体尺寸、各主要构件的相互位置关系、桥梁的各部分标高、材料数量以及总的技术说明，它是施工时确定桥墩、桥台位置、安装构件、控制标高的依据。桥梁桥型布置图包括桥梁的立面图、平面图和横剖面图以及构件详图。如图 12-24、图 12-25 为一座预应力混凝土 T 形梁桥桥型布置图，包括桥梁的立面图、平面图和横剖面图。

(1) 立面图

将桥梁沿水流方向或与桥面通行方向垂直的方向向 y 面作正投影的图，称为正立面图，简称立面图。它反映了桥梁特征和桥型。由图 12-24 立面图可知该桥属于混凝土 T 形梁桥桥型布置图，该桥由 0 号、4 号桥台，1、2、3 号桥墩共四跨(29.96＋30.00×2＋29.96)m 组成，全长为 135.08m。下部结构为双柱式桥墩，在立面图上方的指引细线还分别注出了桥墩、台处的里程桩号和该处桥面的设计线标高。立面图左侧绘有高度标尺，以便于阅读和绘图参考，立面图的桥面下方绘有细折线的自然地面线和设计地面线。桥梁两头箭头所示为道路双向到达的目的地。立面图中通常附有该桥位处详细的地质情况资料，可以清楚地了解到各基础、墩台的埋置深度。

图中尺寸标注采用了线性尺寸(以 cm 为单位)、标高尺寸(以 m 为单位)和里程桩号综合标注法。这些尺寸用来标注桥梁的定形尺寸、定位尺寸和总尺寸。这是桥梁桥型布置图尺寸标注的特点。

二审	一审	复核	设计

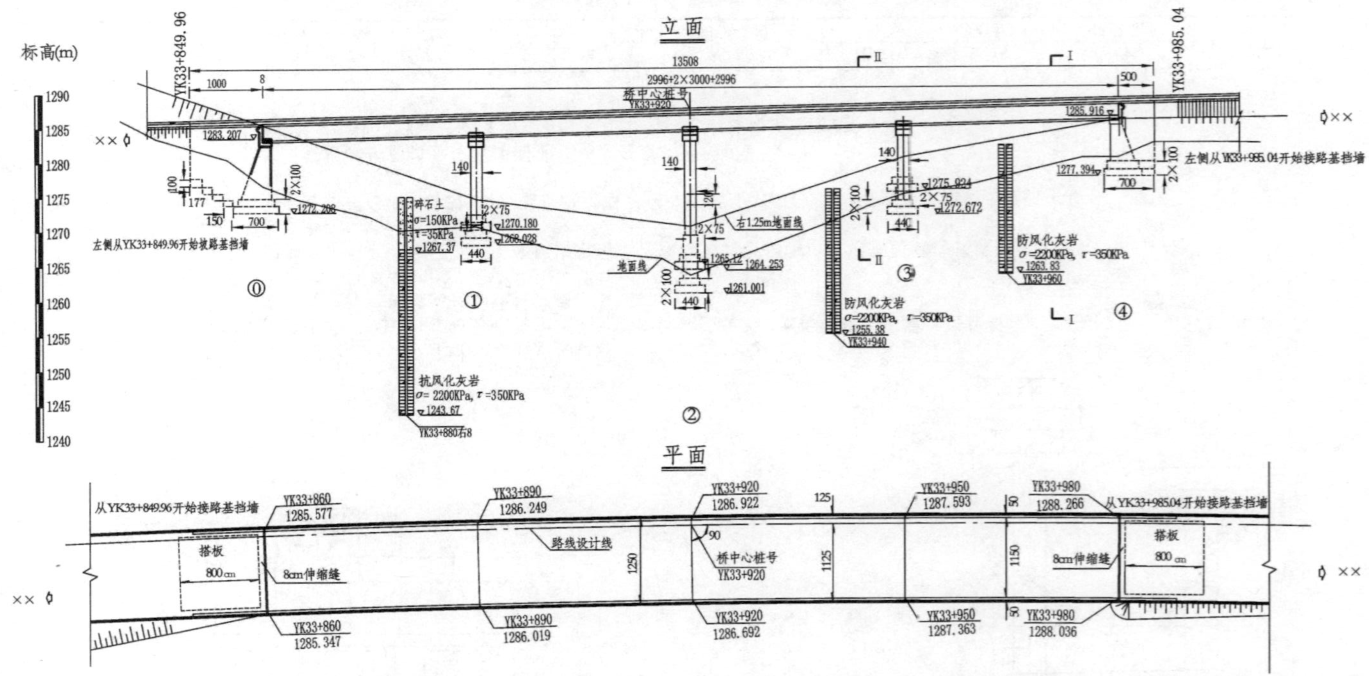

坡度(%) / 坡长(m)	2.240				380.25
设计高(m)	1285.562	1286.234	1286.907	1287.578	1288.251
中抛面高(m)	1276.60	1270.56	1263.58	1275.22	1280.42
桩号	YK33 +860	+890	+920	+950	+980
平曲线	R=2700m				

××高速公路开发总公司	××国道主干线××至××公路 第×合同段 (YK32+556.703~YK36+790)	YK33+920 ××大桥 桥型布置图（一）	比例	日期 2004.3	图号 S5-7-3	×× 公路勘察设计研究院

图12-24 桥梁桥型布置图

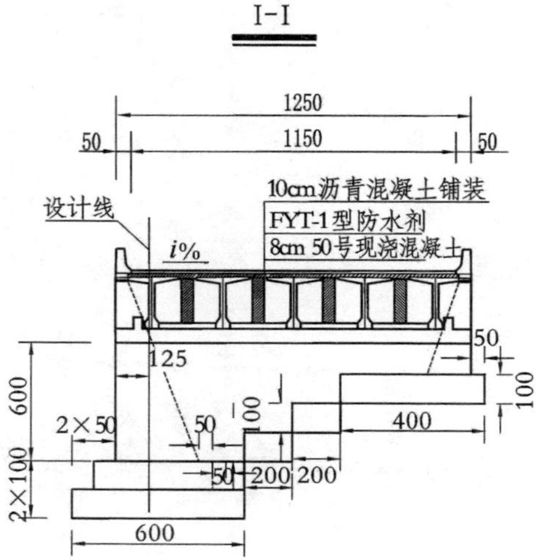

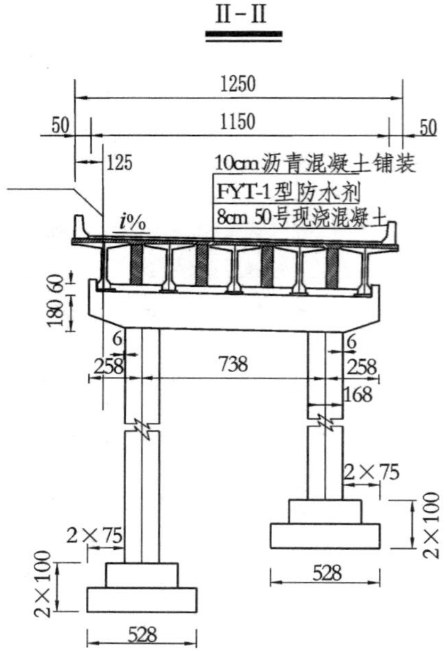

注:
1. 本图尺寸除桩号、标高以米计外，其余均以厘米计。
2. 本桥平面位于R=2700m的右偏圆曲线上，平面以设计线弧长30m为标准跨径布置，夸桥折做，通过调整现浇护栏位置适应平面线性需要。
3. 本桥设计荷载：汽车超-20级，挂车-120。
4. 本桥上部构造采用4×30mT形梁，先简支后结构连续体系。下部构造桥墩采用双柱式墩扩大基础，桥台采用U形台、扩大基础。
5. 本桥在桥台处采用GYZF$_4$Φ325×77型橡胶支座。在连续墩处采用GYZΦ450×75型橡胶支座，本桥桥台采用D-80型伸缩缝。
6. 本桥护墙及搭板、桥面排水等，详图见《桥梁公用构造图》。
7. 30m T形梁上构详见《30m先简支后结构连续T形组合梁上部构造通用图》。

设计	复核	一审	二审

××高速公路开发总公司	××国道主干线××至××公路 第合同段 (YK32+556.703~YK36+790)	YK33+920××大桥 桥型布置图（二）	比例	日期 2004.3	图号 S5-7-3	××××公路勘察设计研究院

图12-25　桥梁桥型布置图

(2)平面图

平面图按与立面图长对正的投影关系配置在立面图的正下方，绘出了桥面、护栏的图示位置和宽度尺寸。平面图左方用示坡线表示0号桥台路基坡面，右侧4号桥台坡面在转角处用1/4圆锥面连接互相垂直的两个斜坡面。在平面图里可以读出每个墩台位处的设计标高及桩号(图12-24中平面图)。平面图的左方虚线表示此处有一条8cm宽的伸缩缝(右方对称位置处也有一条8cm的伸缩缝)，它对应在立面图上方的左、右标注了一个数字"8"，但在立面图上看不到具体所指位置，读了平面图后，就知道具体位置了。本图该桥桥面宽12.5m，两侧护栏宽各0.5 m，且桥面具有一定的坡度(该桥双柱式桥墩的设计标高不一致)，如本图1号桥墩处，桩号为YK33＋890(YK表示分离式桥梁的右线桩号)处，设计标高分别为1286.249m、1286.019m。

平面图下方列出中桩地面设计高、平曲线要素等数据表，由平曲线数据可读出本桥平面位于$R=2700$m的右偏圆曲线上，平面以设计线弧长30m为标准跨径布置。

(3)横剖面图

从立面图的剖切位置线Ⅰ-Ⅰ和Ⅱ-Ⅱ可知，本桥设计时采用了两个侧平面剖切，剖切后再向W投影面投影，从而得两个横剖面图，Ⅰ-Ⅰ剖面位于③桥墩和④号桥台间，Ⅱ-Ⅱ剖面位于②、③桥墩之间，如图12-25。

Ⅰ-Ⅰ剖面图表示④号桥台的横向形状和横向布置。本图桥台采用U形桥台扩大基础。Ⅱ-Ⅱ剖面图表示墩的横向形状和横向布置，其上部结构构造采用4×30mT形梁，先简支后结构连续体系。桥面铺装结构为10cm沥青混凝土铺装，加防水剂、混凝土等；下部构造桥墩采用双柱式墩扩大基础。图中还表示出了柱及墩台尺寸及间距。

桥型布置图上的线型除Ⅰ-Ⅰ、Ⅱ-Ⅱ剖面图上剖到的T形梁轮廓线、立面图上剖切位置线用粗实线表示外，其余各图上看到的轮廓线均用中粗实线。中心线用细单点长画线。示坡线、引出线、尺寸界线、尺寸线均用细实线表示。

3.桥梁构件详图

在桥型布置图中(图12-24、图12-25)，已表达出桥梁的构造组成，各构件在桥梁中的相对位置、大体形状及其线性定形尺寸、定位尺寸。但由于尺寸标注粗略，比例也较小，细部表达欠清楚，因此需要绘出各构件详图以供施工制作的依据。针对图12-24、图12-25所需要的主要构件有下列几种：预应力钢筋混凝土T形梁，①号、②号、③号桥墩及柱基础构造图及其钢筋配置图，桥台一般构造图及其钢筋配置图以及扩大基础钢筋配置图，桥面构造及其护栏等构件等。因限于教材篇幅，不能一一详述，仅列举该桥的部分构件详图。

图12-26所示为①号桥墩的一般构造图，墩帽下为双柱式墩基础，本图由①号桥墩墩位处的立面图、侧剖面图(Ⅰ－Ⅰ剖面)及平面图(Ⅱ－Ⅱ剖面)组成。墩柱基础的标高均可查图右方的"桥墩标高、尺寸参数表"，读图可知本墩柱是宽为140cm的方柱，两柱间隔738cm，帽梁高150cm，并设有5块不同尺寸的支座垫石，可参见图中"支座垫石平面"；图中清晰可见本墩位处的地面线及开挖线，方便施工开挖数量统计。其帽梁及墩身具体细部尺寸及钢筋配置图如图12-27、图12-28。图12-29所示为④号桥台的一般构造图，本图采用桥台立面图、侧剖面图及平面图组成，其细部构造及各细部定形尺寸、定位尺寸均可看图自明，这里不赘述。

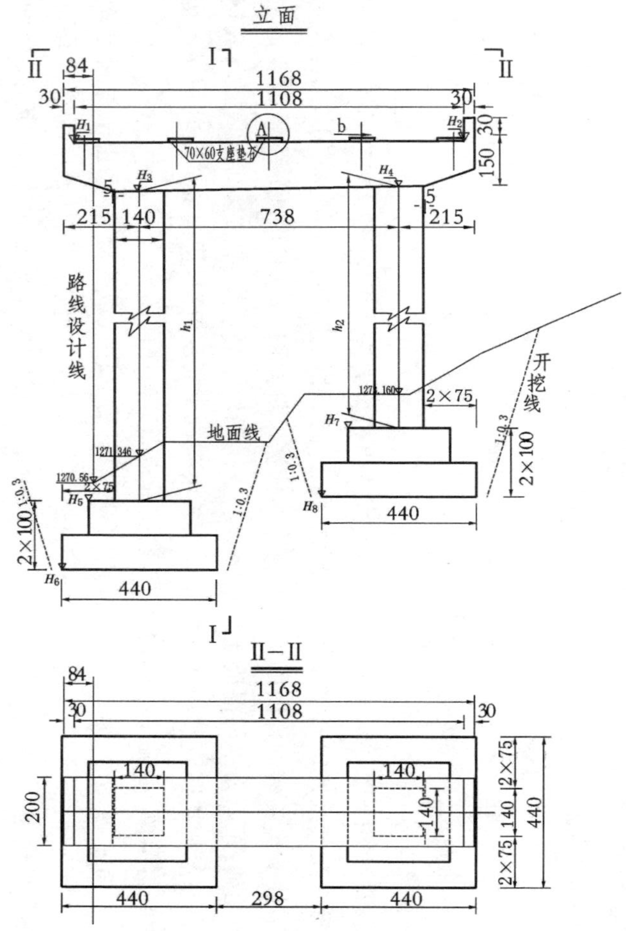

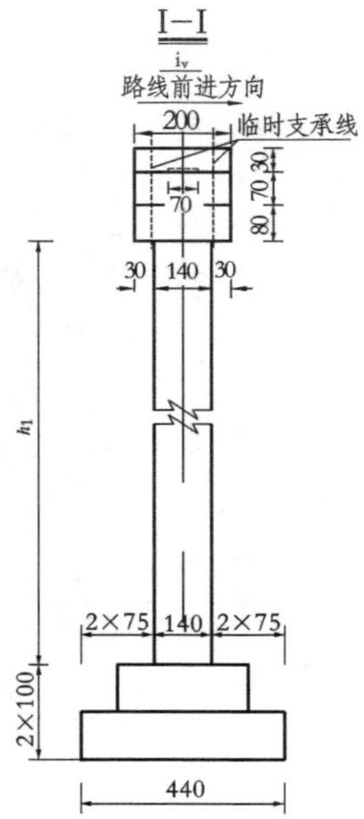

桥墩标高、尺寸参数表

项目	1号墩
桩号	YK33+890
横坡 H(%)	2.000
纵坡 V(%)	2.24
H_1(m)	1283.865
H_2(m)	1283.643
H_3(m)	1282.328
H_4(m)	1282.180
H_5(m)	1270.028
H_6(m)	1268.028
H_7(m)	1272.180
H_8(m)	1270.180
h_1(cm)	1230.00
h_2(cm)	1000.00

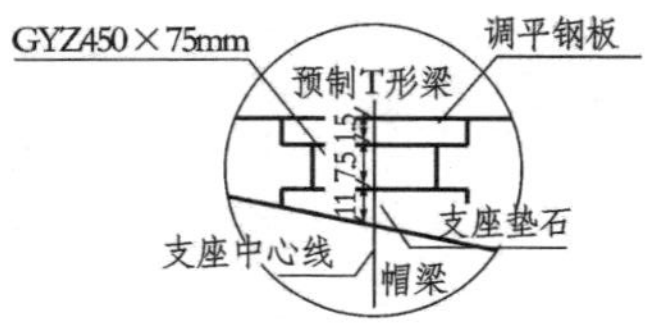

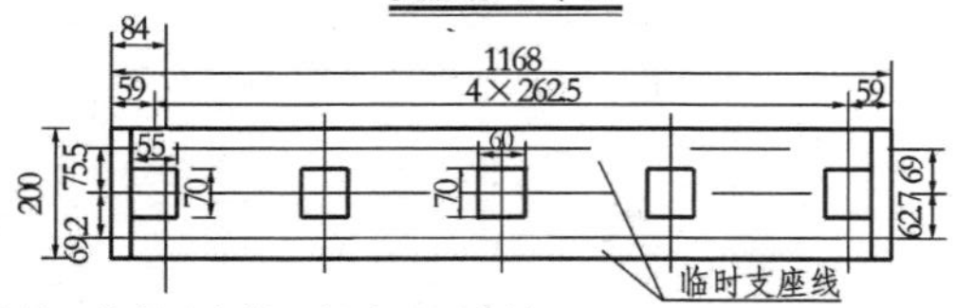

注:
1. 本图桩号、高程以米计，尺寸以厘米计。
2. 本桥墩底位坡面横坡较陡，开挖时注意采取措施，保持两基础间坡面稳定。基底标高可根据开挖岩面的情况适当调整，但两基础高差不宜大于3.5m。
3. 支座、垫石、调平钢板组合高度20cm。
4. 坡度i_h由测设中心线向外侧下坡为正，反之为负。
5. 要求地基承载力［σ］≥700kPa。

××高速公路开发总公司	××国道主干线××至××公路 第×合同段 (YK32+556.703~YK36+790)	YK33+920 ××大桥 桥墩一般构造图（一）	比例	日期 2004.3	图号 S5-7-4	××××公路勘察设计研究院

设计	复核	一审	二审

图12-26　桥墩一般构造图

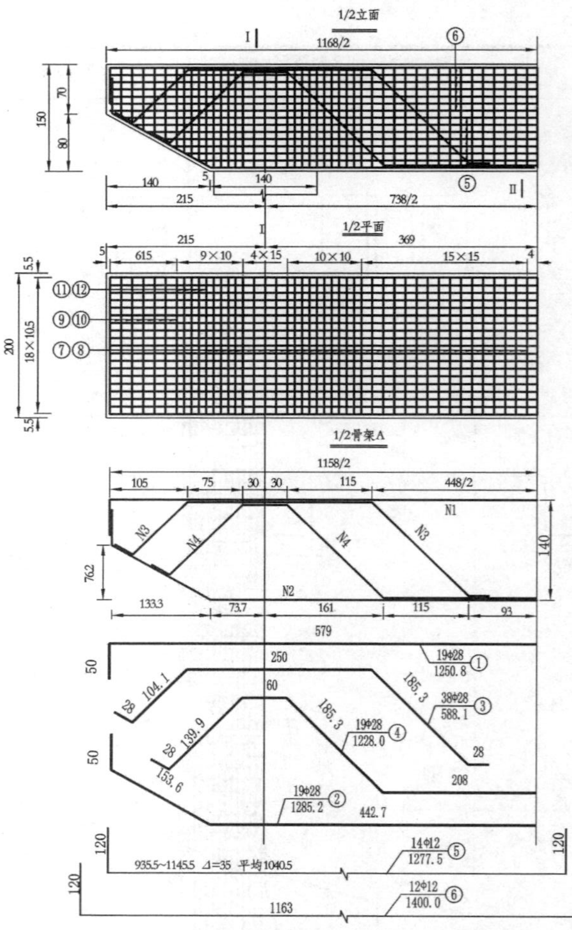

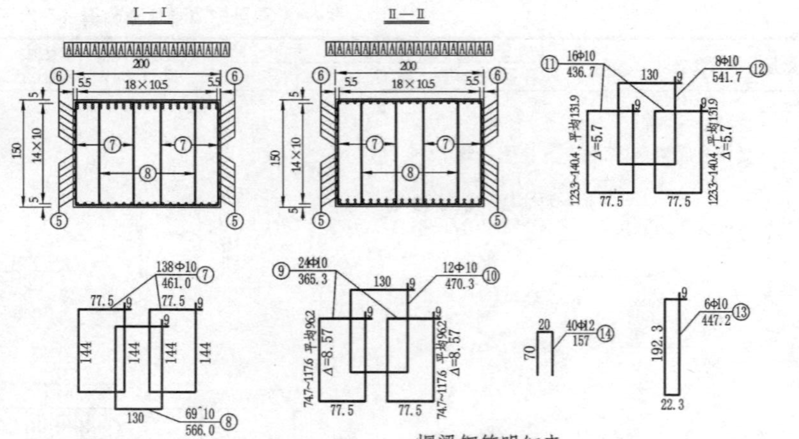

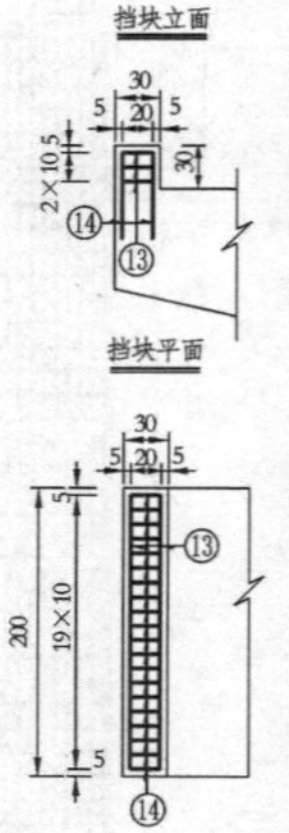

帽梁钢筋明细表

编号	直径 (mm)	单根长 (cm)	根数	总长 (m)	单位重 (kg/m)	总重 (kg)	合计 (kg)	全桥合计 (kg)
1	Φ28	1250.8	19	237.65	4.830	1147.9	Φ10:808.8	Φ10:2426.4
2	Φ28	1285.2	19	244.19	4.830	1179.4	Φ28:453.2	Φ28:13600.8
3	Φ28	588.1	38	223.48	4.830	1079.4	Φ12:363.8	Φ12:1091.4
4	Φ28	1228.0	19	233.32	4.830	1126.9		
5	Φ12	1277.5	14	178.85	0.888	158.82		
6	Φ12	1400.0	12	168.00	0.888	149.18		
7	Φ10	461.0	138	636.18	0.617	392.5	30号混凝土 $33.2m^3$	30号混凝土 $99.6m^3$
8	Φ10	566.0	69	390.54	0.617	241.0		
9	Φ10	365.3	24	87.67	0.617	54.1		
10	Φ10	470.3	12	56.44	0.617	34.8		
11	Φ10	436.7	16	69.87	0.617	43.1		
12	Φ10	541.7	8	43.34	0.617	26.7		
13	Φ10	447.2	6	26.83	0.617	16.6		
14	Φ12	157.0	40	62.80	0.888	55.8		

附注:
1. 本图尺寸除注明者外，均以厘米为单位。
2. 骨架采用双面焊缝，焊缝长度不小于5d，如采用单面焊，焊缝长度加倍。
3. N13钢筋和N14钢筋为防震挡块钢筋，若与帽梁钢筋干扰时，可稍作移动。
4. 骨架A中的斜筋均与N1成45°夹角。
5. 本图适用于第1、2、3号墩。

设计		复核		一审		二审	

××高速公路开发总公司	××国道主干线××至××公路 第 合同段 (YK32+556.703~YK36+790)	YK33+920 ×× 大桥 桥墩帽梁钢筋布置图	比例	日期 2004.3	图号 S5-7-4	××××公路勘察设计研究院

图12-27 桥墩帽梁钢筋布置图

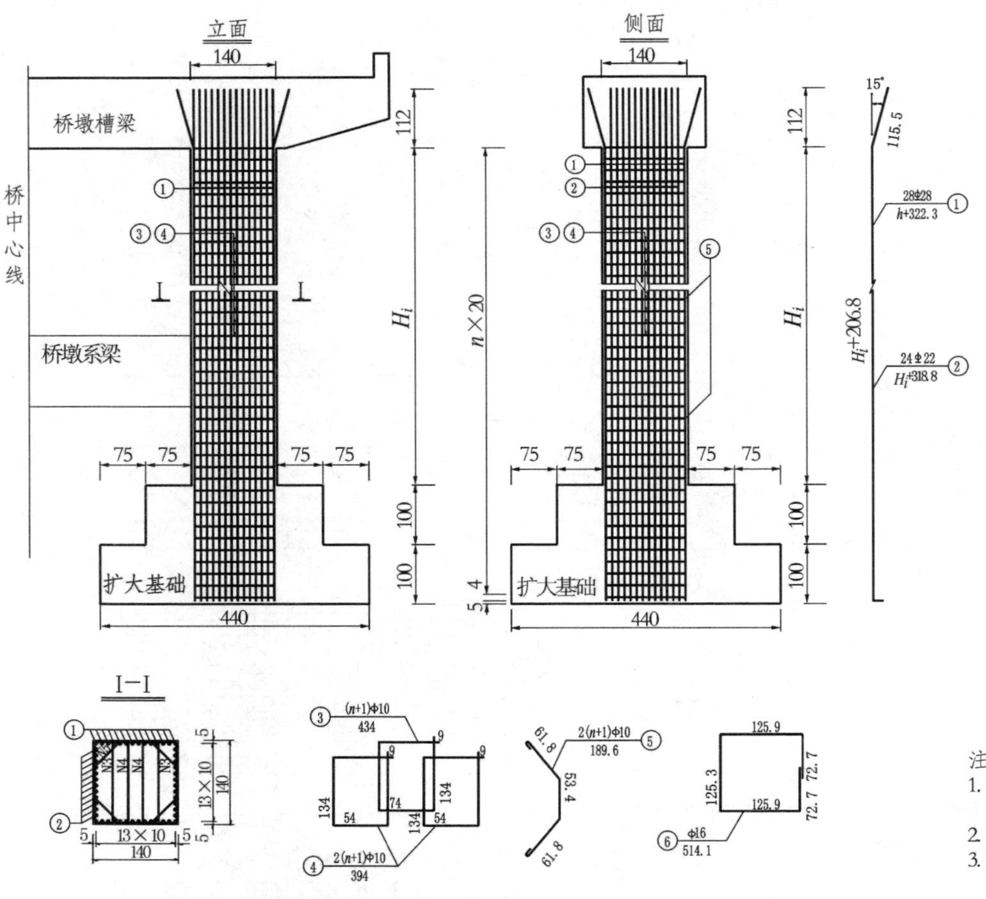

全桥墩柱材料数量表

钢筋	共重 (kg)	30号混凝土(m³)
28	12555.4	144.1
Φ22	6624.8	
Φ16	333.0	
Φ10	4228.4	

注：
1. 图中尺寸除注明者外，钢筋直径以毫米计，其余均以厘米计。
2. 本图适用于1、2、3号墩。
3. N6钢筋为沿墩柱每隔2m的加劲箍筋。

设计		复核		一审		二审	

××高速公路开发总公司	××国道主干线××至××公路 第×合同段 (YK32+556.703~YK36+790)	YK33+920 ×××大桥 墩身钢筋布置图	比例	日期 2004.3	图号 S5-7-4	××× 公路勘察设计研究院

图12-28 桥墩墩身钢筋布置图

设计	复核	一审	二审

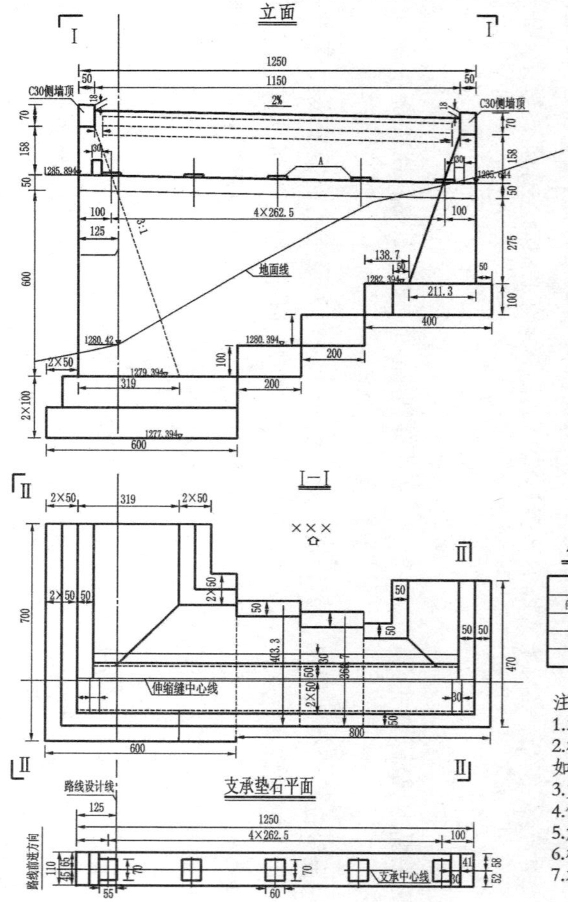

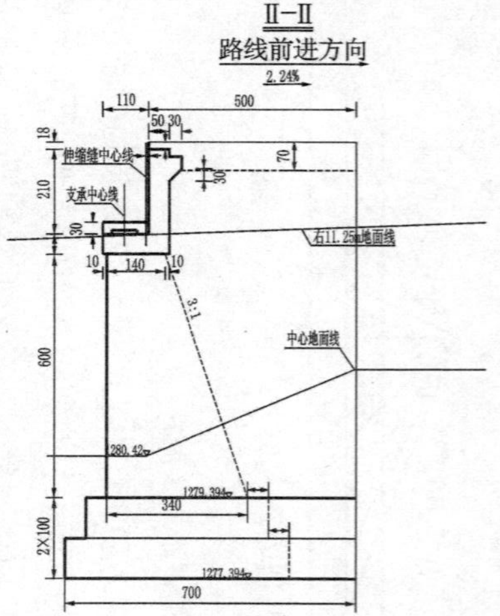

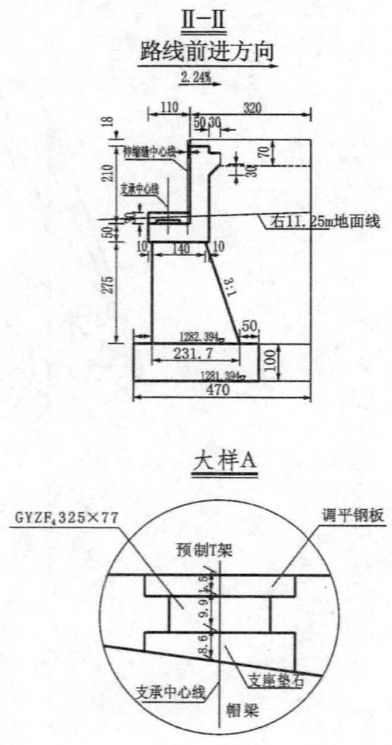

4号桥台混凝土数量表

项目	C30混凝土(m^3)	C20混凝土(m^3)
台帽、背墙、牛腿、挡块	24.8	
侧墙顶	2.9	
台身		223.7
扩大基础		106.7

注：
1.本图尺寸以厘米计，桩号、高程以米计。
2.桥台基底的容许承载力[σ]不得小于500kPa，基础开挖以后，如果地质情况与设计不符，则应向有关部门报告并作出调整。
3.支座垫石顶面以其中心标高为准做成平坡，以保证支座底面平置。
4.侧墙帽混凝土浇筑时，请注意预埋护栏预埋件。
5.施工背墙时注意预埋伸缩缝预埋件。
6.桥台背墙注意根据纵坡倾斜，保证梁体与背墙有足够的距离以便使梁体能自由伸缩。
7.本图适用于心不忍号桥台。

××高速公路开发总公司	××国道主干线××至××公路 第合同段 (YK32+556.703~YK36+790)	YK33+920 ×××大桥 桥台一般构造图	比例	日期 2004.3	图号 S5-7-4	×××××公路勘察设计研究院

图12-29 桥台一般构造图

12.5.3 斜拉桥工程图

现代斜拉桥是20世纪50年代发展起来的新型桥梁，斜拉桥主要组成部分有：钢筋混凝土梁、主塔和拉索。它就是利用高强度的拉索，通过塔架将梁支撑起来的一种梁索组合结构。斜拉桥的外形与吊桥相似，但它的桥面部分不是悬吊在穿过主塔的拉索上，而是被固定在主塔上的拉索所拉紧。斜拉桥的拉索可以与桥面板的中间部分连接，也可以与桥面板的两侧相连，如图12-30所示。

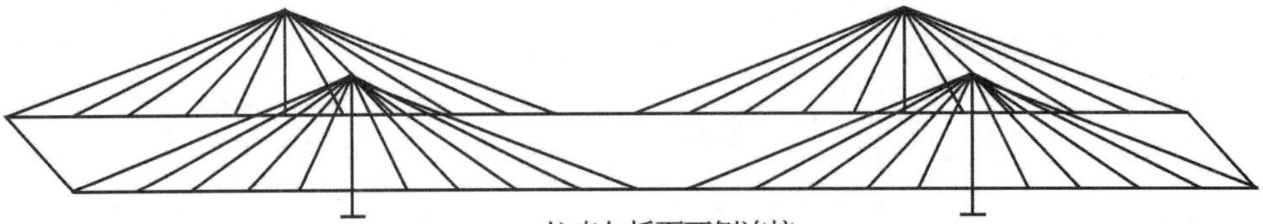
拉索与桥面两侧连接

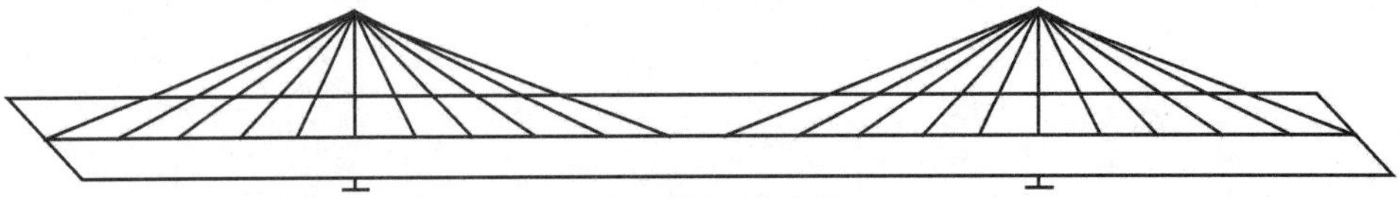
拉索与桥面中间连接

图12-30 拉索与桥面的基本连接形式

斜拉桥的优点是：桥梁体积尺寸小，跨越能力大，适用于兴建长度为200～800m的中等或大型桥梁；抗风稳定性较好；便于无支架施工。另一方面，斜拉桥上拉索向下拉时，同时也从两端斜拉着，这样以便将拉力传给地面，而主塔由于从两侧同等地斜拉着而得到平衡，因此它是多次超静定结构，计算复杂；索与梁或塔的连接构造比较复杂；施工中高空作业比较多，而且技术要求严格。

1. 主要组成部分

斜拉桥的主要组成部分（主梁、拉索、索塔）也具有其不同的构造形式和连接特点。

（1）主梁

钢筋混凝土斜拉桥即指主梁结构为钢筋混凝土制成。一般来说钢筋混凝土梁式桥的一些截面形式都适用于斜拉桥。主梁常用的截面形式如图12-31所示，板式截面、半闭合箱形截面、分离式双箱截面、闭合箱式截面、闭合式一和闭合式二是闭合箱式的改进型截面，将外侧腹板做成倾斜式，既可改善风动力性能，又可以减小墩台宽度。

（2）拉索

拉索由于布置方法不同可分为4种形式，如图12-32所示：辐射式、平行式、扇式、星式。拉索对斜拉桥的工作状态影响很大，而且造价约占全桥的25%～30%，其材料也比较复杂（包括防护层在内）。

（3）索塔

索塔承受的轴向力很大，同时还承受很大的弯矩，上端与拉索连接，下端与桥墩或主梁连接，它是斜拉桥中很重要的组成部分。索塔的形式如图12-33所示，从纵向看有：单柱式、A形、倒Y形；从横向看有：门式、单柱式、双柱式、A形。

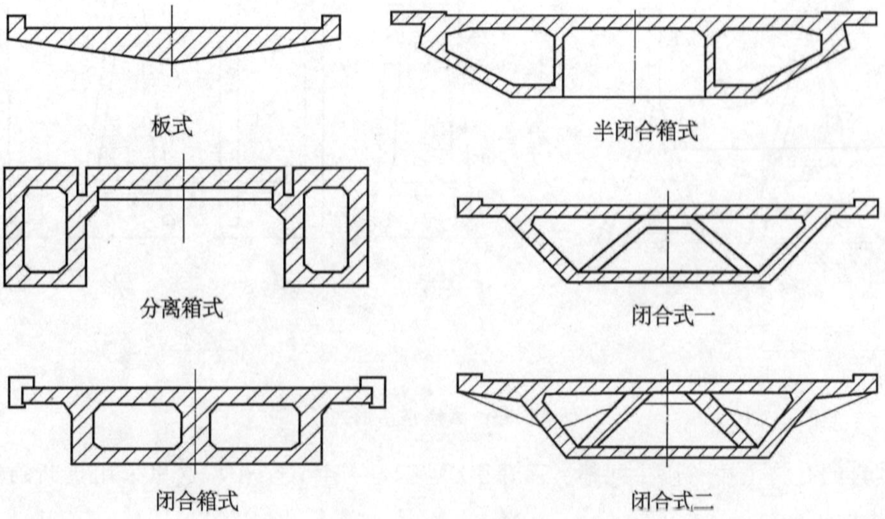

图 12-31　主梁横断面的常用形式

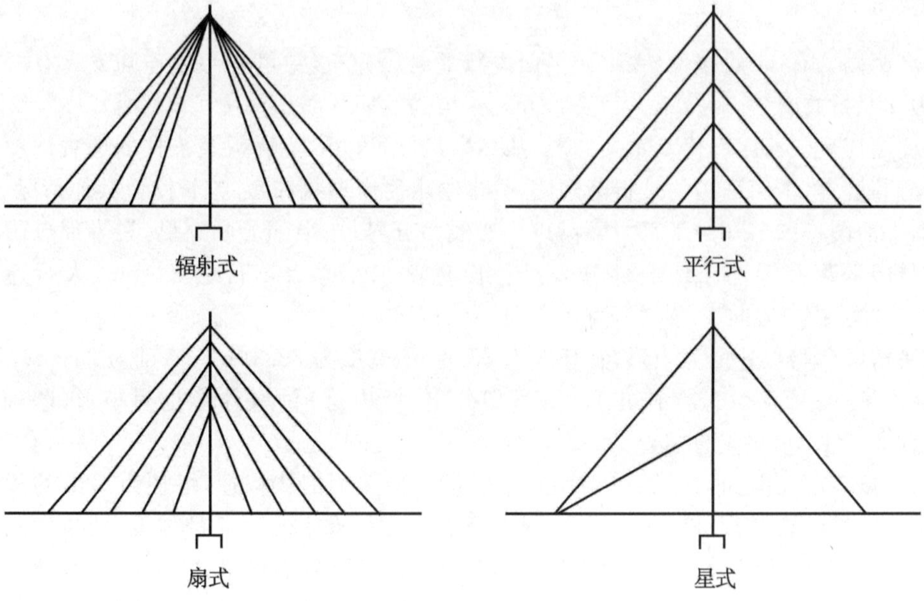

图 12-32　拉索常用形式

斜拉桥主跨部分由以上三部分组成，除此以外，其桥梁两端的引桥部分与钢筋混凝土桥梁的结构特点、布置形式、连接方法等均相似。

2. 斜拉桥桥型布置图

斜拉桥桥型布置图包括立面图、平面图、主梁横剖面图、主梁横断面图等。以下列出某大桥的部分桥型布置图以做说明。

(1)立面图　如图 12-34 所示为××大桥预应力钢筋混凝土斜拉桥全长 2023.4m，其体系为密索 5 跨连续混凝土箱梁。主跨为 220m，边跨为 94m，边跨两侧又增设了一连续副孔，跨距

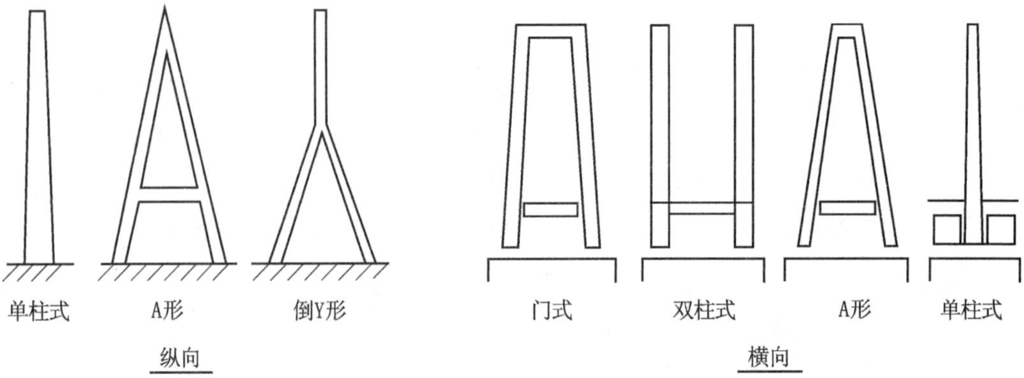

图 12-33　索塔常用形式

为 40m，其目的是将主桥布满主河槽。两边引桥为 1534.4m(全长)，这里采用折断画法，引桥部分未画出。

立面图比例为 1∶2000，由于比例较小，因此只画出桥梁的外形。梁的高度(2.75m)用两条粗实线表示，上面加画一条细实线，表示桥面。其他结构(横隔梁、人行道、桥栏杆等)均未画出。

主塔两侧共有 11 对拉索(在一个平面内)，呈扇形分布，主塔中心处连同支点有一根垂直吊索，因此全桥共有 46 对拉索，索距为 8m。主塔为钢筋混凝土倒 Y 形(侧面)。

立面图还反映河床起伏及水文情况，从标高尺寸可以了解桥墩及桩柱的埋置深度、梁底、桥面中心高度等，本图采用的是折断画法，故未绘出河床形状和墩、桩长度及其他情况。

(2)平面图　图 12-34(下部)所示，以中心线为分界，左半部分画外形，右半部分画桩基承台和桩位的平面布置图。外形部分表示桥面宽度 19.50m，车行道宽 15m，人行道宽 2×2.25m。比例：长度方向 1∶2000，宽度方向 1∶10000。

主跨桥墩(承台)外形为矩形，其长度为 22.86m，宽度为 32.10m。基础为 24×ϕ1.5m(直径)的灌注桩(外形尺寸夸大画出)。引桥部分(包括边跨)桥墩外形也为矩形，基础为 6×ϕ1.5m 和 3×ϕ1.5m 的灌注桩。

(3)主梁横剖面图　如图 12-35 所示，塔墩横向构造为门式构造，塔柱为 C38 的钢筋混凝土，塔高 68.40m，自塔顶 23.0m 以下至桩基承台上端面有 12.5∶1 的坡度，使拉索能锚固于车行道与人行道之间。为了横向稳定性，设置 3 根横向系梁(上横梁、中横梁、下横梁)。

索塔纵向在拉索锚固区部分为单柱，其下面分为两根斜柱，形成 A 形塔墩。

横剖面图采用较大比例 1∶500。横剖面图除了反映塔高、形式及各部分尺寸外，还表示了桩的横向分布间距和埋置深度(本图被折断)。

(4)主梁横断面图　如图 12-36 所示，主桥梁高为 2.75m，为中跨的 1/80。截面为半封闭式三室单箱，与塔、墩分离成为全悬浮式。材料为钢筋混凝土。

主梁横断面图比例也相应地放大，这样可以更清晰地反映主梁的结构，便于标注尺寸。从图中可以看出，该桥主梁的双侧为三角箱形梁，两箱之间用桥面及横隔梁连系。拉索锚固在三角箱形的外端，人行道安排在主梁外侧。

此图为方案比较图，尺寸很详细。一套完整的斜拉桥工程图，仅有以上图样是远远不够

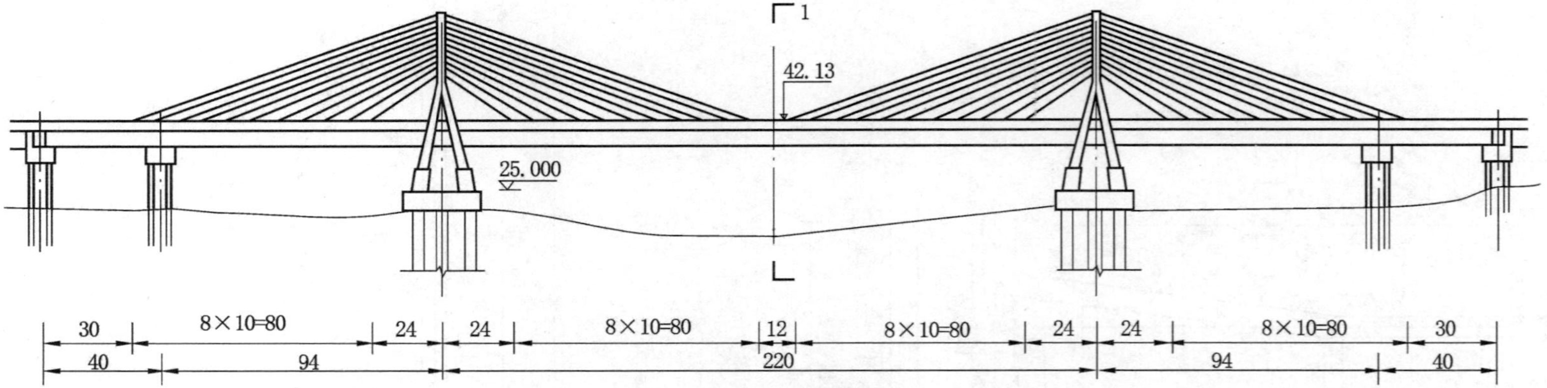

立面图 1:2000

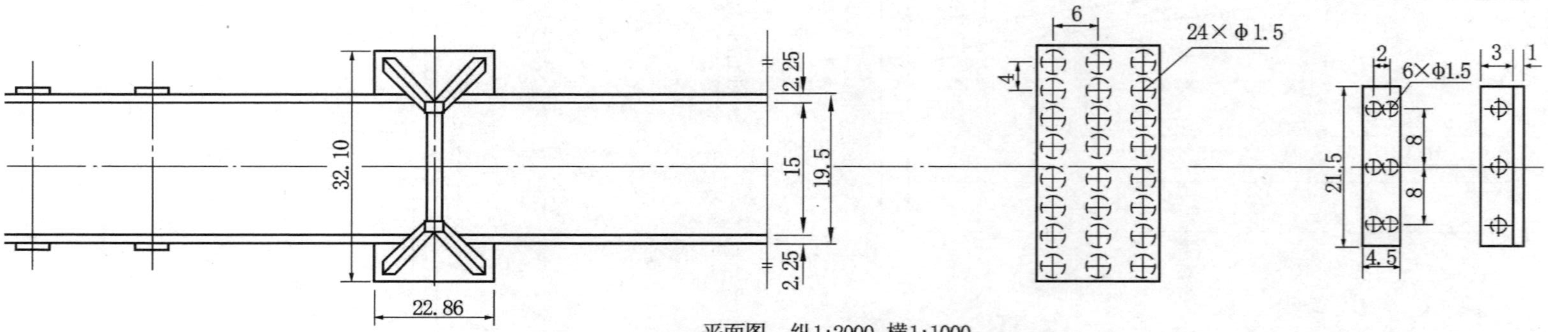

平面图 纵1:2000 横1:1000

(尺寸单位:m,其余尺寸请见相关图样)

图12-34 ××大桥立面图及平面图

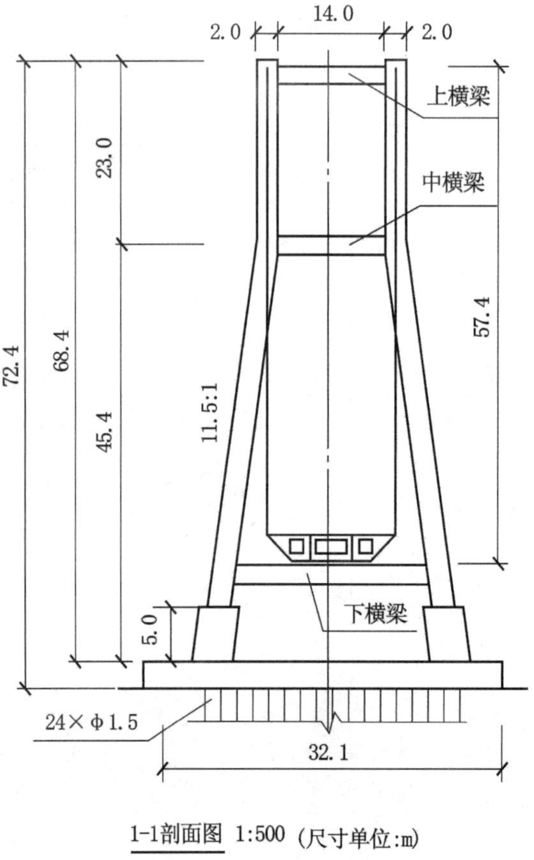

图 12-35 主梁横剖面图

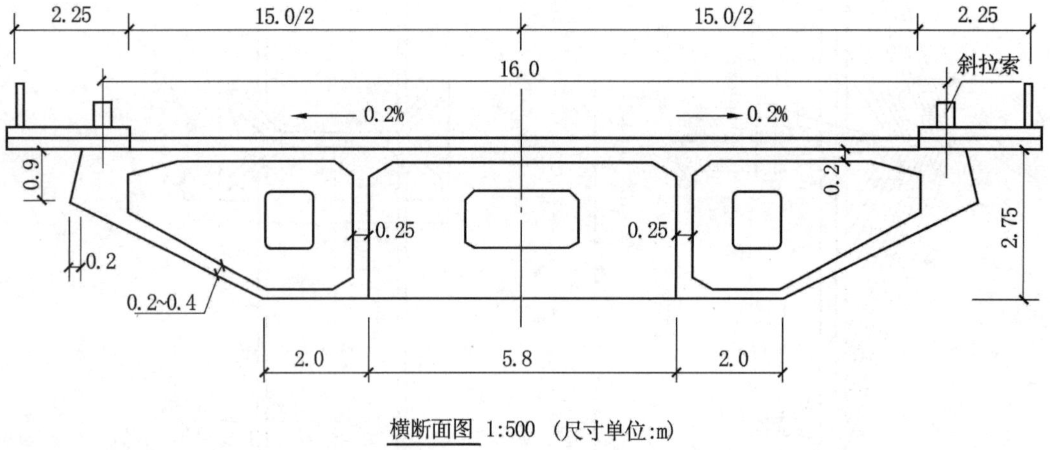

图 12-36 主梁横断面图

的，还应有主梁、拉索、索塔三大主要组成部分的构造详图和安装详图及其他部分的结构图、防护措施、技术说明等。

12.5.4 悬索桥工程图

1. 概述

大渡河上著名的泸定桥属古代悬索桥，重庆朝阳大桥是我国最早的现代悬索桥。世界已有数百座大型悬索桥。我国已经建成的现代悬索桥也有数十座，江阴长江大桥如图 12-37 所示，主跨为 1385m。

图 12-37 江阴长江大桥

(1)悬索桥的构造 悬索桥的主要构件有主塔、主缆、加劲梁、鞍座、锚固体、吊索、索夹等，基本构造如图 12-38 所示。有些与斜拉桥相似。

(2)悬索锚固形式 悬索桥的悬索锚固形式有重力锚固(自锚式)和岩洞锚固(地锚式)，如图 12-38 所示。

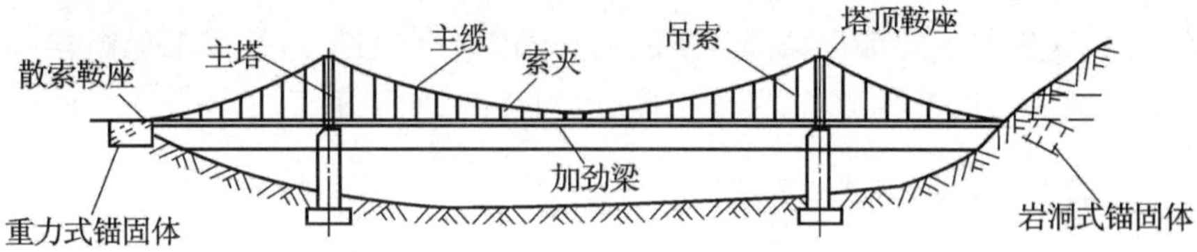

图 12-38 悬索桥构造示意图

(3)悬索桥的跨径类型 悬索桥的跨径形式有多种，有单跨、双跨、多跨之分，三跨以上都称为多跨。

2. 悬索桥的图示内容和方法

悬索桥的图示方法与钢筋混凝土梁桥和斜拉桥等的图示内容和方法基本相同，也需要用桥位平面图、桥位地质纵断面图、桥梁总体布置图(立面图、平面图、横剖面图)和构件详图来表示。例如大桥的立面图、平面图(部分尺寸示出),如图 12-39 所示,塔顶鞍座详图如图 12-40 所示。

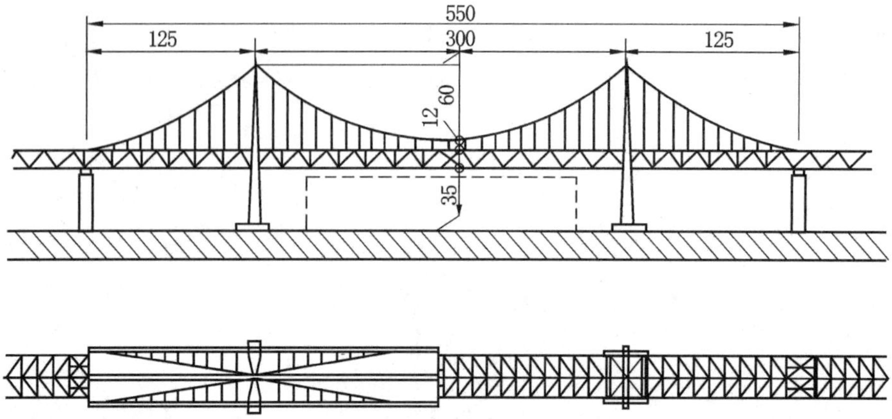

图 12-39 ××大桥立面图、平面图

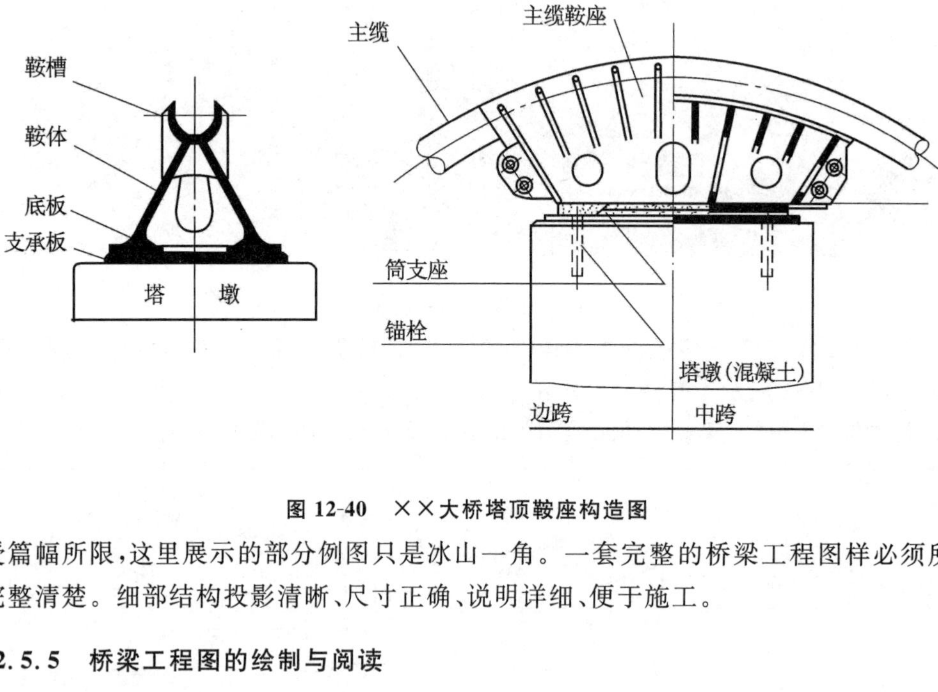

图 12-40 ××大桥塔顶鞍座构造图

受篇幅所限,这里展示的部分例图只是冰山一角。一套完整的桥梁工程图样必须所有的内容完整清楚。细部结构投影清晰、尺寸正确、说明详细、便于施工。

12.5.5 桥梁工程图的绘制与阅读

1. 桥梁工程图的绘制

桥梁工程图的绘制与其他工程图一样,必须按照正投影的规律,遵循国家标准。下面以图 12-41 为例分步骤说明桥梁总体布置图中立面图和平面图的绘制步骤。

(1)确定图幅、比例、投影图数量　桥梁总体布置图一般画其立面图、平面图和横剖面图。立面图和平面图通常采用一半画外形,一半画剖面。图 12-41 因图幅所限没有画出横剖面图。

由于各类图样的要求不同,大小不同,构件的复杂程度也不同,因此采用的比例也不相同。常用的比例参考表 12-5。图幅、比例、投影图数量确定之后,首先画好图框线和标题栏。

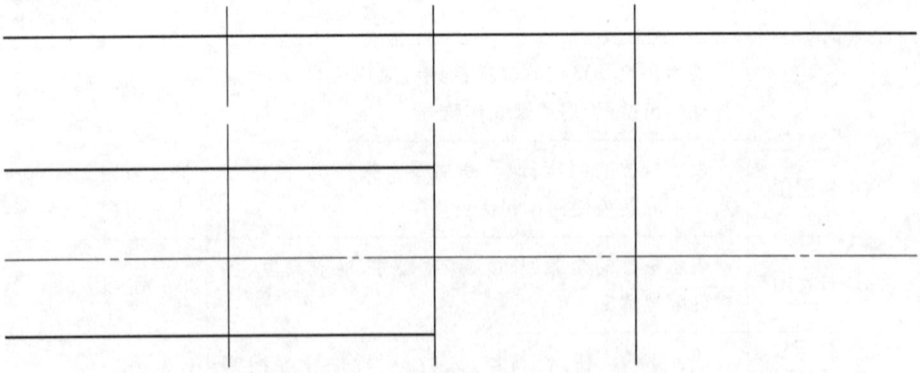

(*a*)

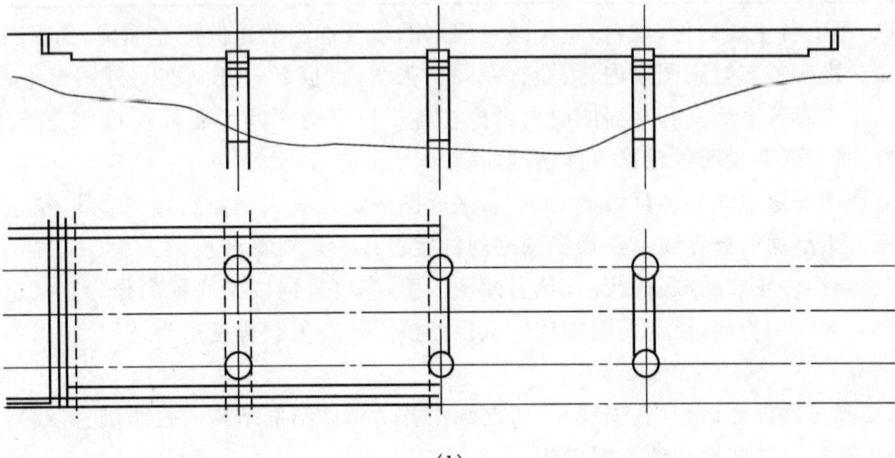

(*b*)

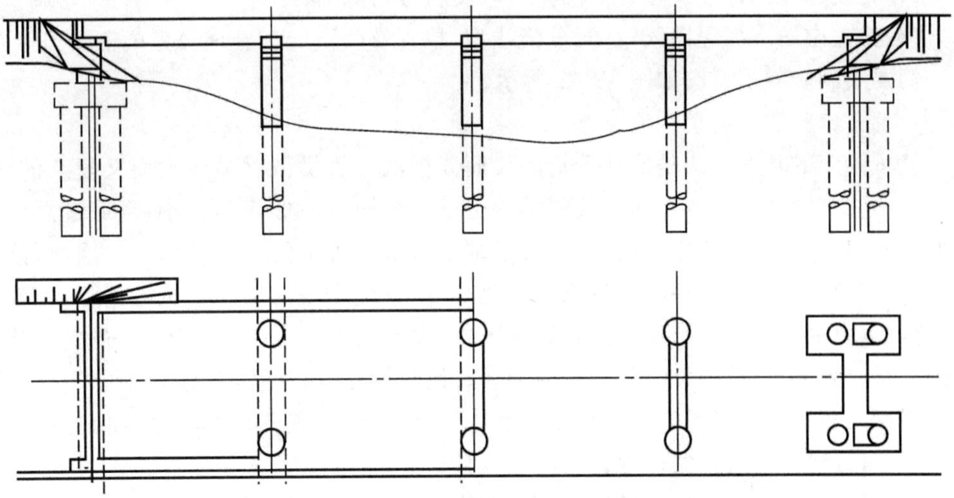

(*c*)

图 12-41　桥梁总体布置图的绘制步骤

（*a*）布置画出构件的中心定位线基准线；（*b*）画出各种构件中的主要轮廓线；（*c*）画出各构件的细部

表 12-5　桥梁工程图常用比例参考表

图　　名	说　　明	常用比例
桥位图	表示桥位及路线的位置，地形、地物情况，用示意符号画出桥梁、房屋及农作物等	1∶500～1∶2000
桥位地质断面图	表示桥位的河床、地质断面及水文情况（高度与水平不同是为使河床起伏更清晰）	高度方向 1∶100～1∶500 水平方向 1∶500～1∶2000
桥梁总体布置图	表示桥梁的全貌、长度、高度尺寸、通航高度、各构件配置情况	1∶50～1∶500
构件详图	表示桥梁、桥台、桥墩、人行道、桥栏杆等细部构造	

(2)画出各主要构件(墩台)定位线　根据图幅及选定的比例把立面图、平面图中主要构件的定位线准确地布置在图框内，可布置在同一张图内，也可分开画在另外图纸上，比例尽量选择一致。在布置立面图和平面图时要考虑在各个投影图之间留有标注尺寸、注写图名及说明的位置，是否需要说明须根据具体情况而定。

立面图的定位线为各桥墩的对称线；平面图的定位线为桥面路线中心线；横剖面图的定位线为两个半剖面的分界线。各投影图之间的定位线一定要符合投影关系。

(3)画构件轮廓线(底稿线)　从立面图入手，高度方向以梁底标高作为基线定位。平面图的比例与立面图相同，横剖面图的比例可根据桥梁构造复杂程度适当选取，画出各个构件的轮廓底稿线。

(4)画部件细部结构(底稿线)　依次画出各个构件细部结构的投影(底稿线)，注意投影关系的对应，注意某些构件的习惯画法。

(5)完成标注　标注尺寸、剖面符号、坡度符号、标高符号等。

(6)完成全图　加深图线，注意分清线型，检查及改错(或上墨线)完成全图。

简要绘制步骤示意图如图 12-41 所示。

2. 桥梁工程图的阅读

读桥梁图的基本方法是形体分析的线面分析法。桥梁虽然是庞大而又复杂的建筑物，但它总是由许多构件所组成。如果我们了解了每一个构件的形状和大小，再通过总体布置图把它们联系起来，弄清彼此之间的关系，就不难了解整个桥梁的形状和大小。因此，读图时必须运用形体分析与线面分析法，把桥梁由大化小、由繁化简，各个击破、由零到整，也就是先整体后局部，再由局部到整体的反复过程。读图时，决不能单看一个投影图，而是要同其他有关投影图联系起来，结合总图、详图、钢筋明细表及说明等，互相对照，弄清全部。

阅读一套桥梁工程图的过程是先由整体(桥梁总体布置图)到局部(各构件详图)，再由局部到整体，这样一个反复的过程。其具体步骤如下：

1)首先阅读标题栏，从中了解桥梁的名称、种类、形状、比例、尺寸单位、技术说明、施工要求等。

2)阅读总体布置图，找出剖面、断面的剖切位置、方向、种类，弄清各个投影之间的关系。总体布置图的阅读应从立面图入手，它是了解一座桥梁的桥形、跨径大小、墩台形式和数量、长度、高度的主要投影图，从立面图上还可以了解到河床的断面情况、地质情况、水位高度。然后再将立面图与平面图、横剖面图相结合并对应投影关系，从而了解桥面宽度及布置，了解主梁断面形式等，对桥梁整体有一个了解。

3)阅读各个构件详图，了解各构件的构造形式、技术要求及施工或安装注意事项。

4)阅读工程数量表，了解所用建筑材料，以及整个工程在施工、检测等方面的其他说明。

5)阅读各图样中的尺寸了解它们的大小。

6)由构件详图再回到总体布置图中，其目的是要搞清楚各构件与构件之间的相互联系以及配置尺寸。最后把整个桥梁工程图读懂。

请结合本章图例或者选取适当的桥梁工程图样资料进行阅读，通过一整套图样的阅读，对其有一个细致而全面的认识。这对于绘制同类图样也是一个必不可少的、极好的帮助。

复习思考题

1. 按照交通部颁布的中华人民共和国行业标准《公路工程技术标准》JTG B01—2003，根据其使用任务、性质和适应的交通量，把公路分为(　)。

(A)三个等级；　(B)四个等级；　(C)五个等级；　(D)六个等级。

2. 道路路线平面图中路线段里程桩号从 K5＋930 到 K6＋100，表示本路段里程为(　)。

(A)170m；　(B)6100m；　(C)830m；　(D)1030m。

3. 路线是道路中线的空间位置，它是一条由直线、圆曲线和(　)组成的空间曲线。

(A)变坡线；　(B)缓和曲线；　(C)示坡线；　(D)等曲曲线。

4. 路线纵断面的横向标示路线的长度，竖向标示自然地面和路基的高程，其竖向比例比横向比例(　)。

(A)大 5～10 倍；　(B)小 5～10 倍；　(C)大 1～5 倍；　(D)小 1～5 倍。

5. 道路路线纵断面图中以(　)图示表示设有缓和曲线左转平曲线。

(A)；　(B)；　(C)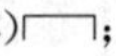；　(D)。

6. 以下桥梁构件属于桥梁上部结构的是(　)。

(A)桥面；　(B)桥墩；　(C)桥台；　(D)立柱。

7. (　)包括桥梁的立面图、平面图和横剖面图。

(A)桥梁构件钢筋配置图；(B)桥梁桥位图；　(C)桥梁构件结构图；　(D)桥梁桥型布置图。

8.  为(　)形互通式立体交叉。

(A)喇叭；　(B)苜蓿叶；　(C)十字；　(D)T 字。

9. 桥位平面图中的植被、水准符号均按(　)方向绘制。

(A)正北；　(B)正南；　(C)正东；　(D)正西。

10. 桥梁立面图的定位线为(　)。

(A)各桥墩的对称线；　(B)桥面路线中心线；　(C)桥台的连线；　(D)桥台的轴线。

第13章 计算机绘图简介

【教学目标和任务】

了解用AutoCAD绘制工程图的基本命令操作。

掌握二维绘图及编辑命令的操作方法。

掌握绘图环境设置、图层设置、图案填充、文本输入、创建尺寸标注；

了解三维绘图的基本绘制命令和编辑命令。掌握实体造型和曲面造型的方法；

了解图块、外部参照、设计中心、图形输出与数据交换；

掌握独立完成完整的工程图的绘制和图形输出，并按标准和规范进行工程图绘制的能力。

【教学重点和难点】

教学重点：

基本绘图命令的使用方法及平面图形的画法；尺寸的标注与编辑；绘制简单三维实体图及建筑平面图(或水利工程图)

教学难点：

绘图环境的设置，图层设置和尺寸标注。

【岗课赛证要求】

掌握计算机绘图基本功能，具备计算机专业绘图能力。

【思政目标】

培养守正创新的精神，充分认识科技自立自强的重要性，坚持对中华优秀传统文化的创造性转化，创新性发展，使之焕发出勃勃生机。

目前计算机绘图已用于各行各业。在企业管理中，用以绘制各种形式的统计表；在生产和设计中，用以绘制各种生产用图，如零件图、装配图、展开图、轴测图、透视图、地形图、管路图、房屋建筑图、电子工程图等；在航空、造船、气象等部门也有了自己的图形系统；在科研工作中用以绘制由计算、实验、测量等手段获得的数据分析图；此外，还能用于图案设计、服装剪裁、造型设计以及艺术绘图等。

13.1 计算机绘图概述

13.1.1 微型计算机绘图系统简介

常见微型计算机系统的设备(硬件)由以下几部分组成。

主机:用以储存数据、程序和指令,进行运算、数据处理、控制外部设备等。

显示器:用以显示字符、数据、程序和图形。

键盘:用以输入数据、程序和指令,是实现人机对话的主要工具。

数字化仪和鼠标器:用以输入图形数据及指令。

绘图仪:用以绘制图形。

打印机:用以打印程序、数据及图形。

13.1.2 计算机绘图方法

计算机绘图常有两种方法:

①用高级语言编程序绘图 这种绘图方法称为被动绘图或静态绘图,它是将用高级语言编写的绘图程序输入计算机,经编译、联接,输出目的程序,再由绘图机执行目的程序输出图形。在绘图过程中人们无法进行干预,这种方法在早期绘图中经常使用。

②由绘图软件包绘图 这种绘图方法称为交互式绘图或动态绘图。它主要是通过调用绘图命令在屏幕上进行绘图,并可随时对图形进行编辑,当图形满意后,再由绘图机输出,这是一种目前广泛应用的方法。本章仅介绍这种绘图方法。

13.2 绘图软件 AutoCAD 简介

AutoCAD 绘图软件是美国 Autodesk 公司推出的一个通用的计算机辅助设计软件包,CAD 是 Computer Aided Design 的缩写,计算机绘图是 CAD 的基础之一,它建立在图形学、应用数学和计算机科学三者的基础上,具有很强的二维作图编辑功能,也具有一定的三维功能,由于它易于使用、适应性强(可用于机械、水工、建筑、电子等许多行业)、易于二次开发,成为当今世界上应用最广泛的图形软件。AutoCAD 是 1982 年推出的,经过多次修订现有许多版本。

13.2.1 AutoCAD 的主要功能

AutoCAD 是一种通用的计算机辅助设计软件,它能根据用户的指令迅速而准确地绘制出所需要的图形,具有易于校正错误以及大量修改图形而无需重新绘制的特点,并能输出清晰、准确的图纸。它是手工根本无法比拟的一种高效绘图工具。它具有绘图功能、编辑功能、图形显示及输出功能、高级扩展功能等。

13.2.2 AutoCAD2024 的工作界面

AutoCAD2024 默认的工作界面如图 13-1 所示,主要包括标题栏、下拉菜单、绘图区、命令提示区、状态栏、“标准”工具栏、“对象特性”工具栏、“绘图”工具栏、“编辑”工具栏、滚动条及窗口控制按钮等,具体的操作方法与 Windows 的对应操作相同。与 Windows 的其他应用程序一样,在 AutoCAD2024 中,用户可以根据需要安排工作界面。

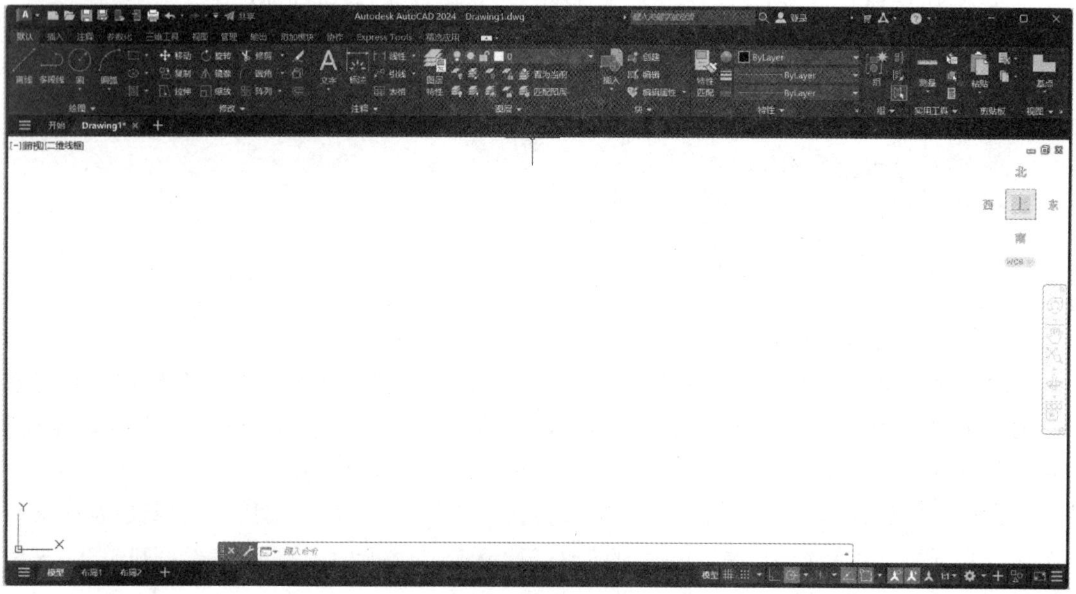

图 13-1 AutoCAD2024 工作界面

13.2.3 AutoCAD2024 基本绘图命令

1. 用 LINE 命令画直线

功能：该命令用于画直线。

输入命令

★在"绘图"工具栏单击"直线"按钮。

★从下拉菜单选取"绘图"→"直线"命令。

★从键盘输入：L。

命令操作

命令：(用上述方法之一输入命令)-后边简称输入命令

-line 指定第一点：(给起始点)(用鼠标给出第 1 点)

指定下一点或〔放弃(U)〕：@－20，－38↙(用相对直角坐标给出 2 点)

指定下一点或〔放弃(U)〕：80↙(用直接距离给出 3 点)

指定下一点或〔闭合(C)/放弃〕：@－20,38↙(用相对直角坐标给出 4 点)

指定下一点或〔闭合(C)/放弃〕：↙(按回车键结束或选择右键菜单的"确定"项，结果如图 13-2 所示)

若在上一提示行输入C↙(首尾封闭并结束命令，如图 13-2 所示)

命令：(表示该命令结束，处于接受新命令状态)

说明：

① 在"指定下一点或〔放弃(U)〕"或"指定下一点或〔闭合(C)/放弃(U)〕"提示若输入"U"，将擦去最后画出的一条线，并继续同样的提示。

② 用 LINE 命令所画折线中的每一条直线都是一个独立的实体。

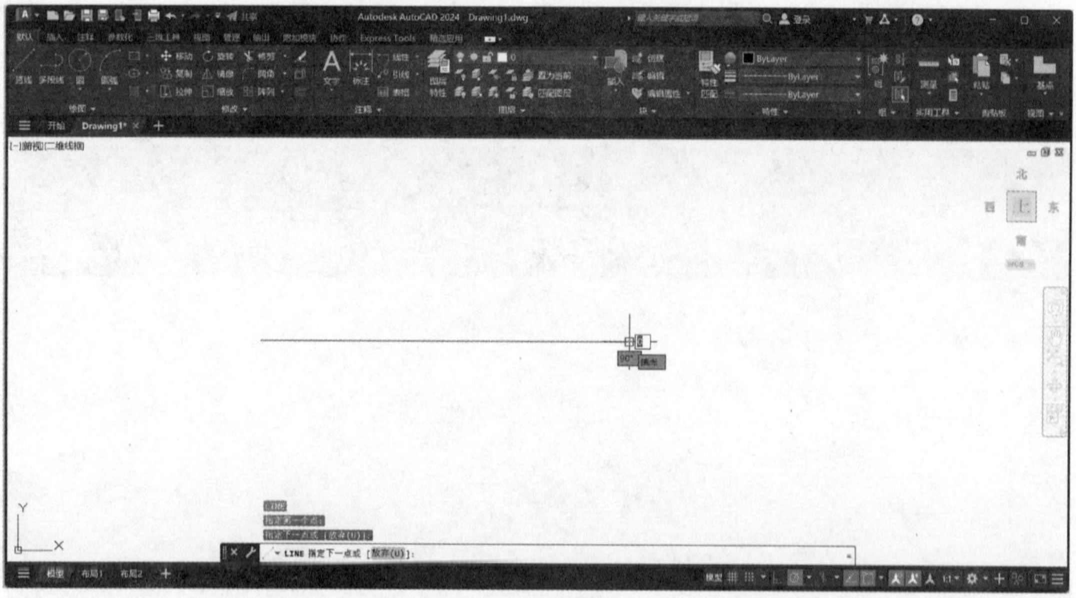

图 13-2　画直线

2. 用 CIRCLE 命令画圆

功能：该命令按指定的方式画圆。AutoCAD 提供了 5 种画圆方式：

① 给定圆心、半径(CEN,R)画圆。

② 给定圆心、直径(CEN,D)画圆。

③ 给定圆上两点(2P)画圆。

④ 给定圆上三点(3P)画圆。

⑤ 选两个相切目标并按指定半径(TTR)画圆。

输入命令

★在“绘图”工具栏单击“圆”按钮。

★从下拉菜单选取“绘图”→“圆”命令，然后从极联子菜单中选一种画圆方式。

★从键盘输入：C。

命令操作

用默认项画圆，从工具栏中输入命令比较方便；用非默认项画圆，从下拉菜单输入命令比较方便。从下拉菜单输入命令后，出现极联子菜单，直接选取画圆方式，AutoCAD 会按所选方式依次出现提示，依次给出应答即可，不必选项。

① 给定圆心、半径(CEN,R)画圆(默认项)

命令：(从工具栏输入命令)

-circle 指定圆的圆心或〔三点(3P)/两点(2P)/相切、相切、半径(T)〕：(给圆心)

指定圆的半径〔直径(D)〕〈30〉：给半径值或拖动

命令：

② 三点(3P)方式画圆

命令(从下拉菜单选取“绘图”→“圆”→“三点”命令)

-3P 指定圆的第一点：(给圆上第 1 点)

指定圆的第二点:(给圆上第 2 点)

命令:

结果如图 13-3 所示。

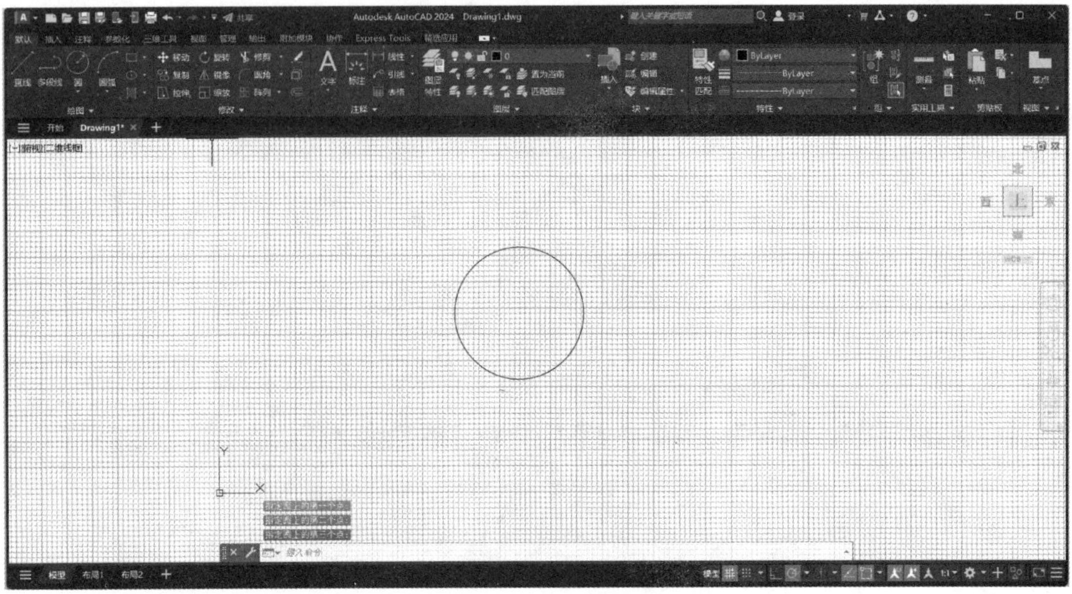

图 13-3 用三点方式画圆

③ 两点(2P)方式画圆

命令(从下拉菜单选取“绘图”→“圆”→“两点”命令)

—2P 指定圆直径的第一点:(给直径线上第 1 点)

指定圆直径的第二点:(给直径线上第 2 点)

命令:

④ 给定圆心、直径(CEN,D)画圆

命令(从下拉菜单选取“绘图”→“画圆”→“圆心、直径”命令)

-circle 指定圆心或〔三点(3P)/两点(2P)/相切、相切、半径(T)〕:(给圆心,然后在绘图区单击鼠标右键,从弹出的右键菜单中选择“直径”项)

-d 指定圆的直径,〈当前值〉:(给直径)

命令:

⑤ 切、切、半(TTR)方式画圆

命令(从下拉菜单选取“绘图”→“画圆”→“切、切、半”命令)

-ttr 在对象上指定一点作圆的第一条切线:(指定第一个相切实体)

在对象上指定一点作圆的第二条切线:(指定第二个相切实体)

指定圆的半径〈当前值〉:(给公切圆半径)

命令:

结果如图 13-4 所示。

说明:

① 以上所述只是常用的操作方法,还可以通过键盘输入命令及选项完成画圆操作。在使

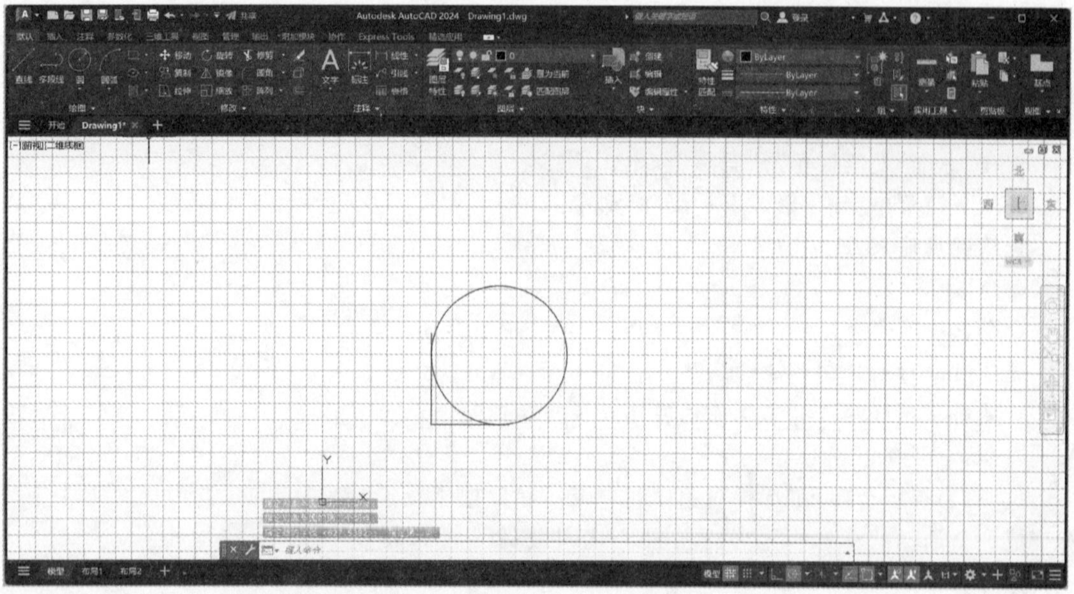

图 13-4　用切、切、半径方式画圆

用键盘输入选项时，仅需输入选项提示中的大写字母部分。

② 当有多个选项时，默认选项可以直接操作，不必选择。其他选项必须先选择，再进行相应操作。

③ 画公切圆选相切目标时，选目标的小方框要落在实体上并靠近切点，切圆半径应大于两切点距离的二分之一。

④ 下拉菜单中还有一项“三切点”画圆方式，用这种方式可画出与 3 个实体相切的圆。

13.2.4　删除命令

在手工绘图中，使用橡皮是不可避免的。用计算机绘图也会出现多余的线条或操作的错误，下面几个命令有删除或取消功能。

1. 用 U 命令退回

功能：U 命令用来取消上一条命令，把上一条命令中所画的线条或所做的修改全部删除。

输入命令

★在“标准”工具栏单击“退回”按钮。

★从下拉菜单选取“编辑”→“取消”命令。

★从键盘输入：U。

命令操作

命令：U↙（立即取消上一个命令的操作）

如果连续按回车键或用鼠标左键连击该命令按钮，将依次向前取消命令，直至起始状态。

说明：

① 从工具栏中单击该命令按钮时，必须处于命令状态时才执行。

② 如多取消了一次，可从工具栏中单击——（返回）命令按钮返回，且只能返回一次。

2.用 ERASE 命令删除

功能：该命令同橡皮的功能一样，可从已有的图形中删除指定的实体，但只能删除完整的实体。

输入命令

★在“标准”工具栏单击“删除”按钮。

★从下拉菜单选取“修改”→“删除”命令。

★从键盘输入：E。

命令操作

命令：(输入命令)

选择对象：(选择需删除的实体)

选择对象：(继续选择需删除的实体或按回车键结束)

命令：

说明：当提示行出现“选择对象：”时，AutoCAD 处于让选择目标状态，此时屏幕上十字光标变成一个活动的小方框“□”，这个小方框叫做“目标拾取框”。

选择目标的 3 种默认方式为：

① 直接点取方式

该方法一次只选一个实体。在出现“选择对象：”提示时，直接移动鼠标，将目标拾取框“□”移到所选择的实体上并单击鼠标左键，该实体变成虚像显示即被选中。

② W 窗口方式

该方式选中完全在窗口内的实体。在出现“选择对象：”提示时，先给出窗口左下角点，再给出窗口右上角点，完全处于窗口内的实体变成虚像显示即被选中。

③ C 交叉窗口方式

该方式选中完全和部分在窗口内的实体。在出现“选择对象：”提示时，先给出窗口右上角点，再给出窗口左下角点，完全处于窗口内的实体变成虚像显示即被选中。

注意：各种选取目标的方式可在同一命令中交叉使用。

3.用 REDRAW 命令重画

功能：该命令对当前视口的图形快速重画，消除屏幕上的所有残余光标点，并使由于执行删除命令所造成的应显示而没显示的图形复原。

输入命令

★在“标准”工具栏单击“重画”按钮。

★从下拉菜单选取“视图”→“重画”命令。

★从键盘输入：R。

命令操作

命令：R↙(输入命令并确定后，屏幕将立刻重画并结束命令)

13.2.5 常用绘图命令

1.用 XLINE 命令画无穷长直线

功能：该命令用于画辅助线(常用于画图架线)，可按指定的方式和距离画一条或一组无穷长直线。

输入命令

★在“绘图”工具栏单击“无穷长直线”按钮。

★从下拉菜单选取“绘图”→“结构线”命令。

★从键盘输入：XLINE。

命令操作

① 指定两点画线(默认项)

该选项可画一条或一组穿过起点和各通过点的为穷长直线，其操作如下：

命令：(输入命令)

指定点或[水平(H)/垂直(V)/角度(A)二等分(B)/偏移(O)]：(给起点)

指定通过点：(给通过点，画出一条线)

指定通过点：(给通过点，再画一条线或按回车键结束)

命令：

② 画水平线(选“H”)

该选项可画一条或一组穿过起点并平行 X 轴的结构线，其操作如下：

命令：(输入命令)

指定点或[水平(H)/垂直(V)/角度(A)二等分(B)/偏移(O)]：H↙

指定通过点：(给通过点画出一条水平线)

指定通过点：(给通过再画一条水平线或按回车键结束)

命令：

③ 画垂直线(选“V”)

该选项可画一条或一组穿过起点并平行 Y 轴的结构线，其操作如下：

命令：(输入命令)

指定点或[水平(H)/垂直(V)/角度(A)二等分(B)/偏移(O)]：V↙

指定通过点：(给通过点画出一条铅垂线)

指定通过点：(给通过再画一条铅垂线或按回车键结束)

命令：

④ 指定角度画线(选“A”)

该选项可画一条或一组指定角度的无穷长直线，其操作如下：

命令：(输入命令)

指定点或[水平(H)/垂直(V)/角度(A)二等分(B)/偏移(O)]：A↙

指定选项后，按提示先给角度，再给通过点画线。

⑤ 指定三点画角平分线(选“B”)

该选项可通过给定的三点画一条或一组无穷长直线，该直线穿过“1”点，并平分“1”点(顶点)与“2”点和“3”点组成的夹角，如图 13-5 所示。

其操作如下：

命令：(输入命令)

指定点或[水平(H)/垂直(V)/角度(A)二等分(B)/偏移(O)]：B↙

选项后，按提示依次给出 3 个点，即画出一条角平分线。按提示若再给点，可再画一条该点与“1”点和“2”点组成的夹角的角平分线(或按回车键结束)。

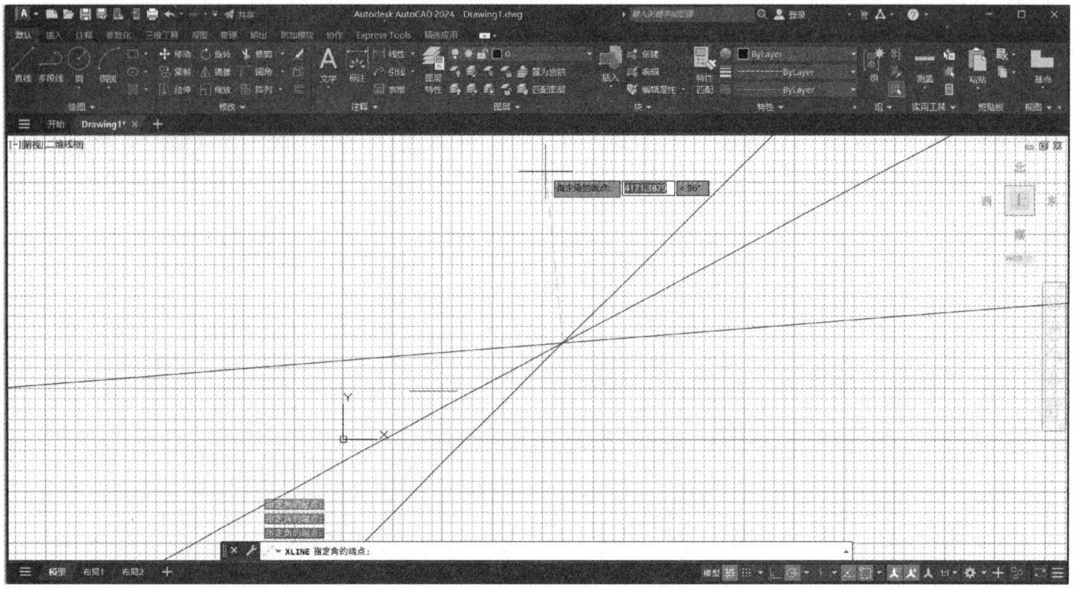

图 13-5　用“二等分(B)”选项画无穷长直线示例

⑥ 画所选直线的平行线(选“O”)

该选项可选择一条任意方向的直线来画一条或一组与所选直线平行的无穷长直线,其操作如下:

命令:(输入命令)

指定点或[水平(H)/垂直(V)/角度(A)二等分(B)/偏移(O)]:O↙

指定偏移距离或[通过(T)]〈20〉:(给偏移距离或选“T”项)

选择:(选择一条无穷长直线或直线)

指定要偏移的边:(指定向哪侧偏移画出一条线)

选择直线对象:(可同上操作再画一条线,也可按回车键结束该命令)

命令:

若在“指定偏移距离或[通过(T)]〈20〉:”提示行选“T”项,选项后,出现提示行:

选择直线对象:(选择一条无穷长直线或直线)

指定通过点:(给通过点)

选择直线对象:(可同上操作再画一条线,也可按回车键结束该命令)

说明:在 AutoCAD 所有命令操作中,只要遇到有选项的提示行,就可在绘图区单击鼠标右键弹出右键菜单,其中将显示与提示行相同的内容。可从右键菜单中选择所需项,而不必从键盘输入,以提高绘图速度。

2. 用 ARC 命令画圆弧

功能:该命令按指定方式画圆弧。AutoCAD 提供了 11 个选项来画圆弧:

① 三点(3P)

② 起点、圆心、端点(SCE)

③ 起点、圆心、角度(SCA)

④ 起点、圆心、长度(SCL)
⑤ 起点、终点、角度(SEA)
⑥ 起点、端点、方向(SED)
⑦ 起点、端点、半径(SER)
⑧ 圆心、起点、端点(CSE)
⑨ 圆心、起点、角度(CSA)
⑩ 圆心、起点、长度(CSL)
⑪继续(同上次所画直线或圆弧相连)

上述选项中,⑧、⑨、⑩与②、③、④中的三个条件相同,只是操作命令时的提示顺序不同,AutoCAD 实际提供的是 8 种画圆弧方式。

输入命令

★在“绘图”工具栏单击“圆弧”按钮。

★从下拉菜单选取“绘图”→“弧”命令。

★从键盘输入:ARC。

命令操作

① 三点方式(默认项)

命令:(使用工具栏输入命令)

指定圆弧的起点或[圆心(CE)]:(给第 1 点)

指定圆弧的第二点或[圆心(CE)/端点(EN)]:(给第 2 点)

指定圆弧的端点:(给第 3 点)

命令:

效果如图 13-6 所示。

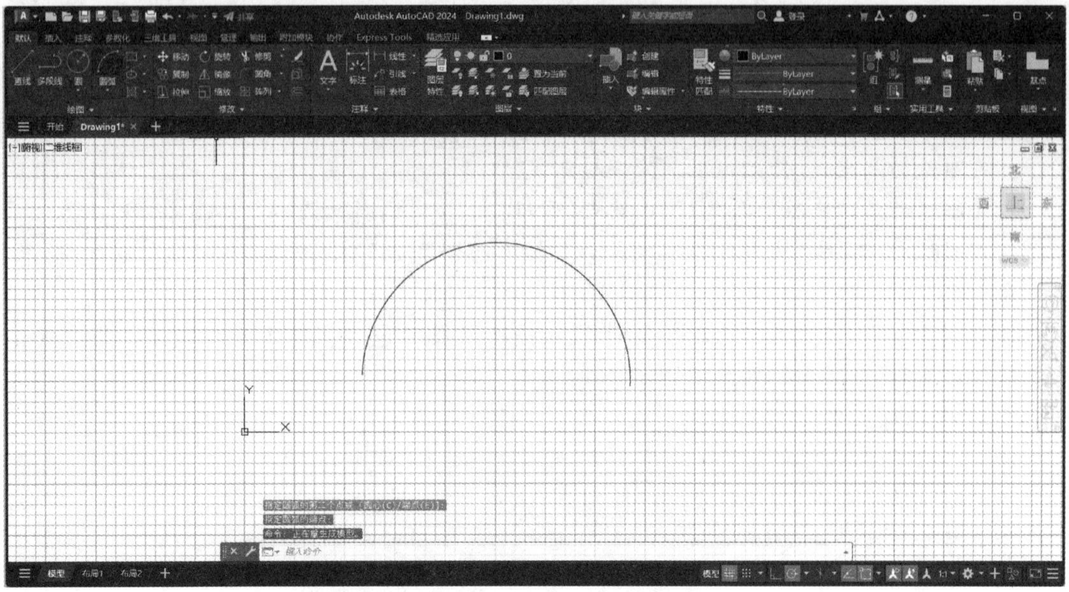

图 13-6　用三点方式画圆弧示例

② 起点、圆心、端点方式

命令:(从菜单选择"绘图"→"弧"→"起点、圆心、端点"命令)

指定圆弧的起点或[圆心(CE)]:(给起点 S)

指定圆弧的第二点或[圆心(CE)/端点(EN)]:-c 指定圆弧的圆心:(给圆心 O)

指定圆弧的端点或[角度(A)/弦长(L)]:(给端点 E)

命令:

以 S 点为起点,O 点为圆心,逆时针画弧,圆弧的终点落在圆心 O 及终点 E 连线上,效果如图 13-7 所示。

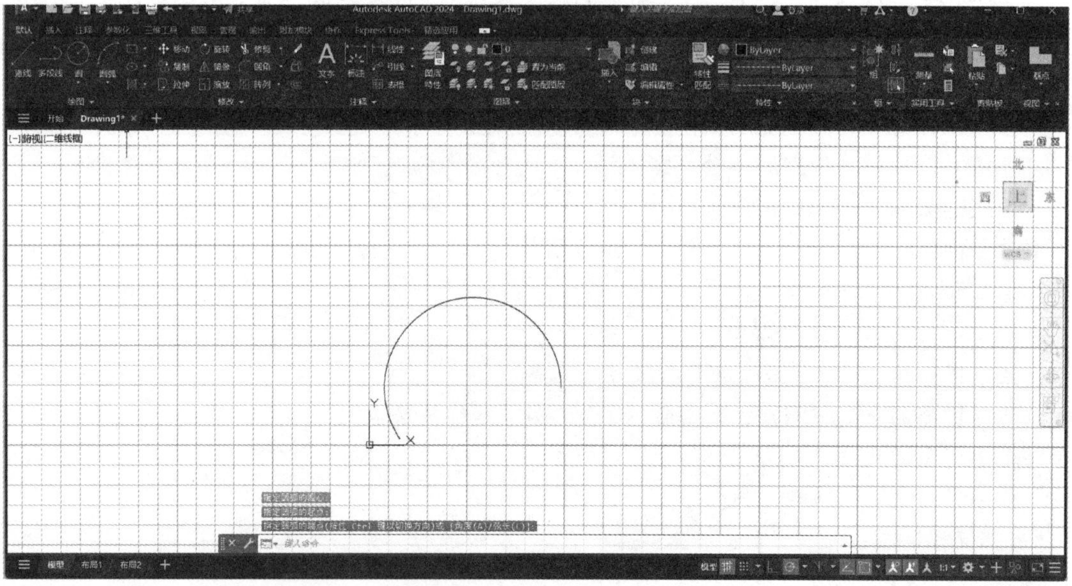

图 13-7　起点、圆心、端点方式画圆弧示例

③ 起点、圆心、角度方式

命令:(从菜单选择"绘图"→"弧"→"起点、圆心、弧心角"命令)

指定圆弧的起点或[圆心(CE)]:(给起点 S)

指定圆弧的第二点或[圆心(CE)/端点(EN)]:-c 指定圆弧的圆心:(给圆心 O)

指定圆弧的端点或[角度(A)/弦长(L)]:指定包含角 150↙(给角度)

命令:

以 S 点为起点,O 点为圆心(OS 为半径),按所给弧的包含角度 150°画圆弧。角度为正,表示从起点逆时针画圆弧,效果如图 13-8 所示。

④ 起点、圆心、弦长方式

命令:(从菜单选择"绘图"→"弧"→"起点、圆心、弦长"命令)

指定圆弧的起点或[圆心(CE)]:(给起点 S)

指定圆弧的第二点或[圆心(CE)/端点(EN)]:指定圆弧的圆心:(给圆心 O)

指定圆弧的端点或[角度(A)/弦长(L)]:指定弦长100↙(给弦长)

命令:

这种方式下,都是从起点开始逆时针方向画圆弧。弦长为负值,画大于半圆的圆弧,效果

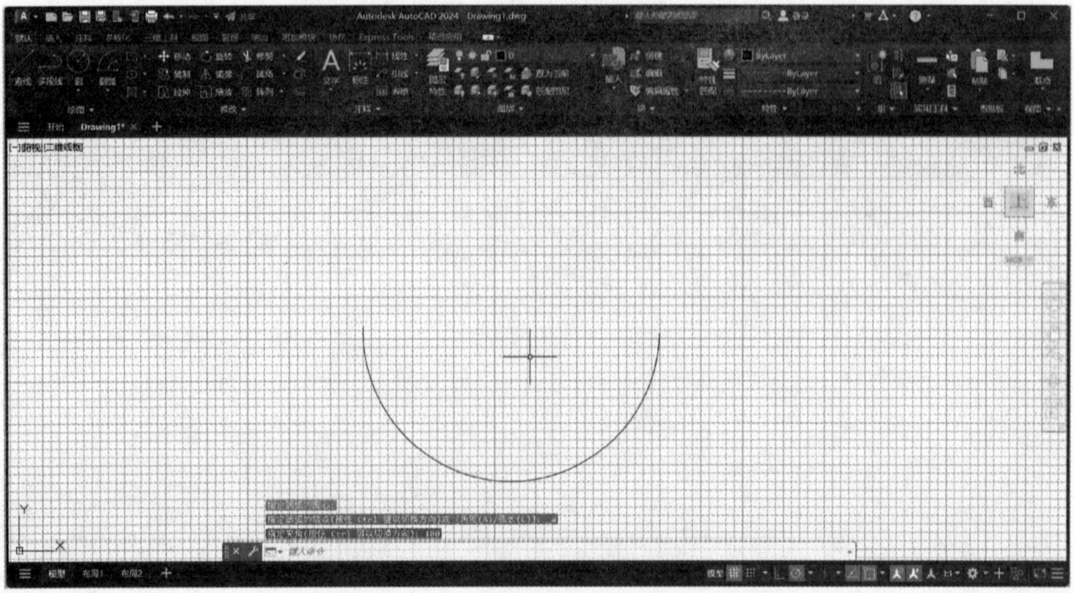

图 13-8　起点、圆心、角度方式画圆弧示例

如图 13-9(a)所示(图中弦长为－100);弦长为正值,画小于半圆的圆弧,效果如图 13-9(b)所示(图中弦长为 100)。

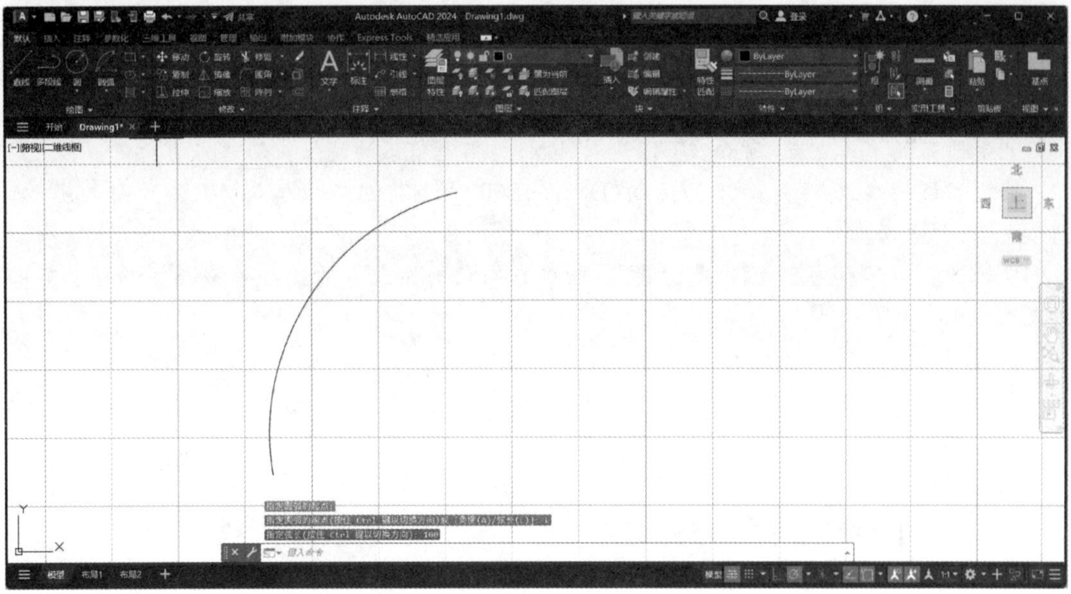

图 13-9　起点、圆心、弦长方式画圆弧示例

⑤ 起点、端点、角度方式

命令:(从菜单选择“绘图”→“弧”→“起点、端点、角度”命令)

指定圆弧的起点或[圆心(CE)]:(给起点 S)

指定圆弧的第二点或[圆心(CE)/端点(EN)]:指定圆弧的端点:(给终点 E)

指定圆弧的端点或[角度(A)/方向(D)/半径(R)]:指定包含角-150↙(给角度)

命令:

所画圆弧以S点为起点,E点为终点,圆弧的包含角为-150°,效果如图13-10所示。

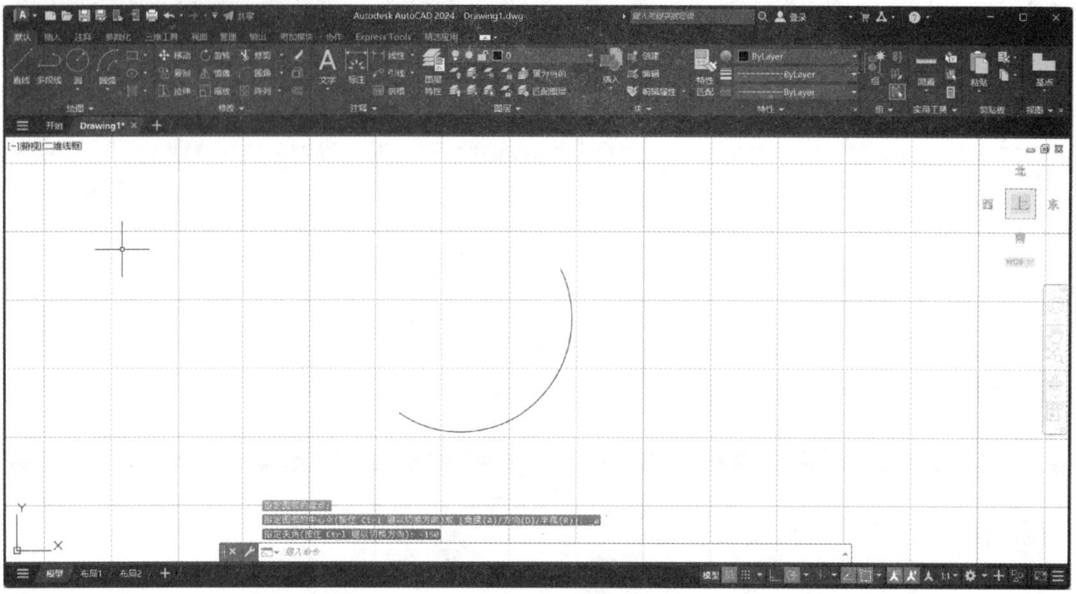

图13-10 起点、端点、角度方式画圆弧示例

⑥ 起点、端点、方向方式

命令:(从菜单选择“绘图”→“弧”→“起点、端点、方向”命令)

指定圆弧的起点或[圆心(CE)]:(给起点S)

指定圆弧的第二点或[圆心(CE)/端点(EN)]:指定圆弧的端点:(给终点E)

指定圆弧的端点或[角度(A)/方向(D)/半径(R)]:指定圆弧的起点切向给方向点↙

命令:

所画圆弧以S点为起点,E点为终点,所给方向点与弧起点的连线是该圆弧的开始方向,效果如图13-11所示。

⑦ 起点、端点、半径方式

命令:(从菜单选择“绘图”→“弧”→“起点、端点、半径”命令)

指定圆弧的起点或[圆心(CE)]:(给起点S)

指定圆弧的第二点或[圆心(CE)/端点(EN)]:指定圆弧的端点:(给终点E)

指定圆弧的端点或[角度(A)/方向(D)/半径(R)]:指定圆弧的半径:60↙

命令:

所画圆弧以S点为起点,E点为终点,半径为20,效果如图13-12所示。

⑧用连续方式画圆弧

如图13-13所示,这种方式用最后一次画圆弧或直线(如图中虚线)的终点为起点,再按提示给出圆弧的终点,所画圆弧将与上段线相切。

3. 用POLYGON命令画正多边形

功能:该命令按指定方式画3～1024边的多边形。AutoCAD提供了3种画正多边形的

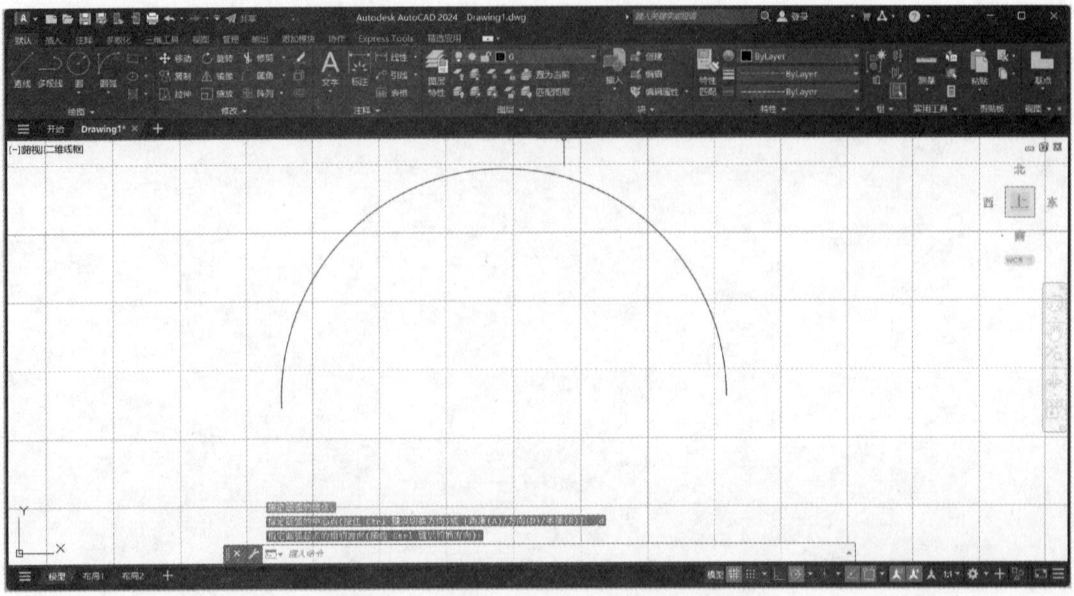

图 13-11 起点、端点、方向方式画圆弧示例

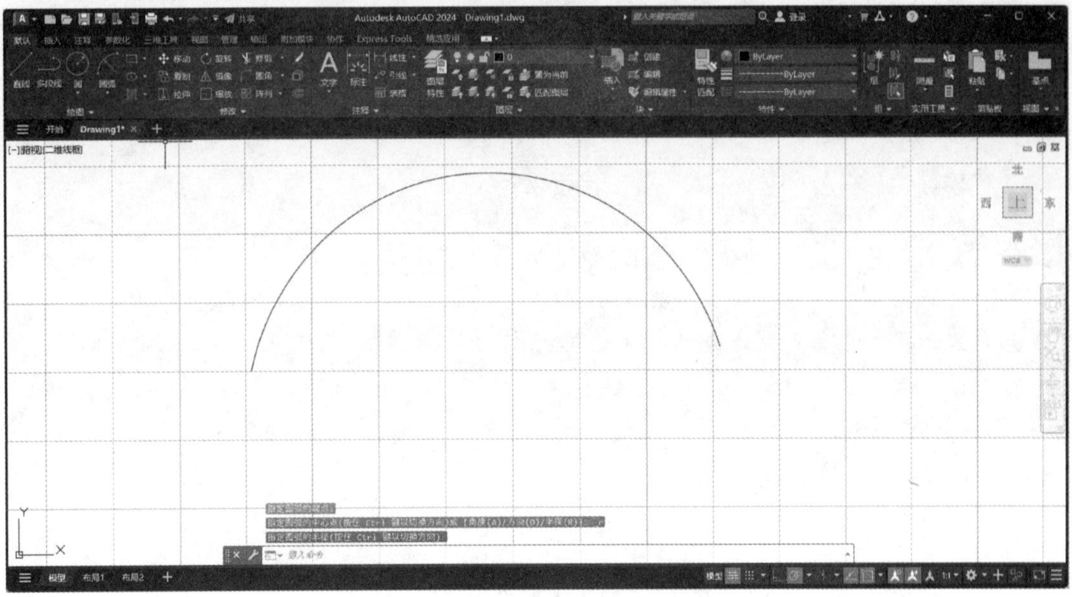

图 13-12 起点、端点、半径方式画圆弧示例

方式：

① 边长方式(E)

② 内接圆方式(I)

③ 外切圆方式(C)

输入命令

★在“绘图”工具栏单击“正多边形”按钮。

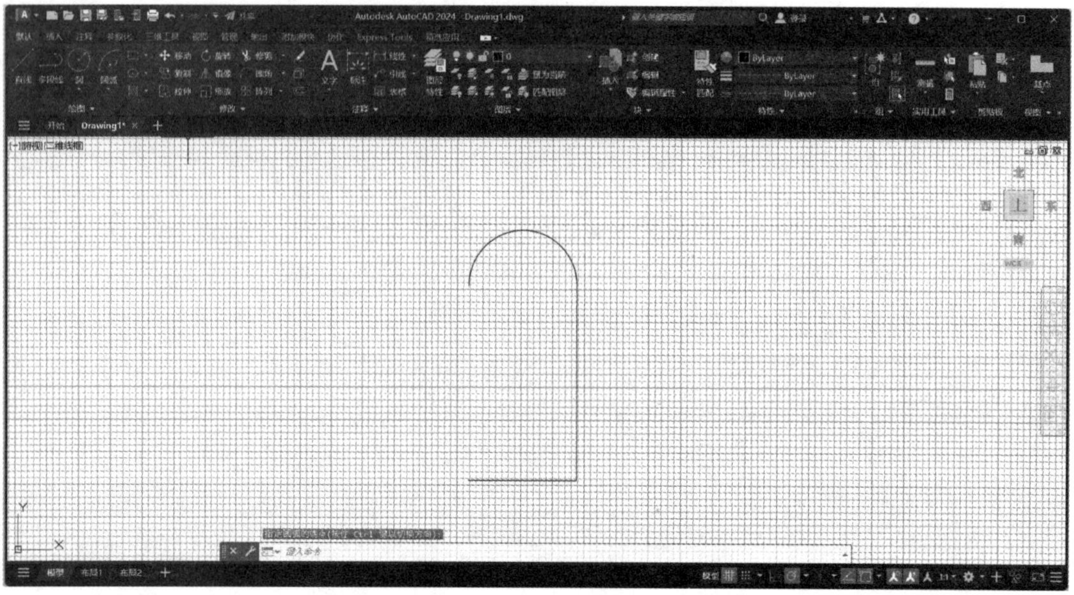

图 13-13　用连续方式画圆弧示例

★从下拉菜单选取“绘图”→“多边形”命令。

★从键盘输入：POLYGON。

命令操作

① 边长方式(E)

命令：(输入命令)

输入边的数目〈4〉：3↙(给边数)

指定多边形的中心线或[边(E)]：E↙(选边长方式)

指定边的第一个端点：(给边上第 1 端点)

指定边的第二个端点：(给边上第 2 端点)

命令：

效果如图 13-14 所示。

② 内接圆方式(I)

命令：(输入命令)

输入边的数目〈3〉：5↙(给边数)

指定多边形的中心线或[边(E)]：(给多边形中心点 O)

输入选项[内接于圆(I)/外接于圆(C)]〈I〉：↙(选默认方式)

指定圆的半径：(给圆半径)

命令：

效果如图 13-15 所示。

③ 外切圆方式(C)

命令：(输入命令)

输入边的数目〈3〉：6↙(给边数)

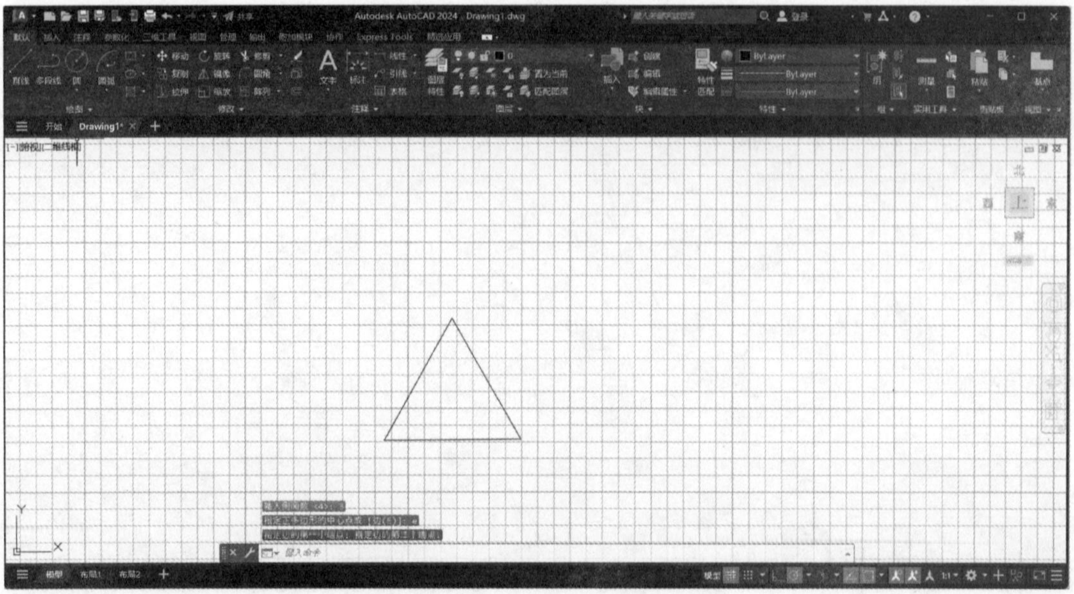

图 13-14　用边长方式画正多边形示例

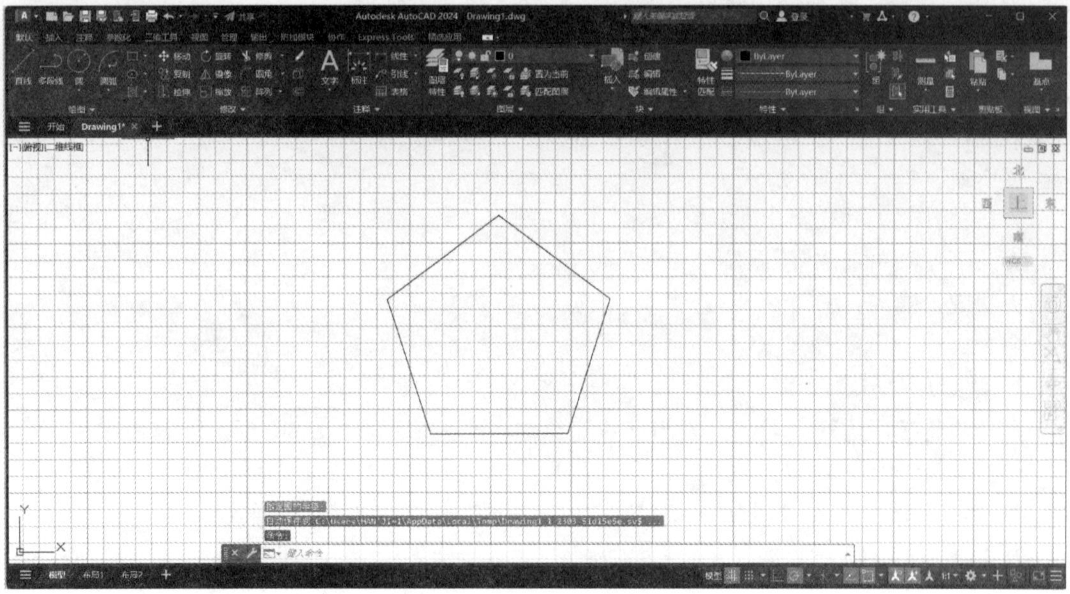

图 13-15　用内接圆方式画正多边形示例

指定多边形的中心线或[边(E)]:(给多边形中心点 O)

输入选项[内接于圆(I)/外切于圆(C)]〈I〉:C↙(选 C 方式)

指定圆的半径:(给圆半径)

命令:

效果如图 13-16 所示。

说明:

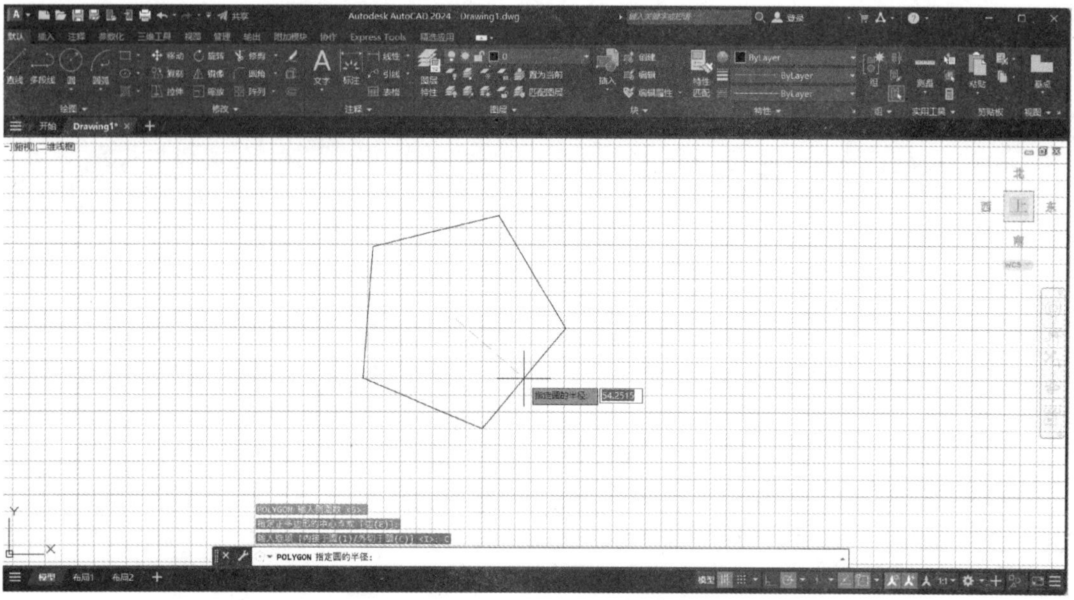

图 13-16　用外切圆方式画正多边形示例

① 用内接圆方式和外切圆方式画正多边形时，圆并不画出。

② 用边长方式画多边形时，按逆时针方向画。

4. 用 RECTANG 命令画矩形

功能：该命令可按指定的线宽画矩形，还可画四角是斜角或圆角的四边形。

输入命令

★在“绘图”工具栏单击“矩形”按钮□。

★从下拉菜单选取“绘图”→“矩形”命令。

★从键盘输入：RECTANG。

命令操作

① 画矩形(默认项)

该选项将按所给两个对角点及当前线宽绘制一个矩形，如图 13-17 所示。其操作如下：

命令：(输入命令)

指定第一个角或[倒角(C)/标高(E)/圆角(F)/厚度(T)/宽度(W)]：(给第 1 点)

指定另一个角点：(给第 2 点)

命令：

② 画有斜角的矩形(选“C”)

该选项将按指定的切角距离，画出一个四角有相同斜角的矩形，如图 13-18 所示。其操作如下：

命令：(输入命令)

指定第一个角或[倒角(C)/标高(E)/圆角(F)/厚度(T)/宽度(W)]：C↙

指定矩形的第一个倒角距离〈0.00〉：(给第一倒角距离)

指定矩形的第二个倒角距离〈0.00〉：(给第二倒角距离)

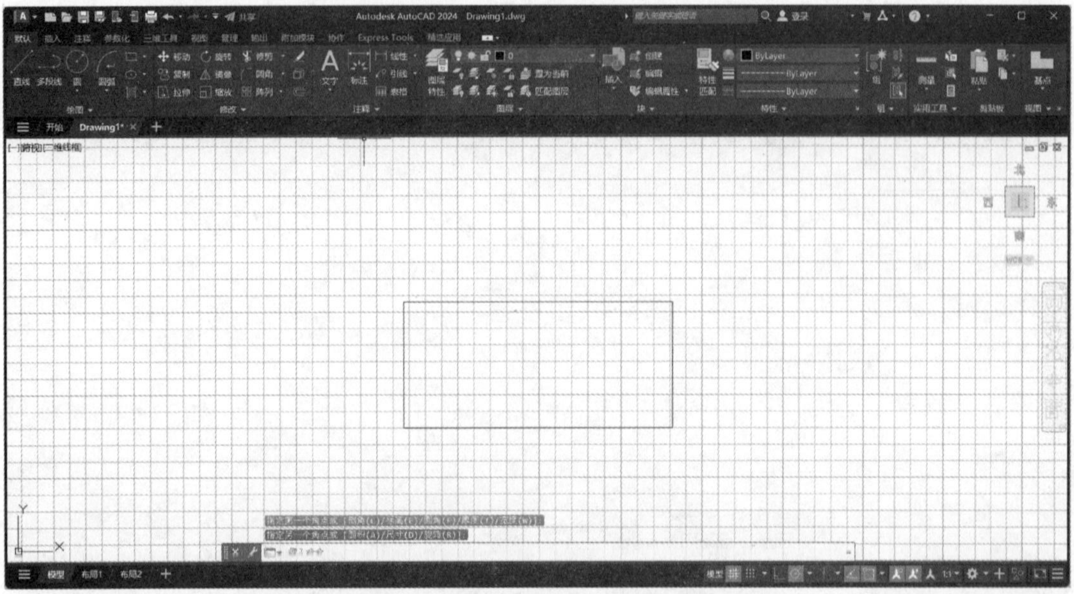

图 13-17　用默认项方式画矩形示例

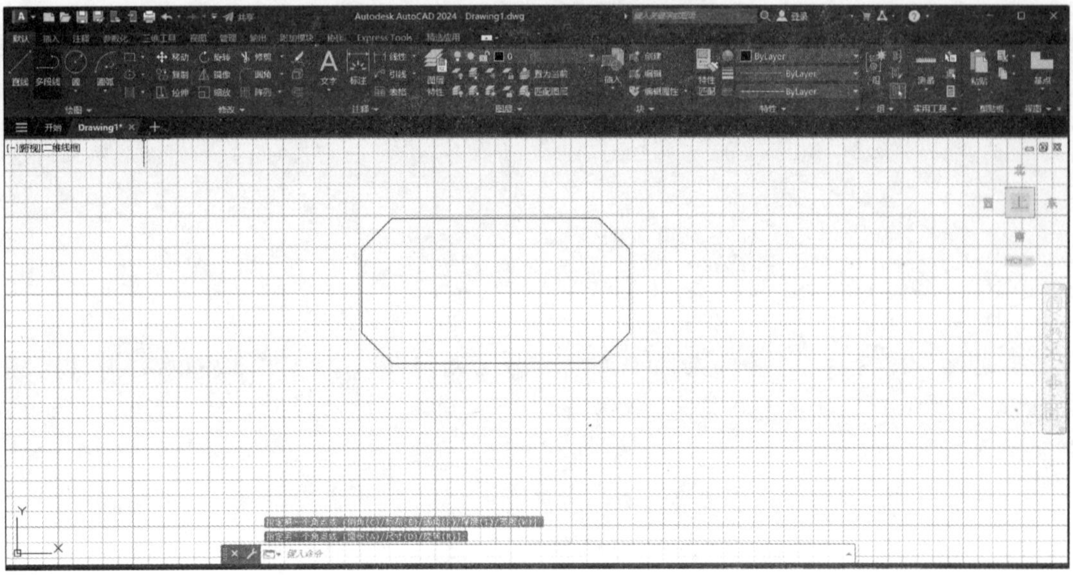

图 13-18　画有斜角的矩形示例

指定第一个角或[倒角(C)/标高(E)/圆角(F)/厚度(T)/宽度(W)]:给矩形第一个对角点

指定另一个角点:(给另一个对角点)

命令:

③ 画有圆角的矩形(选“F”)

该选项将按指定的圆角半径,画出一个四角有相同圆角的矩形,如图 13-19 所示。其操作如下:

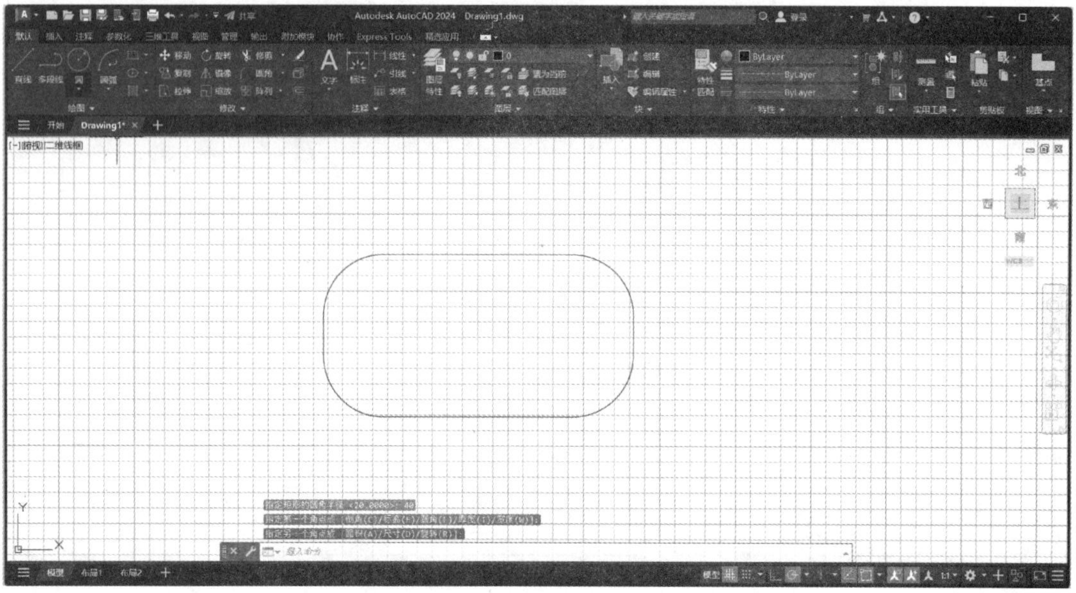

图 13-19 画带圆角的矩形示例

命令:(输入命令)

指定第一个角或[倒角(C)/标高(E)/圆角(F)/厚度(T)/宽度(W)]:F↙

指定矩形的圆角半径〈0.00〉:(给圆角半径)

指定第一个角或[倒角(C)/标高(E)/圆角(F)/厚度(T)/宽度(W)]:给矩形第一个对角点

指定另一个角点:(给另一个对角点)

命令:

说明:

① 若在"指定第一个角点或[倒角(C)/标高(E)/圆角(F)/厚度(T)/宽度(W)]:"提示行选择"W"项,AutoCAD 将重新指定线宽画出一个矩形。该提示行中的"E"项用于设置 3D 厚度。

② 在操作该命令时所设选项将作为当前设置,下一次画矩形仍遵循上次的设置,直至重新设置。

5. 用 ELLIPSE 命令画椭圆

功能:该命令按指定方式画椭圆并可取其一部分。AutoCAD 提供了 3 种画椭圆的方式:轴端点方式、椭圆心方式和旋转角方式。

输入命令

★在"绘图"工具栏单击"椭圆"按钮 。

★从下拉菜单选取"绘图"→"椭圆"命令。

★从键盘输入:ELLIPSE。

命令操作

① 轴端点方式(默认方式)

定义椭圆与轴的3个交点(即轴端点)来画一个椭圆,其操作如下:

命令:(输入命令)

指定椭圆的轴端点或[圆弧(A)/中心点(C)]:(给第1点)

指定轴的另一个端点:(给该轴上第2点)

指定另一条半轴长度或[旋转(R)]:(给第3点定另一半轴长)

命令:

效果如图13-20所示。

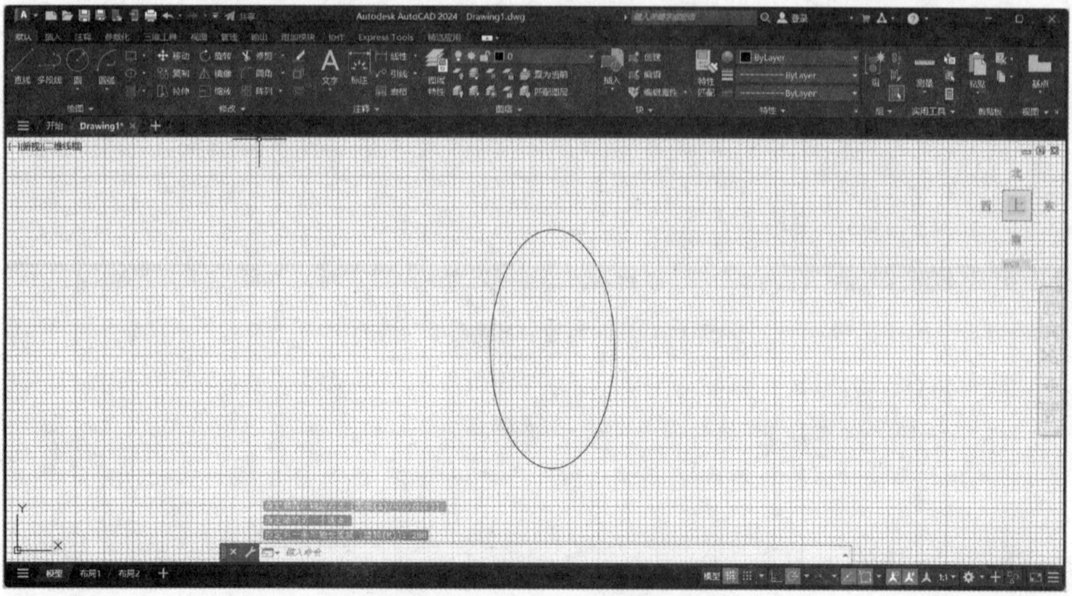

图13-20　用轴端点方式画椭圆示例

② 椭圆心方式(C)

定义椭圆心和椭圆与两轴的各一个交点(即两半轴长)来画一个椭圆,其操作如下:

命令:(输入命令)

指定椭圆的轴端点或[圆弧(A)/中心点(C)]:C↙(选椭圆心方式)

指定椭圆的中心点:(给椭圆圆心O)

指定轴的端点:(给轴端点1或其半轴长)

指定另一条半轴长度或[旋转(R)]:(给轴端点2或其半轴长)

命令:

效果如图13-21所示。

③ 旋转角方式(R)

该方式是先定义椭圆一个轴的两个端点,然后指定旋转角度来画椭圆。在绕长轴旋转一个圆时,旋转的角度就定义了长轴与短轴的比例。旋转角度值越大,长轴与短轴的比例值越大。如果旋转角度为零,则AutoCAD只画一个圆,其操作如下:

命令:(输入命令)

指定椭圆的轴端点或[圆弧(A)/中心点(C)]:(给第1点)

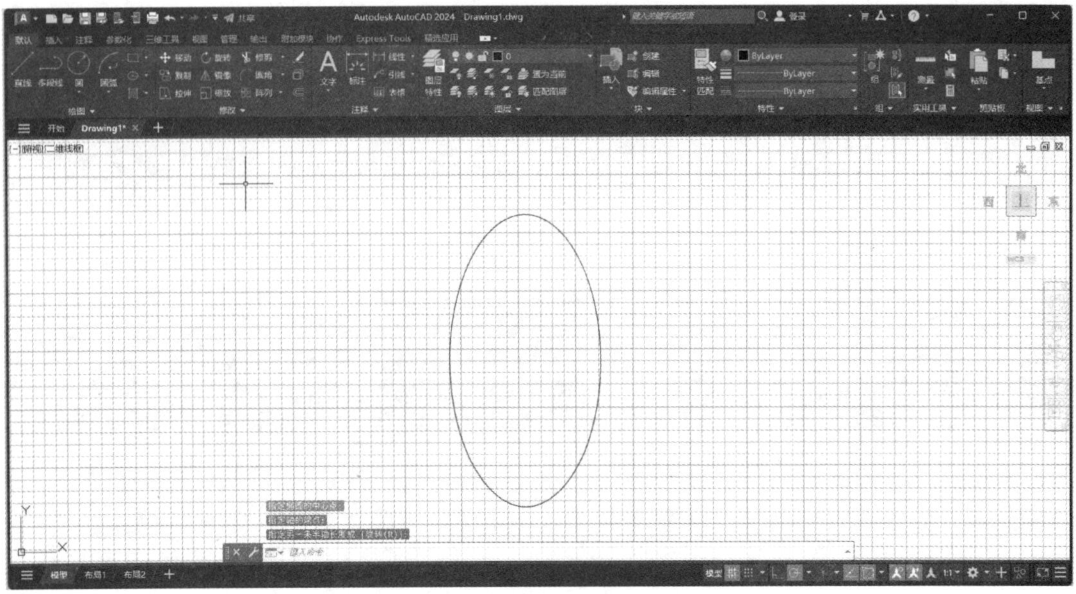

图 13-21 用椭圆心方式画椭圆示例

指定轴的另一个端点:(给该轴上第 2 点)
指定另一条半轴长度或[旋转(R)]:R↙(选旋转方式)
指定绕长轴旋转:(给旋转角)
命令:
效果如图 13-22 所示。

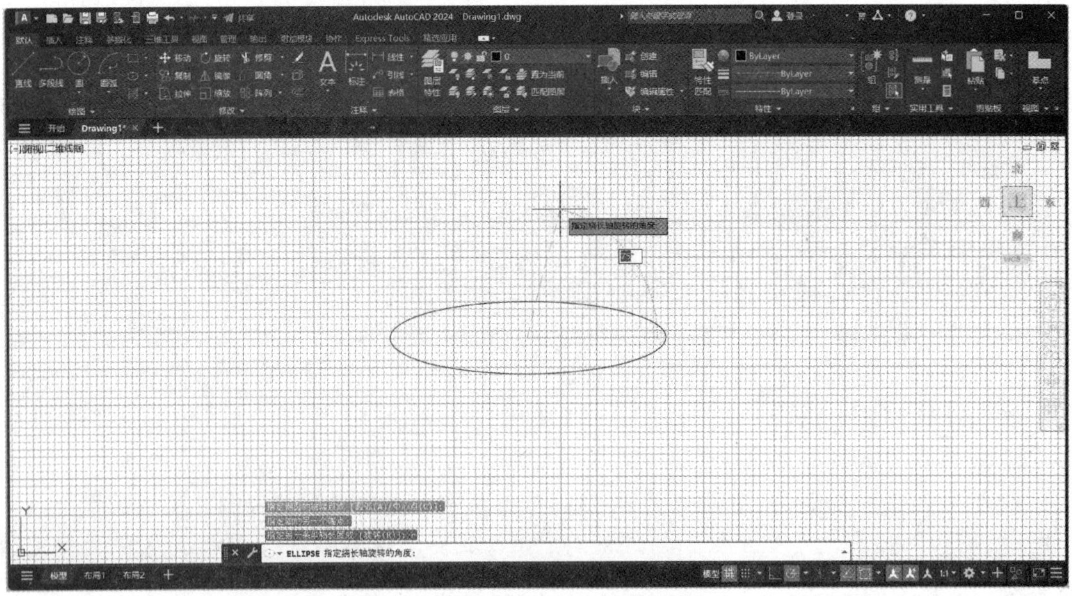

图 13-22 用旋转角方式画椭圆示例

④ 按以上方式画出椭圆并取其一部分

以默认方式画椭圆为例，其操作过程如下：

命令：(输入命令)

指定椭圆的轴端点或[圆弧(A)/中心点(C)]：A↙(选 A 项)

指定椭圆的轴端点或[中心点(C)]：(给第 1 点)

指定轴的另一个端点：(给该轴上第 2 点)

指定另一条半轴长度或[旋转(R)]：(给第 3 点定另一半轴长)

指定起始角度或[参数(P)]：(给切断起始点 A 或给起始角度)

指定终止角度或[参数(P)/包含角度(I)]：(给切断终点 B 或终止角度)

命令：

效果如图 13-23 所示。

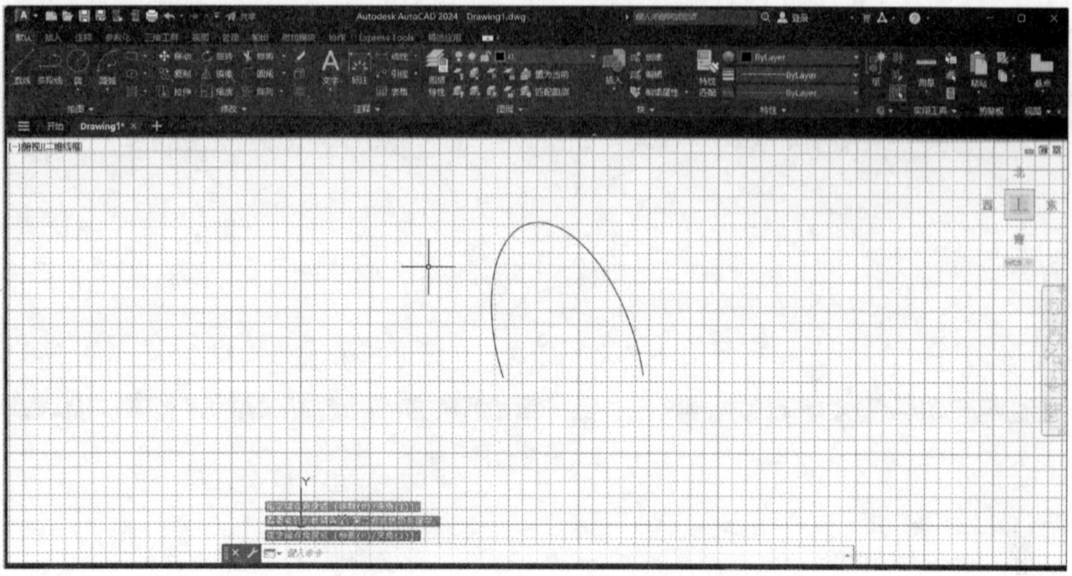

图 13-23　用圆弧选项得部分椭圆示例

13.3　AUTOCAD 尺寸标注

13.3.1　尺寸标注的规则

绘制图形的根本目的是反映对象的形状，而图形中各个对象的大小和相互位置只有经过尺寸标注才能表现出来。AutoCAD 提供了一套完整的尺寸标注命令，用户使用它们足以完成图纸中要求的尺寸标注。

在 AutoCAD 中，对绘制的图形进行尺寸标注时应当遵循以下规则。

(1) 对象的真实大小应以图样上所标注的尺寸数值为依据，与图形的大小及绘图的准确度无关。

(2) 图形中的尺寸以毫米 (mm) 为单位时，不需要标注计量单位的代号或名称。如果采用其他的单位，则必须注明相应计量单位的代号或名称。

(3) 图形中所标注的尺寸应为该图形所表示对象的最后完工尺寸，否则应另加说明。

(4) 对象的每一个尺寸一般只标注一次。

13.3.2 尺寸标注的基本组成

AutoCAD 软件系统的尺寸标注组成与我国制图标准基本一致，一个完整尺寸标注是由尺寸线、尺寸界线、箭头（建筑图形中多用斜短线表示）和尺寸文字构成，如图 13-24 所示。

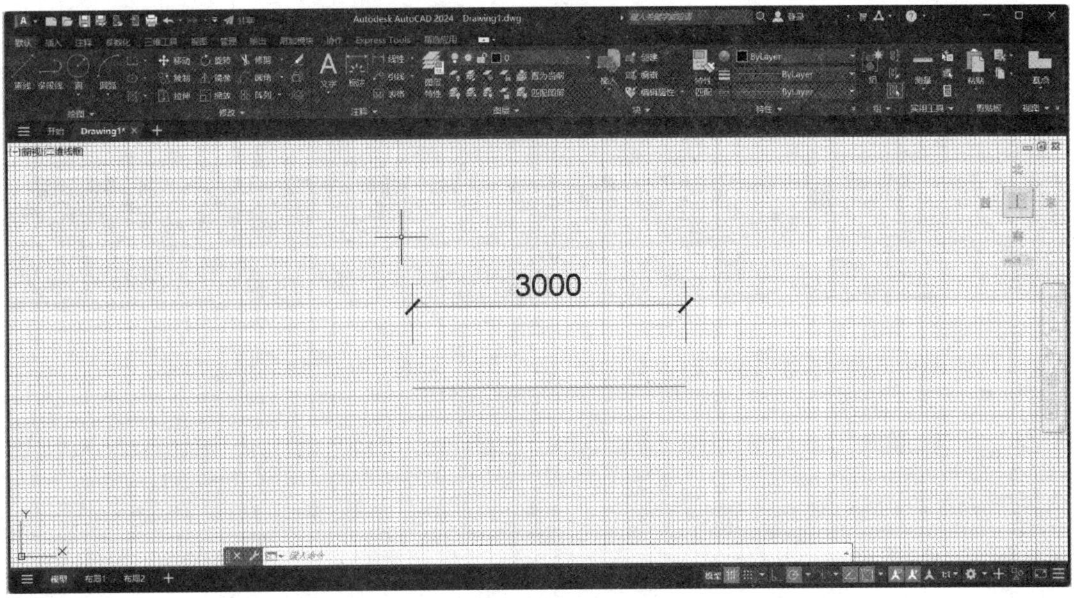

图 13-24 完整的尺寸标注

13.3.2.1 尺寸线

尺寸线的作用是标明尺寸标注的方位。在 AutoCAD 软件系统中，通常对尺寸线有如下的基本要求。

(1) 尺寸线用细实线表示。

(2) 一般情况下，尺寸线不超出尺寸界线。

(3) 尺寸线与被标注轮廓线之间距离及相互平行尺寸线之间距离一般应控制在7～8mm。

(4) 中心线、尺寸界线及其他任何图线均不能用作尺寸线。

13.3.2.2 尺寸界线

尺寸界线的作用是标明尺寸标注的范围。在 AutoCAD 软件系统中，通常对尺寸界线有如下的基本要求。

(1) 尺寸界线用细实线表示。

(2) 通常情况下，尺寸界线垂直于尺寸线，并超出尺寸线 2mm 左右。

(3) 尺寸界线不宜与被标注的轮廓线相接，一般应有不小于 2mm 左右的间隙。

13.3.2.3 箭头（建筑图形多用斜短线）

箭头（建筑图形多用斜短线）的作用是标明尺寸标注的起止。在 AutoCAD 软件系统中，通常对箭头有如下的基本要求。

(1) 箭头可以采用多种方式,例如:实心闭合、空心闭合、点、建筑标记等,具体采用的形式,根据实际工程图的绘制要求确定。

(2) 在建筑工程图中,箭头一般采用 45°倾斜的中粗线(斜短线),斜短线的长度应控制在 7～8mm 之间。

(3) 当相邻的尺寸界线间距较小时,可采用小圆点代替斜短线。

13.3.2.4　尺寸文字

尺寸文字的作用是标明尺寸标注的内容。在 AutoCAD 软件系统中,通常对尺寸文字有如下的基本要求。

(1) 工程图中尺寸标注大小反应被标注实体的实际尺寸,通常与绘图的比例尺寸无关。

(2) 建筑工程图中的尺寸标注的大小,除了高度以 m 为单位外,其他部分均以 mm 为单位,尺寸标注的大小不须注明单位。

(3) 尺寸标注的文字高度一般控制在 3.5mm。

(4) 在标注过程中,应尽可能避免任何图形与尺寸文字相交,当不可避免时,必须将这一图形实体断开。

13.3.3　尺寸标注样式管理器

尺寸标注样式用于控制尺寸标注的外观,如箭头的样式、文字的位置及尺寸界线的长度等,通过设置尺寸标注,可以确保所绘图纸中的尺寸标注符合行业或项目标准。

尺寸标注样式是通过“标注样式管理器”设置的,调用“标注样式管理器”的方法有以下 5 种。

(1) 选择【格式】→【标注样式】菜单命令。

(2) 选择【标注】→【标注样式】菜单命令。

(3) 在命令行中入【DIMSTYLE / D】命令并按空格键确认。

(4) 单击【默认】选项卡→【注释】面板中的【标注样式】按钮 。

(5) 单击【注释】选项卡→【标注】面板右下角的 ↘ 按钮。

13.3.3.1　新建标注样式

在命令行中输入【D】命令并按空格键确认后,弹出如图 13-25 所示的【标注样式管理器】对话框。

【标注样式管理器】对话框中各选项的说明如下。

样式:列出了当前所有创建的标注样式,其中,Annotative、ISO-25、Standard 是 AutoCAD 2024 固有的 3 种标注样式(图 13-26、图 13-27、图 13-28)。

置为当前:在样式列表中选择一项,然后单击该按钮,将会以选择的样式为当前样式进行标注。

新建:单击该按钮,弹出【创建新标注样式】对话框。

修改:单击该按钮,将弹出【修改标注样式】对话框,该对话框的内容与新建对话框的内容相同,区别在于一个是重新创建一个标注样式,一个是在原有基础上进行修改。

替代:单击该按钮,可以设定标注样式的临时替代值。对话框选项与【新建标注样式】对话框中的选项相同。

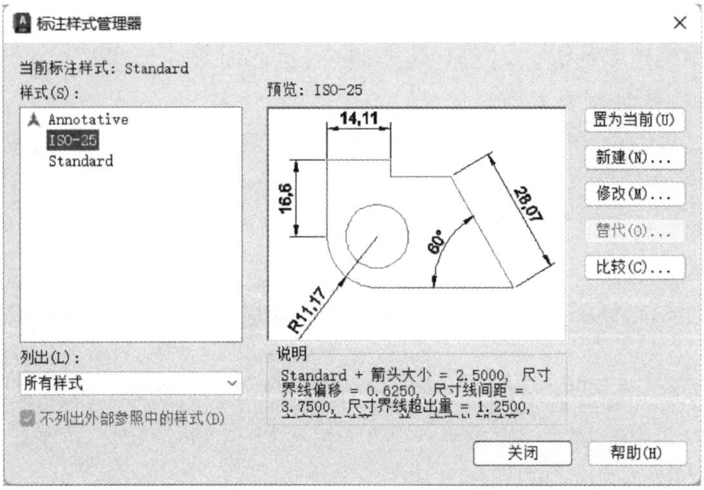

图 13-25 【标注样式管理器】对话框

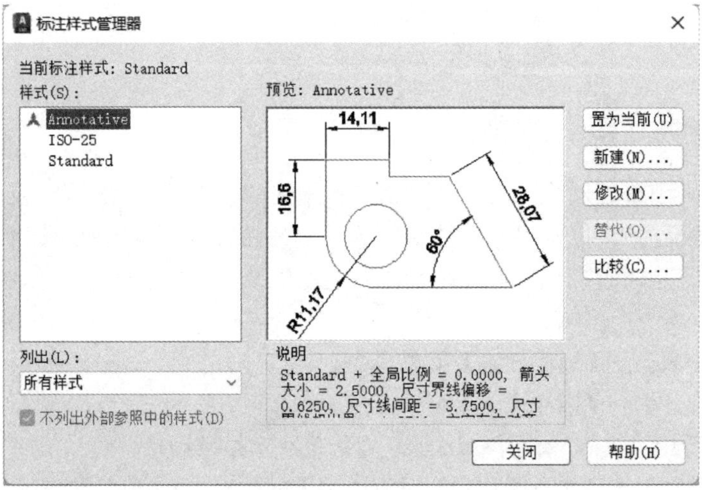

图 13-26 AutoCAD 2024 固有的第 1 种标注样式

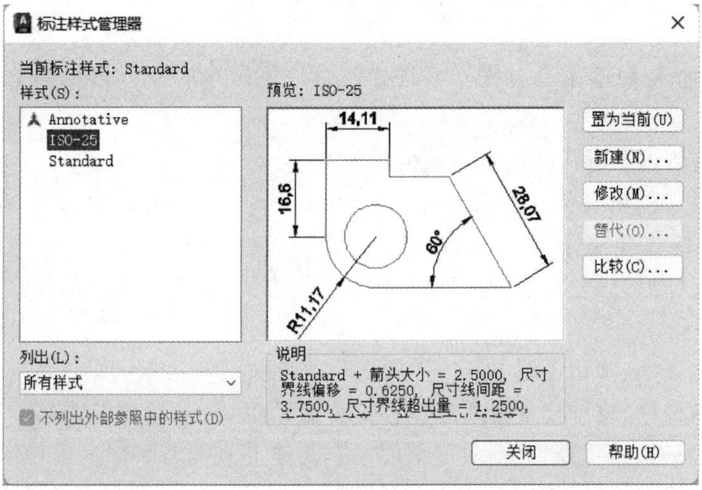

图 13-27 AutoCAD 2024 固有的第 2 种标注样式

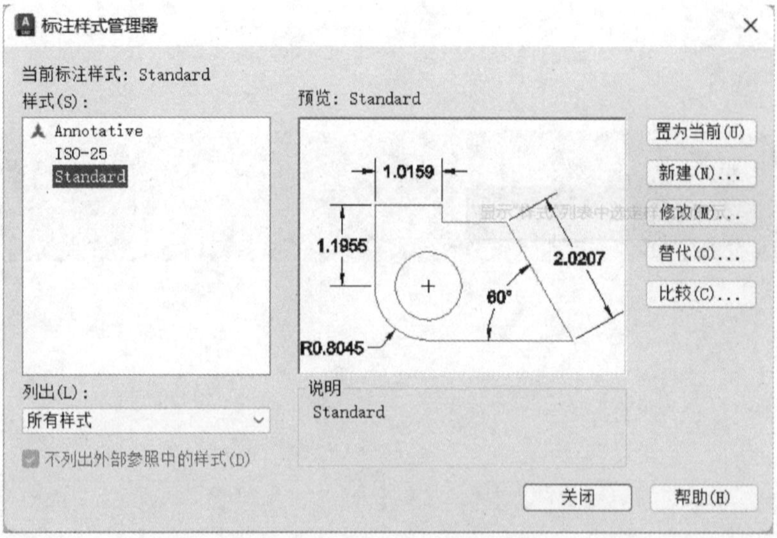

图 13-28　AutoCAD 2024 固有的第 3 种标注样式

比较:单击该按钮,将显示【比较标注样式】对话框,从中可以比较两个标注样式或列出一个样式的所有特性。

单击【新建】按钮,弹出【创建新标注样式】对话框,如图 13-29 所示。

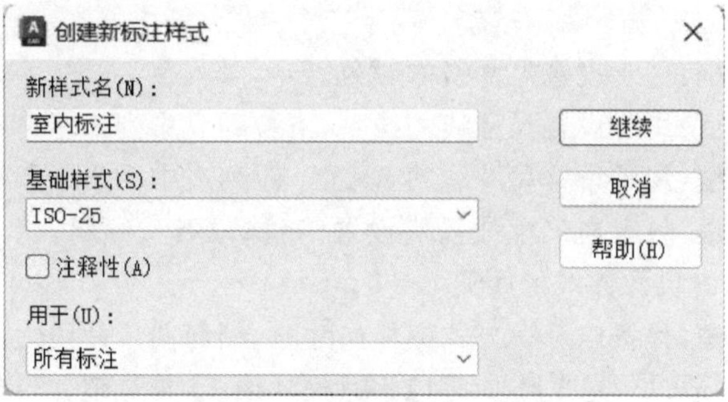

图 13-29　【创建新标注样式】对话框

各选项的说明如下。

【新样式名】文本框:用于输入新建的样式的名称。

【基础样式】下拉列表:从中选择新标注样式是基于哪一种标注样式创建的。

【用于】下拉列表:从中选择标注的应用范围。

单击【继续】按钮,弹出【新建标注样式】对话框,此时用户即可应用对话框中的【线】、【符号和箭头】、【文字】、【调整】、【主单位】、【换算单位】和【公差】7 个选项卡进行设置。

单击【确定】按钮,即可创建新的标注样式,其名称显示在【标注样式管理器】对话框的"样式"列表中。选择创建的新标注样式,单击【置为当前】按钮,即可将该样式设置为当前使用的标注样式。

13.3.3.2　设置线

在【线】选项卡中可以设置尺寸线、尺寸界线等内容。

(1)设置尺寸线

在【尺寸线】选项区域中可以设置尺寸线的颜色、线型、线宽、超出标记及基线间距等属性,如图 13-30 所示。

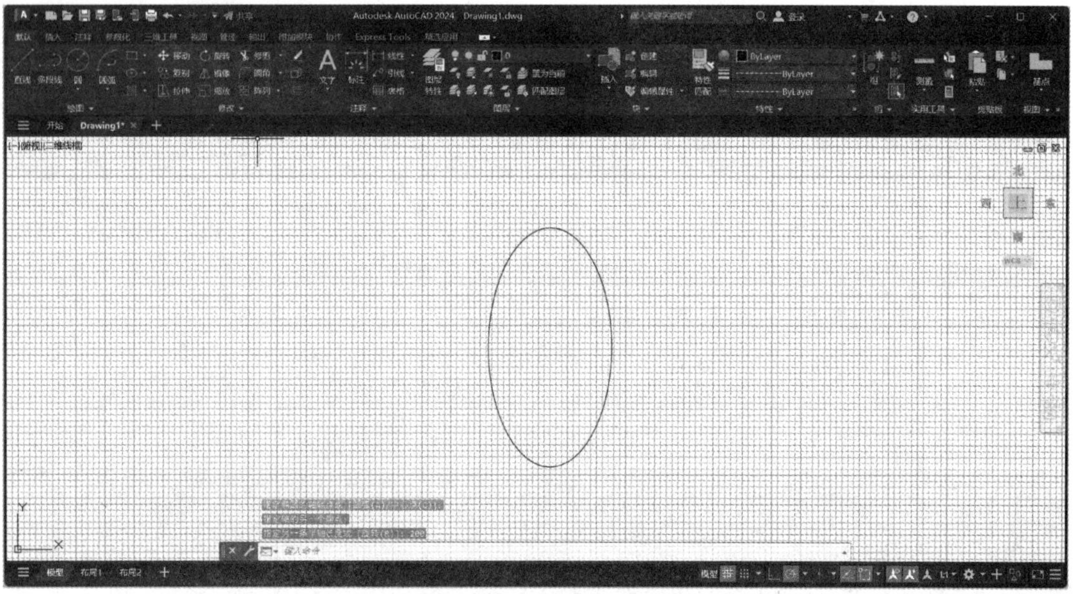

图 13-30 设置尺寸线

【颜色】下拉列表框:用于设置尺寸线的颜色。

【线型】下拉列表框:用于设置尺寸线的线型,下拉列表中列出了各种线型的名称。

【线宽】下拉列表框:用于设置尺寸线的宽度,下拉列表中列出了各种线宽的名称和宽度。

【超出标记】微调框:只有当尺寸线箭头设置为建筑标记、倾斜、积分和无时,该选项才可用,用于设置尺寸线超出尺寸界线的距离。

【基线间距】微调框:设置以基线方式标注尺寸时,相邻两尺寸线之间的距离。

【隐藏】选项区域:通过勾选【尺寸线 1】和【尺寸线 2】复选框,可以隐藏第 1 段和第 2 段尺寸线及其相应的箭头,相对应的系统变量分别为 Dimsd1 和 Dimsd2。

(2)设置尺寸界线

在【尺寸界线】选项区域中可以设置尺寸界线的颜色、线宽、超出尺寸线的长度和起点偏移量等属性,如图 13-31 所示。

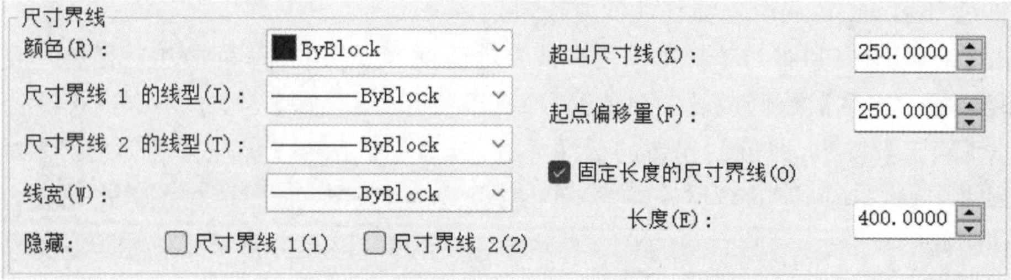

图 13-31 设置尺寸界线

【颜色】下拉列表框：用于设置尺寸界线的颜色。

【尺寸界线 1 的线型】下拉列表框：用于设置第一条尺寸界线的线型（Dimltext1 系统变量）。

【尺寸界线 2 的线型】下拉列表框：用于设置第二条尺寸界线的线型（Dimltext2 系统变量）。

【线宽】下拉列表框：用于设置尺寸界线的宽度。

【超出尺寸线】微调框：用于设置尺寸界线超出尺寸线的距离。

【起点偏移量】微调框：用于确定尺寸界线的实际起始点相对于指定尺寸界线起始点的偏移量。

【固定长度的尺寸界线】复选框：用于设置尺寸界线的固定长度。

【隐藏】选项区域：通过勾选【尺寸界线 1】和【尺寸界线 2】复选框，可以隐藏第 1 段和第 2 段尺寸界线，相对应的系统变量分别为 Dimsel 和 Dimse2。

13.3.3.3 设置符号和箭头

在【符号和箭头】选项卡中可以设置箭头、圆心标记、弧长符号与半径折弯标注的格式和位置，如图 13-32 所示。

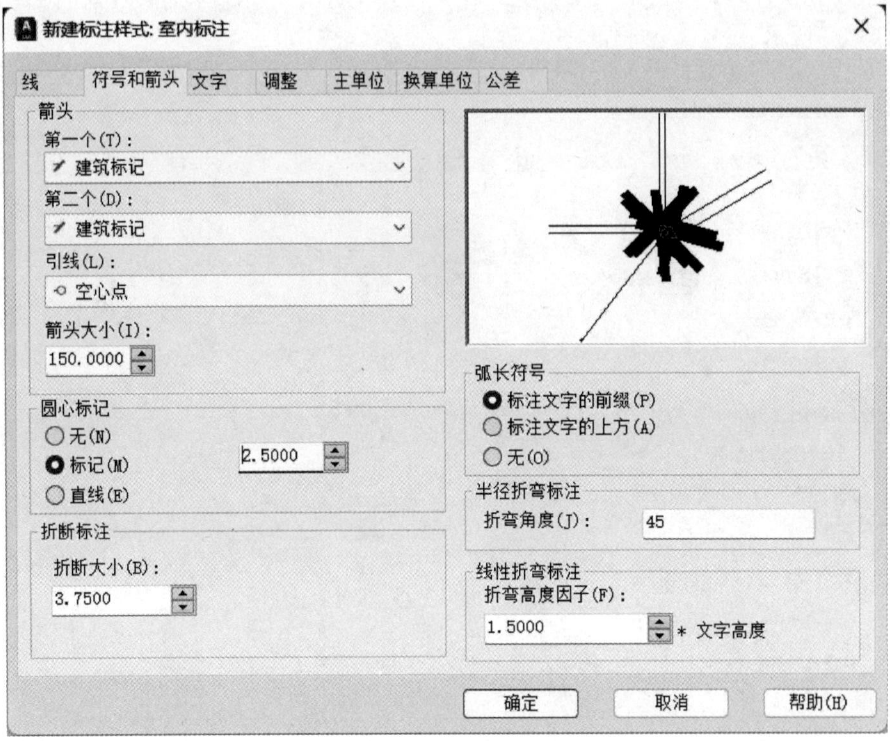

图 13-32 设置符号和箭头

(1)设置箭头

在【箭头】选项区域中可以设置标注箭头的外观。通常情况下，尺寸线的两个箭头应一致。AutoCAD 提供了多种箭头样式，用户可以从对应的下拉列表框中选择箭头，并在【箭头大小】微调框中设置它们的大小（也可以使用变量 Dimasz 设置），用户也可以使用自定义的箭头。

(2)设置符号

在【圆心标记】选项区域中可以设置直径标注和半径标注的圆心标记与中心线的外观。在建筑图形中,一般不创建圆心标记或中心线。

【弧长符号】选项区域:可控制弧长标注中圆弧符号的显示。

【折断标注】选项区域:在【折断大小】微调框中可以设置折断标注的大小。

【半径折弯标注】选项区域:控制折弯(Z 字形)半径标注的显示。半径折弯标注通常在半径太大,

致使中心点位于图幅外部时使用。

【折弯角度】用于连接半径标注的尺寸界线和尺寸线的横向直线的角度,一般为 45°。

【线性折弯标注】选项区域:在【折弯高度因子】的【文字高度】微调框中可以设置折弯因子的文字的高度。

通常,机械图的尺寸线末端符号用箭头,而建筑图尺寸线末端则用 45°短线。另外,机械图尺寸线一般没有超出标记,而建筑图尺寸线的超出标记可以自行设置。

13.3.3.4 设置文字

在【新建标注样式】对话框的【文字】选项卡中可以设置标注文字的外观、位置和对齐方式,如图 13-33 所示。

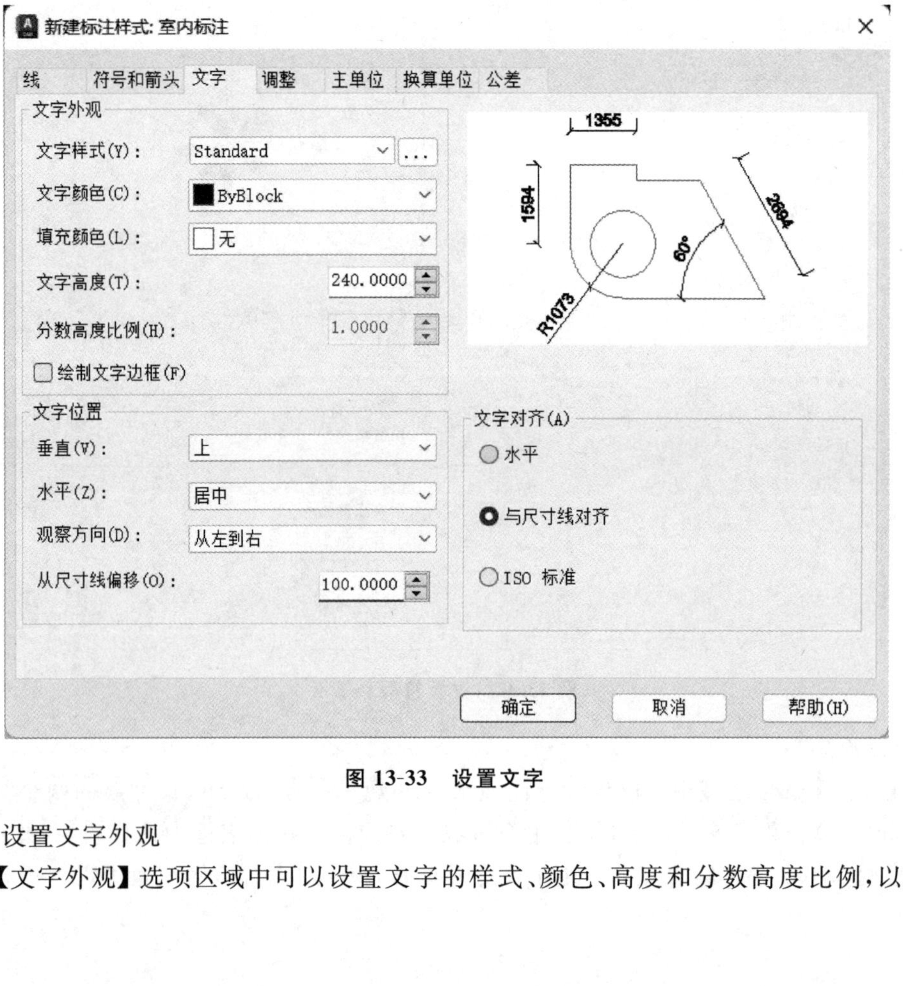

图 13-33 设置文字

(1)设置文字外观

在【文字外观】选项区域中可以设置文字的样式、颜色、高度和分数高度比例,以及控制

是否绘制文字边框。

“文字样式”:用于选择标注的文字样式。

“文字颜色”和“填充颜色”:分别设置标注文字的颜色和标注文字背景的颜色。

“文字高度”:用于设置标注文字的高度。但是如果选择的文字样式已经在【文字样式】对话框中设定了具体高度而不是 0,该选项不能用。

“分数高度比例”:用于设置标注文字中的分数相对于其他标注文字的比例,AutoCAD 将该比例值与标注文字高度的乘积作为分数的高度。仅当在【主单位】选项卡中选择“分数”作为“单位格式”时,此选项才可用。

“绘制文字边框”:用于设置是否给标注文字加边框。

(2)设置文字位置

在【文字位置】选项区域中可以设置文字的垂直、水平位置及距尺寸线的偏移量。

【垂直】下拉列表框中包含“居中”“上”“外部”“JIS”和“下”5 个选项,用于控制标注文字相对尺寸线的垂直位置。选择某项时,在【文字】选项卡的预览框中可以观察到尺寸文本的变化。

【水平】下拉列表框中包含“居中”“第一条尺寸界线”“第二条尺寸界线”“第一条尺寸界线上方”“第二条尺寸界线上方”5 个选项,用于设置标注文字相对于尺寸线和尺寸界线在水平方向的位置。

【观察方向】下拉列表框包含“从左到右”和“从右到左”两个选项,用于设置标注文字的观察方向。

【从尺寸线偏移】用于设置尺寸线断开时标注文字周围的距离;若不断开,即为尺寸线与文字之间的距离。

(3)设置文字对齐

在【文字对齐】选项区域中可以设置标注文字的放置方向。

“水平”:标注文字水平放置。

“与尺寸线对齐”:标注文字方向与尺寸线方向一致。

“ISO 标准”:标注文字按 ISO 标准放置,当标注文字在尺寸界线之内时,它的方向与尺寸线方向一致,而在尺寸界线外时将水平放置。

13.3.3.5 设置调整

在【新建标注样式】对话框的【调整】选项卡中可以设置标注文字、尺寸线、尺寸箭头的位置,如图 13-34 所示。

(1)调整选项

在【调整选项】区域中可以确定当尺寸界线之间没有足够的空间同时放置文字和箭头时,应首先从尺寸界线之间移出的对象。

“文字或箭头 (最佳效果)”:按最佳布局将文字或箭头移动到尺寸界线外部。当尺寸界线间的距离仅能够容纳文字时,将文字放在尺寸界线内,而箭头放在尺寸界线外。当尺寸界线间的距离仅能够容纳箭头时,将箭头放在尺寸界线内,而文字放在尺寸界线外。当尺寸界线间的距离既不够放文字,又不够放箭头时,文字和箭头都放在尺寸界线外。

“箭头”:AutoCAD 尽量将箭头放在尺寸界线内,否则,将文字和箭头都放在尺寸界线外。

“文字”:AutoCAD 尽量将文字放在尺寸界线内,箭头放在尺寸界线外。

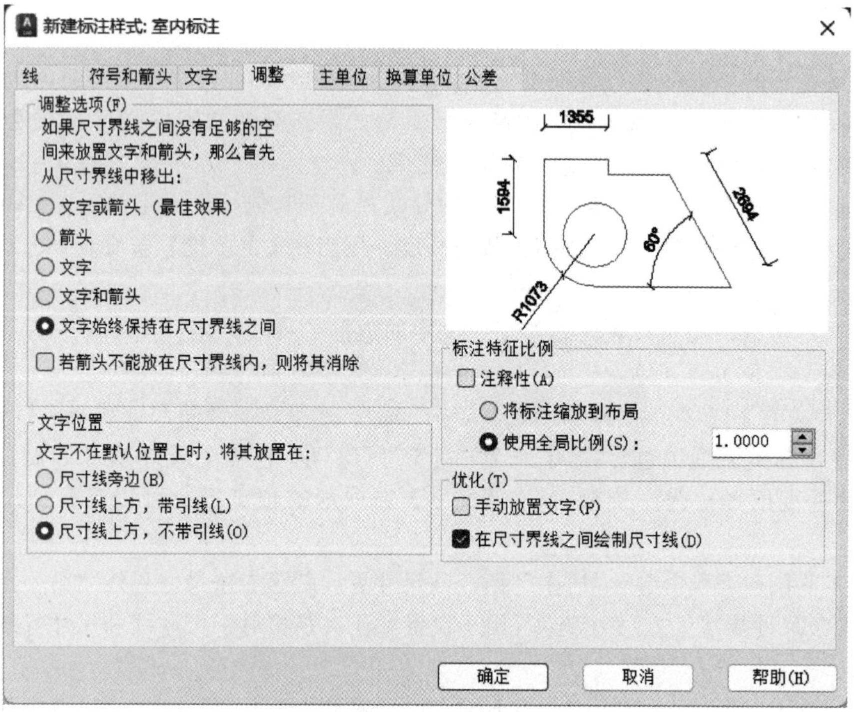

图 13-34　设置调整

“文字和箭头”:当尺寸界线间距不足以放下文字和箭头时,文字和箭头都放在尺寸界线外。

“文字始终保持在尺寸界线之间”:始终将文字放在尺寸界线之间。

“若箭头不能放在尺寸界线内,则将其消除”:若尺寸界线内没有足够的空间,则隐藏箭头。

(2)文字位置

在【文字位置】选项区域中用户可以设置标注文字从默认位置移动时,标注文字的位置。

“尺寸线旁边”:将标注文字放在尺寸线旁边。

“尺寸线上方,带引线”:将标注文字放在尺寸线的上方,并加上引线。

“尺寸线上方,不带引线”:将标注文字放在尺寸线的上方,但不加引线。

(3)标注特征比例

【标注特征比例】选项区域中可以设置全局标注比例值和图纸空间比例。

“使用全局比例”:可以为所有标注样式设置一个比例,指定大小、距离或间距,包括｝文字和箭头大小,该值改变的仅仅是这些特征符号的大小,并不改变标注的测量值。

“将标注缩放到布局”:可以根据当前模型空间视口与图纸空间之间的缩放关系设置比例。

(4)优化

在【优化】选项区域中可以对标注文本和尺寸线进行细微调整。

“手动放置文字”:选择该复选框则忽略标注文字的水平设置,在标注时将标注文字放置在用户指定的位置。

“在尺寸界线之间绘制尺寸线”:选择该复选框将始终在测量点之间绘制尺寸线,AutoCAD 将箭头放在测量点之处。

13.3.3.6 设置主单位

在【主单位】选项卡中可以设置主单位的格式与精度等属性，如图 13-35 所示。

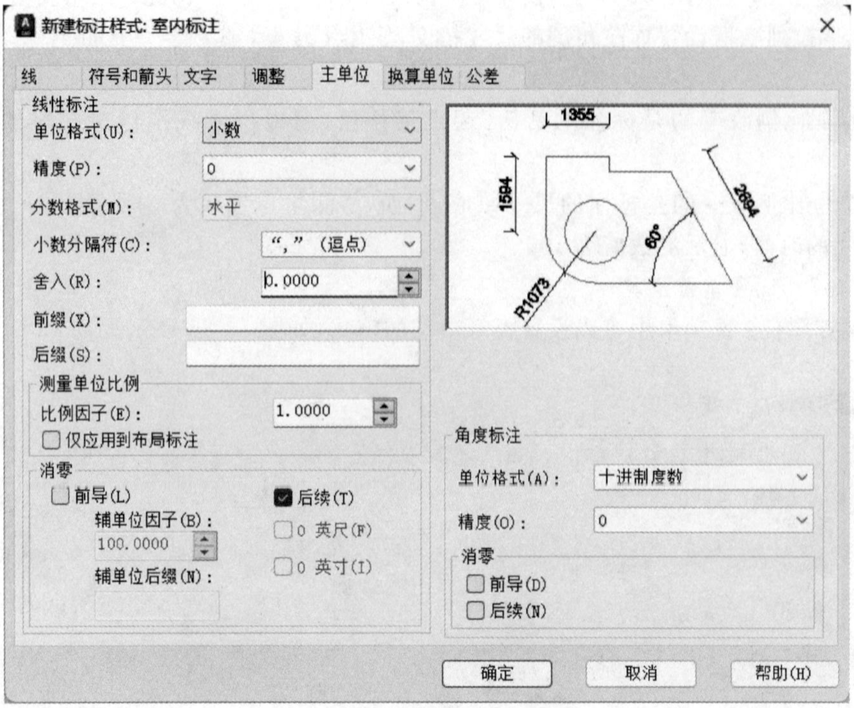

图 13-35 设置主单位

(1)线性标注

在【线性标注】选项区域中可以设置线性标注的单位格式与精度。

“单位格式”：用来设置除角度标注之外的各标注类型的尺寸单位，包括“科学”“小数”“工程”“建筑”“分数”及“Windows 桌面”等选项。

“精度”：用来设置标注文字中的小数位数。

“分数格式”：用于设置分数的格式，包括“水平”“对角”和“非堆叠”3 种方式。当“单位格式”选择“建筑”或“分数”时，此选项才可用。

“小数分隔符”：用于设置小数的分隔符，包括“逗点”“句点”和“空格”3 种方式。“舍人”用于设置除角度标注以外的尺寸测量值的舍入值，类似于数学中的四舍五入。

“前缀”和“后缀”：用于设置标注文字的前缀和后缀，用户在相应的文本框中输入文本符即可。

(2)测量单位比例

“比例因子”：设置测量尺寸的缩放比例，AutoCAD 的实际标注值为测量值与该比例的积；勾选【仅应用到布局标注】复选框，可以设置该比例关系是否仅适应于布局。该值不应用到角度标注，也不应用到舍入值或者正负公差值。

(3)消零

【消零】选项用于设置是否显示尺寸标注中的“前导”和“后续”0。

“前导”：勾选该复选框，标注中前导“0”显示，例如，“0.5”示为“.5”。

“后续”:勾选该复选框,标注中后续“0”将不显示,例如,“5.0”将显示为“5”。

(4)角度标注

在【角度标注】选项区域中可以使用【单位格式】下拉列表框设置标注角度时的单位;使用【精度】下拉列表框设置标注角度的尺寸精度;使用【消零】选项设置是否消除角度尺寸的前导和后续 0。

标注特征比例改变的是标注的箭头、起点偏移量、超出尺寸线及标注文字的高度等参数值。

测量单位比例改变的是标注的尺寸数值,例如,将测量单位改为 2,那么当标注实际长度为 5 的尺寸的时候,显示的数值为 10。

13.3.3.7 设置单位换算

在【换算单位】选项卡中可以设置换算单位的格式,如图 13-36 所示。

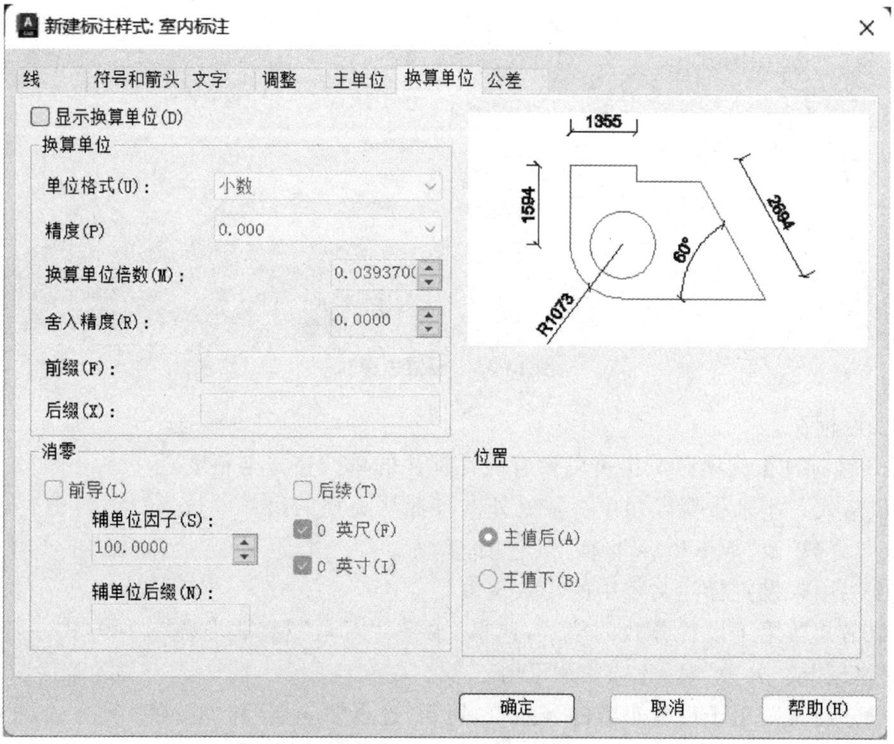

图 13-36 设置换算单位的格式

在中文版 AutoCAD 2024 中,通过换算标注单位,可以转换使用不同测量单位制的标注,通常是将英制标注换算成等效的公制标注,或将公制标注换算成等效的英制标注。在标注文字中,换算标注单位显示在主单位旁边的方括号 [] 中。

勾选【显示换算单位】复选框,这时对话框的其他选项才可用,用户可以在【换算单位】选项区域。中设置换算单位中的各选项,方法与设置主单位的方法相同。

在【位置】选项区域中可以设置换算单位的位置,包括“主值后”和“主值下”两种方式。

13.3.3.8 设置公差

【公差】选项卡用于设置是否标注公差,以及用何种方式进行标注,如图 13-37 所示。

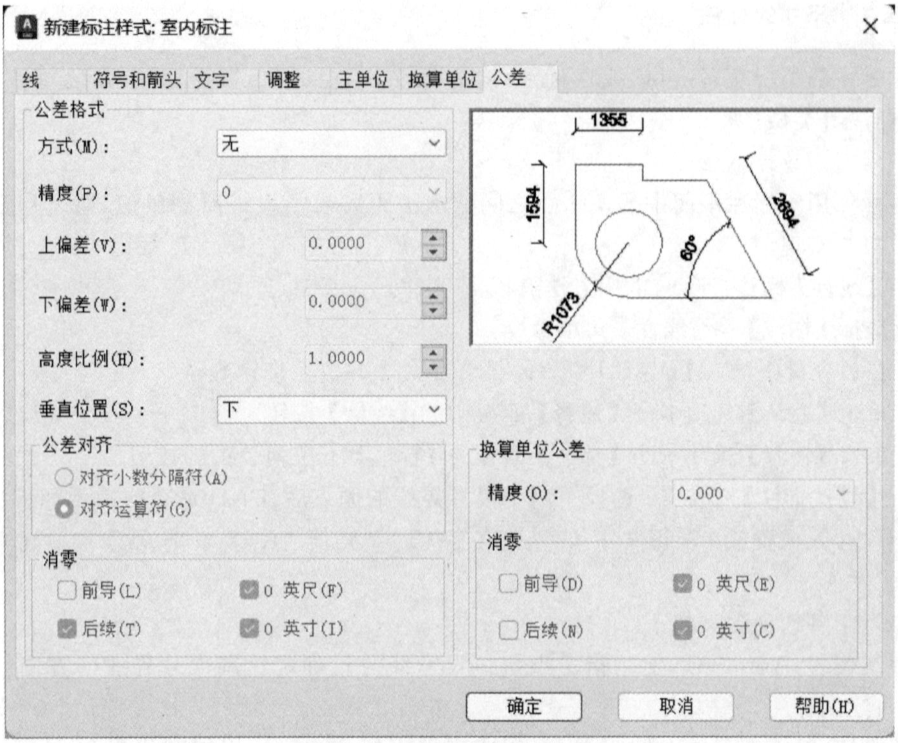

图 13-37 设置是否标注公差

【方式】下拉列表框:确定以何种方式标注公差,包括“无”“对称”“极限偏差”“极限尺寸”和“基本尺寸”选项。

【精度】下拉列表框:用于设置尺寸公差的精度。

【上偏差】、【下偏差】微调框:用于设置尺寸的上下偏差,相应的系统变量分别为 Dimtp 及 Dimtm。

【高度比例】微调框:用于确定公差文字的高度比例因子。确定后,AutoCAD 将该比例因子与尺寸文字高度之积作为公差文字的高度,也可以使用变量 Dimtfac 设置。

【垂直位置】下拉列表框:用于控制公差文字相对于尺寸文字的位置,有“上”“中”“下” 3 种方式。

【消零】选项区域:用于设置是否消除公差值的前导或后续零。

在【换算单位公差】选项区域可以设置换算单位的精度和是否消零。

公差有两种,即“尺寸公差”和“形位公差”,尺寸公差指的是实际制作中尺寸上允许的误差。“形位公差”指的是形状和位置上的误差。

“标注样式管理器”中设置的“公差”是尺寸公差,而且在“标注样式管理器”中一旦设置了公差,那么在接下来的标注过程中,所有的标注值都将附加上这里设置的公差值。因此,实际工作中一般不采用“标注样式管理器”中的公差设置,而是采用选择【特性】选项板中的公差选项来设置公差。

13.3.4 尺寸的标注

尺寸标注的类型众多,包括线性标注、对齐标注、半径标注、直径标注、角度标注、基线标注、连续标注等类型。

13.3.4.1 线性标注

线性标注用于标注平面中的两个点之间的水平距离或竖直距离测量值,通过指定点或选择一个对象来实现。

调用【线性】标注命令的常用方法有以下 4 种。

(1) 选择【标注】→【线性】菜单命令。

(2) 在命令行中输入【DIMLINEAR/ DLI】命令并按空格键确认。

(3) 单击【默认】选项卡→【注释】面板中的【线性】按钮 。

(4) 单击【注释】选项卡→【标注】面板→【标注】下拉列表中的按钮 。

执行【线性标注】命令,并选择了两个尺寸界线的原点后,CAD 命令行提示如下。

指定尺寸线位置或[多行文字(M)/ 文字(T)/ 角度(A)/ 水平(H)/ 垂直(V)/ 旋转(R)]:

命令行中各选项含义如下。

尺寸线位置:AutoCAD 使用指定点定位尺寸线并且确定绘制尺寸界线的方向。指定位置之后,将绘制标注。

多行文字:显示在位文字编辑器,可用它来编辑标注文字。用控制代码和 Unicode 字符串来输入特殊

字符或符号。如果标注样式中未打开换算单位,可以输入方括号【 】来显示它们。当前标注样式决定生成的测量值的外观。

文字:在命令提示下,自定义标注文字。生成的标注测量值显示在尖括号中。要包括生成的测量值,

请用尖括号 < > 表示生成的测量值。如果标注样式中未打开换算单位,可以通过输入方括号【 】来显示

换算单位。标注文字特性在【新建文字样式】、【修改标注样式】、【替代标注样式】对话框的【文字】选项卡上进行设定。

角度:修改标注文字的角度。

水平:创建水平线性标注。

垂直:创建垂直线性标注。

旋转:创建旋转线性标注。

下面以标注矩形边长为例,对线性标注命令的应用进行详细介绍。

步骤 01 打开 AutoCAD 2024 中的绘制矩形框的文件,如图 13-38 所示。

步骤 02 在命令行中输入【DLI】命令并按空格键确认,在绘图区域中捕捉如图 13-39 所示端点作为第一个尺寸界线的原点。

步骤 03 在绘图区域中拖动鼠标并捕捉如图 13-40 所示端点作为第二个尺寸界线的原点。

步骤 04 在绘图区域中拖动鼠标并单击指定尺寸线的位置,如图 13-41 所示。

步骤 05 结果如图 13-42 所示。

步骤 06 重复上述步骤，对矩形的另外一条边进行线性尺寸标注，结果如图 13-43 所示。

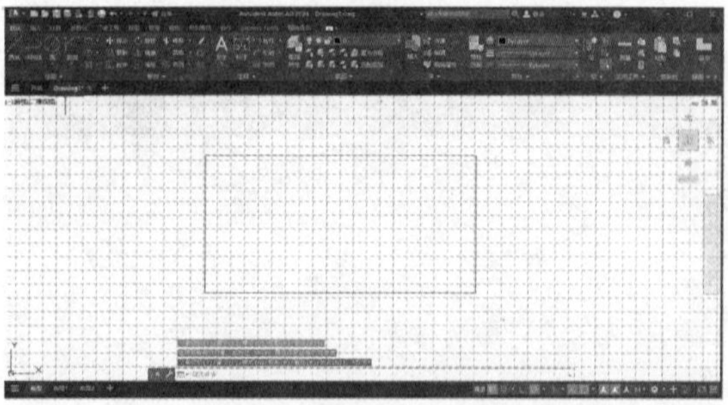

图 13-38　矩形框线性标注图例

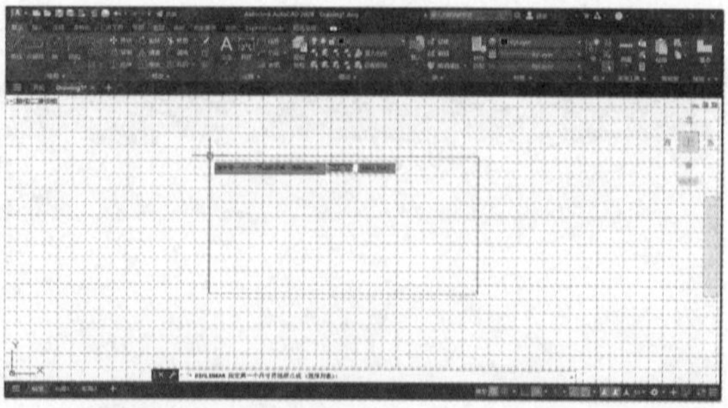

图 13-39　端点作为第一个尺寸界线的原点

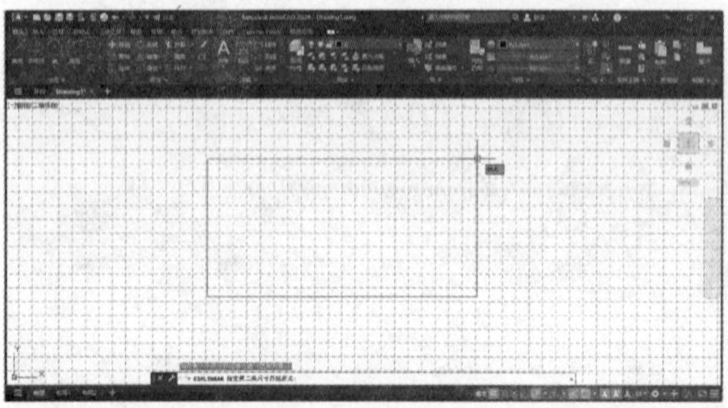

图 13-40　端点作为第二个尺寸界线的原点

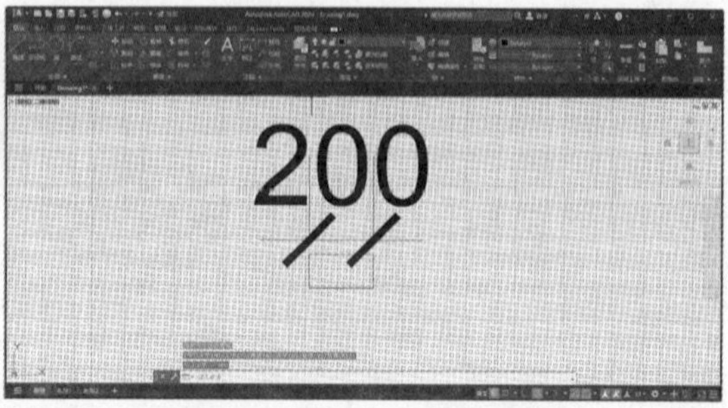

图 13-41　单击指定尺寸线的位置

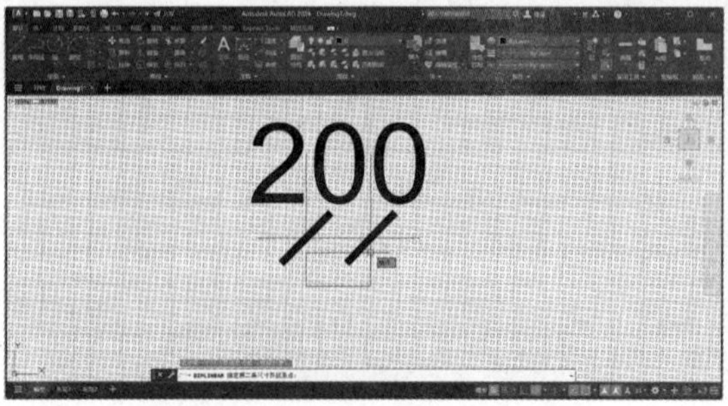

图 13-42　步骤 05 结果

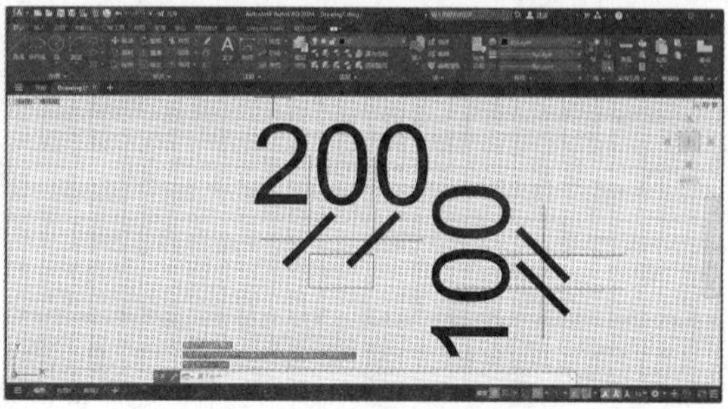

图 13-43　步骤 06 结果

13.3.4.2　对齐标注

“对齐标注”命令主要用来标注斜线，也可用于水平线和竖直线的标注。对齐标注的方法及命令行提示与线性标注基本相同，只是所适合的标注对象和场合不同。

调用【对齐】标注命令的常用方法有以下 4 种。

(1) 选择【标注】→【对齐】菜单命令。

(2) 在命令行中输入【DIMALIGNED/ DAL】命令并按空格键确认。

(3) 单击【默认】选项卡→【注释】面板中的【对齐】按钮 。

(4) 单击【注释】选项卡→【标注】面板→【标注】下拉列表中的按钮 。

下面以标注三角形边长为例，对对齐标注命令的应用进行详细介绍。

步骤 01 打开 AutoCAD 2024 中的绘制三角形的文件，如图 13-44 所示步骤 02 在命令行中输入【DAL】命令并按空格键确认，在绘图区域中捕捉如图 13-45 所示端点作为第一个尺寸界线的原点。

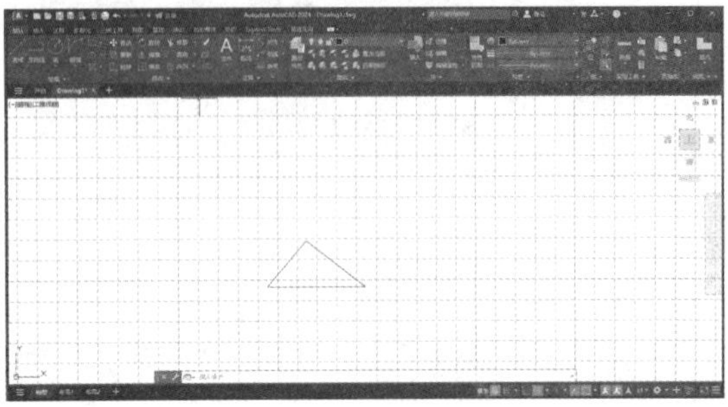

图 13-44 三角形对齐标注图例

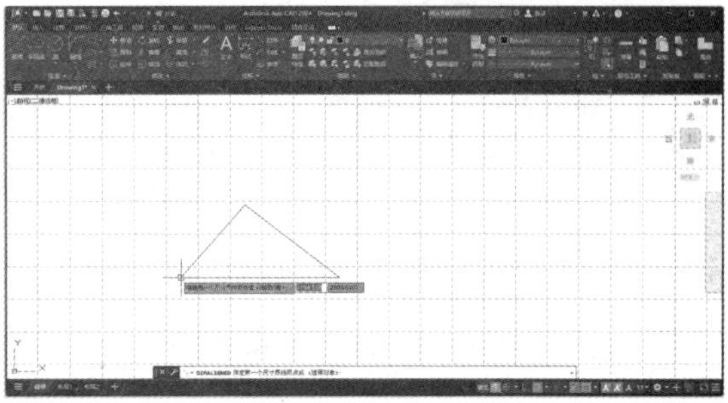

图 13-45 端点作为第一个尺寸界线的原点

步骤 03 在绘图区域中拖动鼠标并捕捉如图 13-46 所示端点作为第二个尺寸界线的原点。

步骤 04 在绘图区域中拖动鼠标并单击指定尺寸线的位置，如图 13-47 所示。

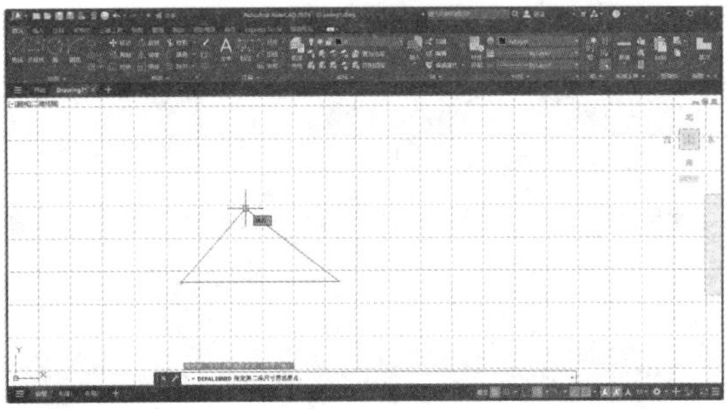

图 13-46 端点作为第二个尺寸界线的原点

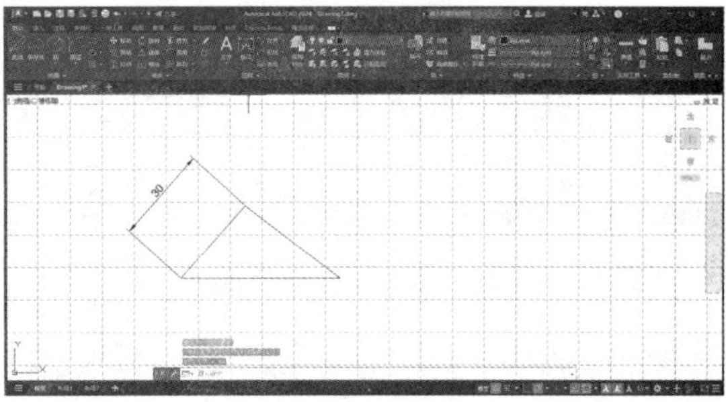

图 13-47 单击指定尺寸线的位置

步骤 05 结果如图 13-48 所示。

步骤 06 重复上述步骤，对三角形的另外一条边进行对齐尺寸标注，结果如图 13-49 所示。

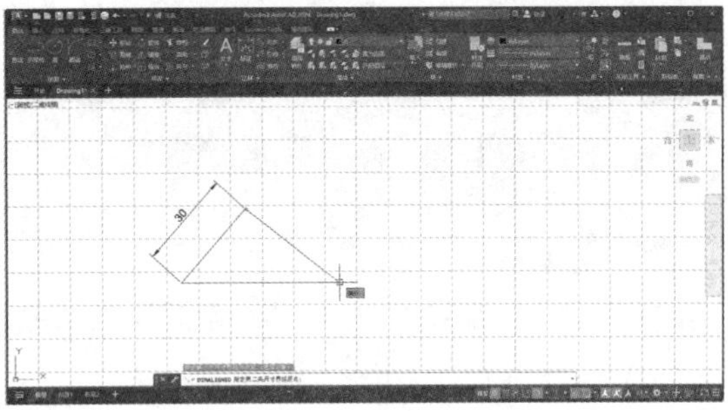

图 13-48 步骤 05 结果

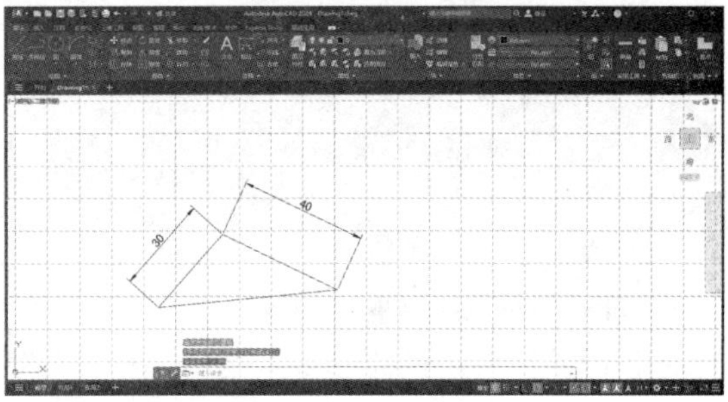

图 13-49 步骤 06 结果

13.3.4.3 半径标注

半径尺寸常用于标注圆弧和圆角。在标注时，AutoCAD 将自动在标注文字前添加半径符号“R”。调用【半径】标注命令的方法通常有以下 4 种。

(1) 选择【标注】→【半径】菜单命令。

(2) 在命令行中输入【DIMRADIUS / DRA】命令并按空格键确认。

（3）单击【默认】选项卡→【注释】面板中的【半径】按钮 。

（4）单击【注释】选项卡→【标注】面板→【标注】下拉列表中的按钮 。

下面以标注圆弧半径为例，对半径标注命令的应用进行详细介绍。

步骤 01 打开 AutoCAD 2024 中的半径标注示例文件，如图 13-50 所示。

步骤 02 在命令行中输入【DRA】命令并按空格键确认，在绘图区域中单击选择如图 13-51所示圆弧作为标注对象。

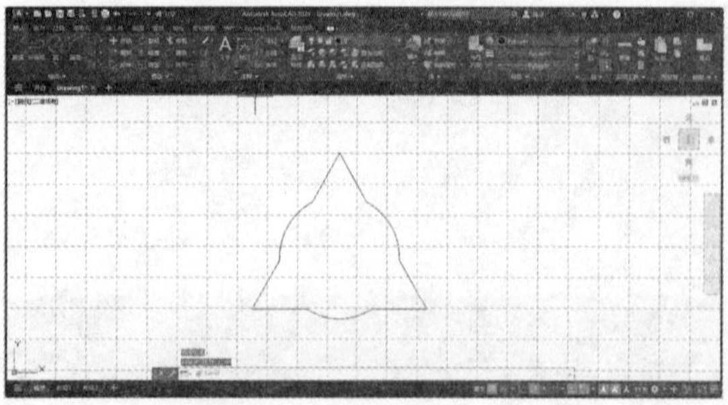

图 13-50 圆弧半径标注文件

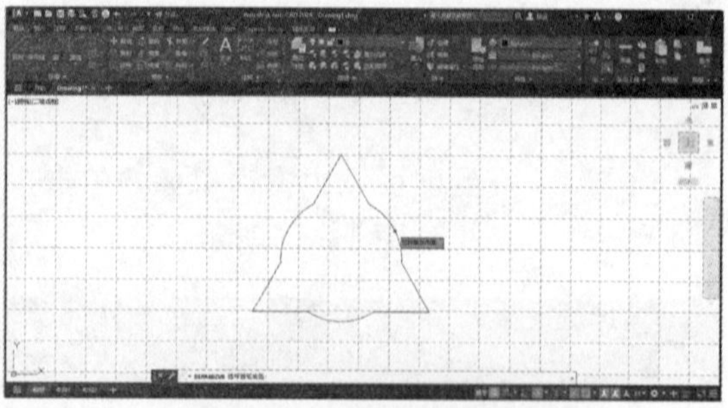

图 13-51 圆弧作为标注对象

步骤 03 在绘图区域中拖动鼠标并单击指定尺寸线的位置，如图 13-52 所示。

步骤 04 结果如图 13-53 所示。

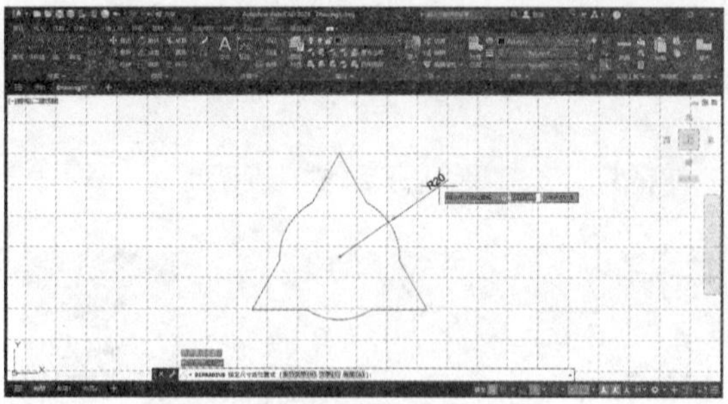

图 13-52 单击指定尺寸线的位置

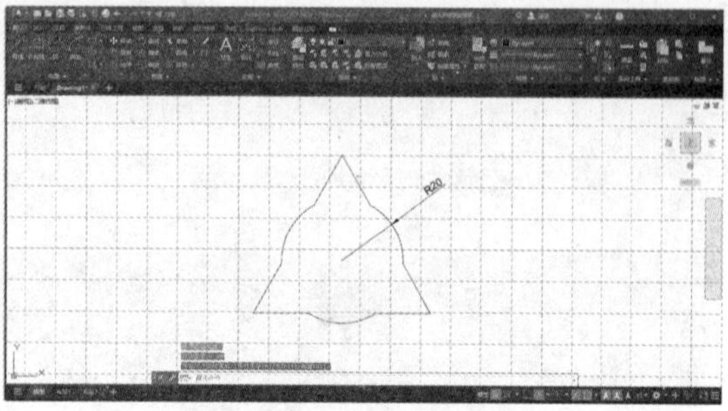

图 13-53 步骤 04 结果

13.4.4.4 直径标注

直径尺寸常用于标注圆的大小。在标注时，AutoCAD 将自动在标注文字前添加直径符号“Φ”。调用【直径】标注命令的方法通常有以下 4 种。

（1）选择【标注】→【直径】菜单命令。

（2）在命令行中输入【DIMDIAMETER/ DDI】命令并按空格键确认。

（3）单击【默认】选项卡→【注释】面板中的【直径】按钮 。

（4）单击【注释】选项卡→【标注】面板→【标注】下拉列表中的按钮 。下面以标注圆形的直径为例，对直径标注命令的应用进行详细介绍。

步骤 01 打开 AutoCAD 2024 中的直径标注图例文件，如图 13-54 所示。

步骤 02 在命令行中输入【Ddi】命令并按空格键确认，在绘图区域中单击选择如图 13-55 所示圆形作为标注对象。

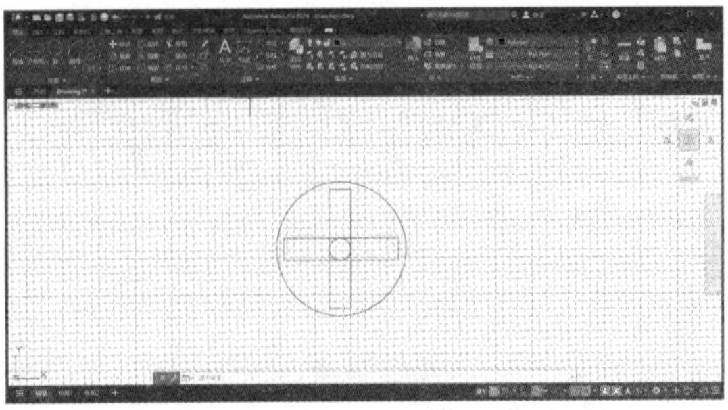

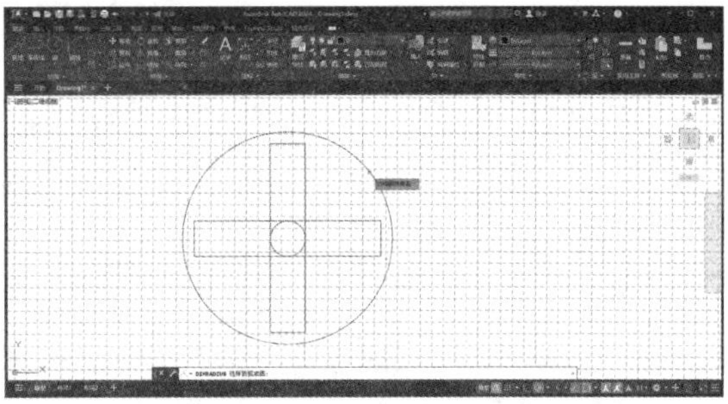

图 13-54　直径标注示例文件　　　　图 13-55　圆形作为标注对象

步骤 03 在绘图区域中拖动鼠标并单击指定尺寸线的位置，如图 13-56 所示。

步骤 04 结果如图 13-57 所示。

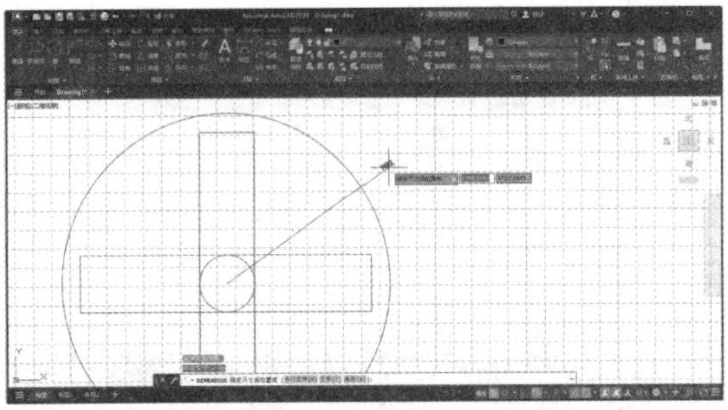

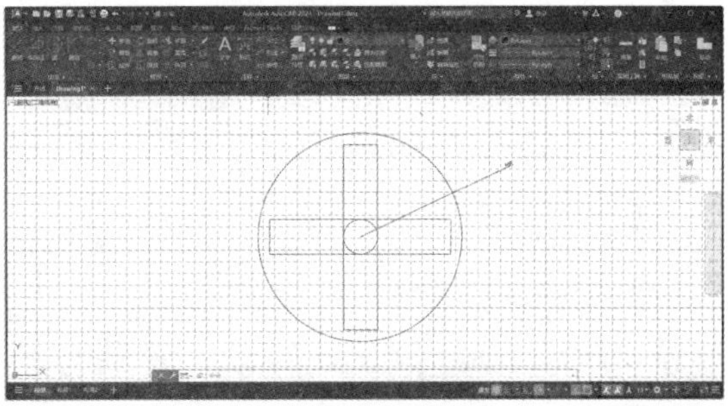

图 13-56　单击指定尺寸线的位置　　　　图 13-57　步骤 04 结果

步骤 05 重复上述步骤，对另外一个圆形进行直径标注，结果如图 13-58 所示。

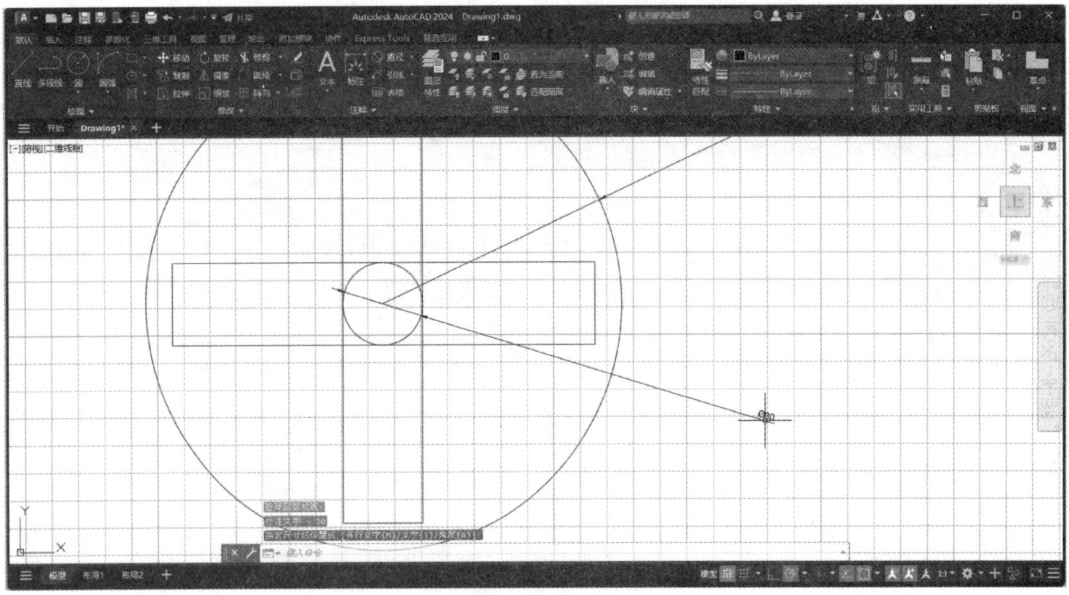

图 13-58　步骤 05 结果

13.4 AUTOCAD 绘制三视图举例

本次要求绘制一个长为 100mm，宽为 50mm，高为 30mm，圆直径为 30mm 的三视图，如图 13-59所示。

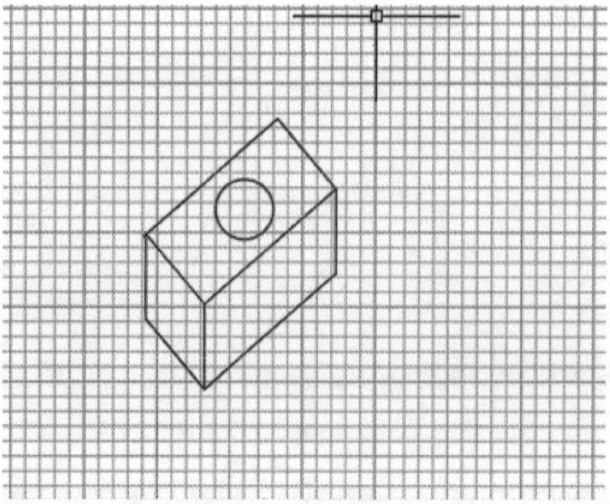

图 13-59 绘制三视图

1. 使用单点长画线画出十字轴线

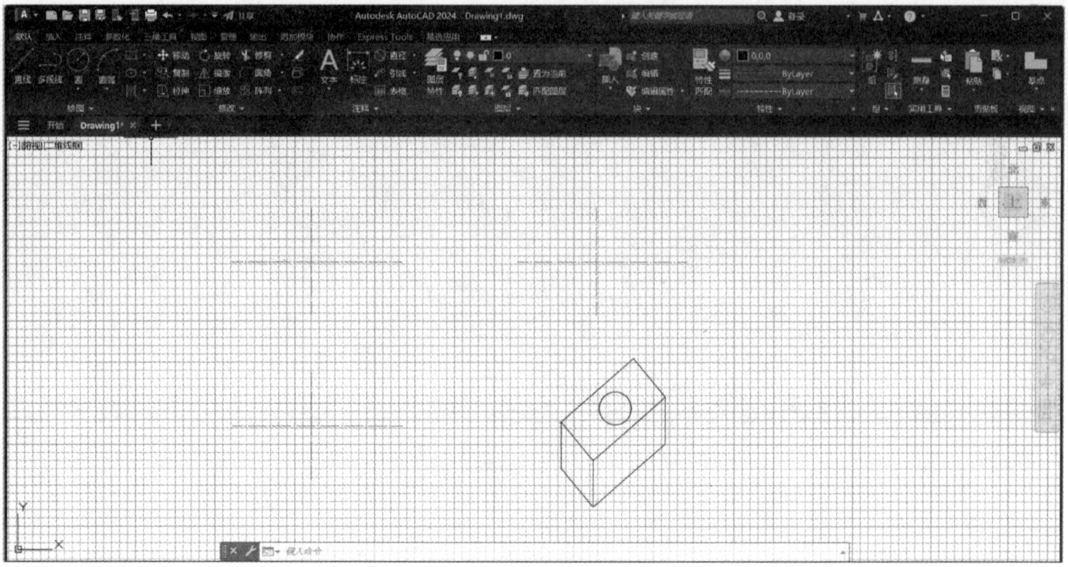

图 13-60 绘制三视图步骤一

2. 绘制矩形和圆

使用矩形命令画一条长为 100mm 宽为 50mm 的矩形(图 13-61)，使用圆命令绘制直径 30mm 的圆(图 13-62)。

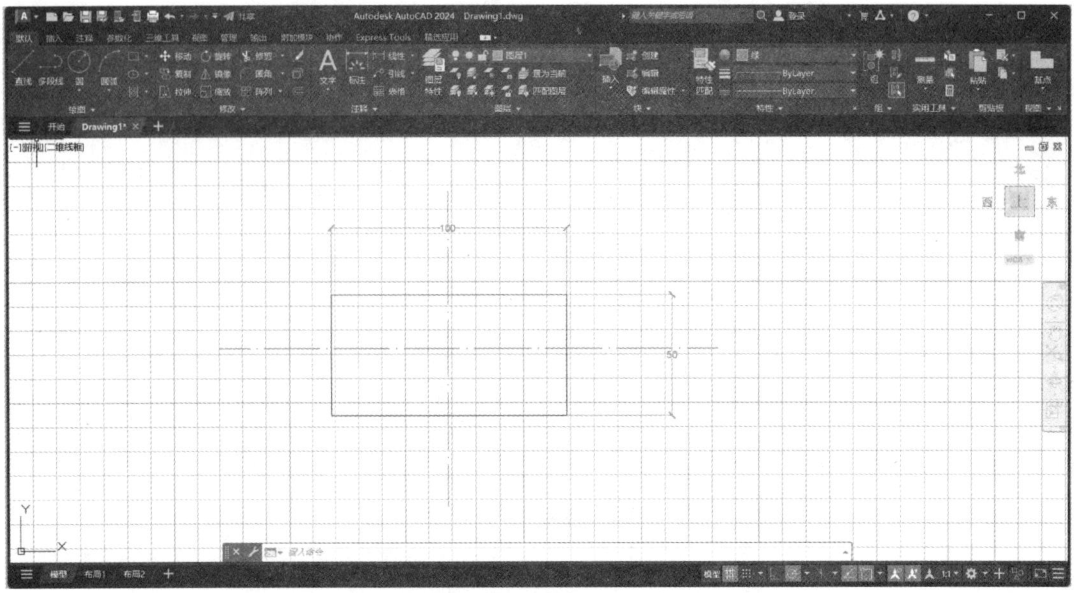

图 13-61 绘制三视图步骤二

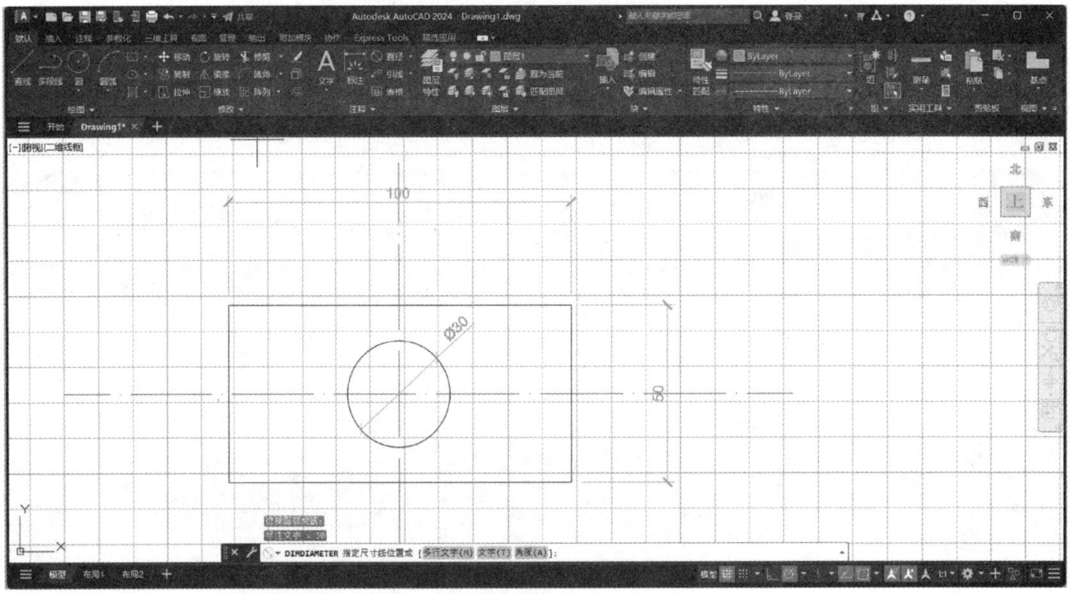

图 13-62 绘制三视图步骤三

3. 绘制虚线辅助线及侧面图和俯视图的长方形边缘

使用 ray 命令绘制虚线辅助线，使用偏移命令绘制侧面图和俯视图的长方形边缘（图 13-63）。

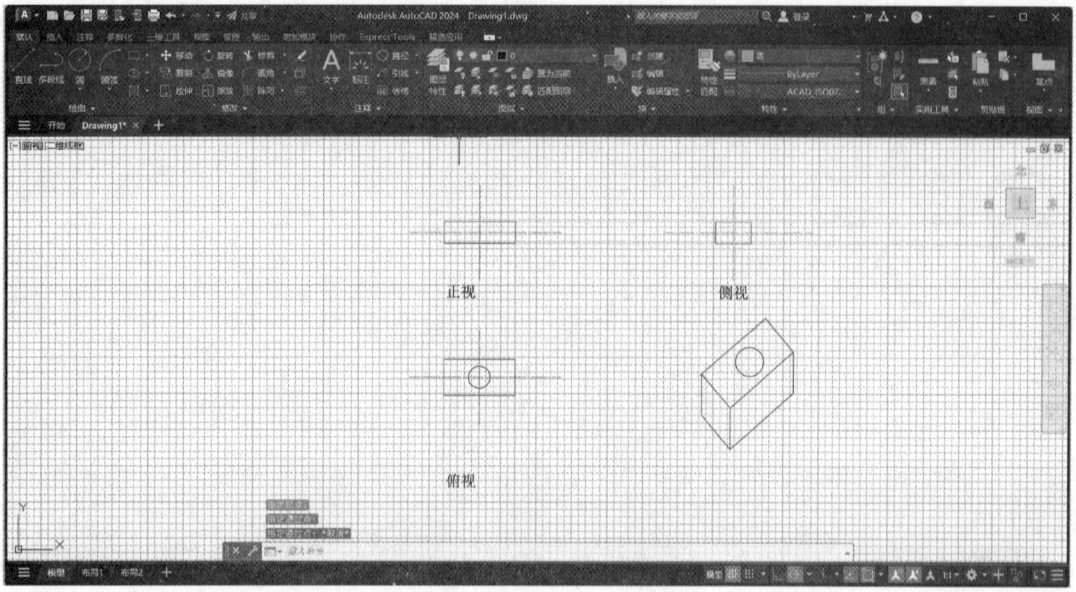

图 13-63　绘制三视图步骤四

5. 使用 ray 命令画沿着圆边缘的辅助线

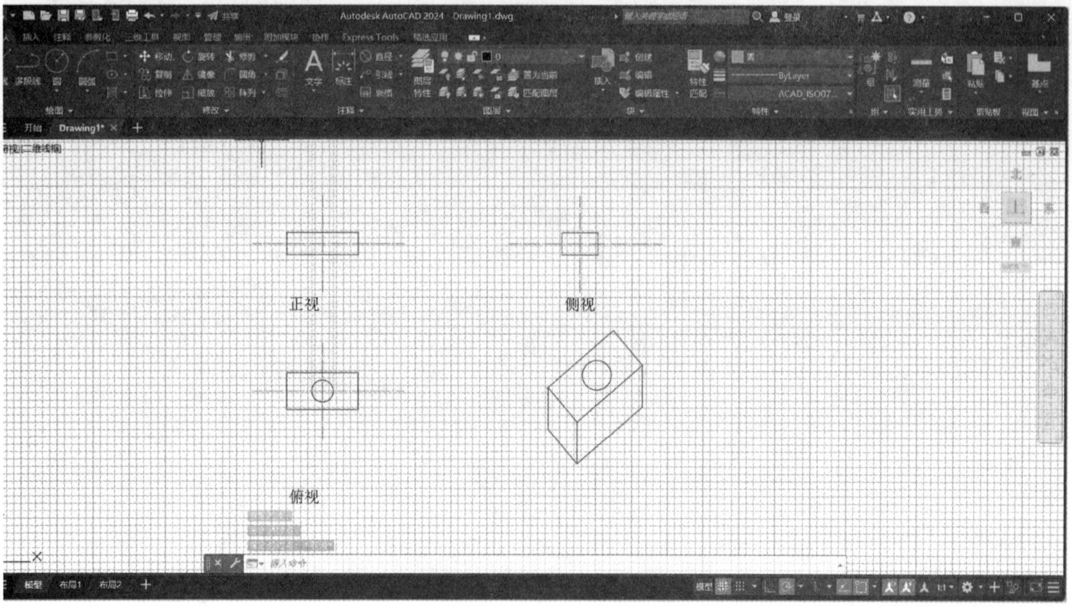

图 13-64　绘制三视图步骤五

正面看视图中长方形中圆柱为不可见，可用虚线表示，沿着辅助线绘制出圆柱轮廓即可（图中用单点长画线），如图 13-65 所示。

侧面面看视图中长方形中圆柱为不可见，可用虚线表示，沿着中心轴线用偏移命令（图中用单点长画线），如图 13-66 所示。

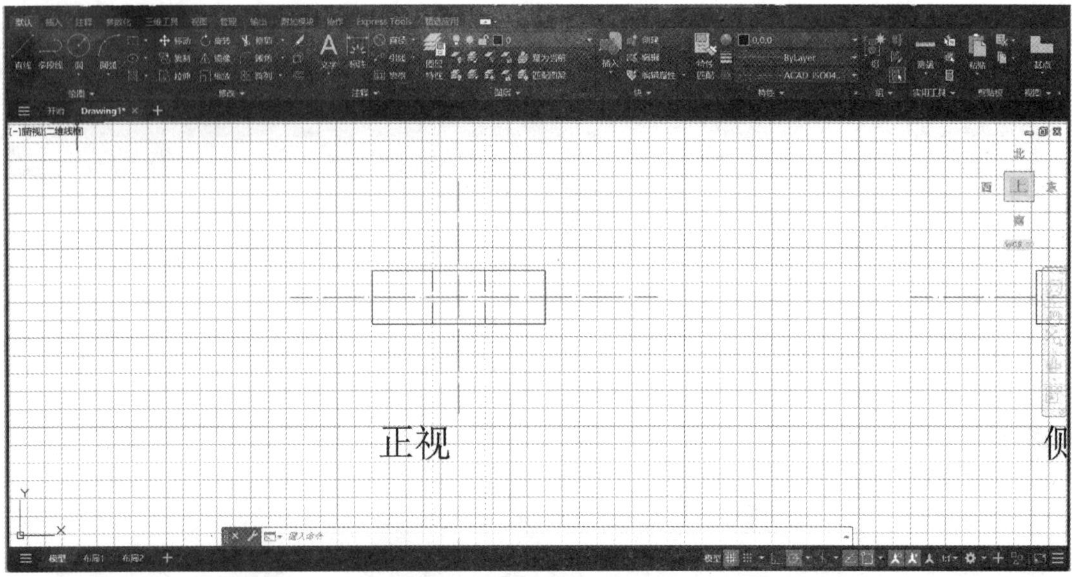

图 13-65　绘制三视图步骤六

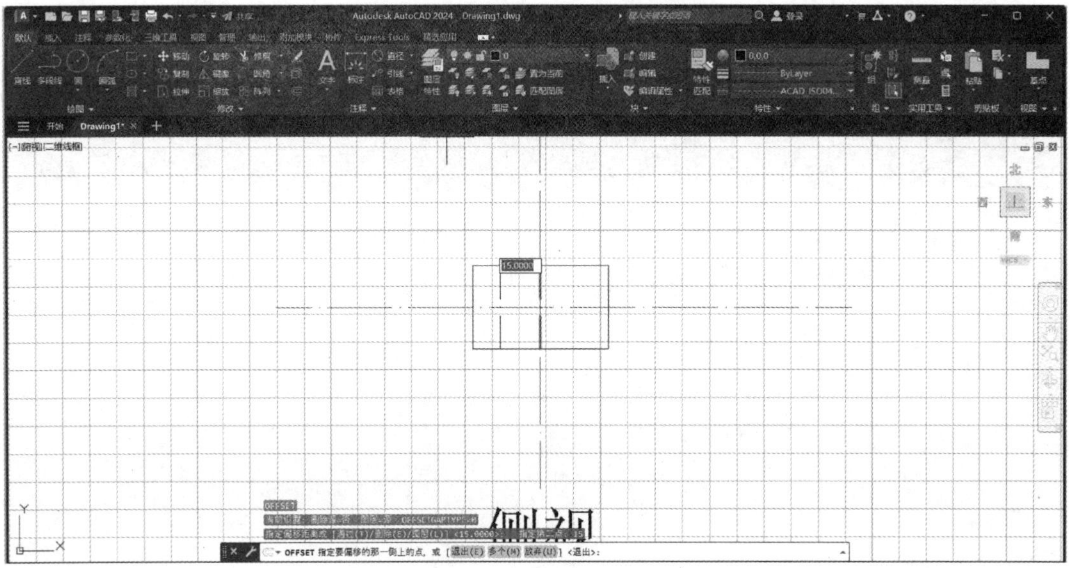

图 13-66　绘制三视图步骤七

6. 绘制完成

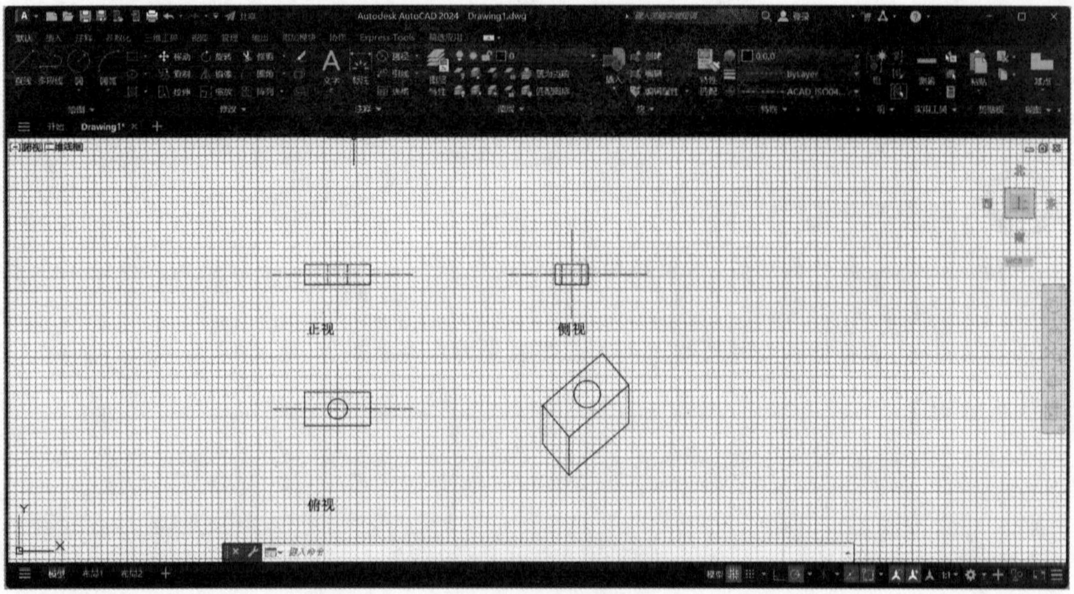

图 13-67　绘制三视图完成

上机练习

按下面的指导,练习所学的绘图命令。

1.用 6 种方式画无穷长直线。

2.用 5 种方式画圆。

3.用 8 种方式画圆弧。

4.用 3 种方式画多边形。

5.画三种形式的矩形。

6.用三种方式画椭圆。

7.对上图绘制的图形进行尺寸标注。

8.任选一三视图进行绘制。

第14章　土木工程制图CAD综合实训指导

【教学目标和任务】

知识目标：了解软件功能，掌握软件的安装过程和软件的操作，掌握操作软件绘制土木工程图的步骤和方法。

能力目标：具备操作软件绘制土木工程图的能力和沟通能力。

【思政目标】

培养学生严谨、认真的作风，为社会培养富有责任心、爱国爱人民的工程师。

14.1　目的与要求

本综合实训是在基本教学内容完成之后进行，主要目的是对分散的教学内容进行综合和归纳，提高学生解决实际问题的综合能力。通过实训练习，学生将学会利用 AutoCAD 绘制完整三视图、建筑平面图(或土建工程图)的过程和方法。

具体要求如下：

(1)熟练掌握常用的绘图与编辑命令的操作方法与综合使用技巧。

(2)能熟练使用目标捕捉，灵活使用各种自动追踪。

(3)掌握利用图层组织管理图形的方法。

(4)理解绘图环境的含义，掌握绘图环境的设置方法，定制自己的样板。

(5)掌握图块的基本操作，掌握工程图样的文字及尺寸标注的要求与方法。

(6)掌握在 AutoCAD 中绘制建筑图样的过程和方法。

(7)了解三维实体图的基本绘图要点。

14.2　重点与难点指导

14.2.1　文字样式的设置

为了字体的美观，可以使用 TTF 字体。当图样中字体很多的时候，还是采用 SHX 字体为好，比如尺寸标注，推荐使用 SHX 字体，字体样式如图 14-1 所示。

样式名	字体名	宽度比例	字体样例	说明
st	宋体	0.7	ABC机械制图12345	用于尺寸标注
gb	gbeitc.shx+gbcbig.shx	1	ABC机械制图12345	用于汉字标注

图 14-1　字体样式

14.2.1.1　TIF 文字样式

TIF 字体是 Windows 下的通用字体(图 14-2)，例如常用的宋体，楷体等。

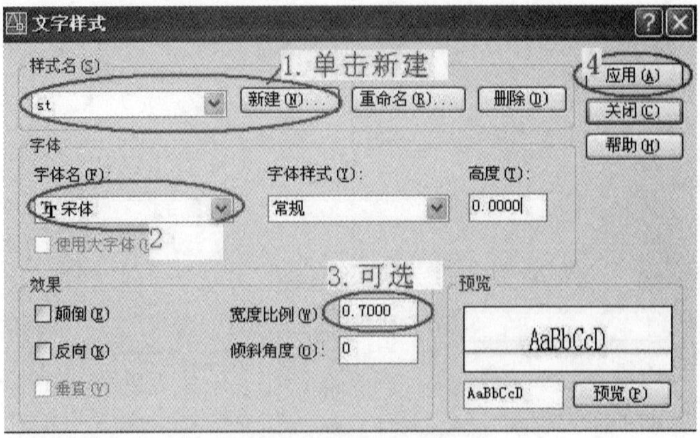

图 14-2　TIF 字体

14.2.1.2　SHX 文字样式

SHX 字体是 AutoCAD 的专用字体(图 14-3),其字体文件后缀为.shx。

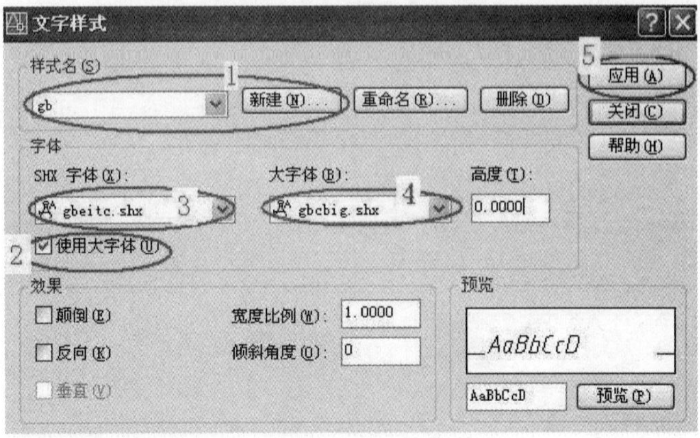

图 14-3　SHX 字体

14.2.2　尺寸标注样式的设置

(1)命名新样式 GB—35(主样式),基于 ISO—25 设置相关公共参数,如图 14-4 所示。

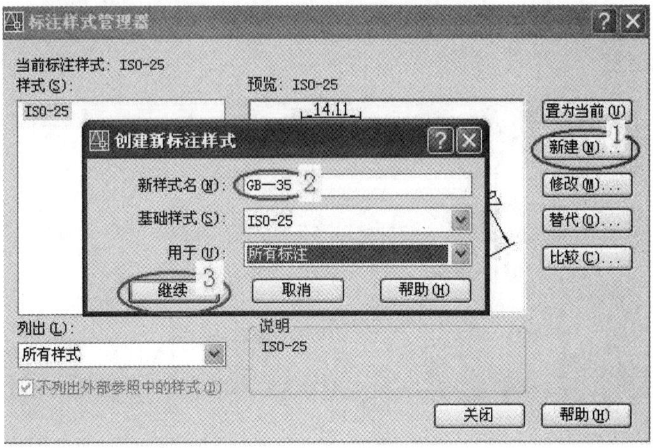

(a)

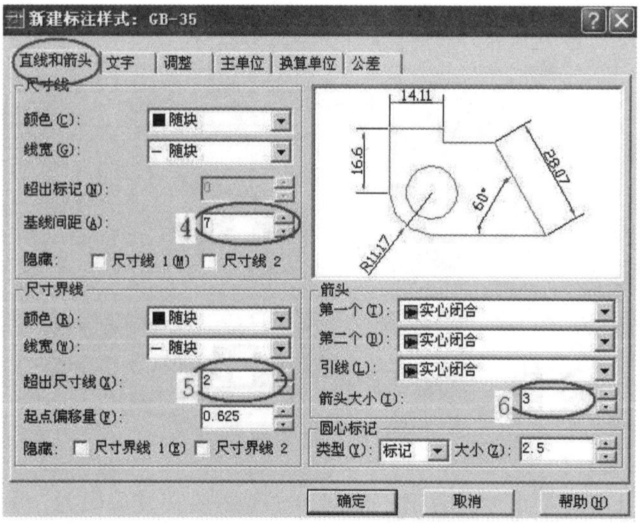

(b)

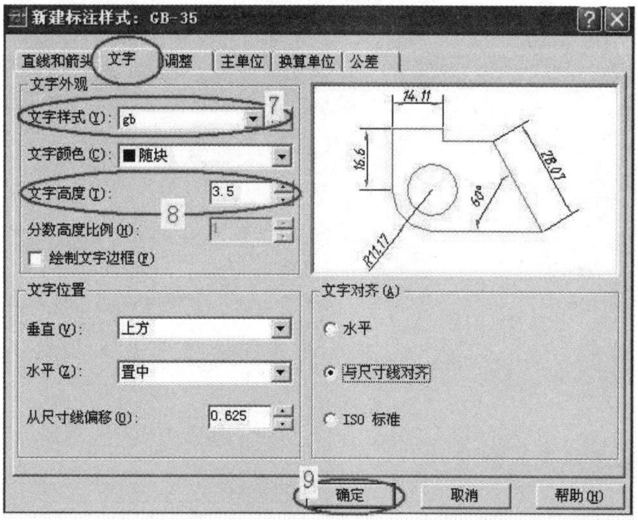

(c)

图 14-4　命令新样式

(2)创造“线性标注”子样式，如图 14-5 所示。

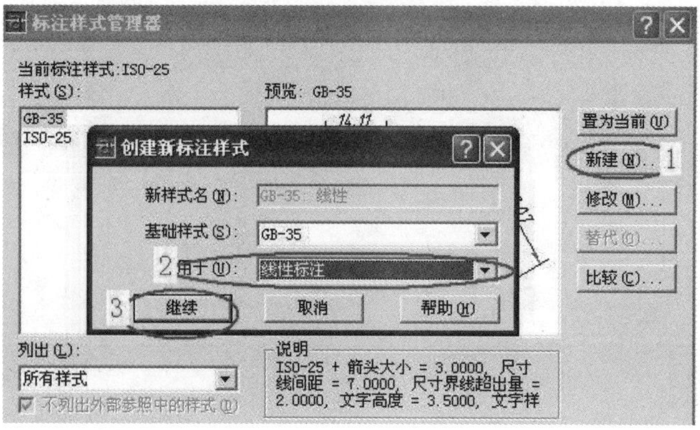

(a)

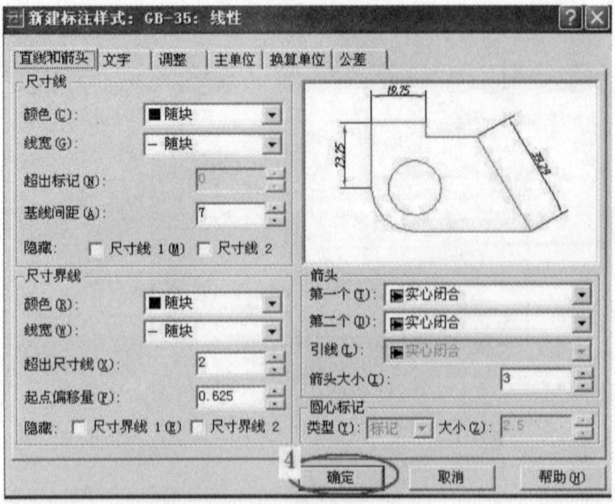

(b)

图 14-5　线性标注

(3)创建“角度标注”子样式，如图 14-6 所示。

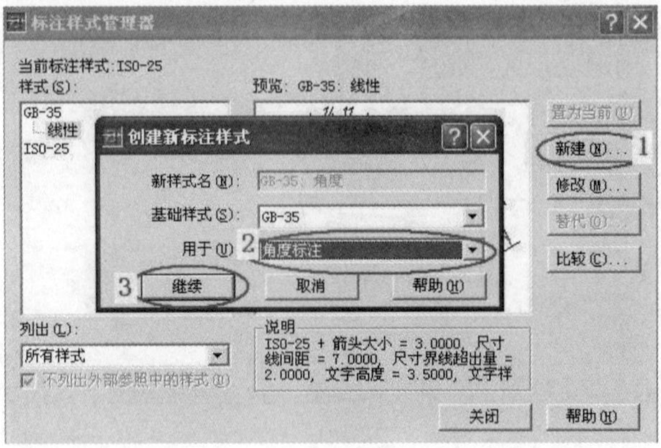

(a)

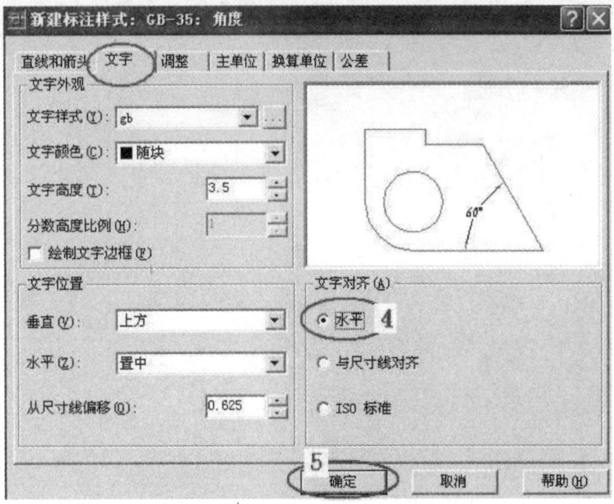

(b)

图 14-6　角度标注

(4)创建“半径标注”子样式,如图 14-7 所示。

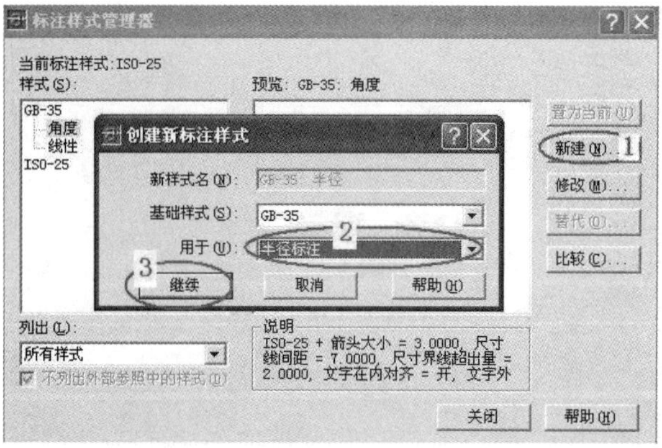

(a)

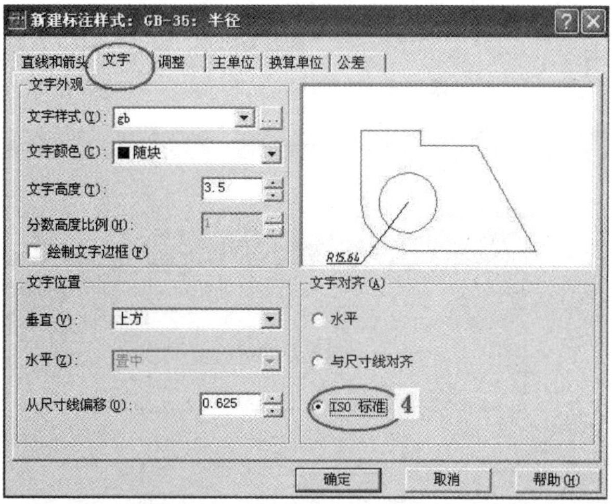

(b)

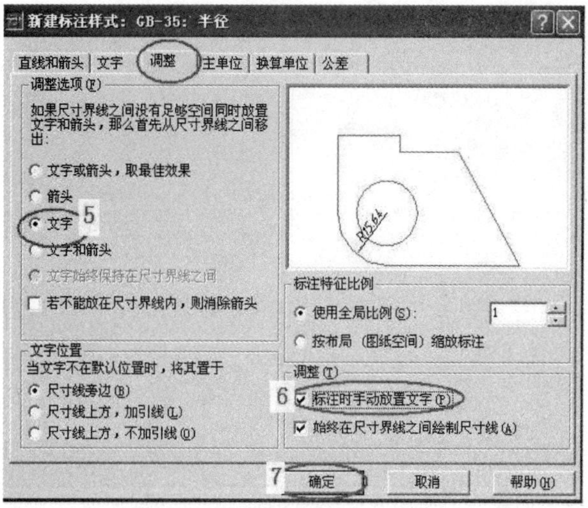

(c)

图 14-7 半径标注

(5)创建“直径标注”子样式，如图 14-8 所示。

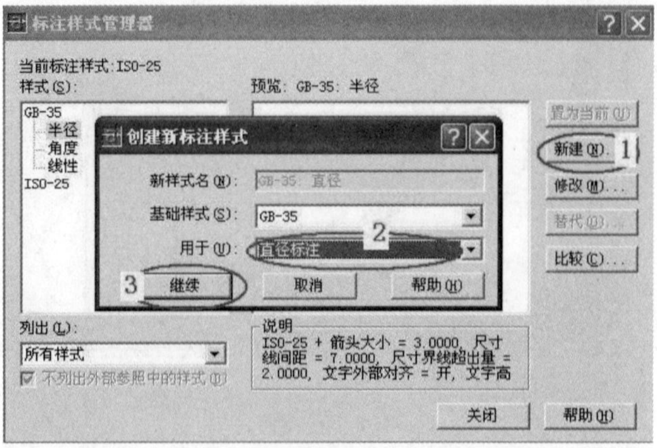

(a)

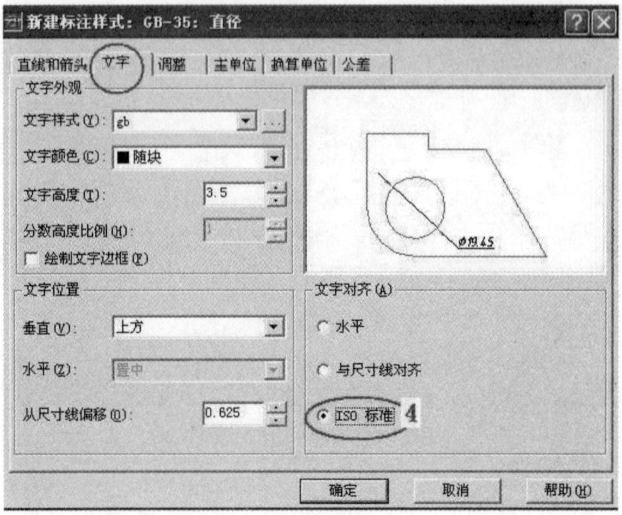

(b)

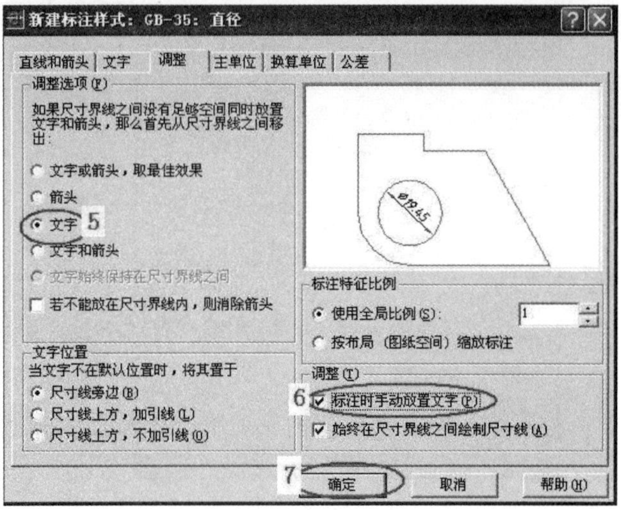

(c)

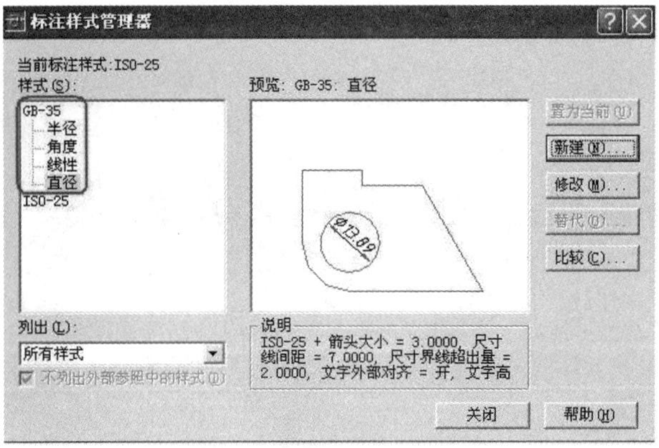

(d)

图 14-8　直径标注

(6)最后,将 GB-35 置为当前,完成尺寸标注样式的设置,关闭对话框,如图 14-9 所示。

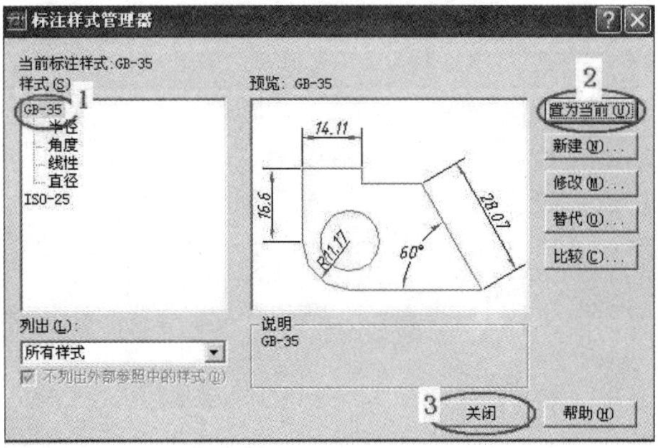

图 14-9　GB-35 **置为当前**

如何创建外部图块:

(1)先绘制出所需创建的外部块,如:标高符号。

(2)在命令行中输入:W,接着回车,弹出如图 14-10 所示的写块对话框。

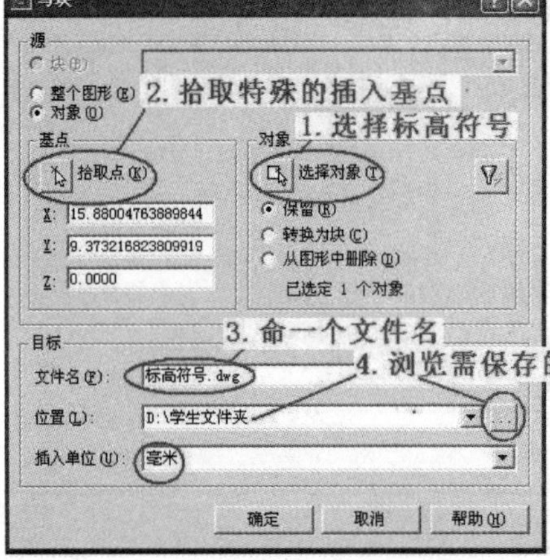

图 14-10　写块对话框

(3)执行以上四个步骤后单击确定即可实现外部块的创建。

(4)若需要插入外部块时,在命令行中输入:i,接着回车(也可单击插入块),则弹出插入对话框,如图 14-11 所示。

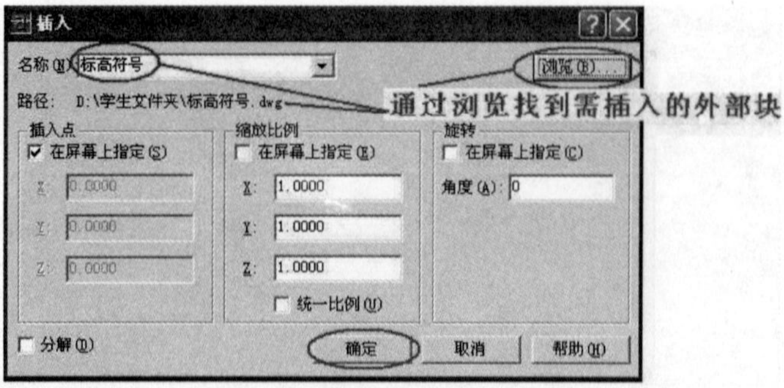

图 14-11　插入

(5)单击浏览按钮找到 D 盘的标高符号块文件,点击确定找到要插入的位置即可。

14.2.3　标高的标记图块

标高符号如图 14-12 所示。

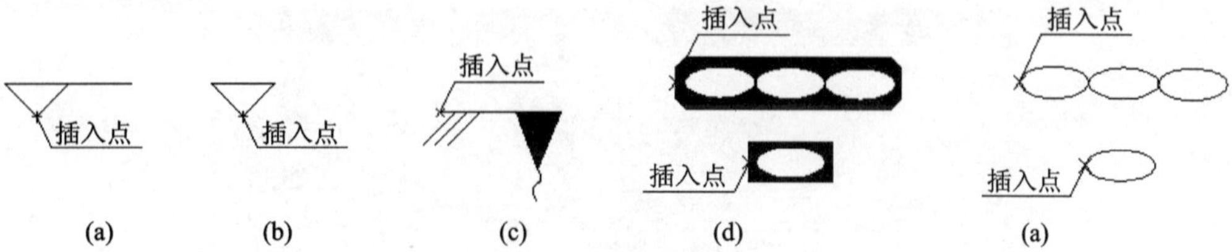

图 14-12　标高符号

(a)标高符号;(b)立面标高符号;(c)自然土壤;(d)浆砌石;(e)标高符号

14.2.4　样板文件的创建与使用

(1)新建图形

以公制缺省设置开始一张新图。

(2)单位制与精度

从格式下拉菜单中点取"单位…"命令,选择默认设置即可(图 14-13)。

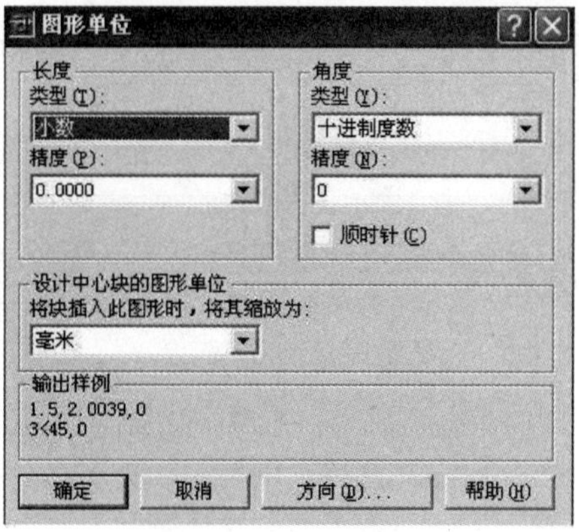

图 14-13　图形韵

(3)图层设置

从格式下拉菜单中点取“图层…”命令或直接单击快捷键 ，弹出图层特性管理器(图14-14)对话框后，新建以下图层即可。

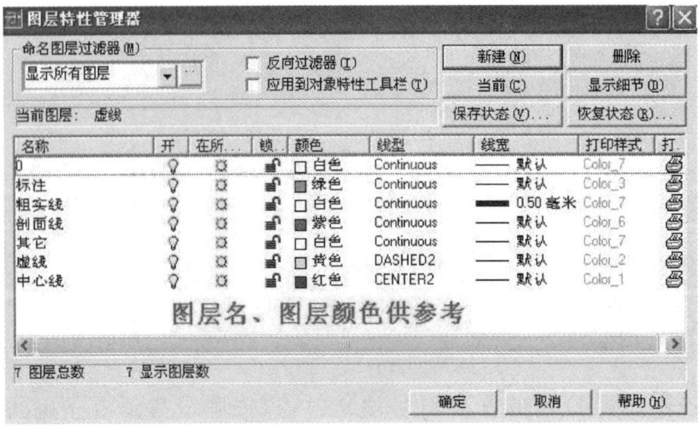

图 14-14　图层设置

(4)文字样式

至少设置一个文字样式，如图 14-15 所示。

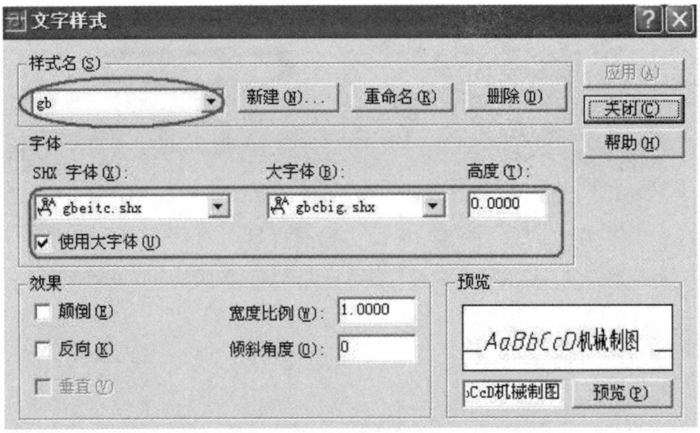

图 14-15　文字样式

(5)尺寸标注样式

按前述方法设置完成，如图 14-16 所示。

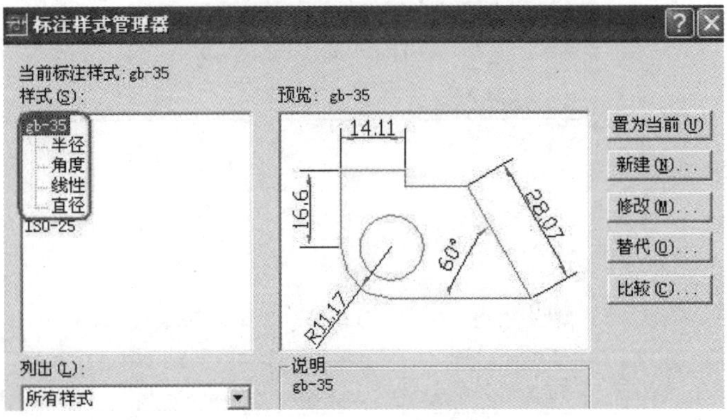

图 14-16　标注样式

(6)创建图块

可以在样板文件中保存常用的图块,如标高符号等。

(7)保存样板文件

①拾取下拉菜单"文件/另存为…"命令,打开保存文件对话框。

②选择".dwt"类型,输入文件名,指定文件夹。

③拾取"保存"按钮,弹出"样板描述"对话框,可以输入或不输入任何内容直接点击 OK 钮,如图 14-17 所示。

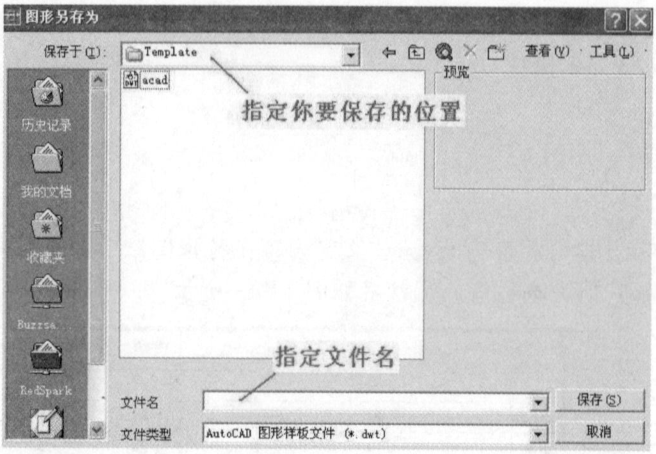

图 14-17　保存

(8)样板文件的使用

从"使用样板"开始新图,如图 14-18 所示。

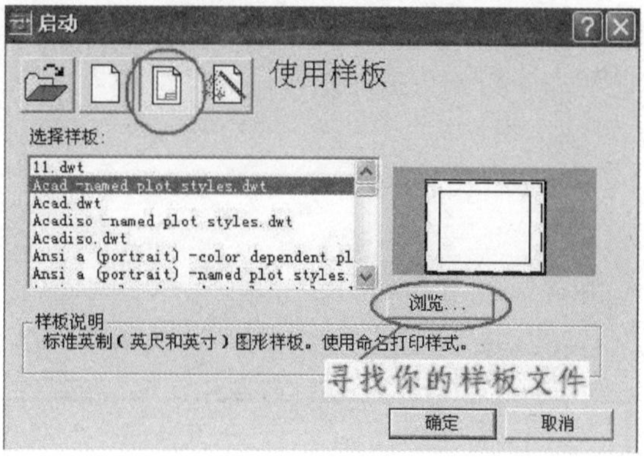

图 14-18　使用样板

14.2.5　打印图形

(1)选择打印机

①在"打印设备"卡上打印机名称处选择本机使用的打印机或绘图仪。

②选择黑白打印样式表。

(2)打印设置

在"打印设备"卡按作图设置。

①选择打印纸大小。

②选定打印方向。

③选择打印的图形范围。

④指定打印比例。

⑤勾选“居中打印”。

⑥完全预览。

⑦预览合适，点击确定。

14.3 练习内容

14.3.1 制作 A3、A4、图框

1. 设置文字样式

设置一个宋体样式，用于标注标题栏文字。

2. 绘制标题栏

按图示尺寸绘制并填写相应内容（这些文字内容在各张图纸中都是一样的）。外框线 0.5mm，其他为缺省值。标题栏如图 14-19 所示。

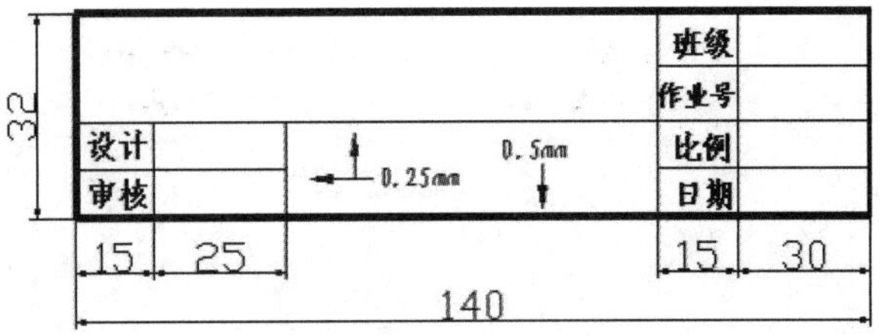

图 14-19　标注栏示意

3. 设置基点

BASE 命令，选择标题栏右下角点为插入基点

4. 保存

保存于自己的文件夹下，命名 btl. dwg。

5. 绘制图框

A4 图幅尺寸：297x210mm，不留装订边，均 5mm。

A3 图幅尺寸：420x297mm，装订边 25mm，其他 5mm，如图 14-20 所示。

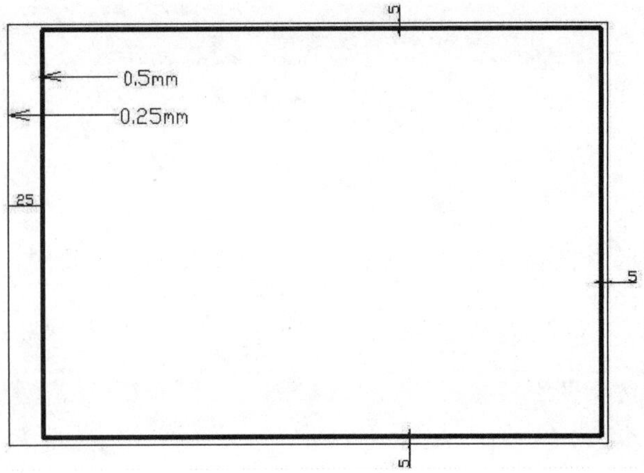

图 14-20　A3 图框

新建图形，在 0 层绘制 A3 图框，先以默认特性绘制完成，再修改线宽等特性。

①Base 命令设置基点。

②插入标题栏图块 btl，保存 A3.dwg 于自己的文件夹。

③用同样方法完成 A4 图框，插入标题栏图块 btl，保存 A4.dwg 于自己的文件夹。

14.3.2 绘制物体三视图(一)

分析图 14.21 所示尺寸，拟定按 A4 图幅，1∶2 比例打印该图。

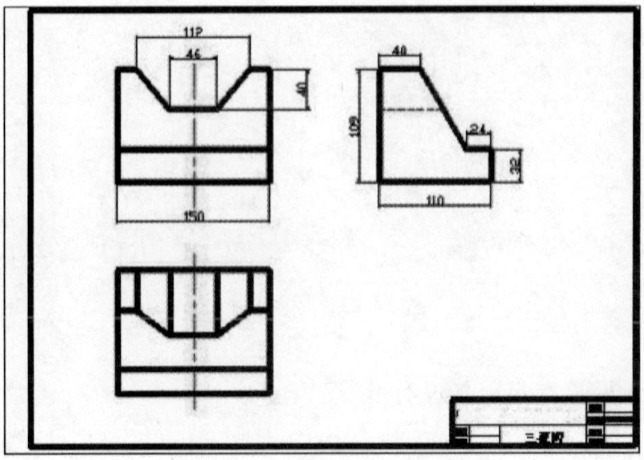

图 14-21 三视图(一)示意

(1)新建图形

从“使用面板”开始，选用自己的样板文件开始新图。这样图层、文字与标注样式等不用再次设置了。

(2)绘图

注意：绘图时依据图形标注的尺寸，1∶1 输入来绘制图形。无论图形最终的打印比例多少，一律按标注尺寸 1∶1 输入。

(3)修改标注样式后标注尺寸

修改全局比例为打印比例的倒数，此图拟定 1∶2 打印，所以给全局比例为 2，如图 14-22 所示。

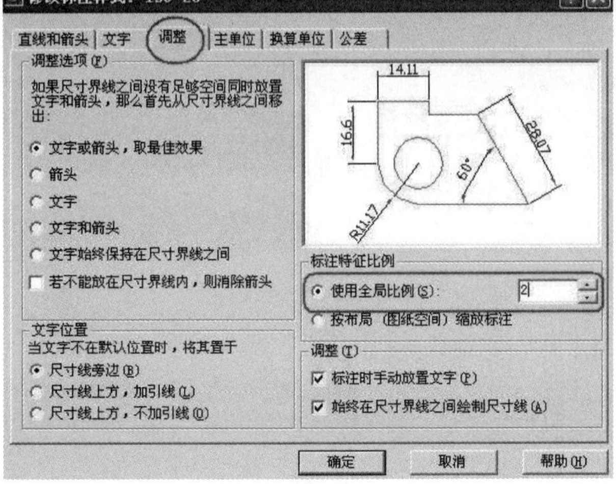

图 14-22 修改标注样式

(4)插入图框(图 14-23)

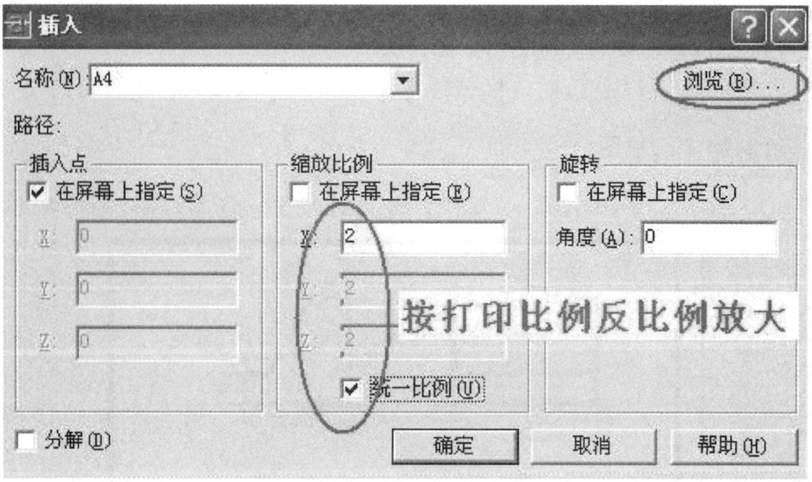

图 14-23　插入图框

(5)保存图形

命名 A4sst1.dwg 保存在自己的文件夹。

(6)打印图形(图 14-24)

设置好之后点击“完全预览”看一看效果如何？满意之后再确定。

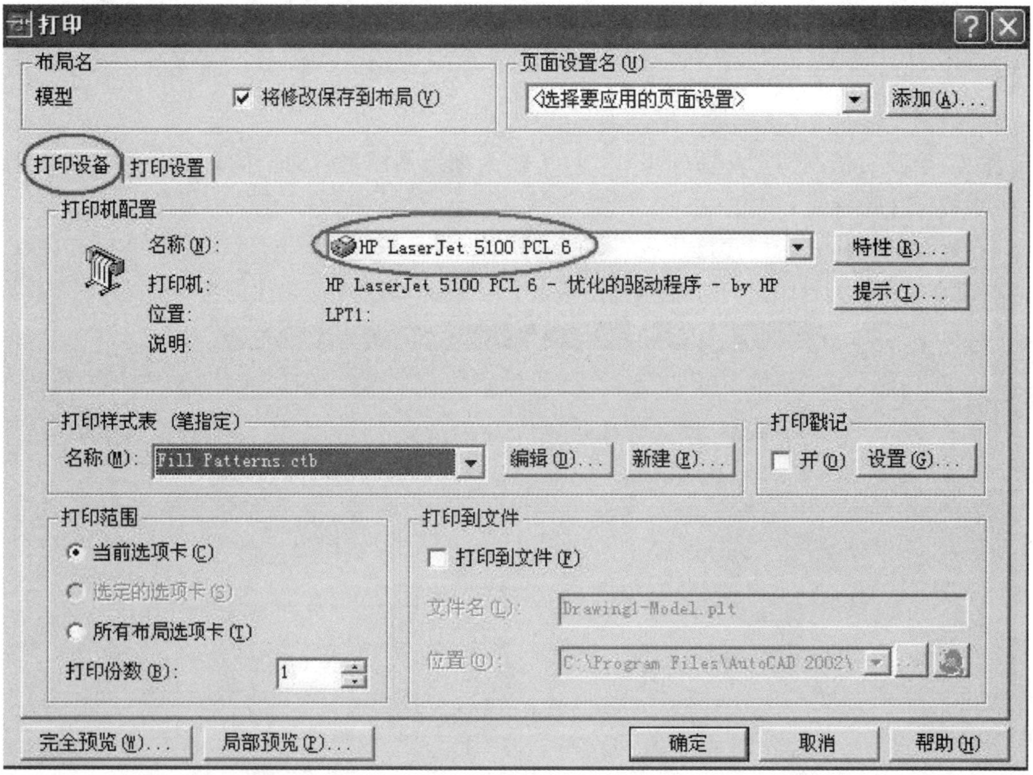

(a)

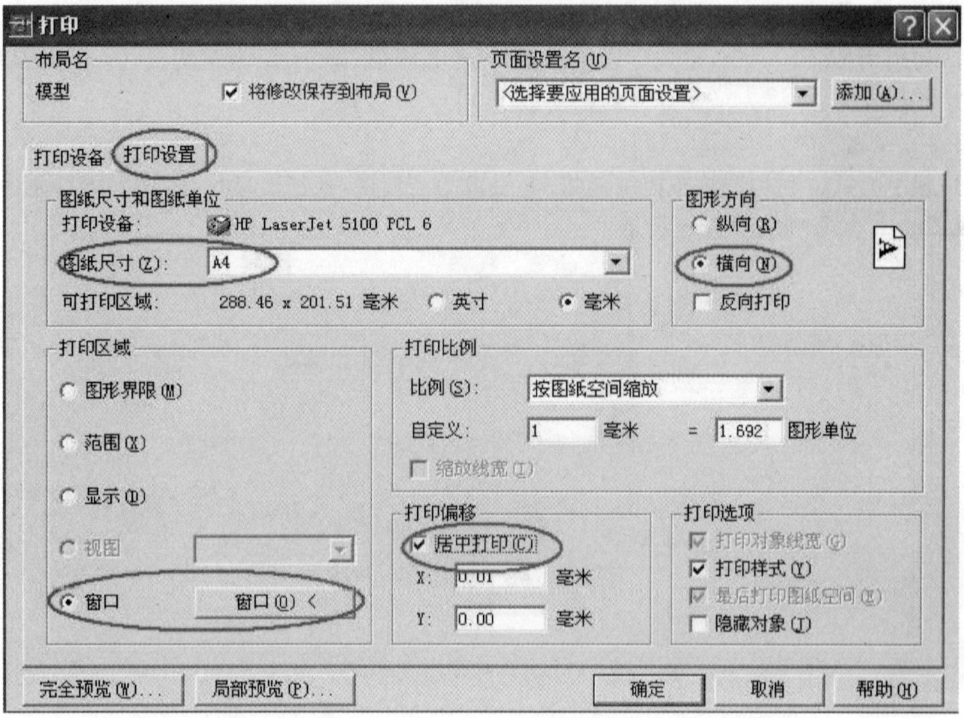

(b)

图 14-24 打印

14.3.3 绘制物体三视图(二)

分析图 14-25 所示尺寸,拟定按 A4 图幅,图形比例选用 2∶1。

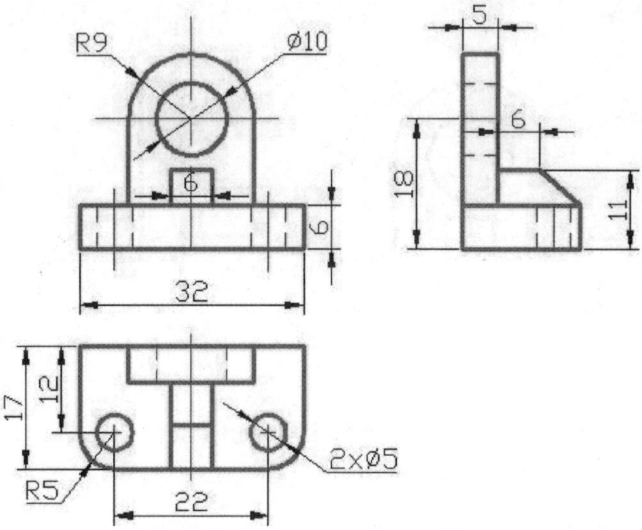

图 14.25 三视图(二)示意

1. 设置绘图环境

(1)利用下拉菜单格式 / 图形界限设置 A3 图纸。

(2)利用下拉菜单视图 / 缩放 / 全部显示全图。

(3)利用 LAYER 命令，按规定设置图层、颜色和线形，即 01 层为粗实线，04 层为细实线，05 层为细点画线，08 层为尺寸标注的细实线。

2. 画三视图

(1)画中心线。利用层状态控制栏将 05 层设为当前层，根据图形尺寸，用 LINE 命令绘制三个视图的中心线，如图 14-26 所示。

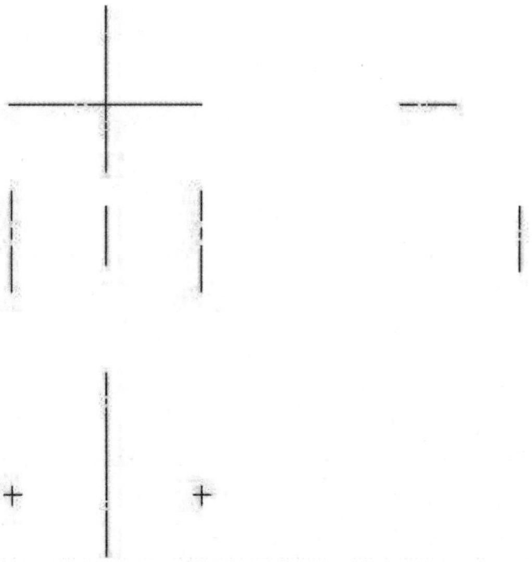

图 14-26 图中心线

(2)画三视图的轮廓线。将 01 层设为当前层，根据“长对正、高平行、宽相等”的原则，用 PLINE、CIRCLE 等命令绘制三个视图的轮廓线。编辑修改图形，完成外轮廓线图形，如图 14-27 所示。

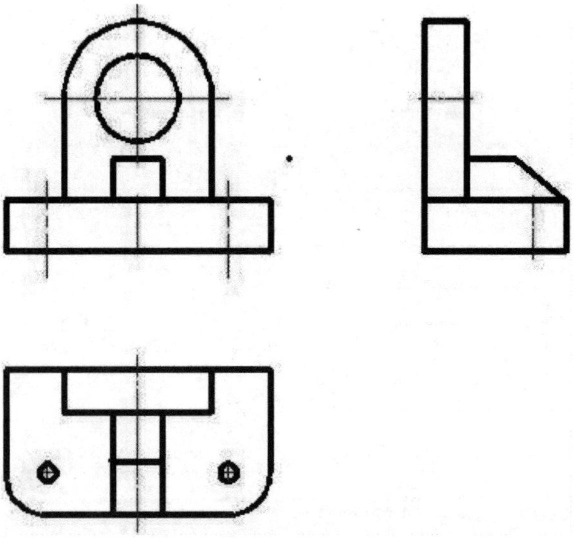

图 14-27 画三视图轮廓线

(3)画虚线。将04层设为当前层,用LINE命令绘制虚线。
(4)标注尺寸。将08层设为当前层,用DIMLIN、DIMRADIUS等命令标注尺寸。
3. 保存图形:
(1)插入A4图框。如下图
(2)命名A4sst2.dwg保存在自己的文件夹。

14.3.4 绘制涵洞三视图

分析图14-28所示尺寸,拟定按A3图幅,1∶1比例打印该图。

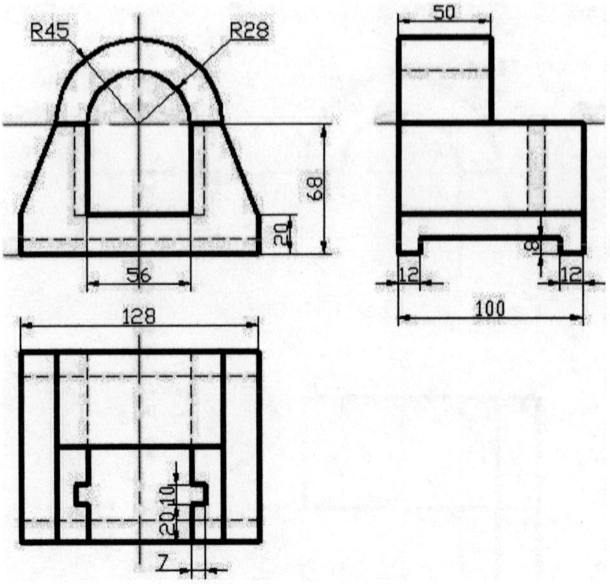

图14-28 涵洞三视图

(1)新建图形
从"使用样板"开始,选用自己的样板文件开始新图。
(2)绘图(图14-29)

(a)

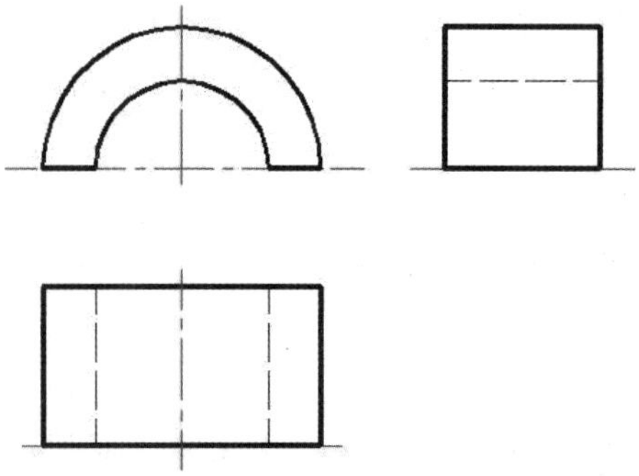

(b)

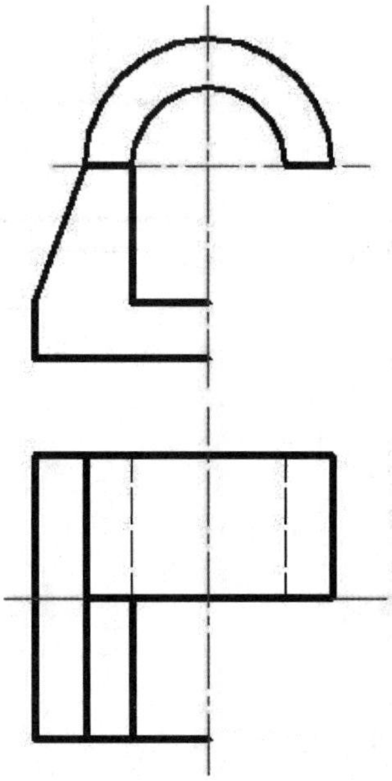

(c)

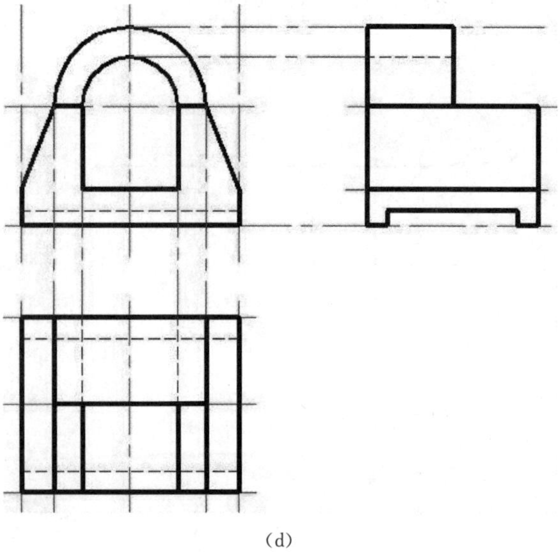

(d)

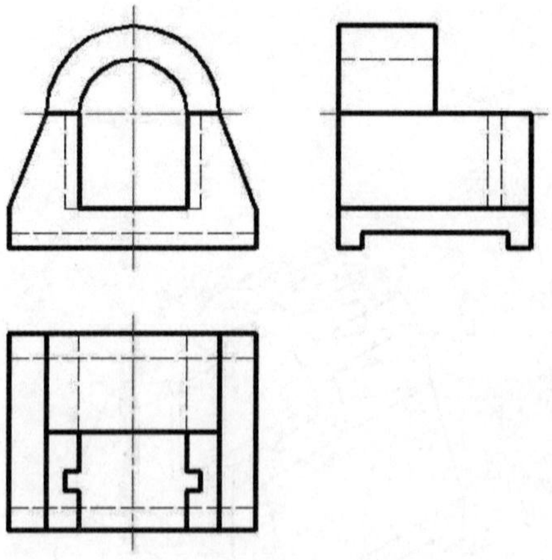

(e)

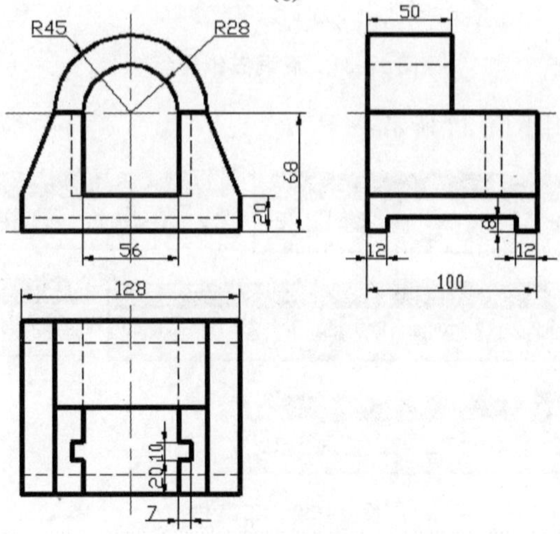

(f)

图 14-29　涵洞三视图的绘制

(a)画点画线;(b)画拱圈;(c)画边墩与底版;(d)镜像后合成;(e)绘制闸门槽;(f)标注尺寸

(3)插入 A3 图框并命名为:A3hd.dwg,如图 14-30 所示。

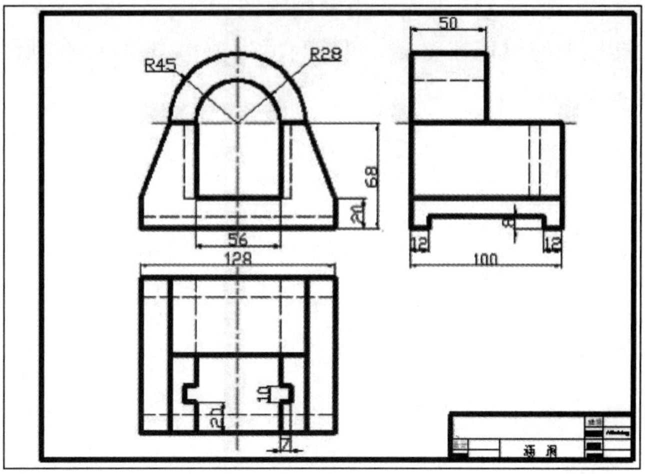

图 14-30　插入图框

(4)打印

14.3.5 涵洞三维模型

涵洞三维模型如图 14-31 所示。

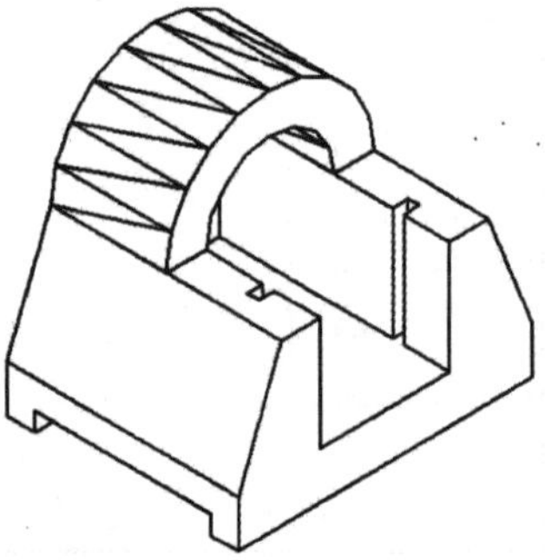

图 14-31 涵洞三维模型

几个常用的工具栏如图 14-32 所示：

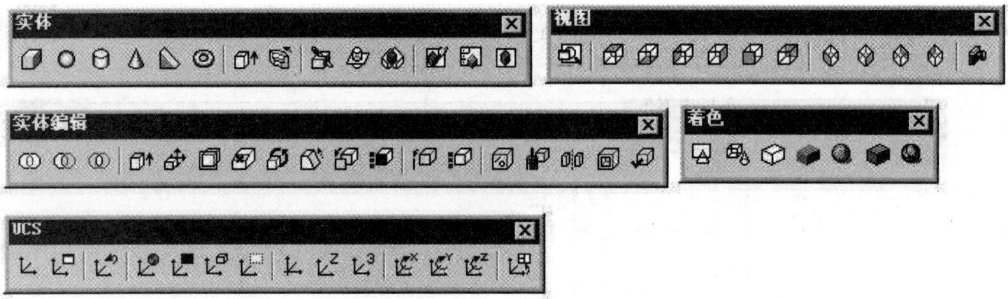

图 14-32 工具栏

1. 绘制闸体

(1)运用直线命令绘制闸体主视方向的截面图。

(2)点选视图工具栏上的主视图按钮，绘制如图 14-33 所示的截面图。

(3)点选视图工具栏上按钮，进入西南轴侧视图。

(4)点选实体工具栏上的拉伸按钮，拉伸高度为 100，如图 14-34 所示。

注意：拉伸方向为 Z 轴方向。

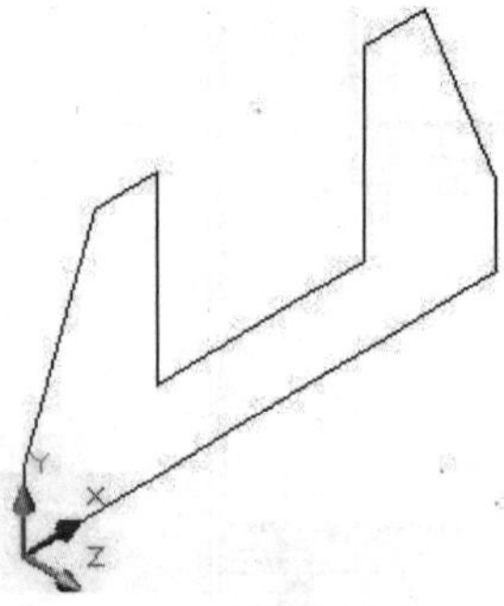

图 14-33 闸体截面图

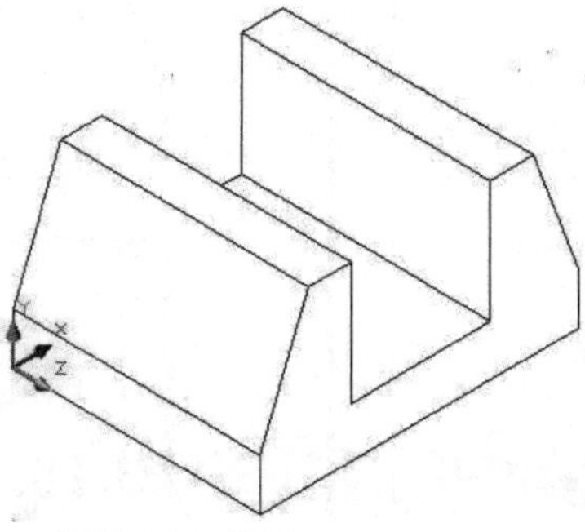

图 14-34 拉伸且消隐后的实体图

2. 设置 UCS

先作辅助线，如图所示，单击【UCS】工具栏上的【UCS】按钮 ，系统提示：

命令：ucs

当前 UCS 名称：＊没有名称＊

输入选项

[新建(N)/移动(M)/正交(G)/上一个(P)/恢复(R)/保存(S)/删除(D)/应用(A)/？/世界(W)]

＜世界＞：n

指定新 UCS 的原点或 [Z 轴(ZA)/三点(3)/对象(OB)/面(F)/视图(V)/X/Y/Z] ＜0,0,0＞：

//选择图 14-35 中辅助线的中点

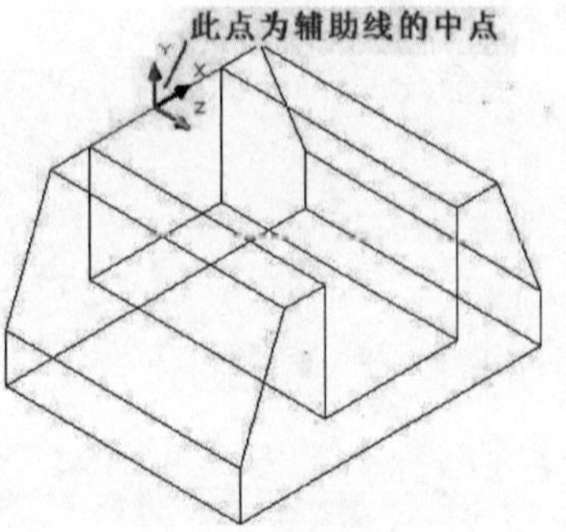

图 14-35　辅助线中点

3. 作上端半圆筒截面轮廓

(1)以辅助线中点为圆心绘制两个圆，如图 14-36(a)所示。

(2)输入—bo 命令，在图示位置[图 14-36(b)]点击并回车。

4. 拉伸其截面边界

(1)单击【实体】工具栏上的【拉伸】 ，将半圆封闭截面拉伸 50，形成实体图如图 14-36(c)所示。

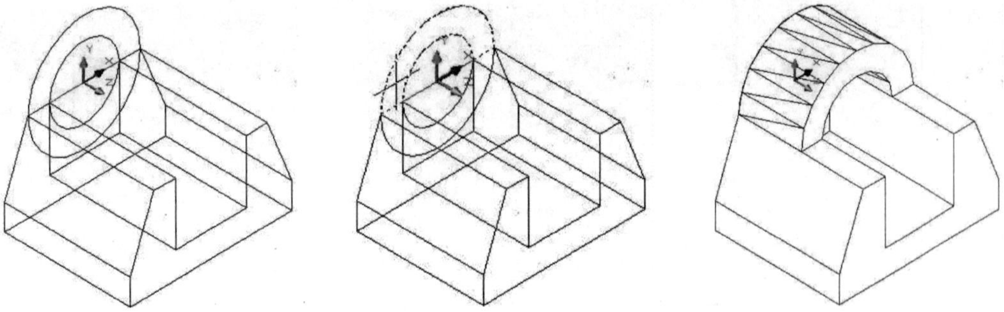

(a)　(b)　(c)

图 14-36　绘制轮廓

5. 变换 UCS 绘制闸槽

(1)将 UCS 变换成 XY 平面水平状态，如图 14-37(a)所示，绘制出矩形截面。

(2)将截面拉伸－48，选择差集命令 后，所得实体效果如图 14-37(b)所示。

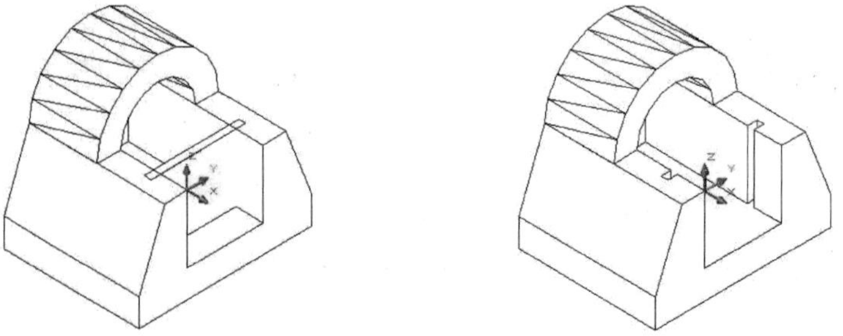

(a) (b)

图 14-37 绘制闸槽

6. 变换 UCS 绘制底面槽

(1)将 UCS 变换成 XY 平面平行左视图状态，如图 14-38(a)所示。

(2)绘制矩形截面。

(3)将截面拉伸－128，选择差集命令 后，所得实体效果如图 14-38(b)所示。

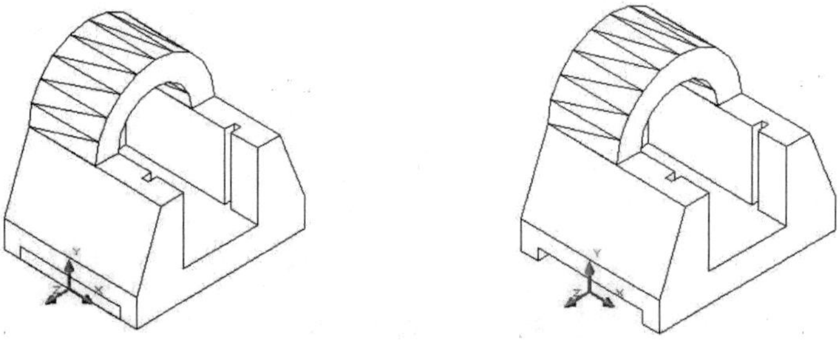

(a) (b)

图 14-38 绘制底面槽

14.3.6 绘制某房屋建筑图中平面布置图(图 14-39)

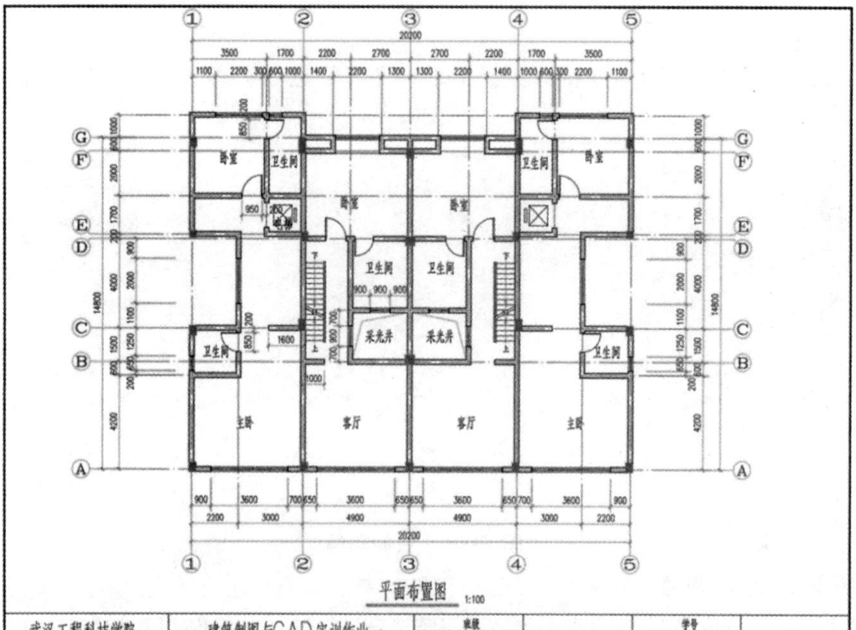

图 14-39 平面布置图

在绘制建筑平面图时，应先确定图幅，设置正确的单位以及精度，以上步骤完成后方可开始绘图。建筑平面图绘制的基本顺序：图层→轴线→柱子→墙线→门窗楼梯其他细部→尺寸→文字标注。

1. 图层设置

CAD 中的图层有两个基本作用：一个是图形的组织和管理，一个是控制图形的显示和打印特性（比如：开关、冻结、颜色、线型、打印线宽、是否打印）。绘图时可根据需要在图层管理器中新建所需要的图层并完成命名及其他设置（图层设置见图 14-40）

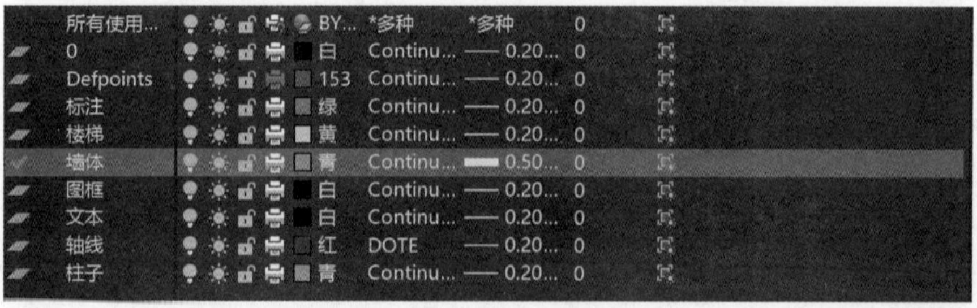

图 14-40　图层设置

2. 轴线

作为正式开始绘制平面图的第一步，轴线的绘制应先建立相应图层，按照《房屋建筑制图统一标准》（GB/T 50001—2017）设置当前层为轴线，本图中轴线线型为 ACAD_ISO04W100。绘制轴线时先绘制一条铅锤直线与一条水平直线，轴线的长度应该略长于横竖两方向的总长度，根据确定比例 1∶100 进行轴线的定位并开始绘制，绘制完成后使用画线平移法（如 CO，OFFSET 命令）对轴线进行修改。为避免混淆，还应对轴线进行标号。本图为左右对称图形，故在绘图时可以选择绘制半边图形后使用镜像指令完成另一边的图形，效果见图 14-41。

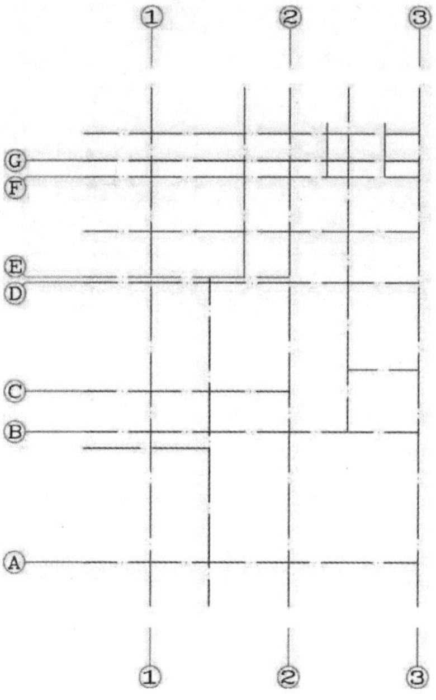

（a）

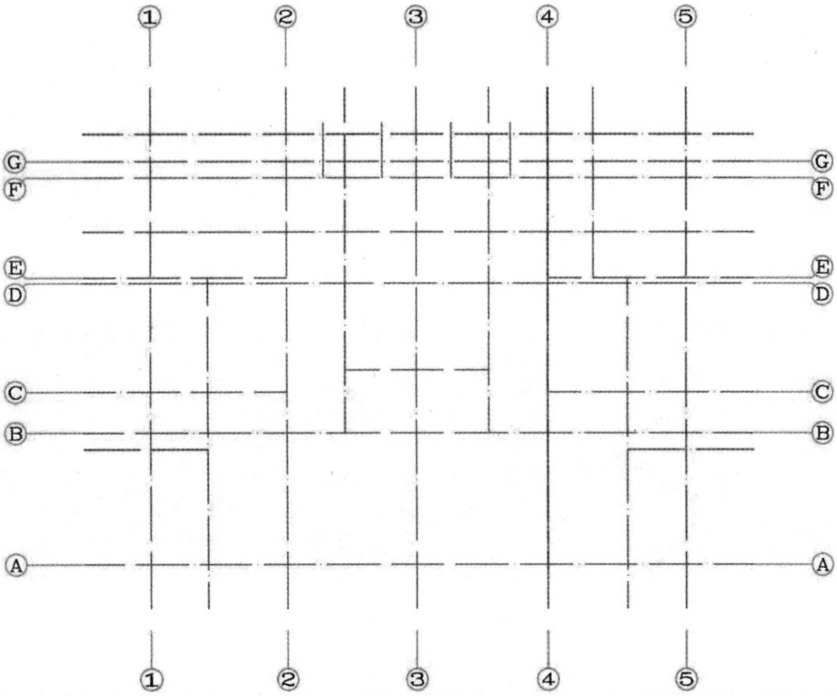

(b)

图 14-41 轴线的绘制

3. 柱子

设置当前层为柱子，开始绘柱。可利用多段线指令 PLINE 按柱子形状尺寸绘出封闭轮廓线，然后设置 HATCH 图层为当前层，调用图案填充命令 HATCH（选择柱轮廓线，内部涂黑或者填充材料图案），完成建筑平面图中柱子的绘制，如图 14-42。

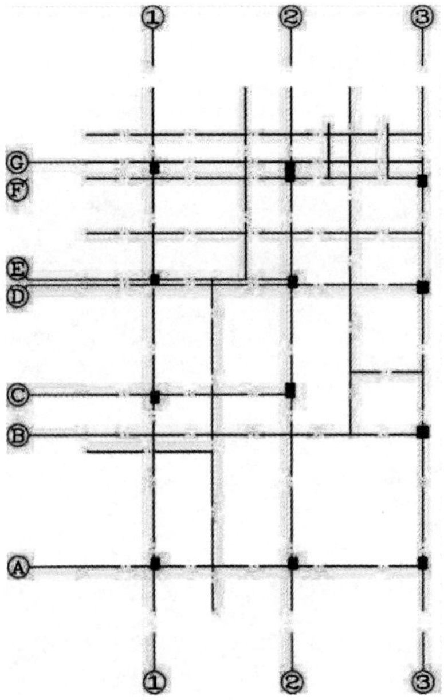

(a)

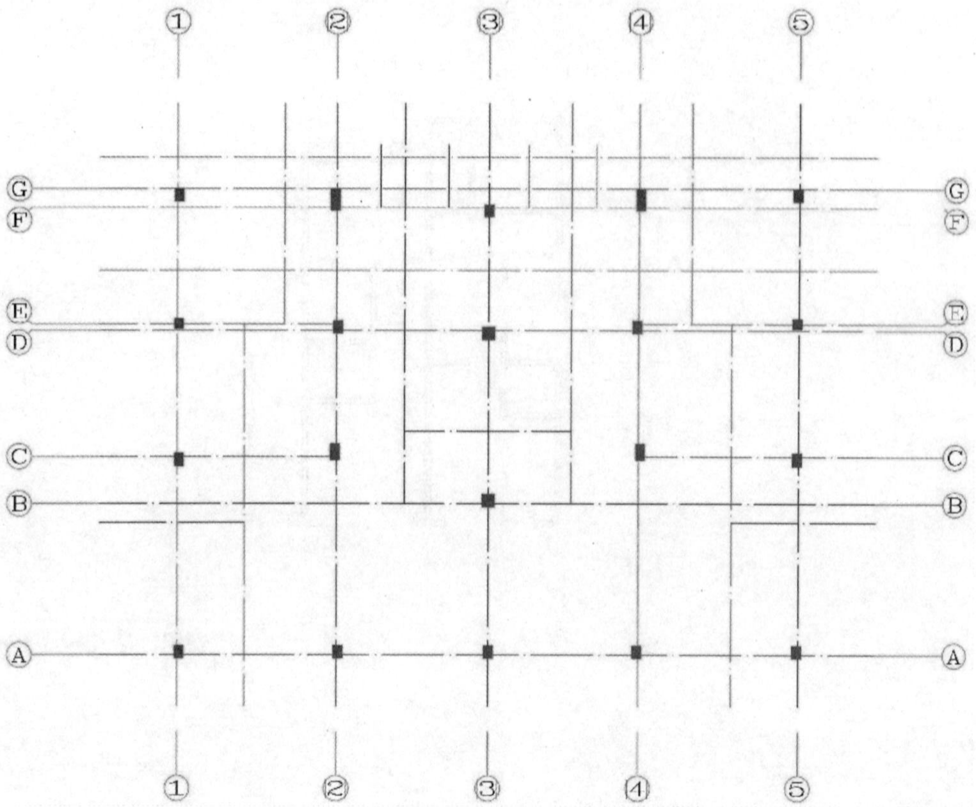

(b)

图 14-42 定位柱子

4. 墙体

完成柱子的绘制后便可以设置当前层为墙体，定位墙线并完成绘制，MLINE 命令是比较快捷有效的办法，MLINE 指令有三种对齐方式："上""下"和"无"，分别代表光标位于多线的上方、中央、下方。此处可选"无"，然后直接沿轴线绘制，平行线的宽度应设置为墙的厚度。设置当前层为 WALL，开始绘制。若要修改所绘制的线段样式，可使用 MLSTYLE 命令进入多线样式，设置所需要的多线。对于多线相交需要开、闭合的情况时，可以双击多线，使用多线编辑工具，点击所需要的操作，再分别点击需要进行操作的多线即可完成操作，由于剖到的墙体应画为粗线，所以应加粗线宽，为了让绘图者更清晰地掌握线宽关系，可以进入粗线层(THICK)，使用 PLINE 指令设置好宽度以后沿墙线加粗一圈，本图便是以此方式完成。但要注意的是，在一些比较复杂的建筑图中，图线加粗后会影响屏幕上图线的显示速度和效果，所以实际操作过程中，往往是在打印出图的时候按颜色来设置线宽，以达到输出各种线宽的目的，如图 14-43。

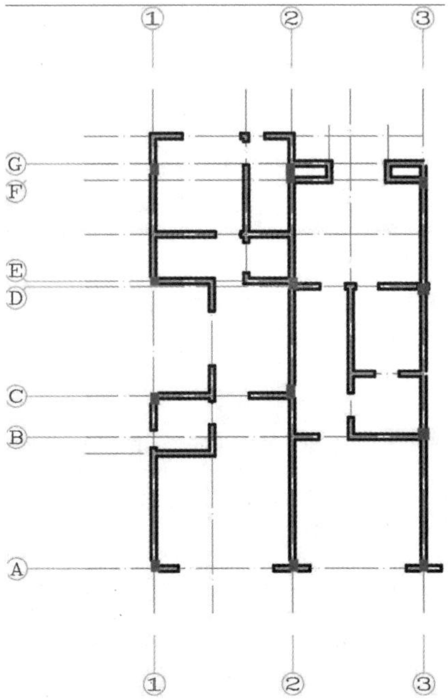

(a)

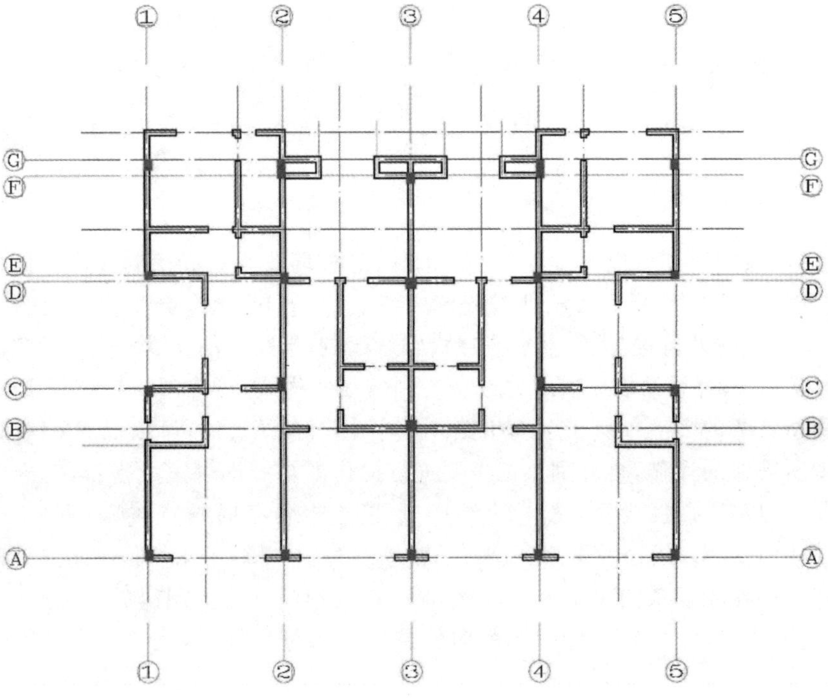

(b)

图 14-43　绘制墙体

5. 门窗与楼梯

对于门窗，应根据给定的数据使用矩形(REC)以及弧(R)绘制。在楼梯的绘制中，应先按照画墙线的方法补出楼梯端部所缺墙段，如有需要还应开启门窗，然后开始楼梯梯段的平面绘制。首先设置楼梯为当前层，梯段部分可以使用 ARRAY 和 OFFSET 指令进行绘制，在折断线处使用 TRIM 命令修剪，然后作出箭头，完善图形。为避免遗漏，一般在绘制楼梯的同时就应该在箭头尾部标明上、下方向。设计中如有坡道、电梯等垂直交通部分，通常也在这一步骤完成。该步骤效果如图 14-44。

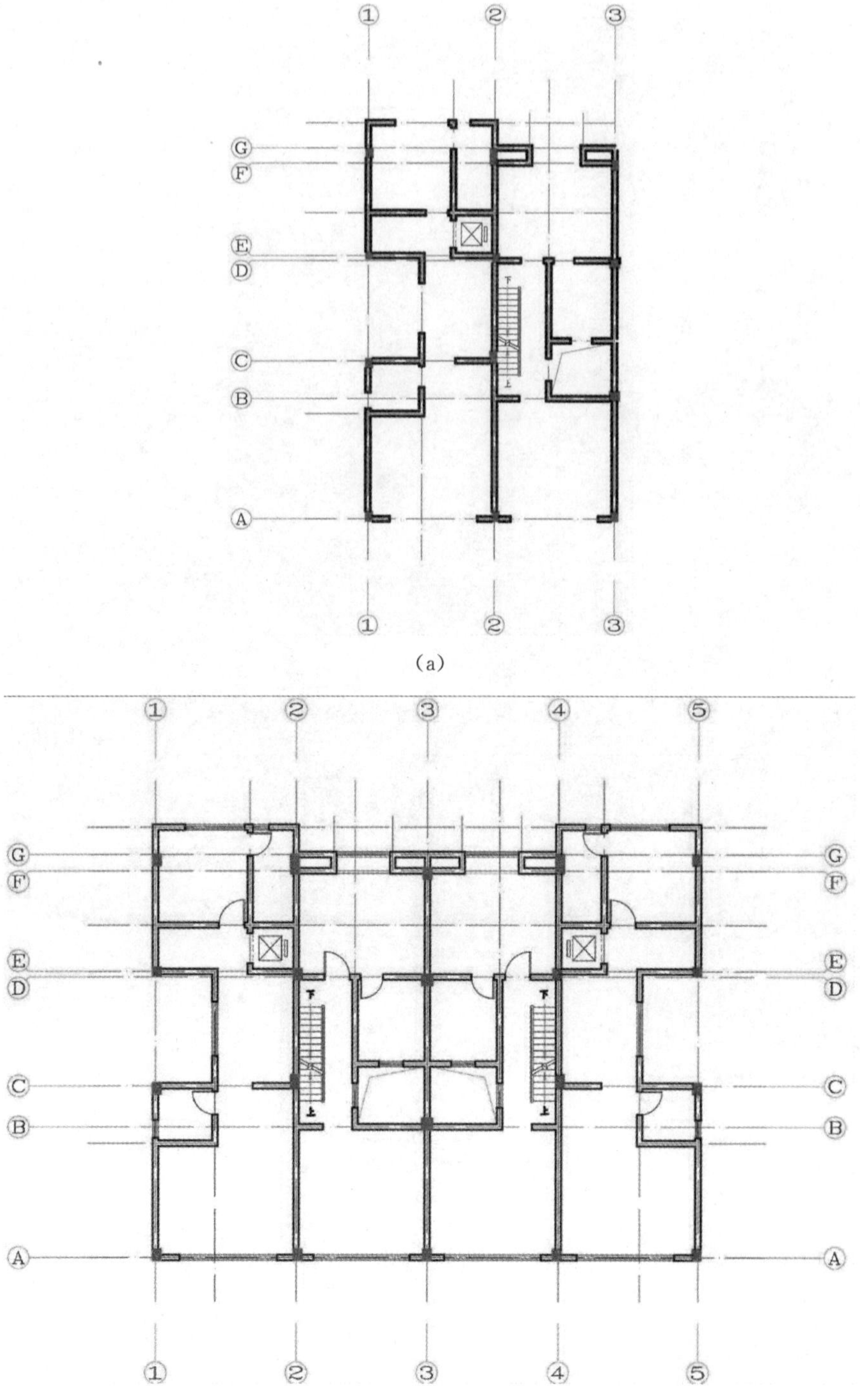

(a)

(b)

图 14-44　细部绘制

6. 尺寸

在进行标注前，需要在注释—标注样式管理器中对标注样式中尺寸线颜色、箭头、字高以及比例进行设置，本图中箭头均为建筑标记，字高为350，设置全局比例为1，具体设置见图14-45与14-46。需要注意的是在标注过程中应结合实际需要选择适当的标注样式或使用适当

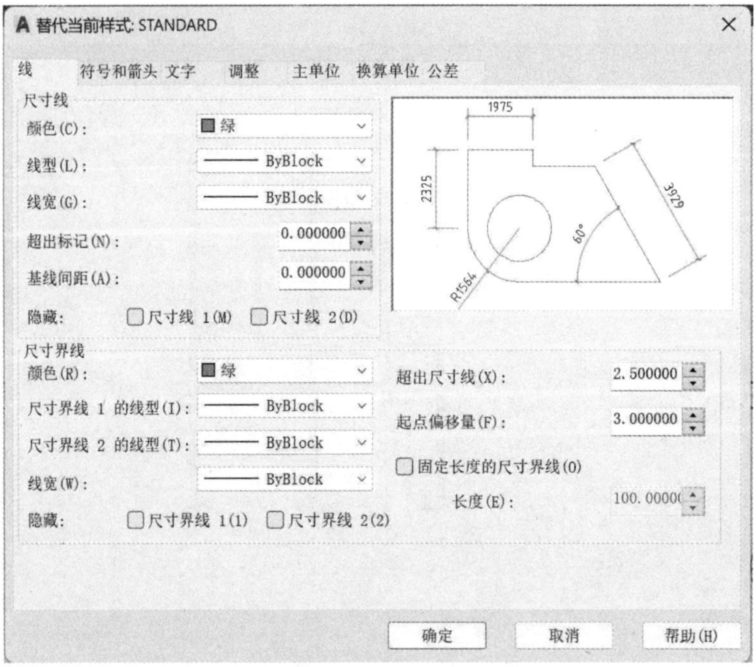

图 14-45 尺寸线设置

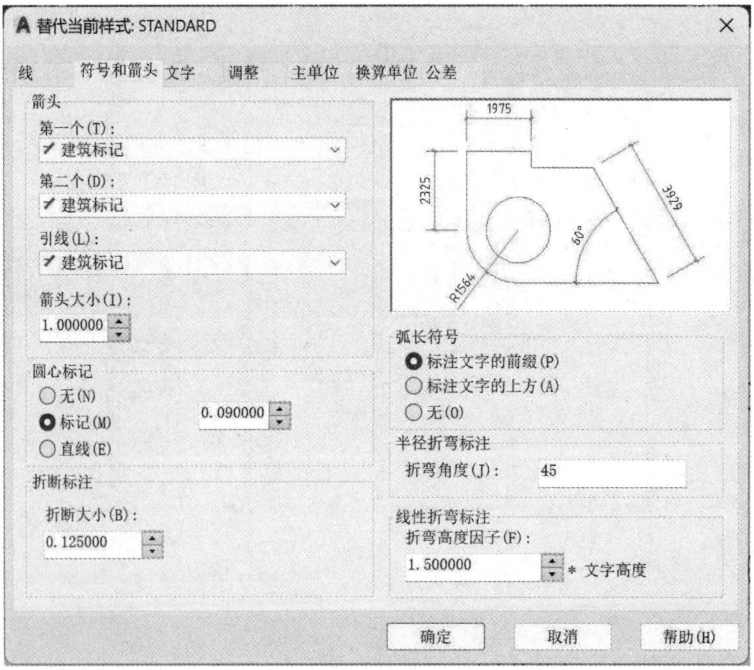

图 14-46 箭头样式设置

的标注指令(如 DIL、DAL 指令)。尺寸标注分为轴线标注和墙段标注两个主要部分,应严格按照制图规范的要求绘制轴线圈,注写轴线编号,同时标注 3 道尺寸,并完成包括详图索引在内的图纸中所需内外直墙段的各种细部标注。最后还应绘制标高符号,注写本层的标高。需要注意的是以上操作均应该在图层标注层中进行,如图 14-47 所示。

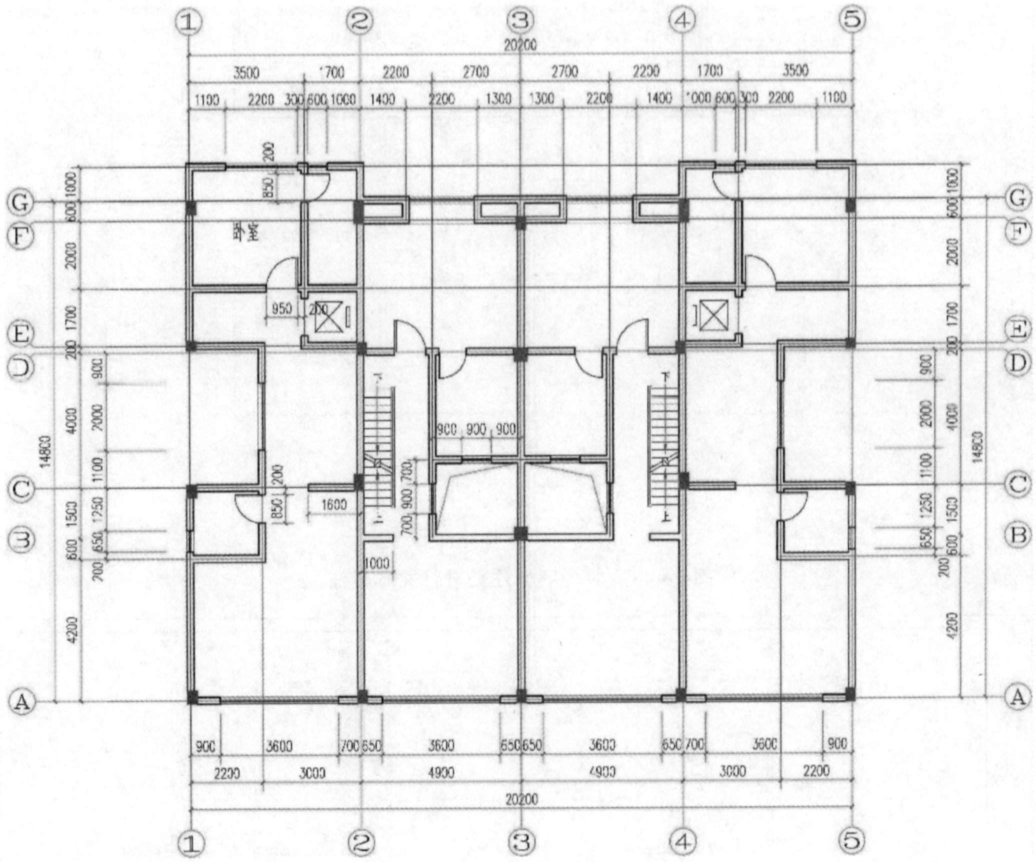

图 14-47 尺寸标注

7. 文本注写

在以上步骤完成后还应根据设计需要,在图中相应位置进行文本的注写,设置当前层为文本,字高设置为 350,如图 14-48。

8. 图框的放置

在完成前六步后,根据图纸尺寸放置图框,本图为 A3 尺寸,故图框尺寸为 297×420,设置当前层为图框,使用矩形命令 REC 绘制相应尺寸的矩形,接着绘制图纸区域,按标准预留装订线的情况,图纸区域距图框为 5mm。使用偏移指令:O 将绘制的矩形向内偏移 5mm。然后调整内侧矩形的左边框,所的左边框距离左图框 25mm。在下方设置标题、绘图比例等相关信息并完善,绘图完成,最终效果见 14-49。

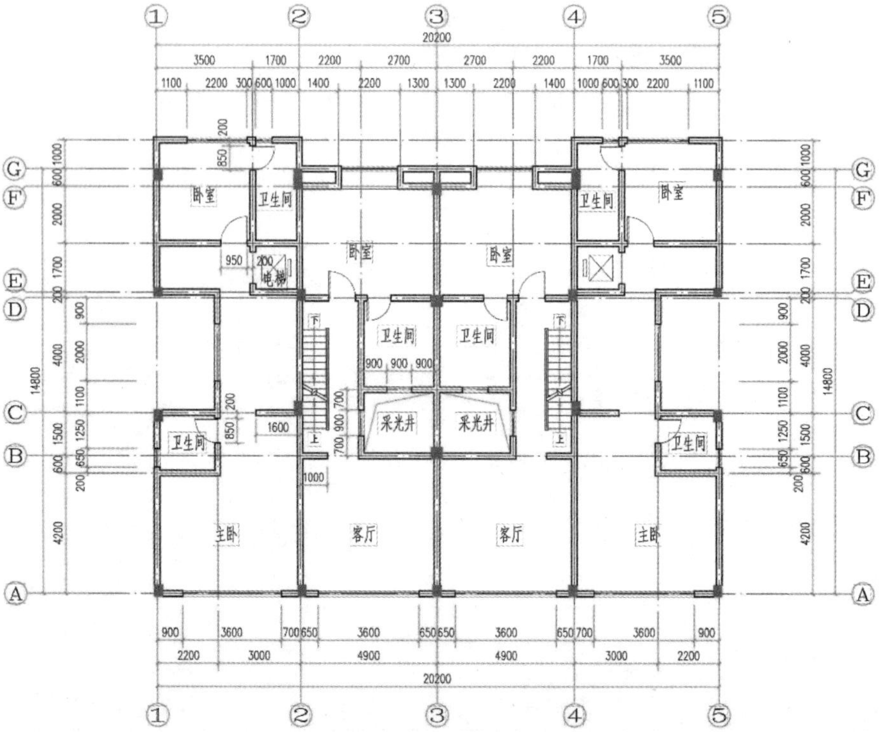

图 14-48　对需要标注处进行文本标注

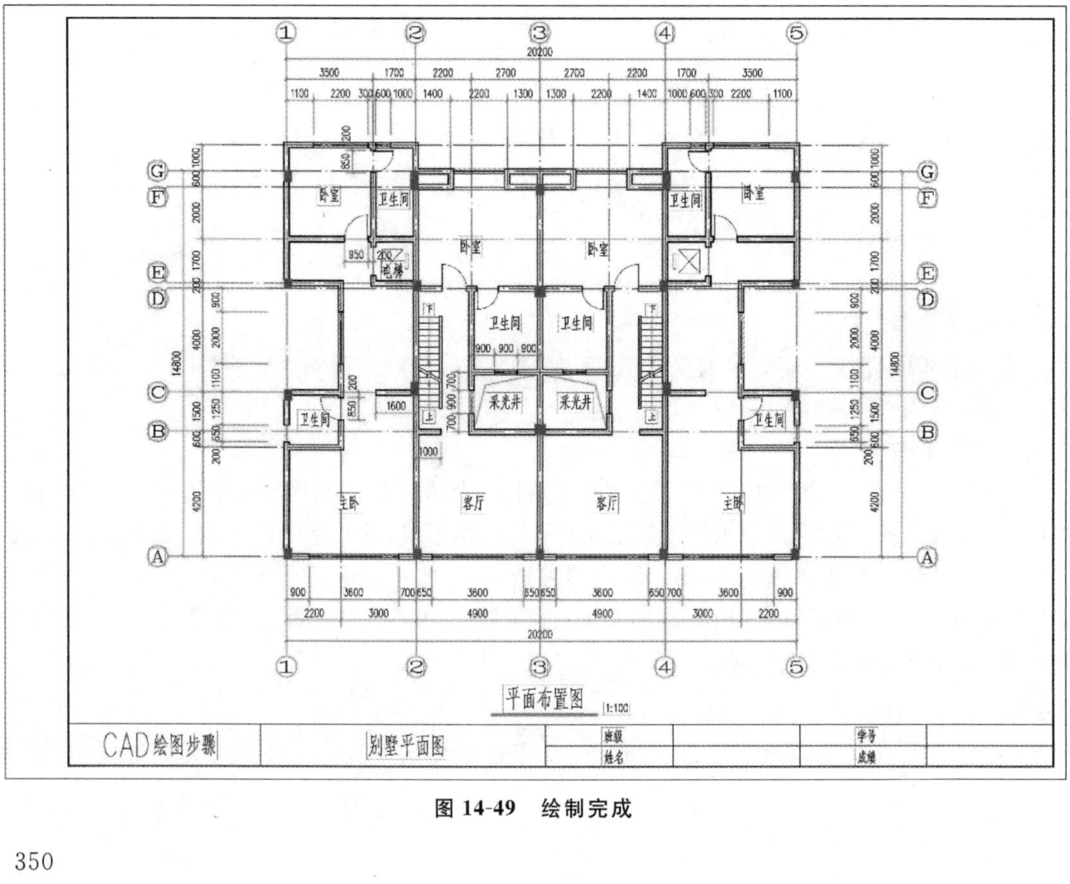

图 14-49　绘制完成

14.3.7 水闸设计图

1. 要求

(1)A2 图幅。

(2)比例 1∶100。

2. 具体步骤

(1)创建 A2 样图。

(2)采用 NEW 命令,选样图 A2,新建一张图。

(3)用 QSAVE 命令指定路径保存该图,图名为“水闸设计图”。

(4)设文字图层为当前图层,填写标题栏,相关图层设置如图 14-50 所示。

状	名称	开	冻结	锁定	颜色	线型	线宽	打印样式	打	说明
	0				白色	Con···ous	0···	Color_7		
	B-B剖视图-辅助线				红色	CENTER2	默认	Color_1		
	B-B剖视图-轮廓线				白色	Con···ous	0···	Color_7		
	C-C断面图-辅助线				红色	CENTER2	默认	Color_1		
	C-C断面图-轮廓线				白色	Con···ous	0···	Color_7		
	Defpoints				白色	Con···ous	默认	Color_7		
	E-E及D-D断面图-辅助线				红色	CENTER2	默认	Color_1		
	E-E及D-D断面图-轮廓线				白色	Con···ous	0···	Color_7		
	F-F断面图-辅助线				红色	CENTER2	默认	Color_1		
	F-F断面图-轮廓线				白色	Con···ous	0···	Color_7		
	边框与标题栏				白色	Con···ous	默认	Color_7		
	标注层				绿色	Con···ous	默认	Color_3		
	对称符号				黄色	Con···ous	默认	Color_2		
	干砌石				黄色	Con···ous	默认	Color_2		
	钢筋混泥土				品红	Con···ous	默认	Color_6		
	浆砌石				黄色	Con···ous	默认	Color_2		
	轮廓线				白色	Con···ous	0···	Color_7		
	剖切符号				黄色	Con···ous	0···	Color_2		
	上游-断面线				白色	Con···ous	默认	Color_7		
	上游-辅助线1				红色	CENTER2	默认	Color_1		
	上游-辅助线2				红色	CENTER2	默认	Color_1		
	上游-轮廓线				白色	Con···ous	0···	Color_7		
	上游-相贯辅助线				红色	CENTER2	默认	Color_1		
	上游-虚线				白色	HIDDEN2	默认	Color_7		
	文本				白色	Con···ous	默认	Color_7		
	文字层				白色	Con···ous	默认	Color_7		
	下游-断面线				白色	Con···ous	默认	Color_7		
	下游-辅助线1				红色	CENTER2	默认	Color_1		
	下游-辅助线2				红色	CENTER2	默认	Color_1		
	下游-轮廓线				白色	Con···ous	0···	Color_7		
	下游-下游虚线				白色	HIDDEN2	默认	Color_7		
	斜面符号				黄色	Con···ous	默认	Color_2		
	圆柱轮廓束线				黄色	Con···ous	默认	Color_2		
	闸室-辅助线1				红色	CENTER2	默认	Color_1		
	闸室-轮廓线				白色	Con···ous	0···	Color_7		
	闸室-虚线				白色	HIDDEN2	默认	Color_7		
	自然土壤				黄色	Con···ous	默认	Color_2		
	总-中心线				品红	CENTER2	默认	Color_6		

图 14-50　图层设置

(5)绘制上游连接段。

①绘制中心线。

· 将边框和标题栏层关闭。

· 将“中心线”图层设为当前层。单击绘图工具栏上的构造线 按钮,绘制水平和垂直中心线，如图 14-51 所示。

注意：以下将平面图中的水平中心线命名为线段 a，垂直的中心线命名为线段 b。

A—A 纵剖视图中的水平中心线命名为线段 c。

②将“粗实线”图层设为当前层。分别单击修改工具栏上的偏移按钮、再根据直线取中心线的交点绘制出上游连接段的一半轮廓、最后通过镜像，生成完整的上游连接段的平面图，如图 14-52 所示。

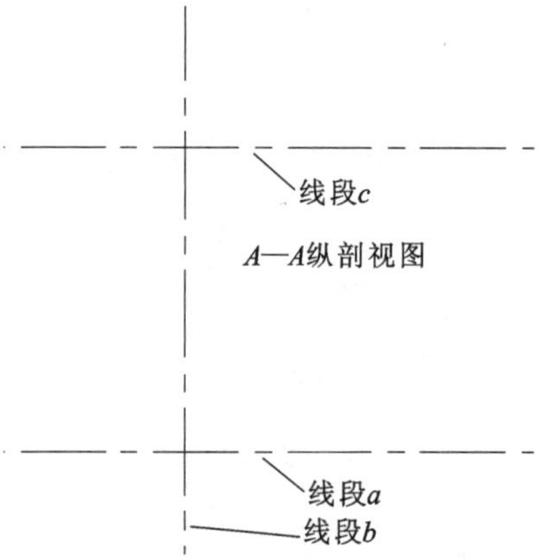

图 14-51

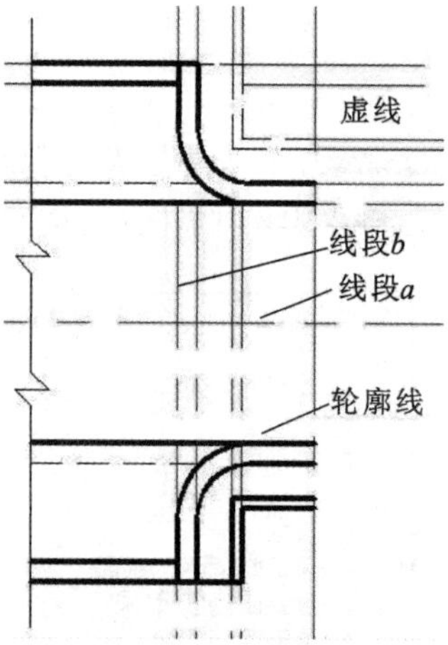

图 14-52　镜像后的上游连接段

③绘制上游连接段的 A—A 纵剖视图。

· 根据标高 12.4m 以及 10m 可知上游护坡的高度为 2400mm，而平面图中显示护坡的投影尺寸为 2400mm，则可知上游护坡的斜度为 45°，且上游护底厚度为 300mm。

· 绘制上游翼墙：根据图 14-53 的步骤绘制最终的相贯线。（共 8 步）

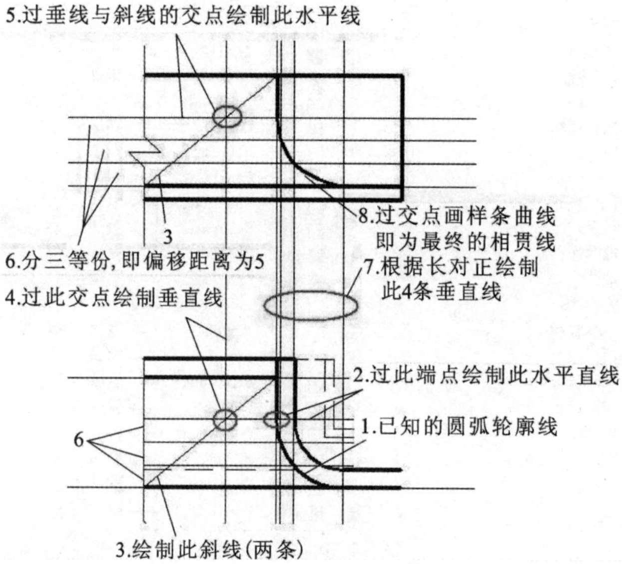

图 14-53　上游连接段圆弧的绘制

(6)绘制闸室的平面图

①将“粗实线”图层设为当前层。删除上述使用的辅助线，分别单击修改工具栏上的偏移

按钮、再根据直线绘制出闸室的一半轮廓，绘图过程的提示如下：（注意打开正交实现快速绘图）

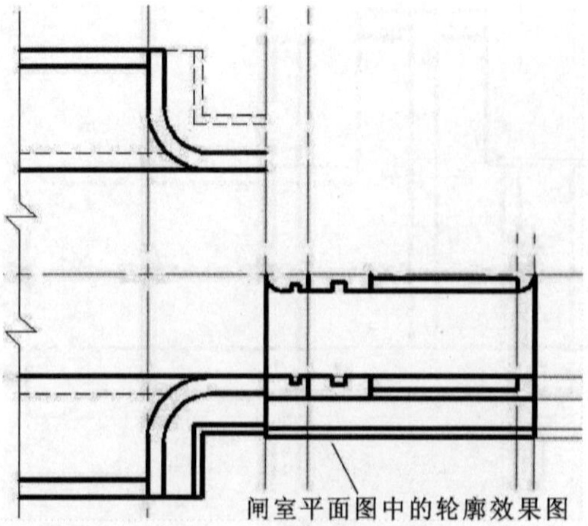

图 14-54 闸室的轮廓示意

②通过镜像，绘制闸室整体外形图。如图 14-55 所示：

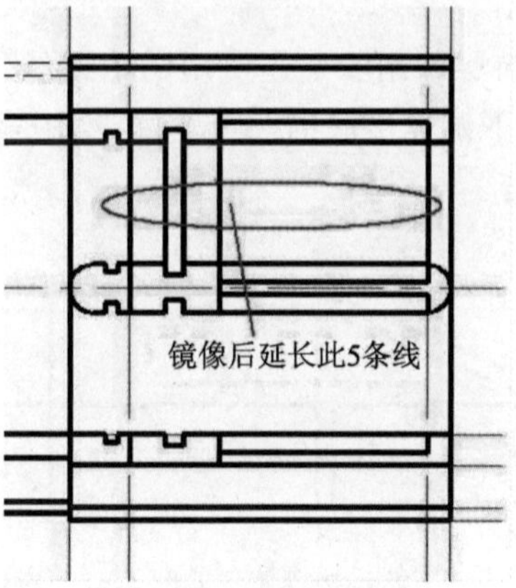

图 14-55 闸室外形图

③绘制闸室平面图中的虚线部分。直接选中上图中为虚线部分的实线，将其一起放入虚线层即可，结果如图 14-56 所示：

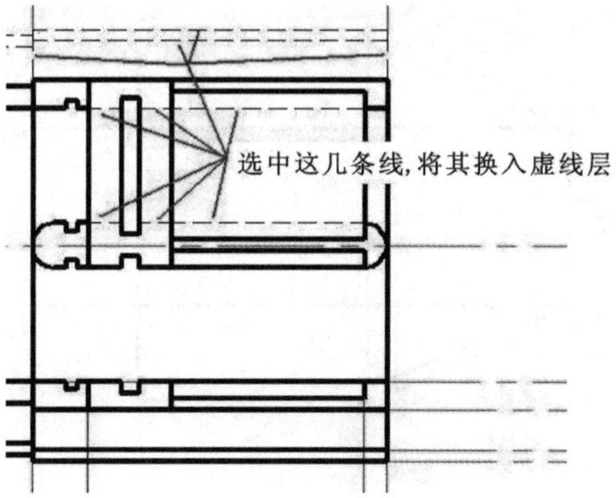

图 14-56 虚线部分

④绘制闸室的 A—A 纵剖视图。绘图结果如图 14-57 所示。

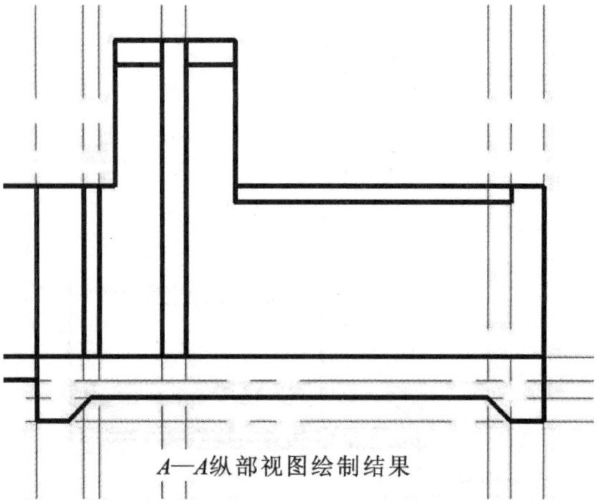

图 14-57　绘制结果

(7)绘制下游连接段

①绘制下游连接段的平面图

·将“粗实线”图层设为当前层。删除上述使用的辅助线，分别单击修改工具栏上的偏移按钮、再根据直线绘制出下游连接段的一半轮廓，绘图过程的提示如下：(注意打开正交实现快速绘图)如图 14-58 所示：

图 14-58　半轮廓

·通过镜像，实现下游连接段的整体外形图。

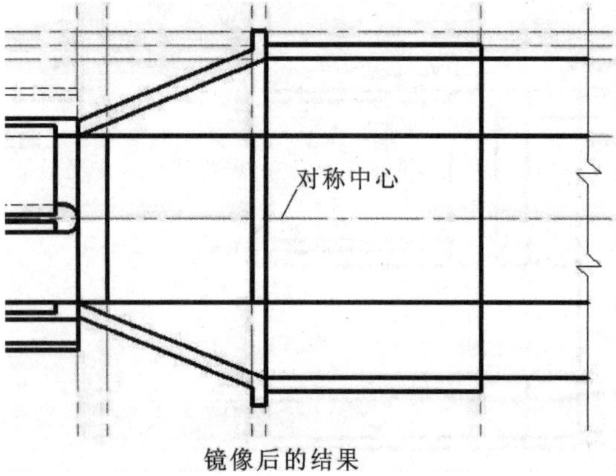

镜像后的结果

图 14-59　整体外形

·绘制下游连接段平面图中的虚线部分。通过镜像最后得出结果如图 14-17 所示：

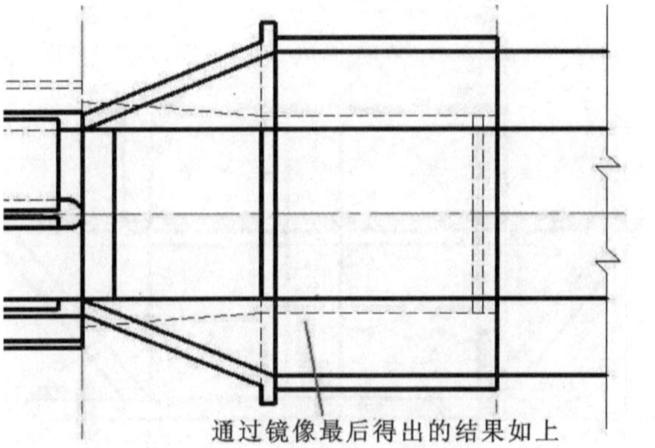

图 14-60　绘制结果

②绘制下游连接段的 A—A 纵剖视图

·将“辅助线”图层设为当前层。根据长对正，绘制垂直的构造线，再切换图层，将“粗实线”层设为当前层。分别单击修改工具栏上的偏移按钮、再根据直线绘制出下游连接段的 A—A 纵剖视图，绘图过程的提示如图 14-61 所示（注意打开正交实现快速绘图）。

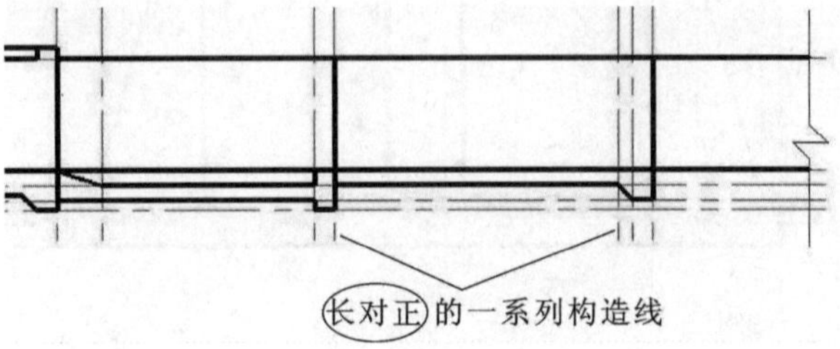

图 14-61　A—A 纵剖视图

最后的水闸主体部分的视图如图 14-62 所示。

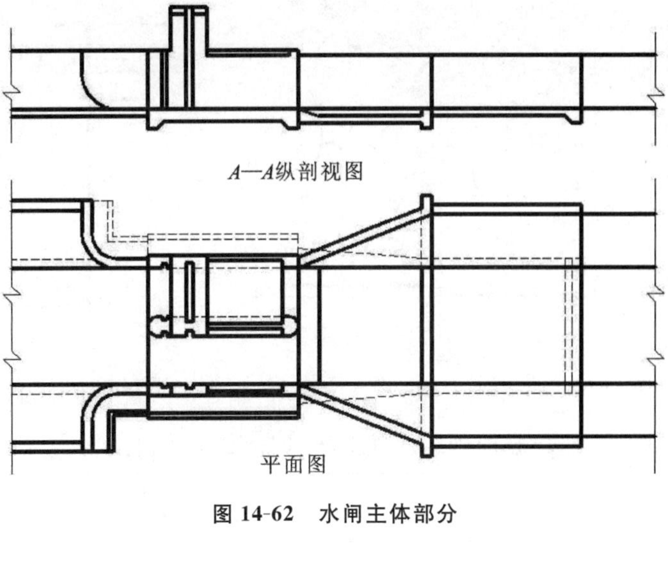

图 14-62　水闸主体部分

(8)绘制 $B—B$ 剖视图

根据图纸尺寸利用高平齐绘制 $B—B$ 剖视图，绘图结果如图 14-63 所示。

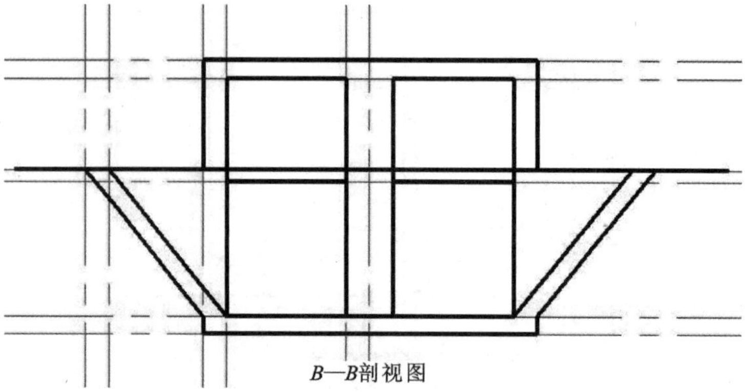

图 14-63　$B—B$ 剖视图

(9)绘制 $C—C$ 断面图

分别单击修改工具栏上的偏移按钮、再根据直线绘制出 $C—C$ 断面图，绘制结果如图 14-64 所示。

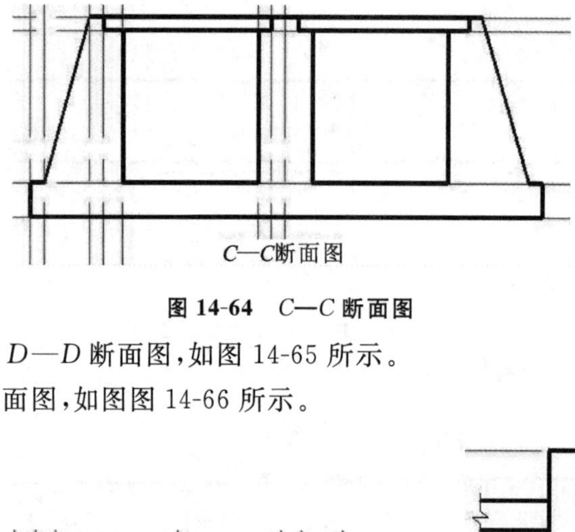

图 14-64　$C—C$ 断面图

(10)绘制 $E—E$ 及 $D—D$ 断面图，如图 14-65 所示。

(11)绘制 $F—F$ 断面图，如图图 14-66 所示。

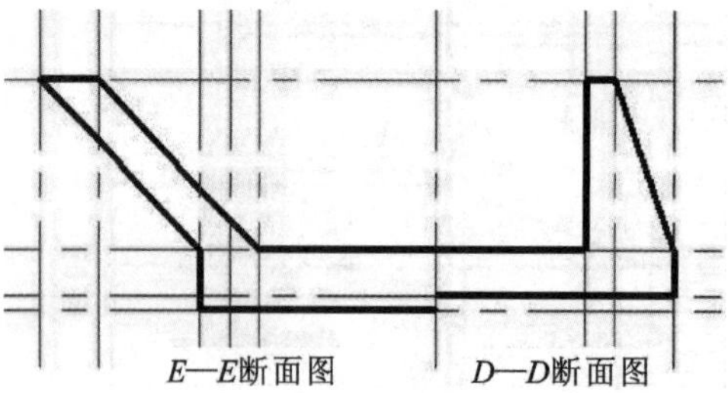

图 14-65　$E—E$ 及 $D—D$ 断面图

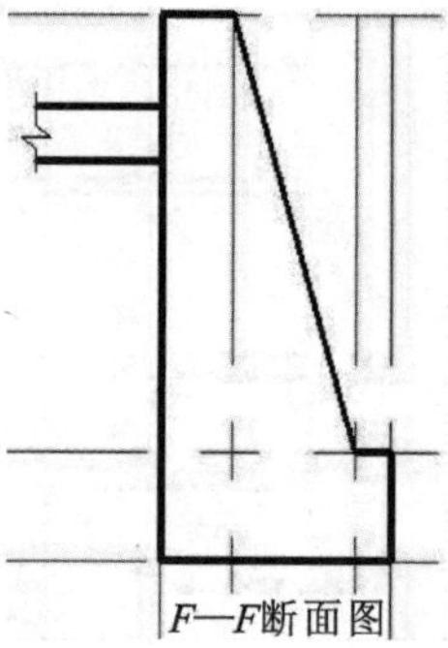

图 14-66　$F—F$ 断面图

(12)用插入块命令，将先前创建的外部块(如标高符号、自然土壤、浆砌石、干砌石等符号)插入到此图中相应的位置，然后进行尺寸标注、绘制剖面线、剖切符号等，最终结果如图 14-67 所示(最后一页)。

(13)用 PLOT 命令输出工程图

(请参照前面的打印图形部分)

(1)剖面线绘制:

①换剖面线图层为当前图层。在该图层上,用 LINE 命令绘制主视图中闸底版剖面线区域的左右边界辅助线(应画长些,以便用后擦除)。用 BHATCH 命令绘制图中剖面线。钢筋混凝土剖面线应分“金属”和“混凝土”两次填充,“金属”剖面线的填充选“用户定义”类型较容易控制,“混凝土”应选“预定义”类型,缩放比例值可在 0.04～0.1 间选择。用 ERASE 命令擦去两条辅助线。

②注意:闸底板、工作桥、交通桥处的剖面线缩放比例及金属材料的间距不应相同,应分别填充。这样,各处剖面线使相互独立的,也便于修改。

AutoCAD2000 中没有“自然土壤”、“干砌块石”和“浆砌块石”剖面线,可使用前边创建的图块按原大小插入并复制。插入时要根据实际情况调整缩放比例及旋转角。

(2)标注尺寸

换尺寸图层为当前图层。在该图层上,操作如下:

①用所设标注样式及尺寸标注命令标注图中尺寸。尺寸标注错误或尺寸数字位置不合适时,应注意使用相应的尺寸标注修改命令进行修改。

②用 LINE 命令绘制所有标注高程的引出线。

③用 DDINSERT 命令插入已创建为独立图块的高程符号(插入时应注意改变缩放比例的符号和旋转角度来控制插入符号的方向,比例值大小不需改变)

④用 DTEXT 命令注写各高程数字,此时应关闭状态栏上的“对象捕捉”、“极轴”模式开关。

参 考 文 献

[1] 同济大学建筑制图教研室.画法几何[M].5版.上海:同济大学出版社,1996.

[2] 陈文斌,章金良.建筑工程制图[M].3版.上海:同济大学出版社,1997.

[3] 乐荷卿,陈美华.建筑透视阴影[M].3版.长沙:湖南大学出版社,2002.

[4] 许良乾,殷佩生.画法几何及水利工程制图[M].4版.北京:高等教育出版社,2001.

[5] 唐克中,朱同钧.画法几何及工程制图[M].2版.北京:高等教育出版社,1989.

[6] 朱泗芳,徐绍军.工程制图[M].4版.北京:高等教育出版社,2005.

[7] 宋子玉,姚陈.工程制图基础[M].北京:高等教育出版社,1999.

[8] 杨昌玲.工程制图[M].3版.北京:水利电力出版社,1990.

[9] 徐风仙,温伯平,朱同钧.画法几何及工程制图习题集[M].2版.北京:高等教育出版社,1989.

[10] 邹葆华,栾容.水利工程制图[M].2版.北京:中国水利水电出版社,2007.

[11] 河海大学工程CAD与图学教研室.画法几何及水利工程制图[M].4版.北京:高等教育出版社,2000.

[12] 何斌,陈锦昌.建筑制图[M].4版.北京:高等教育出版社,2001.

[13] 朱育万,卢传贤.土木工程制图[M].北京:高等教育出版社,1997.

[14] 何铭新,李怀健,郎宝敏.建筑工程制图[M].5版.北京:高等教育出版社,2013.

[15] 何铭新,李怀健.土木工程制图[M]4版.武汉:武汉理工大学出版社,2015.

[16] 何铭新,李怀健.土木工程制图习题集[M].4版.武汉:武汉理工大学出版社,2015.

[17] 王子茹,邱冰,张帆.建筑工程识图[M].北京:中国建材工业出版社,2018 .

[18] 王子茹,邱冰,张帆. 建筑工程识图习题集[M].北京:中国建材工业出版社,2018.

[19] 王子茹,贾艾晨.画法几何及工程制图[M].北京:人民交通出版社,2001.

[20] 王子茹,贾艾晨.画法几何及工程制图习题集[M].北京:人民交通出版社,2001.

[21] 大连理工大学工程制图教研室.机械制图[M].4版.北京:高等教育出版社,1993.

[22] 钱可强,邱坤,董国耀.机械制图习题集[M].2版.北京:化学工业出版社,2008.

[23] 王其昌.看图思维规律——机械制图基本功训练[M].北京:机械工业出版社,1989.

[24] 刘林,邓学雄,黎龙.建筑制图与室内设计制图[M].广州:华南理工大学出版社,1997.

[25] 谭建荣.图学基础教程[M].3版.北京:高等教育出版社,2019.

[26] 雷光明.土建图学教程[M].2版.北京:高等教育出版社,2009.

[27] 丁宇明.土建工程制图[M].3版.北京:高等教育出版社,2012.

[28] 何斌.建筑制图[M].7版.北京:高等教育出版社,2014.

[29] 朱育万.画法几何及土木工程制图[M].5版.北京:高等教育出版社,2015.

[30] 卢传贤.土木工程制图[M].5版.北京:中国建筑工业出版社,2017.

[30] 中华人民共和国住房和城乡建设部.房屋建筑制图统一标准:GB/T 50001—2017[S]. 北京:中国建筑工业出版社,2017.

[32] 中华人民共和国住房和城乡建设部,中华人民共和国国家质量监督检验检疫总局.总图制图标准:GB/T 50103—2010[S]. 北京:中国建筑工业出版社,2011.

[33] 中华人民共和国住房和城乡建设部,中华人民共和国国家质量监督检验检疫总局.建筑制图标准:GB/T

50104—2010[S]. 北京:中国建筑工业出版社,2011.
[34] 中华人民共和国住房和城乡建设部,中华人民共和国国家质量监督检验检疫总局. 建筑结构制图标准:GB/T 50105—2010[S]. 北京:中国建筑工业出版社,2010.
[35] 中华人民共和国住房和城乡建设部,中华人民共和国国家质量监督检验检疫总局. 建筑给水排水制图标准:GB/T 50106—2010[S]. 北京:中国建筑工业出版社,2010.
[36] 全国技术产品文件标准化技术委员会. 技术产品文件标准汇编・技术制图卷[M]. 3 版. 北京:中国标准出版社,2012.
[37] 何铭新. 机械制图[M]. 6 版. 北京:高等教育出版社,2016.
[38] ACAA,肖春红. Autodesk Revit 2022 中文版实操实练[M]. 北京:电子工业出版社,2022.
[39] 中华人民共和国住房和城乡建设部,中华人民共和国国家质量监督检验检疫总局. 给水排水制图标准:GB/T 50106—2010. 北京:中国建筑工业出版社,2010.
[40] 中华人民共和国住房和城乡建设部,中华人民共和国国家质量监督检验检疫总局. 暖通空调制图标准:GB/T 50114—2010. 北京:中国建筑工业出版社,2010.
[41] 中华人民共和国住房和城乡建设部. 供热工程制图标准,CJJ/T 78—2010[S]. 北京:中国计划出版社,2010.
[42] 中华人民共和国水利部. 水利水电工程制图标准 基础制图:SL 73.1—2013[S]. 北京:中国水利水电出版社,2013.
[43] 中华人民共和国水利部. 水利水电工程制图标准 水工建筑图:SL 73.2—2013[S]. 北京:中国水利水电出版社,2013.
[44] 中华人民共和国水利部. 水利水电工程制图标准 勘测图 :SL73.3—2013[S]. 北京:中国水利水电出版社,2013.
[45] 中华人民共和国水利部. 水利水电工程制图标准 水力机械图:SL73.4—2013[S]. 北京:中国水利水电出版社,2013.
[46] 国家技术监督局、中华人民共和国建设部. 道路工程制图标准:GB/T 50162－1992[S]. 北京:中国标准出版社,1992.
[47] 国家标准化管理委员会. 技术制图 投影法:GB/T 14692—2008[S]. 北京:中国标准出版社,2009.
[48] 乐荷卿,陈美华. 土木建筑制图[M]. 4 版. 武汉:武汉理工大学出版社,2011.
[49] 聂旭英. 土木建筑制图习题集[M]. 4 版. 武汉:武汉理工大学出版社,2011.
[50] 罗良武,田希杰. 图学基础与土木工程制图[M]. 北京:机械工业出版社场,2005.

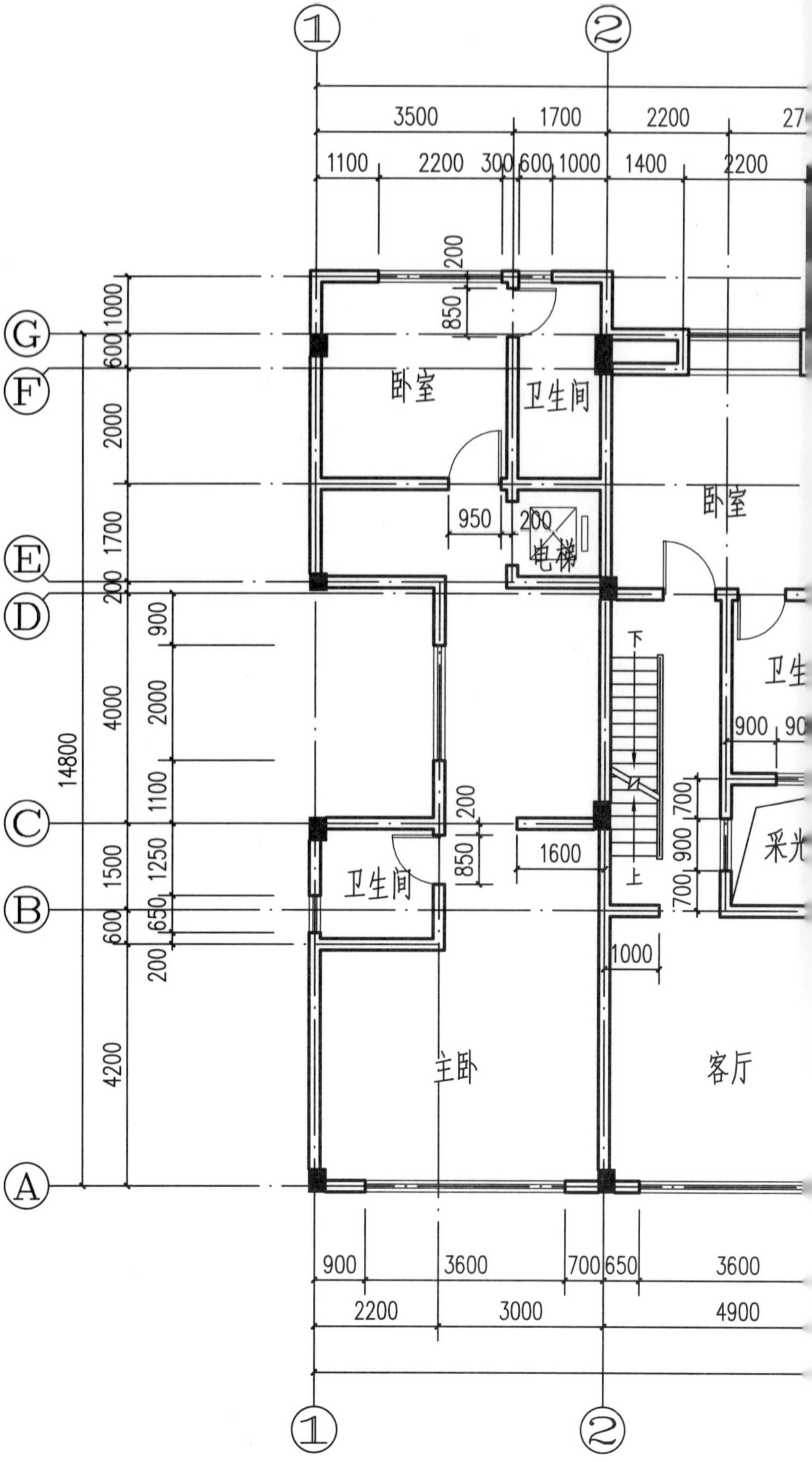

卧室
卫生间
卧室
电梯
卫生间
主卧
客厅
采光
下
上
14800
3500
1700
2200
1100
300
600
1000
1400
900
3600
700
650
4900
3000
4000
2000
1500
1250
850
950
200
1600

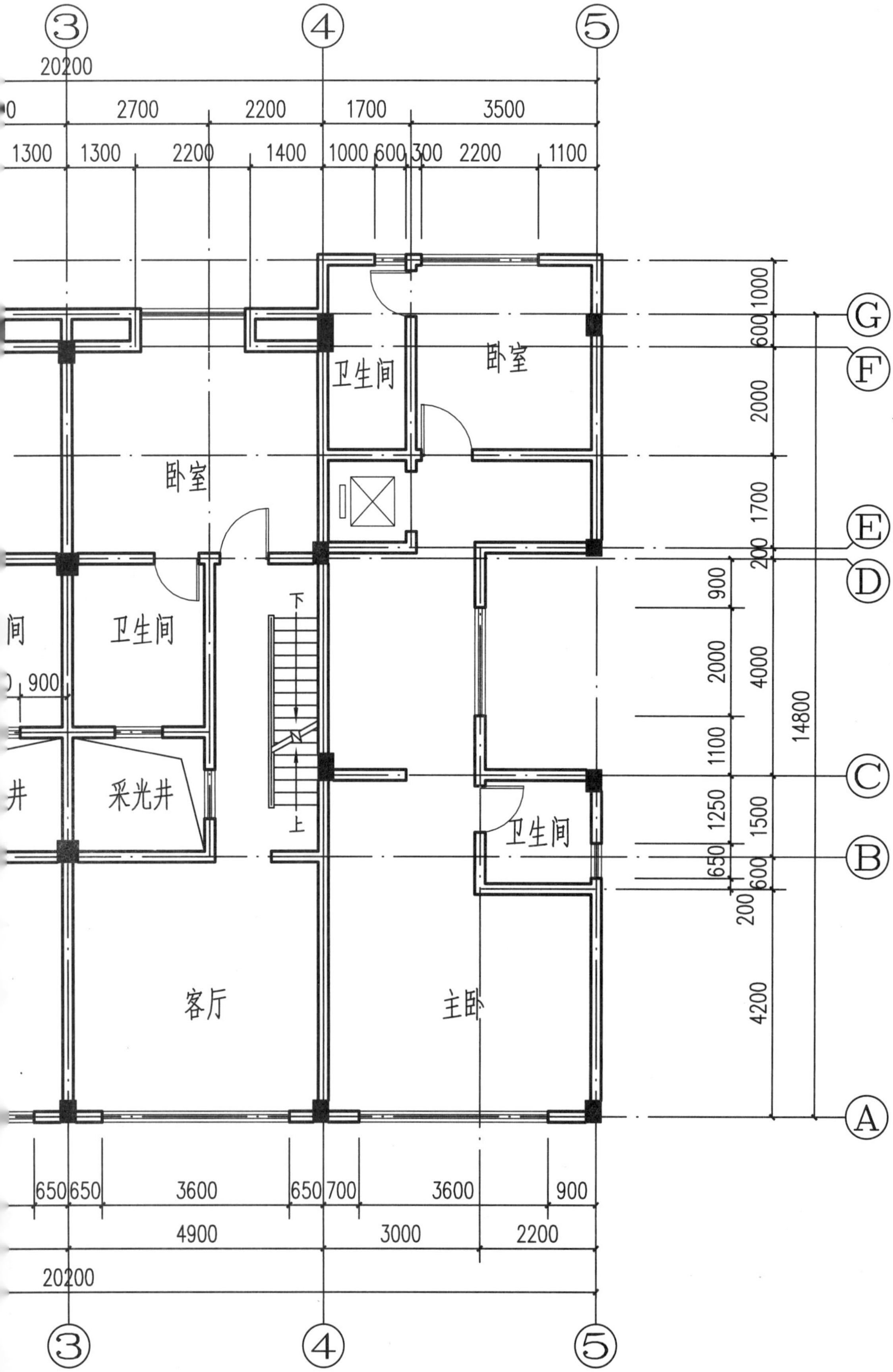
20200
2700
2200
1700
3500
1300
1300
2200
1400
1000
600
300
2200
1100
卫生间
卧室
卧室
卫生间
900
采光井
下
上
卫生间
客厅
主卧
1000
600
2000
1700
200
900
2000
4000
1100
1250
1500
650
600
200
4200
14800
650
650
3600
650
700
3600
900
4900
3000
2200
20200
A
B
C
D
E
F
G
3
4
5

平面布置图 1:100